国家科学技术学术著作出版基金资助出版

Failure Analysis of Basic Parts for Mechanical Transmission Devices

机械传动装置基础件失效分析

朱孝禄　胡　炜　著

化学工业出版社

·北京·

内容简介

本书主要论述机械传动（齿轮传动、蜗杆传动等）装置基础件（轴、齿轮、轴承、花键和紧固件等）的失效分析和预防。书中精选了28个失效分析典型案例，都是作者处理过的第一手资料。某些案例的研究和分析不但解决了生产中的实际问题，而且具有一定的学术深度，如齿轮的电蚀失效、扭转微动多冲疲劳失效等以及断口分析中遇到的裂纹动力学和瓦纳线问题等，以扩大眼界，引发读者深入探讨的兴趣。

本书适合以下人员参阅：从事机械传动装置的设计、制造、质量管理、使用、维护和现场失效分析的工程技术人员，从事材料和热处理工作和研究的技术人员，高等院校机械设计与制造专业的师生等。

图书在版编目（CIP）数据

机械传动装置基础件失效分析 / 朱孝禄，胡炜著.
—北京：化学工业出版社，2020.9 (2023.7 重印)
ISBN 978-7-122-37253-6

Ⅰ. ①机… Ⅱ. ①朱…②胡… Ⅲ. ①机械传动装置 - 元器件 - 失效分析 Ⅳ. ① TH13

中国版本图书馆 CIP 数据核字（2020）第 103224 号

责任编辑：金林茹　张兴辉　　　　装帧设计：王晓宇
责任校对：王素芹

出版发行：化学工业出版社（北京市东城区青年湖南街 13 号　邮政编码 100011）
印　　装：北京虎彩文化传播有限公司
710mm × 1000mm　1/16　印张 $31^{1}/_{2}$　字数 597 千字　2023 年 7 月北京第 1 版第 2 次印刷

购书咨询：010-64518888　　　　售后服务：010-64518899
网　　址：http://www.cip.com.cn
凡购买本书，如有缺损质量问题，本社销售中心负责调换。

定　　价：199.00 元

序

机械的失效分析是机械工程中一项重要的内容。机械零部件失效可能是正常的寿命终止，也可能是意外事故造成的。如果是后者，就需要通过分析找到失效的原因，采用相应的改进措施，避免同类事故的再次发生。

本书作者朱孝禄教授长期从事机械设计理论与方法的教学与研究工作。在一次讨论本人钢球轧机的一个零件经常失效难题时，朱教授以失效分析的视角，对零件失效原因论述了他独到的看法，并提出具体的改进措施，给我留下了深刻的印象。此后，他将近日完成撰写的《机械传动装置基础件失效分析》一书的书稿发送给本人，征求意见。看了全部书稿后，我感到有必要为本书的写作和出版说几句话。

20 多年来，朱教授奔走于国内机械传动装置制造厂和使用单位，如冶金厂、矿山、核电站等，对国内外的各种失效的零部件进行失效分析、研究，撰写了一系列失效分析报告，如高速线材轧机的增速装置、型钢轧机的减速装置、矿山机械中的传动装置和压缩机中的增速传动装置等的失效分析报告。这些传动装置都是生产线上关键的设备，这些失效分析报告有的成为制造单位改进产品质量的依据，有的成为使用单位提高设备维护、管理水平的依据。这些失效分析报告经精选、加工后成为本书的基本内容。可见，本书的内容来源于生产第一线的实践，这是本书的最大特色。

朱教授退休后转攻机械失效分析 20 多年，取得上述成绩，是他长期努力的结果，实属不易。特别是在 85 岁高龄时完成本书的写作，把他多年研究失效分析的心得、资料和丰富的实践经验留下来，这无疑是一件好事。

这本书的内容只涉及轴、齿轮、轴承、紧固件和花键等机械传动装置基本构件的失效分析，作者具有深厚的机械设计理论和方法的知识功底，因此对这些基本构件失效原因的分析都比较深刻和全面。例如，对轮齿随机断裂的分析，对形面轴断裂的分析，对微动磨损引发轴开裂和断裂的分析等，书中都有作者独到的看法。

本书分析的构件都是机械工程中常用的零部件，也可以说是机械工程的基础件。作者不但对这些基础件常见失效的原因做了深入浅出的论述，而且在失效分析中提出了一些有学术价值的研究课题，例如齿轮电蚀、冲击微动疲劳和裂纹动力学等。这对开拓失效分析的范围、探索失效分析的深度大有好处。

可以预期，本书的出版，对机械传动装置的制造者通过失效分析来提高产品质量，对产品使用者利用失效分析来加强设备的维护、改善管理，必将起到良好的作用。

中国工程院院士 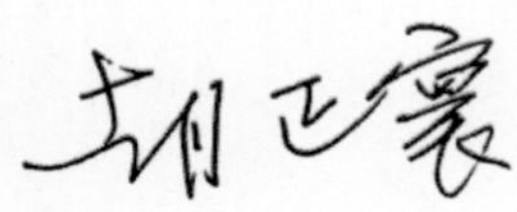

前言

缘起

产品的失效分析，在20世纪70年代就由国外引入国内，但在计划经济的条件下，产品失效分析的研究和应用并没有得到充分的重视。产品失效分析工作真正得到重视和开展是在改革开放以后，尤其是最近30年发展得很快：不少院校开设了有关产品失效分析的课程，尤其开展失效分析和预防方面的科学研究；在市场经济条件下，许多产品制造单位为了提高产品的质量，开始重视产品的失效分析。有了这样的条件，20多年来本人才能有机会为机械传动装置生产单位处理60多个机械传动装置失效分析案例和接受很多失效案例的咨询。其中大多数案例，失效分析是为了找到产品失效的原因，提出改进措施，提高产品的质量；而有的失效分析案例是为索赔、仲裁提供根据。例如，本书中的一个案例涉及向国外公司索赔1000多万元，最终索赔成功。在多年的失效分析工作中，对一些疑难的案例进行了深入分析研究，既解决了生产中的实际问题，又积累了大量失效分析的资料和经验。根据这些案例的分析资料，写成失效分析讲稿，在国内30多个单位（主要面向工厂、企业）举办失效分析专题讲座。本书就是依据长期失效分析工作的经验和已有的讲稿，精选案例撰写的。

本书的内容

本书的内容共分6章：第1章和第2章是机械产品失效分析的基础知识；第3章是轴的失效分析；第4章是齿轮的失效分析；第5章是轴承的失效分析；第6章是螺纹紧固件和花键的失效分析。

本书的特色

（1）本书失效分析的对象集中在机械传动（齿轮传动、蜗杆传动等）装置基础件（齿轮、轴、轴承和紧固件等），不涉及其他的零部件。这与其他失效分析著作有很大的不同，可以说是机械传动装置失效分析的专著。

（2）各零部件的失效分析内容可分为失效分析基础知识和失效分析实例两大部分。失效分析基础知识主要围绕机械传动装置基础件失效分析来论述，因此能够以较小的篇幅阐明需要的基础知识。

（3）本书中精选的28个失效分析典型案例（轴10个案例、齿轮10个案例、轴承4个案例，其他4个案例），都是作者亲自处理过的，且为第一手资料，全书未选用其他著作和参考文献上的案例。

（4）本书中的失效分析案例很重视背景材料的论述，因为机械零部件的失效与服役背景有很大的关系，例如，本书中的一个扭转微动多冲疲劳失效案例，就是在详细研究了服役背景后得出结论。这种案例往往具有挑战性。

（5）本书精选的案例中，有些是机械传动装置失效的"常见病""多发病"，如轴的一般性断裂、轮齿齿面的点蚀等，失效分析工作通常比较顺利。但是有时也会遇到失效分析的"疑难杂症"，如上述的扭转微动多冲疲劳失效，至今已知其失效的原因，但不知其失效的机理。再如断口分析中遇到的裂纹动力学和瓦纳线问题等，本书中也包含了这部分的内容，以便扩大眼界，引发读者深入探讨的兴趣。

（6）本书某些案例的研究和分析不但解决了生产中的实际问题，而且具有一定的学术深度，例如，齿轮的电蚀失效案例就是与重庆大学机械传动国家实验室合作的，成功申请了国家自然科学基金，还为两名博士生提供了论文选题。

（7）本人编写的失效分析PPT讲稿是本书主要的参考依据，因此本书的行文、自绘的插图等都具有PPT讲稿的特色。

合作、鸣谢

众所周知，产品的失效分析涉及的面很宽，往往工作量很大，因此有时需要多人合作才能完成。本人借此机会向本书中案例的失效分析合作者和参与者（钟群鹏、王仁智、钟培道、钱友荣、王铁、张瑞亮、边新孝、罗铭、潘紫微等）表示衷心的感谢！本书的写作得到了沃德传动（天津）股份有限公司的大力支持。公司负责人胡炜先生十分重视产品的质量和产品的失效分析，在公司内成立失效分析小组，对国内外数百台失效的减速机（其中很大部分是国外品牌产品）开展深入细致的失效分析工作，并参与失效分析报告的撰写。7年内，失效分析小组共撰写了40多篇失效分析报告（有12篇入选本书），发表了10多篇失效分析论文，为提高减速机产品的质量和高端减速机产品国产化提供了技术支持。在本书的写作中，胡炜先生大力促成失效分析小组成员给予全力的技术支持和协助。借此机会，对本书合著者胡炜先生、沃德失效分析小组成员和其他有关人员：薄文丽、李东武、孙洪利、马爱侠、王永慧、冯胜利等表示衷心的感谢！同时也对中航工业失效分析中心的相关人员刘德林、刘洲、张兵和北京科技大学机械工程实验室的相关人员崔兴山、史铁军表示衷心的感谢！

中国工程院院士胡正寰教授在百忙之中，看了全部书稿，并为本书写序言，对此表示衷心的感谢！

本书预期读者

本书适合以下人员参阅：从事机械传动装置设计、制造、使用、维护的工程技术人员；质量管理和现场失效分析人员；从事材料和热处理工作的技术人员；高等院校机械设计与制造专业的师生等。

本书大部分案例的失效分析工作都是在工厂里完成的，受限于条件和技术水平，有一些图片的质量（如取景的角度、视距、清晰度等）不能令人满意。在个别案例中，金相组织分析方面也可能有不够深入之处。总之，由于本人的水平有限，书中疏漏之处在所难免，欢迎读者不吝批评、指正。

北京科技大学教授 

目录

第1章 机件失效分析概述
Chapter 1 Overview of Machine Elements Failure Analysis

第 2 章 机件失效类型的特征
Chapter 2 Characteristics of Machine Elements Failure Types

第3章 轴的失效分析
Chapter 3 Failure Analysis of the Shafts

第4章 齿轮的失效分析
Chapter 4 Failure Analysis of the Gears

第6章 螺纹紧固件和花键的失效分析
Chapter 6 Failure Analysis of Thread Fasteners and Splines

附 录
Appendix

第 1 章　机件失效分析概述

Chapter 1 Overview of Machine Elements Failure Analysis

1.1 失效分析的目的

在市场经济的条件下，机械产品的失效分析工作得到了广泛的重视和推广。什么是产品失效？有关文献[1]3中提出，一个零件或部件处于下列三种状态之一时就认为是失效：a. 当它完全不能工作时；b. 仍然可以工作，但已不能完成预期的功能时；c. 受到严重损伤不能可靠而安全地继续使用，必须立即从机器上拆下进行修理或更换时。

目前，简约而通俗的说法是：机械产品丧失其规定功能的事件称为机械产品失效。针对机械产品失效进行的技术和管理活动称为失效分析。在本书中，机械产品主要是指机械传动装置的基础件，如轴、轴承、齿轮和紧固件、花键等零部件，也可统称为机件。

失效分析的主要目的是查明机件具体的失效原因并提出预防或补救措施，防止同类失效事件的再次发生，进而提高产品质量。

在现代化的生产企业，如果在生产过程中出现重大的设备事故，例如大型机组毁坏，不但会造成巨大的经济损失，而且可能发生人员伤亡事故。在重要的生产线中，由于机械传动装置某个机件的失效引发全厂生产线停产的事故并不少见。例如，某制氧厂制氧机配套的一台离心压缩机，在生产运行过程中出现轴断裂［图 1-1（a）］、叶轮碎裂［图 1-1（b）］、机组毁坏的突发性严重事故（详见本书第 3 章实例 10），造成整个生产线停产，幸运的是未出现人员伤亡。

(a) 轴断裂

(b) 叶轮碎裂

图 1-1 离心压缩机轴断裂及叶轮碎裂

这种大事故发生后，为了找到失效的原因，通常都会由专人（失效分析专家组）开展深入、广泛的调查研究活动。如果确认或怀疑事故是由于某个机件的失效造成的，就会对该机件进行一系列的分析和试验工作，以期找到失效原因和科学证据，并提出相应的改进措施。

在日常的生产过程中，经常出现的是中、小型的机件失效事故。这种事故虽然未造成严重的经济损失，但是也应该开展细致的失效分析工作，找到机件的失效原因，提出相应的改进措施，避免同类事故的再次发生。

失效分析工作在产品设计、制造、服役运转以及产品质量改进中的作用和地位如图 1-2 所示。图中只是粗略地表示这种关系，其实失效分析的结果和改进措施还可以反馈给检验、装配人员和产品用户。失效分析对产品设计者、制造者和使用者都非常重要，因为从中可以掌握提高产品质量和改善管理的第一手资料。可以说：对设计者、制造者而言，失效分析是改进产品质量的有效手段；对用户而言，失效分析是改进设备维修管理的必要措施。事实证明：失效分析是一种少投入多产出的手段。

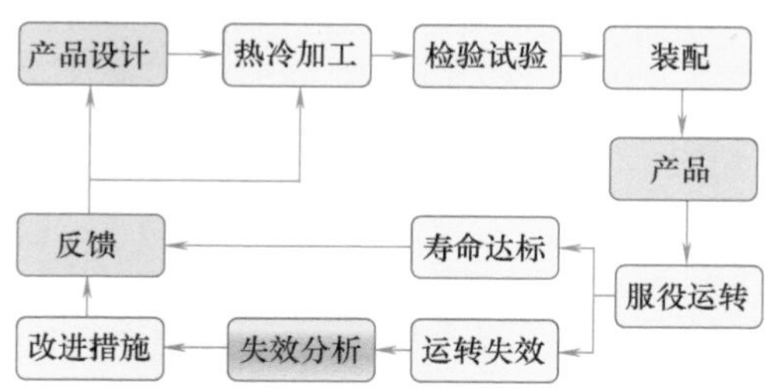

图 1-2　失效分析在产品设计、制造、服役运转以及产品质量改进中的作用和地位

1.2　机件失效的分类

机件（机械产品）的失效可有多种分类方法，常用的是两种：按照失效类型分类和按照失效原因分类。

（1）按失效类型分类

机件失效类型可分 3 大类 9 小类，见图 1-3。还可以进一步细分为更多的类型，例如，疲劳断裂失效又可分为高周疲劳断裂和低周疲劳断裂；磨损失效又可分磨合磨损、磨粒磨损和黏着磨损失效等。还有一些复合的失效类型，例如微动磨损疲劳是磨损、化学腐蚀和疲劳断裂的综合（详见本书第 3 章实例 5 和实例 6）。

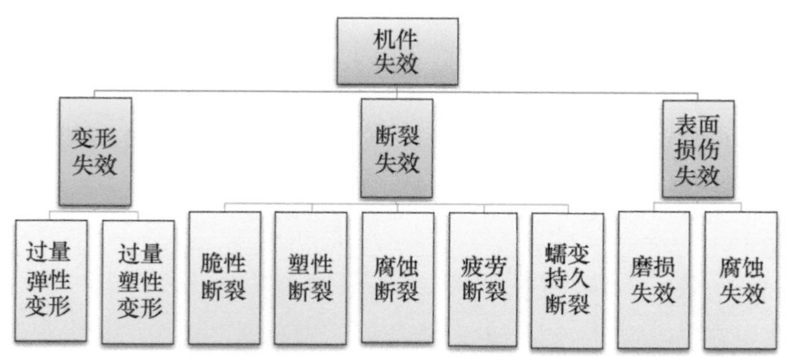

图 1-3　机件失效类型分类

（2）按失效原因分类

机件失效原因分为 4 大类，见图 1-4。每一大类又可以细分为更具体的失效

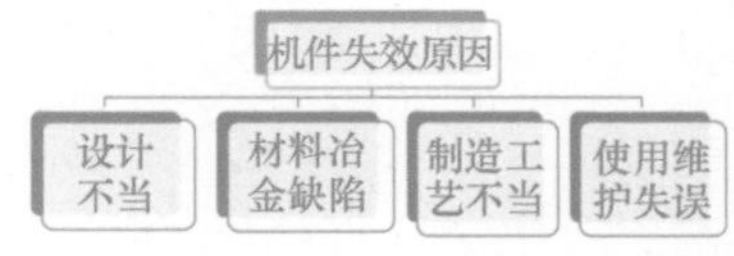

图 1-4　机件失效原因分类

原因，例如，制造工艺不当可以是锻造工艺不当、热处理工艺或机械制造工艺不当等；材料冶金缺陷可以是材料的化学成分有误，或夹杂物过多等。失效分析工作涉及的学科宽广，确定机件的失效原因往往会遇到困难，这就要求失效分析者要有丰富的知识和一定的失效分析经验，才能很好地完成失效分析任务。在具体的失效分析实践中，失效原因认定肯定会涉及事故责任单位和人员，因此经常会发生争议和相互推诿。失效分析的结论是依据收集到的确切证据和严谨的试验结果得出的，失效分析工作者必须坚持客观性和公正性，不为任何一方所左右。

上述 4 大类失效原因也可以归为两类：前三类原因都与机械产品品质有关，简称机械失效，由机械设计和制造单位负责；操作维护原因造成的失效（案例详见第 5 章实例 4），一般与产品品质没有直接的因果关系，因此要由使用单位负责。

以上的分类比较直观、简单，但是不能从整体上说明机件失效的过程和失效的物理本质。有学者认为失效形式是一种或几种物理过程，该过程导致机件失效，因此可以有一种能够根据它来描述所有失效形式的系统分类方法[2]。

这种分类方法是以失效形式、失效部位和导致失效的因素三种范畴为基础的，详见图 1-5。

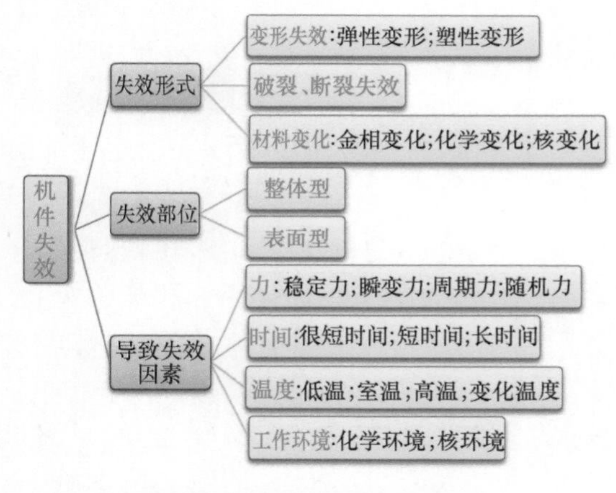

图 1-5　描述机件失效的范畴

从上述三种主范畴中（缺一不可），选出适当的子范畴来描述不同的机件失效，就能比较准确地表述机件失效的性质和引发失效的原因。例如，对于齿轮轮齿，从第一主范畴中选定断裂，从第二主范畴中选定整体型失效（非表面型失效），从第三主范畴中选定瞬变力、很短时间、低温、化学环境，齿轮的这种失效形式应该是低温环境下的过载断裂。再如，对于传动轴，从第一主范畴中选定材料金相变化；从第二主范畴中选定整体失效；从第三主范畴中选定周期力、长时间、高温、化学环境。传动轴的这种失效形式应该是高温改变了材料金相组织引起疲劳断裂。

1.3 失效分析的步骤

失效分析的实施步骤旨在保证失效分析工作能顺利进行和按时完成。由于各个失效事件的重要性、复杂程度和规模大小不同，因此对失效分析的要求和实施步骤也会不同。下面介绍通用的失效分析实施步骤，也可供机械传动装置基础件失效分析参考。

1.3.1 失效现场调查和收集背景资料

失效事故通常都是突然发生的，一般都没有充分的准备，发生失效事故后，不要慌乱，注意保护失效现场，等待有关人员进行调查。失效现场的一切证据应该维持原状、完整无缺和真实不伪，这是保证失效分析工作顺利进行的先决条件。对于生产线上的机械设备事故，由于要求尽快恢复生产而采取一些变通措施，但是保护失效现场的原则仍需执行。

失效现场调查采用目视、照相、录像、测量、绘图和文字描述等方法。初步检查失效机件的外观特征，注意其附近的碎片、残留物和可疑痕迹。

收集背景资料是指收集机件及其有关机械设备的设计资料、制造工艺记录、检验记录、服役历史和不正常工况等资料。也要收集该类设备或机件的有关标准。

在现场调查的基础上，挑选和收集供进一步检查和试验用的实物和试样。

某风电机桨叶断裂事故，其失效分析工作，从现场调查到综合判断断裂事故原因的大致程序如图 1-6 所示。

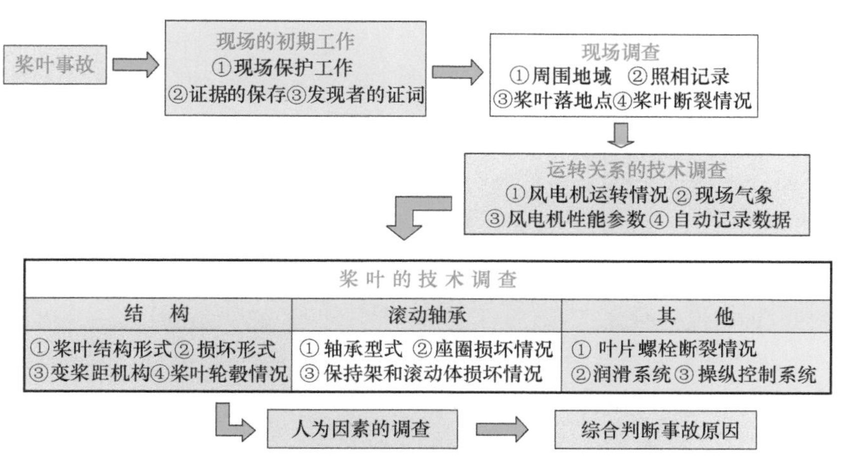

图 1-6　风电机桨叶断裂事故原因分析程序示意图

失效分析人员亲临机件失效现场进行调查和取证当然是最好的，但是在很多情况下，这可能是行不通的，或是不可能的。例如，事故发生在数月前，委托方只送来失效件，请求进行失效分析，因此失效分析人员就没有机会亲临机件失效现场进行调查和取证。在这种情况下，数据和样品可以由现场工程人员或其他人员在现场收集。失效分析可以利用的全部数据和机件失效的信息都应作记录。现场情况报告单或检验记录均可作为失效分析的资料。这就为后续的失效分析人员提供了比较充分的实物证据、数据和其他有关资料。

1.3.2 失效机件的初步检查

在现场调查的基础上，可以对一个或多个失效机件进行初步检查，目标是确定可疑的肇事机件，进而初步判断失效类型。根据初步检查的结果就可以确定下一步的试验项目和整个失效分析工作的计划。

当整台机械设备损坏时，可能有多个零部件严重变形、断裂或磨损（案例见第 3 章实例 10）。其中有多个零件属于被动破坏件，必须找到哪一个或几个机件是肇事件。肇事件就是首先损坏件。确定肇事件有时并不是一件容易的事，例如，一客机在日本失事，其很可能就是一个螺钉松动脱落造成的（2007 年 8 月，日方公布华航客机爆炸是由于螺钉脱落刺穿油箱引起的），而要找到这个肇事件，是相当有难度的。因此，在初步检查阶段重点是确定可疑的肇事件，要进一步完成一系列的实验室试验后才能最后确定肇事件。

初步检查依循两种途径：一是根据机械设备的工作原理进行推理分析；二是对失效零部件进行细致的目视检查、筛选和缩小肇事件的怀疑范围。

1.3.3 实验室试验工作

在初步检查的基础上，根据失效案例的重要性和复杂程度，确定实验室试验项目。试验用的试件和样品主要取自失效机件、碎片和其他残留物。

常用的、可供选用的试验项目如下：

① 断口观察　包括宏观断口观察和电子显微镜断口观察两个方面。

② 痕迹分析　是机件失效分析中最重要和最有效的分析方法之一，对判断事故性质、事故过程和找出肇事件都有重要的意义。

③ 材料的力学性能试验　包括室温、低温的拉伸试验、冲击试验和硬度测量，以及疲劳强度试验、断裂韧性试验等。

④ 化学成分分析　用于检验机件材料和环境介质的化学成分。

⑤ 金相试验　用于检验机件材料的显微组织和缺陷等。

⑥ 无损探伤　用于检查零件表面和内部的裂纹和缺陷。常用的无损探伤方法有 X 射线法、磁粉法、渗透法、荧光法、超声波法等，它们有各自的适用范围。

⑦ 腐蚀机件和磨损机件用扫描电子显微镜观察表面。

⑧ 模拟试验　用来检验某项失效分析结果的正确性。

⑨ 校核失效机件的载荷和压力，进行实验应力分析，测定残余应力。

⑩ 必要时进行有限元数值计算和模态分析，确定机件应力分布和最大应力点。

1.3.4 确定失效类型和失效原因

失效类型和失效原因是失效分析的核心环节和基本目的。确定失效类型，对于查找失效原因有指导作用。如果确定某个零件属于疲劳断裂，并且找到了裂纹起源位置和裂纹扩展的特征，那么就有利于查找具体的失效原因：机件该部位的细节设计是否不当；制造工艺或材质有无缺陷；机件或系统有无振动等。图 1-7 所示为查找机件断裂具体失效原因的示意图。

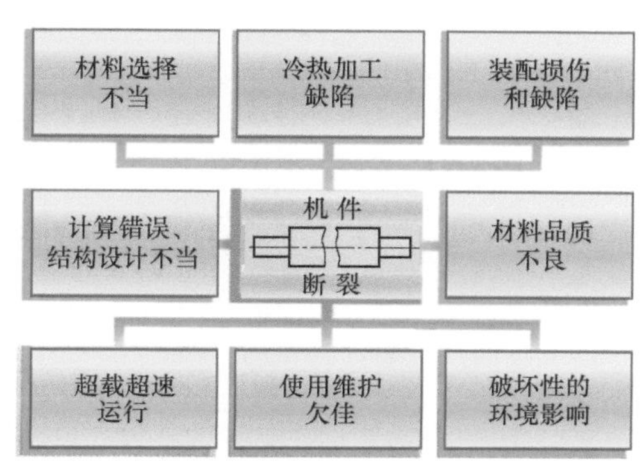

图 1-7　查找机件断裂具体失效原因的示意图

在失效分析工作中最常用的一种分析方法是“鱼骨”图分析方法，也称特征 - 因素图分析方法[3] 89-90。所谓失效分析“鱼骨”图，就是将已表现出来的失效结果（例如断裂）和引起此结果的因素，用“鱼骨”结构联系起来，通过分析找到造成失效的直接原因。

图 1-8 是某机车齿轮轮毂断裂失效分析“鱼骨”图，以此图来说明其失效分析工作查找具体失效原因的基本思路。最后查明，齿轮轮毂的断裂是由于轮毂内有过大的残余拉应力和过盈量控制不严造成的。

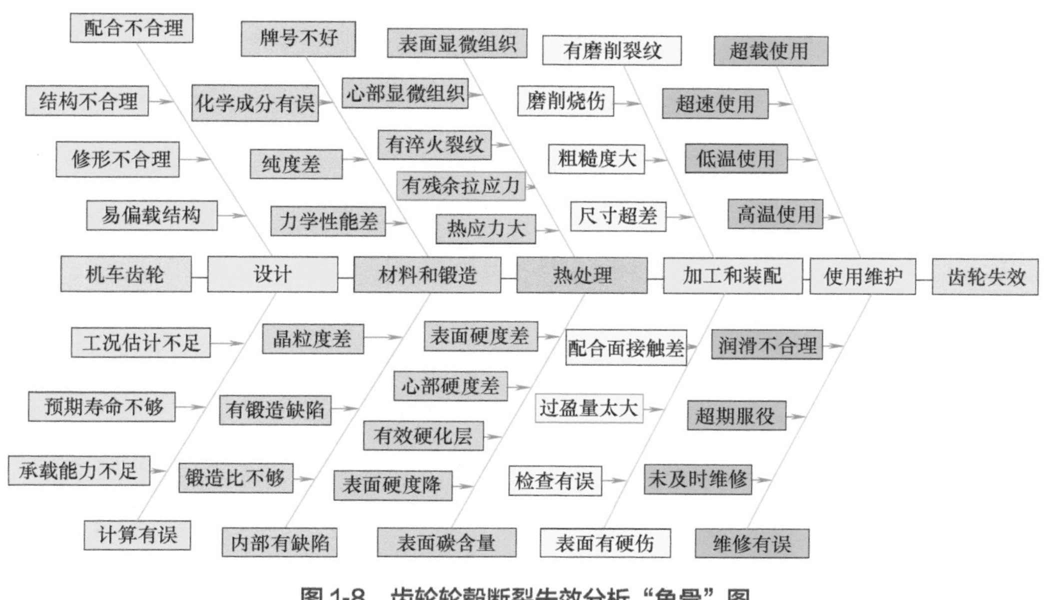

图 1-8　齿轮轮毂断裂失效分析“鱼骨”图

无论确定失效类型，还是确定失效原因，都要有试验和检查所获取的数据、资料和照片作为证据。重大案例的失效往往不是单一因素造成的，而是多种因素综合作用的结果，但是应该力争分清主次。也存在一些疑难案例，查不清确切的失效原因，例如，严重毁损的机组中找不到肇事零部件；或者目前的检测技术和认识水平尚达不到预定目标。

1.3.5 检查试验和分析得来的证据是否充分完整

有关文献[1]37建议以提问的方式来检查断裂案例中试验和分析得来的证据是否充分和完整。这些问题还有助于强调那些容易被忽略的研究细节，使失效分析得出的结论更为严谨、客观、可靠。

今将文献[1]37提出的问题加以补充和分类，如表1-1所示。

表1-1 检查试验和分析得来的证据是否充分完整

序号	项目	问题
1	检测与分析	断裂的先后次序确定了吗？
2		如果失效涉及开裂，那么起点确定了吗？
3		裂纹起源于表面还是表面以下？
4		开裂是否与应力集中源有关？
5		出现的裂纹有多长？
6		应力相对于零件断裂的取向如何？
7		属于何种性质的断裂或开裂？
8		断裂机理清楚了吗？
9	工作条件	工作载荷有多大？是否经常超载？
10		加载类型：静载荷、循环载荷、间断的冲击载荷？
11		断裂时的温度大概是多少？
12		是温度造成的断裂吗？
13		是腐蚀造成的断裂吗？是哪种类型的腐蚀？
14		是磨损造成的断裂吗？是哪种类型的磨损？
15	零件设计	选用了合适的材料吗？需要更好的材料吗？
16		零件的横截面对该工况是否够大？
17		零件的结构设计是否合理（应力集中大小）？
18		强度、寿命计算是否有误？
19		能修改零件设计以避免类似的事故发生吗？如何才能防止？
20	材料质量	材料的化学成分符合标准吗？
21		材料的力学性能符合标准吗？
22		材料的内在质量（金相组织、非金属夹杂、晶粒度等）如何？
23	零件制造	失效零件是否经过适当的热处理？有热处理缺陷吗？
24		失效零件制造（锻造、机械加工）是否正确？
25		零件的组装或安装正确吗？
26		零件是否经过适当的磨合？

续表

序号	项目	问　题
27	使用与维护	零件在使用过程中经过修理吗？修理是否正确？
28		零件日常维护正确吗？
29		零件润滑正确吗？
30		破坏与使用弊病（误操作等）有关吗？

一般要将上述的记录、检查和试验的结果经过综合整理后，才能得出这些问题的答案。但是，有时可能不能断定破坏的起因或根源，在这种情况下，如果必须确定最有可能的破坏起因或根源，就要把根据事实得到的研究结果与推测得来的结论区别开来（见第 4 章案例 10）。

1.3.6 完成失效分析报告

失效分析报告是整个失效分析工作的总结，历经几个月的失效分析工作，可能反映在失效分析报告中只有几页或十几页的内容。失效分析报告的用途通常有两个，其一是改进产品的质量，避免同类的失效再次发生；其二是为仲裁、索赔提供依据。因此，失效分析报告必须具有严谨、客观和公正的特性。一切分析的结论均建立在试验和检测所获取的数据、图片和资料的基础上。

根据失效分析报告中列出的全部重要证据，一方面给出严谨规范化的结论，另一方面还要相应地提出预防同类失效的措施和对失效机件的补救措施。

失效分析报告一般包括以下内容：

① 标题　要简明、确切。

② 摘要　对于篇幅很大的失效分析报告，附上一个摘要很有必要，因为有的报告阅读者（例如部门的领导、营销人员）最关心的是失效的原因和改进措施，其他的内容最多只是浏览一下。

③ 任务来源　如果是委托的任务，就要说明委托单位的名称、委托日期等。

④ 现场调查　收集失效分析可用的实物和资料。

⑤ 失效件的宏观观察和微观观察。

⑥ 材料的化学成分分析结果和评价。

⑦ 材料的力学性能测定结果和评价。

⑧ 失效件的内在质量（金相组织、夹杂物和晶粒度等）检测结果及评价。

⑨ 综合分析　确定机件的失效模式、失效原因和失效机理。对于某些目前无法解释的客观事实，也可以如实提出，供讨论或今后进一步的研究。

⑩ 结论　包括机件失效的性质、失效模式、造成机件失效的主要原因和其他影响因素。

⑪ 建议和具体的改进措施。

⑫ 负责和参加失效分析人员的姓名和单位。

⑬ 附录 一些次要的但对本次失效分析有一定价值的失效分析数据和资料，可以作为附录保存。

⑭ 参考文献 列出失效分析报告中引用的参考文献。其格式要符合 GB/T 7714—2015《信息与文献 参考文献著录规则》的规定。

1.4 失效分析的观察和试验

在本章 1.3.3 节中已列出可能采用的试验项目，本节仅介绍常用于失效分析的几种专门试验方法。

1.4.1 裂纹观察

在发现裂纹的情况下，应对裂纹进行宏观观察和金相观察。宏观观察的目标是查明最先形成的裂纹、裂纹位置和裂纹走向。金相观察的目标是查明裂纹属于穿晶裂纹还是沿晶裂纹，以及裂纹与其他显微组织的关系。

1.4.1.1 裂纹的宏观观察

当失效机件上存在许多条裂纹或裂成多块碎片时，重要的任务是查明哪一条裂纹首先形成，并确定裂纹走向和找出裂纹源位置。以下是几种常用的判断方法。

（1）T 形法

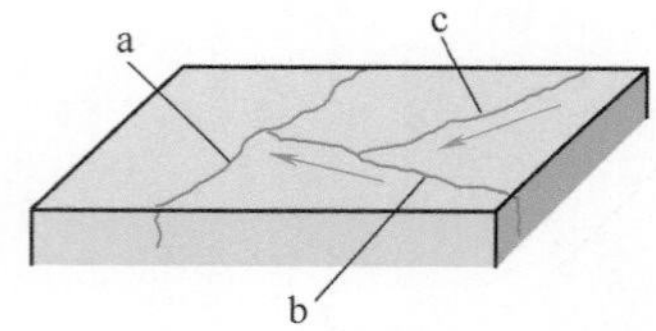

图 1-9 判断裂纹形成先后的 T 形法

图 1-9 中有 3 条互为 T 形分布的裂纹 a、b、c，现在要确定哪条裂纹是最先出现的。裂纹 a、b 呈 T 形分布（图 1-9），必定是 T 形顶边的裂纹（图中裂纹 a）先形成，因裂纹不可能穿过裂纹，图中裂纹 b 是后形成的，这就是 T 形法。裂纹 b、c 也呈 T 形分布的，根据上述的 T 形法就可以判定，裂纹 c 是裂纹 b 出现后出现的。图中画出了裂纹 b 和 c 的扩展方向。3 条裂纹发生的先后次序为 a → b → c，因此应当优先追踪裂纹 a，即向裂纹 a 两头追查是否有更先形成的裂纹，直至追踪到裂纹源位置。

T 形法在追踪裂纹源位置时非常有用，举一个实例：图 1-10 所示是弧齿锥齿轮热处理后产生的 3 条裂纹，利用 T 形法就很容易确定哪条是先出现的主裂纹，其他都是后出现的次裂纹（详见第 4 章实例 8）。

图 1-10 弧齿锥齿轮热处理裂纹

（2）分枝法

对于分枝裂纹（图 1-11），必定是主干裂纹先形成，然后形成分枝。沿着主干裂纹无分枝的方向查找裂纹的起始点。存在较严重腐蚀和氧化迹象的裂纹，被优先怀疑为先形成的裂纹。将这种裂纹打开，获得断口，断口上腐蚀色泽深浅有助于判断该裂纹是否首先形成。但是要注意，这种宏观裂纹的溯源方法不能应用于解理断裂的河流花样上。在解理断裂的河流花样中，是支流汇集成主流，而主流方向就是裂纹的扩展方向，正好同图 1-11 裂纹扩展方向相反。分枝裂纹的实例见图 1-15。

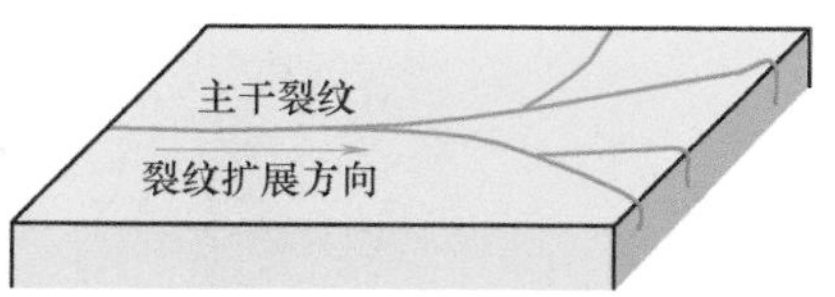

图 1-11 判断裂纹扩展方向的分枝法

（3）匹配法

一个机件在服役中出现裂纹或疲劳裂纹，并发现同一裂纹局部段的宽窄（粗细）与其他的明显不同，也就是裂纹匹配有差异，根据这一差异，利用“宽先窄后”的原则，就可以确定裂纹的裂源区，如图 1-12 所示。进一步的工作就是人为打开裂纹断口，重点观察和分析裂源区的断口特征，追查产生裂纹的原因。

举一个实例：一个齿轮在热处理后，轮齿出现宏观轮齿裂纹，如图 1-13 所示。轮齿端面上裂纹没有扩展到两侧齿面，横截面上心部裂纹最粗大，根据上述的匹配法就可判断：裂纹是从轮齿的心部首先开裂的。据此就指明了追查轮齿开裂原因的方向。详见第 4 章实例 5。

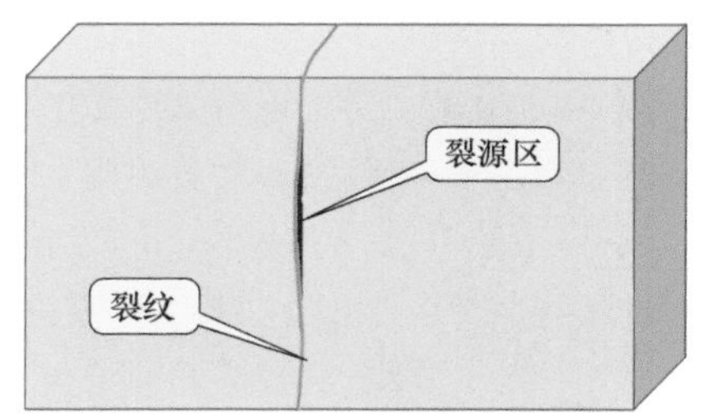

图 1-12 匹配有差异的裂纹

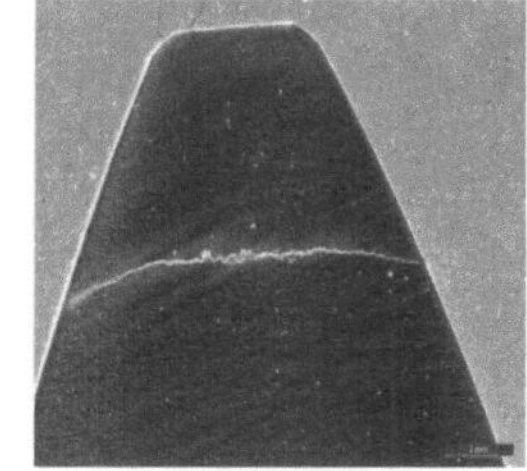

图 1-13 轮齿在热处理后出现的裂纹

1.4.1.2 裂纹的金相观察

利用裂纹金相观察的手段，很容易看到裂纹的发展途径与晶粒的关系，以及夹杂物与裂纹形成与扩展的关系。

裂纹金相观察需要先制备金相试样。一般取细小裂纹或裂纹尖端部位，垂直于裂纹面切取试样，抛光，浸蚀后显示晶界或显微组织。在光学显微镜下观察裂纹扩展途径与晶粒的关系，沿晶界扩展者为沿晶裂纹，如图 1-14 所示；穿过晶体内部者为穿晶裂纹，如图 1-15 所示；还有穿晶和沿晶混合型裂纹。普通的疲劳断裂和塑性断裂均以穿晶裂纹为主。当观察到较多的沿晶裂纹时，一般都存在某种特殊因素，例如环境、高温或材料脆化等因素。

裂纹金相观察时，也要注意微观裂纹发展途径与夹杂物或显微组织间的关系。

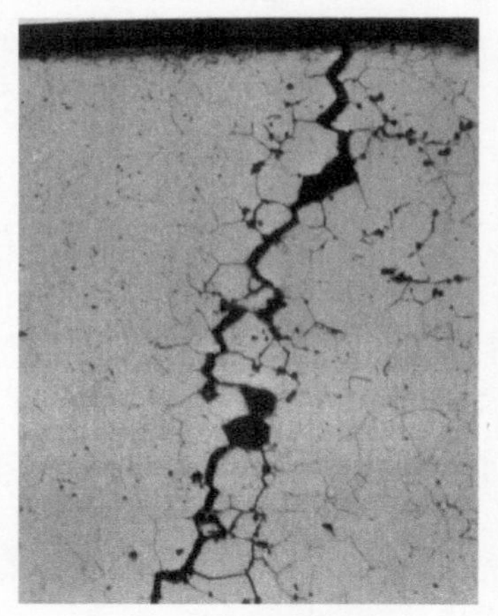

图 1-14　沿晶裂纹金相照片[4]204　100×

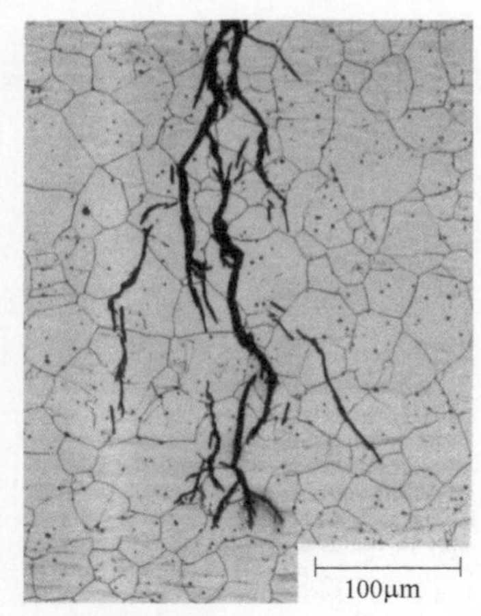

图 1-15　穿晶裂纹金相照片[4]28　200×

1.4.2 宏观断口观察

机件断裂形成的表面称为断口，如果机件上的裂纹尚未造成整体断开，则可以人为地打开裂纹，获得断口。

断口上忠实地记录着断裂失效过程的各种信息，包括裂纹的起始点、扩展过程、应力大小以及内外影响因素等。断口观察和分析就是设法解读出这些信息。断口观察和分析是机件断裂失效分析的核心和向导，指引着少走弯路和直达预定目标。

断口观察分为宏观观察和微观观察两类。宏观观察是基础；微观观察是进一步的深入研究。

宏观断口观察通过目视或低倍实体显微镜进行，后者的放大倍数由数倍到数十倍，可用于观察凹凸不平的断口表面。扫描电子显微镜虽然是微观观察设备，但也可在 20 倍左右观察和照相。目视和低倍观察比较直观，有利于全面了解断口的情况。

对于宏观观察，断口表面有以下 6 项要素可供观察。

1.4.2.1 断口粗糙度

断口粗糙度反映断裂过程中材料塑性变形的程度。在正断口（断口面垂直于最大主应力方向）上，有三种典型的粗糙度形貌[5]950：

① 纤维状断口　纤维状断口呈现较高粗糙度，塑性断裂形成这类断口。低周疲劳的应力水平较高，其断口粗糙度也较高，接近于纤维状断口的情况。

② 颗粒状断口　颗粒状断口属于脆性断口，颗粒面较平坦，部分面有反光

性。低温快速断裂和回火脆性断裂形成这类断口。

③ 粗糙度较低的平坦断口　这种断口反映断裂过程中塑性变形较小，某些脆性断裂和疲劳断裂形成这类断口（见图 1-16 疲劳源区）。斜断口（近似平行于最大切应力方向）的粗糙度较低，是剪切断裂形成的，属于塑性断裂。

1.4.2.2　断口上的线纹

断口上的线纹是裂纹扩展过程中形成的，分为两类。

（1）垂直于裂纹扩展方向的线纹——疲劳弧线

疲劳弧线（又称海滩花样、贝纹线、抑制线等）是疲劳断裂的一种宏观断口特征，由机件载荷谱变化（包括机器开车、停车和较大的载荷变化）而形成。每条弧线代表某时刻裂纹前沿线的位置，并且垂直于裂纹扩展方向。如果在断口上看到真实（有时会显示一些假象）的疲劳弧线，就可以判断机件是疲劳断裂。但是断口上看不到疲劳弧线不能说不是疲劳断裂，因为在稳定载荷下长期运转机件的断口，很可能不出现疲劳弧线[5] 951。

图 1-16 所示是形面轴疲劳断口上的疲劳弧线（详见第 3 章实例 2）。从图中可以看到断口上的疲劳弧线间距并不相等，靠近疲劳源的间距最小，然后逐步加大，这说明裂纹的扩展速度是逐步加大的。

在实际的失效分析工作中，经常会看到一个断口中有几个疲劳源，这时就要确定哪个疲劳源是最早出现的，以便对这个疲劳源作进一步的分析研究。通常根据断口各疲劳区疲劳弧线的疏密程度来判断各疲劳源出现的先后，密者在前，疏者在后。图 1-17 就是一个实例（详见第 3 章实例 2），断口中有 A、B、C、D 共 4 个疲劳源，其中 A 疲劳源的疲劳弧线的细密程度远高于其他 3 个，因此可以确定 A 疲劳源是最早出现的。

图 1-16　形面轴疲劳断口上的疲劳弧线

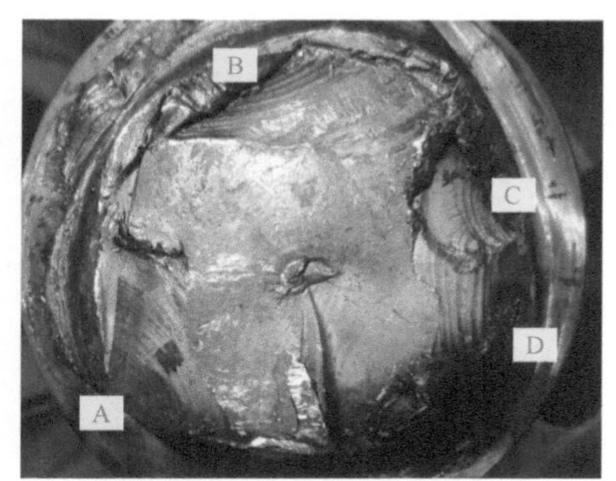

图 1-17　断口中有 4 个疲劳源

断口疲劳弧线的凹凸形状也反映了一定的断裂信息：

① 疲劳弧线一般都是以疲劳源为圆心的近似同心圆，据此就可以根据疲劳弧线的形状推断疲劳源的位置。

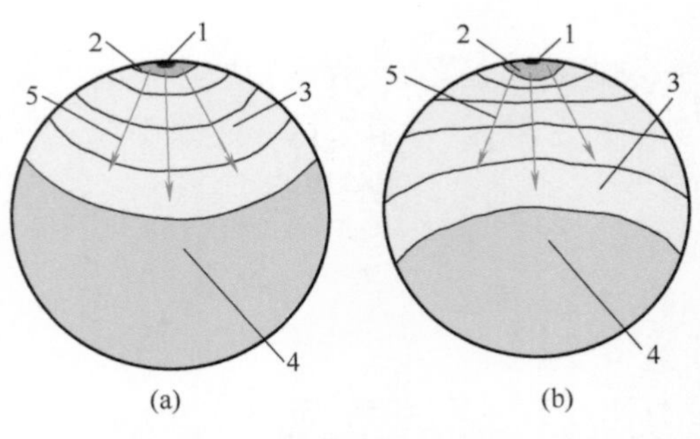

图 1-18 疲劳弧线形状与缺口敏感性的关系

1—疲劳源（图示的是夸张的画法，实际的疲劳源目视一般是看不到的）；2—疲劳源区；3—疲劳扩展区；4—瞬断区；5—裂纹扩展方向

② 如果疲劳弧线围绕疲劳源凸形推进［图 1-18（a）］，说明疲劳源处的应力集中小，或材料对缺口的敏感性小（例如低碳钢等）。

③ 如果疲劳弧线围绕疲劳源凹形推进［图 1-18（b）］，说明疲劳源处的应力集中大，或材料对缺口的敏感性大（例如高碳钢或表面经过硬化处理的材料等）。

④ 疲劳弧线出现这种凹凸形状的差别，是机件表面裂纹的扩展速度与内部扩展速度不同造成的。对于缺口敏感性小的钢材，表面裂纹的扩展速度与内部扩展速度差别不大，因此出现凸形疲劳弧线；对于缺口敏感性大的钢材，表面裂纹的扩展速度比内部扩展速度大，因此出现凹形疲劳弧线。

（2）代表裂纹扩展方向的线纹——放射纹和人字纹

放射纹是从裂源附近放射出的一组线纹，也称放射花样，它是由于相邻区裂纹面处在不同水平面上而形成撕裂带。裂纹扩展越快，放射线纹越清晰明显。脆性断口也常有明显的放射纹；疲劳断口和塑性断口也可能有较短的放射纹。

当零件厚度较小且裂纹高速扩展时，宏观断口上常呈现人字纹花样，大量人字形线纹有规律地排列成行，见图 1-19。该图所示为真空熔炼 4335 钢的零件脆性断口上的人字纹花样，裂纹源位于卡槽的尖拐角处（箭头所指），人字纹指向裂源。

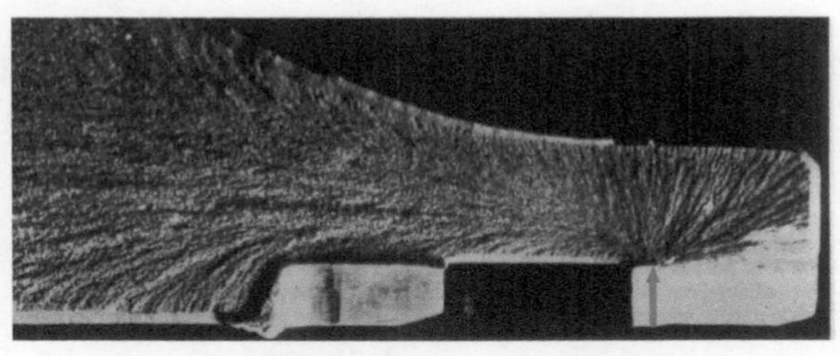

图 1-19 断口上的人字纹花样[4]86

钢板零件冷脆断裂和压力容器爆炸时常形成这类线纹。实际上人字纹是放射纹的变种，两者形成原因相同（在图 1-19 中同时可以看到人字纹和放射纹）。顺着人字形头部方向可以追溯裂纹源位置，逆向为裂纹扩展的宏观方向。

图 1-20 所示为齿轮轮齿断裂的断口，断口上有明显的人字花纹，顺着人字形头部方向就可以确定裂纹源的位置，图中标注出裂纹的扩展方向。

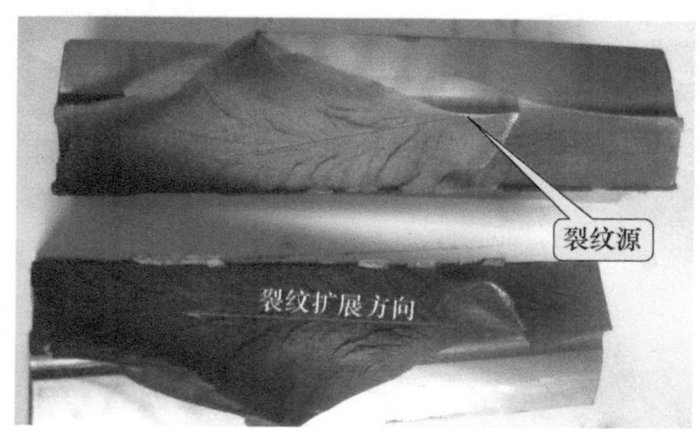

图 1-20　齿轮轮齿断裂断口上的人字花纹

机件受到冲击而断裂的断口上经常可以看到放射纹。螺栓受冲击而断裂的断口如图 1-21 所示（详见第 3 章实例 10），图中标注出裂源区的位置和裂纹的扩展方向。

轴的氢致延迟脆性开裂疲劳源区的断口也可能出现放射纹线，其宏观形貌见图 1-22。该区为粗糙度较低的平坦断口，裂纹扩展方向呈放射形，裂纹具有快速扩展的特征（详见第 3 章实例 3）。

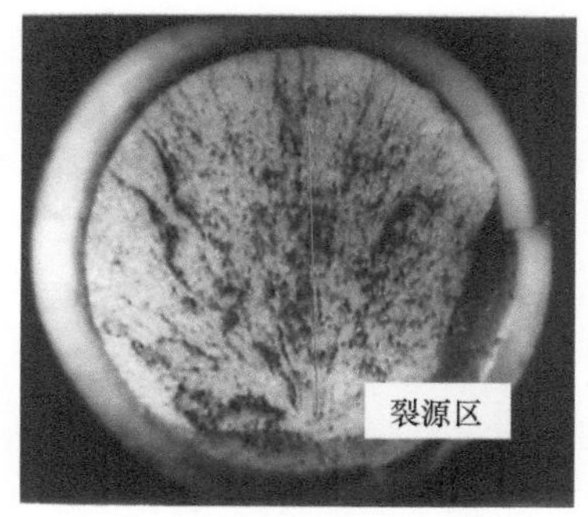

图 1-21　螺栓断口上的放射纹

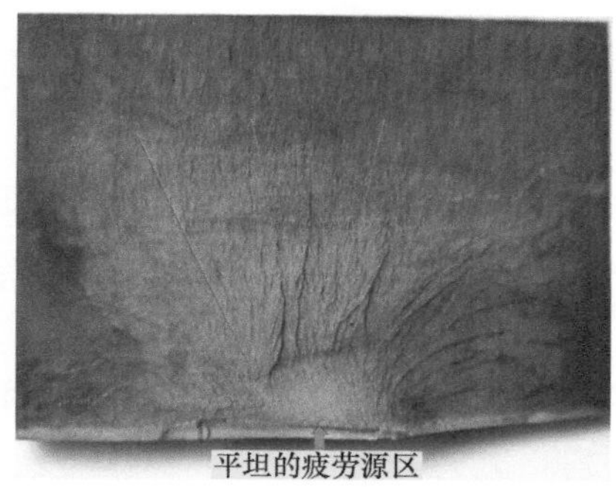

图 1-22　氢致延迟脆性开裂疲劳源区断口的放射纹线

1.4.2.3　断口色泽

塑性断口较粗糙且色泽较暗，常呈暗灰色；脆性断口常呈浅灰色。断口的特殊色彩由高温氧化形成，据此可以初步判断零件断裂时的温度。

如果局部断口的腐蚀色远深于其他部分，说明它是陈旧裂纹，形成在先，或者形成于制造过程中，有可能是零件失效原因之一。

1.4.2.4　断口面的倾斜度

断口面倾斜度分为两类[5] 951：正断口与零件的最大主应力方向垂直；斜断口又称剪切唇口，呈近似 45°倾角，平行于最大切应力方向。斜断口属于剪切断裂；正断口是拉应力导致的断口。脆性断口基本上为正断口，其剪切唇口小，塑性断口常有正断口和剪切唇口两部分。剪切唇口位于零件边缘，是最后断裂部位，可以反向推断断裂起源位置。剪切唇口区侧边常有缩颈现象。

断口上剪切唇口区的宽度代表材料断裂韧性的高低，中低强度钢常形成较宽的剪切唇口，超高强度钢形成较窄的剪切唇口。

另一种塑性断口是单一的剪切断口，无正断口。

在失效分析的初步检查阶段，要判断首先断裂件，如果发现有脆性特征的断口，该零件应作为优先怀疑对象；其他属于塑性断口的零件常常是被动破坏件。如果发现有疲劳特征的断口，更应作为优先怀疑对象，进一步仔细检查。

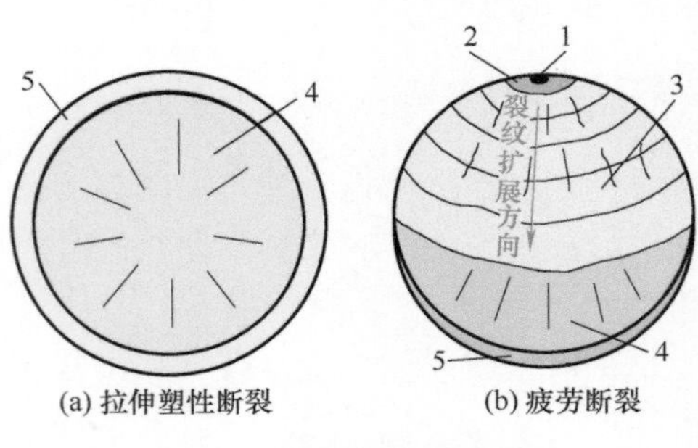

图 1-23　宏观断口示意图

1—疲劳源（图示是夸张的画法，实际的疲劳源目视一般是看不到的）；2—疲劳源区；3—疲劳扩展区；4—瞬断区；5—剪切唇口区

图 1-23 是典型的塑性断口和疲劳断口示意图，光滑圆试件拉伸的塑性断裂，起始于中心区，为纤维状断口，断口面垂直于拉应力方向，断口可以存在或不存在放射线纹；周边为剪切唇口区，见图 1-23（a）。图 1-23（b）表示圆轴疲劳断裂宏观断口上的各区域形貌和线纹。疲劳断口分为疲劳源区、疲劳裂纹扩展区（具有海滩花样、贝纹线）和瞬时断裂区［图 1-23（b）浅蓝色区域是纤维状断口，表面粗糙度较高］三部分。扩展区和瞬断区均可能存在或不存在放射线纹，瞬断区最边缘处也可能存在剪切唇口。瞬断区面积的大小与断口部位的应力大小和材料的性能有关。应力大、材料较脆，瞬断区的面积就较大；反之，瞬断区的面积就较小。

关于疲劳断口的更多内容见第 3 章轴的失效分析。

1.4.2.5　断口的瞬断区

当机件的裂纹扩展到失稳时就造成最后的瞬时断裂，断口上瞬时断裂区的形貌一般为纤维状，可能存在或不存在放射线纹，也可能有或没有剪切唇口，这取决于应力状态和材料性质等影响因素。轴类机件常见的瞬断区如图 1-23（b）所示。下面讨论瞬断区的位置。

（1）圆周方向的位置

轴类机件在旋转弯曲的运转条件下，轴的疲劳裂纹一般都在有缺口的部位［例如键槽的根部，见图 1-24（b）］萌生，然后向前扩展。因此，瞬断区一般都在疲劳源的对面，但由于轴在旋转，疲劳裂纹的前沿向轴旋转的反方向偏转，因此最后断裂的瞬断区就会向旋转的方向偏转一个 θ 角，如图 1-24（a）所示。这就提供一种可能：根据疲劳源区与瞬断区的相对位置去推断轴的旋转方向。据研究，偏转角 θ 的大小与材料的缺口敏感性和周围的介质等因素有关。图 1-25 是旋转弯曲疲劳断口的实例（详见第 3 章实例 7），其疲劳源位于键槽根部拐角处，瞬断区位于疲劳源对面相隔 θ 角处。依据图 1-24 和图 1-25 所示的疲劳源和瞬断区位置的不同，就可以推断两根轴的旋转方向相反。

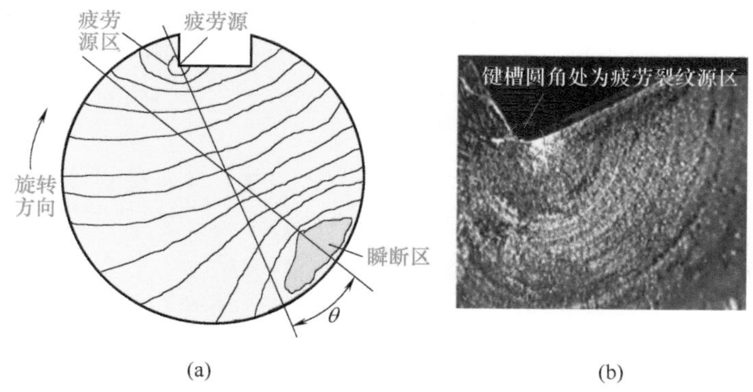

(a)　(b)

图 1-24　旋转弯曲疲劳断口示意图

（2）径向的位置

轴断口瞬断区的径向位置 δ 如图 1-26 所示。据研究，δ 值与应力大小、应力集中程度和材料的缺口敏感性有关。通常，当应力大、应力集中严重且材料的缺口敏感性大时，疲劳裂纹就会在多处萌生，并向轴心扩展，最后的瞬断区面积就较大，并靠近断口的中心，即 δ 值小。因此，可以根据 δ 值的大小来推断轴的应力大小、应力集中程度和材料的缺口敏感性。不过要注意，这些推断都是定性的，其实，还会受其他多种因素的影响。

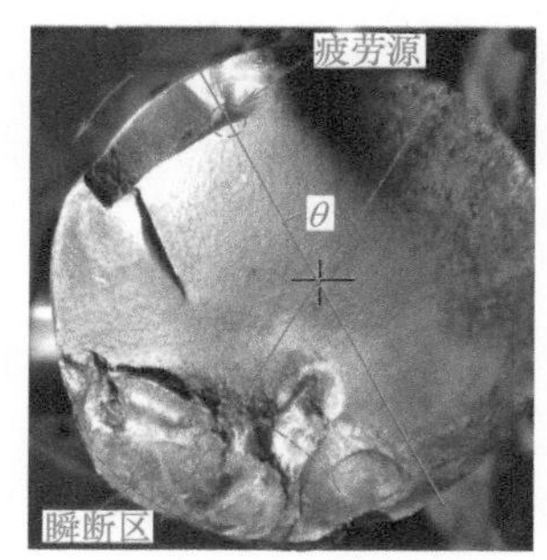

图 1-25　旋转弯曲疲劳断口实例

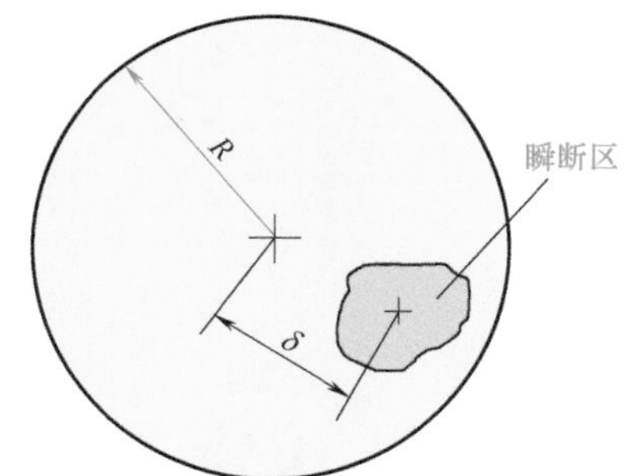

图 1-26　瞬断区的径向位置示意图

在失效分析工作中，很少见到瞬断区位于轴心（δ=0）的情况，据研究，如果 δ=0，则轴断裂的应力循环次数不会超过 3×10^4 次，其所受的应力约为疲劳极限的 2 ～ 13 倍。此外，有严重应力集中、旋转弯曲的轴，其瞬断区也有可能位于轴心，见表 3-1 中的第 21 号断口和图 3-5。

1.4.2.6　断口显现的冶金缺陷

在冶金生产中，经常采用打开断口的方法来显现各类冶金缺陷。在机件失效分析中，有时也会遇到这种缺陷显示。例如，疲劳或脆性断裂起源于大块夹杂、铸造缺陷和焊接缺陷，会显示在宏观断口上。小的缺陷和夹杂，只能显示在微观断口上。

1.4.3 微观断口观察与分析

断口的观察与分析可分为宏观观察与微观观察，宏观观察是基础，而微观观察是进一步深入观察。利用宏观观察来判断裂纹源、确定断裂的性质及裂纹的扩展方向；利用微观观察则可分析断裂原因及断裂机制。

微观断口观察与分析仅依靠人的肉眼是无法实现的，要借助现代先进的仪器设备。

光学显微镜的景深很浅，即使观察粗糙度较低的疲劳断口，获得的图像也极其模糊，而且放大倍数有限（一般低于 800 倍），因此它很少用于微观断口观察。微观断口观察通常使用电子显微镜，包括透射电子显微镜（TEM）和扫描电子显微镜（SEM）。电子显微镜具有长景深、高分辨率和高放大倍数的优点，适用于观察凹凸不平的断口表面，有利于分辨断口的细节。

普通的透射电子显微镜的分辨率可达 1nm，放大倍数为 2000 ～ 30000 或更高。它不能直接观察断口，而是观察断口的复型。常采用二级复型法，第一级塑料复型由醋酸纤维素纸按压断口而获得；将一级塑料复型置于真空镀膜机中进行碳沉积，溶去塑料复型，获得二级碳复型。透射电子显微镜观察碳复型显示的微观断口形貌，分辨率可达 15nm，图像清晰。而且可以在零件断口上复型，不需切割破坏零件。透射电子显微镜的应用有两方面限制：不能进行较低放大倍数（低于 2000 或 1000）的观察；复型观察部位很难与实际零件断口部位一一对应 [5] 952。

应用最广泛的是扫描电子显微镜（图 1-27），用于直接观察试样上的断口形貌，以及磨损和腐蚀表面形貌。试样尺寸决定于电镜试样室的规格。扫描电子显微镜利用二次电子图像观察断口的微观形貌，具有很强的立体感，通过标尺移动，能确定观察点在断口上的具体部位，例如裂源区、源区附近、距源区一定距离的扩展区。常用放大倍数为 20 ～ 1000 倍，很少采用更高的放大倍数，因为扫描电镜的分辨率低于透射电镜。对断口上的同一视场，可以从低倍到高倍作连续观察和照相，把宏观和微观观察联系起来。

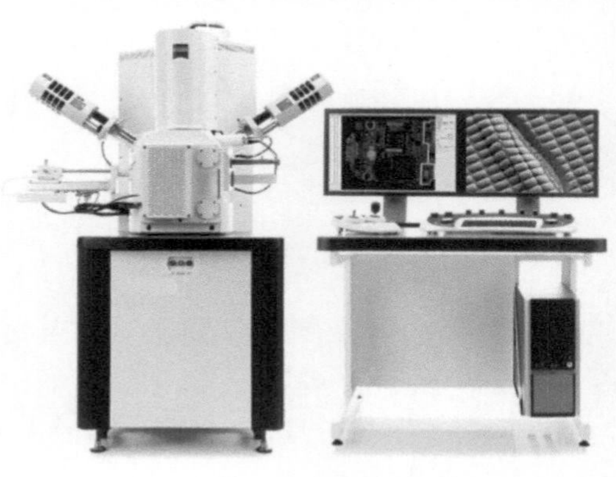

图 1-27　扫描电子显微镜

扫描电子显微镜常配有能谱分析

仪，可用于定性和定量分析断口微区和第二相粒子的化学成分。

关于扫描电子显微镜的操作和应用，有多种文献可供参阅，例如文献［6］。

断口微观观察的内容很多，在机械传动装置基础件失效分析中，最常用的是通过断口微观观察确定断口的种类、判断断裂的原因。例如，微观观察要确定的断口可能是解理断裂断口、韧性或脆性断裂断口、准解理断裂断口、疲劳断裂断口、晶间断裂或沿晶断裂断口等。断口的微观形貌一般按出现的微观特征来判断。例如，韧性断口主要是断口上显示不同形状的韧窝，而解理断口主要是显示出解理小平面。掌握这些断口的特征，就能给判断断裂的原因提供科学的根据。

若要了解上述这些断口的形貌特征，可参阅文献［7］。

通过微观断口观察和分析，获得各种证据和典型照片，一般都能较准确地确定断裂类型，指出可能的失效原因，有时还能给出关于疲劳裂纹扩展速率和断口历史的定量描述，对失效分析起到重要作用。

微观观察用的断口试样，事先应妥善保管，防止擦碰、手摸和腐蚀。观察前，试样应清洗，常用方法是超声波清洗和塑料复型揭除脏物（见附录 A）；遭受严重腐蚀或氧化的断口，需要进行化学清洗。

在失效分析报告中，常选用几张关键的微观照片来说明结论性意见。必须注意，所选照片应具有代表性，还要注明照片取自断口的哪个部位。

利用电子显微镜观察断口虽然优点众多，但也有不足之处，例如观察的范围较小、局限性大，而且容易获得假象，在观察时应特别注意。

1.4.4　断口分析在机件失效分析中的作用

从以上裂纹分析和断口宏微观观察与分析可见，断口分析是十分重要的，因为：

① 断口是断裂失效最重要的残骸，是断裂失效分析的主要物证。

② 断口记录了机件从裂纹萌生、扩展直到断裂的全过程，从整个失效机件来看，断口是局部的，但却包含了整个机件的全部信息和密码，具有全息的价值。

③ 断口有时是断裂失效唯一的物证，例如轴的断裂，虽然通过强度计算或有限元计算和分析可以说明轴的强度是否满足技术要求，但是这只能是一种“人证”。“人证”一般只能作为辅助信息和证据，而断口的观察和分析得到的结果才是说明断裂过程和原因的“铁证”。

④ 断口中拥有丰富的信息和密码，提取这些信息和破解这些密码一方面需要人的知识和经验，另一方面还需要科学的手段。目前，扫描电子显微镜、电子探针 X 射线显微分析、X 射线表面残余应力测量等现代分析仪器和设备，使提取这些信息和破解这些密码已经成为可能。

⑤ 对于机械制造企业而言，其产品出现某些质量问题几乎不可避免，问题在

于是否能够通过失效分析，查明失效的原因，落实改进措施，提高产品的质量。在整个过程中，断口分析是解决问题的主要方法之一。

1.4.5 化学成分分析

在失效分析工作中，认定金属材料的品质首先要做的是材料的化学成分分析。目前最常用的分析方法有两种：

其一是以化学反应为基础的化学分析方法，包括滴定分析法、比色分析法和重量分析法等。化学分析法一般可用于常量和高含量成分分析，准确度较高，误差可小于千分之几。但是，操作较烦琐，给出分析结果的速度较慢。

其二是以被测材料的物理特性为基础的化学分析方法，这种方法要应用专门的分析仪器，因此也称为仪器分析方法，它包括光电直读光谱分析法、原子吸收光谱分析法等。仪器分析适合微量、痕量和超痕量成分的测定，灵敏度高，样品用量少，选择性好，操作简便，分析速度快。但是易受光学系统参数等外部或内部因素影响，经常会出现曲线非线性问题，因此相对误差较大，一般为5%左右。

上述两种方法各有优缺点，但是化学分析方法是国家实验室所使用的仲裁分析方法。

在实际的失效分析工作中，经常会采用电子显微镜的电子探针（X射线能谱仪或X射线波谱仪）来测量样品微区的化学成分，有使用方便、出结果快的优点。但是，它只是微区成分分析，其给出的测量结果只能代表分析部位的局部成分（通常是1μm深度范围内的平均结果），而不能代表样品宏观总体的成分。

一般来说，能谱分析只适用于做原子序数 $Z > 11$ 的元素的定量分析，而超轻元素（$Z < 11$）H、He、Li、Be、B、C、N、O、F、Ne则采用X射线波谱仪测定[8]。

在实际的材料化学成分分析中，可能出现分析结果与规定成分之间存在少量偏差的情况。一般认为，这种情况在失效分析中没有多大的影响[1] 34-35。因为事实上，只有少数的失效案例是由于不合适的或有缺陷的材料造成的；由于化学成分分析结果不符规定而失效的情况是很少的。因此，当个别元素的含量比标准中要求的偏高时，不应当做出结论说这种偏差就是造成破坏的原因。要注意，材料中显微组织物的形状和分布较其成分的精确比例更为重要。而且，在化学成分分析中，通常不做检测的某些元素，例如钢中的氧、氮和氢等元素，对某些金属的力学性能具有更大的影响。

1.4.6 材料力学性能试验

在失效分析工作中，很重要的一环是测定机件金属材料的力学性能。常见的材料力学性能有强度、塑性、韧性、硬度、耐磨性和缺口敏感性等。测定这些力学性能值，可以通过拉伸试验、冲击试验、硬度试验、疲劳试验、断裂试验和磨损试验等方法获得。其试验方法大多已经标准化，传动基础件失效分析常用的金属材料力学性能试验标准见表 1-2。

表 1-2　常用的金属材料力学性能试验标准

标准号	标准名称
GB/T 229—2020	金属材料　夏比摆锤冲击试验方法
GB/T 231.1—2018	金属材料　布氏硬度试验　第 1 部分：试验方法
GB/T 230.1—2018	金属材料　洛氏硬度试验　第 1 部分：试验方法
GB/T 228.1—2010	金属材料　拉伸试验　第 1 部分：室温试验方法
GB/T 228.2—2015	金属材料　拉伸试验　第 2 部分：高温试验方法
GB/T 228.3—2019	金属材料　拉伸试验　第 3 部分：低温试验方法
GB/T 4161—2007	金属材料　平面应变断裂韧度 K_{1C} 试验方法
GB/T 21143—2014	金属材料　准静态断裂韧度的统一试验方法
GB/T 2039—2012	金属材料　单轴拉伸蠕变试验方法
GB/T 2975—2018	钢及钢产品　力学性能试验取样位置及试样制备
GB/T 1172—1999	黑色金属硬度及强度换算值
GB/T 4340.1—2009	金属维氏硬度试验　第 1 部分：试验方法
GB/T 4341.1—2014	金属材料　肖氏硬度试验第 1 部分：试验方法

对于金属材料力学性能的应用，特别要注意以下几点。

（1）材料的应力 - 应变曲线

不同的材料拉伸时表现出的物理现象和力学性能不尽相同，它们有着不同的应力 - 应变曲线，详见 GB/T 228.1—2010《金属材料　拉伸试验　第 1 部分：室温试验方法》。下面是几种金属材料典型的应力 - 应变曲线（图 1-28）。

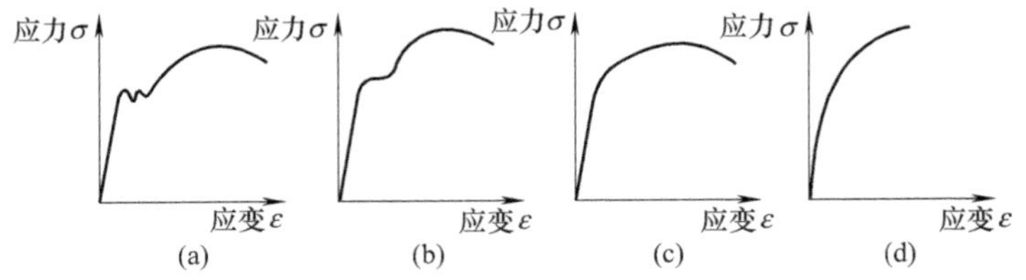

图 1-28　几种典型金属材料的应力 - 应变曲线

图 1-28（a）——低碳钢（例如 Q235），有锯齿状屈服阶段，有上下屈服强度；

图 1-28（b）——中碳钢（例如 Q345），有屈服阶段，但波动微小，几乎成一直线；

图 1-28（c）——淬火后，中、低温回火钢，无明显的屈服阶段；

图 1-28（d）——铸铁、淬火钢，不仅无屈服阶段，而且只产生少量均匀塑性变形后就突然断裂。

因此，不同性能的材料，其力学性能的合理应用应该是：

① 低碳钢抗拉强度 R_m；上屈服强度 R_{eH}；下屈服强度 R_{eL}。下屈服强度是主要的力学性能。

② 中碳钢抗拉强度 R_m；屈服强度 R_p（σ_p）。

③ 淬火后，中、低温回火钢和铸铁抗拉强度 R_m；规定非比例延伸强度 $R_{p0.2}$。

（2）硬度在失效分析中有多种用途

金属材料的硬度是反映金属抵抗弹性变形、塑性变形和塑性变形强化能力的一个复合物理量。硬度测定是力学性能试验中最简单，也是失效分析中经常使用的最普通的方法。在基础件失效分析中常用的硬度有布氏、洛氏、维氏和肖氏硬度。

硬度试验的结果（硬度值）可用来：

① 评价热处理工艺的质量　将失效机件的硬度同标准中或技术条件规定的硬度比较，即可知一二。

② 提供一种钢的抗拉强度的近似值　因为硬度同其他力学性能之间存在一定的关系，例如抗拉强度，详见 GB/T 1172—1999《黑色金属硬度及强度换算值》。

③ 可作多种检查　检查加工硬化，或者检查由过热、脱碳、渗碳或渗氮引起的软化或硬化等。

④ 除了显微硬度试验需要准备一个特制的试样外，硬度试验基本上是非破坏性的。

因此，测量失效机件不同部位的硬度，是大致了解机件不同部位材料力学性能的有效手段。

（3）在利用力学性能时要考虑周到

例如，在机件的失效分析中，经过试验发现材料的抗拉强度比最低的规定值还低 5% ～ 10%，就认定机件的失效是材料力学性能不足引起的，这个结论是不够慎重的，必须注意到，实验室拉伸小试样的试验结果，不可能完全反映大得多的结构或机件在实际使用中的性能。此外，拉伸试验中方向性的作用也是应当考虑的。由于轧制或锻造时产生明显的方向性和各向异性性能，其抗拉强度必然有所差别。例如，对于轴类机件，从纵轴上横向切取的试样测得的屈服强度值和延伸值，都要比沿纵向切取的试样低。在失效分析做结论时，要全面考虑机件失效的诸多影响因素，材料力学性能试验值是影响因素之一，不一定是主要因素。因此，利用力学性能来说明机件失效时要考虑周到。

1.4.7 金相检验

金相检验在失效分析中具有举足轻重的地位，因为只有通过金相检验才能了解金属材料的组织形貌、组成物和微观组织的缺陷等，从而评定金属材料内在品质的优劣。下面以硬齿面（渗碳淬火）齿轮为例说明金相组织检验的重要性。

GB/T 3480.5—2021《直齿轮和斜齿轮承载能力计算　第 5 部分：材料的强度和质量》这一标准将齿轮疲劳强度与材料热处理质量等级密切地结合了起来。该标准的基本结构是将齿轮承载能力分为三个级别，即高、中、低，不同级别对应不同的材料热处理质量。高、中、低级分别以 ME、MQ、ML 表示：

ML 表示齿轮加工过程中对材料质量和热处理工艺的一般要求；

MQ 表示有经验的制造者在通常成本下可达到的质量等级；

ME 表示必须具有高可靠度的制造过程控制才能达到的等级。

由此给齿轮强度设计提供了两个重要的参考依据：一是将齿轮的疲劳强度与材料和热处理质量密切地联系在一起；二是不同的强度要求与不同的质量相对应。

以渗碳淬火齿轮材料热处理质量作为例子，其金相组织的检验项目有：有效硬化层深度、齿面表层显微组织、脱碳层深度、非马氏体组织、残余奥氏体含量、碳化物形貌、晶粒度、晶界内氧化和非金属夹杂物等。有了这些金相检验项目的结果，就能对机件材料的热处理质量和材料的内在品质做出正确的评价。对于调质齿轮、表面硬化齿轮、渗氮齿轮的金相组织也有相应的规定，详见 GB/T 3480.5—2021。

轴和轴承的金相组织同样也有相应的要求。

金相检验的方法大都已经标准化，机械传动装置基础件失效分析常用的金相检验标准见表 1-3。

表 1-3　失效分析常用的金相检验标准

标准号	标准名称
GB/T 224—2019	钢的脱碳层深度测定法
GB/T 9450—2005	钢件渗碳淬火硬化层深度的测定和校核
GB/T 10561—2005	钢中非金属夹杂物含量的测定—标准评级图显微检验法
GB/T 11354—2005	钢铁零件渗氮层深度测定和金相组织检验
GB/T 226—2015	钢的低倍组织及缺陷酸蚀检验法
GB/T 13298—2015	金属显微组织检验方法
GB/T 13299—1991	钢的显微组织评定方法
GB/T 14979—1994	钢的共晶碳化物不均匀度评定法
GB/T 1979—2001	结构钢低倍组织缺陷评级图
GB/T 6394—2017	金属平均晶粒度测定方法
J B/T9211—2008	中碳钢与中碳合金结构钢马氏体等级

第 2 章 机件失效类型的特征

Chapter 2 Characteristics of Machine Elements Failure Types

机件的失效类型在第 1 章中已经有所论述，机械传动装置基础件失效一般可以分为 3 大类，如图 2-1 所示。各类失效均有其产生条件、特征和判断依据。

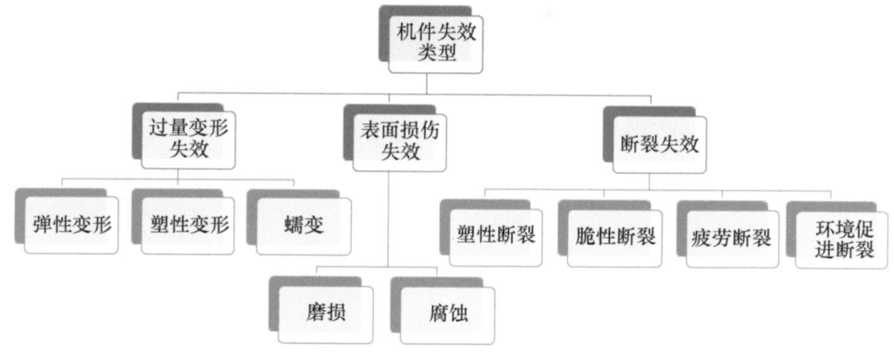

图 2-1　机件的失效类型

2.1　过量变形失效

过量变形失效是指零部件产生不正常的变形，导致其不能承受预定的载荷、不能执行其功能或干扰其他零件正常工作。

不正常变形主要指塑性变形，偶尔也有过量弹性变形的情况，高温下也可能形成蠕变变形。

变形失效是零部件产生尺寸改变或形状改变，看起来似乎很简单，但是，失效分析人员可能面对的是复杂的变形失效情况[5] 953。例如，汽车发动机阀杆的弯曲变形的直接原因是活塞撞击阀头，但是其具体原因可能为：阀弹簧腐蚀弱化、断裂；弹簧强度不足；发动机多次超过极限转速造成簧圈之间撞击而随后疲劳断裂。只有仔细地分析全部证据，才能找到真实的失效原因。

变形失效常见的原因有过载、材料和制造工艺的技术要求错误或实际执行错误。

每种机械设备和结构都有其能承受的极限载荷，被认定为安全和可靠的界限。外界载荷超过这个极限值，即为过载。过载时常导致某些机件变形或断裂失效。

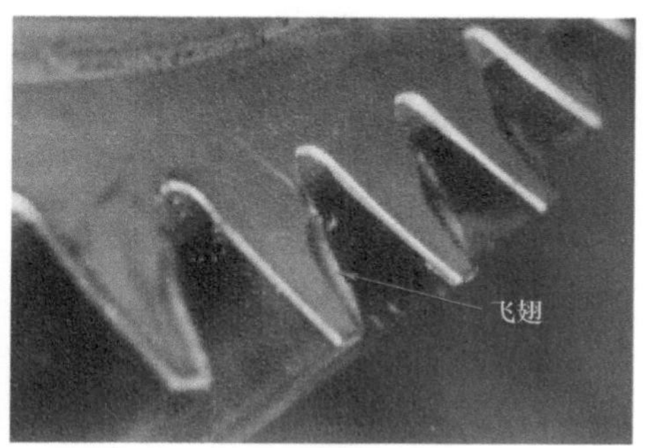

图 2-2　齿轮齿面的塑性变形

极限载荷的计算是设计的重要环节。设计中出现重大失误或使用中操作不当，都可能产生机件过载和变形失效。例如，齿轮如果受到严重的过载，齿面就可能产生塑性变形（飞翅），如图 2-2 所示（详见本书第 4 章实例 2），因此，齿轮强度计算中除了接触疲劳强度计算外，还需要进行接触静强度校核。

齿轮的弯曲强度校核也有疲劳强度和静强度校核之分，其中静强度校核就是保证齿轮在使用中轮齿不产生塑性变形，因为一旦出现不可恢复的塑性变形，轮齿就失去了正确的几何形状，齿轮就失效了。也有学者认为[9]：在实际的齿轮传动中，可以允许轮齿有微量的塑性变形存在。只要残余变形量不超过容许的基节误差和齿形误差，那么齿轮的精度还是可以保持在规定的范围内的，齿轮可以正常使用。某种材质齿轮的弯曲静强度的极限值 σ_{Flims} 不应该是一个固定值，而应该根据轮齿允许的残余变形量来确定，而允许的残余变形量取决于该齿轮传动的精度等级和使用场合，详见文献［9］。

减速机中的轴类机件很少因塑性变形失效，只有在重大事故中能看到轴的弯曲变形失效，如图 1-1（a）所示。轴的过量弹性变形失效主要表现为轴的刚度不足引起振动和导致其他机件失效，例如齿轮的偏载。

细长杆件和薄壁机件承受轴向压缩载荷时有失稳现象。压缩载荷超过失稳的极限载荷，机件会产生弹性弯曲或塑性弯曲变形。薄壁工字梁和薄壁管机件承受弯曲加载时，设计中经常忽略对承受压应力一侧的失稳极限应力的考虑，导致使用中产生变形失效。

薄壁压力容器能承受较高的内压作用。如果出现反常的工况，内部形成负压，即使很低的负压，也可能使压力容器压塌，这也是在压缩应力下的失稳变形失效。

材料和制造工艺不当也是机件使用中变形失效的重要原因，主要有两方面：一是设计人员选择材料错误，或者对制造工艺未提出正确的技术要求；二是制造过程中或修理更换机件时未满足设计的技术要求。

材料选择错误或材料误用的事件时有发生，而更多的是热处理技术条件的制定和执行不当。理论规定应该进行淬火和回火处理获得较高强度的钢材，但实际未经热处理或者采用了错误的热处理工艺和方法，这是最常见的早期失效原因。例如，压紧用压紧卡子，规定由高碳钢经淬火和回火制成，正常硬度为 46HRC，显微组织应为回火马氏体。但是失效件很软（28HRC），显微组织为铁素体、粗珠光体和回火马氏体混合组织，使用中不能起到压紧作用。这是在热处理操作中，因机件堆装放置不良而导致淬火不充分的结果。

2.2 塑性断裂和脆性断裂

断裂失效分为三大类：

① 单次加载造成的断裂，即塑性断裂和脆性断裂；

② 循环加载造成的断裂，即疲劳断裂，其断裂过程与载荷循环次数有关；

③ 环境促进断裂，例如应力腐蚀断裂，其断裂过程与载荷和环境共同作用时间有关。

2.2.1 塑性断裂的基本特征

塑性断裂又称韧性断裂、延性断裂，是指断裂前产生明显的宏观塑性变形，应力水平高于屈服应力达到材料的强度极限而发生的断裂。机件发生塑性断裂时，局部截面（或厚度）缩小而形成缩颈现象。这种宏观塑性变形在断裂前即可观察到，它能起到失效预警的作用，并且塑性断裂不形成爆破碎片伤人，因而它对整台机器和周围环境的危害比脆性断裂事件小一些。

机械工程使用的多数金属材料均具有一定的塑性。光滑圆柱试件进行拉伸试验时，局部区域先产生缩颈现象，然后在缩颈部位断裂，形成杯锥状断口外貌（图 2-3）。对缩颈区截面上塑性应力分布的研究表明，截面中心的应力水平最高，并且存在三轴拉伸应力状态。因此中心首先开裂，裂纹由中心向边缘扩展。在截面中部区域（即杯底或锥顶）形成正断口，垂直于拉应力方向，宏观上为纤维状断口。当裂纹扩展较快时在断口上有放射纹。裂纹最后扩展到边缘区域，材料处于平面应力状态，发生剪切断裂，形成剪切唇口（即锥边）。剪切造成的断口表面比较平坦。

薄板试件拉伸试验时，边缘和中心均处于平面应力状态，不利于形成正断口，在缩颈后形成单一的剪切断裂外貌。对于某些变形铝合金和冷作硬化钢材，其抗剪强度相对偏低，拉伸时易形成这种单一的剪切断口。

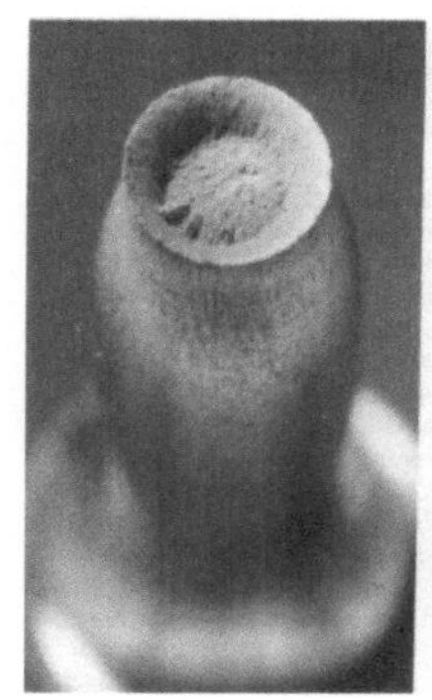

(a) 塑性断裂

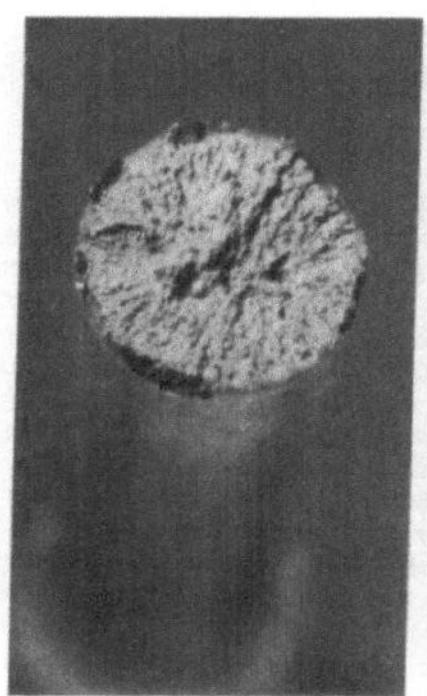
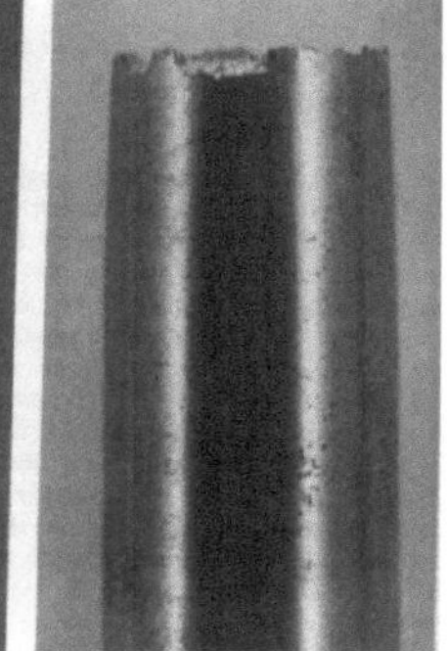

(b) 脆性断裂

图 2-3　拉伸断裂的外貌[4]82

塑性断口的微观形貌为普遍的大面积的韧窝。纤维状断口区和剪切断口区的宏观外貌虽然不同，但是它们的微观形貌均为韧窝。前者以等轴韧窝为主［图 2-4（a)］，后者较多为拉长韧窝［图 2-4（b)］。在扫描电子显微镜下，放大

300～1000倍，即可观察到韧窝形貌，更高的放大倍数有利于观察细节，例如韧窝中的残留粒子和韧窝边缘的滑移痕迹（图2-5）。

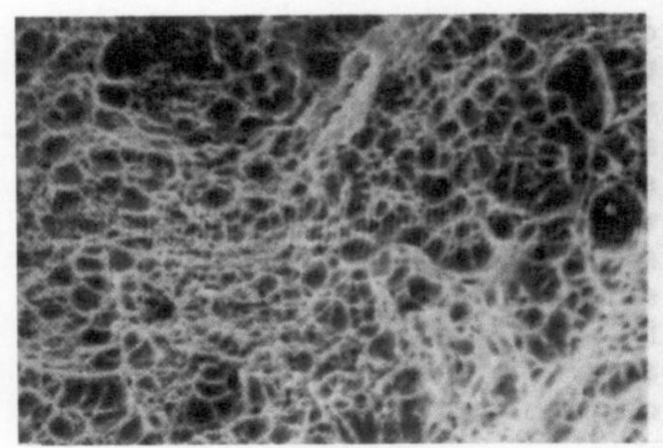

(a) 中心部位 650×

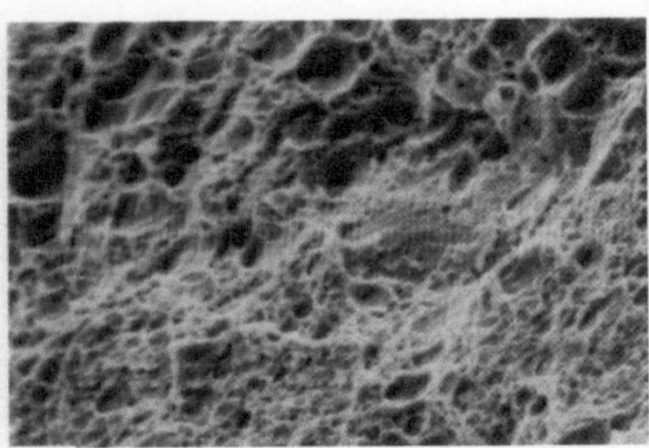

(b) 剪切唇口部位 650×

图2-4 塑性杯锥断口的韧窝形貌（SEM）[4]83

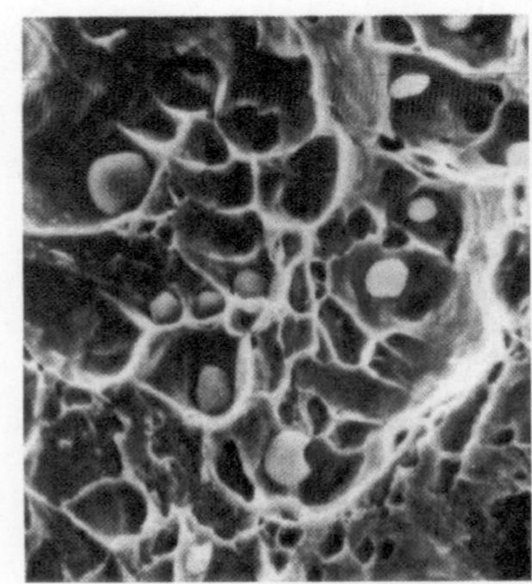

图2-5 可见硫化物夹杂的韧窝形貌（SEM）[4]83 5000×

韧窝的形成与材料之间的夹杂物有关。纯金属中杂质含量极微，塑性极高，拉伸形成缩颈，缩到极细小直径，形成针尖形断裂，在针尖断口上观察不到韧窝，或者只有1～2个韧窝。商业用钢和合金均含有少量杂质，它们却能形成大量的韧窝。影响形成韧窝的夹杂物尺寸较大（0.5～10μm），例如钢材中的MnS和碳化物等。在用扫描电子显微镜观察韧窝形貌时，可以利用配附的电子探针（能谱仪或波谱仪）分析夹杂物粒子的成分。

韧窝形成机理是微孔形核长大和相互联结，如图2-6所示。首先夹杂物粒子附近的塑性应力集中［图2-6（a）］，导致粒子与基体的界面分离或粒子断裂，形成微孔［图2-6(b)］；随后微孔附近基体进一步发生塑性变形（滑移），微孔长大；最后微孔互相联结，形成韧窝形貌，韧窝中的夹杂物粒子可能在断裂时缺失［图2-6（c）］。

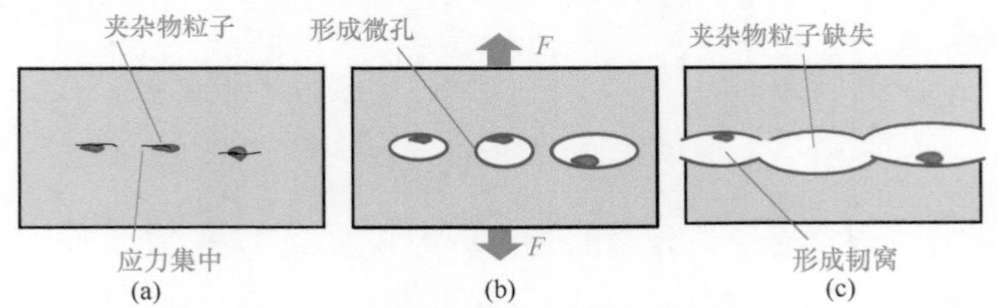

图2-6 韧窝形成机理示意图

根据机件受载的不同（拉伸、剪切、撕裂），韧窝的形状不同：等轴（正交）韧窝［图 2-4（a）］形成于机件的拉伸断裂，如图 2-7 所示，图中只画出一个韧窝形状的示意图。剪切韧窝形成于机件的剪切，如图 2-8 所示。撕裂韧窝形成于机件的撕裂，如图 2-9 所示。

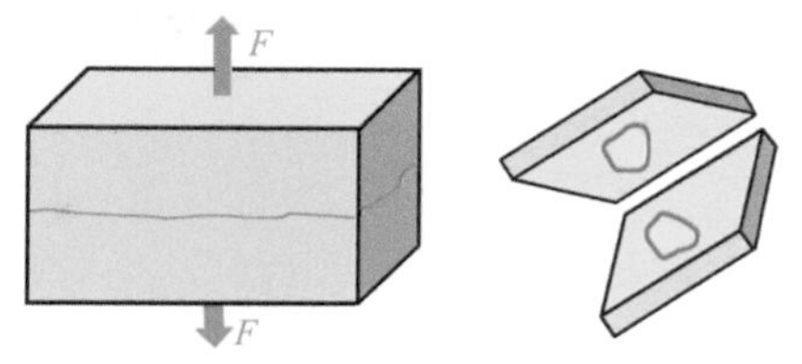

图 2-7　拉伸断裂的等轴韧窝形状示意图

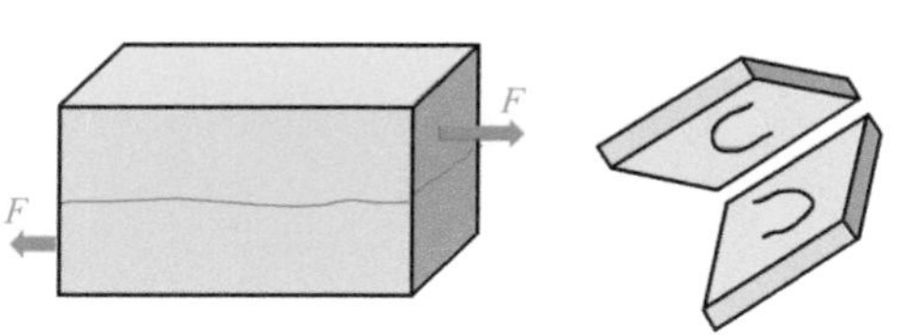

图 2-8　剪切断裂的韧窝形状示意图

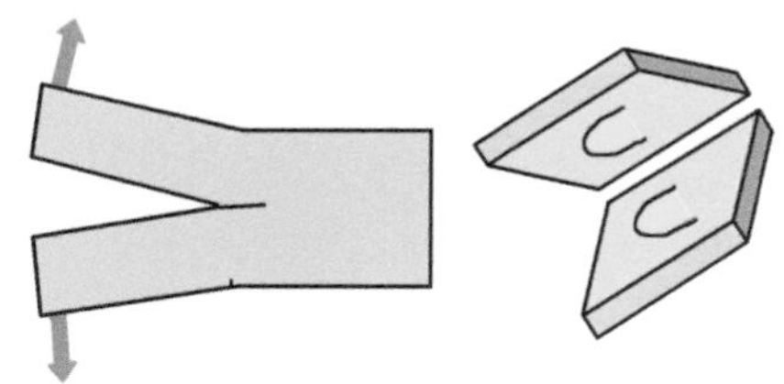

图 2-9　撕裂断裂的韧窝形状示意图

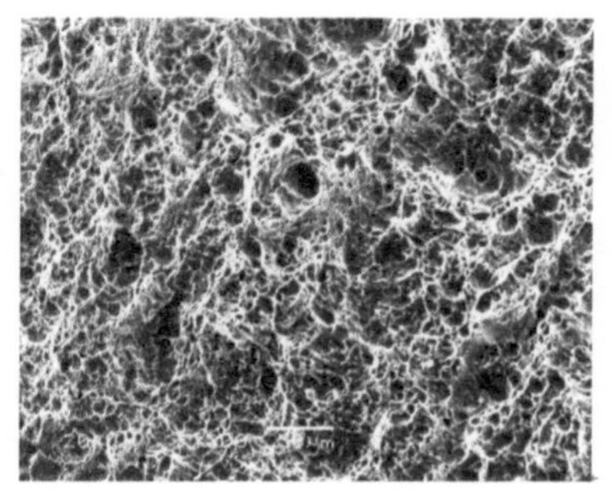

图 2-10　人工打断断口微观形貌

材料为 18CrNiMo7-6 钢的轴，为了研究轴开裂的原因，人工打断断口，等轴韧窝形貌如图 2-10 所示，详见第 3 章实例 3。

关于韧窝形成的机理详见文献［10］。

在韧窝中常见有夹杂物存在，如图 2-5 所示，但不是每个韧窝都会出现夹杂物。这是由以下几种情况造成的：人们所看到的韧窝只是显微空洞的一半，是断口的一边，所以夹杂物不一定在我们所观察的这一边断口上，而在相对应的另一边断口上［图 2-6（c）］；由于韧窝也可能在晶界、孪晶界及相界成核，自然就不会在韧窝内出现夹杂物粒子了；夹杂物粒子可能在机件断裂时丢失了。

判断零件是否属于塑性断裂，首先以其宏观特征作为依据。塑性断裂的宏观特征是缩颈、纤维状断口和较多的剪切唇口，它们都是宏观塑性变形的标志。

塑性断裂的微观断口特征是普遍的大面积的韧窝形貌，利用韧窝形貌来判断断裂性质时，必须十分谨慎。韧窝形貌只是微区塑性变形的标志，不能代表宏观上属于塑性或脆性断裂。只有在断口的各区域中普遍观察到大面积韧窝时，才能判断为塑性断裂。即使如此，也要参考宏观外貌特征，疲劳断口和脆性断口上也常观察到韧窝形貌，但是它们不具有普遍性，也不是这两类断口的典型微观形貌。

在失效分析中，塑性断裂主要指过载断裂，即载荷过高，机件所承受的应力水平超过了材料的强度极限。过载断裂的原因有三方面：

① 设计和制造中的严重失误，如材料选择错误、载荷估计错误、应该进行的热处理被遗忘等；

② 在设计和制造大体正常的情况下，过载断裂常与使用操作不当有关；

③ 由其他相关机件先期失效诱发本机件的过载断裂，本机件属于被动破坏件，应该优先查明先期失效机件的失效原因。

2.2.2 韧性脆性转变[5]955

低碳和中碳钢具有良好的塑性和韧性，但是在低温下呈现脆性断裂。缺口和冲击加载两个因素能促进这种低温脆性断裂。在冬季或在寒冷地区服役的机械设备，机件因低温脆性断裂的案例并不少见。

一般使用缺口试件冲击试验来验证钢的韧性脆性转变，在不同温度下试验，测定断裂过程吸收的能量（冲击功），代表钢材的韧性（图 2-11）。图中分成三个区域：上平台部分为塑性断裂区，断口呈纤维状；下平台部分为脆性断裂区，断口呈颗粒状；中间斜线部分为混合断裂区。一种低碳钢的夏氏 V 形缺口冲击功与温度的关系见图 2-12。

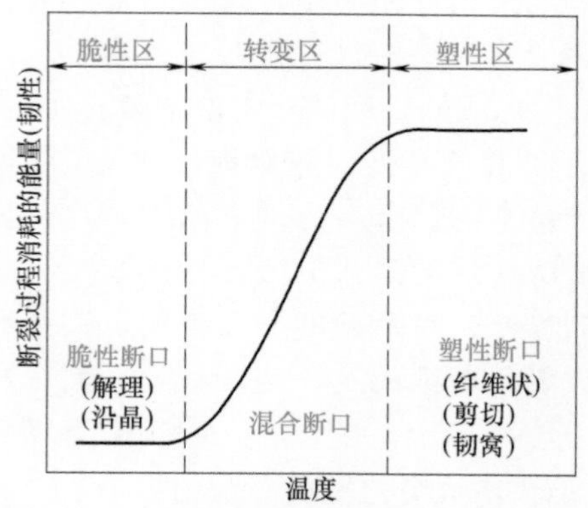

图 2-11 温度对金属材料韧性的影响[4]66

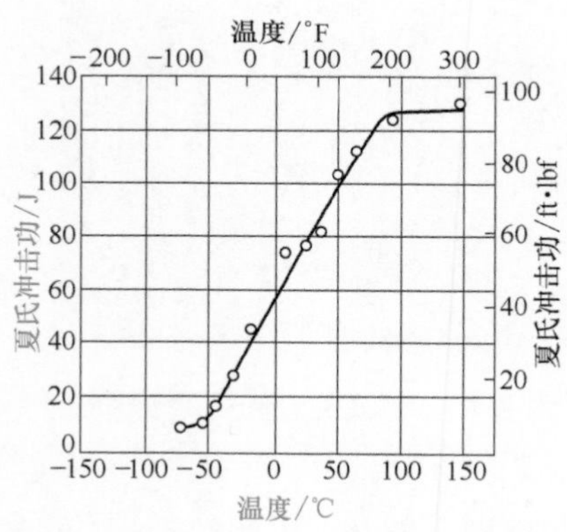

图 2-12 一种低碳钢的夏氏 V 形缺口冲击功与温度的关系[4]67

中、低碳钢低温脆性断裂的微观断口形貌为解理断裂。解理断裂是沿着特定的晶体学平面的穿晶断裂，断裂过程需要的能量较低。低温脆性断裂的另一种微观断口形貌为沿晶脆性断裂，显示为平坦晶界面的颗粒形貌。

2.2.3 脆性断裂的基本特征和分类

图 2-3（b）表示光滑试件拉伸脆性断裂的外貌特征：没有缩颈，没有或只有

很少剪切断裂形成的唇口，有明显的由台阶或撕裂棱构成的放射线纹或人字纹，断口面垂直于拉应力，断口粗糙度较小。图 2-3（b）与图 2-3（a）相比，可看出两者的巨大差异。这些断口外貌特征是判断脆性断裂的基本依据，它是各类脆性断裂的共同特征。

在 2.2.2 节中已经初步提到了韧性脆性转变，也就是说在一定的条件下材料的塑性可以转变为脆性，这就是材料的脆化。

依据脆化的主要原因，脆性断裂可分为五类[5] 957：

① 低温脆性断裂；

② 高速加载断裂和爆炸断裂；

③ 裂纹体脆性断裂和缺口（或缺陷）导致的脆性断裂；

④ 材料脆化造成的断裂；

⑤ 环境造成的脆性断裂。

这种分类突显出造成脆断的主要原因，实际失效案例中要确定脆断的主因（类型），也要确定其他脆化因素的影响。例如，机件氢脆断裂主要原因是材料中含氢量过高，但是机件的应力集中（构造缺口、工艺缺口等）、材料对氢脆的敏感性等也是不能忽视的影响因素。

各类脆性断裂具有某些共同特征，也有其各自的具体特征。低应力脆性断裂有下列特征[11] 3-4：

① 脆性断裂外貌无缩颈，正断口无剪切唇口，应力水平低于屈服应力。

② 裂纹扩展速度极高，导致宏观断口上有明显的人字纹或放射纹。

③ 宏观断口呈颗粒状，微观断口形貌为较多的解理和河流花样，属于穿晶脆性断裂。

④ 零件的工作温度低于韧性脆性转变温度，失效案例常发生在冬季和寒冷地区。

⑤ 裂纹源区都存在某种缺口因素（如构造缺口、工艺缺口和缺陷等），也常存在冲击加载的诱发因素。

⑥ 断裂过程是瞬时发生的。

中低强度钢具有显著的应变速率敏感性，高应变速率限制了材料的塑性变形，易导致脆断。

结构用钢材一般有较高的塑性，但是某些热处理或热过程能使钢材脆化，导致脆断。例如，低合金钢的 400 ～ 500℃回火脆性、高强度合金钢的回火马氏体脆性等。

2.2.4 氢脆断裂

氢脆断裂是一种环境脆性断裂。钢材中的氢含量与冶金过程有关，机件中的氢含量也与制造过程有关。外部氢环境是指机件工作环境中的氢和硫化氢。

钢材中的氢损伤有：白点和氢蚀两类，都属于严重的冶金缺陷，使钢材的拉伸塑性和冲击韧性显著降低。白点是冷却过程中由内应力造成的圆斑形内裂纹缺陷。氢蚀是由于钢中氢与渗碳体发生化学反应生成甲烷导致晶界气泡（或裂纹）。

通常，氢进入钢材发生在电镀、酸洗、保护气氛（含氢）热处理和焊接等机件制造过程中。

电镀和酸洗是氢进入钢中的重要途径。电镀过程中在被镀零件（阴极）上发生析氢反应，酸洗过程的电化学反应也形成氢。氢原子具有极高的活性，首先吸附于机件表面，随后进入表层和内部，导致放置期间或使用中氢脆断裂。

高强度钢对这两道工序要特别谨慎，工序后常要进行 180 ～ 200℃，8 ～ 24h 的除氢处理。某些钢种甚至禁用电镀或酸洗工序，或者改进酸洗溶液。

氢脆断裂有三个必要的前提条件[5] 959：

① 钢中含氢量较高或零件在有氢环境中工作。钢中含氢量通过定氢试验测定，并查明何种制造工序造成氢进入钢中。

② 承受拉应力并长时间保持。拉应力可以是外应力或残余应力。氢脆断裂属于滞后断裂，需要一段时间。实验室中测定氢脆倾向，采用恒载保持长时间（如 100h），或进行慢应变速率（如 10^{-5}/s 或更低）拉伸。普通拉伸试验和冲击试验显现不出氢脆的影响。

③ 材料对氢脆敏感。钢对氢脆的敏感性随屈服强度增加而增大。超高强度钢的氢脆倾向最大，较低的含氢量或在氢和硫化氢气氛中工作就有可能发生氢脆断裂。中高强度钢的氢脆在较高含氢量或硫化氢水溶液中可能发生。中、低强度钢一般只发生氢蚀损伤，仅在高温（高于 200℃）和高压氢环境中才可能发生氢脆断裂。除钢外，某些钛合金也具有氢脆倾向。

判断机件失效是否属于氢脆断裂，首先要核实是否满足上述三个前提条件，然后进行断口和裂纹观察。宏观断口外貌符合脆性断裂的基本特征；微观断口形貌有明显的脆性沿晶断裂，也可以为沿晶或穿晶断裂断口形貌。

2.3 疲劳断裂

机件经受多次循环应力和应变，材料局部产生渐进性永久变化，出现裂纹或完全断裂，这种现象称为疲劳失效（疲劳断裂）。

疲劳断裂是由循环应力或应变造成的。只有承受循环载荷的机件，才会发生疲劳破坏。如果循环载荷不存在或者很小，则机件不会发生疲劳断裂。

局部性和渐进性是疲劳损伤和失效的两个特点。疲劳损伤通常发生在机件的局部区域，损伤逐渐积累，裂纹形成并逐渐扩展。在完全断裂前，整个机件在宏观上仍处于弹性变形阶段。因此，疲劳失效常常没有明显的预兆，是突发性的破坏。

对各种机械破坏事故的统计表明，疲劳破坏（包含腐蚀疲劳、高温疲劳、热疲劳、接触疲劳和微动磨蚀疲劳等）常占首位，为 50% ～ 90% [5] 961。

以下 4 类机械和结构对于疲劳破坏比较敏感：

① 传动机械，如减速机、增速机、变速机的轴、齿轮和轴承等基础件；

② 运输机械，尤其是高速运动的运输机械，包括飞机、汽车和摩托车等；

③ 动力机械，包括各种高速转动的汽轮机、涡轮发动机和汽车发动机等，例如它们的转子、曲轴、连杆、叶片、齿轮和螺钉等；

④ 焊接构件，尤其是大型焊接构件，包括船舰、近海钻井平台、压力容器、吊车和桥梁等。

疲劳破坏事故的大量出现与高速机械和大型焊接结构广泛使用密切相关。

2.3.1 疲劳裂纹形成和扩展的规律

2.3.1.1 疲劳断裂过程四阶段

疲劳断裂过程可分为四个阶段，见图2-13。

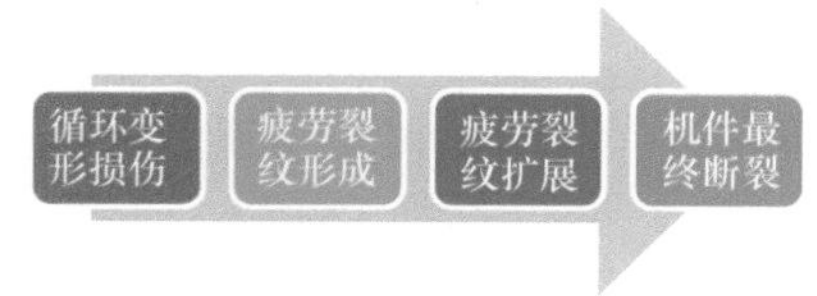

图 2-13　疲劳断裂过程的四个阶段

在循环变形损伤阶段，裂纹尚未形成，局部区域材料经受微观塑性变形，其位错和性能发生变化。

疲劳裂纹的形成常定义为可检测的宏观裂纹。

疲劳裂纹扩展是从初始裂纹 a_o 生长到临界裂纹 a_c 的阶段。这个阶段受裂纹尖端应力强度因子幅的控制，可用断裂力学方法来处理。

最终断裂发生在裂纹达到临界尺寸时，裂纹尖端最大应力强度因子达到材料的断裂韧度，或者机件剩余截面的应力水平达到材料的强度。这个阶段只需一次或少数几次循环即可完成，属于瞬时断裂，其寿命可以忽略不计。

疲劳寿命（以应力或应变循环次数计）N_f 由两部分组成：

$$N_f=N_i+N_p$$

式中　N_i ——疲劳裂纹形成寿命，即从开始循环变形损伤累积直到形成尺寸 a_o 的裂纹为止的循环次数；

N_p ——裂纹从 a_o 扩展到临界尺寸 a_c 的循环次数。

在有些研究中，将用显微镜（或电镜）能观察到微观裂纹（约 10μm）时的寿命作为裂纹形核寿命，将随后从微观裂纹长大到宏观裂纹（约 0.8mm）的过程称为短裂纹扩展，其规律有别于长裂纹扩展规律。

对于含有宏观裂纹的零件，$N_f=N_p$。

对于无裂纹的零件，裂纹形成寿命为疲劳总寿命的主要部分。统计表明，N_i/N_f 值在 0.5 ～ 0.95 范围内或更高。该比值随应力水平、应力集中系数和材料强度水平而变化，也与 a_0 的定义尺寸有很大关系。高周疲劳的应力水平较低，N_i/N_f 值较高；低周疲劳的应力水平较高，该比值减小。应力集中导致裂纹形成加速，该比值减小。

由于疲劳裂纹形成寿命占总寿命相当大的部分，疲劳失效分析时尤其注意观察疲劳源区断口情况。

2.3.1.2 疲劳裂纹形成的宏观位置

在均质的金属材料中，疲劳裂纹通常萌生在机件的自由表面上（包括外表面和内表面），有 4 个方面的原因[5] 962：

① 试件表面存在缺口和微缺口，缺口造成应力集中。缺口根部应力最大，常成为裂纹萌生位置。微缺口是指加工刀痕和机械损伤，也产生应力集中。在疲劳失效分析中，如果发现疲劳源区有表面粗糙度超标的啃刀现象或其他损伤，不可轻易放过。

② 承受弯曲或扭转加载的机件，最大应力点在外表面；承受内压的压力容器，最大应力点在内表面。

③ 自由表面的晶粒受晶粒的约束较少，有利于晶粒优先产生滑移变形，由此萌生裂纹。

④ 腐蚀因素和摩擦因素作用于构件表面。

上述 4 个方面的原因中第③个是最基本的。

进行高周疲劳试验时发现，疲劳损伤仅限于试件表面，远离表层的金属材料不受循环应力的损伤。从疲劳断裂的大试件中心切取试件，其性能仍代表原始材料的性能。因此，疲劳问题首先是表面问题。要注意表面缺口部位及表面粗糙度和表面状态。表面强化处理，例如喷丸、渗氮和高频淬火，都能显著地提高机件（作为整体）的疲劳强度。相反，表面软化现象，例如钢的脱碳和磨削烧伤，则会降低疲劳强度。

疲劳裂纹有时也萌生在构件的次表层或内部。裂纹萌生于次表层主要是零件经过表面强化处理的情况，例如，表层经过喷丸处理，造成残余压应力，疲劳强度提高。但是次表层会由于存在残余拉应力而成为裂纹起源处。裂纹萌生于机件内部，常常是该处存在大夹杂物的缘故。

疲劳裂纹萌生的宏观位置有时还与机件表面的各种损伤和缺陷有关，包括机械损伤、腐蚀坑、微动磨蚀损伤、焊接缺陷、铸造缺陷等。

2.3.1.3 疲劳裂纹形核的微观机理[5] 962

疲劳加载的应力水平一般低于材料的屈服强度，试件和机件整体上不产生塑性变形。但是，在微观上，表面的某些晶粒具有有利于滑移的晶体学位向，它们会产生滑移（塑性变形）。在循环应力多次作用下，滑移反复发生，并且集中在少数滑移带中，产生“挤出”现象（微缺口），形成粗滑移带。当粗滑移带损伤严重时，就产生形核微裂纹。这种粗滑移带裂纹形核经常发生在低强度钢、低强度合金和纯铜疲劳的情况。

高强度钢和高强度铝合金疲劳裂纹形核常与夹杂物粒子有关。钢中有各种氧化物夹杂，如角形 Al_2O_3、球形铝酸钙和 MnO-SiO_2 系夹杂等，因此，提高钢的纯度一般能提高疲劳强度。尺寸大于 5 ～ 10μm 的夹杂才能成为疲劳裂纹形核源，小夹杂的影响较小。裂纹形核的机理有三种：夹杂物与基体间界面首先裂开；脆性夹杂物自身解理断裂，随后微裂纹扩展进入基体金属中；夹杂物附近的基体强烈滑移并产生形核微裂纹。

2.3.1.4　疲劳扩展区断口上的疲劳条带[5]963

疲劳条带又称疲劳辉纹，是疲劳断裂的特征性微观断口形貌。在电镜下观察疲劳断口，放大 500 ～ 20000 倍时，经常可以观察到疲劳条带形貌。图 2-14 所示为铝合金机件的疲劳条带，红色箭头所指为剪切台阶（撕裂棱线），黄色箭头所指为疲劳裂纹的扩展方向。

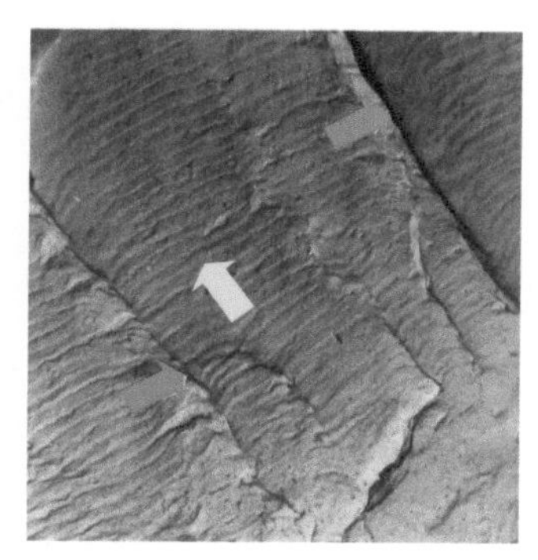

图 2-14　铝合金机件的疲劳条带形貌[4]78

如果在失效机件断口上观察到疲劳条带形貌，即可判断为疲劳失效；其他种类的断裂均不可能在断口上出现疲劳条带。

在各种金属材料的疲劳断口上，都曾观察到疲劳条带，尽管在形式和规模上有很大差异。面心立方晶体的金属，如铝合金、奥氏体不锈钢、镍基和铁基高温合金，易形成规则的疲劳条带，其疲劳扩展区断口上普遍存在大量疲劳条带。结构钢为体心立方（或正方）晶体结构，其层错能高且较易滑移，因而高强度钢倾向于形成不规则状的疲劳条带。超高强度钢的疲劳条带更不规则，更不易观察到，常常观察多个视野才能找到确切的疲劳条带形貌。低强度钢疲劳断口上常能观察到大量的规则疲劳条带。脆性合金和铸态合金也不易观察到疲劳条带。

疲劳条带的特征如下：

① 疲劳条带是一族大体上彼此平行的条纹，并与裂纹局部扩展方向垂直。

② 代表应力循环中裂纹前沿的位置，每一条疲劳条带仅对应于一次应力循环。

③ 一般集合成“条带片”，在同一片内的条带连续且近似等长，条带片之间为撕裂棱线（图 2-14）。

④ 在两匹配的断口上，疲劳条带形貌基本上相互对应。

实际上，只有规则疲劳条带才符合上述四个特征，不规则疲劳条带畸变很大。程序加载疲劳试验证实，每一条疲劳条带对应于一次应力循环，但是在单次过载或循环过载后的低应力循环阶段可能不形成疲劳条带。

从微观上看，疲劳断口是以条带为特征的，每一次应力循环都产生一条带。然而，这种说法并不完全准确，实际上，完全没有条带也不能排除疲劳断裂的可能性，因为很多断口形貌都可能同疲劳条带相混淆。这种情况在机件的失效分析中是常见的。

2.3.2 疲劳失效分析的目标和方法

2.3.2.1 疲劳失效分析的目标

机件疲劳失效分析，可以实现下列目标[5] 964。

① 首先进行疲劳定性分析，即确定属于疲劳失效，而不是其他类型的失效。

② 确定疲劳裂纹源的数量和位置，确定裂纹的宏观走向。

③ 估计载荷类型和应力水平。载荷类型是指弯曲、扭转、拉伸等，弯曲又有单向弯曲、双向弯曲和旋转弯曲。应力水平是指区分高周次和低周次疲劳，也许还可做出定量估计。

④ 查找与特种疲劳（腐蚀疲劳、高温疲劳，微动磨蚀疲劳和接触疲劳等）有关的证据。

⑤ 查找疲劳失效的具体原因，包括设计、制造工艺、材质和使用操作方面的具体原因。

⑥ 提出预防疲劳失效的方向或具体措施。一般情况下，可以参照现有成熟的提高疲劳强度的方法，提出改进措施，预防疲劳失效的重复发生：

a. 改进机件的细节设计，这是根本措施，对于预防疲劳破坏非常有效；

b. 更换材料和改进制造工艺，有时也能起到较好的作用；

c. 采用局部表面强化处理是一种比较简便的解决方法。

2.3.2.2 疲劳失效分析的方法

疲劳失效分析包括零件的工作条件和应力分析、断裂部位和宏观断口分析以及微观断口分析，此外，视需要情况进行其他试验和分析工作。宏观断口分析是极重要的环节，往往不受重视。通过宏观分析，有经验的人员常能对疲劳失效做出准确的定性判断，并且能给疲劳裂纹源、载荷类型、应力水平和失效原因提供许多有益的线索。

(1) 疲劳失效的定性判断

疲劳失效的一般定性条件如下[5] 965：

① 失效零件承受足够大的循环应力（或应变），并且有足够多的循环次数；

② 宏观断口上观察到多条明确的疲劳弧线（贝纹线、海滩花样）；

③ 微观断口上观察到多处明确的疲劳条带（疲劳辉纹）形貌。

第一条为必要条件，但非充分条件；后两条只要满足一条就是充分条件，但非必要条件。断口上未观察到疲劳弧线和疲劳条带，不能由此判定不属于疲劳失效。例如，大气中恒幅加载可能不形成疲劳弧线；超高强度钢疲劳常常不易观察到疲劳条带。尽管存在例外情况，后两条仍然是疲劳失效定性判断的有力证据，在失效分析中广泛使用。

疲劳破坏是由循环应力或应变造成的。如果机件不承受循环载荷，或者循环载荷很小，就不会发生疲劳破坏。只有承受循环载荷的机件，才会发生疲劳破坏。对于这类承受循环载荷的失效机件，一般应计算或估计它们在正常服役条件下失效部位的应力水平，还要调查服役过程中的异常工况，如超载或超速运行等。

有些机件，如叶轮机的叶片和轴系中的传动轴等，在正常工作时不承受循环载荷或者循环载荷很小，但是一旦产生共振，则承受明显的循环载荷作用。振动频率很高时，在短时间内即可达到很高的循环周次，并导致疲劳失效。共振疲劳失效常常属于高周疲劳。特殊的颤振可能产生很高的循环应力，导致低周疲劳。当发生这种振动疲劳失效时，必须研究是机械的何种工况、何种转速造成的振动，研究失效零件与周围零部件的相关性，找到振动的来源和消除振动的方法。振动疲劳失效是机件疲劳失效的重要类型，在机械设计和使用中往往对此疏于考虑。例如，薄壁锥齿轮发生异常的疲劳破坏，疲劳裂纹起源于齿槽底部，而不是通常的齿根，这是在特定的机械工况（转速）下由轴向力诱发的共振疲劳失效。本书第 3 章实例 10 和第 4 章实例 6 就有类似的情况。

（2）疲劳宏观断口的特征

疲劳宏观断口（图 2-15）可分成三区：疲劳源区、疲劳裂纹扩展区和最后断裂区（又称瞬断区）。疲劳源区（包括疲劳源）表明裂纹起源位置，其尺寸范围无明确定义，它与扩展区之间常无明确的界限。应力较低时常形成单个疲劳源［图 2-15（a)］，高应力和高应力集中有时导致多个疲劳源［图 2-15（b)］。疲劳扩展区和瞬断区之间一般有明显的边界，两者断口宏观形貌和微观形貌均有区别。瞬断区宏观断口较粗糙，呈纤维状，而微观形貌有大量韧窝。疲劳扩展区宏观断口较平坦，常存在疲劳弧线（海滩花样、贝纹线）。疲劳弧线是宏观断口最显著的疲劳特征，反映了疲劳裂纹扩展的渐进性，标明了裂纹扩展过程中前沿的先后位置。疲劳弧线的间距从疲劳源区至瞬断区逐渐加大（图 2-15）。但遗憾的是，由于种种因素的影响，宏观疲劳断口上看不到疲劳弧线

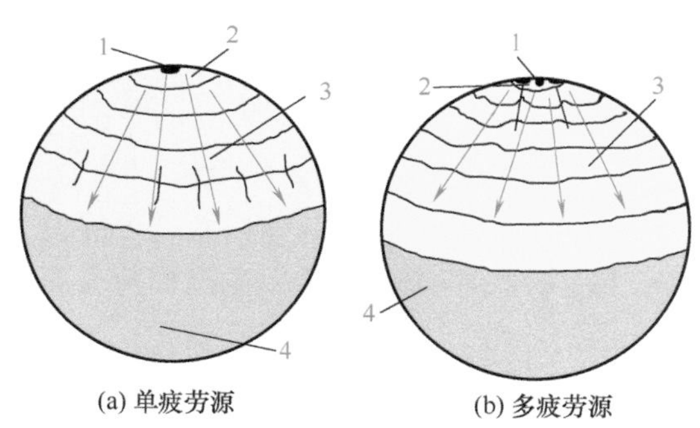

图 2-15　宏观疲劳断口示意图

1—疲劳源；2—疲劳源区；3—疲劳裂纹扩展区；4—瞬断区

是常见的。断口的微观形貌特征为疲劳条带（图 2-14）。在瞬断区的相反方向容易找到疲劳源区。根据瞬断区面积的大小，可以估计零件承受应力水平的高低。

载荷类型和零件形状影响疲劳裂纹形成位置和宏观断口形貌。圆形截面零件拉 - 拉或拉 - 压疲劳时，裂纹在边缘某一薄弱部位随机形成；矩形截面零件的疲劳裂纹易在边角部位形成。承受弯曲载荷时，机件截面上存在应力梯度，疲劳裂纹在受最高拉应力的边角部位形成；承受双向弯曲时，零件上下两边缘均承受最高拉应力，常先后形成两个裂纹源，随后形成两个疲劳扩展区，而使瞬断区位于零件中部。实例如图 2-16 所示。

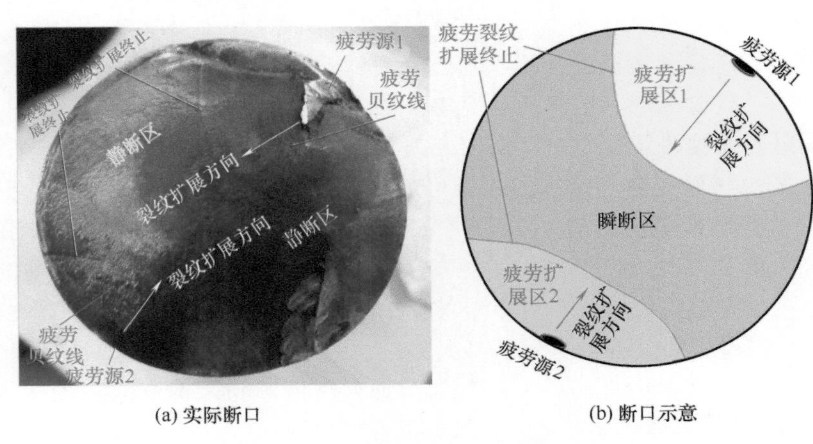

(a) 实际断口　　(b) 断口示意

图 2-16　两个疲劳源的断口形貌

（3）低周疲劳和高周疲劳的特点

低周疲劳和高周疲劳是以达到疲劳破坏的循环次数高低区分的，一般以 $10^4 \sim 10^5$ 次循环为分界。高周疲劳的应力水平较低，低于疲劳极限时原则上不发生疲劳破坏，但在实际使用中仍可能发生；在高于疲劳极限（但远低于屈服强度）的循环应力作用下会发生高周疲劳破坏。低周疲劳的循环应力水平接近或略高于屈服强度。

高速运转系统中的许多机件，如曲轴、传动轴、传动齿轮和弹簧等，承受应力循环次数与机械转速有关（按无限寿命设计），其设计应力较低，以期达到高疲劳寿命或无限寿命。这类零件在服役中易发生高周疲劳破坏。

高压容器稳定工作状态承受恒定载荷，在维修或工况变动时才有载荷变动，循环次数较低。高速转动圆盘件也是在启动、停车和工况变动时才有载荷变动，易发生低周疲劳。

高周疲劳和低周疲劳的宏观断口有明显差异。高周疲劳的应力水平较低，瞬断区面积较小，扩展区断口粗糙度较低，疲劳源区附近断口尤其平坦（当循环应力中存在压应力成分时）。扩展区前期断口上的疲劳条带间距很小，常常放大

5000 ～ 10000 倍或更高时才能观察到疲劳条带形貌。

低周疲劳的应力水平高，常形成多个疲劳源，甚至在源区侧表面也存在若干条平行于主断口面的微裂纹。瞬断区面积较大，边缘常有剪切唇口。扩展区和源区附近的断口粗糙度略高，扩展区断口上的疲劳条带间距较大（放大 1000 倍左右即可观察到），并且存在较多的韧窝。

2.3.3 设计、制造工艺和材质对疲劳失效的影响

机件设计对疲劳强度和寿命会产生很大的影响，最重要的因素是应力集中。疲劳裂纹通常形成于表面不连续的应力集中部位，即截面变化部位（台阶和肩部）、孔边、螺纹根部、键槽根部等。应力局部增高由应力集中系数 k_t 代表。实际机件表面不连续性部位的 k_t 值常可以参照各种应力集中系数手册或机械设计手册 [12] 中的数据获得，必要时，进行弹性力学有限元计算或者进行光弹试验获得。

在截面变化部位，增大过渡圆角半径有利于提高零件的疲劳强度。由于过渡圆角半径过小而导致的疲劳失效，一部分是设计错误造成的，另一部分是设计正确、机械加工错误造成的。后者更为常见。

设计中，还要注意，在截面变化部位不要设置焊缝或钎接缝。例如，设计带法兰盘的轴，如果通过将轴和法兰盘两者焊接而成，焊缝和热影响区是薄弱部位，它与应力集中部位重叠在一起，疲劳裂纹必定形成于该部位，并且疲劳寿命极低。较理想的设计是法兰盘带一段轴与另一段轴焊接，焊缝远离截面变化部位，即两个薄弱部位分开。

图 2-17 是一个实例，轴上的定位卡环槽和键槽的应力集中叠加，造成键槽圆角处最早出现裂纹，使轴发生疲劳开裂，详见第 3 章实例 5。

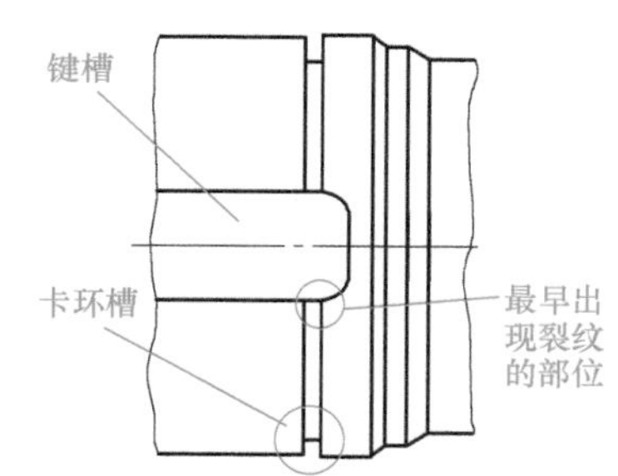

图 2-17　轴上卡环槽和键槽不好的布置

应力集中的有害影响可以利用诱发应力加以限制和降低。诱发应力是指在零件上可能发生疲劳破坏的应力集中部位的表层造成残余压应力，它能起到降低平均应力的作用，从而显著提高零件使用中的疲劳寿命。产生诱发应力的常用方法有两类：表层塑性变形、表面热处理。对零件的缺口部位施加喷丸处理、对螺纹部位施加滚压变形，均属于表面塑性变形，诱发形成表层残余压应力，同时表层材料强度也增高。此法对于预防高周疲劳破坏很有效。

结构钢机件（例如齿轮）进行表面淬火，表层形成马氏体组织。马氏体的比热容比奥氏体的大，当奥氏体转变成马氏体时，体积一般要膨胀 4 倍，因此机件

表面会产生很大的压缩应力。由此形成的表层有利于提高齿轮弯曲强度。渗氮处理也能产生类似的效果。

图 2-18 是齿轮渗碳淬火后齿根形成有利的残余压应力示意图。轮齿受拉侧齿根的弯曲应力减少，对疲劳强度极为有利；而受压侧的弯曲应力加大，但试验和使用结果表明对弯曲疲劳影响不大。

塑性较低的钢材，例如淬火和低温回火状态的钢材，对应力集中的敏感性较高；塑性较高的钢材，例如正火状态钢材，对应力集中的敏感性较低。铸钢机件和球墨铸铁机件，由于自身含有许多应力集中源（铸造缺陷、石墨球），因此对外部应力集中部位的敏感性也较低。

钢机件表面粗糙度影响疲劳寿命，图 2-19 是各种加工表面粗糙度的修正系数 K_s，它是以精抛光表面的试件的疲劳寿命为基数绘制的。切削加工的机件寿命比精磨机件寿命降低 10%～30%，高强度钢受表面粗糙度影响较大。锻坯状态机件的疲劳寿命与经受过腐蚀的机件相当。

机件疲劳裂纹起源处表面粗糙度不合格、严重啃刀或磨削烧伤等，是常见的失效原因之一，对高强度钢机件尤其如此。

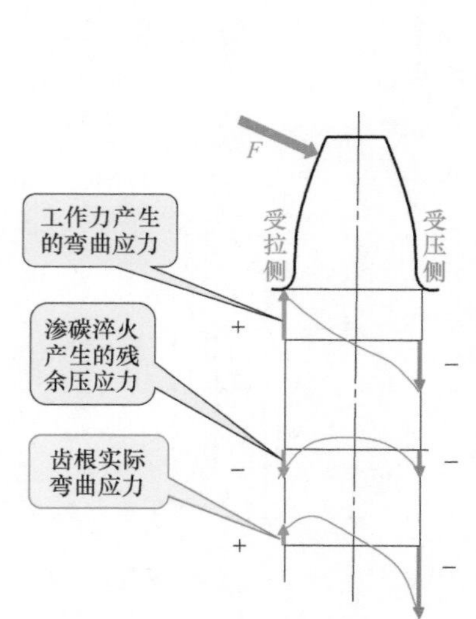

图 2-18 齿轮渗碳淬火后齿根形成有利的残余压应力示意图

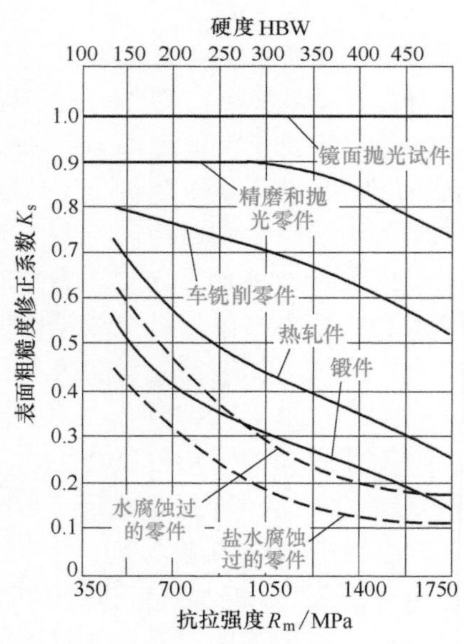

图 2-19 钢机件疲劳寿命的表面粗糙度修正系数[5] 966

钢件电镀可能有损于疲劳强度。铬为硬镀层材料，钢件镀铬后，在铬镀层内存在拉伸残余应力，循环加载时镀层首先开裂，形成应力集中源，然后裂纹进入基体材料中。如果镀铬前机件经过喷丸处理，则铬层中裂纹不易发展进入基体中。

在高周疲劳情况下，钢的疲劳强度随拉伸强度的提高而增大。热处理和显微组织对疲劳强度产生重大影响，回火马氏体具有最佳抗疲劳性能。混合组织的疲劳抗力常常较低；残余奥氏体和自由铁素体等软区可能成为裂纹形成位置；偏聚的碳化物和粗大珠光体也可能形成裂纹。

2.4 磨损失效

受到外物机械作用，机件表面材料被转移而造成损伤，称为磨损。机件磨损严重和丧失功能即为磨损失效。磨损常与两个机件相互接触和运动有关，与摩擦和润滑有关。另一类外物作用是液体冲刷。

除严重擦伤导致突然咬死的情况外，机件磨损损伤和功能退化通常是一种渐进的过程。选择更换磨损机件的时间，常要兼顾各种费用因素。

所有承受滑动和滚动接触的机件都产生不同程度的磨损，且磨损程度和失效判据可能差异很大。从机理上分类，磨损有三种主要类型：黏着磨损、磨料磨损和浸蚀磨损。此外，表面疲劳、微动磨损和气蚀也是常见的损伤形式，但它们同时受几种机理的混合作用，不作为磨损的基础类型[5] 973。

2.4.1 黏着磨损

黏着磨损是由于黏附作用使摩擦表面的材料迁移而引起的机械磨损。

机件表面不可能完全光滑，总存在各种宏观和微观的凹凸不平。当机件相互接触和承受法向载荷时，表面上的鼓凸点首先接触并产生弹性和塑性变形，直到实际接触面积能够承受所加载荷为止。因此，两表面局部会发生黏附结合。这种结合强度可能高于两种机件材料中较弱者的强度。当两机件表面相对运动时，该较弱材料被剪断，材料被转移到另一接触表面上。在随后的多次相互作用中，这些被转移的材料有可能再转移到原来的机件表面，但却是黏附在不同的部位；另一种可能是转移材料被彻底分离，成为不规则形状的磨损碎屑颗粒。最严重的情况是咬死，摩擦表面严重黏着而使相对运动停止，常导致事故。

黏着磨损的体积损失正比于法向载荷和滑动距离，反比于较弱表面的硬度或屈服强度。理论研究中用公式描述黏着磨损现象：

$$V=kSF/H$$

式中　V ——磨损伤痕体积；

S ——滑动距离；

F ——法向载荷；

H ——凹坑屈服强度（硬度）；

k ——磨损系数，代表较软材料表面接触区中发生断裂的概率，k 值大体在 $10^{-8}\sim10^{-3}$ 范围内[5] 973。

2.4.2 磨料磨损

磨料磨损是由硬颗粒或硬突起引起的机件表面损伤，表面出现磨屑或形成划伤。磨料磨损可分为摩擦磨料磨损和磨料浸蚀两类。前者是普通的磨料磨损；后者是含硬颗粒的流体几乎平行于固体表面相对运动而产生的磨损。

产生磨料磨损的原因是硬颗粒或硬突起沿零件表面滑动，包括[5] 974：

① 松散的硬颗粒陷在两个相对运动零件的表面之间产生的磨损，属于三体磨料磨损，三体磨料磨损的磨粒多数时间处于滚动状态，磨损速率较低；

② 硬颗粒被固定（嵌入或黏附）在一个表面上，对另一个零件表面造成磨料磨损；

③ 一个表面上的硬突起磨损另一表面。

后两种属于二体磨料磨损，二体磨料磨损的磨损速率较高。前两种的硬颗粒可能是外来物，也可能是由黏着磨损和磨料磨损形成的碎屑。

磨料磨损是磨粒（或突起物）对零件表面切削作用的结果。磨粒硬度高于被磨表面，两者在载荷下相对滑动时，磨粒移动或切除表面上的材料，在表面上留下犁沟、划痕和擦痕等形貌。

硬颗粒划过较软表面形成典型的犁沟，沟内材料未被切除，而是塑性流动（变形）移向沟边沿。另一种情况是形成犁沟的同时，切除沟内材料，在移动硬颗粒的前方形成切削屑片，也可能移向犁沟边沿的材料随即或经磨粒多次作用后裂成碎屑。

磨料磨损可分类为：凿切磨料磨损；高应力（或研磨）磨料磨损；低应力（或擦痕）磨料磨损。凿切磨料磨损中，从表面切去大颗粒，表面上留下深沟或深坑，类似于机械加工车间的磨削加工。高应力磨料磨损的表面有各种不同程度的擦伤，它可具有塑性流动特征，也可具有脆性成分断裂的特征，并且常伴随着磨粒自身的断裂（由于高应力作用）。磨损屑片可能是反复塑性变形而疲劳断裂形成，也可能是切屑。当载荷足够低时，发生低应力（擦伤）磨料磨损，磨损表面有细而浅的擦痕，磨粒自身并不断裂，类似于机械加工车间的抛光加工。

举一个磨料磨损的实例，如图 2-20 所示。图 2-20（a）为蜗轮齿面磨损的宏观形貌；图 2-20（b）为蜗轮齿面磨损的微观形貌。图 2-20（a）中可见齿厚全部磨失，齿根部位出现很多平行的“犁沟”——划痕和很多磨损后残留的“飞翅”；图 2-20（b）中也可观察到大量明显的“犁沟”。这是蜗杆蜗轮摩擦副“微切削”造成的，在摩擦学上属于磨料磨损范围。这种磨损可以认为同润滑油没有什么关系，因为采用任何润滑油都不可能形成有效的油膜。图 2-21 为蜗杆齿面的宏观形貌，齿面上黏附一层蜗轮磨失的铜，这是由于蜗杆齿面经过渗碳淬火，硬度很高，不可能出现“犁沟”，故出现的是黏着磨损特征的形貌。详见第 4 章实例 10。

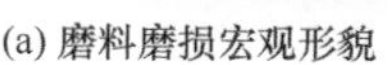

(a) 磨料磨损宏观形貌

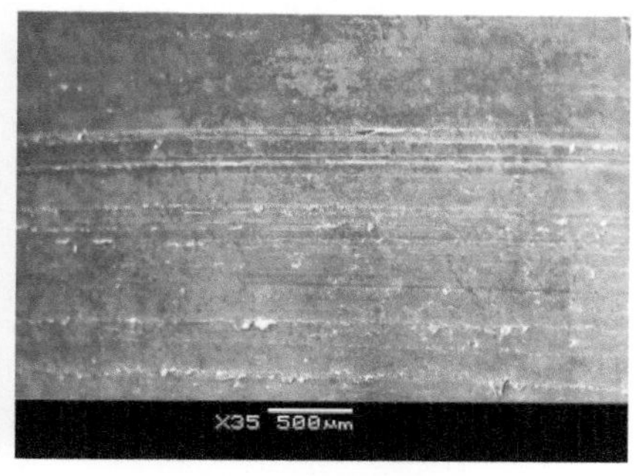

(b) 磨料磨损微观形貌

图 2-20　蜗轮齿面磨料磨损的形貌

(a) 蜗杆全貌

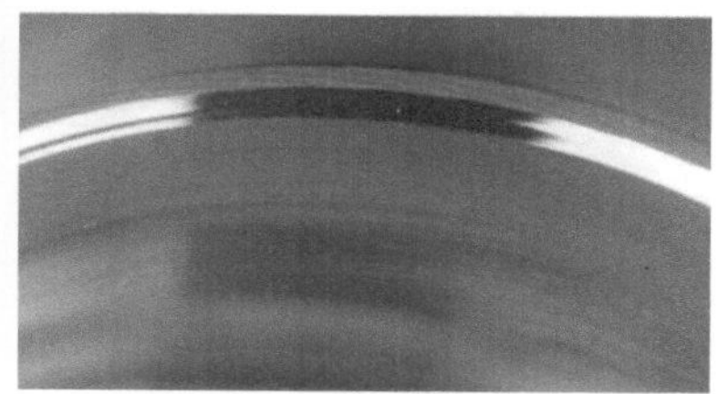

(b) 轮齿中间局部

图 2-21　蜗杆齿面的宏观形貌

矿石破碎机和球磨机等的零件直接接触岩石、矿石等硬物，磨料磨损是决定其使用寿命的主要因素。许多其他类型机器的机件，正常使用情况下不应接触磨粒，但有时也发生磨料磨损失效，其磨粒可能来源于外界，如开敞式润滑系统中润滑油带有磨粒。黏附磨损的磨屑是高温条件下摩擦形成的金属氧化物，这种磨屑可能很硬。

2.4.3 微动磨损和微动磨蚀疲劳

在机械设备特别是在机械传动装置中，常见因微动磨损而报废的案例。微动是指两个物体接触表面之间的一种相对滑动状态，其特征是相对滑动的距离很小（0.01 ～ 300μm），滑动是反复的、周期性的。

微动磨损是指两个接触物体在一定的法向力作用下，滑动表面因微动而产生的磨损。微动磨损是由两个接触物体的黏着、低幅微动或振动引起的。由于常件有化学腐蚀（氧化），微动磨损也称为微动腐蚀。微动磨损不同于其他的磨损形式，它所产生的大部分磨屑保留在微动磨损部位。

微动磨损常发生在机械的各种连接固定部位（静连接）。由于振动或变形，原本相互固定的紧密接触表面间产生微小的相对运动，导致微动磨损。

微动磨损可能引发疲劳裂纹，这就是微动疲劳。已有的研究结果表明，对于长寿命的机件（例如按无限寿命设计的机件），微动磨损会使其寿命降低 30% 以上，甚至有降低 80% 的例子[13]。承受高应力、长期运转的机件常由此导致疲劳断裂，详见第 3 章实例 5 和实例 6。

微动磨损过程分为三个阶段[5] 975：初始黏着，微动和伴随形成氧化物碎屑，在接触区产生磨损和疲劳裂纹。

（1）初始黏着

微动磨损早期会出现金属匹配表面凹凸不平点间结合而造成的磨损表面黏着。当微动磨损振幅较大时，在一次振动中就可能发生数次黏着点形成和撕毁的过程。振幅小到 0.025μm 时仍发现有微动磨损现象。当相对运动极小时，振动能量可由表面凹凸不平点的弹性变形吸收，不发生微动磨损。金属间黏附的必要条件是表面膜被破坏。如果微动磨损副由两种不同金属材料制成，则软金属可能产生大量变形，而硬金属却完整无损。相同的两种硬金属间有较低的黏着磨损系数，两种软金属间有较高的黏着磨损系数。

（2）产生磨屑

钢铁材料微动磨损产生大量褐红色氧化物颗粒。例如，碳钢大气中微动磨损产生的磨屑大部分为菱形六面体非磁性的 α-Fe_2O_3，呈褐红色，天然形式为赤铁矿（粉末状），具有高磨粒性。磨屑中也含有一些黑色的 Fe_3O_4，其天然形式为磁铁矿。某些有色金属微动磨损产生的磨粒多数是未氧化的，颗粒尺寸较大。工具钢和铬等硬材料的微动磨损中，初始磨屑颗粒很细，存在较多氧化物。

如果微动磨损副中的一方为软金属，硬氧化物碎屑可能嵌入较软金属中而降低磨损速率。因此，微动磨损中形成的氧化物碎屑黏着于表面时能降低磨损速率；而松散状态时能提高磨损速率。

在实际的失效分析工作中，常见到光亮的配合表面因微动磨损而出现凹凸不平甚至坑洼的形貌，如图 2-22 所示（详见第 3 章实例 5）。对于这种微动磨损特有的典型形貌，国外学者用微动磨损的发展过程给出较合理的解释[13] 10-11（图 2-23）。

微动磨损初始，两接触表面的大量凸峰点互相接触，在相对滑动中产生的磨屑落入凸峰点之间的空隙里［图 2-23（a）］。随着磨屑量的增加，空隙被磨屑填满，磨屑成为磨料，变为磨料磨损过程，使一个原来有许多小凸峰的区域变成一个小平面［图 2-23（b）］。随着磨损过程的继续，小平面区域聚集的磨屑向两边低洼区移动并落入低洼区，并且可能会由几个小平面连成一个较大的平面［图

2-23（c）]。由于相对滑动幅值很小，聚集在中心部分的磨屑难以溢出，使该部分两表面间的接触压力增大，而边缘部分由于磨屑可以溢出，接触压力较低，因而中心部分磨损严重，结果形成小深坑，并且由于相同的过程，许多小深坑可能联成大深坑［图 2-23（d)]。

图 2-22　轴上微动损伤的表面形貌

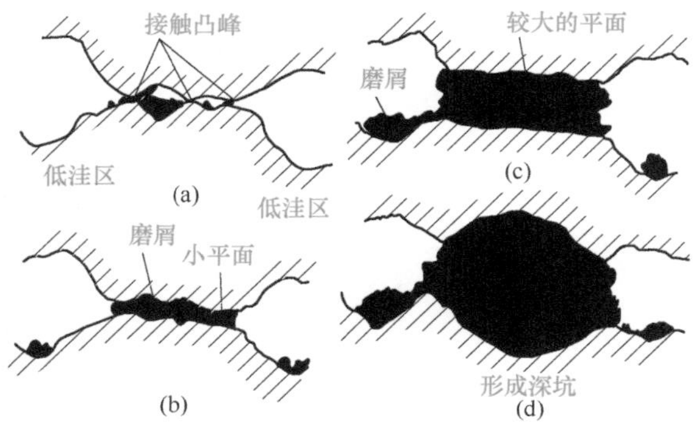

图 2-23　微动磨损的发展过程和大深坑的形成

这个理论可以解释许多材料的微动磨损过程，因而也可以说明图 2-22 轴上配合面因微动损伤出现的表面形貌。

（3）微动疲劳

机械构件在运转中如果遭受微动磨损的损伤，在一定的条件下，其表面就会出现微动裂纹，微动磨损就进入微动疲劳阶段。

微动疲劳这个名词用在以下两种情况[13] 3：

① 两个接触体在较大的接触压力作用下，加上微动，可以在接触表面引发裂纹。在反复微动作用下，裂纹扩展，使裂纹与外表面之间的材料脱离母体，剥落下来成为磨屑。产生裂纹是材料疲劳所致，因此叫作微动疲劳。这是微动磨损的机理之一。由于物体除承受接触压力和产生微动所需的甚小推动力之外，不受别的力，因此只是局部材料的疲劳，一般不造成整个物体疲劳破坏。

② 构件或材料（制成试验件）一方面在表面某部位遭受微动损伤，另一方面自身还承受较大的外部工作载荷（拉 - 压、弯曲、扭转及其合成载荷等)。微动与外载的共同作用使表面产生裂纹→裂纹扩展→构件断裂。此情况被称为机械构件的微动疲劳（断裂）或材料的微动疲劳（断裂)。

微动疲劳，一般都指第②种情况。在可能引起混乱之处可根据上下文意义判明其含义或直接作出说明。

在微动磨损条件下，远低于疲劳极限的低应力可导致疲劳裂纹形成[5] 975。微动磨损区或位于微动接触区邻近部位疲劳裂纹（图 2-24）的形成主要取决于表面区中的应力状态，尤其取决于叠加于循环应力上的各种应力。与接触应力分布有关的裂纹扩展方向垂直于微动磨损区中的最大主应力方向。

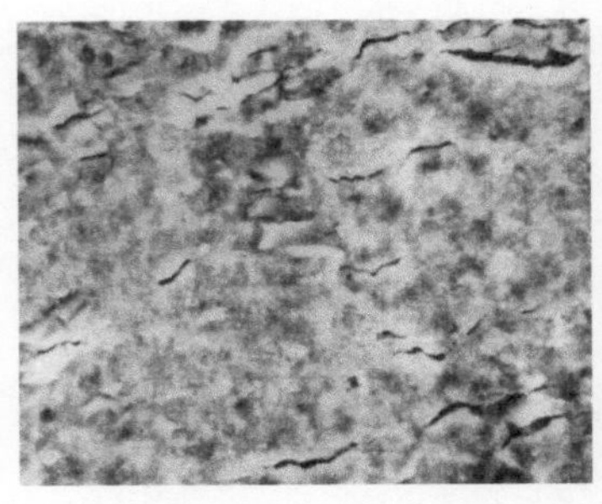

图 2-24 微动疲劳裂纹

微动磨损特有的现象是有些疲劳裂纹可能不扩展，因为接触应力的作用范围仅限于微动磨损表面下很浅的区域。对于承受应力的轴类零件及连接部件，由微动磨损形成裂纹引发最终疲劳断裂是常见的失效类型（详见第 3 章实例 6）。对这类零件施加某种表面处理（喷丸和表面滚压等），造成有利的表层残余压应力，能阻止或停止裂纹扩展，是极重要的预防措施。消除或减小零件的振动，有效的润滑，或在两表面间设置隔离层（例如钛合金零件表面镀层），也是预防微动磨损的重要措施。

2.4.4 磨损失效分析的方法

对一个磨损失效事件进行准确分析，至少要从三个方面收集证据：磨损表面，磨损碎屑，工作环境[14]。

（1）观察与检查磨损表面

磨损表面的损伤程度轻重不同，从抛光到磨去大量材料，差异悬殊。目视检查，再配合测量零件重量和尺寸，确定损伤程度和磨去材料的量值。

使用显微镜观察磨损表面，尤其推荐使用扫描电子显微镜进行观察。从磨损部位切取观察用试样。对于大型零部件，可以制备复型试样，除第 1 章中提到的塑料复型外，还可采用某种材料铸造硬复型。硬复型不仅可用于显微形貌观察，还可用于表面粗糙度测量。

扫描电子显微镜用于观察表面损伤的低倍外貌和高倍形貌，还可进行必要的微区化学成分分析。依据损伤的形貌，确定损伤类型：擦伤、划伤、犁沟、微动磨损剥蚀坑、剥落、腐蚀坑等；确定损伤的分布和线状损伤的方向；确定表面膜脱落和黏着特征；确定是否有冷作硬化表面层；是否有某种显微组织受到择优浸蚀；是否有磨粒嵌入机件表面等。观察实例详见第 4 章实例 10。

依据观察提供的证据，进一步确定磨损的类型：黏着磨损、磨料磨损、浸蚀磨损、微动磨损、接触疲劳（表面疲劳）、腐蚀磨损。

（2）磨损零件工作环境调查和成分分析

环境条件对于磨损表面去除材料的机理和速率都产生重大影响，应考虑环境条件的各个细节。矿石破碎机机件的工作环境有矿石，它是磨料磨损的磨粒，当矿石来源和成分变动时，机件表面会有不同的磨损速率。如果怀疑环境介质具有腐蚀性，也应对环境介质进行成分分析。机件工作中有润滑时，要考虑润滑剂是否有效，实际使用的润滑剂是否与设计相符，使用中是否更换过润滑剂，服役历史中是否出现过干摩擦等异常情况。工作环境调查和成分分析实例详见第 4 章实例 10。

（3）磨损碎屑的观察和分析

在磨损表面之间或在磨损零件边缘寻找磨屑，磨屑也可能嵌入表面中或悬浮在润滑剂中。为了确定磨粒或磨屑的尺寸和各尺寸段所占质量分数，可进行尺寸筛选，例如用铁谱法获得按尺寸分布的颗粒载片。用双色显微镜观察其尺寸、形状和颜色，用扫描电子显微镜观察其形貌并进行成分分析，阐明磨损机理和原因，提供重要的证据和线索。

2.5 胶合失效

机件的胶合又称黏着撕伤。胶合是接触面上的金属在一定压力下发生黏着，随着接触面的相对运动，金属从较软的表面上撕落而引起的一种严重磨损现象。关于胶合，开始研究的时间并不晚，但是由于胶合破坏事前无预兆，发生突然（无寿命），影响因素复杂，所以一直到现在对胶合机理的研究仍然不透彻，甚至用什么物理量来评定胶合（判据）更合适还没有定论（例如，用积分温度还是用闪温来评价齿轮胶合更合适存在分歧），但胶合的严重后果，已被大家熟知。胶合最容易在高速运转的齿轮传动、滑动轴承和滚动轴承中出现。由于齿轮传动向着高速、重载、体积小、重量轻的方向发展，因此，齿轮因胶合失效的案例频发，图 2-25（a）为航空齿轮齿面轻微胶合；图 2-25（b）为高速列车弧齿锥齿轮齿面较为严重的胶合。

下面以齿轮胶合失效为例，分析影响齿轮胶合失效的因素。

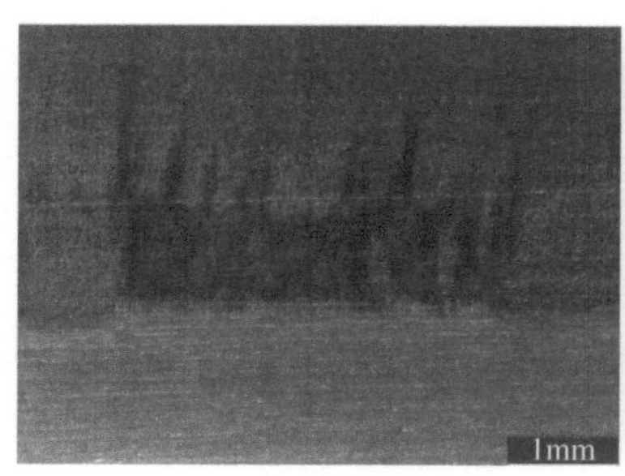

(a) 齿面轻微胶合

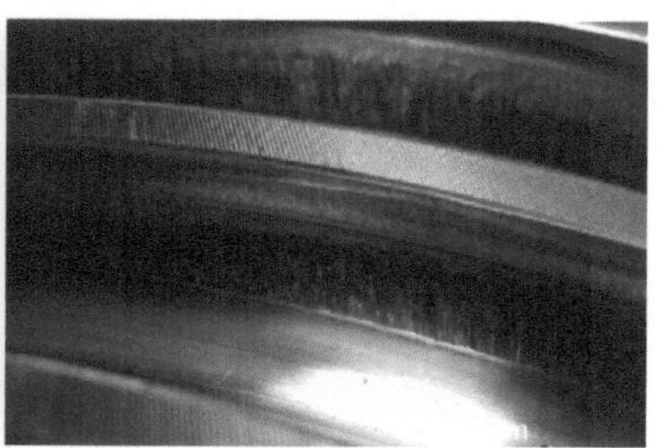

(b) 齿面较重胶合

图 2-25　齿面胶合形貌

影响齿轮胶合的因素很多，首先要考虑齿轮设计参数、加工精度、装配精度等与制造有关的因素，以及名义载荷、名义圆周速度等运转基本量。其次要考虑与运转条件有关的动载荷、速度波动、冲击，以及影响齿面摩擦性能的润滑剂和齿轮材料的表面性质。影响胶合的因素可以归纳成以下七个方面[15] 251：

① 齿轮几何参数和齿形。模数、压力角、齿宽、螺旋角、变位量和修形等对

胶合影响很大，使表面温升小的参数和齿形对预防齿面胶合失效有利。

② 加工制造精度和装配精度。齿轮误差可使同时啮合的两对齿的载荷分配发生变化，可使齿向载荷分布发生变化，严重影响胶合的发生。另外，啮合误差会产生动载荷。表面粗糙度对胶合影响也很大，因此齿面必须具有低的粗糙度值。

③ 运转基本量。根据固体摩擦求闪温的公式，可以看出齿面温升与传递载荷的 3/4 次方成正比，与圆周速度的 1/2 次方成正比。

④ 运载条件。动载荷、过载、速度波动、冲击载荷等对胶合的影响也较大。

⑤ 润滑油的性质。润滑油的种类、黏度、成分、添加剂对胶合影响很大。润滑油的黏温性能对胶合影响也很大。

⑥ 润滑方法。采用浸油润滑还是强制润滑，以及供油量、供油速度、供油位置等对胶合影响也很大。

⑦ 齿轮材料的表面性质。金属组织的硬度、表面的摩擦性能和耐热性对胶合也有很大的影响。例如，金属组织中奥氏体增加，抗胶合能力下降；加入硫添加剂会增加磨损，但可大大提高抗胶合能力；传热好的材料，可提高其抗胶合性能。

上面只是概括的叙述，各个因素究竟怎样影响齿轮胶合还有很多问题没有弄清楚，对某些问题的看法还存在很大分歧，因此给齿轮的胶合失效分析带来一定的难度。

第 3 章 轴的失效分析

Chapter 3 Failure Analysis of the Shafts

3.1 轴失效分析基本知识

3.1.1 概述

机器中的轴，通常用来支承旋转的零件，并传递动力和运动。轴可分为直轴、曲轴和软轴三大类。软轴能把回转运动灵活地传递到任何位置，主要用于仪器设备中。曲轴在动力机器中用得较多。在一般机器中用得最多的是直轴。直轴可以承受弯矩和扭矩的作用，有时还有拉压载荷作用在轴上。对于旋转的轴，在绝大多数情况下，轴上的应力是变化的（交变应力），这就容易引发轴的疲劳失效。轴的旋转运动通常都受轴承（滑动轴承或滚动轴承）的约束，如果用的是滑动轴承，轴的颈部可能出现过度磨损。

在轴的设计中，需进行较详细的设计计算和结构设计，保证轴有足够的强度和刚度。但在实际使用中，由于种种原因，轴的失效仍经常可见。轴常见的失效形式有以下几种：弯曲疲劳；扭转疲劳；复合（弯曲和扭转）疲劳；脆性断裂；塑性断裂；永久变形；磨损；腐蚀。

引起轴失效的可能原因（常见原因）可用“鱼骨”图[7]表示。这种方法就是将已经出现的失效（或异常现象）和引起失效的因素用“鱼骨”结构联系起来，通过分析从而找到造成失效的直接原因。轴失效的“鱼骨”图如图3-1所示。

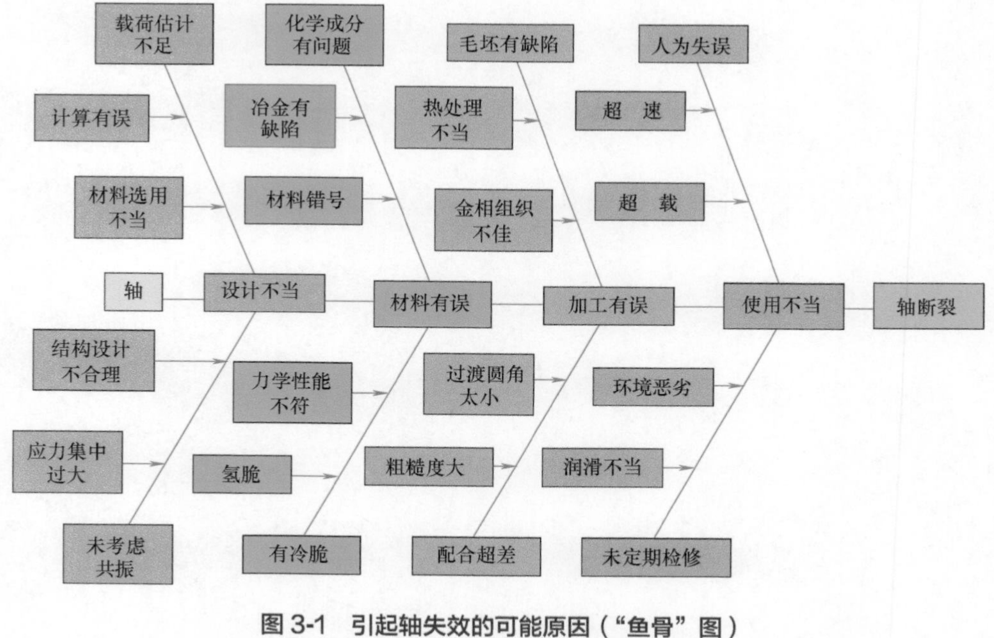

图 3-1　引起轴失效的可能原因（“鱼骨”图）

3.1.2 轴上的应力和断裂特征

了解轴上的应力对轴的失效分析十分重要。作用在轴上的不同载荷，可以使轴受拉伸、压缩，扭转，弯曲，或者其中几个的复合作用（如弯扭复合作用等），轴上由此产生不同的应力和应力分布。在不同的应力作用下，对于不同性质（塑性或脆性）的材料，其失效特征也不同。图 3-2 列出了轴受拉伸、压缩和扭转时某分离体上二维的应力（忽略第三维应力）及分布情况；同时也表示出塑性材料和脆性材料在过载断裂时的断裂特征。

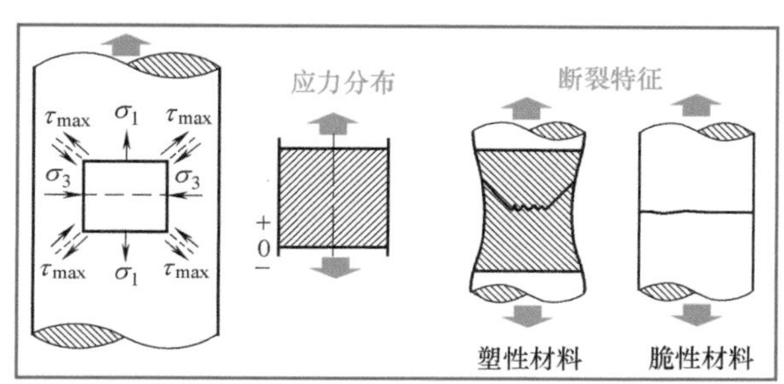

(a) 拉伸

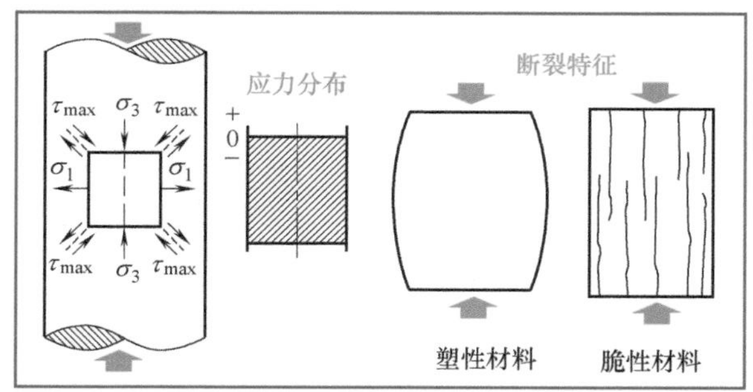

(b) 压缩

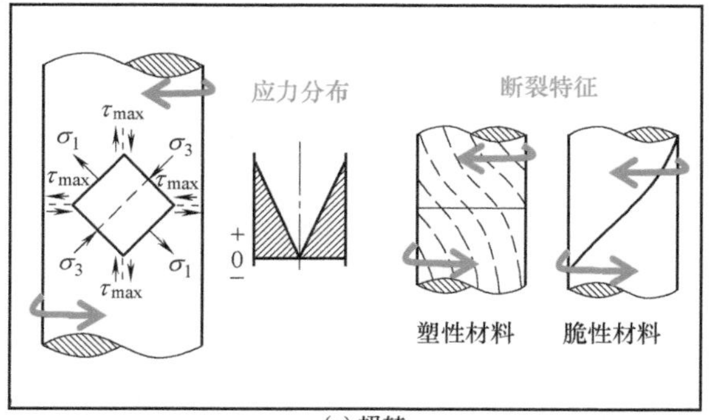

(c) 扭转

图 3-2　轴上的应力和断裂特征 [4] 461

σ_1—拉伸应力；σ_3—压缩应力；τ_{max}—最大剪切应力

对于图 3-2（a）的纯拉伸状态，拉伸应力 σ_1 为轴向，压缩应力 σ_3 为横向，最大切应力 τ_{max} 与轴线成 45° 角。应力分布在全轴上。对塑性材料，断裂是有缩颈的，近表面有与轴线成 45° 角的剪切唇。而对于脆性材料，其断裂面大致垂直于拉伸应力 σ_1。

对于图 3-2（b）的纯压缩状态，其应力（σ_1、σ_3、τ_{max}）和应力方向正好同上述拉伸相反。对于塑性材料，过载时将产生塑性变形（腰鼓形），但不断裂。而对于脆性材料，如果不被压弯，其断裂面将平行于轴线。

对于图 3-2（c）的纯扭转状态，将上述拉伸状态的应力转 45° 就是轴受扭转时的应力状态，但应力分布同拉伸状态不同：表面应力最大，轴心应力为零。对于塑性材料，在断裂前将产生可观的塑性变形，但不改变轴的形状，因此不易观察到。对于脆性材料，其断裂面同轴线成 45° 角。

当轴受弯矩作用时，其受拉侧的应力状态同上述拉伸时应力相同，而受压侧的应力同上述压缩时应力状态相同，其中性层上的应力为零。

3.1.3 轴的失效形式

轴常见的失效形式有疲劳断裂、瞬断失效、永久变形和表面失效等，见图 3-3。

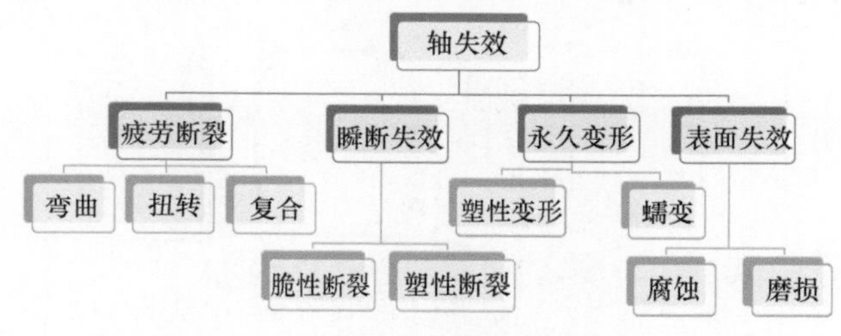

图 3-3 轴失效的形式

3.1.3.1 轴的疲劳断裂

轴的疲劳断裂是轴的主要失效形式。轴的某截面在循环应力（交变应力）作用下形成的断口称疲劳断口。通常认为：当应力的循环次数 $N > 10^4 \sim 10^5$ 时，为高周疲劳；而当 $N < 10^4 \sim 10^5$ 时，为低周疲劳。在机器中，最常见的是高周疲劳。轴的高周疲劳典型断口，除疲劳源（单源或多源）外按断裂发展过程可分为三个区域，即疲劳核心区（疲劳源区）、疲劳裂纹扩展区和瞬时断裂区，图 3-4（a）所示为单源疲劳断口示意图，图 3-4（b）所示为多源疲劳断口示意图。

轴在交变应力作用下，就可能在应力最大、强度最低或材料有缺陷的区域出现疲劳核心（疲劳源）。对于受弯曲、扭转作用的轴，最大应力通常在轴的表面上，因此表面上的键槽、定位孔、台肩、加工刀痕和碰撞硬伤等会产生较大的应力集中，从而形成疲劳源。如果冶金质量有问题，如有偏析、夹杂物和孔洞等，也可能在轴的内部形成疲劳源。在一个疲劳断口上可以出现一个或数个疲劳源，这取决于该断口的应力大小和应力集中情况。从宏观上看（肉眼或放大镜观察），疲劳源区显得比较平整、光亮，这是产生疲劳裂纹后，在交变应力作用下裂纹面反复摩擦的结果，可按此特点判断疲劳源区。

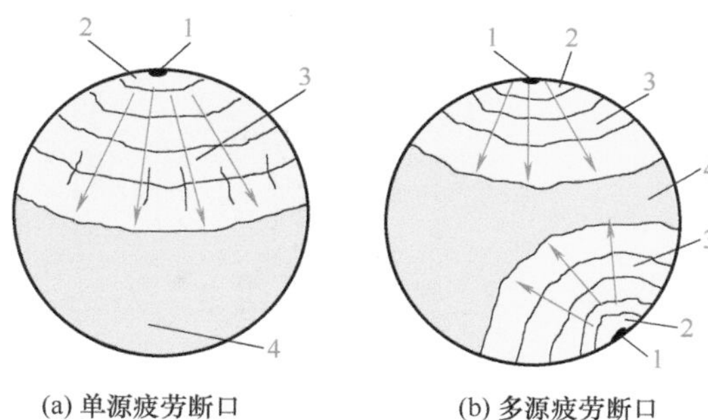

(a) 单源疲劳断口　　(b) 多源疲劳断口

图 3-4　轴的高周疲劳典型断口示意图

1—疲劳源（图示是夸张的画法，实际的疲源目视一般是看不到的）；2—疲劳源区；3—疲劳扩展区；4—瞬断区

轴的某处形成疲劳源后，在一定条件下，疲劳裂纹就会不断地向前扩展，从而在断口中形成疲劳裂纹扩展区。此扩展区最常见的特征是在断口上呈现贝壳状（或海滩状）的条纹，常称之为疲劳弧线，或贝纹线、海滩状条纹、抑制线等。疲劳弧线是疲劳裂纹从疲劳源处开始不断向前推进留下的痕迹。通常疲劳弧线凹向即为疲劳源方向（表 3-1 中的断口 1、断口 7），而疲劳弧线凸向向前扩展。如果轴表面有较大的应力集中（如退刀槽等），则接近表面的疲劳裂纹的扩展速度可能大于轴心部的速度。这时，就可能出现成凹状向前扩展的疲劳弧线（表 3-1 中的断口 9），详见本章实例 9。

当疲劳裂纹扩展到某一临界尺寸，轴的断面已不能承受给定载荷时，轴将瞬间断裂，这就在断口上留下了瞬时断裂区（瞬断区）。此区的断口显得高低不平，非常粗糙（纤维状），并且没有任何摩擦的痕迹，在断口中是很容易区分的。

以上是轴的疲劳断口所具有的典型形貌。由于轴所受载荷大小和性质不同，轴的材料和结构不同等，轴的疲劳断口的形貌也有所差别。表 3-1 列出了不同载荷类型、不同应力集中、不同名义应力情况下，轴的疲劳断口的情况。为了便于失效分析讨论时引用，表中 24 个断口都进行编号。

表 3-1　载荷类型、应力集中、名义应力对疲劳断裂的影响[4]111

名义应力		高			低		
应力集中		无	中等	严重	无	中等	严重
载荷类型	拉-拉或拉-压	1	2	3	4	5	6

续表

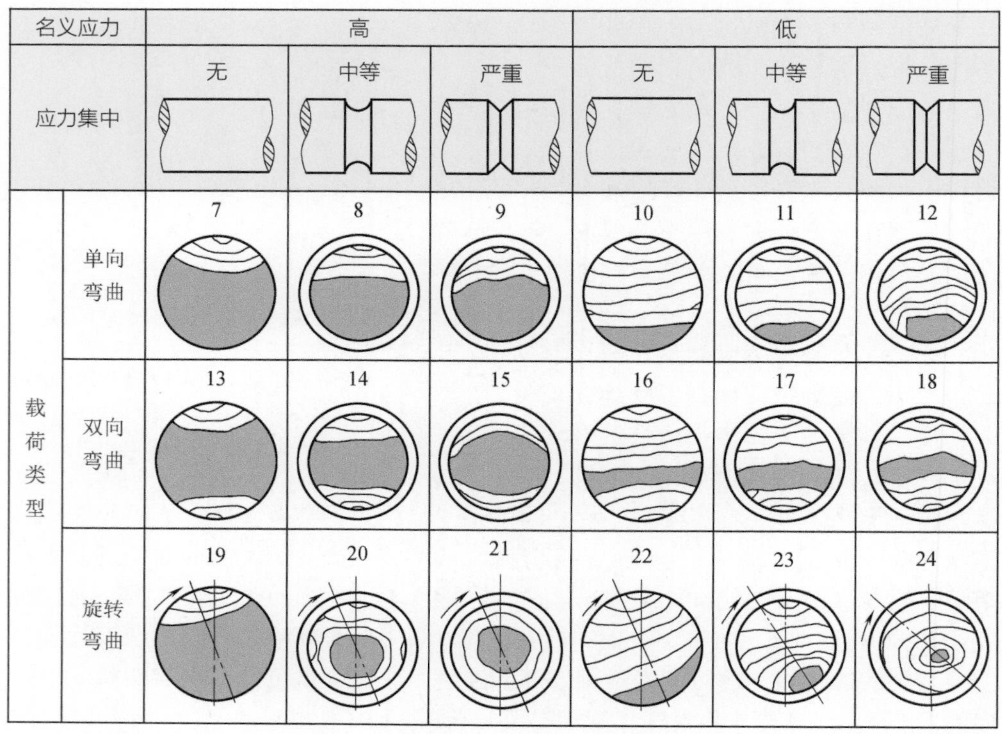

名义应力		高			低		
应力集中		无	中等	严重	无	中等	严重
载荷类型	单向弯曲	7	8	9	10	11	12
	双向弯曲	13	14	15	16	17	18
	旋转弯曲	19	20	21	22	23	24

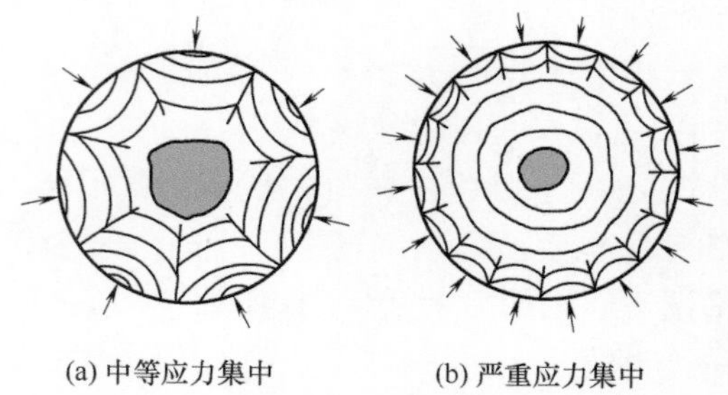

(a) 中等应力集中　　(b) 严重应力集中

图 3-5　旋转弯曲疲劳裂纹的扩展[4]463

旋转弯曲疲劳是轴常见的失效形式之一。旋转弯曲时，轴表面上任意点的应力总是对称循环变化，因此轴圆周表面上就可能出现多个疲劳源，应力集中越严重，这种现象越明显，如图 3-5 所示。图中的阴影区是最后的瞬断区。

图 3-6（a）、(b）是两个减速机高速轴旋转弯曲断裂的典型断口，疲劳源在轴的圆周区域（多源疲劳），有严重的应力集中，名义应力不大。图 3-6（a）所示的断口类似于表 3-1 中的 24 号断口；图 3-6（b）断口上有多条大小不同的疲劳沟线，这是轴表面多个疲劳源的位置不同和裂纹扩展的速度有差别造成的。

以上断口的宏观形貌大致都有规律可循，能够找到疲劳源或疲劳源区、裂纹扩展区与扩展方向，以及最后断裂的瞬断区（静断区）。但是，在现实的失效分析工作中，很可能会碰到一些非常复杂的断口，根本无法用上述规律去诠释断口呈现的基本信息，如图 3-7 所示的扭转微动多冲疲劳断口。图 3-7 中，断口不是在一个平面上，断口中可以看到贝纹线，可以判定是疲劳断裂，但是很难对这一复杂的断口做进一步的解释。详见本章实例 6。

旋转弯曲疲劳断口的另一个特点是"偏转现象"，即旋转弯曲疲劳的最终断裂区（瞬断区）虽然在疲劳源的对面，但总是相对于轴逆向偏转 θ 角，如图 3-8 所示。因此，从疲劳源与最终断裂区的位置不难判断轴的旋转方向。

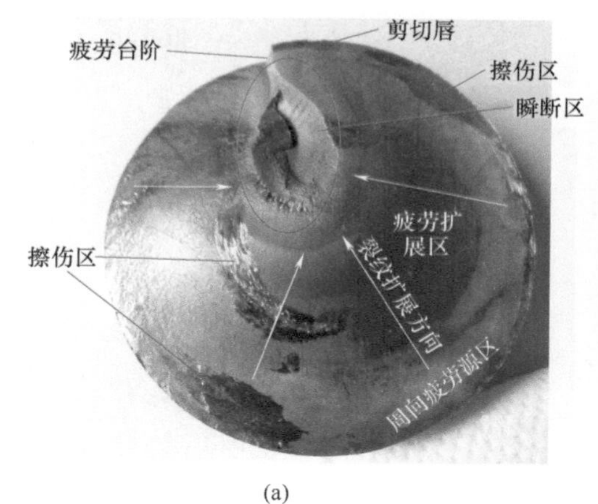

(a)

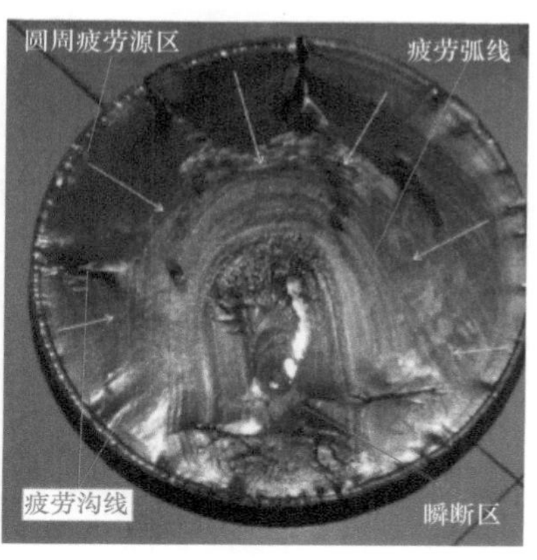

(b)

图 3-6　减速机高速轴断裂的断口

图 3-7　扭转微动多冲疲劳断口

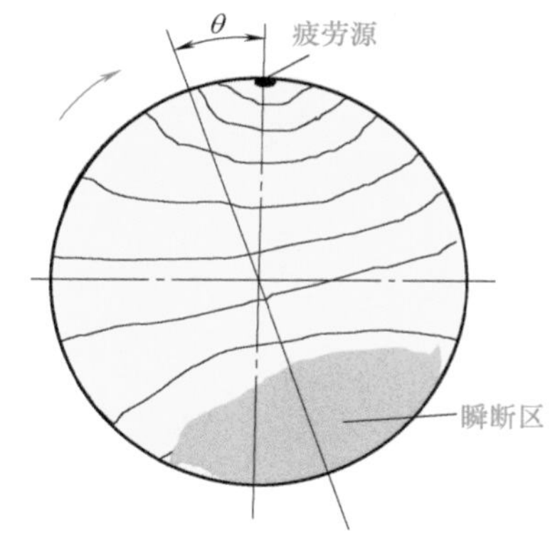

图 3-8　旋转弯曲疲劳断口的"偏转现象"

轴还可能出现扭转疲劳失效。不管是单向扭转疲劳还是双向扭转疲劳，其疲劳裂纹都首先发生在轴的表面上。在双向交变扭转时，轴可能发生的各种疲劳裂纹形态如图 3-9 所示。由最大切应力引起的疲劳裂纹可能平行也可能垂直于轴线，如图 3-9（a）和图 3-9（b）所示；由正应力引起的疲劳裂纹与轴线成 45°角，如图 3-9（c）所示；在正应力和切应力共同作用下可能出现混合型裂纹，如图 3-9（d）所示。此外，轴上如有应力集中，轴上扭转疲劳裂纹还可能出现一些变异的形态，如锯齿状［图 3-9（e）］、台阶状等。

图 3-10 是驱动轴扭转疲劳的典型例子。此轴的材质为美国 4340 钢，硬度为

30～30.5HRC。这是一根驱动轴，承受周期性的载荷和经常的过载。轴上设有一扭剪槽，当驱动轴突然受过载作用时，扭剪槽处将断裂，这样就能保护其他机件不被损坏。图中扭剪槽表面和内部的原始裂纹与轴线大致成45°角，这是扭转疲劳的典型特征。

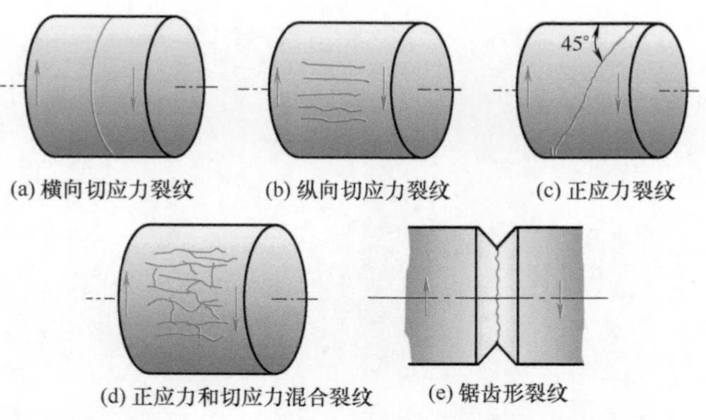

图 3-9　交变扭转载荷引起的疲劳裂纹形态示意图

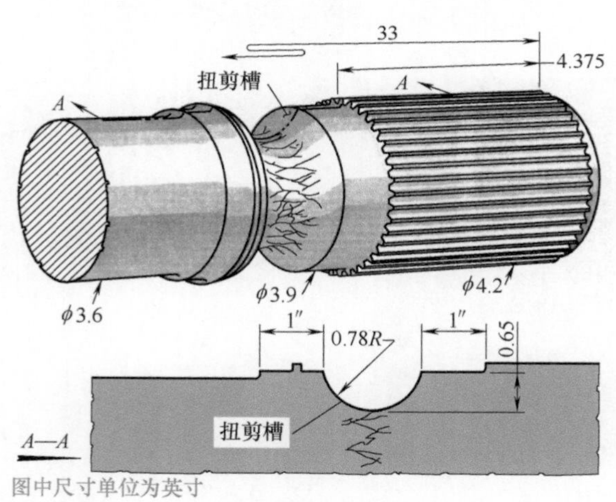

图 3-10　驱动轴的扭转疲劳[4] 464

3.1.3.2　轴的磨损

轴的磨损往往发生在轴和其他零件的配合面上，不但运动副（如滑动轴承）的配合面会发生磨损，而且非运动副（如花键、静配合面等）的配合面也可能发生轴的磨损。

当运动副中存在砂粒、灰尘等硬质颗粒或润滑油清洁度很差时，就会出现磨损速度很快的磨料磨损。当运动副的油膜厚度不足，金属与金属直接接触，且相对滑动速度又较快时，就会出现黏附磨损。当轴和其他零件之间有间隙或配合不够紧密，两接触面在一定法向力作用下作相对低幅振荡时，就会出现微动磨损。配合有间隙的花键连接最易出现这种微动磨损。详见第 6 章实例 3。

3.1.3.3 轴的脆性断裂

轴发生脆性断裂时，轴上的应力并不高，从强度计算来看是很安全的，但却发生断裂。脆性断裂是突然发生的，其裂纹的扩展速度可达 1830 m/s，甚至更高，因此，轴断裂之前总的宏观变形量极小，很难让人觉察，其危险性也在于此。轴的脆性断裂一般在较低的温度下发生，因此常称作低温脆性断裂。脆性断裂通常出现在体心立方和密排六方的金属材料中；高强度钢和低强度钢都可能发生脆性断裂。

脆性断裂更详细的论述见第 2 章。

3.1.3.4 轴的塑性断裂

用塑性金属材料制造的轴，当承受过大的载荷时，在断裂前会产生可观的塑性变形。对于受拉或受压的轴，此塑性变形可以一眼看出，但对于受扭转的轴，此塑性变形不易发现。塑性断裂轴的断口特征同轴的形状、所受应力的种类、受载大小和温度高低有关。轴材料的塑性随金属强度的增加、工作温度的降低，以及轴上存在缺口、圆角、孔、环槽等而降低。轴的塑性断裂通常发生在意外受过载的情况下，或者发生在材料牌号和热处理有误的情况下。

塑性断裂更详细的论述见第 2 章。

3.1.3.5 轴的永久变形

当轴上的应力超过材料屈服强度时，轴将发生不可恢复的永久变形而失效。这时轴并没有断裂，而仅仅是失去了原来正确的几何形状。这种情况大多发生在短时过载的意外工况中。采用高强度的材料和正确的热处理工艺，可以提高材料的屈服强度，从而避免轴的永久变形失效。

轴的蠕变也是一种永久变形失效。当工作温度升高时，轴材料的屈服强度将降低，这就有可能使轴上的应力超过屈服强度，使轴逐渐产生永久变形——蠕变。任何一种受载状态（如拉伸、扭转、压缩和弯曲等）都有可能出现这种永久变形。蠕变经过一段时间后，可能以蠕变断裂而结束，许多在高温下工作的部件（如汽轮机、喷气飞机的引擎等）的轴，其工作能力往往受蠕变变形量的限制。

除了以上几种轴的失效形式外，如果轴在有腐蚀介质的环境中运转，还可能出现腐蚀失效。轴表面遭受腐蚀后，光滑的表面上出现晶间腐蚀、点腐蚀或其他形式的腐蚀裂纹，从而引发轴的腐蚀疲劳，大大降低了轴的强度并缩短了使用寿命。

3.1.4 疲劳失效中的局部应力

3.1.4.1 轴的应力集中

在分析轴的疲劳失效时，可以发现大部分的初始疲劳裂纹发生在有应力集中的区域（如轴上的环槽、轴肩、螺纹、油孔等处），也就是轴的某部位的局部应力对疲劳失效有重大的影响。图 3-11 所示为轴上不同切槽造成的不同应力集中。图中的应力流线的密集程度表示应力集中的大小。尖锐的切槽对轴的疲劳强度极为不利。

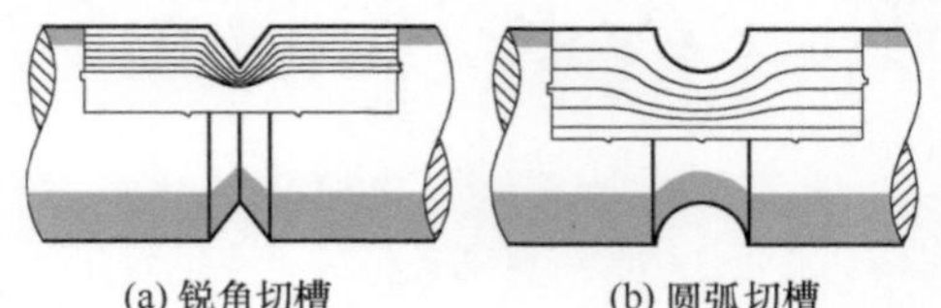

图 3-11 轴上不同切槽对应力流线的影响[4]113

在讨论应力集中时，常采用应力流线来说明应力集中的现象。例如对于图 3-11（a）的锐角切槽轴的应力集中，就完全可以将应力的流线想象成流体稳定地流过截面、形状同图 3-11（a）所示的锐角切槽轴相同的管道出现的流线。从图中可以看到流线不能跨越切槽，因此流线只能绕开切槽通过。这样，流线就局部地在切槽根部附近挤在一起，形成较高的强度（应力），也就是在切槽根部附近局部应力就集中、增大了。此增大的应力（实际应力）可能要比名义应力高出若干倍，因此对轴的强度影响很大。如果将切槽改成圆弧形，应力流线就较稀疏，见图 3-11（b），达到了减小应力集中的效果。

图 3-12 表示不同轴肩过渡的应力流线，很显然，过渡圆角越大，其局部应力越小。

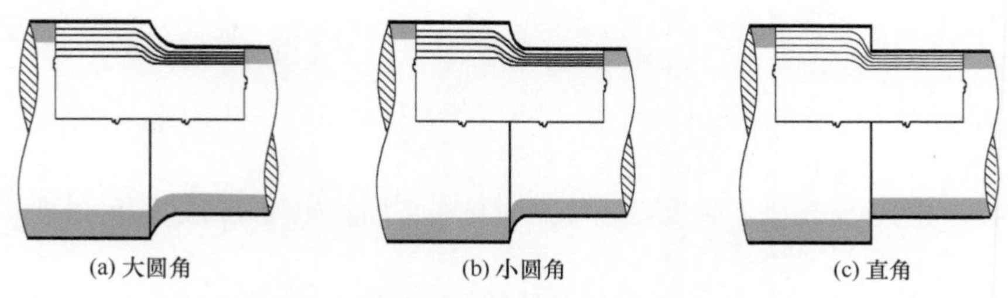

图 3-12 不同轴肩过渡的应力流线[4]113

图 3-13 表示不同宽度的轴环对应力流线的影响，可以看出窄的轴环要比宽的轴环应力集中小。

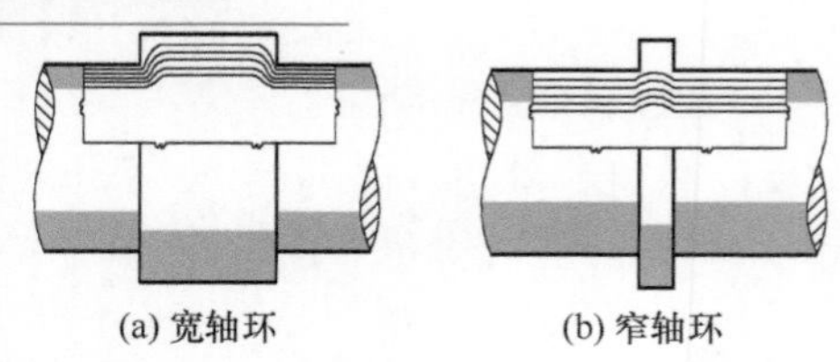

图 3-13 轴环宽度对应力流线的影响[4]113

轴上常见的应力集中部位如图 3-14 所示。图中红线画的是常见的断裂部位。

轴上不同结构的应力集中系数 K_σ 见图 3-15。从图 3-15 中可见，过盈配合 H7/r6 造成的应力集中是最大的。

轴上的纵向切槽，如平键槽［图 3-14（e）、（f）］、花键槽［图 3-14（g）］等，在扭矩的作用下，其底部因局部应力过大而产生裂纹，裂纹不断扩展使键槽完全破坏，图 3-16（a）是平键槽根部产生裂纹的破坏情况。有时，键槽底部的裂纹沿圆周扩展，出现一种剥裂型的破坏形式，如图 3-16（b）所示。图 3-17 所示是这种破坏形式的实例，详见本章实例 5。

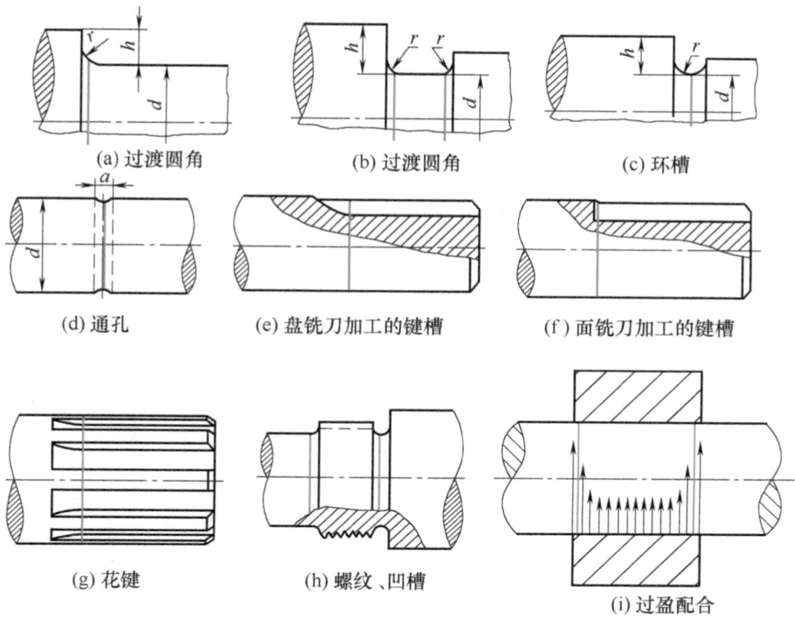

图 3-14　轴的应力集中部位

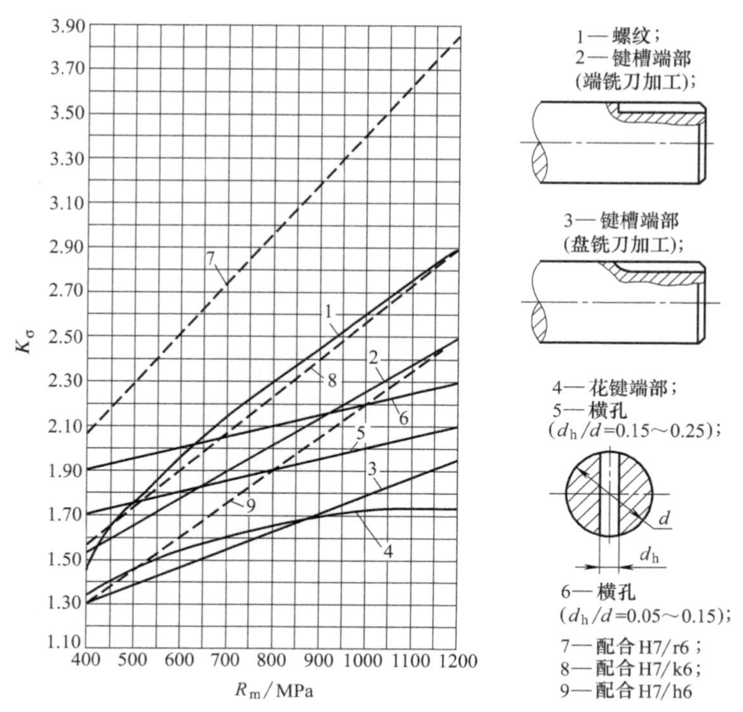

图 3-15　轴上不同结构的应力集中系数 K_σ[16]

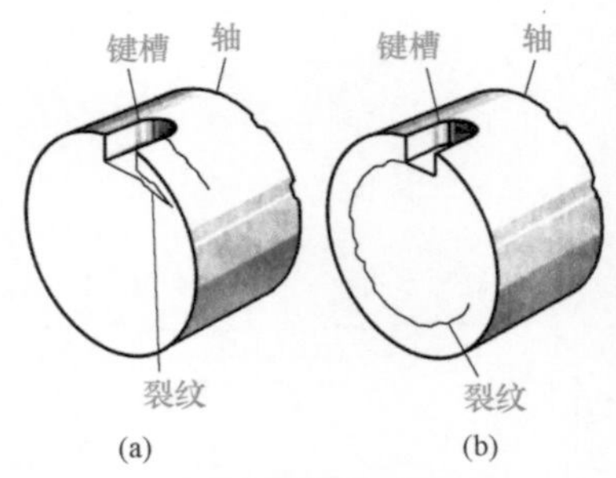

图 3-16　键槽的破坏形式[4]471

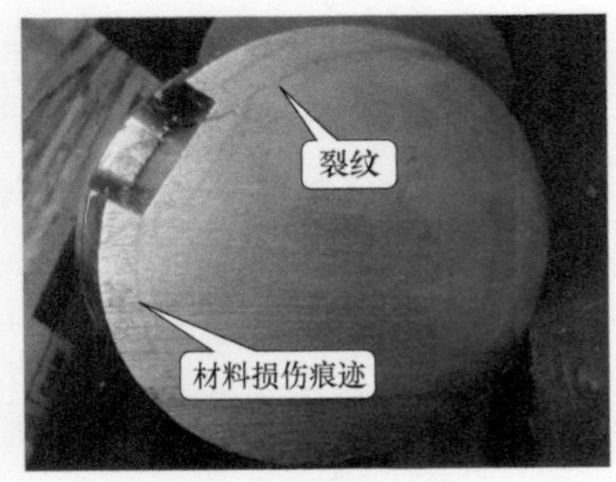

图 3-17　键槽破坏实例

图 3-18 是用应力流线表示的平键和花键的应力场，图 3-18（a）所示的平键槽底部左边是圆角连接，此处未产生裂纹；而右边是尖角连接，此处产生了裂纹，此裂纹沿垂直于主应力方向发展。图 3-18（b）所示的平键槽底部两边都是尖角连接，因此两处都产生了裂纹；花键槽底部位置裂纹的产生和扩展也类似，如图 3-18（c）所示。花键破坏实例见图 3-19（a）、（b）。从图 3-19（b）中可以看到疲劳源区和疲劳裂纹扩展的贝纹线。

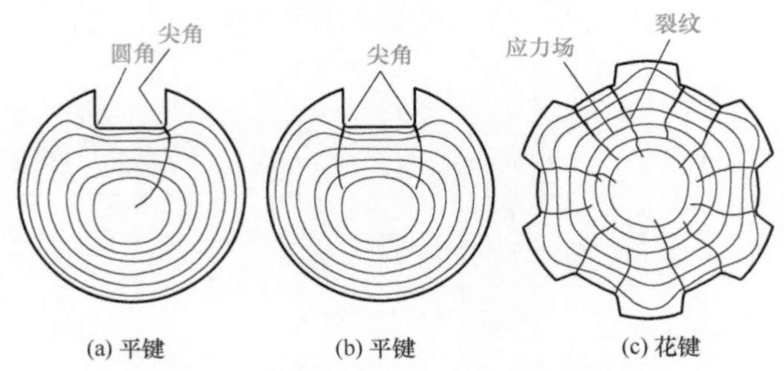

图 3-18　平键和花键的应力场和裂纹[4]471

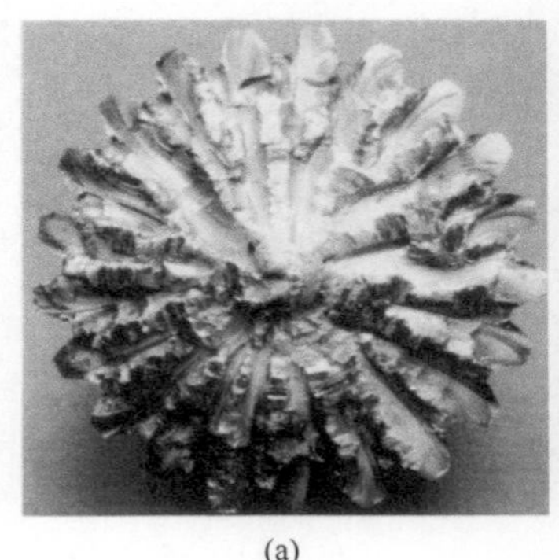
(a)

(b)

图 3-19　花键破坏实例

以上许多图例都说明，轴的结构设计不合理，造成局部应力（应力集中）过大，是轴疲劳失效的重要原因之一。

需要指出的是，某些不起眼的局部应力（应力集中）可能会成为重大事故发生的潜在根源。例如，用打印法或电腐蚀法在机件上制作识别标记，如果标记打在机件的高应力区内，则很可能成为机件失效的“罪魁祸首”。

例如某电梯的链板断裂，造成了重大的安全事故，究其原因就是链板上的标记打在高应力区内，如图 3-20 所示。从图 3-20（c）可见链板在高应力区断裂，而标识［图3-20(a)］就打在该区内。由标识压痕造成的缺口和疲劳断口如图3-20（b）和（d）所示，缺口的应力集中导致链板疲劳断裂［图 3-20（c）］。这就是不起眼的局部应力（应力集中）造成重大事故的典型实例。

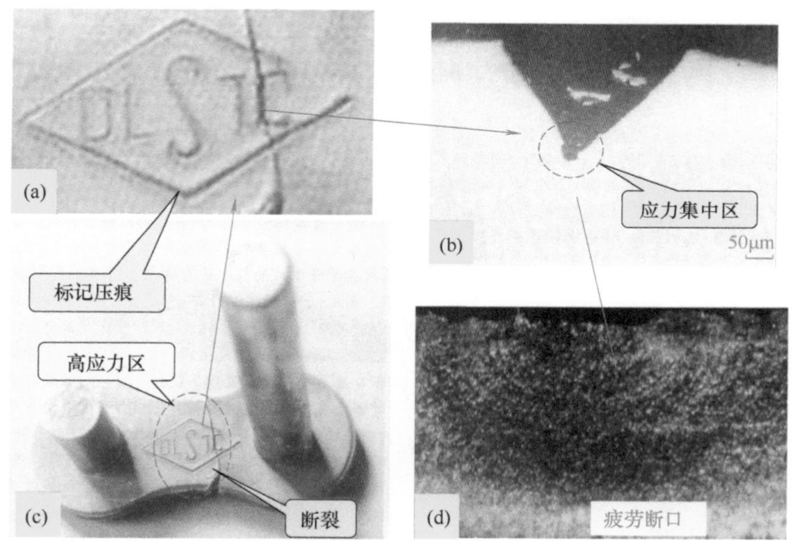

图 3-20　链板断裂实例

3.1.4.2　轴的热应力和组织应力

工件（轴）在热处理过程中，由于热胀冷缩和相变时体积发生变化；由于轴表层和心部存在温度差且相变不是同时发生以及相变量不同，致使表层和心部的体积变化不能同步进行，因而不可避免地会在轴内部产生内应力。此内应力按照成因可分为热应力和组织应力。

热应力是指由表层与心部的温度差引起胀缩不均匀而产生的内应力。此热应力受钢的化学成分、加热和冷却的速度、工件的大小和形状的影响很大。导热性差的高合金钢，加热或冷却速度过快、工件尺寸大、形状复杂、各部分厚薄不均匀等，都会使工件各部分的热膨胀程度不同而形成很大的热应力。

组织应力起因于相变引起的比体积变化。经渗碳淬火的轴，其表面会产生有利的压应力，而心部产生拉应力。

热应力和组织应力都以残余应力的形式存在于工件中。工件的尺寸大小和几何形状对内应力的影响情况很复杂，一般倾向是：随工件尺寸增大，残余应力向热应力转化。对于几何形状复杂或尺寸突变的工件，残余内应力往往在应力集中部位显著增大。因此，几何形状复杂和尺寸突变的轴，在渗碳淬火热处理过程中产生的热应力不容忽视。图 3-21 和图 3-22 可以说明轴的热应力和组织应力在热处理过程中的情况。

图 3-21 为表面淬火过程中的热应力变化情况示意图。图中，Ⅰ区的加热温度超过 Ac_3，淬火后全部为马氏体组织；Ⅱ区的加热温度在 Ac_1 与 Ac_3 之间，为不完全淬火区；Ⅲ区的加热温度在 Ac_1 以下，金属处于塑性状态。

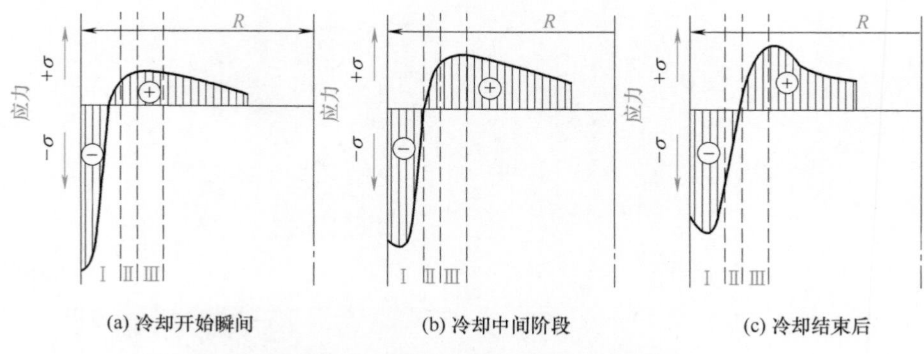

图 3-21　表面淬火过程中的热应力变化情况示意图[17]

图 3-22 为表面淬火过程中的组织应力变化情况示意图。图中，Ⅰ区的加热温度超过 Ac_3，淬火后全部为马氏体组织；Ⅱ区的加热温度在 Ac_1 与 Ac_3 之间，为不完全淬火区；Ⅲ区的加热温度在 Ac_1 以下，金属处于塑性状态。

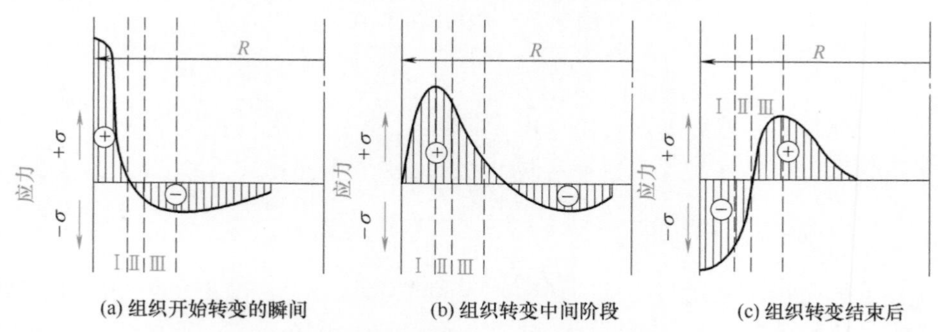

图 3-22　表面淬火过程中的组织应力变化情况示意图[17]

如果将图 3-21（c）和图 3-22（c）的残余应力叠加，就可以发现在Ⅲ区右侧将出现最大的残余拉应力。此拉应力超过轴材料的抗拉强度 R_m 就会造成轴的内部开裂，实例如图 3-23 所示。大尺寸、形状复杂的轴特别容易出现这种开裂失效。

从图 3-23 可见，裂纹从轴心至次表层逐步扩大，而渗层的裂纹相对较小，说明轴的失效是一种内部开裂。这种内部开裂是轴内部残余拉应力过大造成的。

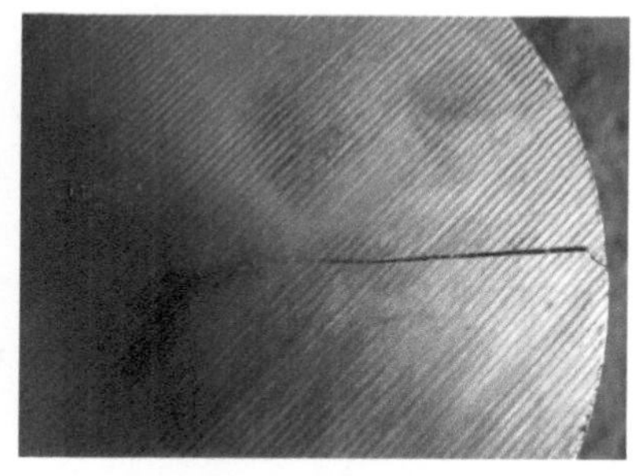

图 3-23　轴的径向开裂

3.1.5 轴失效分析的程序

3.1.5.1　调查和搜集失效轴资料

① 收集失效轴的实物（残骸）；对失效轴拍照片，记录现场情况。

② 失效轴的零件工作图（很重要，用来了解轴的结构、几何尺寸、技术要求、材料牌号和力学性能要求、热处理种类等）。

③ 失效轴的热处理工艺和最后的冷加工工艺。

④ 失效轴的使用工况（何种齿轮箱、用在何种机器、转矩、转速、有无冲击载荷等）。

⑤ 失效轴使用场合的环境条件：温度、湿度、腐蚀介质和灰尘污染等。

⑥ 失效轴在齿轮箱或机器中的安装位置，用图表示（最好有装配图）。

⑦ 失效轴开始使用至最后断裂失效的使用寿命。

⑧ 失效分析的目的（即失效分析报告的用途）：仅用于本单位改进产品质量，还是用于仲裁、索赔。

⑨ 委托单位（如果是委托的话）已做过哪些项目的分析和检验，结论如何（提供有关资料）。

3.1.5.2　实验室的失效分析工作

轴常见的失效形式有疲劳断裂、瞬断失效、永久变形和表面失效等，见图 3-3。不同的失效形式，其实验室的失效分析工作会稍有不同，下面以轴断裂失效为例说明实验室的失效分析工作。

① 断口的宏观观察和分析，初步判断失效的原因。

② 断口的微观观察和分析，主要利用电子显微镜观察断口，以便了解断裂起因、断裂性质、断裂机制以及断裂应力状态等。

③ 断轴件断口处应力集中部位尺寸、过渡圆角尺寸等的测定、表面粗糙度测定。

④ 材料的化学成分分析。

⑤ 材料的力学性能测试。

⑥ 轴的内在品质检验。内在品质检验的主要项目有非金属夹杂物、晶粒度、表面硬度、心部硬度、绘制硬度分布曲线、心部显微组织以及锻造质量检验等。

⑦ 轴的受力分析和强度复核。

⑧ 轴扭转振动固有频率估算及发生扭转共振破坏的可能性分析（有必要时）。

⑨ 轴的有限元仿真和模态分析（有必要时）。

3.1.5.3 撰写失效分析报告

在以上工作的基础上，判断断轴件的失效原因，并提出预防同类事故发生的具体措施。

3.2 轴的失效分析实例

3.2.1 实例 1 高速线材预精轧机辊轴断裂失效分析[1]

3.2.1.1 辊轴失效情况

某高速线材厂的预精轧机组如图 3-24 所示。机组中的辊轴（见图 3-24）在使用过程中曾经先后多次断裂。为了分析失效原因，取其中一根辊轴进行分析，该轴使用 3 个月后断裂。

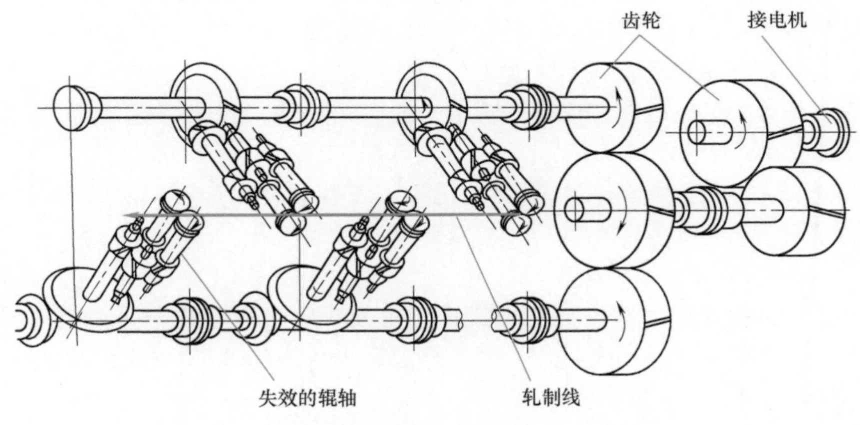

图 3-24 高速线材预精轧机组简图

辊轴简图如图 3-25 所示。轧辊上承受轧制力 F=230kN 和轧制力矩 T=13kN·m。此辊轴由两个油膜轴承支承，属于悬臂工作状态。辊轴材料为 20CrMnTi，要求整轴渗碳淬火处理（轴两端头除外），表面硬度为 57 ～ 61HRC，有效渗碳层深度为 1.1 ～ 1.5mm。

[1] 本实例取材于某高速线材厂的《预精轧机辊轴断裂失效分析报告》，2002 年 12 月。

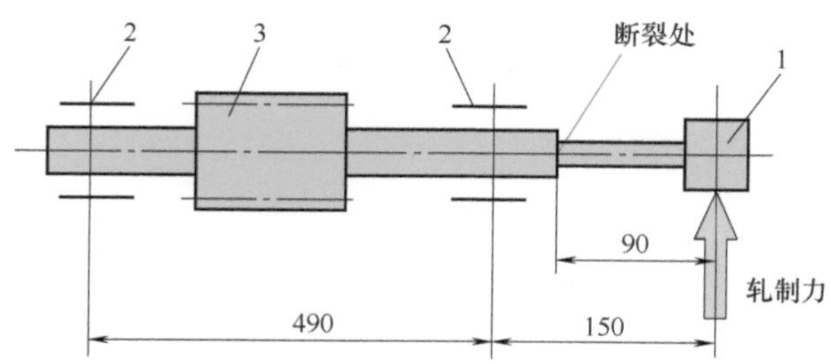

图 3-25　辊轴简图和断裂处

1—工作辊环；2—油膜轴承；3—齿轮

辊轴断裂的断口在轴肩凹切槽的过渡圆角处，如图 3-25 和图 3-26 所示。

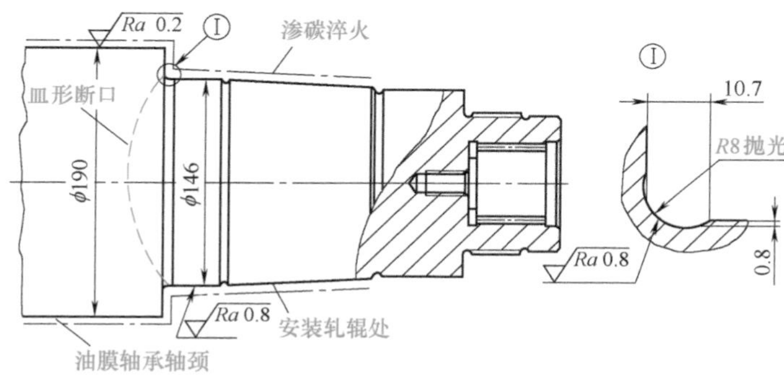

图 3-26　辊轴结构和断裂处（皿形断口）

3.2.1.2　断口宏观观察

图 3-25 和图 3-26 给出了辊轴断裂的位置和断口的侧面形状（皿形断口）。这是过渡圆角处应力集中大，疲劳裂纹在圆角处萌生并沿着与主应力正交方向扩展的结果。图 3-27（a）是断口的正向视图，图 3-27（b）是断口的侧向视图。由于有较大的应力集中，因此疲劳源发生在轴的圆周表面上（有疲劳台阶，不止一个疲劳源）。此后，疲劳裂纹逐步向轴心扩展（形成扩展区），并呈凹向推进的形状（与图 3-4 比较）。最后，轴瞬间断裂形成瞬断区（图 3-28）。由图 3-28 可见，其瞬断区不大，表明轴的设计安全系数较大（名义应力较小）。

3.2.1.3　辊轴表面硬度测定

用硬度计测量辊轴的表面硬度，其结果仅为 170 ～ 220HBW，离图样要求硬度 57 ～ 61HRC 相差甚远，表明此辊轴的热处理工艺存在较大问题。

3.2.1.4　轴断裂处过渡圆角加工质量检查

设计图样对过渡圆角尺寸和加工质量要求见图 3-29，此要求甚高。但实际使用的轴离此要求甚远，经仔细检查，存在以下问题：

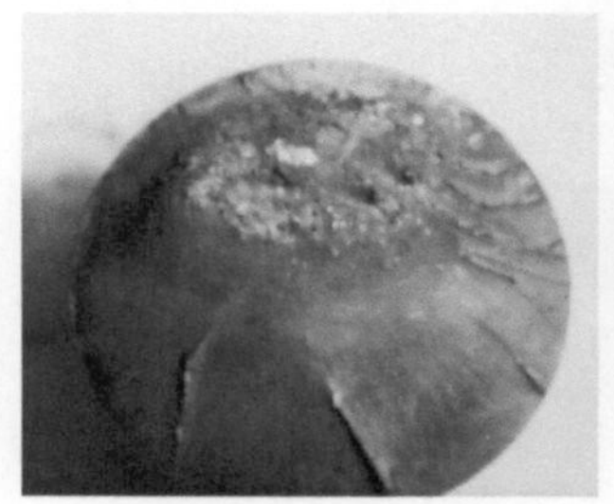
(a) 断口正向视图

(b) 断口侧向视图

图 3-27 辊轴断口

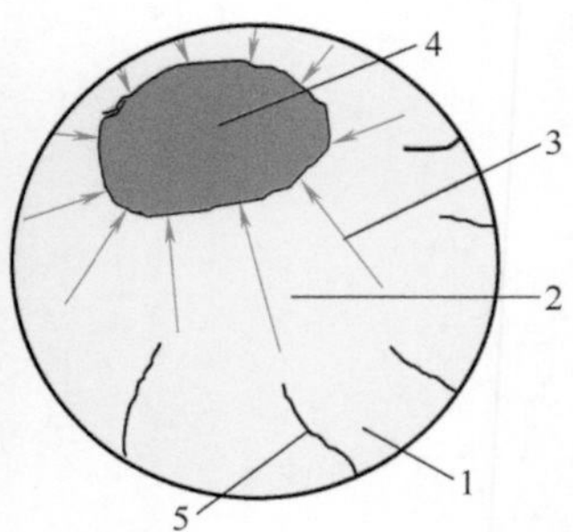

图 3-28 断口的正视图

1—疲劳源区；2—裂纹扩展区；3—裂纹扩展方向；4—瞬断区；5—疲劳台阶

① *R*8 的圆弧不连续，它由两段圆弧组成，如图 3-29 所示。这就加大了圆角处的应力集中。

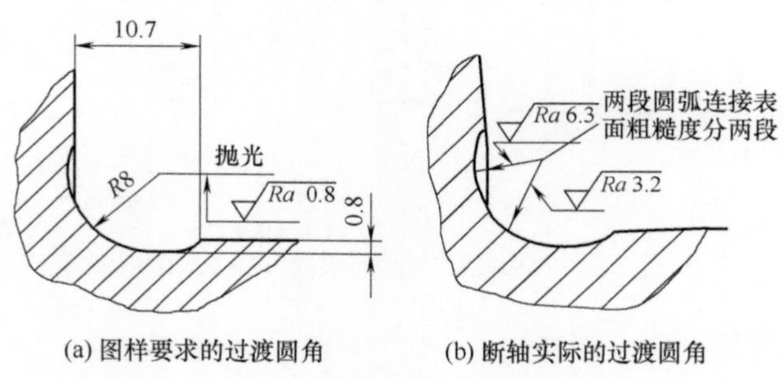

(a) 图样要求的过渡圆角 (b) 断轴实际的过渡圆角

图 3-29 过渡圆角的差别

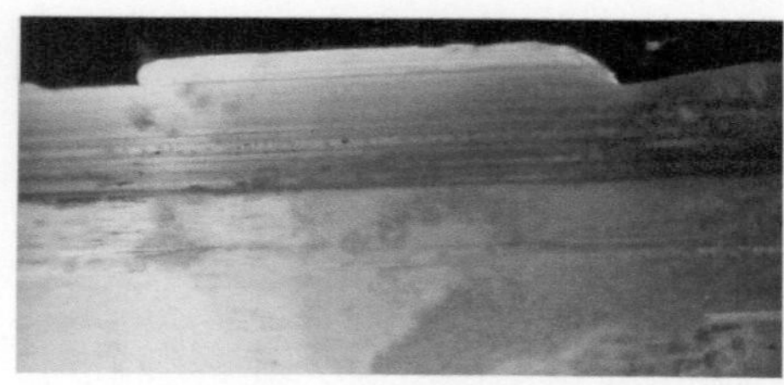

图 3-30 轴过渡圆角处的加工刀纹

② 两段圆弧的表面粗糙度不同，并且很粗糙（*Ra*=3.2 ～ 6.3μm），如图 3-29 所示。在过渡圆角处还存在肉眼可见的加工刀纹（图 3-30）。按要求圆角处经抛光［图 3-29（a）］，*Ra* ≤ 0.8μm，应该基本上看不见加工纹理。表面粗糙度未达设计要求就降低了轴的疲劳强度。

3.2.1.5 轴断口处材料的金相检验

在靠近轴的断口处，切下一片金属试样，做金相组织检查，结果发现以下质量问题：

① 轴表面有渗碳层，但检查数根轴的渗碳层深度差别较大（其范围为 1.2 ～ 1.7mm），说明渗碳工艺不稳定。

② 在轴表面未看到马氏体组织，因此可以断定，此轴虽经渗碳但未作淬火处理。其结果是轴表面不可能存在有利的残余压应力，严重降低了轴的强度。

③ 轴的材料中存在较严重的铁素体和珠光体带状组织，见图 3-31（a），这是由于锻造比不足和热处理工艺不合理造成的。带状组织造成材料力学性能各向异性，并使钢的横向塑性和韧性降低，加工时易形成粗糙的表面。

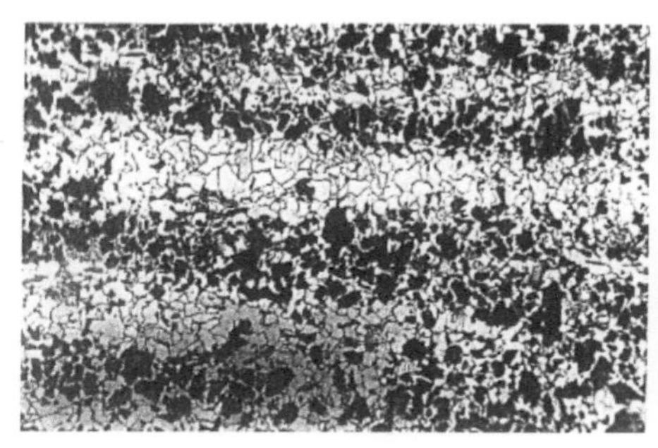

(a) 带状组织

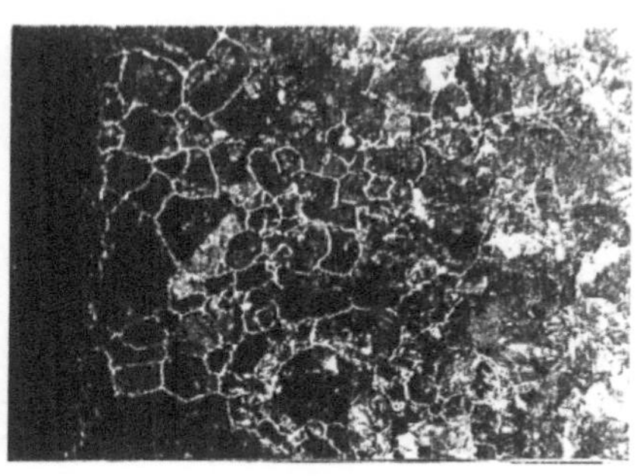

(b) 网状碳化物

图 3-31　带状组织和网状碳化物

④ 在金相组织中能观察到明显的网状碳化物，见图 3-31（b），它破坏了金属的连续性，在碳化物和基体的交界处容易萌生疲劳裂纹，从而引发轴的疲劳断裂。

⑤ 硬度测定显示，辊轴的心部硬度很低，仅为 120 ～ 140HBW，降低了轴的强度。

3.2.1.6　轴的疲劳强度安全系数计算

根据已知条件，采用文献［16］的计算方法，计算合格（质量符合图样要求）和不合格（断轴）轴的疲劳强度安全系数 S。

合格轴与不合格轴的主要差别如下：

① 表面粗糙度系数 β_1。合格轴的表面粗糙度 Ra=0.8μm，不合格轴的表面粗糙度 Ra=3.2μm，其表面粗糙度系数 β_1 可分别从《机械设计手册》中取定，合格轴的表面粗糙度系数 β_1=1.0；不合格轴的表面粗糙度系数 β_1=0.8。

② 表面强化系数 β_2。合格轴要求表面渗碳淬火强化处理，不合格轴未作任何强化处理。其表面强化系数 β_2 可分别从《机械设计手册》中取定，合格轴的表面强化系数 β_2=2.3；不合格轴的表面强化系数 β_2=1.0。

疲劳强度安全系数最后计算结果如下：

合格轴 S=6.41；不合格轴 S=0.86。

两者有如此大的差别是由于两者应力集中、表面强化（渗碳淬火）和表面粗糙度不同造成的。其中最主要的影响辊轴强度的因素是热处理质量太差。

3.2.1.7 结论

① 根据辊轴的断口形貌特征，可以判定此辊轴为疲劳断裂失效[18]。

② 轴断裂部位虽然有渗碳层，但是未经淬火处理，表面未经强化，无残余压应力，从而使轴的强度至少减少一半。

③ 轴的机械加工质量未达到设计图样上规定的要求。

④ 轴的表面和心部硬度都很低，很大程度上降低了轴材料的力学性能（R_m、R_p、σ_{-1} 和 τ_{-1}），从而降低了轴的强度。

⑤ 轴材料的带状组织降低了材料的横向塑性和韧性，也使轴的强度降低。

⑥轴表面渗层中的网状碳化物，破坏了材料的连续性，因此容易萌生裂纹，降低了轴的强度。

⑦ 疲劳强度安全系数过小，原设计轴的安全系数是足够的（S=6.41），但断轴的安全系数不够（S=0.86），因此辊轴断裂不可避免。

3.2.1.8 改进措施

① 建议将成品轴（库房中尚未使用的 19 根备件轴）作报废处理，以免再发生断轴事故。

② 建议在重新制造辊轴时，应谨慎制订热加工工艺（锻造和热处理）和冷加工工艺，并在加工过程中予以严格控制和检验。其中控制表面渗碳淬火质量（表面硬度、心部硬度和金相组织）和表面粗糙度最为重要。

③ 对使用单位提出不过载轧制的要求。

3.2.2 实例 2 减速机形面轴断裂失效分析❶

3.2.2.1 形面轴失效概况

某煤矿井下刮板机机头平行安装使用的 1200kW 减速机，其三叶形面轴（又称型面轴）在使用中发生断裂事故。装机运转时间为 6 个月。减速机的基本信息为：功率 P=1200kW；转速 n=1490r/min；传动比 i=28。刮板机减速机的动力和传动部分的机构示意图、实物照片和轴的断裂部位如图 3-32 所示，图中注明了形面轴的断裂部位。

形面轴是减速机的高速轴，其结构和断裂处示意图见图 3-33。

该减速机高速轴采用了三叶形面轴，其截面如图 3-34 所示。这是一种轴、孔成形连接，它利用非圆截面的轴与形面相同的毂孔构成轴毂无键连接（有过盈配合和间隙配合两种）。其主要优点是[19,20]：

❶ 本实例取材于某公司的《减速机形面轴断裂失效分析报告》，2014 年 12 月。

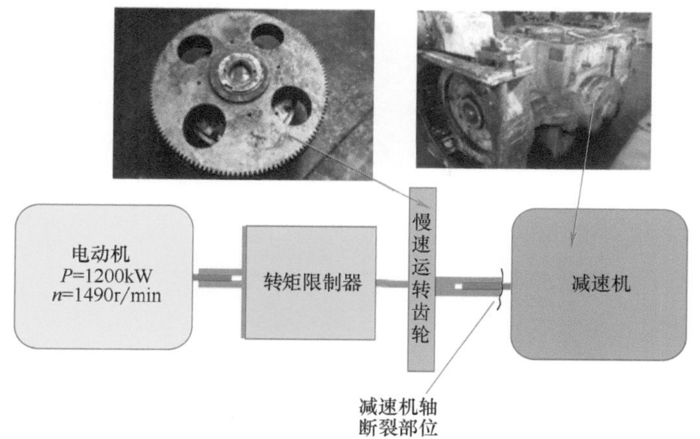

图 3-32　1200kW 平行刮板机减速机传动机构示意图和轴的断裂部位

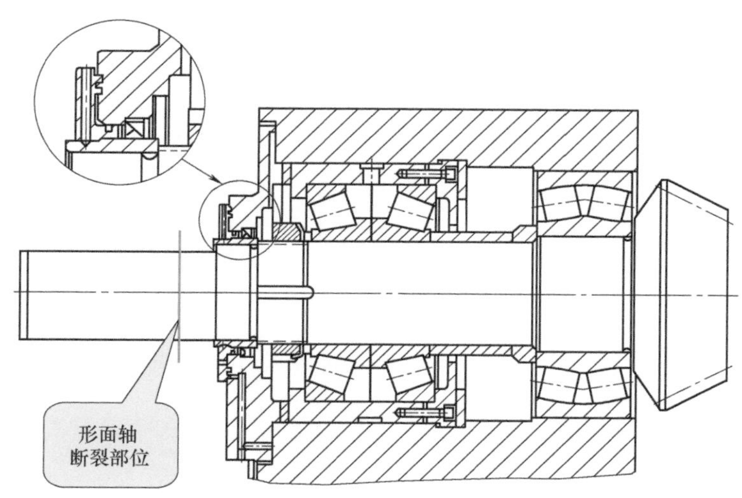

图 3-33　形面轴的结构和断裂处示意图

① 连接件无应力集中源，疲劳强度比平键或花键连接高 3 ～ 5 倍；其承载能力比间隙配合时高 1.2 ～ 1.3 倍，比过盈配合时高 2 倍。

②奇数边的异形截面在传递转矩时具有自动定心的功能，甚至在载荷很小时也能自动定心。

③ 制造成形连接的轴、孔，省去了花键铣床、磨床，因而比采用花键连接成本减少 30% ～ 70%，等距形面轴比花键轴便宜 50% 以上。

④ 可采用同步电子控制装置和自适应控制装置系统，比较方便地实现自动化加工。

其中，奇数边的异形截面在传递转矩时具有自动定心的功能，甚至在载荷很小时也能自动定心。这一点对我们分析形面轴断裂非常重要。

轴、孔成形连接的缺点是：当两连接形面轴对中不好时，会产生很大的径向推力，使轴产生附加的弯曲应力，对轴和轮毂都很不利。

此轴采用德国标准 DIN32711 的 P3 形面（即三叶形面），其尺寸参数为：

平均直径 D_m=105.488mm；偏心量 e=4.75mm（非 DIN32711 的标准值）。

具体的几何尺寸见图 3-35。

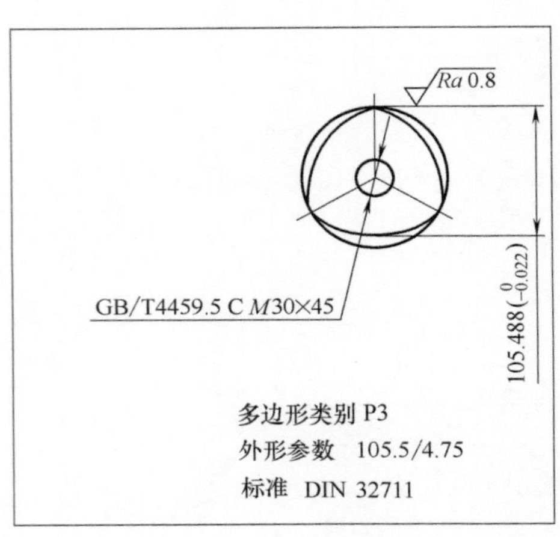

图 3-34 三叶形面轴截面图

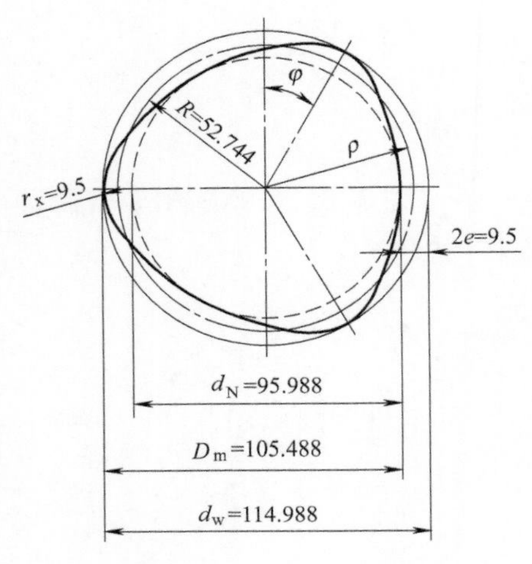

图 3-35 形面轴几何尺寸

ρ—径向矢量；R—廓形平均半径；D_m—圆周平均直径，D_m=2R；e—廓形偏心量；r_x—叶尖圆弧半径，r_x=2e；d_N—内切圆直径；d_W—外切圆直径；φ—廓形角参数

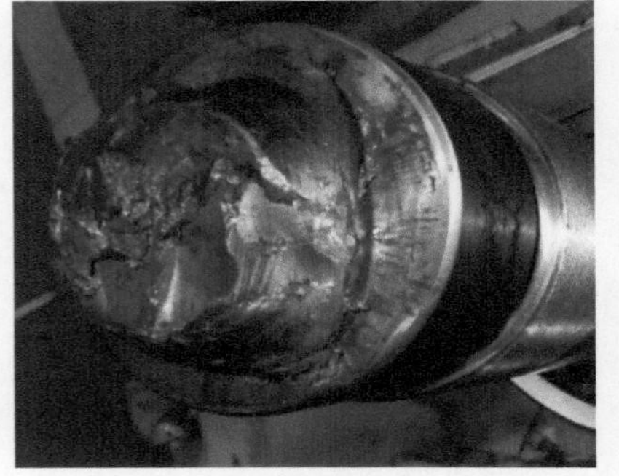

图 3-36 形面轴断裂的部位和形貌

3.2.2.2 断裂断口宏观分析

实物形面轴断裂的部位和形貌见图 3-36。根据断口的颜色判断，轴断裂时因摩擦产生的温度相当高。

靠近慢速转动齿轮一侧轴的断口如图 3-37（a）所示。此断口的细部在轴断裂时已经被磨损，因此很难得到断裂的信息，只有在一个尖角处尚能看到疲劳源区和贝纹线，如图 3-37（b）所示。

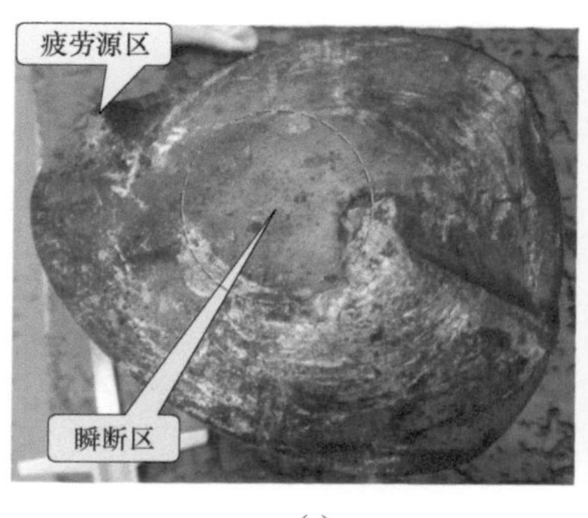

(a)

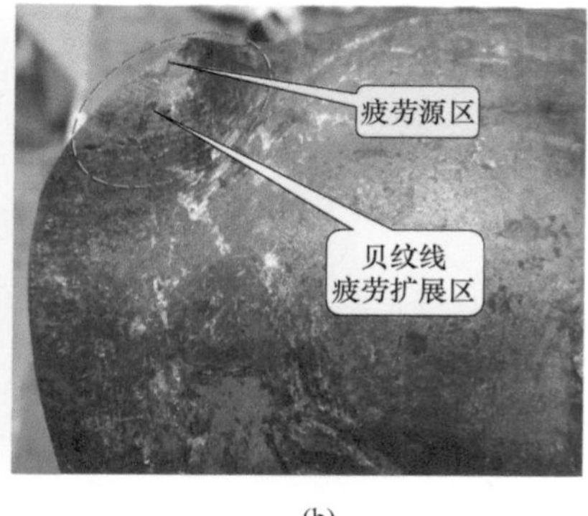

(b)

图 3-37　靠近慢速转动齿轮一侧轴的断口

靠近减速机一侧轴的断口如图 3-38 所示。图中断口的大部分被轴断裂时形成的覆盖层覆盖，只能看到两处疲劳源痕迹。

用人工的办法将断口上的覆盖层去除，就见到了断口的“庐山真面目”，如图 3-39 所示。很明显，图中有 4 个疲劳源（1、2、3 和 4），轴的中部是形状不规则的瞬断区。图 3-39 中还画出了疲劳裂纹的扩展方向。

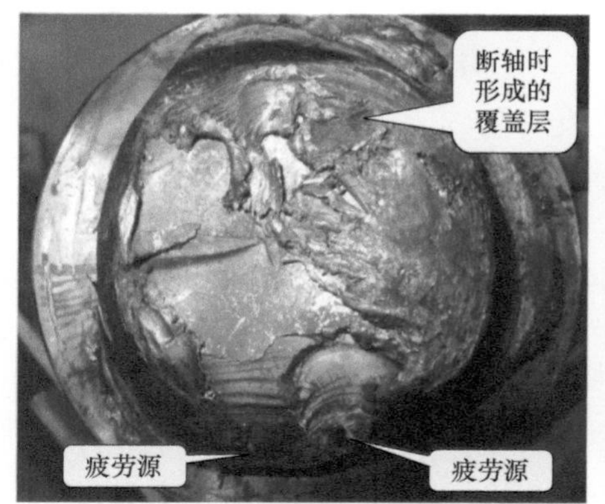

图 3-38　靠近减速机一侧轴的断口

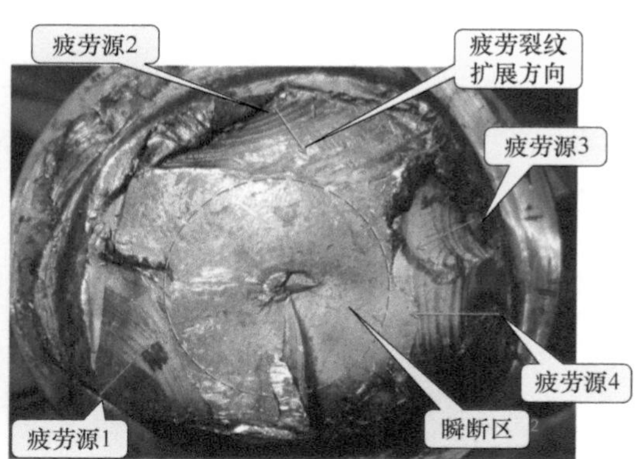

图 3-39　轴的真实断口

如果将三叶轴断面的断口均分为三部分（如图 3-40 红线所示），可以发现疲劳源 1、疲劳源 2 和疲劳源 4 都靠近三叶断面分度线（如图 3-40 红线所示）左侧约 25°的位置（图 3-40 白色虚线所示）上。疲劳源 3 处于随机位置，在疲劳源处还有明显的锈蚀痕迹，轴的材料或加工是否有缺陷值得进一步研究。

疲劳源 1、疲劳源 2 和疲劳源 4 处就是形面轴表面受载之处，如果载荷较大，轴表面就会出现压痕，如图 3-41 所示（另一根形面轴的表面压痕）。

图 3-41 是为了说明问题而选取的另一根形面轴压痕的例子，实际断轴三个

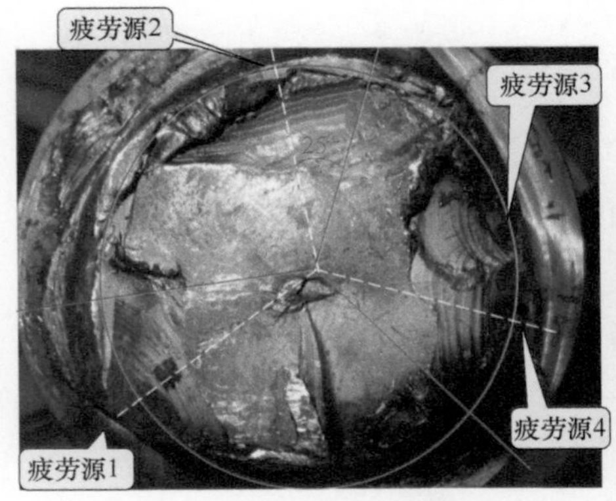

图 3-40　三叶轴断口上疲劳源的位置

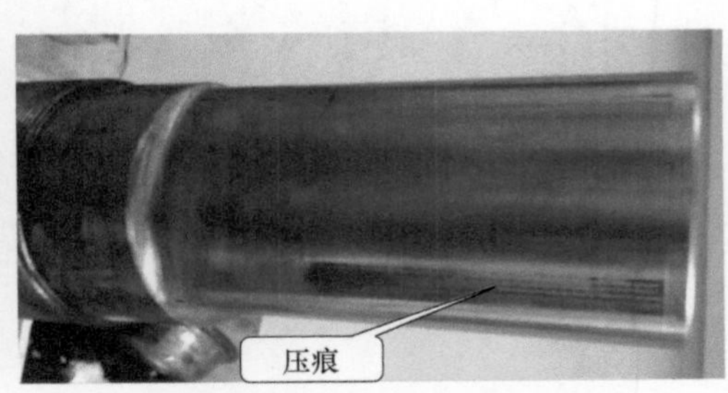

图 3-41　形面轴表面受载后出现的压痕

图 3-42　实际断轴三个叶面上的压痕

叶面上的压痕（虚线包围部位）如图 3-42 所示。虽然断轴表面被锈蚀，但压痕仍然隐约可见。此三个压痕的位置同图 3-40 三叶轴断口上疲劳源的位置完全吻合。

断口宏观分析结论：

① 三叶形面轴的断裂是疲劳断裂，而且是多源疲劳断裂，疲劳源都发生在轴的表面上。

② 三叶形面轴上有三条压痕，此压痕就是形面轴受载的部位。

③ 形面轴断裂的断口上有四个明显的疲劳源，其中三个疲劳源（图 3-40 中的疲劳源 1、疲劳源 2 和疲劳源 4）位于上述三条压痕上，说明压痕对疲劳断裂有很大影响。

④ 疲劳源 1、疲劳源 2 和疲劳源 4 都靠近三叶断面分度线约 25° 的位置上，与三条压痕的位置完全吻合。

⑤ 形面轴断裂的断口上还有一个疲劳源 3（见图 3-40），疲劳源 3 处于随机位置，在疲劳源处还有明显的锈蚀痕迹，轴的材料或加工是否有缺陷需要做进一步分析研究

3.2.2.3　断裂断口微观分析

轴的断口上有 4 个疲劳区（A、B、C、D），如图 3-43 所示。疲劳源和疲劳发展区的特征都非常相似，现切下一块试样（包含 A、B 两个疲劳区），如图 3-44 所示。将此试样置于电子显微镜下观察，观察断口的细节，其观察点 1 ～ 17 的部位见图 3-44。

现选几个典型的观察点，观察其断口的微观形貌。

① 点 1（图 3-45），位于疲劳区 A（图 3-44），断口平整、光滑，是典型的疲劳断口。

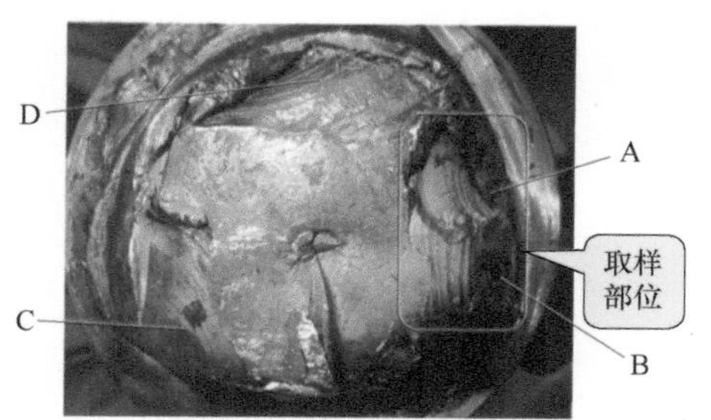

图 3-43　取样部位

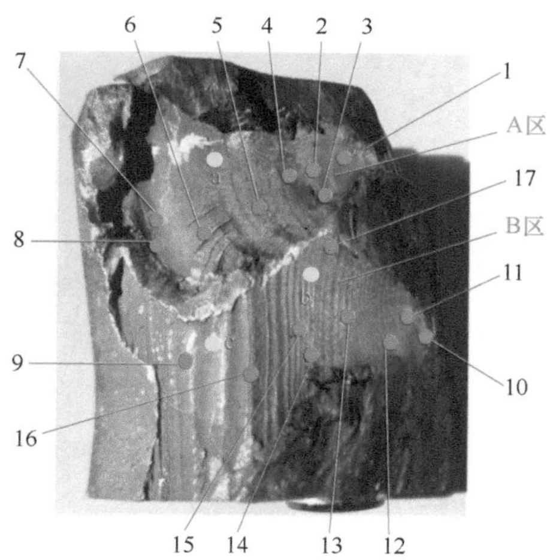

图 3-44　断口试样和电镜观察点

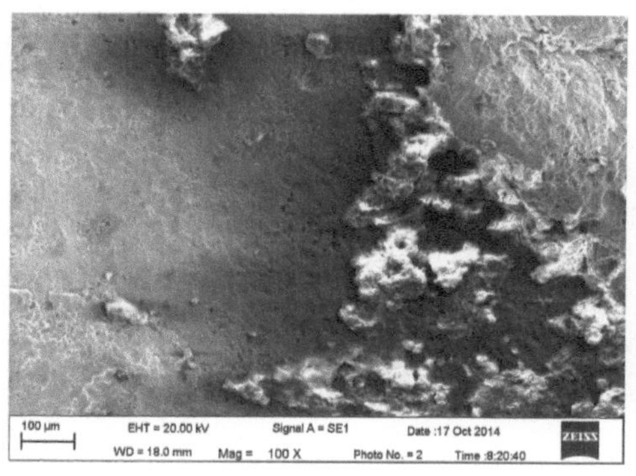

图 3-45　疲劳源区微观断口形貌

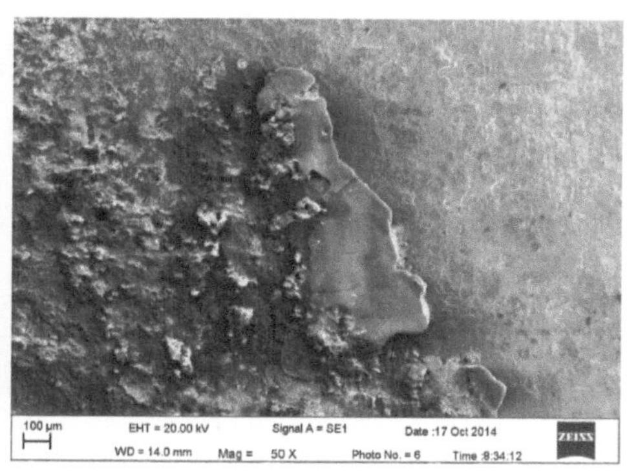

图 3-46　交界部位形貌

② 点 4（图 3-46），是疲劳源区同疲劳扩展区交界部位，有大量锈迹。

③ 点 6（图 3-47），出现二次裂纹，已经进入疲劳快速发展区，最后一次性断裂。

④ 点 10（图 3-48），是疲劳区 B 的疲劳源和疲劳裂纹扩展的贝纹线。疲劳源区断口平整，疲劳裂纹扩展的方向非常清晰。

⑤ 点 17（图 3-49），是 A、B 两个疲劳扩展区交界部位的断口形貌。两个扩展区不在一个平面上。

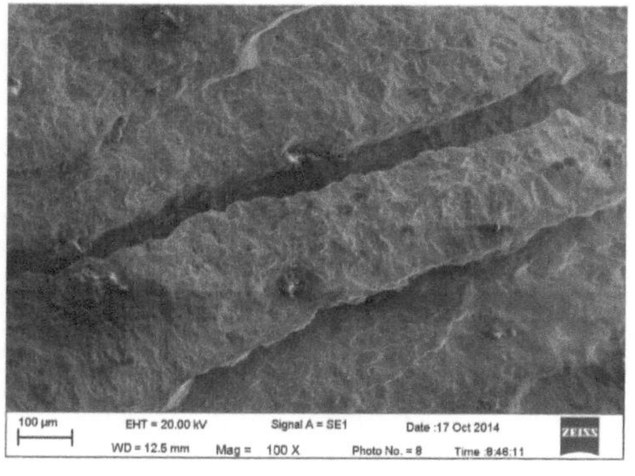

图 3-47　二次裂纹

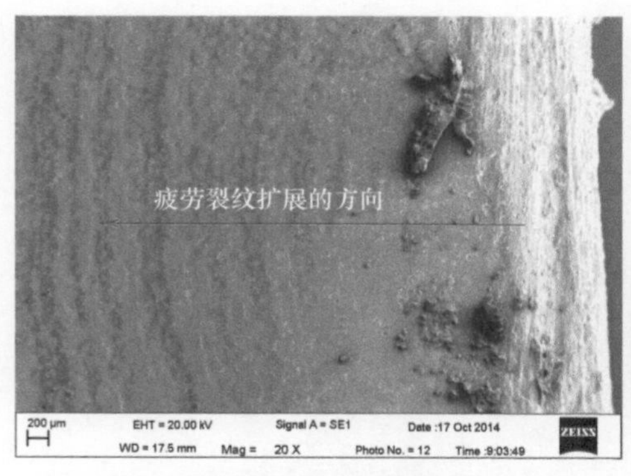

图 3-48 疲劳源和疲劳裂纹扩展的贝纹线

图 3-49 两个疲劳扩展区交界部位形貌

微观观察小结：

① A、B 疲劳区微观断口形貌非常相似，都具有疲劳断裂的特征，可以判定三叶轴是疲劳断裂。

② C、D 疲劳区的微观断口形貌虽然未进行观察，但从宏观上看同 A、B 疲劳区的微观断口形貌非常相似，都具有疲劳断裂的特征，可以判定三叶轴是疲劳断裂。

③ 4 个疲劳源都位于轴的外表面，是一种多源疲劳，表明有较大的应力集中。这种应力集中是轴、毂配合边缘效应造成的。

3.2.2.4 材料化学成分分析检验

形面轴的材料为 17CrNiMo6 钢，从断裂的形面轴上取样，进行化学成分光谱分析，结果见表 3-2。从检测结果看，只有碳含量超 0.2%，其他成分含量合格，因此可以认为形面轴材料的化学成分没有问题。

表 3-2 形面轴化学成分检测结果（质量分数） %

化学元素	C	Si	Mn	P	S	Cr	Mo	Ni	Al	Cu	Ca
技术要求	0.15 ～ 0.20	≤ 0.40	0.50 ～ 0.90	≤ 0.015	≤ 0.010	1.50 ～ 1.80	0.25 ～ 0.35	1.40 ～ 1.70	0.02 ～ 0.05	≤ 0.25	≤ 0.0015
实测数据	0.22	0.29	0.73	0.013	0.004	1.60	0.29	1.58	0.04	0.05	＜ 0.001
化学元素	Ti	V	Nb	[N]	[H]	[O]	Sn	Sb	Pb	Bi	As
技术要求	≤ 0.0050	≤ 0.05	实测	60 ～ 120ppm	≤ 2ppm	≤ 20ppm	≤ 0.030	≤ 0.010	≤ 0.010	≤ 0.010	≤ 0.040
实测数据	0.0015	0.007	0.015				0.003	＜ 0.001	＜ 0.001	0.006	0.008

3.2.2.5　硬度和金相组织检验

① 形面轴 3 个表面（编号见图 3-50）的硬度测定结果见表 3-3。

② 形面轴心部硬度测定结果见表 3-4。

③ 形面轴的金相组织见图 3-51 ～图 3-54。

形面轴裂纹源附近的低倍组织见图 3-51。

形面轴心部的低倍组织见图 3-52。

形面轴边缘组织和心部组织见图 3-53 和图 3-54，是一种贝氏体组织。金相组织合格。

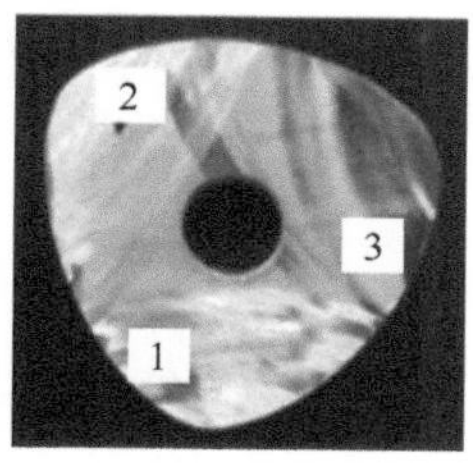

图 3-50　形面编号

表 3-3　形面轴三个面的表面硬度（洛氏硬度计检测）　HRC

表面序号	硬度值									平均值
1	43.5	43.5	46.0	44.5	43.5	42.5	43.0	44.0	45.0	43.9
2	46.0	44.5	45.0	42.5	44.0	43.5	45.0	46.0	46.0	44.7
3	44.0	43.5	44.0	45.0	42.0	44.5	44.0	45.5	46.0	44.3

表 3-4　形面轴心部硬度（洛氏硬度计检测）　HRC

序号	硬度值									平均值
1	44.5	44.5	42.5	43.5	39.5	39.5	45.0	46.5	43.5	43.2
2	45.0	46.5	44	44.5	43.5	45.0	46.0	44.3	44.0	44.8
3	46.0	46.0	46.0	46.0	46.0	44.3	46.5	45.5	45.0	45.7

图 3-51　边缘低倍组织图片（有锈区） 100X

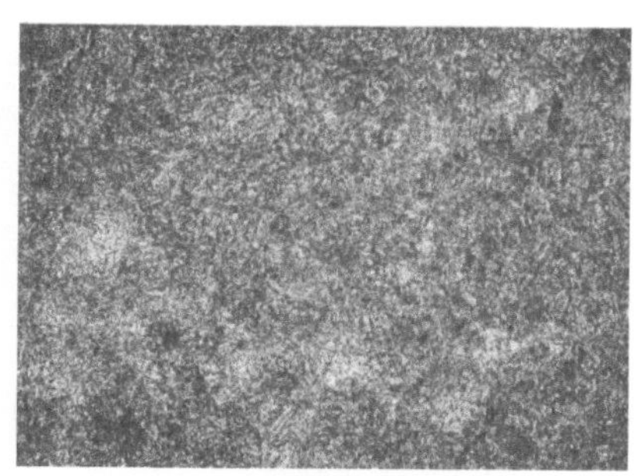

图 3-52　心部低倍组织图片（有锈区） 100X

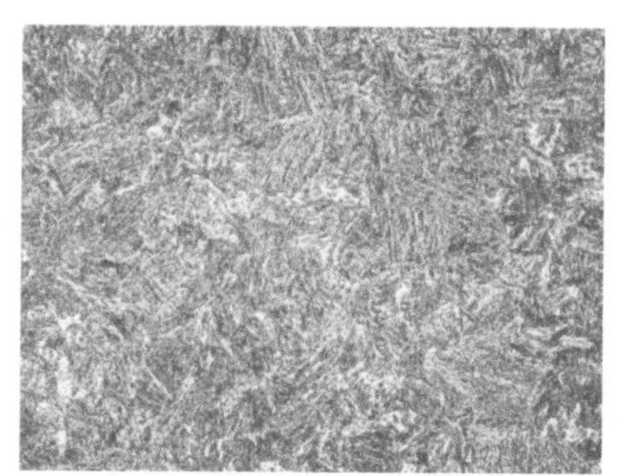

图 3-53　边缘组织图片（有锈区） 500X

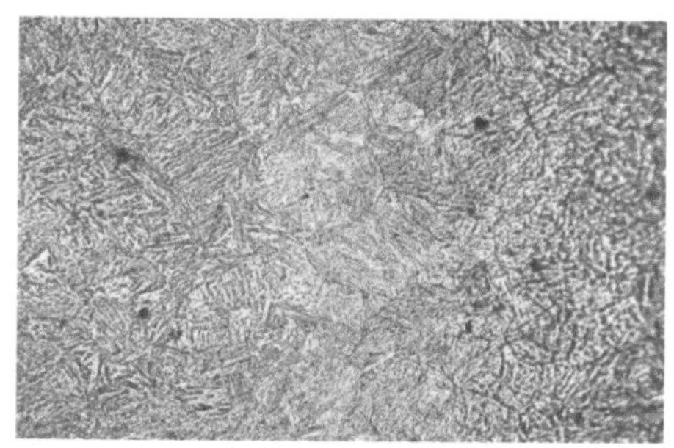

图 3-54　心部组织图片（有锈区） 500X

小结：从以上检验结果来看，形面轴表面和心部的硬度几乎相同，金相组织也合格，轴的淬透性很好，因此热处理的质量达到了技术要求。

3.2.2.6 形面轴的强度计算

轴的断裂有时是强度不足所致。下面对三叶形面轴的强度进行计算。

（1）扭转剪切应力计算

在无制造误差、无安装误差的理想条件下，形面轴只承受转矩的作用，因此只计算轴的扭转剪切应力即可。

已知：电动机功率 P=1200kW，转速 n=1490r/min，轴的廓形平均直径 d_1=105.488mm，廓形偏心量 e_1=4.75mm，取轴的有效工作长度 l=225mm。

采用 DIN 37211-2-2009 Shaft to collar connection—Polygon profile P3G—Part2: Calculation and dimensioning 的计算方法和公式，计算结果如下（计算过程从略）：

剪切应力 $\tau=\dfrac{T}{W_p}=41.1\text{MPa}$

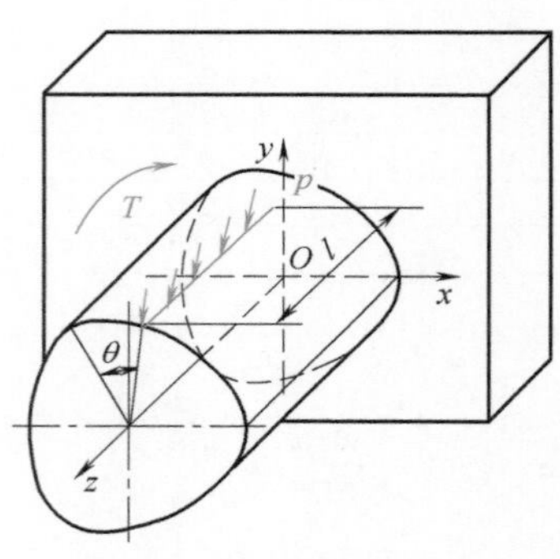

图 3-55 形面轴的受力简图

在 DIN37211-2-2009 中，没有给出形面轴的许用应力。根据文献［21］可取合金钢的许用剪切应力 τ_p=40 ～ 50MPa。可见轴的扭转强度虽然有点紧张，但基本上是可以满足要求的。

（2）形面轴形面接触区单位压力计算

形面轴的受力如图 3-55 所示，可以假设轴面上受均布的压强 p（单位：MPa），压强 p 的作用点同叶尖分度线的夹角为 θ（θ≈25°），此受力简图可作为有限元分析建模的参考。

形面轴形面接触区的单位压力计算结果为：

$$p=\frac{T}{l\left(0.75\pi d_1e_1+\dfrac{d_1^2}{20}\right)}=\frac{7690500}{225\left(0.75\pi\times105.488\times4.75+\dfrac{105.488^2}{20}\right)}=19.68\text{MPa}$$

可见单位压力并不大。

3.2.2.7 形面轴和毂孔存在偏心对轴强度的影响

（1）形面轴和毂孔存在偏心

以上的计算基于毂孔和轴（间隙配合）处于完全正确的安装状态，两者的同心度很好的理想条件。在这种状态下，如果轴上无载荷，毂孔和轴两者之间可以有间隙不接触，如图 3-56 所示。

但是，实际毂孔和轴的制造误差、安装误差总是存在的，因此不可能完全同心，存在一个偏心量 e_o，如图 3-57 所示，此偏心量取决于制造精度和安装精度。

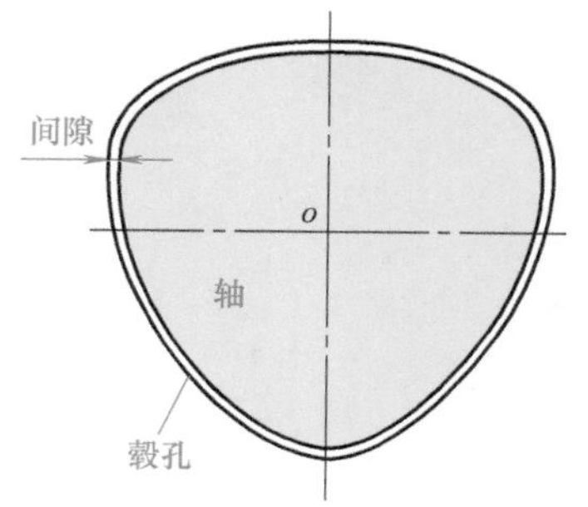

图 3-56　毂孔和轴完全正确的安装状态

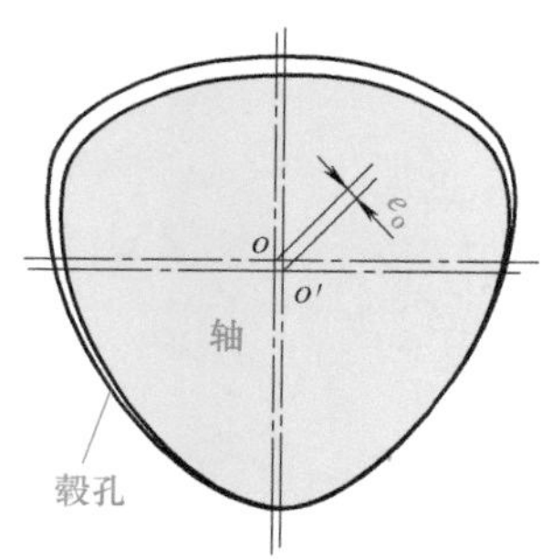

图 3-57　毂孔和轴存在一个偏心量 e_o

从图 3-58 所示轴的断口可见此偏心的存在，因为圆形的瞬断区的圆心与三角形面轴的轴心不重合。

图 3-59 所示的形面轴受力区的不对称也可表明偏心 e_o 的存在。

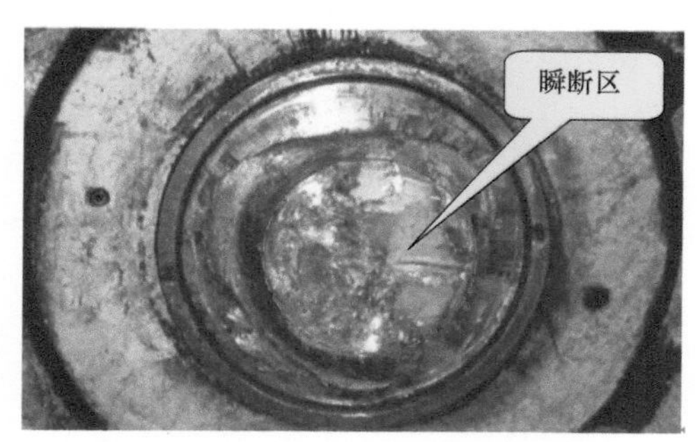

图 3-58　减速机端三叶形面轴断口

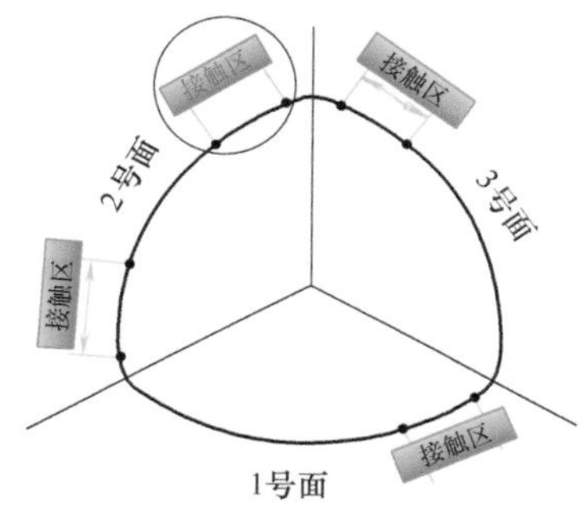

图 3-59　形面轴受力区

（2）轴、孔偏心对轴强度的影响

毂孔和轴形面连接具有非常好的自动对心作用，因此在转矩 T 的作用下，毂孔和轴就可能处于完全同心的状态，如图 3-60 所示，这主要是通过轴的弯曲变形实现的。很显然，偏心量 e_o 大的轴将产生很大的弯曲变形（弯曲应力），这将严重影响轴的强度。

在没有偏心的条件下，形面轴仅承受转矩的作用，轴断口上只有剪切应力；但是在有偏心的条件下，形面轴既承受转矩又承受弯矩的作用，因此轴断口上既有剪切应力又有弯曲应力，使断口具有弯曲应力和扭转剪切应力产生的疲劳断口的特征（断口垂直于轴的轴线，疲劳源都在轴的表面上，并且是典型的多源疲劳），如图 3-61 所示。

小结：

① 在无制造误差、无安装误差的理想条件下，形面轴只承受转矩的作用，轴的扭转强度虽然有点紧张，但基本上是足够的。

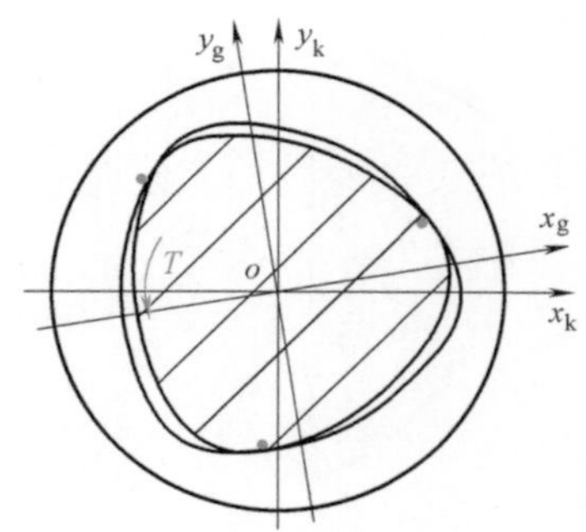

图 3-60 毂孔和轴形面连接自动对心作用

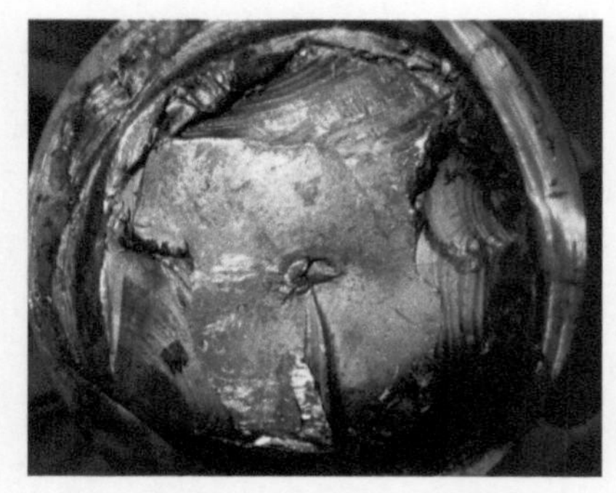

图 3-61 具有弯曲、扭转疲劳特征的断口

② 实际情况是，毂孔和轴的制造误差、安装误差总是存在的，因此不可能完全同心，存在一个偏心量 e_o。

③ 毂孔和轴形面连接具有非常好的自动对心作用，偏心量 e_o 大的轴将产生很大的弯曲变形（弯曲应力），这将严重影响轴的强度。轴的断裂很可能是偏心量 e_o 过大造成的。

3.2.2.8 夹杂物的微观观察

（1）金相显微镜观察夹杂物

用金相显微镜观察到的夹杂物是一种 DS 类（单颗粒球状类）、圆形或近似圆形、直径≥ 13μm 的单颗粒夹杂物。

（2）电子显微镜观察夹杂物

在图 3-44 的试样上取三个点（a、b、c 点），用电镜能谱分析的方法检测材料中的夹杂物。

图 3-62 是 a 点中测得的夹杂物——氧化钙、氧化铝。

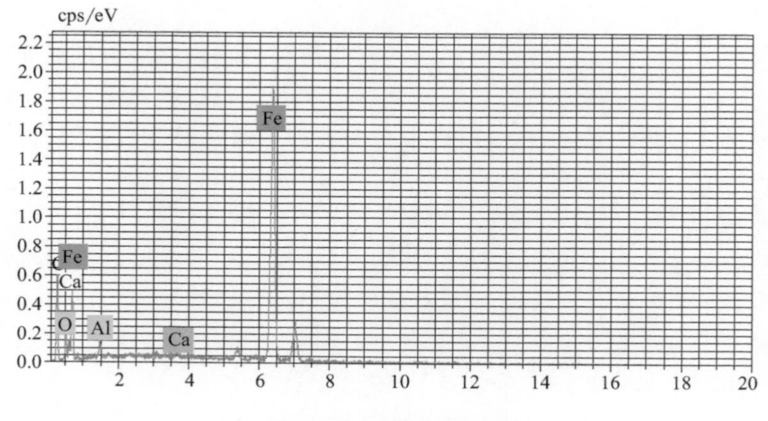

图 3-62 a 点的夹杂物

图 3-63 是 b 点中测得的夹杂物——氧化铝。

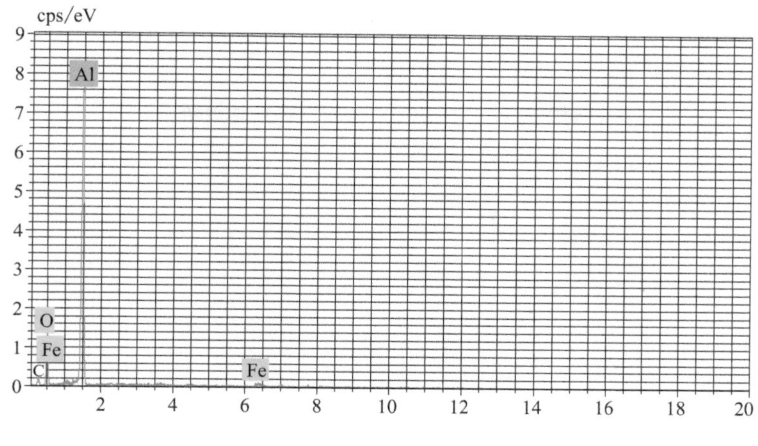

图 3-63　b 点的夹杂物

图 3-64 是 c 点中测得的夹杂物——氧化钙、氧化镁、氧化铝。

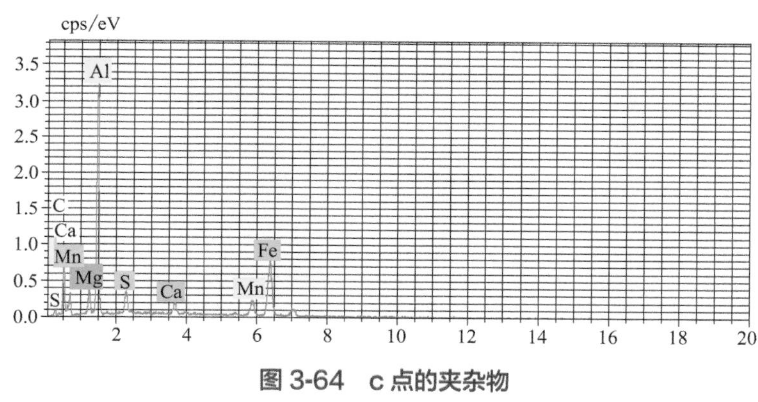

图 3-64　c 点的夹杂物

小结：通过金相显微镜和电子显微镜都观察到材料存在不同的夹杂物，但从夹杂物的形状和数量上看，并不是很严重，更重要的是未能观察到疲劳源区材料存在内部缺陷（夹渣、褶皱等）。据此可以判断，轴的夹杂和内部缺陷不是轴断裂的主要原因。

3.2.2.9　形面轴的有限元分析[1]

有限元分析的主要目的是找到形面轴受载时的最大应力点，说明断裂的原因。

（1）建立模型、划分网格

根据图纸，取断轴局部结构建立模型、划分网格，如图 3-65 所示。

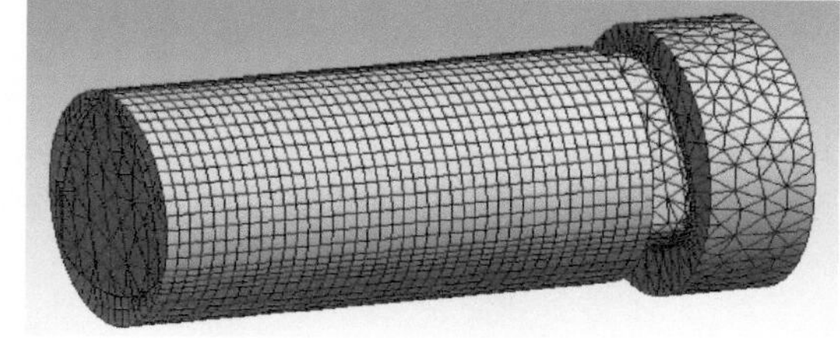

图 3-65　形面轴装配模型网格图

[1] 有限元分析由闫青提供。

（2）确定形面轴实际受力状况

根据形面轴装配关系，确定形面轴实际受力情况，如图 3-66 和图 3-67 所示。在不考虑摩擦力的影响时，力的平衡条件为

$$T=3LF$$

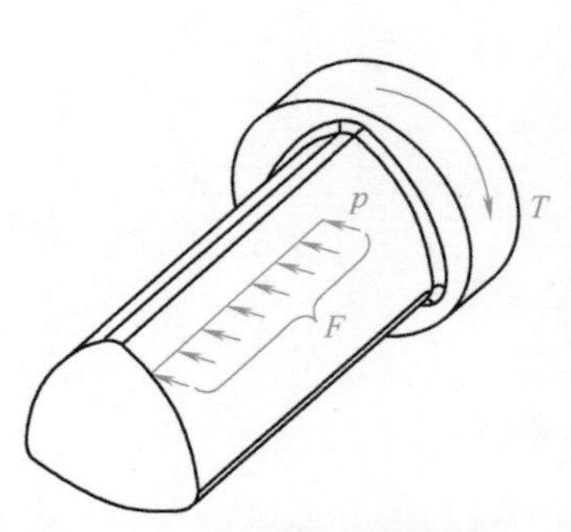

图 3-66　形面轴实际整体受力图

T—转矩，N · mm；p—单位压力，N/mm；
F—接触线上的法向力，N

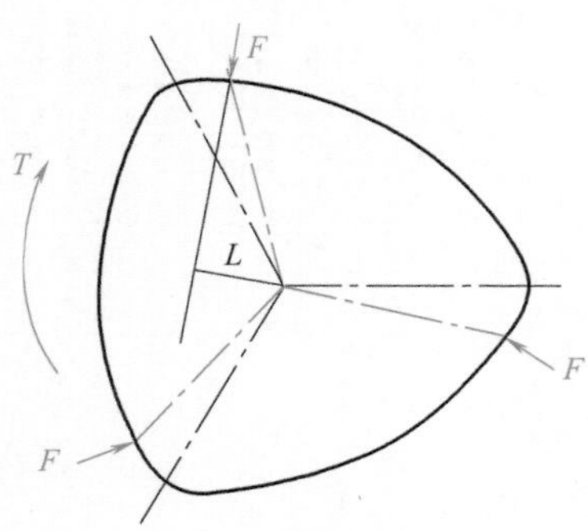

图 3-67　形面轴截面受力图

T—转矩，N · mm；L—力臂，mm；
F—接触线上的法向力，N

由于形面轴和毂孔为间隙配合，此配合关系使形面轴受力变得复杂，如果只对形面轴加固定约束和扭转不符合实际情况，因此要建立形面轴与简化轮毂间隙配合模型。模型分两种情况：

① 当形面轴与毂孔准确对中时，对形面轴末端施加固定约束，对简化轮毂仅施加转矩。

② 当形面轴与毂孔不对中时，除了施加固定约束和转矩外，还要对简化轮毂施加附加力 F，如图 3-68 所示。

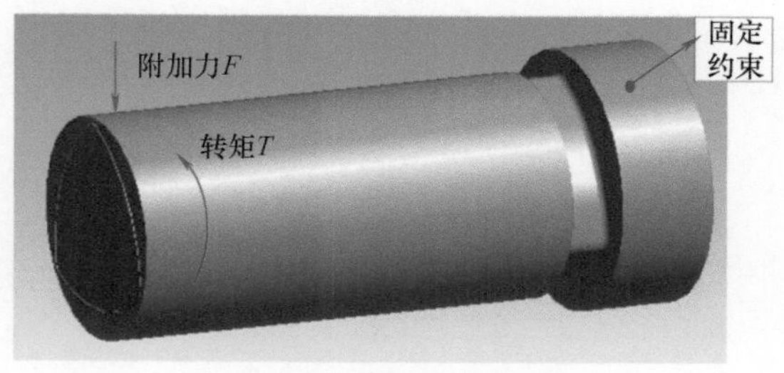

图 3-68　形面轴装配与受力图

（3）计算转矩与附加力 F

已知：电动机功率 P=1200kW，转速 n=1490r/min。

转矩 $T=9549P/n=9549\times1200/1490=7690.5\text{N}\cdot\text{m}=7690500\text{N}\cdot\text{mm}$。

根据零件材料、硬度，查得形面轴的抗拉强度 R_m=1180MPa，安全系数 n=2，

求得许用应力$[\sigma]=\frac{R_m}{n}=\frac{1180}{2}=590\text{MPa}$。根据计算可得，当附加力 F=150kN 时，形面轴与毂孔装配末端所受应力大于许用应力（按静强度计算），即形面轴可能发生断裂，所以附加力 F=150kN。

（4）计算结果

当形面轴与毂孔存在偏心量 e_o 时，由于毂孔和形面轴连接具有非常好的自动对心作用，因此在转矩 T 的作用下，毂孔和轴可能处于完全同心的状态，这主要是由轴的弯曲变形实现的，相当于在形面轴施加一个附加力 F（图 3-68）。很显然，偏心量 e_o 大的轴将产生很大的弯曲变形（弯曲应力），这将严重影响轴的强度。由于形面轴截面呈三叶形，因此要在不同方向施附加力 F 才能找到最大应力和应变的部位。现确定在三个方向施附加力 F，即 X 方向、Y 方向和 45°方向。

在 X 方向施加附加力 F 后的整体应力和断裂截面应力如图 3-69、图 3-70 所示。

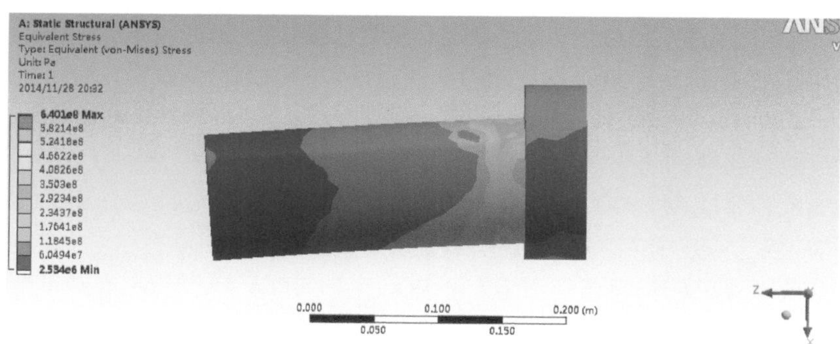

图 3-69　在 X 方向施加附加力 F 后整体应力图

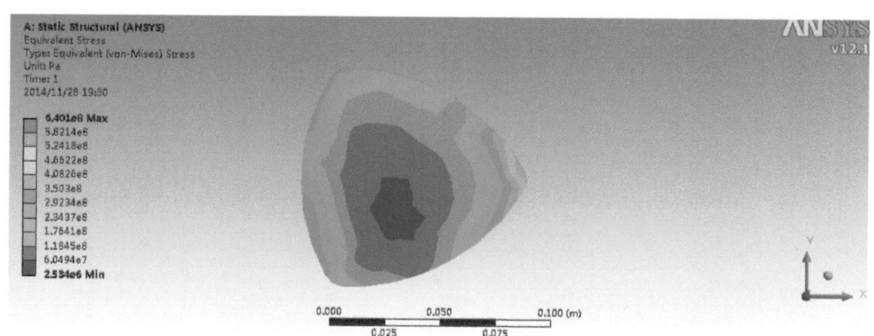

图 3-70　在 X 方向施加附加力 F 后断裂截面应力图

用同样的方法在 Y 方向和 45°方向施加附加力 F，分别得到整体应力和断裂截面应力（限于篇幅应力图从略）。

观察了全部应力图后可知：

① 当形面轴与毂孔不对中时，形面轴会产生较大的弯曲变形和应力。

② 形面轴在工作过程中，最危险截面在形面轴与毂孔配合末端处的位置。

③ 危险截面上受载最大位置不在叶尖分度线处，而是在与叶尖分度线成一定角度的位置。

④ 在三种不同位置施加附加力 F 的情况下，形面轴受载后出现偏斜。

⑤ 比较 X 方向、Y 方向和 45°方向的应力图后，发现当附加力 F 作用在 X 方向时，形面轴上的应力最大。

3.2.2.10 结论

① 三叶形面轴的断裂是疲劳断裂，而且是多源疲劳断裂，疲劳源都发生在轴的表面上，属于弯扭应力合成断口。

② 形面轴断裂的断口上有四个明显的疲劳源，其中三个疲劳源位于三条压痕上，说明压痕对疲劳断裂有很大影响。

③ 疲劳源都在靠近三叶断面分度线约 25°的位置上，与三条压痕的位置完全吻合，表明有较大的应力集中。这种应力集中是轴、毂配合边缘效应造成的。

④ 用电镜观察两个疲劳区，微观断口形貌非常相似，都具有疲劳断裂的特征——疲劳源区、疲劳扩展区、瞬断区，因此也可以判定形面轴是疲劳断裂。

⑤ 形面轴材料的化学成分、硬度和金相组织均属正常。

⑥ 经金相显微镜、电子显微镜微观检验，未发现有影响形面轴强度的夹杂物、夹渣、褶皱等严重缺陷，因此，材料内部缺陷造成轴断裂的可能性可以排除。

⑦ 通过计算轴的扭转剪切应力，可以确定轴的扭转强度虽然有点紧张，但基本上是可以满足要求的。

⑧ 断口和压痕的形貌分析结果表明，形面轴和毂孔存在偏心，其偏心量 e_o 取决于制造精度和安装精度。

⑨ 毂孔和轴形面连接具有非常好的自动对心作用，偏心量 e_o 大的轴将产生很大的弯曲变形，会产生很大的附加弯曲应力，对形面轴的强度非常不利。

⑩ 有限元计算结果证明形面轴在工作过程中，最危险截面在形面轴与毂孔配合末端处，而不是在过渡圆角处。

根据以上分析可以得到这样的结论：形面轴断裂的主要原因是偏心量 e_o 过大。

3.2.2.11 改进措施

① 断裂的形面轴图样上规定采用德国标准 DIN32711 的 P3 形面（即三叶形面）的标准参数，但实际的尺寸并不符合该标准规定的尺寸参数，建议改用 DIN32711 的 P3 形面的标准参数。

② 如果可能的话，建议适当增加形面轴的尺寸。

③ 最重要的是提高有关连接零件的制造精度和安装精度，避免毂孔与轴的形面连接出现过大的偏心量 e_o。

3.2.3　实例 3　减速机锥齿轮轴开裂失效分析[1]

3.2.3.1　锥齿轮轴开裂概况

某减速机制造厂的减速机在客户现场出现轴承抱死故障，减速机返厂维修，拆解后证实锥齿轮轴和轴承之间完全抱死。因轴承高温烧结，为保护高速轴选择轴承破坏性拆卸，用角磨机切割轴承。轴承拆卸后发现锥齿轮轴纵向有裂纹，裂纹长度为 240mm。后来发现裂纹随存放时间的延长继续扩展。

锥齿轮轴为锻件，所用材料为 18CrNiMo7-6 钢，热处理处理工艺为：920℃正火 +650℃回火 + 车 + 920℃渗碳10.5h、扩散5.5h+820℃淬火 +150℃回火 4h。

经过断口宏观观察、微观观察、能谱分析、金相检查、硬度测试以及氢含量测定，确定了锥齿轮轴的开裂性质，并对其开裂原因进行了分析。

3.2.3.2　断口宏观观察

开裂锥齿轮轴宏观形貌见图 3-71，裂纹沿轴向扩展，已经扩展到锥齿端和花键端附近，几乎贯穿整个轴向。

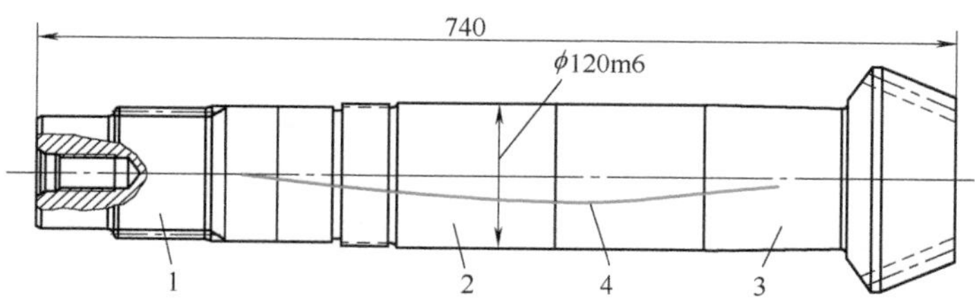

图 3-71　开裂锥齿轮轴宏观形貌

1—花键；2，3—轴承位置；4—裂纹外观

裂纹起源于轴和轴承的配合处，断口较平坦，未见明显塑性变形，见图 3-72（a）和图 3-72（b）。

图 3-72　裂纹起源于轴和轴承的配合处

[1] 本实例取材于某公司的《减速机锥齿轮轴开裂失效分析报告》，2013 年 12 月。

轴的疲劳源区在轴承位置，其表面形貌见图3-73（a）；疲劳源区的断口宏观形貌见图3-73（b），该区为粗糙度较低的平坦断口，裂纹扩展方向呈放射状，裂纹具有快速扩展的特征。

3.2.3.3 断口微观观察

试样超声清洗后，在扫描电镜下对断口微观形貌进行观察。裂纹起源于渗碳层和基体的交界处，见图3-74（a）。源区处未见缺陷，有二次裂纹，见图3-74（b）。

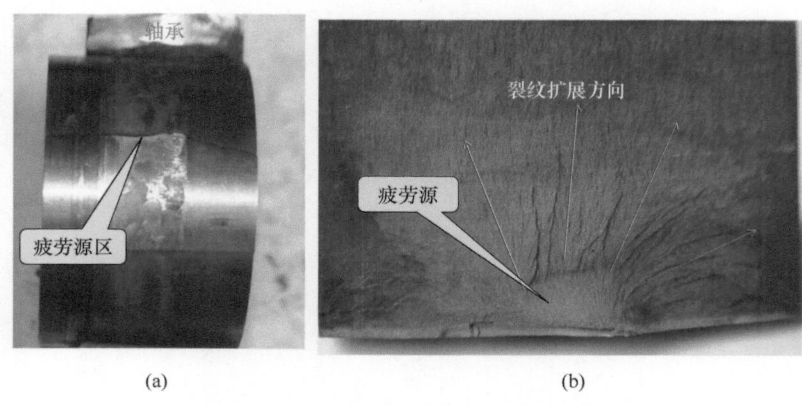

(a) (b)

图3-73 疲劳源区裂纹和疲劳断口宏观形貌

(a) 断口源区低倍形貌

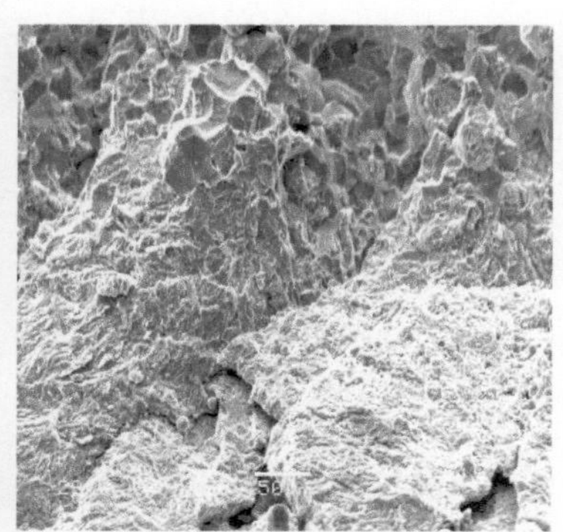

(b) 断口源区高倍形貌

图3-74 断口源区低倍、高倍形貌

断口高倍形貌显示，源区和扩展区均呈沿晶断裂特征，见图3-75（a）和图3-75（b），属于脆性断裂。

在靠近花键处截取裂纹断口进行微观观察，发现具有沿晶穿晶混合断裂特征，见图3-76。

对锥齿轮轴基体材料进行人工打断，其断口微观形貌呈等轴韧窝特征，见图3-77，为韧性断裂。

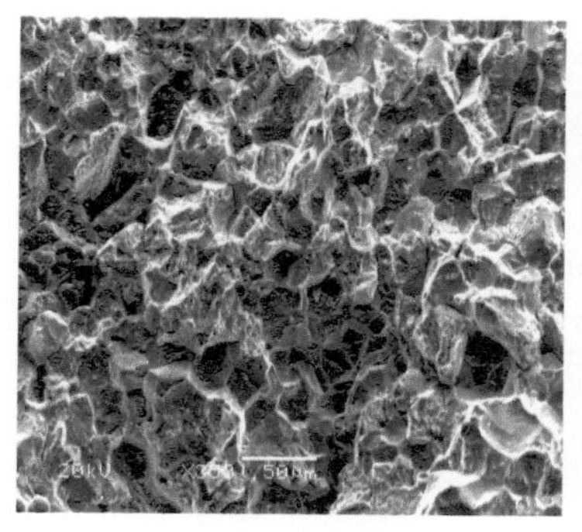

(a) 断口源区沿晶断裂特征

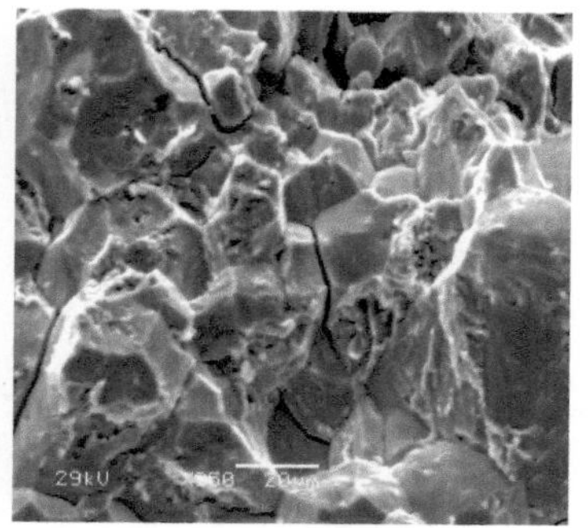

(b) 断口扩展区沿晶断裂特征

图 3-75　源区和扩展区均呈沿晶断裂特征

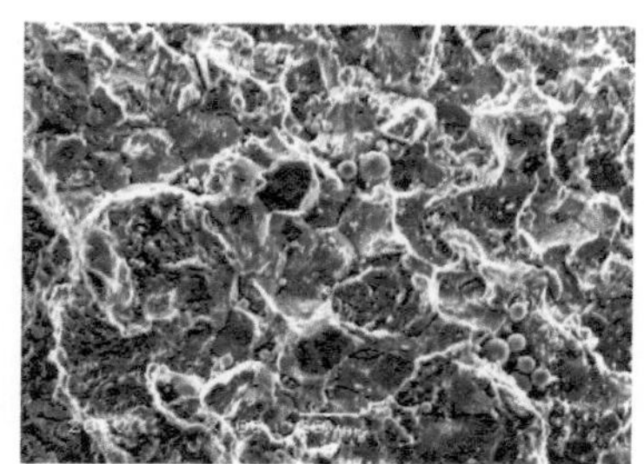

图 3-76　具有沿晶穿晶混合断裂断口形貌

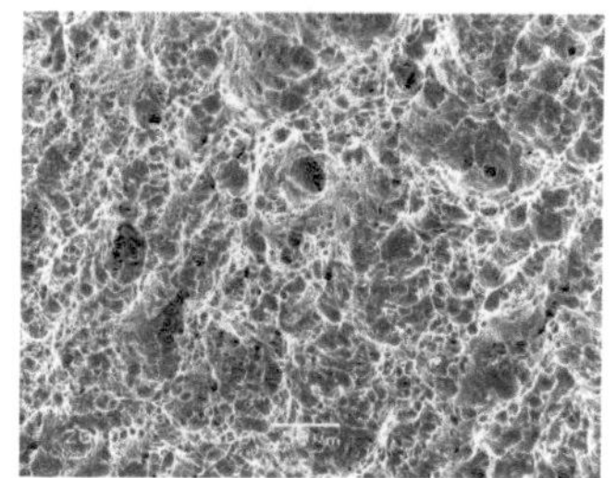

图 3-77　人工打断断口微观形貌

3.2.3.4　材料化学成分检测

在断口附近取样，断轴材料（18CrNiMo7-6）化学成分分析结果见表 3-5。表中除 Si 数据稍高外，其他成分符合标准规定。断口除了局部有氧化外，未见其他腐蚀性元素。

表 3-5　断口材料化学成分分析结果（质量分数）　%

化学元素	Cr	Ni	Si	Mn	Mo
实测值	1.75	1.45	0.43	0.56	0.34
标准值	1.50 ～ 1.80	1.40 ～ 1.70	≤ 0.40	0.50 ～ 0.90	0.25 ～ 0.35

3.2.3.5　断口低倍组织和硬度检查

从开裂锥齿轮轴上截取横截面进行低倍组织观察，试样低倍组织未见明显缺陷和成分偏析，见图 3-78。从图中可见，径向裂纹已经扩展至轴心，越靠近轴外表面裂纹开口越大。

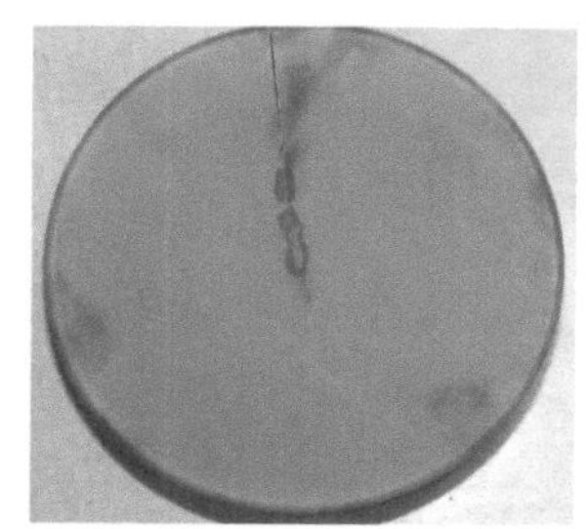

图 3-78　试样低倍组织

对断裂锥齿轮轴基体硬度进行测试，结果见表 3-6。根据 GB/T 1172—1999《黑色金属硬度及强度换算值》，将 HV 换算成 HRC，硬度满足技术要求。

表 3-6 显微硬度测试结果

硬度测量值 HV				平均值 HV	换算值 HRC	技术要求值
336.3	354.6	367.7	348.8	351.9	37.2	≥ 280HV；或≥ 35HRC

图 3-79 试样金相组织

3.2.3.6 金相组织检查

从裂纹附近切取试样检查金相组织。轴边缘渗层未见网状碳化物，组织正常，见图 3-79。

基体组织为回火马氏体，组织正常，见图 3-80。

裂纹边缘组织也未见异常，见图 3-81。

3.2.3.7 氢含量测定

从断裂轴基体部位切取试样进行氢含量测定，结果见表 3-7。测试结果表明，基体材料氢含量大于 3μg/g，超出技术要求。

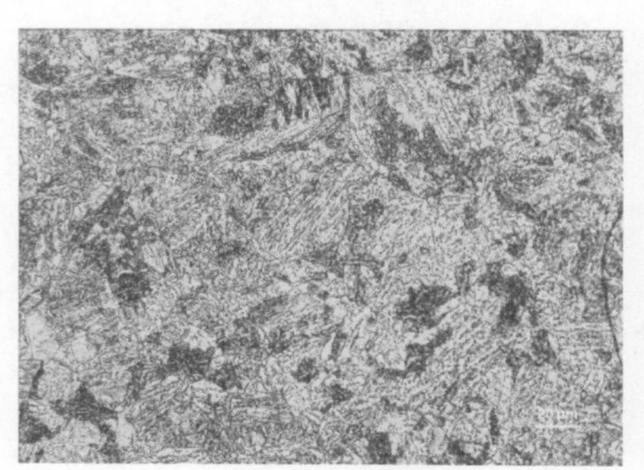

图 3-80 基体组织

图 3-81 裂纹边缘组织

表 3-7 氢含量测定结果 μg/g

测量值					平均值	技术要求
1	3	4	4	4	3.2	≤ 2

3.2.3.8 断口分析与讨论

（1）断口开裂性质分析

① 锥齿轮轴裂纹断口呈沿晶断裂特征，而人工断口呈韧窝特征。

② 锥齿轮轴失效后在残余应力作用下裂纹继续呈沿晶扩展。

③ 裂纹起源于滚动轴承内圈配合应力集中处，具有延迟断裂的特征。

④ 锥齿轮轴基体材料氢含量较高。

根据以上特征可以判断，锥齿轮轴开裂性质为氢致延迟脆性开裂。

（2）断口开裂原因分析

钢发生氢脆断裂的影响因素主要有材料强度、氢浓度、应力集中、应变速率。从材料本身的强度来看，材料强度越高，其氢脆敏感性越大。一般钢中氢含量超过 5 ～ 10μg/g 时就会产生氢致裂纹，对高强度钢，即使钢中氢含量小于 1μg/g，也可能发生氢脆开裂。锥齿轮轴材质为 18CrNiMo7-6 钢，测得硬度约为 350HV，根据 GB/T 1172—1999《黑色金属硬度及强度换算值》换算成抗拉强度 R_m 约为 1100MPa，属于中高强度钢，具有较高的氢脆敏感性，在氢含量≥ 3μg/g 条件下易发生氢脆开裂。此外，氢脆失效一般位于应力集中处，锥齿轮轴裂纹起源于轴和轴承的配合处，该处轴径 ϕ120m6，有应力集中。在轴和轴承发生抱死前，两者之间发生摩擦，会使应力集中作用增强，导致该部位应力进一步增大，促使氢致裂纹的萌生。

金属中的氢的来源：a. 冶炼、焊接及热处理过程中进入的氢；b. 电镀和酸洗过程中进入的氢；c. 使用环境下渗入的氢。锥齿轮轴未经电镀和酸洗过程，因此可以排除第二个途径。此外，锥齿轮轴在一般室外环境工作，不存在氢气氛，所以也可以排除第三个途径。锥齿轮轴淬火后进行了 150℃、4h 回火处理，而测氢结果表明材料中的氢含量仍然较高，说明 150℃、4h 回火处理不能达到很好的除氢效果，并且 150℃的回火温度太低，不足以消去残余内应力。因此，建议增加回火温度和回火时间，以提高除氢效果并减少残余内应力。

3.2.3.9　结论与改进措施

① 锥齿轮轴开裂性质为氢致延迟脆性开裂。

② 锥齿轮轴开裂与材料氢含量较高有关，材料硬度较高，对氢脆较敏感，在较高的氢含量下易发生氢脆开裂。

③ 轴和轴承抱死前，轴承和轴配合处的应力集中促使氢致裂纹的萌生。

④ 建议增加淬火后的回火时间，将 4h 改为 8h。适当提高回火温度，将 150℃改为 180℃，以降低氢含量和残余应力。

3.2.4　实例 4　压缩机高速齿轮轴断裂失效分析❶

3.2.4.1　压缩机高速齿轮轴的使用场合和失效情况

失效的齿轮轴用在制冷压缩机的增速箱中，其传动机构简图如图 3-82 所示。

根据厂方报告，空调机的压缩机在运转中高速小齿轮轴断裂失效，断裂部位如图 3-82 所示的截面，类似的断轴已发生多起。据统计，该机运转 20h 后轴断裂。如果压缩机连续运转中间不停歇，则齿轮轴弯曲应力循环次数 $N=2.134\times10^7$。图 3-83 是该齿轮轴的外形图。

断裂的高速小齿轮轴如图 3-84 所示，其断轴断口部位如图 3-85 所示。

❶ 本实例内容取材于某公司《压缩机高速齿轮轴断裂失效分析报告》，2012 年 5 月。

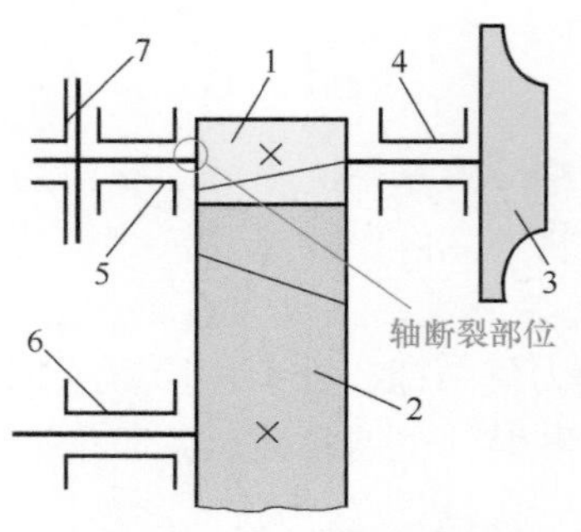

图 3-82 制冷压缩机增速箱传动机构简图

1—小齿轮；2—大齿轮；3—叶轮；
4 ～ 6—径向滑动轴承；
7—止推滑动轴承

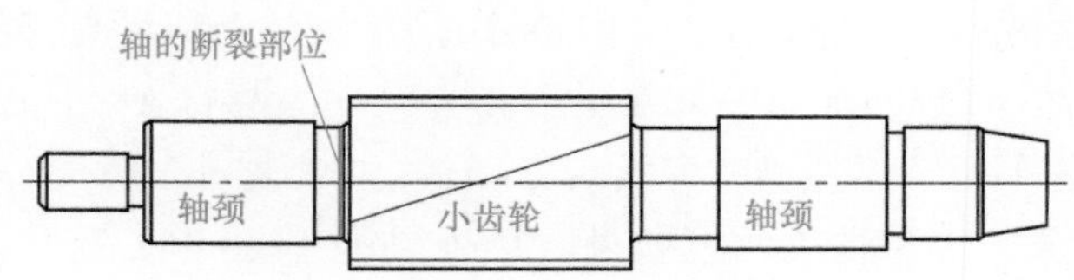

图 3-83 齿轮轴的外形和断裂部位

图 3-84 高速小齿轮的断裂部位

图 3-85 断裂的高速小齿轮轴断口

小齿轮参数见表 3-8。

表 3-8 小齿轮参数

齿数	法面模数/mm	压力角	螺旋角	顶圆直径/mm	齿宽/mm
22	1.27	20°	10° 35′ 11″	44.094	41.28

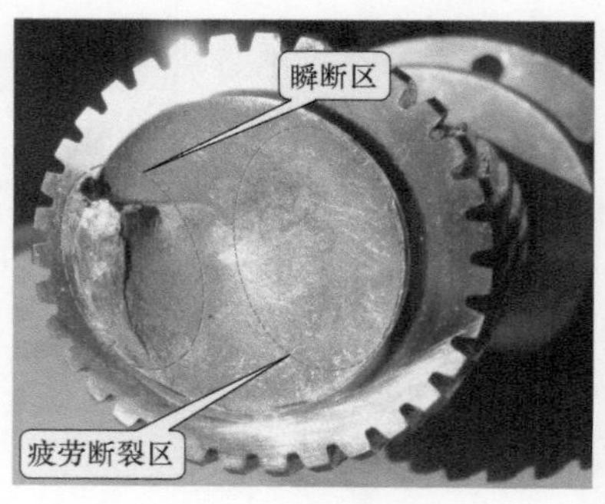

图 3-86 断轴的断口正视

齿轮材料：AMS 6265（E9310），国产代用材料 G10CrNi3Mo。

热处理：渗碳淬火，齿面硬度 58 ～ 62HRC，心部硬度 33 ～ 42HRC，有效硬化层深度 0.25 ～ 0.38mm。

失效的小齿轮轴转矩约为 192N · m，转速约为 17790r/min。

3.2.4.2 断轴断口宏观观察

断轴件宏观断口如图 3-86 所示。断口大致可分两部分：疲劳断裂区和瞬断区。疲劳源区在应力集中最大的圆周上。由于轴的转速很高（约为 17790r/min），断口上的贝纹线不明显，再加上断口没有得到很好的保护，断口擦伤很严重，已经很难看到疲劳断口的细节。

断口侧视如图 3-87 所示。仔细观察图 3-87（b），可以看到断裂发生在轴的过渡圆角处，该处应该是完整的圆角过渡，但是由于机械加工的原因，在过渡圆角处出现了一个小台阶（实测尺寸见图 3-108），造成很大应力集中，削弱了轴的强度。

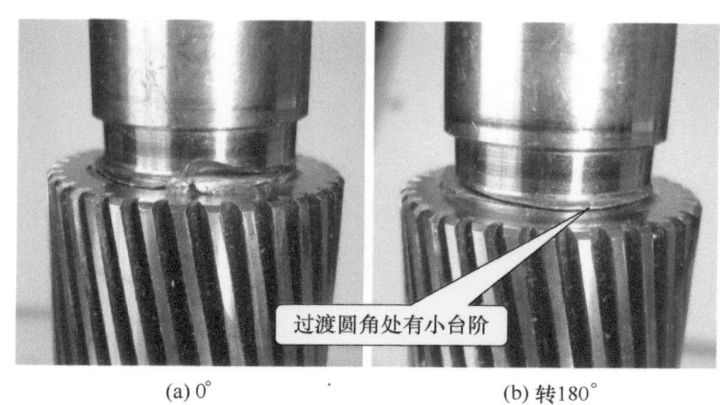

(a) 0° (b) 转180°

图 3-87 断口侧视（一）

图 3-88 所示是一种典型的皿形断口，它是轴弯曲疲劳断裂的典型形貌。该断口处承受的转矩很小。

(a) 0° (b) 转90°

图 3-88 断口侧视（二）

以上断口宏观观察的判断可以在断口微观观察中进一步验证。

3.2.4.3 断轴断口的微观观察

（1）切取试样

在失效的齿轮轴上切取断轴断裂的断口部分，如图 3-89（a）和图 3-89（b）所示。取图 3-89（b）中的试样作为电子显微镜观察的试样。

（2）断口微观分析

断口的微观观察通常使用扫描电子显微镜。扫描电子显微镜具有长镜深、高分辨率和高放大倍数的优点，非常有利于分辨断口的细节。

1）断齿断口微观观察　轴断裂断口如图 3-90 所示。图中选择了 8 个电子显微镜的观察点，以下是几个典型的观察点。

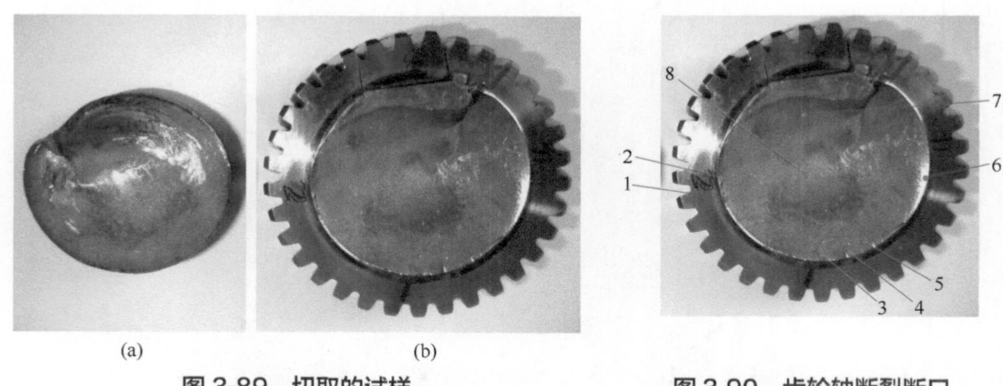

(a)　(b)

图 3-89　切取的试样

图 3-90　齿轮轴断裂断口

点 1，位于断口的疲劳区，微观形貌如图 3-91 所示，图中边缘光滑部分是擦伤的痕迹，不是原始的疲劳断口。

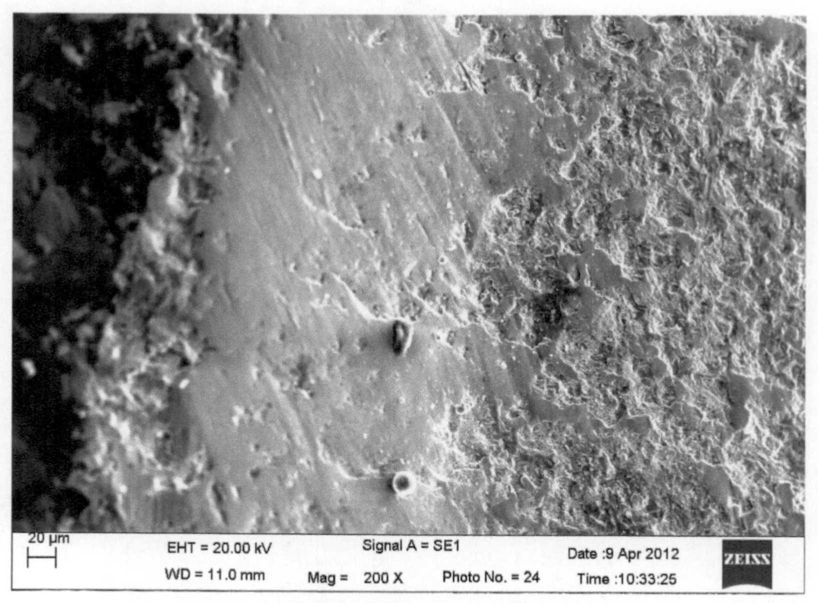

图 3-91　点 1 断口微观形貌

点 3，位于疲劳断口的边缘区，微观形貌如图 3-92 所示，断口平坦，是疲劳断口。

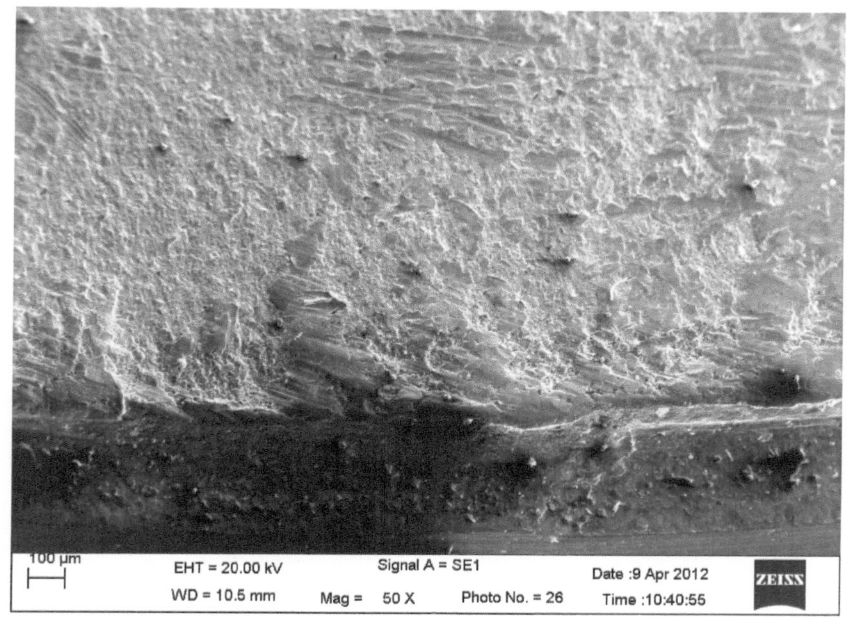

图 3-92 点 3 断口微观形貌

点 5，位于疲劳断口的非硬化区，微观形貌如图 3-93 所示，从图中可看到河流花纹，是准解理断裂，有很多二次裂纹。

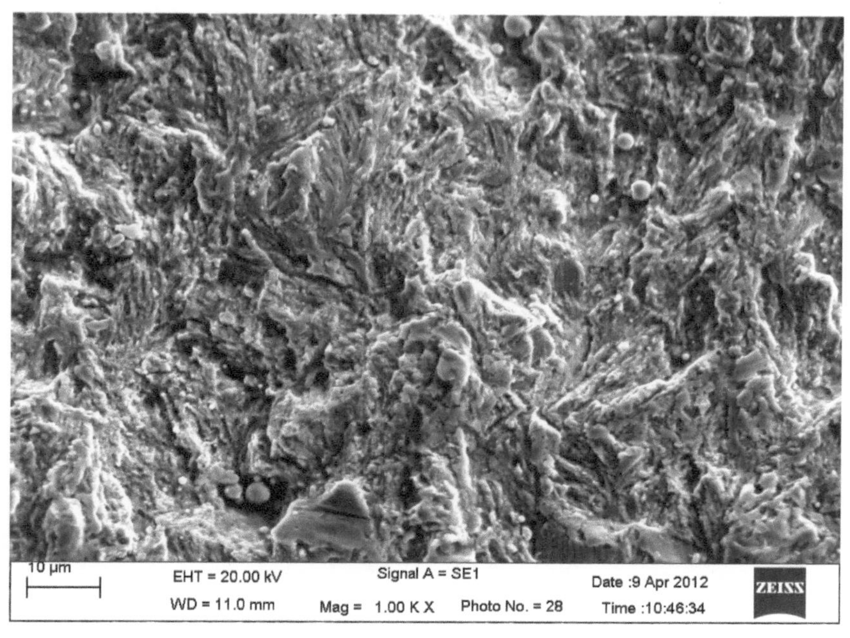

图 3-93 点 5 断口微观形貌

点 7，位于断口的中部，微观形貌如图 3-94 所示，也是准解理断裂。

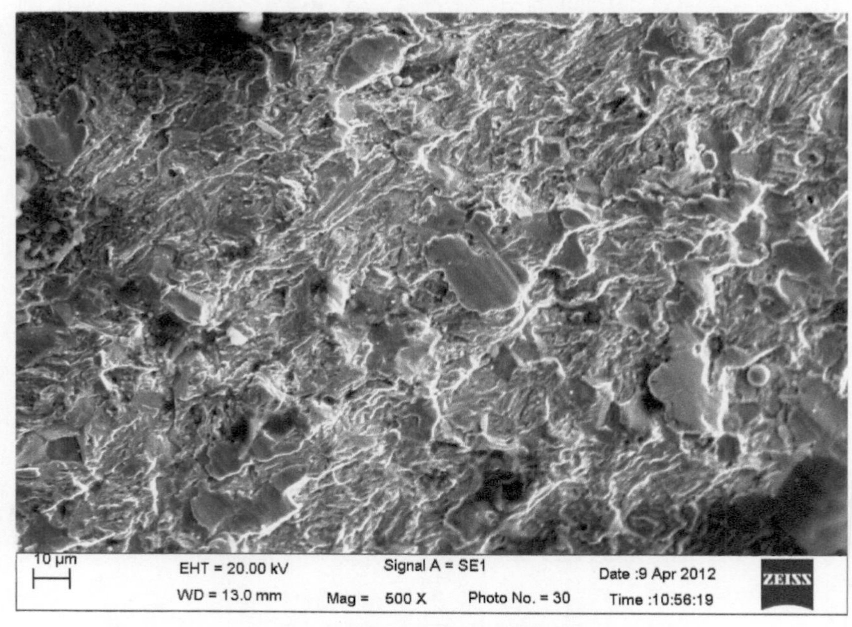

图 3-94 点 7 断口微观形貌

点 8，也位于断口的中部，微观形貌如图 3-95 所示，是裂纹扩展区。

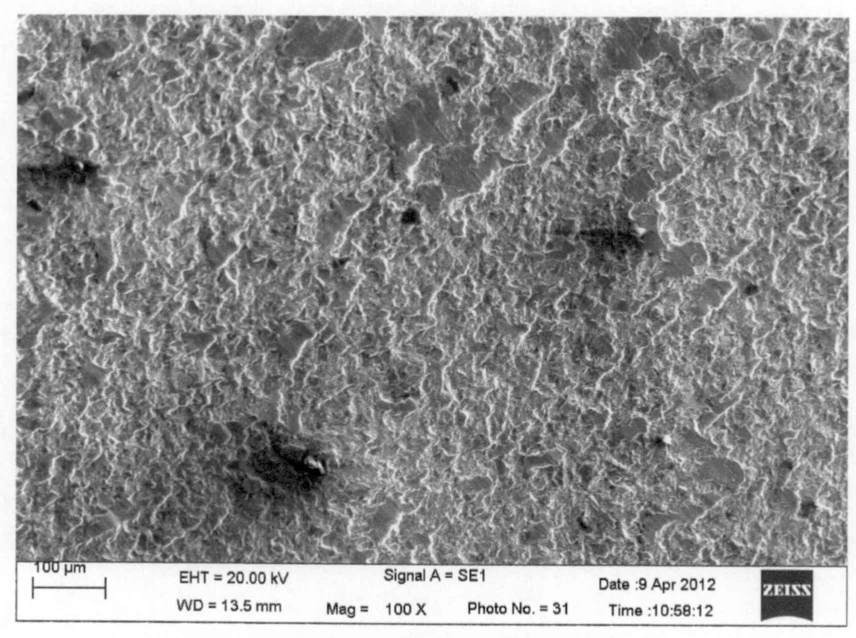

图 3-95 点 8 断口微观形貌

2）本节小结　通过电镜的微观观察，可得到以下结论：

① 断裂的微观形貌疲劳特征不明显，没有看到明显的疲劳源区。疲劳扩展区的特征也不明显，具有快速断裂的断口形貌特征。由于断轴的转速很高（转速约为 17790r/min），疲劳裂纹的产生和扩展速度都很快，因此高应力高速疲劳断口的特征与一般的疲劳断口不同，疲劳特征可能不明显。

② 据统计，该机运转 20h 后齿轮轴断裂，如果压缩机连续运转中间不停歇，则断轴的弯曲应力循环次数为 2.134×10^7，超过合金钢弯曲应力循环基数 10^7 并不多，因此在高应力水平（如应力集中过大）下就有可能发生疲劳断裂。

3.2.4.4　齿轮轴材料化学成分分析

从图 3-96 所示的断轴件上钻取化学成分分析样品，委托北京科技大学化学分析中心分析齿轮材料的化学成分，结果如表 3-9 所列。

图 3-96　化学成分分析轴上取样部位

表 3-9　齿轮材料的化学成分（质量分数）　　%

化学元素	G10CrNi3Mo	AMS6265（E3910）	断轴试样
碳（C）	0.17 ～ 0.25	0.07 ～ 0.13	未检验
硅（Si）	0.17 ～ 0.37	0.15 ～ 0.35	0.30
锰（Mn）	0.30 ～ 0.60	0.40 ～ 0.70	0.67
铬（Cr）	0.60 ～ 0.90	1.00 ～ 1.40	1.36
镍（Ni）	2.75 ～ 3.25	3.00 ～ 3.50	3.51
钼（Mo）	0.08 ～ 0.15	0.08 ～ 0.15	0.13
磷（P）	≤ 0.030	max0.015	0.022
硫（S）	≤ 0.030	max0.015	0.011
硼（B）		max0.001	未检验
铜（Cu）		max0.035	0.028

从表 3-9 数据可见，失效件材料的化学成分接近 AMS6265（E3910），同 G10CrNi3Mo 的化学成分差别较大，特别是铬。

3.2.4.5　齿轮材料的力学性能测试

齿轮材料为美国宇航材料标准的 AMS6265（E9310）钢或国产 G10CrNi3Mo 渗碳轴承钢。其特点是：淬透性良好，能在大的截面范围内获得均匀的强度。经调质或淬火加低温回火后，有良好的综合力学性能，但有形成白点的敏感性，高温回火时有回火脆性倾向。

G10CrNi3Mo 规定的力学性能见表 3-10。

表 3-10 G10CrNi3Mo 的力学性能

抗拉强度 R_m/MPa	屈服强度 R_p/MPa	伸长率 A/%	断面收缩率 Z/%	冲击韧性 a_k/J.cm^{-2}	硬度 HBW
≥ 980	≥ 835	≥ 10	≥ 55	≥ 98	292 ～ 341

断轴件材料的力学性能（抗拉强度、规定非比例延伸强度、断后伸长率、冲击韧性和硬度）测定结果如表 3-11 所列。

（1）材料拉伸力学性能测试

拉伸试验执行国家标准 GB/T 228.1—2010《金属材料 拉伸试验 第 1 部分：室温试验方法》。三根拉伸试样的力学性能测定结果列于表 3-11。

表 3-11 齿轮材料的力学性能测定结果

序号	试样标识	试样厚度 h/mm	试样宽度 b/mm	最大拉力 / kN	抗拉强度 R_m/MPa	规定非比例延伸强度 $R_{p0.2}$/MPa	断后伸长率 A/%
第 1 根	S1	2.52	11.96	41.43	1374.75	1045.17	12.33
第 2 根	S2	2.52	11.96	41.53	1377.94	1040.30	13.67
第 3 根	S3	2.52	11.96	41.33	1371.17	1042.79	12.00

3 个试样拉伸力学性能和 2 个冲击试样的平均值、最大值、最小值和标准值列于表 3-12。比较测试值和标准值可见，失效件的材料力学性能完全符合技术要求。

表 3-12 试样力学性能测试值和标准值

项目	标准值	测试值		
		平均值	最大值	最小值
抗拉强度 R_m /MPa	≥ 980	1374.62	1377.94	1243.78
规定非比例延伸强度 $R_{p0.2}$/MPa	≥ 835	1042.75	1045.17	1040.30
伸长率 A/%	≥ 10	12.67	13.67	12.0
冲击韧性 a_k/J · cm^{-2}	≥ 98	98.75	100.0	97.5

经测定，3 个拉伸试件的硬度如表 3-13 所列。

表 3-13 3 个拉伸试件的硬度 HRC

试样标识	硬度测点				硬度平均值
	1	2	3	4	
S1	42.4	43.2	41.7	42.5	42.5
S2	43.2	42.8	42.0	42.6	42.7
S3	42.4	42.7	42.3	43.3	42.7

结论：3 个试件的平均硬度为 42.6HRC；最高硬度为 42.7HRC；最低硬度为 42.5HRC。硬度值均高于合金钢的力学性能正常值，见表 3-10，符合技术要求。

（2）材料冲击韧性性能测试

两个冲击试样的硬度和冲击功测试结果如表 3-14 所列。

表 3-14　两个冲击试样的力学性能测试结果

试样标识	不同测点的硬度 HRC				硬度平均值 HRC	冲击功 /J
	1	2	3	4		
S1	42.2	42.5	42.0	42.8	42.4	78
S2	40.3	42.4	40.2	42.4	41.3	80

结论：冲击功折合成冲击韧性值：S1 试样 a_k=97.5J/cm^2，S2 试样 a_k=100J/cm^2。平均值 a_k=98.75J/cm^2（列于表 3-12），测试值均大于标准值，材料的冲击韧性符合技术要求。

（3）齿轮轴颈硬度测定

在失效的齿轮轴的轴颈上，切取硬度试样，见图 3-97（a），在轴表面的 3 个位置测量了 6 个点的硬度，测量结果见表 3-15。

(a)

(b)

图 3-97　轴颈试样硬度测量点

表 3-15　轴颈硬度测量结果

测点号	1	2	3	4	5	6	平均
硬度 HRC	46.5	46.3	49.3	46.6	46.6	47.2	47.1

小结：

① 对于表面渗碳淬火的轴颈来说，硬度偏低。

② 硬度最高值 49.3HRC，最低值 46.3HRC，相差 3HRC。

断裂轴颈处的实测硬度为 50.5HRC，见图 3-97（b），同样硬度偏低。

3.2.4.6　齿轮轴的金相组织检验和显微硬度测定

（1）齿轮轴金相组织检验的内容

齿轮轴的金相检验结果是判别齿轮轴品质的重要指标。

根据 GB/T 3480.5—2008《渐开线圆柱齿轮承载能力计算方法　第 5 部分：材料的强度和质量》，齿轮轴金相检验的主要内容有：非金属夹杂物、带状组织、晶粒度、表面硬度和心部硬度、有效硬化层深度至表面硬度降和至心部硬度降、心部显微组织等。本次检验就是逐项检查上述项目，以便评定失效齿轮轴的内在品质。

(2)齿轮轴试样切取和制备

从失效的齿轮轴上切取轴颈的一部分，如图3-98所示。

齿轮轴材料的化学成分接近美国的AMS 6265钢材。进行金相检验的齿轮经过渗碳、淬火和回火处理。对试样（图3-99）进行镶样、磨样和4%硝酸酒精溶液浸蚀后，用Leica金相显微镜进行观察、拍照。

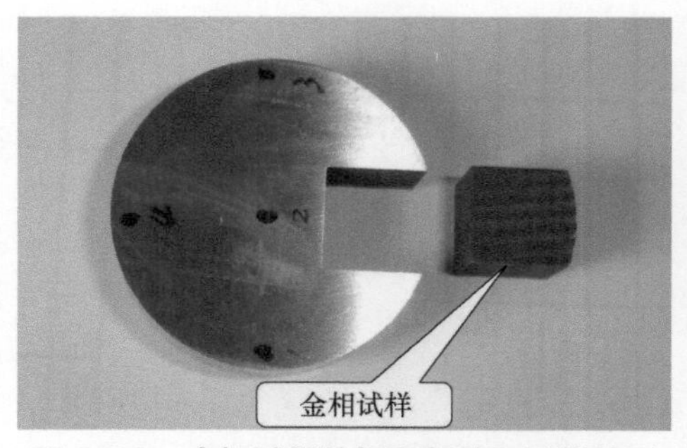

图3-98 金相试样的切取部位和试样外形

图3-99 金相试样

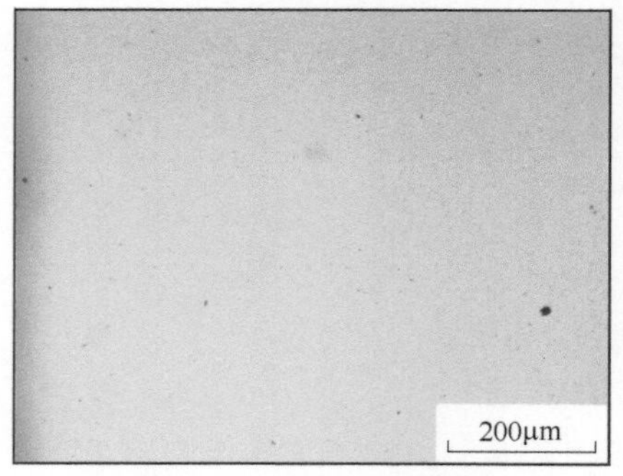

图3-100 非金属夹杂物

(3)金相组织观察与检验

轮齿金相检验得到以下结果。

① 非金属夹杂物：夹杂不明显，仅有少量氧化物夹杂物（图3-100）。

② 带状组织：试样中部有带状组织出现（图3-101）。

③ 渗碳层区域轮齿根部晶粒形状不规范（有混晶现象），见图3-102。

④ 碳金相检验［图3-103（b）］，渗碳不足，不满足技术要求。

图3-101 带状组织

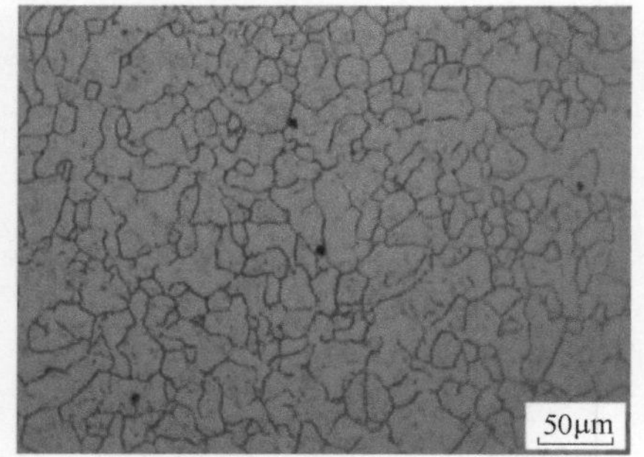

图3-102 晶粒形状

⑤ 金相组织：金相组织检验和显微硬度测量的试样示意图如图3-103所示。

a区（近表面）：回火马氏体组织（图3-104）。

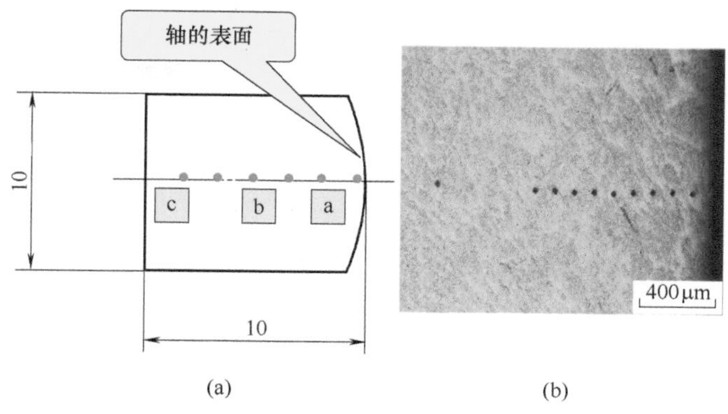

图 3-103 金相组织检验和显微硬度测量的试样和测量位置

b 区：回火马氏体组织（图 3-105）。

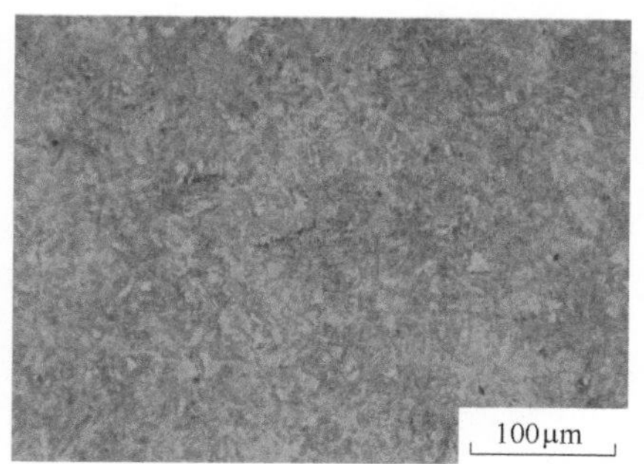

图 3-104 a 区（近表面）的金相组织

图 3-105 b 区的金相组织

c 区：回火马氏体组织（图 3-106）。

金相检验小结：轴的近表面层基本上是回火马氏体组织；试样中部有带状组织；渗碳层区晶粒形状不规范；表层渗碳不足；非金属夹杂物不明显。

（4）沿硬化层深度的显微硬度测定

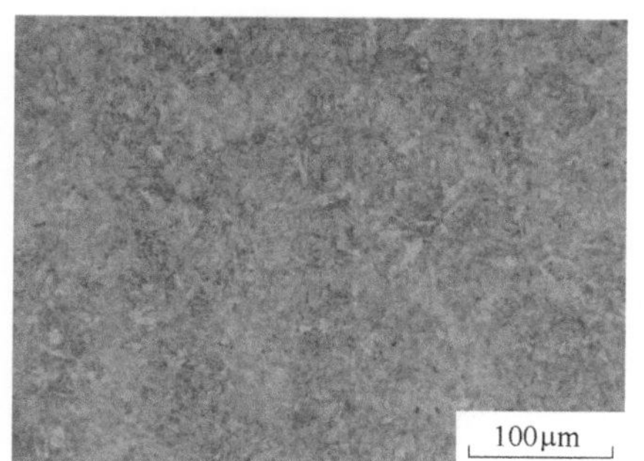

图 3-106 c 区的金相组织

沿硬化层深度的显微硬度测定是 GB/T 3480.5—2008 的重要内容之一。显微硬度测定用的试样和测量位置如图 3-103 所示，用显微硬度计（Leica 显微硬度计）沿硬化层深度测定显微硬度 HV0.2 值（换算为 HRC 值），如图 3-107 所示。

由图 3-107 硬度分布曲线的数据和图形可见：

① 在金相试样上不能测定轴颈表面的硬度，但从曲线的趋势（删去靠近表面的第一点，因为变形大）推断齿面硬度约为 50HRC。轴表面的硬度远低于图纸规定的硬度 58 ～ 62HRC，轴颈表面几乎不存在有效硬化层（> 50HRC），因此会

影响轴的弯曲强度。

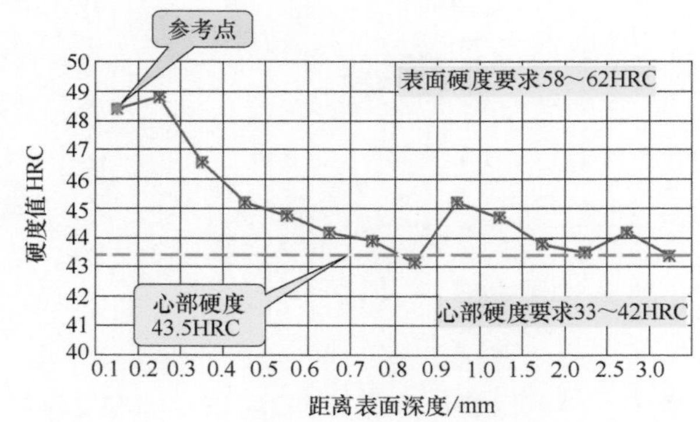

图 3-107 沿硬化层深度的硬度分布曲线

② 心部基体硬度约为43.5HRC，硬度比图纸规定的硬度33 ～ 42HRC稍高，尚能符合图纸规定的最低技术要求。

硬度测定小结：轴颈表面的硬度偏低，可能是渗碳不足或硬化层过度磨削的结果，减少或消除了表面的残余压应力，影响轴的弯曲疲劳强度。

3.2.4.7 失效原因分析

（1）齿轮轴过渡圆角和轴颈参数影响齿轮轴的强度

压缩机齿轮轴多次在过渡圆角处断裂，经测量其过渡圆角的尺寸如图3-108所示，而零件图上标注的过渡圆角尺寸如图3-109所示，两者有很大的差别。

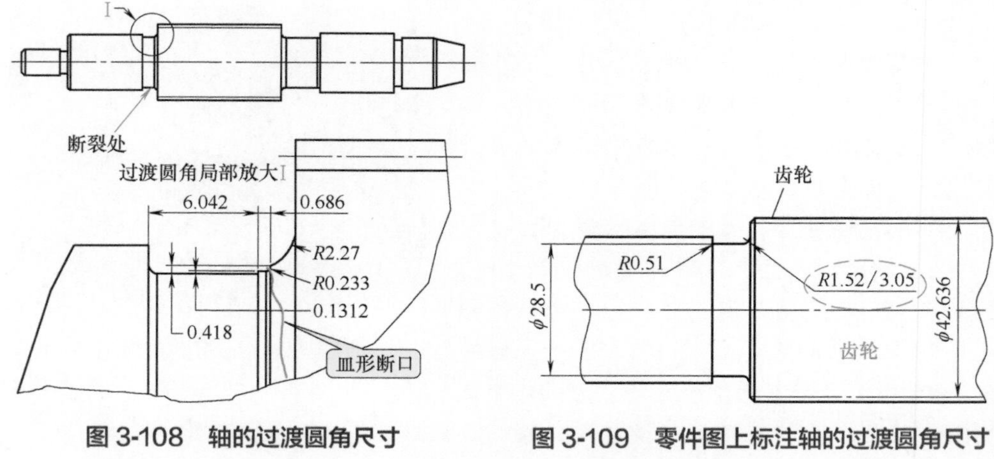

图 3-108 轴的过渡圆角尺寸

图 3-109 零件图上标注轴的过渡圆角尺寸

据调查：供应商为了消除齿轮轴热处理后的变形对动平衡的影响，曾对轴颈进行车削加工。热处理后轴颈表面硬度达到58 ～ 62HRC，车削加工时容易崩刀，在更换刀片再加工时，就会出现接刀不连贯的现象。

这一错误的工艺是致命性的，因为：

① 从图 3-108 可见，轴的断裂发生在过渡圆角 R=0.233mm 处，而图纸规定的过渡圆角为 R=1.52 ～ 3.05mm。由于过渡圆角的减小，应力集中将大大增加，导致轴的强度显著减小。轴的弯曲疲劳圆角缺口因数 K_σ（即应力集中系数）如图 3-110 所示。

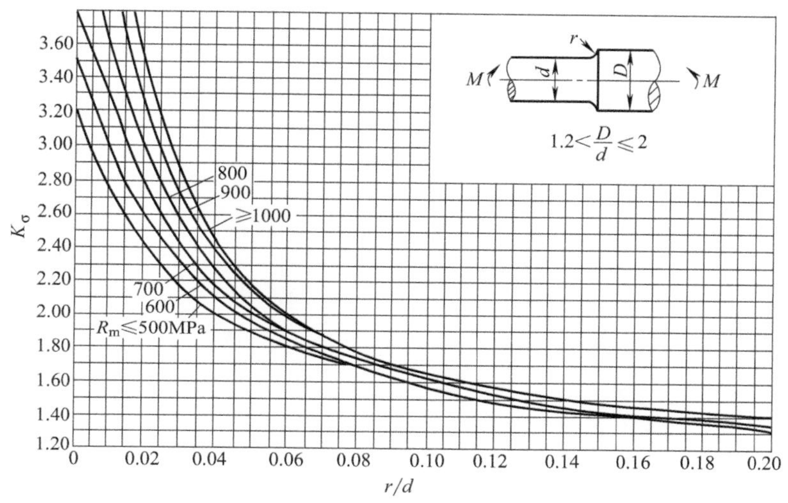

图 3-110　轴的弯曲疲劳的圆角缺口因数 K_σ [22]

已知：轴的直径 D=42.636mm，d=28.5mm；圆角 r=1.52mm，r=3.05mm，r=0.233mm；抗拉强度 R_m > 1000MPa。则可从图 7-3 中查到弯曲疲劳的圆角缺口因数 K_σ 值，列于表 3-16。由表中数据可见，当 r=0.233mm 时，弯曲疲劳的圆角缺口因数 K_σ 无数据可查，但可以肯定大于 3，对齿轮轴的疲劳强度的削弱是非常严重的。

表 3-16　轴的弯曲疲劳的圆角缺口因数 K_σ

项目	不同过渡圆角参数下的 K_σ		
r/mm	1.52	3.05	0.233
r/d	0.053	0.107	0.008
K_σ	2.00	1.65	无数据可查

② 热处理后对轴颈表面进行车削加工也是致命性的。零件工作图规定，齿轮轴的主要承载表面（包括断裂的部位）均要渗碳淬火处理，硬度要求达到 58 ～ 62HRC。这是一个轴的强化工艺，热处理后使轴的表面产生残余压应力（通常为 300 ～ 500MPa，甚至达到 1000MPa），此残余应力能够抵消表面大部分的弯曲应力，如图 3-111 所示。削去轴的表面硬化层，也就是消去或减小了表面的残余压应力，轴失去了强化的效果，轴就容易断裂了。

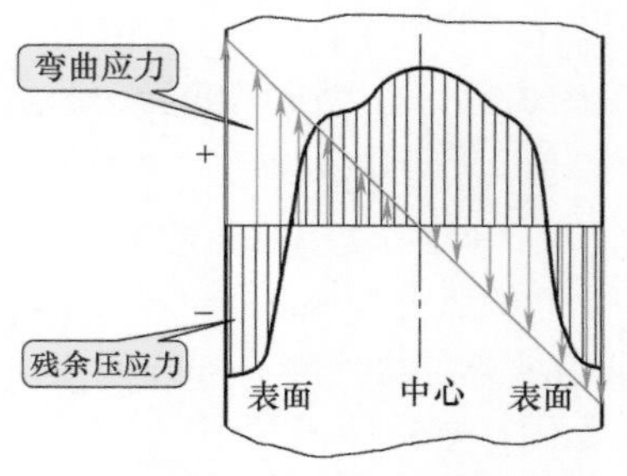

图 3-111 轴表面的残余压应力和弯曲应力

以下的数据可从量上来说明影响程度：当渗碳层厚度为 0.2 ～ 0.6mm、轴有应力集中、轴径为 30 ～ 40mm 时，轴的表面强化因数 β_q=1.2 ～ 2.0；表面未经渗碳淬火处理时表面强化因数 β_q=1 [23]，可见影响是很大的。

结论：轴颈加工的错误工艺——不正常的过渡圆角和车削硬化层，是造成齿轮轴断裂的直接原因。

（2）磨削台阶的相似性分析

利用齿根磨削台阶和齿轮轴磨削台阶的相似性，可以分析磨削台阶对轴强度的影响。靠近齿根危险截面磨削台阶（如图 3-112 所示），会使齿根厚度减薄，齿根的应力集中也增加很多，因此其应力集中系数相应地增加。计算齿根弯曲应力 σ_F 时，应当用 Y_{sg} 代替载荷作用于齿顶时的齿形系数 Y_s [24]

$$Y_{sg} = \frac{1.3Y_s}{1.3 - 0.6\sqrt{\dfrac{t_g}{\rho_g}}}$$

上式仅适用于 $\sqrt{\dfrac{t_g}{\rho_g}} > 0$ 的情况。上式中代号的意义见图 3-112。

作为一种近似的类比，可以将轴的磨削台阶看成齿轮的磨削台阶来处理，如图 3-113。根据测量，轴的磨削台阶尺寸 t_g=0.418mm、ρ_g=0.233mm，代入上式可得

$$Y_{sg} = \frac{1.3Y_s}{1.3 - 0.6\sqrt{\dfrac{t_g}{\rho_g}}} = \frac{1.3Y_s}{1.3 - 0.6\sqrt{\dfrac{0.418}{0.233}}} = 2.62Y_s$$

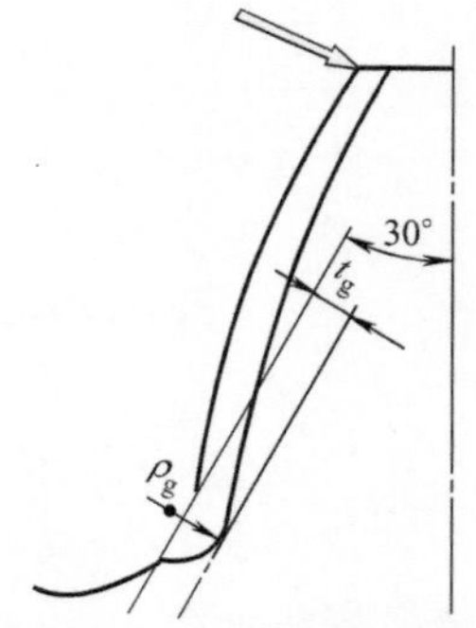

图 3-112 齿根危险截面的磨削台阶

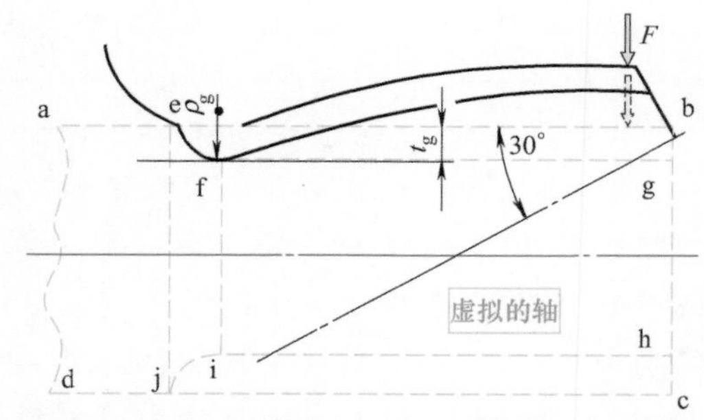

图 3-113 齿轮磨削台阶和轴的磨削台阶相似

由于弯曲应力 σ_F 同齿形系数 Y_s 成正比，可见弯曲应力增加了 1.62 倍。这也可以看成齿轮轴有台阶处弯曲应力增加的倍数。在这种情况下，齿轮轴发生断裂也就很可能了。

（3）取消热处理工艺中的冷处理影响齿轮轴的强度

在齿轮轴的热处理工艺中规定有冷处理工序。冷处理是用来提高硬度、耐磨性和尺寸稳定性的，不能取消（据了解，制造厂已经取消了冷处理操作）。其原因是：当含碳和合金元素较多时，马氏体转变终止点将降至 0℃以下，淬火后组织中含有较多的残留奥氏体，为了使残留奥氏体转变为马氏体就需要有将工件置于低温介质或在一般制冷设备中冷却的工艺——冷处理。冷处理主要用于量具、刀具、精密轴承等尺寸精度要求高的工件，高精度的齿轮轴正是属于这种工件。取消冷处理，将使齿轮轴尺寸不稳定，产生大的热处理变形，在冷加工过程中就会出现不可避免的偏磨、过磨缺陷，影响齿轮轴的强度，因此冷处理工艺操作最好不要取消。

（4）热处理后的压力矫直有风险

为了消除或减小齿轮轴热处理后的变形，常采用压力矫直工艺来处理，这种工艺对于调质齿轮轴来说是安全的，但对于渗碳淬火的齿轮轴来说就具有很大的风险。因为齿轮轴的硬化层表面硬度高、塑性低，当齿轮轴在压力下产生整体弯曲塑性变形时，轴的表面就会发生裂纹（渗碳淬火层金属无屈服限），在过渡圆角处更为严重，风险很大。

3.2.4.8　结论和建议

（1）结论

经过以上多项检验和分析，可以得到以下的结论：

① 齿轮轴材料的冶金质量良好，齿轮坯料的锻造（锻造比）和热处理质量存疑，因有带状组织。

② 失效件的材料化学成分分析结果表明，失效件的材料为 AMS 6265 钢，而不是 G10CrNi3Mo 钢，材料的成分符合标准规定。

③ 失效件的材料力学性能测试结果表明，材料的抗拉强度 R_m、规定非比例延伸强度 $R_{p0.2}$、断后伸长率 A 和冲击韧性 a_k 均符合技术要求的规定。

④ 沿硬化层深度的硬度分布曲线测定结果表明，齿轮轴的硬度和有效硬化层深度不足，硬度不符合技术条件要求，严重影响齿轮轴的强度。

⑤ 由于齿轮轴制造工艺的错误，在过渡圆角处出现多个台阶和小圆角，造成严重的应力集中，这是齿轮轴多次在过渡圆角处断裂的最主要原因。

⑥ 可能是硬化层过度磨削的结果，轴表面的硬度远低于图纸规定的硬度，轴颈表面几乎不存在有效硬化层，减少或消除了表面的残余压应力，因此影响轴的弯曲强度。

⑦ 断口的宏观观察和微观观察结果表明，断口形貌具有高应力（包括应力集中过大）高速疲劳断裂的特征，齿轮轴属于疲劳断裂。

⑧ 该机运转 20h 后齿轮轴断裂，轴的弯曲应力循环次数 N=2.134×10^7，这是一种常见的疲劳断裂寿命。

⑨ 轮齿金相检验结果为：轴的近表面层基本上是回火马氏体组织；试样中部有带状组织；渗碳层区域晶粒形状不规范；表层渗碳不足；非金属夹杂物不明显。

⑩ 轴颈表面的硬度偏低，可能是表层渗碳不足或将硬化层过度磨削的结果，减少或消除了表面的残余压应力，影响轴的弯曲强度。

（2）建议

① 改进热处理工艺，要特别保证齿轮轴过渡圆角处的硬度和有效硬化层深度。

② 改进机械加工工艺，防止过渡圆角处出现台阶，过渡圆角处最好不磨削，以保证有足够的残余压应力，提高齿轮轴的强度。

③ 恢复齿轮轴热处理中的冷处理操作，提高齿轮轴的硬度和尺寸稳定性，避免齿轮轴偏磨和过磨缺陷。

④ 改进热处理工艺，减小热处理变形，避免齿轮轴热处理后的压力矫直，防止表面产生矫直裂纹。

3.2.5 实例 5 轴毂配合件的微动磨损引发轴的开裂失效分析[1]

3.2.5.1 高速轴开裂失效概况

某铝厂的一台减速机，在生产厂中使用了 2 年多的时间后，由于高速轴开裂而失效。该减速机为三级齿轮减速传动，用来驱动隔膜泵。减速机的机构简图和轴开裂部位如图 3-114 所示。减速机高速轴输入功率 P=2986kW，转速 n=1413r/min，传动比 i=28.265。高速轴上出现裂纹的部位如图 3-115 所示。

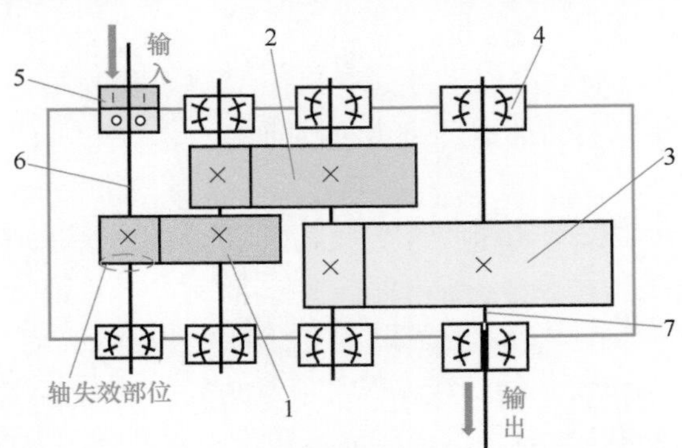

图 3-114 减速机的机构简图和轴开裂的部位

1～3—传动齿轮；4—调心滚子轴承；5—四点接触球轴承＋圆柱滚子轴承；6—高速输入轴；7—低速输出轴

[1] 本实例取材于某公司的《减速机高速轴开裂失效分析报告》，2015 年 9 月。

高速轴外形和轴的开裂部位如图 3-115 所示。安装齿轮部位具有明显的微动磨损损伤特征。安装在轴上的齿轮除了内孔有微动磨损损伤外，未发现有其他损伤迹象。

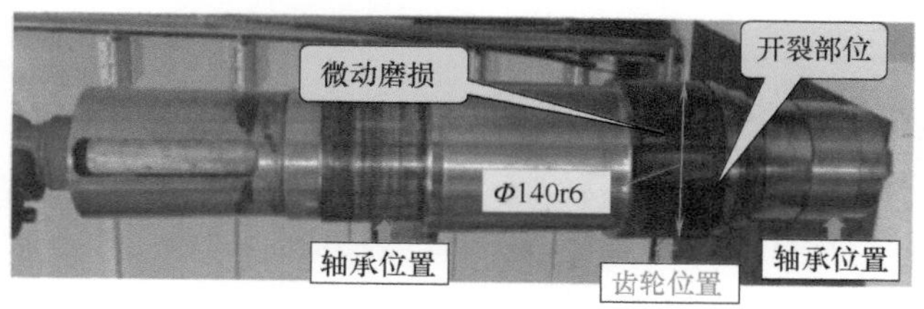

图 3-115　轴外形和轴的开裂部位

轴和齿轮用键连接，如图 3-116 所示。键的两端具有不同形状：右端是方头加小倒角，左端是方头加大圆角。

键在轴上的装配关系（卸去轴用挡圈后）和开裂部位，如图 3-116、图 3-117 所示。

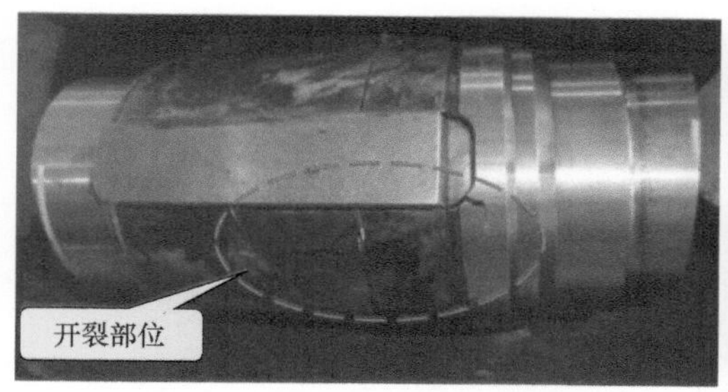

图 3-116　键在轴上的装配关系和开裂部位（一）

图 3-117　键在轴上的装配关系和开裂部位（二）

这是一种很不寻常的开裂，因为轴的开裂部位远离输入端，在运转时转矩几乎为零，且靠近轴承，受弯矩也不大，为什么会开裂失效？失效分析的任务就是要分析轴开裂失效的原因，提出防止同类失效再次发生的具体措施。

3.2.5.2　裂纹扩展的整体形貌观察

经过观察，初步判断裂纹起源于键槽根部的圆角处，如图 3-118 所示。图中表示出了键的安装位置。

图 3-118　裂纹起源于键槽根部的圆角处

裂纹形成后，扩展的整体形貌见图 3-119。图中标注出裂纹的扩展轨迹：先沿卡环沟槽扩展，然后螺旋向下扩展，如图 3-119（a）～（d）所示，最后停止于图（d）位置。图中轴表面严重的微动磨损清晰可见。

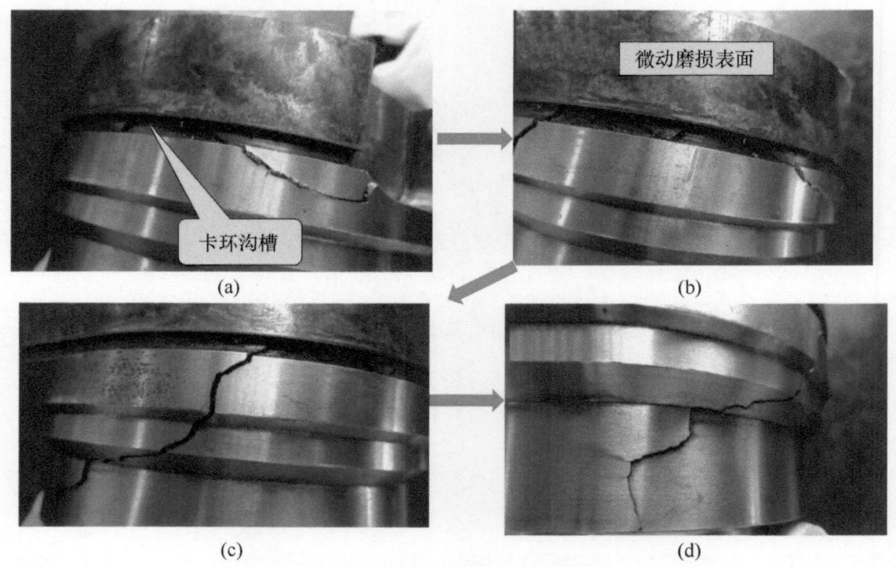

图 3-119　裂纹形成后转向沿沟槽扩展

3.2.5.3　裂纹断口的宏观形貌

为了观察断口的形貌，将轴切断，如图 3-120 所示。

轴切断的切面如图 3-121 ～图 3-123 所示。在这 3 个图中可以看到起源于键槽的裂纹并未深入轴心，而是沿圆周扩展。在键槽的对称位置还可以隐约看到尚未形成裂纹的材料损伤痕迹（图 3-121）。

图 3-120　轴切断的部位

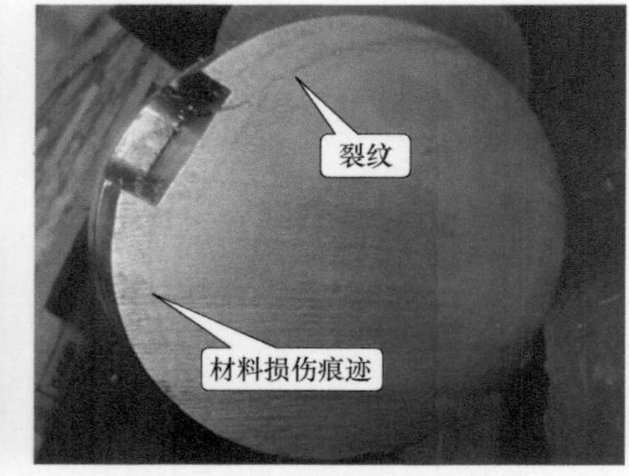

图 3-121　轴的切面（一）

除了上述主裂纹外，在轴的表面还出现了其他的小裂纹，如图 3-123 所示。这些细微裂纹是由于轴表面微动产生的，具有微动疲劳的特征。

微动磨损会造成轴的剥裂失效，轴表面一薄层材料剥落，其形貌如图 3-124 所示。对这一失效模式的失效机理还一无所知。

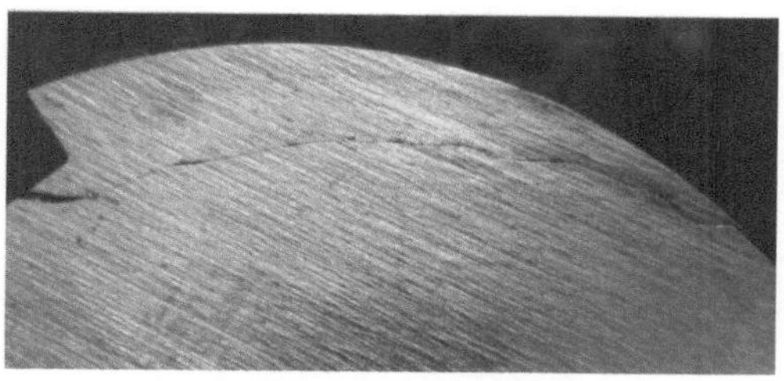

图 3-122　轴的切面（二）

图 3-123　轴的切面（三）

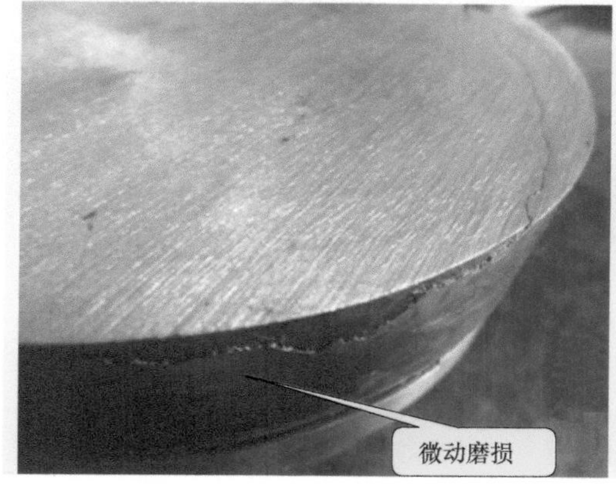

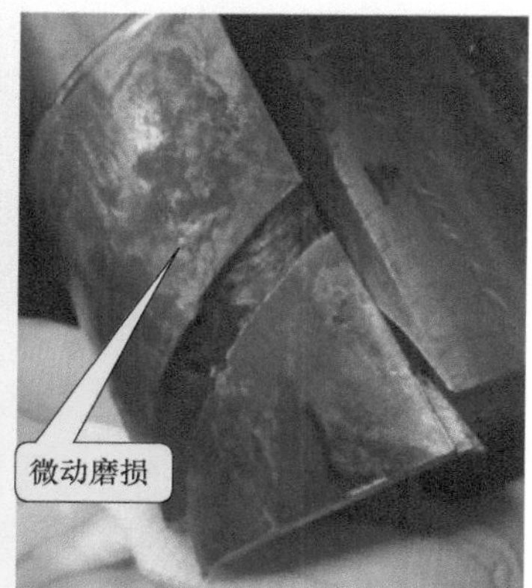

图 3-124　微动磨损造成轴的剥裂失效

打开轴开裂的断口如图 3-125 ～图 3-127 所示。由图 3-126 和图 3-127 可见，断口可以明显分为两区域——较平坦的疲劳扩展区和高低不平的瞬断区。

为了进一步观察轴开裂的断口，从图 3-128 所示的严重应力集中处，逐步打开断口。

图 3-125　轴开裂的断口（一）

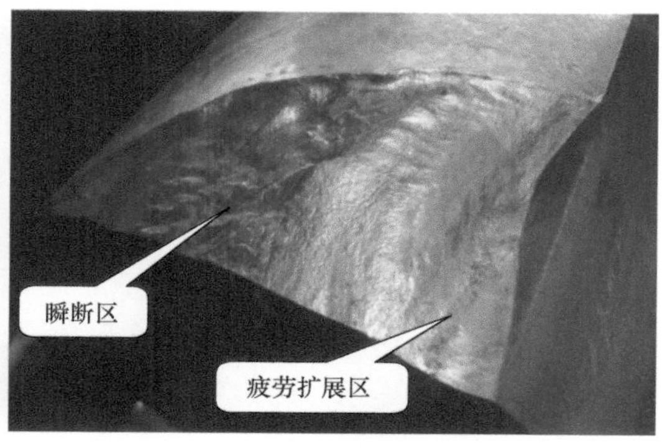

图 3-126　轴开裂的断口（二）

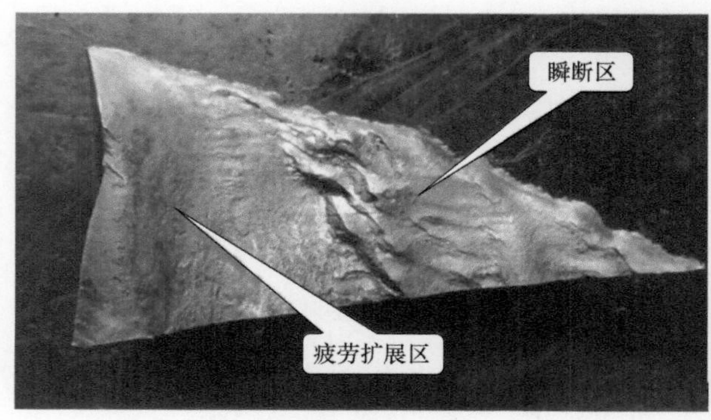

图 3-127 轴开裂的断口（三）

图 3-128 严重应力集中处

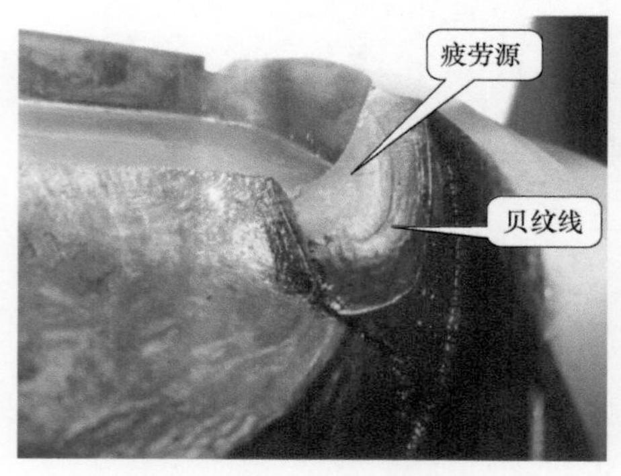

图 3-129 轴最先开裂的疲劳断口

轴最先开裂的疲劳断口如图 3-129 所示，可见疲劳源最先出现在键槽的圆角处。图中可以清晰地看到疲劳源区和疲劳裂纹扩展的贝纹线。

沿着轴表面的圆周方向继续打开开裂的断口，如图 3-130 所示。从这些图中可以看到裂纹形成和扩展的几个特点：

① 轴的开裂是由金属材料疲劳造成的。

② 由于轴的表面存在微动磨损，因此疲劳裂纹沿圆周方向扩展，而没有向轴心方向扩展。

③ 疲劳断口都有疲劳源区、疲劳扩展区和瞬断区。

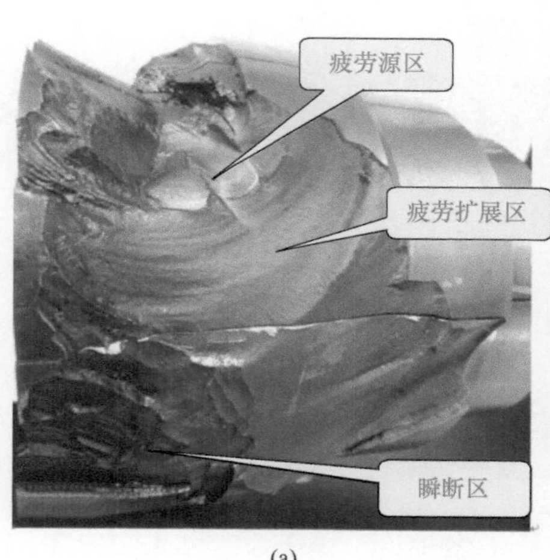

(a)

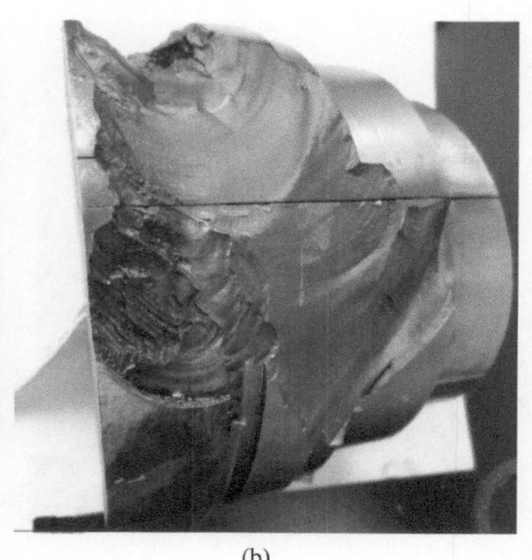

(b)

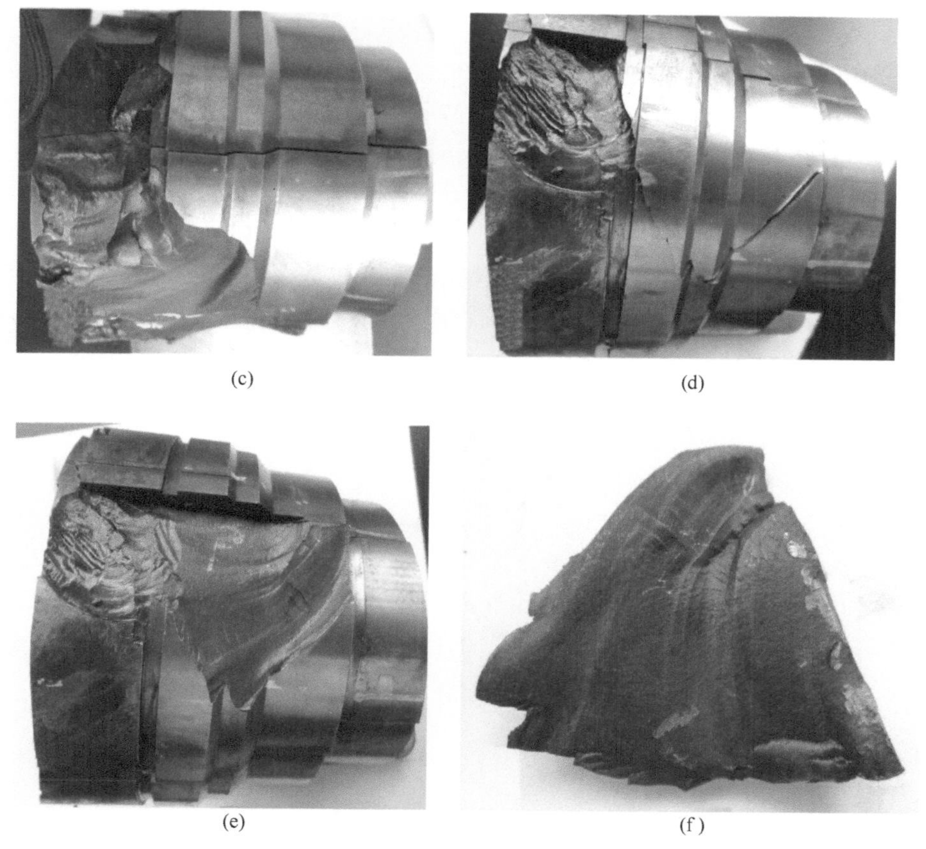

(c)　(d)　(e)　(f)

图 3-130　沿轴表面的圆周方向打开的断口

④ 看起来疲劳裂纹的扩展并不是连续的，而是有一个扩展→瞬断→扩展的过程，并且根据材料的内在属性和应力的分布改变裂纹扩展的方向。

3.2.5.4　轴与键的微动损伤

微动（fretting）是一种运动幅度很小的摩擦方式，它造成材料的损伤通常表现为两种形式：

① 微动磨损（fretting wear）。微动可以造成接触表面间的磨损，引起相配零件间的松动。

② 微动疲劳（fretting fatigue）。微动可以加速裂纹的萌生和扩展，使零件的寿命大大缩短。微动疲劳极限甚至可低于普通疲劳极限的 1/2 ～ 1/3 [25]。

此外，如果微动磨损发生在电解质或其他腐蚀性介质（如海水、酸雨、腐蚀性气氛等）中，腐蚀作用占优势时，就称为微动腐蚀（fretting corrosion）。通常，微动磨损和微动疲劳在机械设备的运转中是最常见的。

从以下 4 个方面来判断失效的零件是否出现微动损伤。

（1）减速机是否存在振动、冲击源或承受交变载荷

减速机用来驱动隔膜泵。不同的泵产生不同程度的冲击，例如，离心泵、旋转式轴流泵产生轻微冲击；锅炉离心供水泵、罗茨泵、活塞泵（三缸以上）产生中等冲击；离心泵（带水箱）、泥浆泵、活塞泵（2 缸）产生严重冲击。不管哪种泵，启动和停止都会产生冲击，因此轴上的振动和交变载荷是不可避免的。

失效的减速机用来驱动隔膜泵。隔膜泵是一种容积泵。它是依靠一个隔膜片的来回鼓动改变工作室容积来吸入和排出液体的。隔膜泵主要由传动部分和隔膜缸头两大部分组成。传动部分是带动隔膜片来回鼓动的驱动机构，它的传动形式有机械传动、液压传动和气压传动等。隔膜泵的工作部分主要由曲柄连杆机构、柱塞、液缸、隔膜、泵体、吸入阀和排出阀等组成，其中由曲轴连杆、柱塞和液压缸构成的驱动机构与往复柱塞泵十分相似。因此，可以认为隔膜泵的载荷具有冲击和载荷交变的特征。

（2）磨损是否发生在名义上静止的紧配合的界面上

减速机高速轴同齿轮的配合名义上肯定是静止的紧配合（H7/r6）；高速轴的键同键槽的配合名义上也肯定是静止的配合。

（3）是否存在微动损伤的表面形貌

轴上微动损伤（微动磨损）的表面形貌非常清晰和典型，如图 3-131 所示。

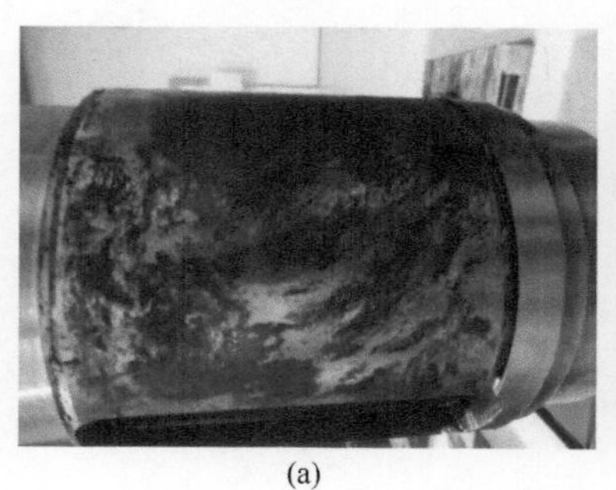

(a)

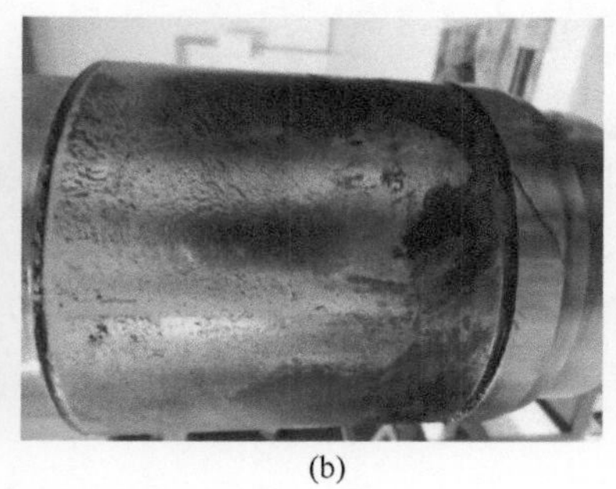

(b)

图 3-131 轴上微动损伤的表面形貌

图 3-132 裂纹处残留的磨屑

（4）是否有微动磨损特征的磨屑

图 3-132 中看到的棕红色斑迹就是遗留的具有微动磨损特征的磨屑——α-Fe_2O_3（在自然条件下稳定，称为赤铁矿），它同普通的铁锈成分（α-$Fe_3O_4 \cdot H_2O$）不同。由于磨屑难于排出微动接触的表面，因而碾压细化成一种磨粒，加速了微动磨损。

3.2.5.5 键同键槽的微动损伤

高速轴的键同键槽的配合名义上是静止的配合，但是由于配合太松或键和键槽产生塑性变形，在键工作面和非工作面就有明显的微动磨损痕迹，如图 3-133 所示。

(a) 工作面

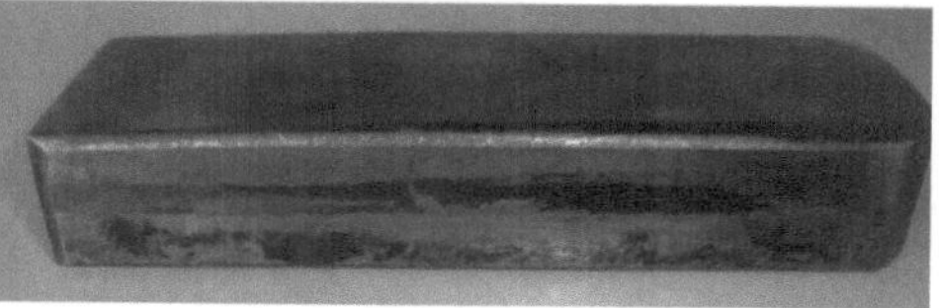

(b) 非工作面

图 3-133 键工作面和非工作面的微动磨损痕迹

3.2.5.6 高速轴产生微动失效的原因

（1）减速机轴存在冲击和交变载荷

减速机用来驱动隔膜泵，不同的泵产生不同程度的冲击，泵的启动和停止也会产生冲击，因此轴上的振动、冲击和交变载荷是不可避免的，这就为产生微动提供了条件。

（2）键同键槽的配合太松

机械设计者都知道，在冲击载荷下工作的键配合应该选用紧配合，但是减速机高速轴键连接的配合可能太松了。实测齿轮键槽、高速轴的键槽和键的尺寸可从测绘图 3-134 ～图 3-136 中得到。

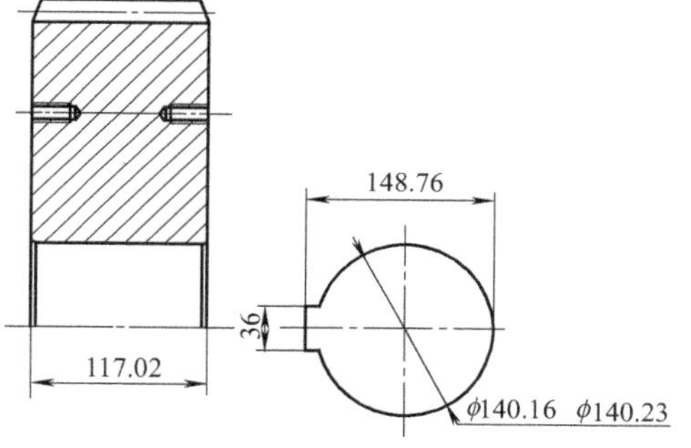

图 3-134 齿轮孔的测绘尺寸

由图 3-134 ～图 3-136 可知：键的宽度 b_1=35.96mm；齿轮的键槽宽度 b_2=36mm；轴的键槽宽度 b_3=37.73mm。可见轴的键槽宽度比键的宽度大 1.77mm，这就必然为轴与齿轮的微动提供了条件。虽然键槽与键可能有一些磨损和塑性变形，但可以肯定键和键槽的配合太松了，必然会产生微动。

（3）齿轮同轴的配合太松

由图 3-134 ～图 3-136 可知：轴的直径 d_1=139.95 ～ 140.06mm；齿轮孔的直径 d_2=140.16 ～ 140.23mm。很明显，轴和孔不能形成有效的过盈配合连接。齿轮同轴的配合太松了（与微动磨损有关），必然会加大微动。

（4）键的结构设计不合理

高速轴同齿轮的连接采用了一种非标准的平键，如图 3-137 所示，图中给出了键的主要尺寸。键的全部测绘尺寸如图 3-136 所示。从图中可以看到键的工作面已经发生局部塑性变形（轴开裂后产生的塑性变形）。

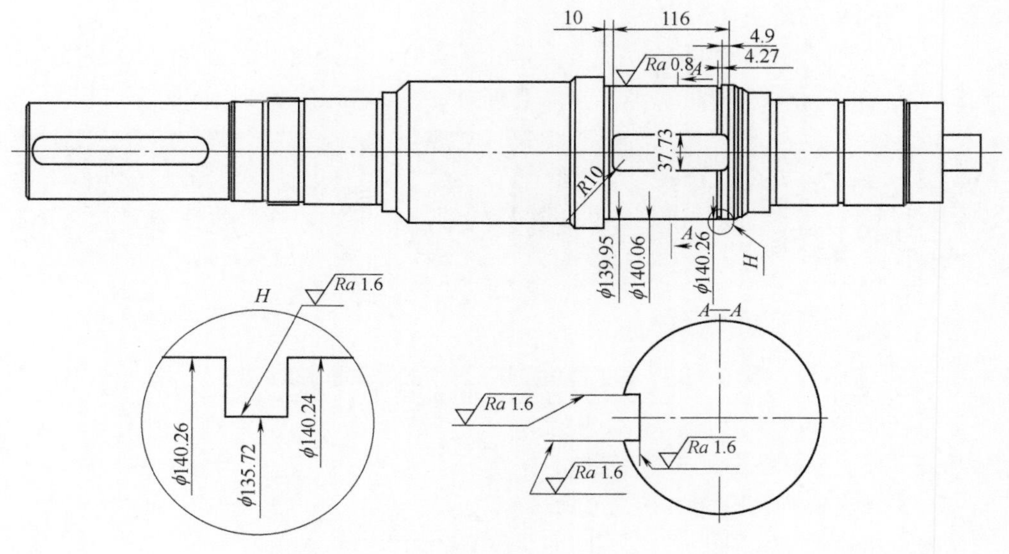

图 3-135　轴断裂部位的测绘尺寸

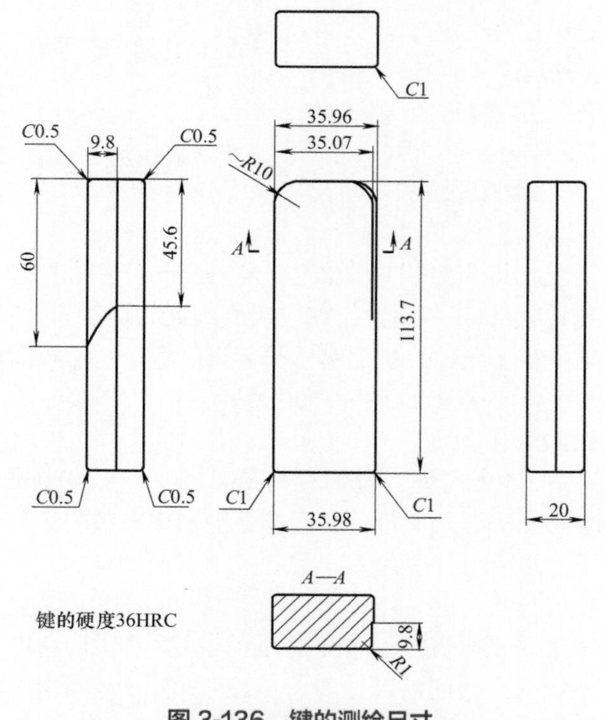

图 3-136　键的测绘尺寸

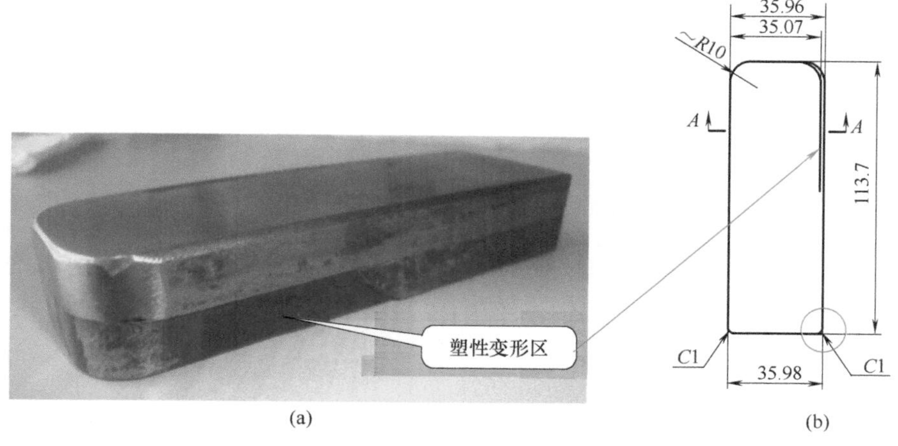

图 3-137　键的外形和主要尺寸

键的结构设计不合理之处在于采用无圆角的方头结构，如图 3-137（b）所示。虽然有手工倒角 $C1$，但从接触面的效果来说等于没有倒角，因此键槽相应的接触面处就会产生很大的边缘效应，如图 3-138 所示。这就有可能在键槽接触的边缘处产生裂纹，引发疲劳断裂。

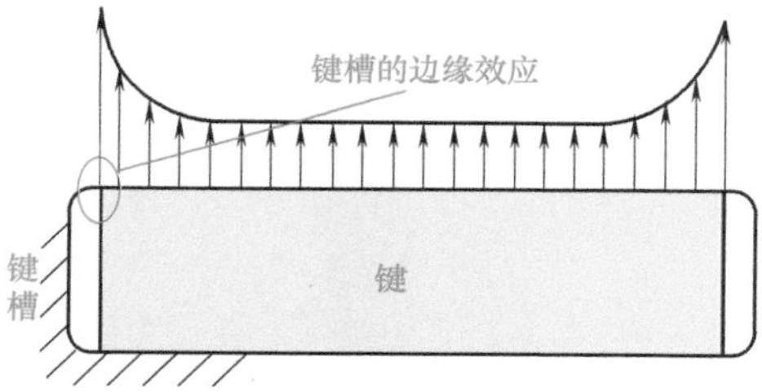

图 3-138　键槽的边缘效应

（5）轴的结构设计不合理

轴断裂处的结构如 3-139 所示，图中标注出了键的安装位置和挡圈槽的位置。轴上的挡圈槽会引起很大的应力集中，挡圈槽的尺寸如图 3-140 所示。有矩形沟槽轴的理论应力集中系数 α_σ 见图 3-141。

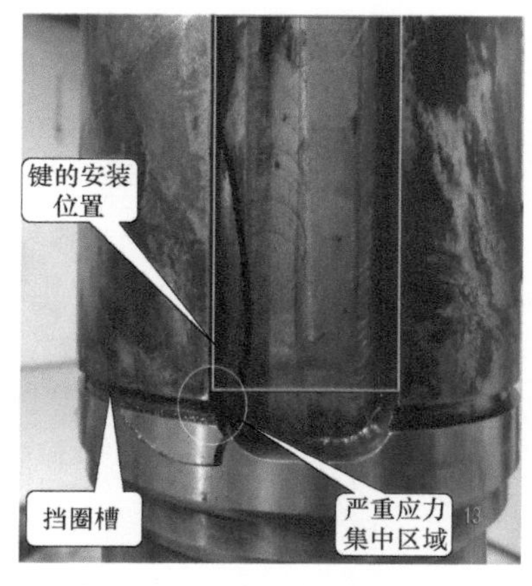

图 3-139　轴断裂处的结构

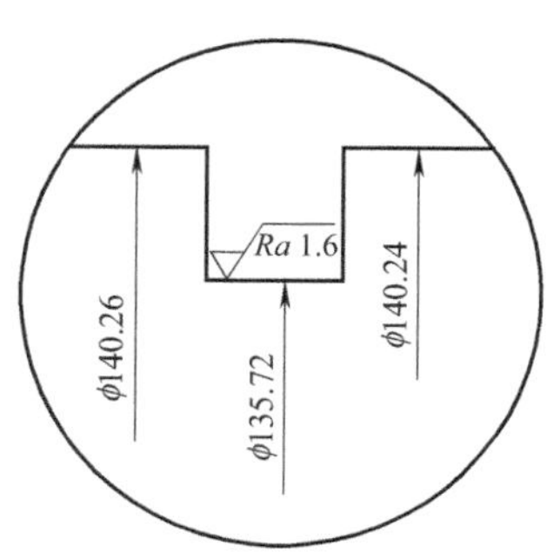

图 3-140　挡圈槽尺寸

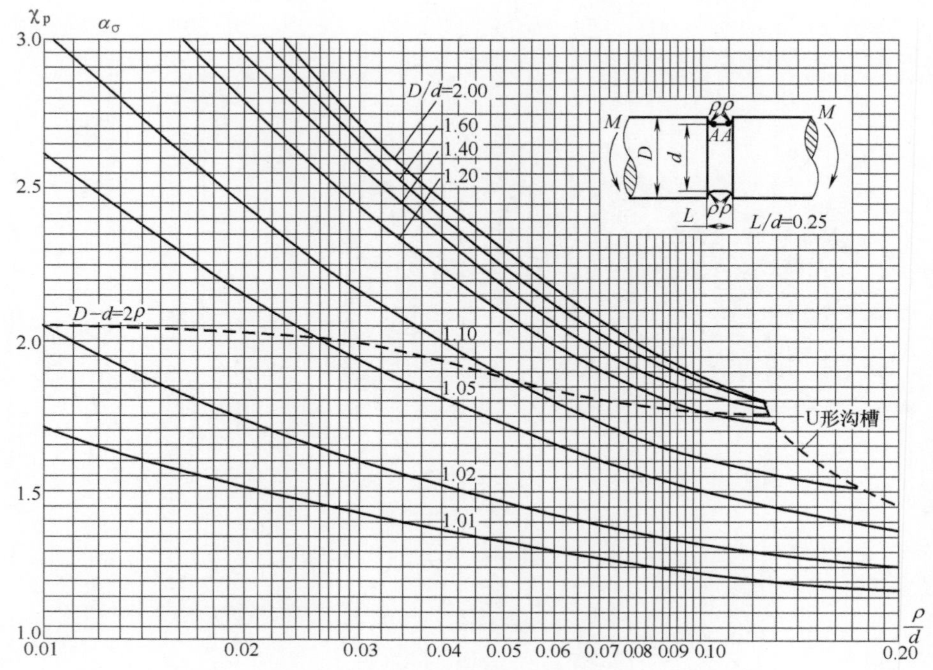

图 3-141　有矩形沟槽轴的理论应力集中系数 α_σ [22] 88

已知：L/d=4.27/135.72=0.031；D/d=140.26/135.72=1.033。由于测量困难，在图 3-140 中未注明沟槽圆角半径，今设定沟槽圆角半径 ρ=0.1mm，ρ/d=0.1/135.72=0.0007。在图 3-141 中已经查不到理论应力集中系数 α_σ 了，可见沟槽的应力集中系数很大，再加上键槽的边缘效应和键槽圆角的应力集中，很明显在键的端部接触位置出现了一个严重应力集中区域，如图 3-139 所示。

在轴的受力部位开设挡圈槽是设计的大忌。其实，只要齿轮与轴采用较紧的过盈连接，经过过盈连接承载能力计算，就可以取消挡圈和挡圈槽。为了减轻微动磨损，在此处采用较紧的过盈连接是非常合理的。

3.2.5.7　轴的硬度、化学成分和金相组织

轴的心部硬度和测量试样见表 3-17。轴的表面硬度和测量试样见表 3-18。

表 3-17　轴的心部硬度和测量试样

心部硬度测量试样、测点	测点编号	轴的心部硬度 HV1	平均硬度 HV1
	1	255.0	276.0
	2	270.5	
	3	301.3	
	4	256.6	
	5	264.1	
	6	275.8	
	7	294.3	
	8	290.7	

表 3-18　轴的表面硬度和测量试样

表面硬度测量试样、测点	测点编号	轴的表面硬度 HRC	平均硬度 HRC
	1	27.1	28.6
	2	28.6	
	3	28.8	
	4	29.1	
	5	27.9	
	6	29.7	
	7	27.5	
	8	29.7	

硬度符合技术要求。轴的金相组织为索氏体 + 铁素体，见图 3-142，符合技术要求。

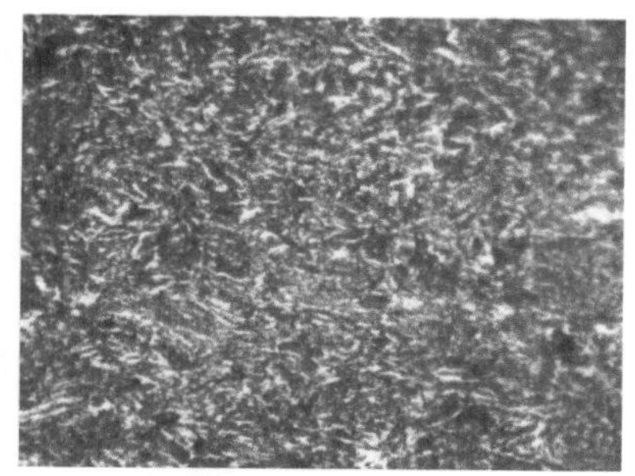

图 3-142　轴的金相组织

轴材料的化学成分见表 3-19。材质与国标 42CrMo 化学成分相符。

3.2.5.8　结论

① 轴、键材料的化学成分、金相组织和力学性能均属正常，符合技术要求。

② 轴、键的结构设计不合理，使轴上键槽端部产生一个严重的应力集中区域。在该区域轴的键槽端部产生的疲劳裂纹引起了轴的宏观开裂。

表 3-19　轴材料的化学成分（质量分数）　%

化学元素	C	Si	Mn	P	S	Cr
实测	0.38	0.28	0.64	0.013	0.006	0.98
42CrMo（国标）	0.38 ～ 0.45	0.17 ～ 0.37	0.50 ～ 0.80	≤ 0.035	≤ 0.035	0.90 ～ 1.20
化学元素	Ni	Mo	W	Al	Ti	V
实测	0.026	0.16	0.018	0.035	0.014	0.005
42CrMo（国标）	≤ 0.03	0.15 ～ 0.25				

③ 键同键槽配合太松，齿轮同轴配合太松，其结果是产生严重的微动磨损，造成键槽端部的裂纹不断扩展，引发轴剥裂形开裂。

④ 键（正方头）、轴（有挡圈槽）和键槽的圆角处于同一应力集中区域，降低了轴的承载能力，为轴的断裂埋下了隐患。

3.2.5.9　改进措施

① 键同轴的键槽、键同齿轮的键槽，应选用较紧的紧密连接配合。

② 齿轮同轴的连接选用较紧的过盈配合。

③ 经过承载能力计算，若过盈连接可以承受足够的轴向力，就可以取消轴上的挡圈和挡圈槽，以减小应力集中。有限元计算和分析，详见附录 D。

④ 合理设计键的结构，采用较大圆角，减小键槽的边缘效应。有限元计算和分析，详见附录 D。

3.2.5.10 讨论

① 文献[4] 471-472 报道了一个实例：美国某厂 8 台大功率压缩机的轴和齿式联轴器用 4340 钢制造，热处理为调质，硬度 35 ～ 39HRC。压缩机的短时间工作功率为 3730MW（5000 马力），长时间工作功率为 2980MW（4000 马力）。轴通过配置双键和过盈连接来传递转矩。8 台压缩机在 2980MW（4000 马力）下仅工作了数月，就有 7 台压缩机的轴开裂（图 3-143），另一台压缩机的轴断裂，这与本书减速机高速轴的失效实例十分相似。文献［4］认为，轴的开裂和断裂是由轴同联轴器配合面的滑动（微动）造成的。

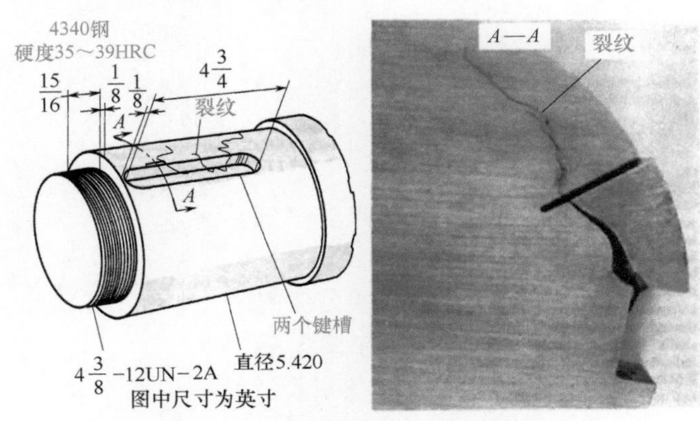

图 3-143 因微动磨损引起轴的开裂

文献[4] 还对键槽底角引起的裂纹形貌做了描述（图 3-16）。这是目前检索到论述这种因微动磨损引起轴开裂和断裂最明确的报道，但是文献中未能对这种失效模式的机理做深入的理论探讨。

② 文献[26] 616 报道了另一个实例：某电厂给水泵在累计运行约一个月后，其主轴发生断裂事故。主轴断裂的宏观形貌如图 3-144 所示，断裂出现在靠近键槽的端部，同本实例图 3-120 极为相似。给水泵主轴表面微动磨损的宏观形貌如图 3-145 所示，很明显这是一种表面微动磨损的典型形貌，同本实例图 3-116 极为相似。

图 3-144 给水泵主轴断裂宏观形貌

图 3-145 给水泵轴表面微动磨损宏观形貌

虽然两者在失效形貌上很相似，但失效的原因不相同。特别要注意：轴运转时本实例的断裂部位（图 3-114）几乎没有转矩作用，由于轴的断裂部位靠近轴承，因此弯矩也不大；而给水泵主轴却承受全额转矩的作用（正确安装的话弯矩很小）。这是两者最大的差别。前者微动磨损对轴的损伤是轴开裂的决定性因素；后者交变应力对轴的损伤是轴断裂的决定性因素。由文献检索知，有关文献［27，28］也涉及这方面的研究。

3.2.6 实例 6 减速机轴微动多冲疲劳断裂失效分析❶

3.2.6.1 减速机轴失效概况

应用于某铝厂的减速机，在生产厂中使用了 10 年，由于高速轴断裂而失效。这是第二次同一型号减速机高速轴断裂失效，上一次是半年前失效的，沃德失效分析小组曾经做过详细的失效分析，分析报告基本内容见实例 5。分析报告的主要结论是“键同键槽配合太松，齿轮同轴配合太松，产生严重的微动磨损，造成键槽端部的裂纹不断扩展，引发轴剥裂形开裂”。在实例 5 中，对微动磨损失效的原因进行了简单的论述，但未能说明轴开裂的机理。第一次高速轴的失效是轴的表面开裂，轴并没有断裂；第二次高速轴的失效是轴表面开裂引发轴的断裂。轴的两次失效原因是相互关联的。

该减速机为三级圆柱齿轮减速传动，用来驱动隔膜泵，该类型泵具有严重冲击的特性。减速机的机构简图见图 3-114。减速机高速轴输入功率 P=2986kW，转速 n=1413r/min，传动比 i=35.154。高速轴外形和失效部位如图 3-146 所示。高速轴上开裂和断裂的部位如图 3-147 所示。

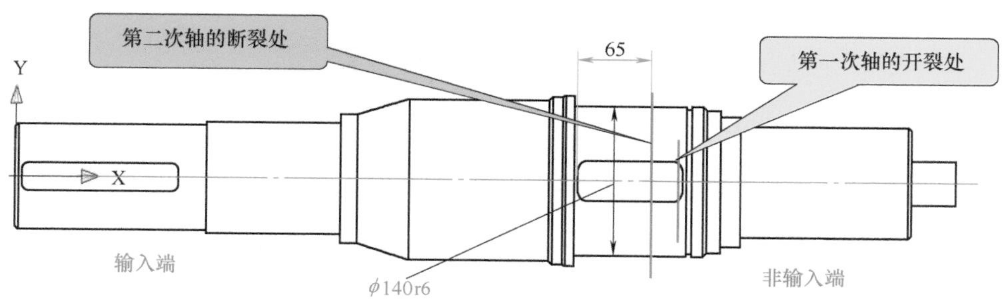

图 3-146　高速轴的外形和失效部位

经过各个环节的失效分析，现已经查明轴的断裂是一种特殊的疲劳断裂——微动多冲疲劳断裂。它是在严重的微动磨损、微动疲劳损伤的条件下，经过多次

❶ 本实例取材于某公司的《减速机轴微动多冲疲劳断裂失效分析报告》，2016 年 5 月。

冲击载荷作用而出现的一种失效模式。减速机断轴可以定性为“微动磨损 + 多冲疲劳”断裂失效。这是一个新问题，目前还没有看到有关该问题方面研究的参考文献，很值得进一步深入研究。

3.2.6.2 轴断裂断口的宏观形貌观察

图 3-147 输入端轴断裂的形貌

下面讨论的是第二次断轴。

由图 3-146 可见，断轴分为两段，输入端轴（长段）与非输入端轴（短段）。

（1）输入端轴的断口形貌

输入端轴断裂的外貌如图 3-147 所示（键附在断轴上），其断口如图 3-148 所示。

从图 3-148 可见断口具有非常复杂的形貌。在图 3-148（d）上可以看到断口上的疲劳贝纹线，但因断口破碎，看不到疲劳源。这种破碎、复杂的断口在轴的断口（疲劳或静断）上极为少见。

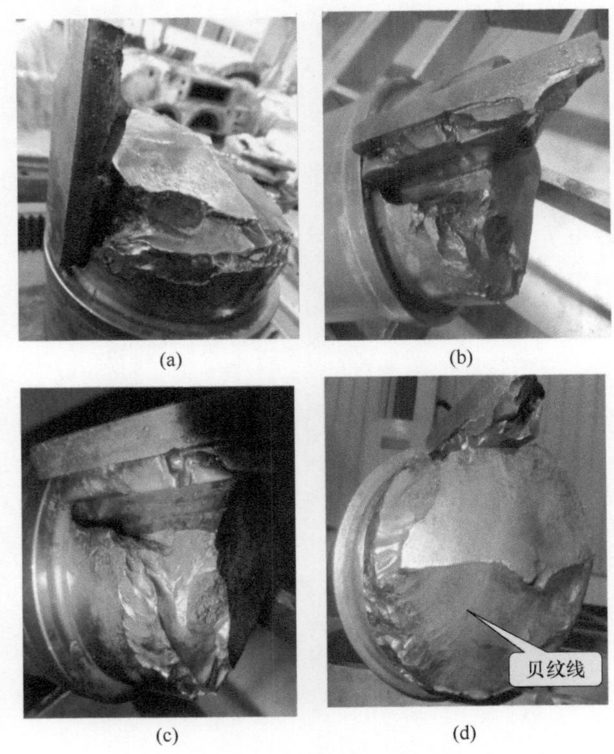

图 3-148 输入端轴的断口形貌

正面断口如图 3-149 所示。此断口非常复杂，有两处（A、B）可以看到断口的疲劳贝纹线，放大图见图 3-150、图 3-151。断口的 C 处（图 3-152）可能是外力硬伤；另一个局部断口（图 3-153）形貌非常特别，可称之为坑洼形断口，其形成机理目前尚不清楚。由于断口的形貌很复杂，根据断口的形貌来判断轴断裂的过程尚有些困难。

从图 3-154 中可以看到断轴的圆周表面片状剥落，这是微动磨损、微动疲劳的特殊形貌，其剥落的机理不明。

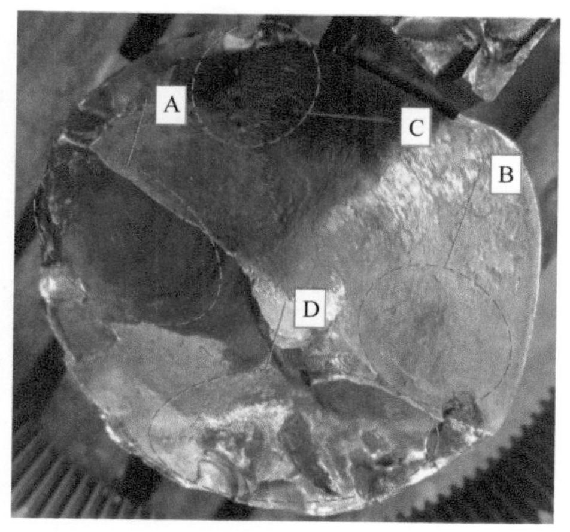

图 3-149　输入端轴的正面断口形貌

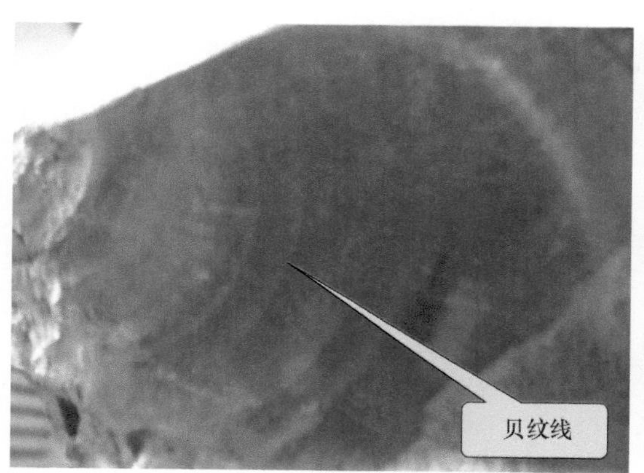

图 3-150　A 区的疲劳贝纹线

图 3-151　B 区的疲劳贝纹线

图 3-152　C 区的外力硬伤

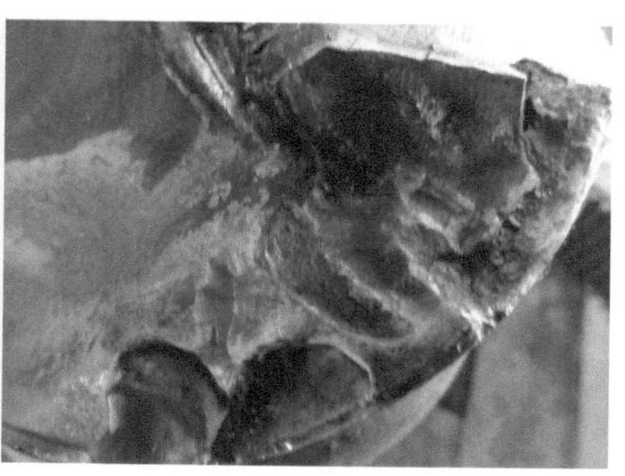

图 3-153　坑洼形断口

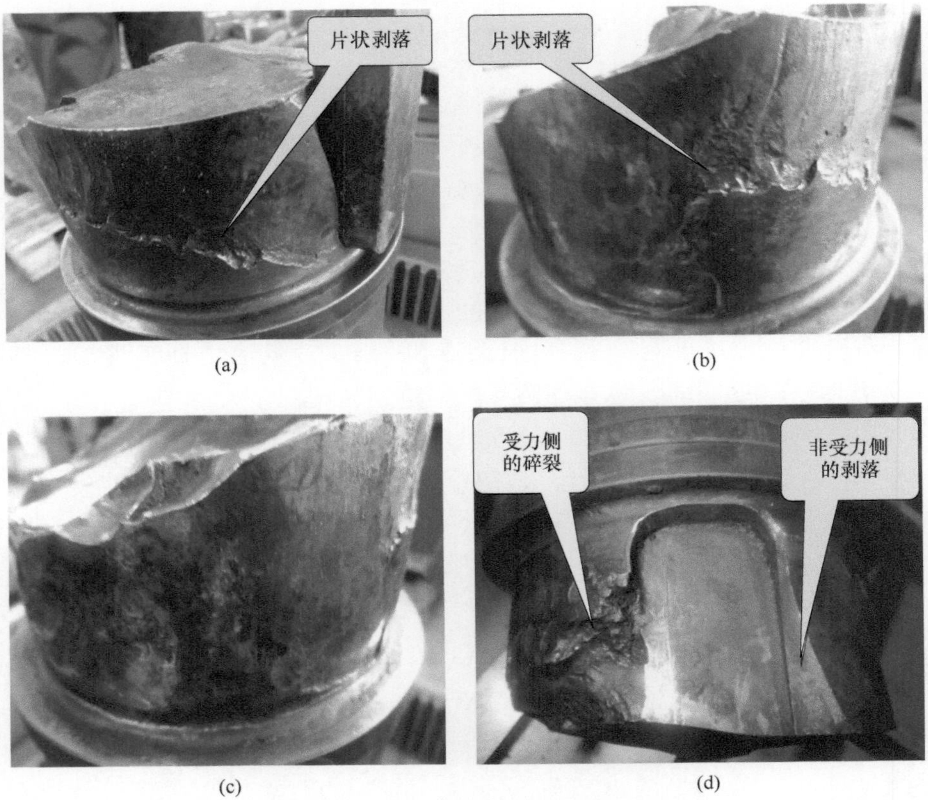

(a) (b)

(c) (d)

图 3-154　输入端轴的断口形貌

（2）键的断口形貌

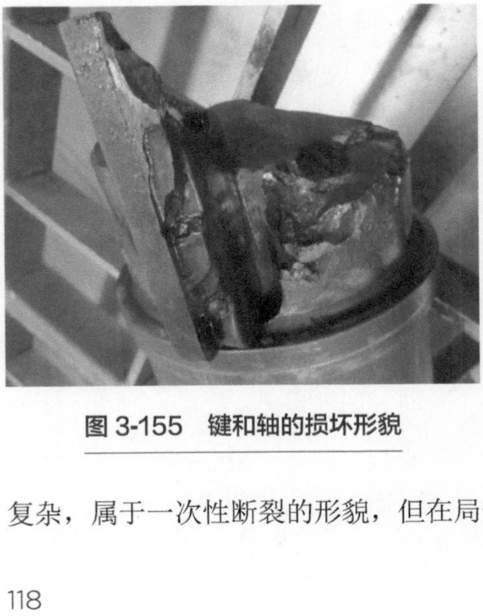

图 3-155　键和轴的损坏形貌

键在轴上的位置如图 3-155 所示，为了看清键的损坏情况，图中的键已转过 90°。键工作侧面已经完全损坏，键已经断裂。键的断裂断口与轴的断裂断口不在同一个截面上，由此可以判定轴先断裂，然后造成键的断裂。

键的损坏形貌见图 3-156、图 3-157，图中的键有塑性变形、压溃和碎裂的失效形貌。键的这种失效形貌也极为少见。键的另一侧工作面见图 3-158，虽然未见损坏，但已有磨损的痕迹。

键断裂的断口形貌见图 3-159，断口复杂，属于一次性断裂的形貌，但在局部断口上也存在类似的贝纹线（图 3-159）。

图 3-156 键的损坏形貌（一）

图 3-157 键的损坏形貌（二）

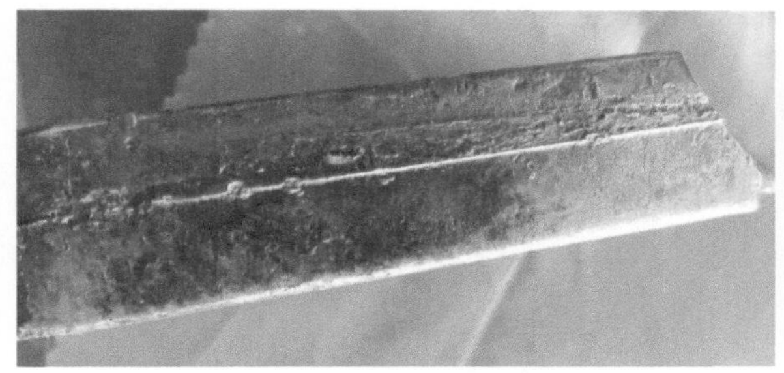

图 3-158 键的另一侧工作面

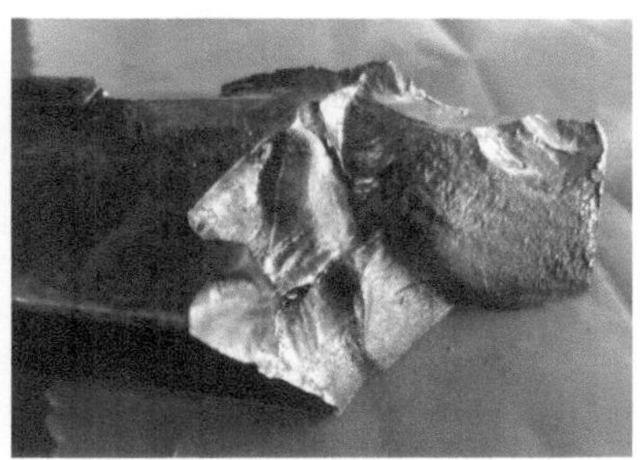

图 3-159 键断裂的断口形貌

（3）非输入端轴的断口形貌

非输入端轴的形貌见图 3-160。轴除了断裂外最显著的特征是表面严重剥落，见图 3-161，断口形貌复杂，这可能是微动磨损和微动疲劳造成的。

图 3-160 非输入端轴的形貌

非输入端轴断裂的断口见图 3-162。从图 3-162 可见断口的形貌很复杂，并且同输入端轴断裂的断口（图 3-149）耦合性极差，其原因是轴断裂时产生了许多碎片（图 3-163）。从图 3-162（c）上可隐约看到疲劳的贝纹线。

(a)

(b)

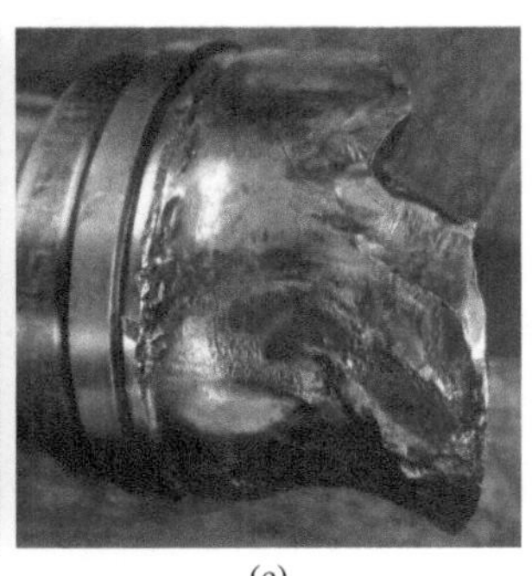

(c)

图 3-161 表面严重剥落的形貌

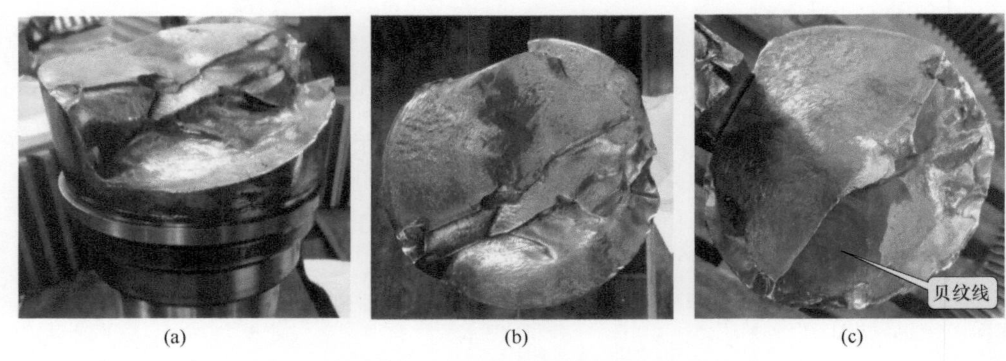

(a) (b) (c)

图 3-162　非输入轴断裂的断口

（4）断轴碎片的断口形貌

减速机轴在微动磨损、微动疲劳和微动多冲的作用下，轴的表面材料就会剥落（在实例 5 中有较详细的论述），其剥落的碎片见图 3-163。图 3-164 是碎片断口的放大图，在图 3-164（a）上可以清晰看到碎片断口上的疲劳弧线，其背面［图 3-164（b）］是受微动磨损的轴表面。

图 3-163　剥落的碎片

(a) (b)

图 3-164　剥落碎片的断口

断裂的轴、断裂的键和键槽碎片整合后的形貌如图 3-165 所示，键槽碎片出现在键槽的非受力侧，这也很少见。键槽碎片形貌见图 3-166。

图 3-165　轴、键和键槽碎片整合后的形貌

(a) 断口

(b) 背面

图 3-166　键槽碎片形貌

图 3-167 所示的碎片很有特点，其疲劳弧线条纹非常清晰，是一种典型的微动疲劳形貌。

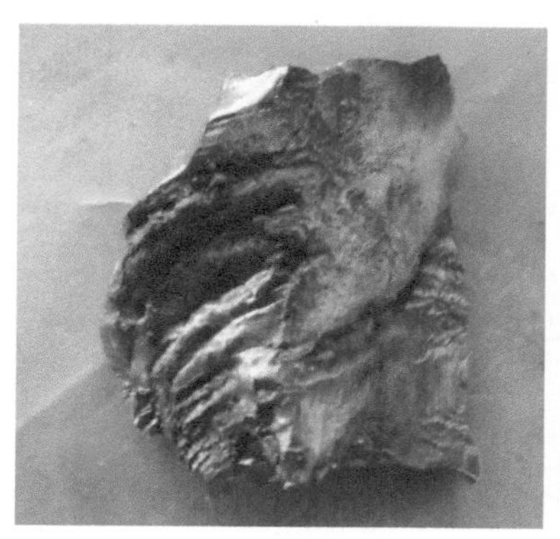

(a) 断口

(b) 背面

图 3-167　有微动疲劳特点的碎片形貌

图 3-168 齿轮内孔和键槽的表面形貌

(5)齿轮内孔表面形貌

齿轮内孔和键槽的表面形貌见图 3-168，其最明显的特征是孔壁和键槽都受到了严重的微动磨损，光滑的表面变得非常粗糙，但键槽并没有出现压溃、碎裂，这可能是由于其硬度比轴和键都高的缘故。

(6)宏观断口分析的结论

从以上的宏观断口观察和分析可以得到以下结论：

① 隔膜泵工作时具有严重的循环冲击载荷，在这种冲击载荷下，轴、键和轮毂键槽都受到了严重的微动磨损和微动疲劳损伤。

② 在严重的微动磨损和微动疲劳损伤条件下，轴的断裂是一种特殊的疲劳断裂——微动多冲疲劳断裂。

③“微动磨损 + 多冲疲劳”断裂失效是一种新见到的失效模式，是一个新的问题，值得进一步研究。

关于微动多冲疲劳的说明见下面的讨论。

3.2.6.3 轴的硬度、化学成分和金相组织

轴的心部硬度和表面硬度检测结果见表 3-20，符合技术要求。

表 3-20 轴的硬度检测结果

硬度测量部位	心部硬度	表面硬度
实测硬度值 HRC	36.5	38.0
	35.5	39.0
	35.0	37.5
	36.0	38.5
	37.0	38.0
	37.5	37.5
	35.5	38.0
	36.0	38.5
硬度平均值 HRC	36.1	38.0
结论	合格	合格

轴的金相组织见图 3-169，是马氏体 + 贝氏体 + 铁素体组织，符合技术要求。

轴材料的化学成分检测结果见表 3-21。C 、S 、Mo 三种元素略高，超出技术要求，但满足国标要求。

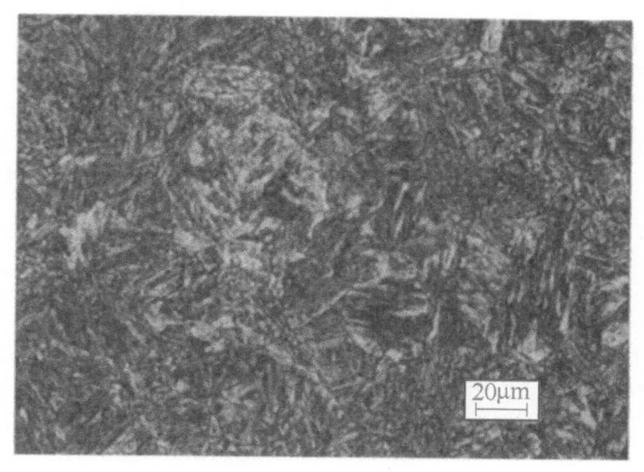

图 3-169　轴的金相组织

表 3-21　轴材料的化学成分检测结果

化学元素	C	Si	Mn	P	S	Cr	Ni	Mo	Cu	Al	Ti	V
18CrNiMo7-6	0.15～0.20	≤ 0.40	0.50～0.90	≤ 0.015	≤ 0.010	1.50～1.80	1.40～1.70	0.25～0.35	≤ 0.25	0.02～0.05	≤ 0.0050	≤ 0.05
实测结果	0.217	0.286	0.557	0.011	0.012	1.79	1.55	0.369	0.179	0.025	0.0023	0.0042

3.2.6.4　轴断裂的原因

经检测，轴的材料化学成分、硬度和金相组织都符合技术要求，在这个条件下，轴断裂的原因如下：

① 减速机轴存在冲击和交变载荷。该减速机用来驱动隔膜泵，该泵具有较严重的冲击载荷和交变载荷，这就为减速机轴上产生微动创造了条件。

② 键同键槽的配合太松。在冲击载荷下工作的键配合应该选用紧配合，但是减速机高速轴的键连接的配合可能太松了，详见 3.2.5 实例 5。

③齿轮轮毂同轴的配合太松。在冲击载荷下工作的轮毂与轴的配合应该选用过盈量较大的紧配合，但是减速机高速轴的轮毂与轴的配合太松，轴和孔不能形成有效的过盈配合连接，其结果必然会产生微动，详见 3.2.5 实例 5。

④ 由于轴同孔、键同键槽之间存在微动，就必然产生微动磨损。微动磨损破坏了轴的光滑表面，在多次冲击载荷作用下，引发了轴的断裂。这种断裂可称为“微动多冲疲劳断裂”。

⑤ 据此，减速机断轴可以定性为“微动磨损 + 多冲疲劳”断裂失效，这是一种新见到的失效模式，失效机理不明，值得进一步研究。

3.2.6.5　改进措施

① 键同轴的键槽、键同齿轮的键槽，要异于常规，选用较紧的紧密连接配合。

② 齿轮同轴的配合连接，要异于常规，选用较紧的过盈配合。

③ 在冲击载荷下，轮毂与轴的连接采用切向键连接最可靠。

3.2.6.6 讨论——关于微动多冲疲劳问题

经过各个环节的失效分析，现已经基本查明：此减速机轴的开裂和断裂是一种目前很少见、机理不明的“微动磨损 + 多冲疲劳”断裂失效。轴的断裂是一种特殊的疲劳断裂——微动多冲疲劳断裂。它是在严重的微动磨损、微动疲劳损伤条件下，经过多次冲击载荷的作用而出现的一种特殊的失效模式。

何谓多冲疲劳？在工程中有很多机械的零件或构件是在多次冲击载荷下工作的，例如锻锤杆、锻模、冲击模等，本例中驱动隔膜泵的减速机零件，也是在多次冲击载荷下工作的。多冲疲劳虽然已经过许多学者半个多世纪的研究，但至今未能取得直接工程应用的成果。

微动多冲疲劳中的冲击有两方面的含义：其一是受载零件的外加载荷是冲击载荷，如隔膜泵载荷等；其二是传动系统自身的振动，特别是扭转振动造成的冲击。

在多次冲击载荷下工作的零件或构件的失效过程与一般疲劳相同，也有 3 个阶段：疲劳裂纹形成阶段、裂纹扩展阶段和零件断裂。但是，其失效断口的形貌和失效机理与一般的磨损、疲劳有很大不同。上述实例 5 和实例 6 断轴断口的复杂形貌就说明了这一点。

从目前收集到的资料和接触到的失效案例来看，轴的微动多冲疲劳多发生在数百千瓦至数千千瓦的中大型机械设备上。

“微动磨损 + 多冲疲劳”是一种新的失效模式，目前还没有检索到有关研究的资料。微动多冲疲劳的研究是一个新课题，很值得作进一步的探讨，其目的是探索微动多冲疲劳产生的原因和失效的机理，并提出相应的预防措施，这对于受振动冲击的大中型机械设备的设计和安全运行具有重要的意义。

如果能对“微动磨损 + 多冲疲劳”深入的研究，其成果将可能进一步丰富材料疲劳学。当然这些还是一种设想和笔者初步的看法。

有关文献［29 ～ 31］可作为这方面研究的参考。

3.2.7 实例 7 硬齿面齿轮减速机高速轴断裂失效分析❶

3.2.7.1 硬齿面减速机高速轴断裂概况

用于皮带运输机的两台同一规格硬齿面齿轮减速机都出现高速轴断裂故障，运行时间均约为 1 周。该减速机的基本信息如下：

电机功率 P=355kW；高速轴转速 n=1450r/min；传动比 i=21.89。

减速机实际使用时间约 7 天。高速轴循环次数约为

❶ 本实例取材于某公司的《减速机高速轴断裂失效分析报告》，2013 年 10 月。

$$N=7\times24\times60\times1500=1.512\times10^{7}$$

减速机高速轴断裂很常见，但两次断裂轴的实际使用寿命都很短，只有7天，并且断裂在轴的相同部位，这种情况非同一般，很值得深究。

轴两次断裂的部位，都在氮化套左侧端面附近，见图 3-170。

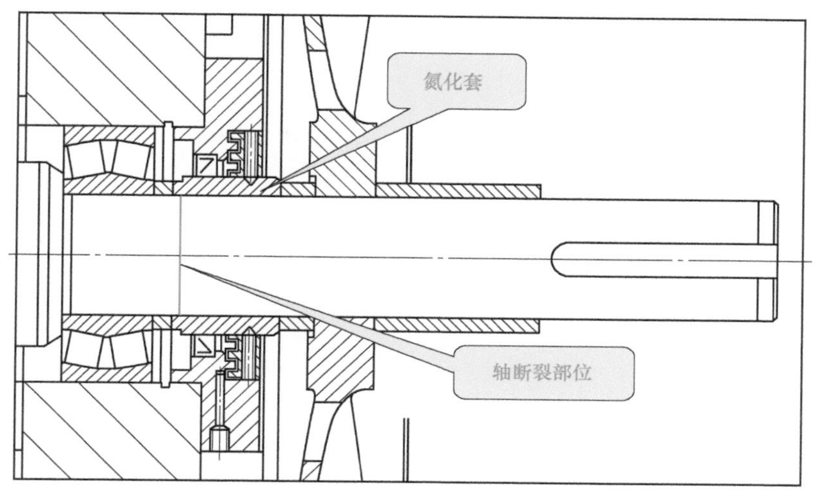

图 3-170　高速轴两次断裂的部位

查阅断轴的零件图和减速机装配图可知，轴的断裂处是光轴，并无缺口应力集中（只有氮化套与轴的配合 ϕ65M7/m6），这是很少见的，其断裂原因非常值得研究分析。

在第 1 次断轴的失效分析报告中，认为当轴（特别是靠近轴的表面）的材料形态不好且有尺寸较大的夹杂物时，轴就有可能在没有应力集中的光轴部位断裂，因此判断此轴的断裂很可能与轴材料的夹杂物有关。现在，同一规格的减速机，在相同的冷、热加工工艺和使用条件下，在同一部位出现两次断轴失效，按经验判断，基本可以排除材料和热处理的原因引起轴断裂的可能性。轴两次断裂肯定有其他的原因，这正是需要进一步分析研究的。

3.2.7.2　轴断口的宏观观察

断口的宏观观察和分析可以直接确定断裂的宏观表现及其性质，可以确定断裂源的位置、数量和裂纹扩展方向等。

该减速机现场拍摄的断口照片如图 3-171 所示。由于氧化、污染未清理，因此看不清断口的形貌。

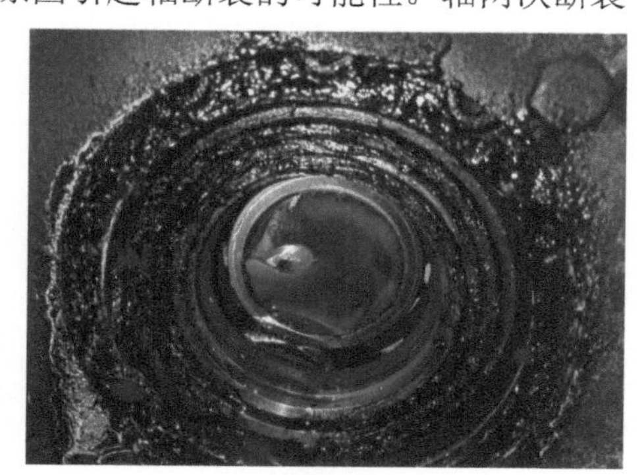

图 3-171　现场拍摄的断口照片

经过清理后的断口如图 3-172 所示。

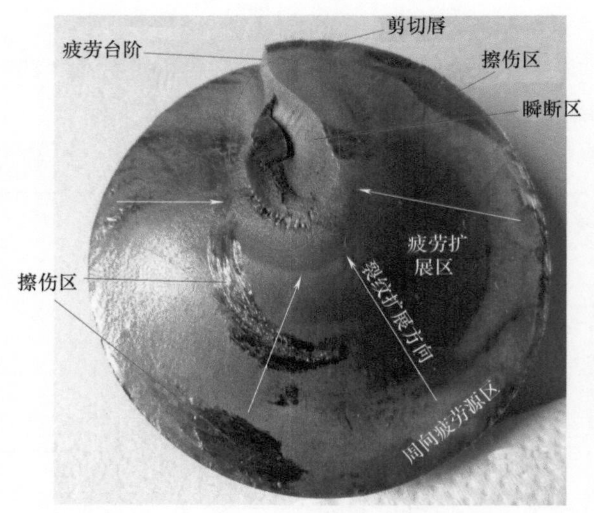

图 3-172 高速轴的断口

从断口上可以看到以下特征：

① 减速机实际使用时间虽然只有7天左右，但高速轴循环次数约为1.512×10^7，高速轴处于疲劳工作范围。

② 从断口形貌看，可以确定高速轴的断口是一个多源疲劳断口，轴的断裂是多源疲劳裂纹扩展的结果。

③ 断口上有明显的瞬断区，此瞬断区的面积不大，说明轴断裂时的名义应力不大。

④ 在断口瞬断区附近有一段剪切唇，说明这是最后断裂的部位，而且是一种韧性断裂。

⑤ 图中有疲劳台阶，说明断口的疲劳裂纹扩展不在一个平面上。

⑥ 从断口整体形貌可以判断断轴所受的名义应力大小、应力集中情况和载荷类型，其比较见表 3-22。表中的红框图（与分析的图 3-168 相似）就是一种名义应力较低、中等（或严重）应力集中和旋转弯曲造成的疲劳断裂。

表 3-22 载荷类型、应力集中、名义应力对疲劳断口的影响

名义应力		高			低		
应力集中		无	中等	严重	无	中等	严重
载荷类型	双向弯曲						

续表

名义应力		高			低		
载荷类型	旋转弯曲	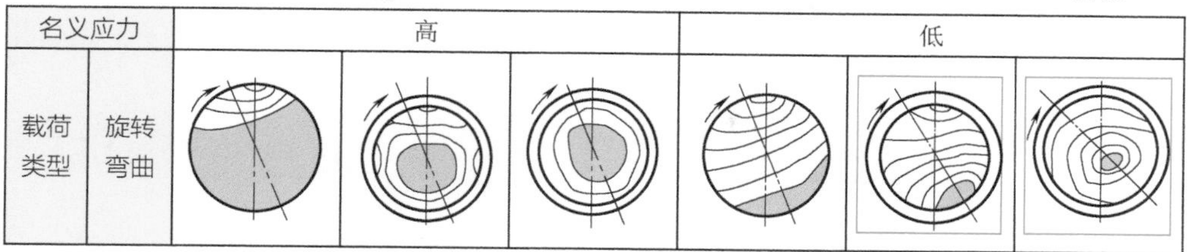					

光轴上的应力集中产生的原因如下：

其一，轴上的氮化套与轴是 ϕ65M7/m6 配合，如图 3-173 所示。

其二，轴弯曲变形同氮化套刚性接触产生边缘效应，如图 3-174 所示。轴的对中不好或其他原因都可能使轴产生弯曲变形（图 3-174），其弯曲接触边缘处将会弯曲微动，进而发生微动磨损和微动疲劳。试验数据表明，微动效应主要是降低疲劳极限，从而使长寿命区的疲劳寿命缩短。微动疲劳极限可低于普通疲劳极限的 1/3，甚至只有普通疲劳极限的 5% ～ 10%。

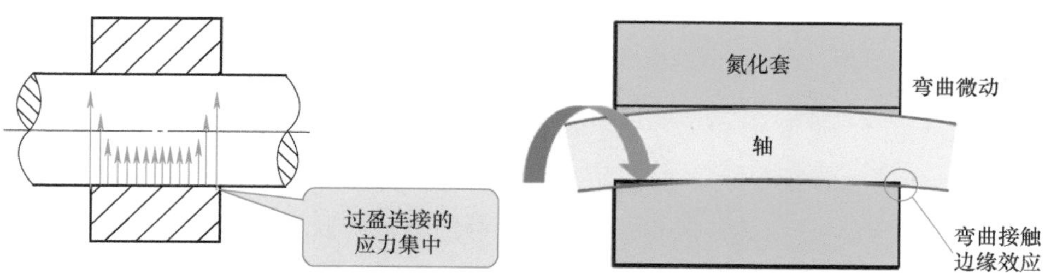

图 3-173　过盈连接的应力集中　　图 3-174　轴与氮化套的弯曲接触

其三，轴要弯曲变形而轴上的氮化套阻止轴的变形，轴与氮化套相互“较劲”，将在接触处产生很大的附加应力。

以上的原因导致无应力集中的光轴上产生了严重的应力集中，这可能是两次断轴的主要原因。

3.2.7.3　轴断口的微观观察

应用电子显微镜对断口进行微观观察，观察断口的微观特征。断口试样如图 3-175 所示，取 10 个观察点，在扫描电镜上观察并拍形貌照片。今取几个有代表性的观察点的微观形貌来说明断口特征。

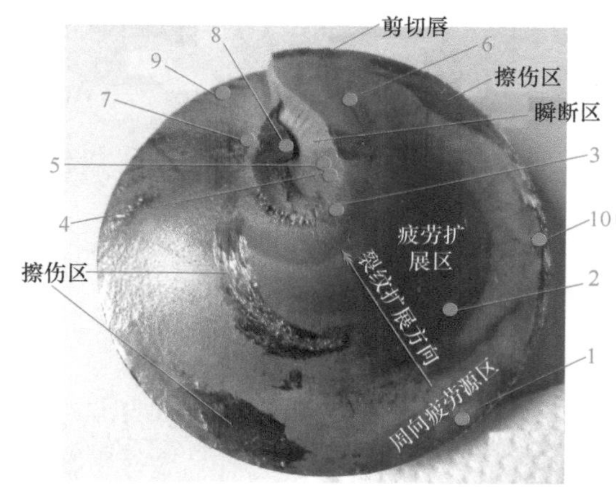

图 3-175　轴断口电镜观察点

① 观察点 1。微观形貌见图 3-176，是沿轴的圆周疲劳源区的形

貌，图中标注出疲劳裂纹的扩展方向。

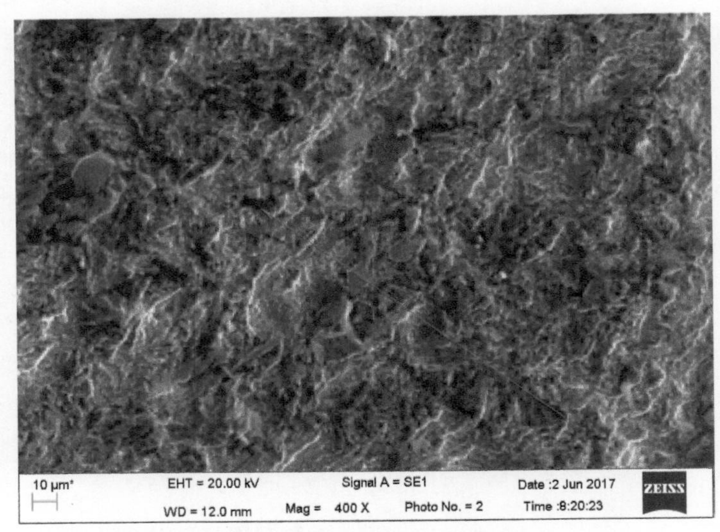

图 3-176　观察点 1 微观形貌

② 观察点 3。微观形貌见图 3-177，是接近瞬断区的断口形貌。图中呈现许多撕裂条纹（撕裂岭）。

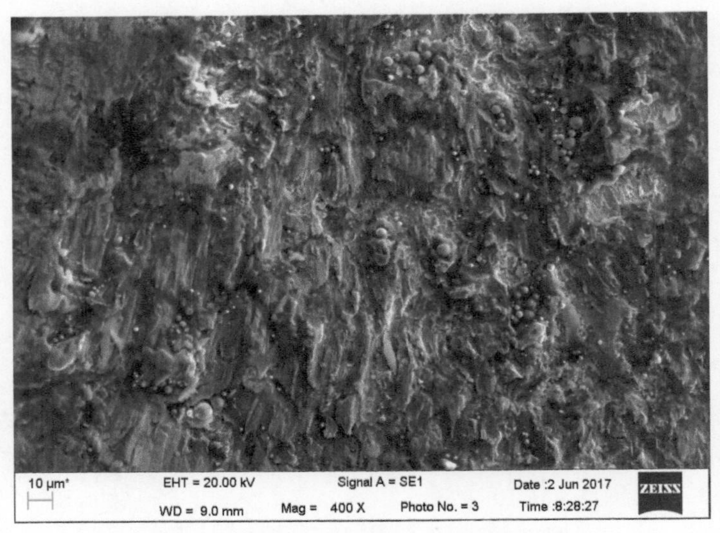

图 3-177　观察点 3 微观形貌

③ 观察点 5。微观形貌见图 3-178，是瞬断区的断口形貌。有多条 2 次裂纹，是典型的瞬断断口形貌。

④ 观察点 6。微观形貌见图 3-179，是疲劳扩展区的断口形貌。

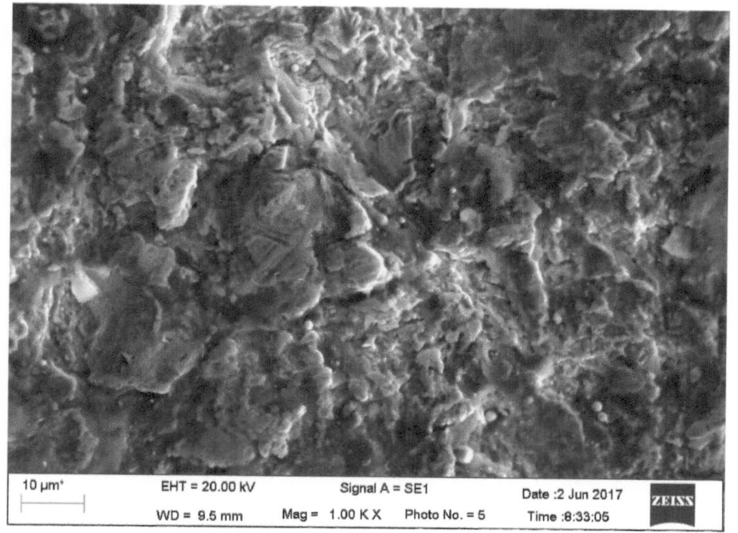

图 3-178　观察点 5 微观形貌

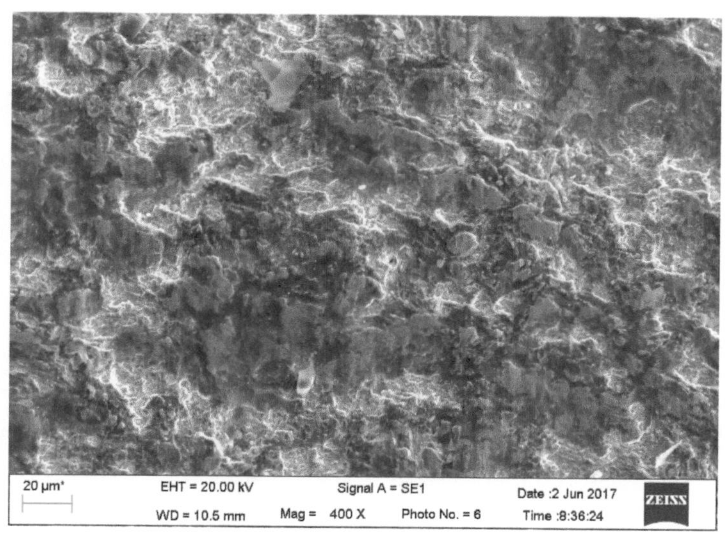

图 3-179　观察点 6 微观形貌

⑤ 观察点 8。微观形貌见图 3-180，是瞬断区的断口形貌。图中有大量的韧窝，说明是一种典型的韧性（塑性）断裂，同宏观观察的结果相符。

小结：① 多幅电镜照片的微观形貌特征说明轴是疲劳断裂。

② 由于疲劳裂纹扩展的速度较快，因此在断口上只能看到疲劳裂纹扩展的方向，而未能显现贝纹线。

③ 瞬断区存在大量的韧窝，说明是一种典型的韧性（塑性）断裂。

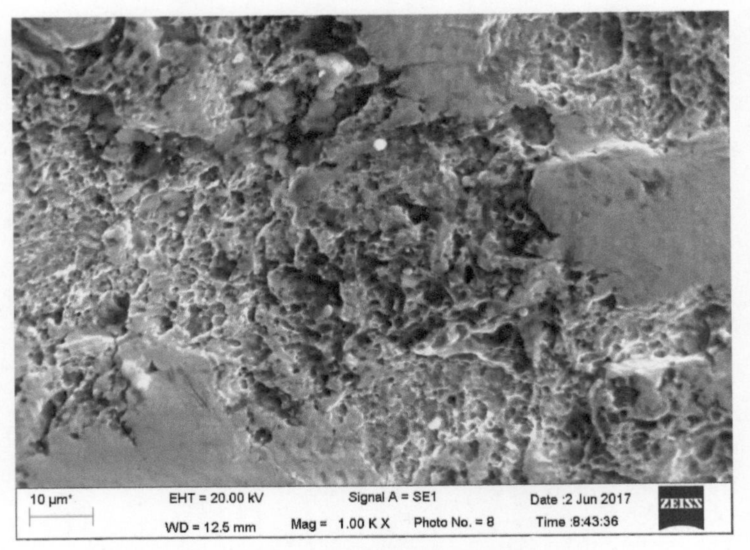

图 3-180　观察点 8 微观形貌

3.2.7.4　轴的强度计算

利用 KISSsoft 软件对高速轴进行强度校核计算，计算结果表明：轴的安全系数均大于许用最小安全系数 S_{min}=1.2，最大的安全系数甚至达 4.84，轴的强度是足够的。因此在正常情况下，轴不可能因强度不足而断裂。

3.2.7.5　轴的化学成分、硬度和夹杂物检测

① 轴材料的化学成分检测结果见表 3-23。表中的数据表明轴材料的化学成分是合格的。

表 3-23　轴材料的化学成分检测结果（质量分数）　%

化学成分	C	Si	Mn	P	S	Cr	Ni	Mo	Cu	Al	Ti	V
18CrNiMo7-6	0.15～0.20	≤ 0.40	0.50～0.90	≤ 0.015	≤ 0.010	1.50～1.80	1.40～1.70	0.25～0.35	≤ 0.25	0.02～0.05	≤ 0.005	≤ 0.05
实测结果	0.149	0.255	0.548	0.008	0.003	1.65	1.56	0.268	0.059	0.042	0.003	0.008

② 轴的硬度检测结果见表 3-24。表中的数据表明轴的硬度符合技术要求。

表 3-24　轴的硬度检测结果　HRC

断轴部位	靠近减速机端断轴		靠近联轴器端断轴	
	轴心部硬度	轴表面硬度	轴心部硬度	轴表面硬度
轴的硬度	35.0	36.0	35.0	34.5
	35.5	37.0	35.0	34.5
	35.0	35.0	35.5	37.5
	35.0	34.5	35.0	37.5

续表

断轴部位	靠近减速机端断轴		靠近联轴器端断轴	
	轴心部硬度	轴表面硬度	轴心部硬度	轴表面硬度
轴的硬度	35.0	36.0	35.0	34.5
	35.5	35.0	35.0	34.5
	36.5	36.0	37.5	34.5
硬度平均值	35.4	35.6	35.4	35.4
结论	合格			

③ 轴材料夹杂物检测结果见表 3-25。根据表 3-25 数据，可以认为：夹杂物等级符合 GB/T 3480.5—2008《直齿轮和斜齿轮承载能力计算　第 5 部分　材料的强度和质量》中渗碳钢夹杂物等级的规定。表中 1 号试样为靠近减速机端断轴取样；2 号试样为靠近联轴器端断轴取样。

表 3-25　非金属夹杂物级别检测结果

试样编号	非金属夹杂物级别（A 法，评定最恶劣视场）				
	A 类（硫化物类）	B 类（氧化铝类）	C 类（硅酸盐类）	D 类（球状氧化物类）	DS 类（单颗粒球状类）
1 号	2.0	1.0	3.0	1.5	2.0
2 号	1.5	1.5	1.0	2.0	2.0

3.2.7.6　轴的有限元法计算和分析

显示断轴在使用中的最大应力部位的最有效的方法是采用有限元分析。

利用三维制图软件 Solidworks，参照相关 CAD 图纸，并对部分模型中的细节进行简化，得到断轴组件的三维模型，如图 3-181 所示。

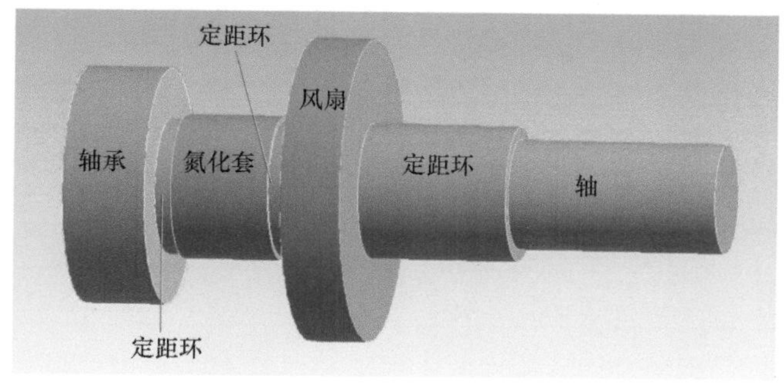

图 3-181　断轴组件三维模型

对上述模型进行网格划分，如图 3-182 所示，共得到 269514 个节点，61587 个单元。

在以上设置的基础上，在轴上施加扭矩 2133N·m，再施加径向载荷 5kN（为了使轴产生弯曲），求解模型，得到轴上的应力云，如图 3-183 所示，可见在氮化套 A 端面处的应力最大。因此在轴的最大应力点附近最容易出现疲劳裂纹，引发轴的断裂。

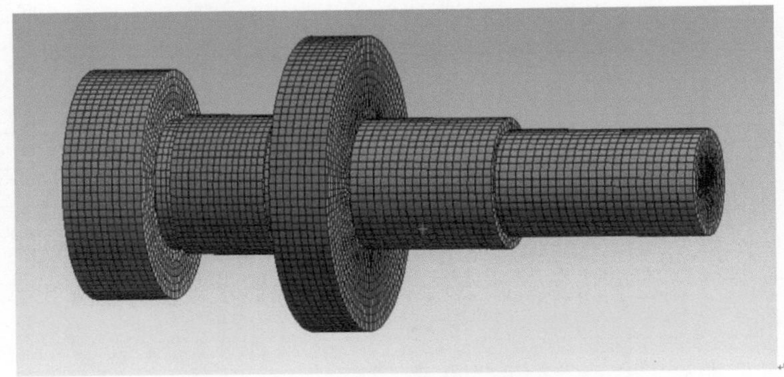

图 3-182　网格示意图

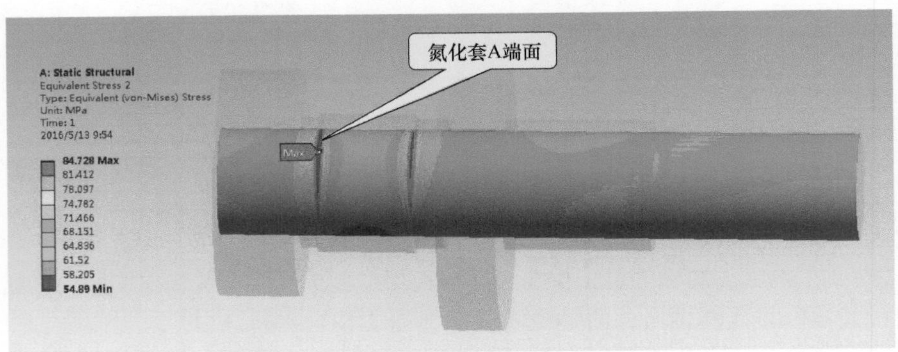

图 3-183　轴表面应力云图

3.2.7.7　分析的结论

① 轴材料的化学成分检测结果表明轴材料的化学成分是合格的。

② 轴材料的硬度检测结果表明轴的硬度符合技术要求。

③ 断轴材料夹杂物等级检验结果表明符合 GB/T 3480.5—2008 技术要求。

④ 同一规格的减速机，在相同的冷、热加工工艺和使用条件下，同一部位出现两次断轴失效，按经验判断，基本可以排除材料和热处理的原因引起轴断裂的可能性。

⑤ 轴的强度计算结果表明在正常载荷下，轴的安全系数很大，轴不可能断裂。

⑥ 有限元计算结果表明氮化套 A 处是轴的最大应力部位，是轴的薄弱环节。

⑦ 从断口疲劳源位置的分布来看（图 3-168），轴的对中不好造成弯曲应力过大可能是轴断裂的重要原因之一。

⑧ 轴断裂的原因可以这样描述：其一是轴上的氮化套与轴的 ϕ65M7/m6 配合

的应力集中。其二是轴弯曲变形同氮化套刚性接触产生边缘效应。其三是轴的对中不好或其他原因都可能使轴产生弯曲变形，其弯曲接触边缘处将会弯曲微动，进而发生微动磨损和微动疲劳。其四是轴与氮化套相互“较劲”，轴要弯曲变形而氮化套阻止轴的变形，这种“较劲”，将在接触处产生很大的附加应力。基于以上原因，轴的断裂就很可能发生了。

3.2.7.8　改进措施

① 改进氮化套的结构。为了防止、减轻轴与氮化套相互“较劲”和轴的弯曲变形同氮化套刚性接触产生边缘效应，可以将氮化套改成图 3-184（a）或图 3-184（b）所示的结构（取 $\tan\alpha=0.016\sim0.020$）。这个改进的工作量和成本很小，也不会给减速机轴带来任何损伤和副作用。

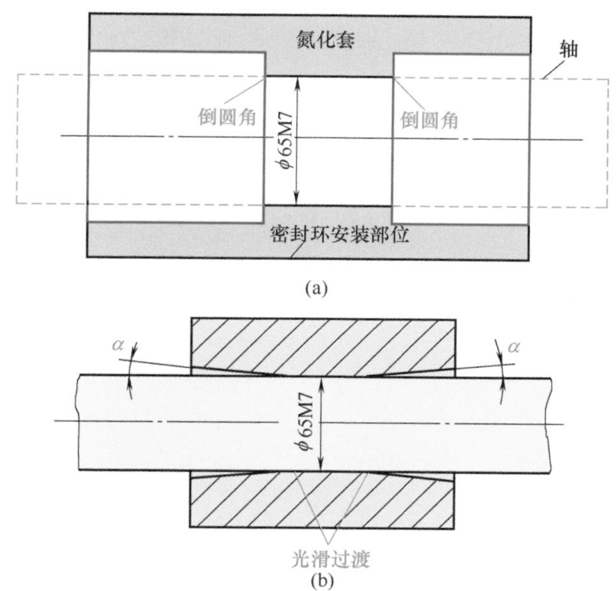

图 3-184　氮化套的改进结构

② 控制减速机安装的不同轴度。安装减速机时，制造厂应派掌握技术的专人负责调整、检测电动机 - 减速机轴的不同轴度，并且指标从严。建议取规定允许值的下限。例如，手册中联轴器允许的径向位移（不同轴度）为 0.15 ～ 0.25mm，对于硬齿面减速机就应该控制不同轴度 ≤ 0.15mm。

3.2.7.9　讨论

硬齿面齿轮减速机的高速轴很容易出现断裂失效，上面讨论的仅仅是 1 个案例。为什么高速轴容易出现断裂？在排除材料、热处理工艺和冷加工缺陷等原因后，断裂的主要原因如下。

① 原因之一："先天不足"。也就是说从强度设计的角度来看，硬齿面齿轮减速机的高速轴就是一个薄弱环节。减速机采用硬齿面齿轮后，齿轮的直径比软齿面齿轮小很多，而高速轴的直径往往受制于齿轮结构的直径 D，如图 3-185 所示。因此轴的直径不能随意加大，造成强度的薄弱环节。

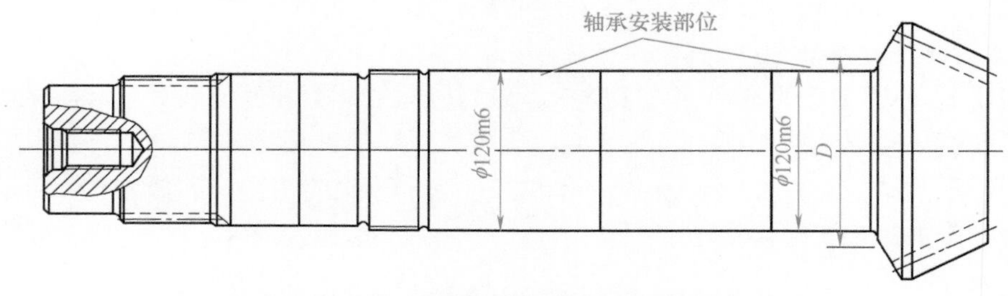

图 3-185 齿轮的直径 D 限制高速轴的直径

② 原因之二：键槽的应力集中。从断口的宏观观察（图 3-186）中看到，最早的疲劳裂纹发生在平键键槽尖角处，因此键槽对轴的削弱（轴的截面面积减小和应力集中）值得重视。特别是键槽底部的圆角对应力集中的影响很大。

当轴纯扭转时，键槽和过盈配合的有效应力集中系数 K_τ 见图 3-187。当轴的抗拉强度 R_m=900MPa 时，键槽的有效应力集中系数 K_τ=2。可见键槽对轴的削弱是很大的。

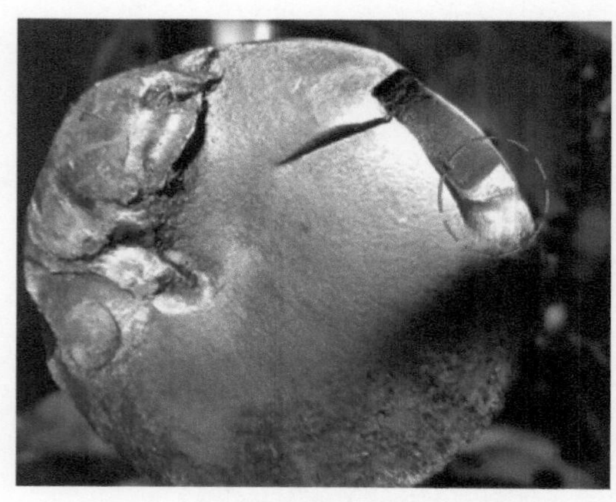

图 3-186 疲劳源区常位于平键键槽尖角处

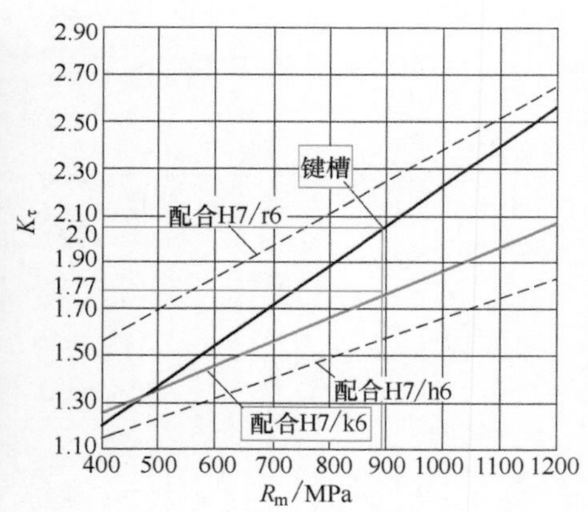

图 3-187 键槽和过盈配合有效应力集中系数

此外，键槽倒圆半径 r 对轴强度的影响也很大，图 3-188 就是一例。

可用有限元法计算不同倒圆半径 r 的最大应力。参考某机型的功率与转速，计算得其扭矩 1273N·m。对有键槽轴模型进行约束与受力设置。得出键槽不同倒圆半径 r 对应的最大应力数据，见表 3-26，可见倒圆半径 r 对强度的影响是很大的。键槽根部圆角处成为疲劳裂纹源，其疲劳断口形貌如图 3-189 所示。

③ 原因之三：联轴器与轴的过盈配合。不少案例中高速轴断裂的部位正好是联轴器同轴过盈配合的边缘处，因为该处有比较大的应力集中，过盈配合对轴的强度影响很大。从应力集中系数图（图 3-187）可见：过盈配合 H7/r6 的应力集中系数可达 2.2 以上；过盈配合 H7/k6 的应力集中系数约为 1.77；高速轴过盈配合 H7/m6 的应力集中系数不会小于 1.8。因此，高速轴在联轴器与轴过盈配合边缘处断裂就很可能了。

图 3-188　键槽倒圆半径 r

表 3-26　不同倒圆半径 r 对应的最大应力数据

键槽圆角半径 r/mm	最大应力值 /MPa
0.40	221.7
0.25	259.8
0.10	354.5

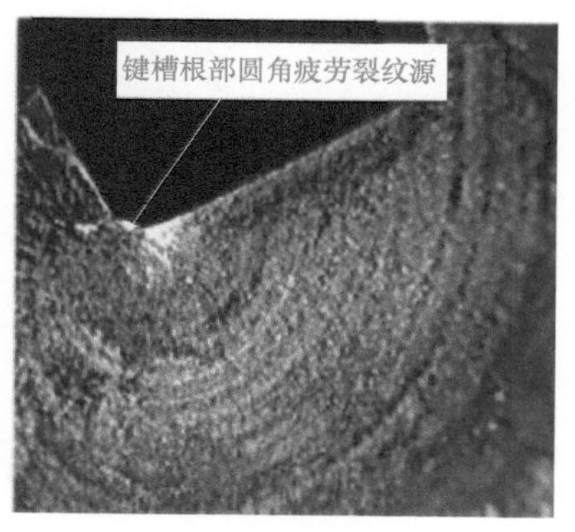

图 3-189　键槽底部圆角处疲劳断口形貌

④ 原因之四：减速机的安装、使用方面的问题[32]。硬齿面减速机设计的另一个老大难问题是电动机和减速机轴的直径严重不匹配，减速机轴比电动机轴细很多。通常，减速机轴直径是电动机轴的 1/2 ～ 3/4，如图 3-190 所示。

如果电动机轴和减速机轴同轴度很差，就会在联轴器上产生附加径向力 F。

轴径不同会造成两者抗弯截面模数不同（抗弯截面模数同直径的三次方 d^3 成正比），联轴器产生的附加径向力 F 对两轴危险断面的附加弯矩（应力）也不同。

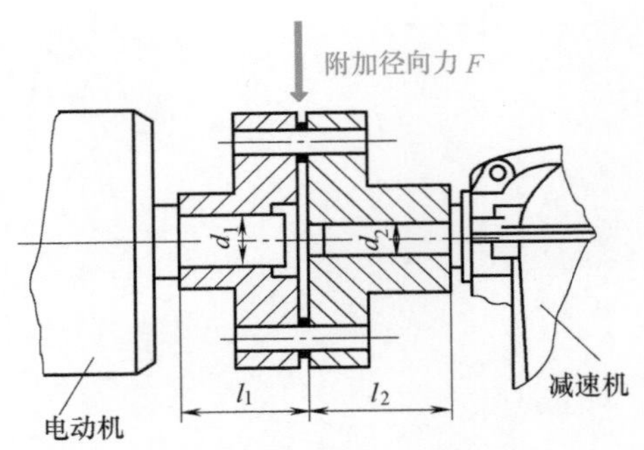

图 3-190　电动机和减速机轴的直径不匹配示意图[32]

举例说明如下，尺寸见图 3-190。

轴危险截面的弯曲应力：

电动机轴　$\sigma_1=Fl_1/(0.1d_1^3)$；　减速机轴　$\sigma_2=Fl_2/(0.1d_2^3)$。

当 $l_1 \approx l_2$ 时（见图 3-190），两应力比值为

$$\frac{\sigma_2}{\sigma_1}=\frac{d_1^3}{d_2^3}$$

如果取 $d_2=1$，$d_1=2$，则 $\sigma_2/\sigma_1=8$，可见应力差别巨大。下面用减速机断轴实例进一步说明这种差别对强度的影响。

已知：某减速机高速轴断裂，其直径 d_2=60mm，电机轴直径 d_1=90mm，则 $\sigma_2/\sigma_1=d_1^3/d_2^3=90^3/60^3=3.375$。

应力差 2 倍多，因此断裂的是减速机轴。

附加径向力 F 的大小决定于电动机和减速机两轴的不同轴度。此不同轴度对硬齿面齿轮减速机轴的损伤非常敏感。在《机械设计手册》中，对弹性联轴器通常规定减速机的安装不同轴度（径向位移 Δy）不得大于 0.2 ～ 0.3mm。这对于软齿面减速机是合适的，而对于硬齿面减速机可能就偏大了。大多数现场安装、使用人员并不重视此不同轴度，认为使用弹性联轴器可以自动补偿误差，这是严重的误判。上述计算表明：由于减速机轴比电动机轴小很多，因此减速机轴上的弯曲应力要比电动机轴大很多，减速机轴发生断裂就是必然了。

在减速机、电动机安装操作中，采用快速、简单、经济的激光对中装置检测两轴的对中（图 3-191）可能有好的效果。

图 3-191　激光对中装置检测两轴的对中

⑤ 原因之五：轴上联轴器的径向刚度。所谓联轴器的径向刚度是指弹性联轴器两轴产生每单位径向位移 Δy 需要的径向力。径向刚度越大，产生径向位移的径向力越大，对连接轴强度不良影响就越大。非金属弹性元件挠性联轴器，如弹性套圈柱销联轴器、梅花形弹性块联轴器、轮胎式联轴器等，其径向刚度就较小。

某些制造质量很差的联轴器，其径向刚度很大，当两轴不对中有径向位移时，轴上的附加径向力就很大，严重影响轴的强度。图 3-192 所示的蛇形弹簧联轴器就是一例。半联轴器上的矩形直线齿廓［图 3-192（b）］就很不利于位移的调整。

(a)

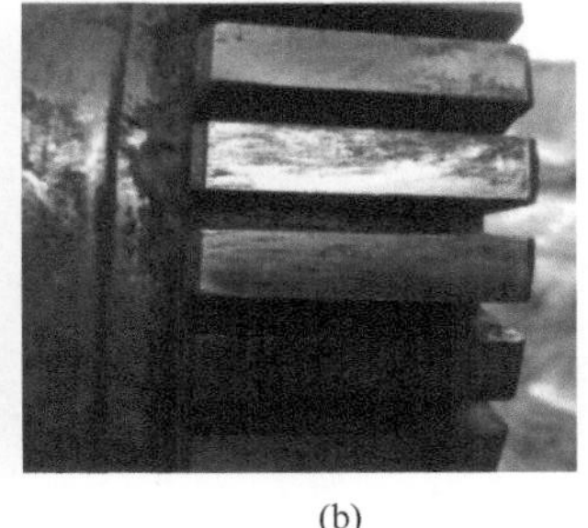

(b)

图 3-192 蛇形弹簧联轴器

⑥ 原因之六：轴上旋转零件的不平衡。旋转零件的静平衡或动平衡不好，将会使旋转零件产生离心力，增加轴的附加应力，从而影响轴的强度。图 3-193 所示为联轴器 - 轴 - 减速机的配置关系，图中联轴器质量有点偏心。

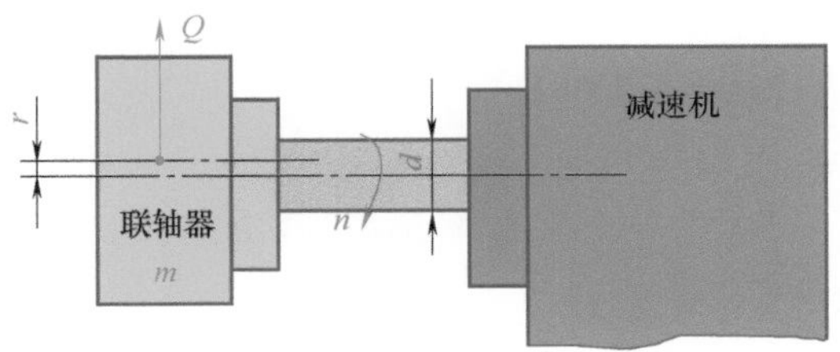

图 3-193 联轴器 - 轴 - 减速机的配置关系

由偏心引发的离心力为

$$Q=\frac{\pi^2 n^2 mr}{900}$$

式中 Q ——由偏心产生的离心力，N；

r ——偏心距，m；

n ——轴的转速，r/min；

m ——联轴器的质量为，kg；

离心力的大小用实际例子来说明。

已知减速机高速轴的转速均为 n=1500r/min。假设偏心距 r=0.1mm；高速轴上旋转零件（如蛇形弹簧联轴器、制动轮等）的质量 m=50kg。则产生的离心力

$$Q=\frac{\pi^2 n^2 mr}{900}=\frac{\pi^2\times1500^2\times50\times0.0001}{900}=123.4\text{N}$$

此离心力不算大，这是偏心距很小（r=0.0001m）的情况。

图 3-194 矿井减速机高速轴断裂后的制动轮

对于使用环境恶劣的场合，例如矿井用的减速机，其高速轴的制动轮上常有较多影响平衡的附着物（见图 3-194），这时产生的离心力对轴强度的影响就较大了。

⑦ 原因之七：轴上联轴器、制动器的质量。减速机高速轴上一般都有联轴器或者制动轮，其自重对于软齿面减速机高速轴的强度来说影响并不大，因为这种减速机轴的尺寸都可以做得比较大。但是，对于硬齿面减速机来说，由于受高速轴上齿轮结构尺寸的限制，高速轴的尺寸和安全系数都比较小，再由于联轴器或制动轮的重力可以同上述的离心力叠加，在这种情况下，联轴器或制动轮的质量对高速轴强度的影响就不可以忽视了。例如上述例子偏心距 r=0.1mm，高速轴上旋转零件的质量 m=50kg，产生的离心力 123.4N。如果考虑旋转零件质量产生的重力 500N，两者叠加为 623.4N，这就很可能影响高速轴的强度了。

3.2.7.10 防止高速轴断裂的主要措施

针对以上问题，可提出防止高速轴断裂的主要措施。

① 严格控制键槽的加工质量，特别是槽底的圆角半径 r，尽可能按标准取大值，没有圆角的键槽不能使用。

② 安装在高速轴上的联轴器、制动轮等，应经过静平衡或动平衡试验，避免过大的附加离心力。

③ 黏附在联轴器、制动轮上的附着物应及时清除。

④ 最重要的是控制减速机安装的不同轴度，安装减速机时，应派掌握技术的专人负责调整、检测电动机同减速机的不同轴度。用激光对中装置检测两轴的对中。

⑤ 对减速机和电动机的底座面提出要求：采用经过加工的平面，垫片要平整，最好有定位措施，定期检查地脚螺栓是否有松动等。目的是防止运转一段时间后，电动机或减速机发生移动，破坏已经调整好的同轴度。

3.2.8 实例 8 风力发电机组主轴断裂失效分析 [1]

3.2.8.1 主轴失效概况

某型风力发电机组（以下简称风机）是从国外引进的，机组全长为 28.3m，其整体结构模型如图 3-195 所示。发电机功率为 850kW，发电机额定转速

[1] 本实例内容取材于《风电机组主轴断裂失效分析技术总结报告》，2012 年 5 月。

为 1500r/min，主轴额定转速为 24.3r/min，连接轮毂质量为 0.22t，叶片总质量为 7.2t [33]。

图 3-195　风力发电机组模型图

风机主轴通过齿轮箱将扭矩传输到发电机，主轴与齿轮箱行星架轴之间通过胀套刚性连接。齿轮箱由 1 级行星传动及 2 级平行轴齿轮传动组成。齿轮箱与发电机通过“卡登”联轴器（万向联轴器）柔性连接。

此风机投入运行后，出现了数十台机组主轴断裂恶性事故，使用寿命约为 4 年，严重影响了风机的正常发电，造成了很大的经济损失。

依据原始资料得知主轴材质为 34CrNiMo6（欧洲标准 EN10083-2006:3），经过锻造、机加工和调质热处理后制成。

厂方提供了 2 根断裂的主轴，其中 1 根的断口形貌如图 3-196 所示。

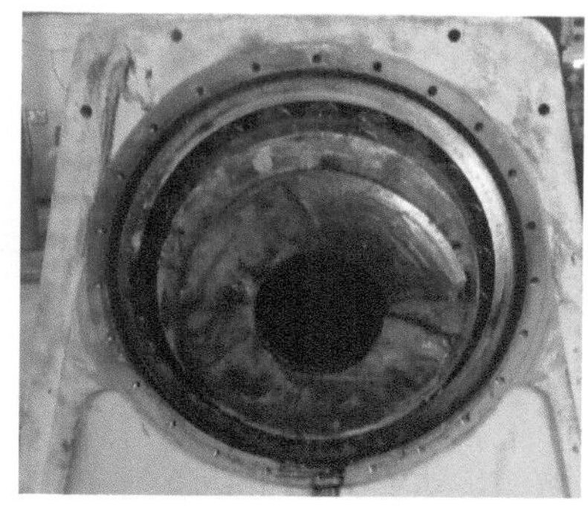

图 3-196　主轴断裂部位及断口形貌

供货商提供的主轴与轴承座装配图如图 3-197 所示。

主轴的断裂部位如图 3-198 所示。

3.2.8.2　主轴的技术参数和受载情况

（1）主轴的技术参数

材料牌号：德标 34CrNiMo6。

热处理工艺：34CrNiMo6 调质（850℃油淬，580℃回火）。

力学性能：34CrNiMo6 材料经锻造，调质处理后，硬度为 36 ～ 40HRC；抗拉强度 R_m=1100MPa；伸长率 A=12%；冲击韧性值 a_K=80J/cm^2。

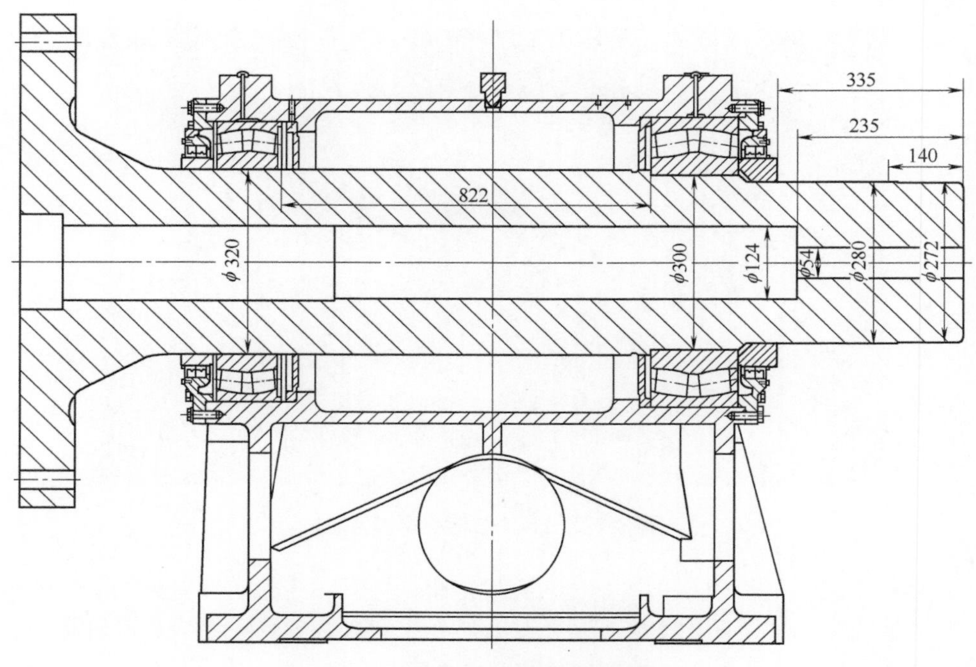

图 3-197　主轴与轴承座装配图

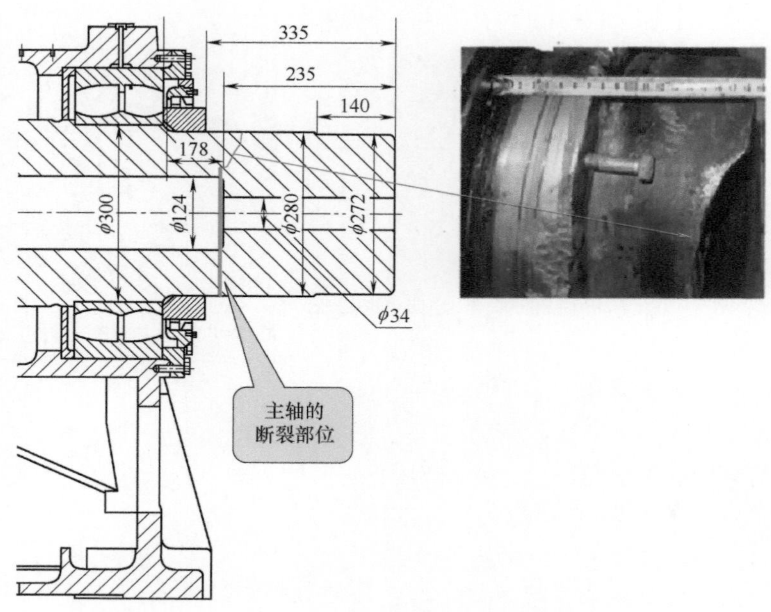

图 3-198　主轴断裂部位

（2）主轴受载情况

① 主轴运行在 50m 塔架高度的机舱内，所受载荷随风力变化而变化，额定转矩传递的功率为 850kW。

② 在遭遇大风或紧急刹车时存在冲击载荷。

③ 齿轮箱只有一组支承臂且为弹性支承，因此，断裂部位主轴可能正好承受弯矩。

④ 齿轮箱高速轴刹车部位在齿轮箱一侧，不与传动主轴同一中心线。因此，紧急刹车时存在齿轮箱往一侧上翘的现象。

3.2.8.3　主轴断口宏观形貌观察与分析

主轴断口的宏观形貌如图 3-199 所示，整个断口可以分为 3 个区域。

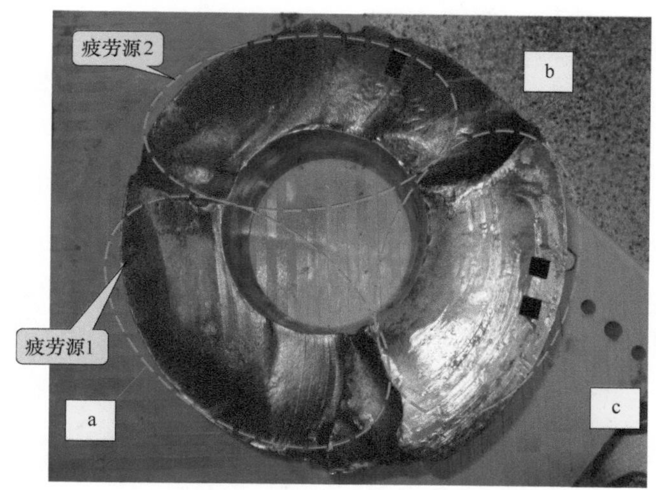

图 3-199　主轴的断口宏观形貌

a 区：由轴表面的疲劳源 1 引发的疲劳区，疲劳扩展的贝纹线清晰可见。

b 区：由轴表面疲劳源 2 引发的疲劳区，疲劳扩展的贝纹线也清晰可见。

c 区：瞬断区，是主轴最终断裂的区域。瞬断区面积约占断口总面积的 40%，说明轴断裂时应力较大。

由上述宏观形貌可见，主轴断口是一种由外表面引起的多源疲劳断口，两个疲劳源的裂纹分别扩展，而且轴断裂时应力较大，造成主轴最终断裂。

3.2.8.4　断口微观形貌观察与分析

使用扫描电子显微镜，对断口的微观形貌进行观察和分析，其目的是较准确地确定断裂的类型、原始裂纹源区和发展情况，判断可能的失效原因。但轴从断裂到委托分析历经时间较长，断口表面微观特征已被不同程度破坏和污染。因此，本部分的内容仅作判断的参考。

主轴的金相、电镜及硬度试样的取样位置如图 3-200 所示。

电镜试样如图 3-201 所示。图中编号 1 ～ 6 是在电子显微镜下的观察点。

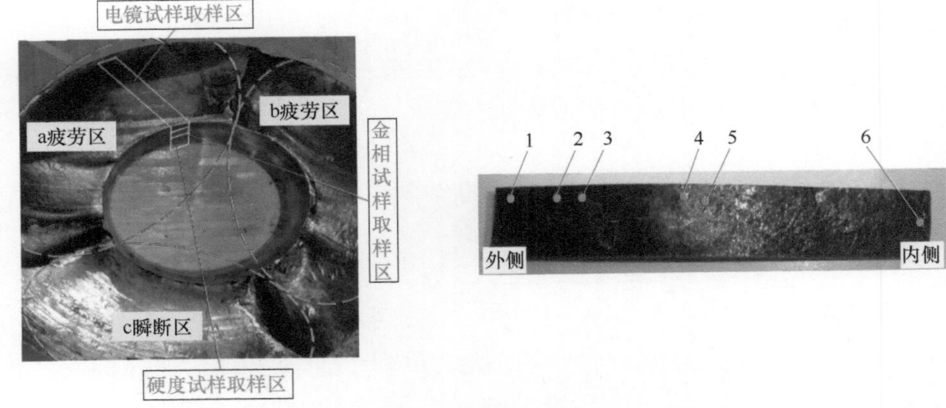

图 3-200　金相、电镜及硬度取样位置

图 3-201　轴断裂断口的电镜观察点

下面选择 2 个典型的观察点 2 和 6，给予分析说明。

点 2 位于断口的外侧，微观形貌如图 3-202 所示，有疲劳断口的特征，是疲劳断口。图中标注出了疲劳裂纹的扩展方向。

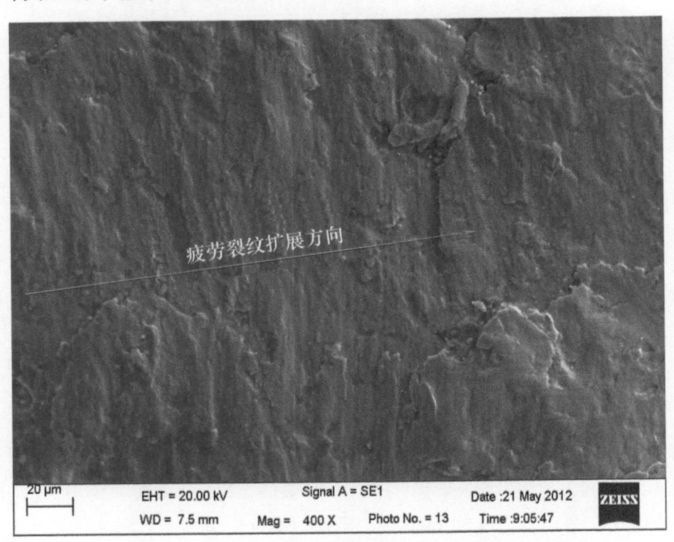

图 3-202　疲劳断口微观形貌

点 6 位于断口的内侧，微观形貌如图 3-203 所示。图右侧是断裂时的擦伤区，图左侧是一次性断裂断口的形貌。

主轴断口微观形貌观察的结论：主轴是疲劳断裂，裂纹起源于轴的外侧，然后向内侧发展，最后导致轴的断裂。主轴是多源疲劳断裂。

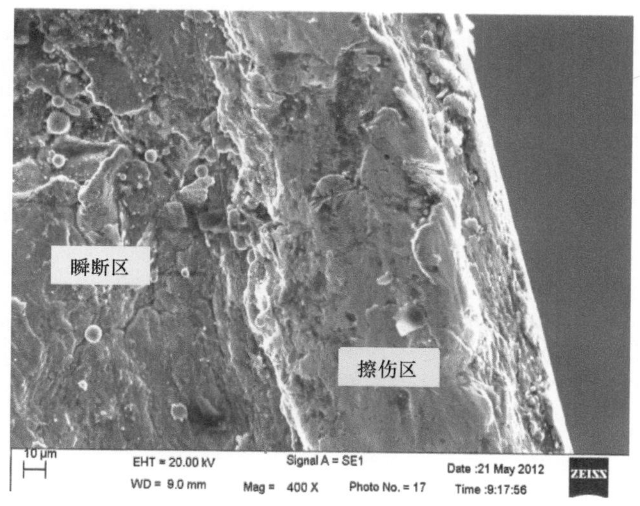

图 3-203　一次性断裂断口微观形貌

3.2.8.5　材料化学成分分析

主轴材料化学成分测定结果见表 3-27。

表 3-27　主轴材料化学成分测定结果（质量分数）　%

检测元素	主轴实测	标准：EN10083-3 材质：34CrNiMo6
C	0.360	0.30 ～ 0.38
Si	0.300	≤ 0.40
Mn	0.650	0.50 ～ 0.80
P	0.009	≤ 0.025
S	0.020	≤ 0.035
Cr	1.670	1.30 ～ 1.70
Mo	0.240	0.15 ～ 0.30
Ni	1.740	1.30 ～ 1.70

主轴化学元素的测定值除 Ni 稍高外，其他完全符合欧洲标准 EN10083-3 的要求。因此，主轴材料为 34CrNiMo6，与图纸提供的材质一致。

3.2.8.6　材料力学性能测定

主轴材料力学性能测定结果见表 3-28。

表 3-28　主轴材料力学性能测定结果（均为平均值）

测试项目	屈服强度 R_p/MPa	抗拉强度 R_m/MPa	断面收缩率 Z/%	伸长率 A/%	冲击吸收功 A_{KV}/J	
					室温	-30℃
主轴	697	859	61.3	18.25	111	48.57
标准值	≥ 700	900 ～ 1100	≥ 55	≥ 12	≥ 45	≥ 32

对照标准 EN10083-3 给出的 34CrNiMo6 材料主要力学性能参考值可知：主轴材料抗拉强度极限偏低，其他技术指标基本符合标准要求。

3.2.8.7 硬度测定

试样上硬度测试点分布见图 3-204。主轴硬度测试结果见图 3-205。

图 3-204 试样上硬度测试测试点分布

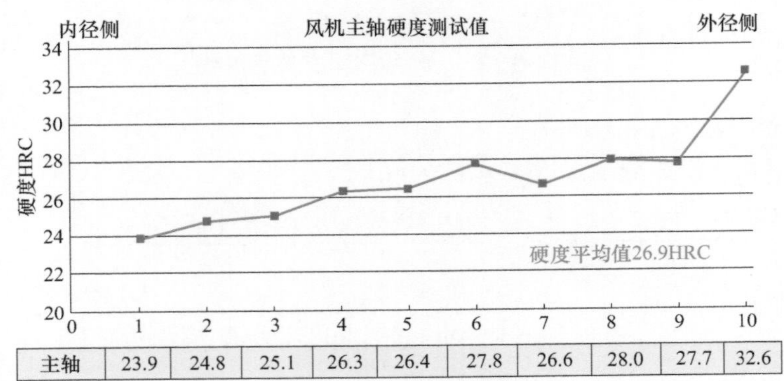

主轴	23.9	24.8	25.1	26.3	26.4	27.8	26.6	28.0	27.7	32.6

图 3-205 主轴硬度测试结果

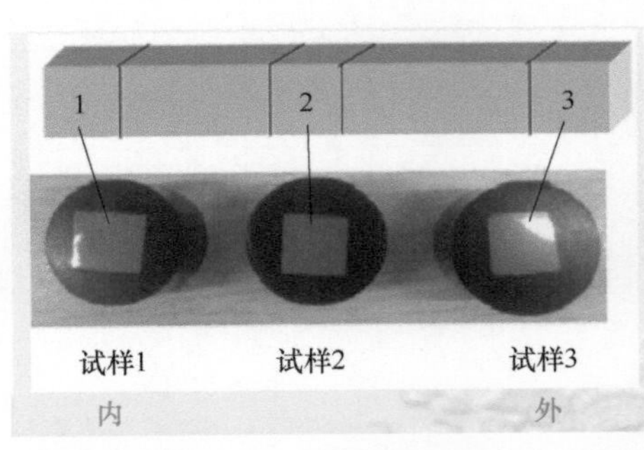

图 3-206 金相试样位置和制成的试样

由图 3-205 可见：硬度由外向内递减；轴的硬度偏低（小于要求的 36 ～ 40HRC）。

3.2.8.8 金相组织检验分析

金相试样取样位置和制成的试样如图 3-206 所示，左端为主轴内径，右端为主轴外径。

试样 1 位于断口内侧，金相组织如图 3-207 所示，回火索氏体基体上有明显带状组织，组织不均匀。

试样 2 位于断口中径，金相组织如图 3-208 所示，回火索氏体基体上有明显带状组织，组织不均匀。

试样 3 位于断口外侧，金相组织如图 3-209 和图 3-210 所示，基体为回火索氏体组织，带状不明显，有少量夹杂。

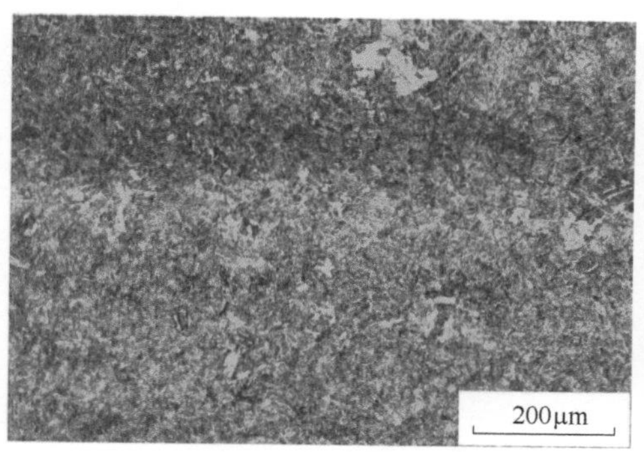

图 3-207　试样 1 金相组织

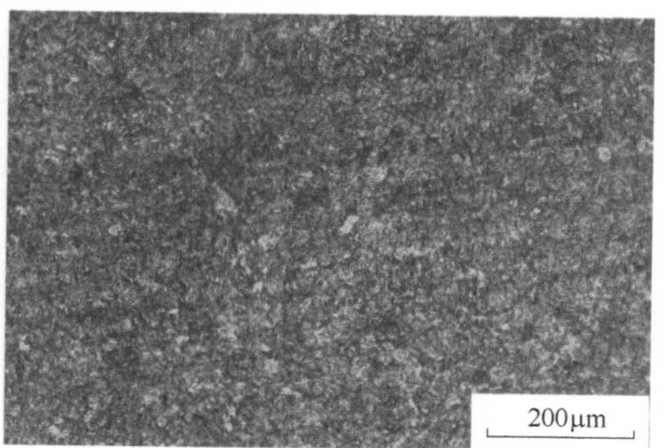

图 3-208　试样 2 金相组织

图 3-209　试样 3 金相组织

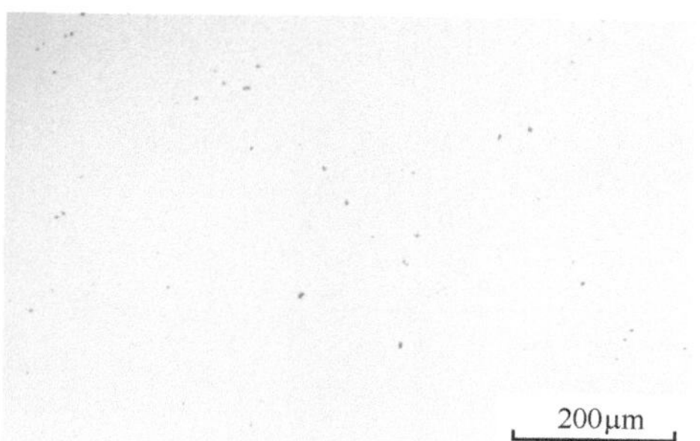

图 3-210　试样 3 的夹杂

由以上金相组织可见：主轴是回火索氏体，基体上有明显带状组织，组织不均匀，有少量夹杂。

带状组织导致了材料的各向异性，降低了力学性能，影响了主轴的强度。

3.2.8.9　主轴断裂原因分析

① 主轴材料存在带状组织，硬度也偏低，因而降低了材料的力学性能，易萌生疲劳裂纹，并加速裂纹的扩展。

② 主轴危险断面存在的环形划痕导致应力集中（见图 3-211），进而产生疲劳微观裂纹和裂纹扩展，成为主轴断裂的原因之一。

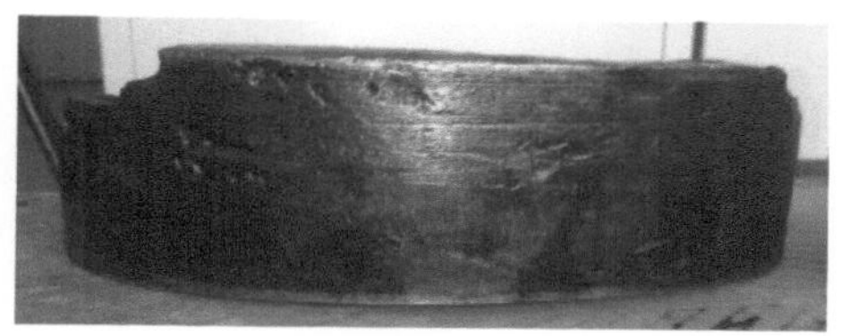
图 3-211　主轴表面的划痕和凹坑

③ 主轴结构不合理，使断裂部位成为高应力危险断面。主轴断裂部位在主轴大内孔（ϕ124）和小内孔（ϕ54）交界处（图 3-212），此位置断面面积最小，应力集中大，结构强度最低。

④ 主轴断裂部位的内孔存在设计和加工上的缺陷：未注粗糙度，未注过渡圆角半径，如图 3-213 所示，这也可能加大了断裂部位的应力集中。

335
235
140
178
φ300
φ124
φ280
φ272
φ54
主轴的高危截面

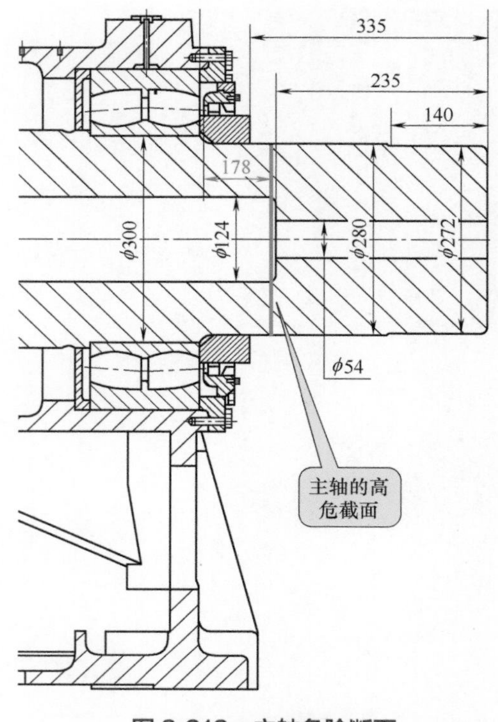

图 3-212　主轴危险断面

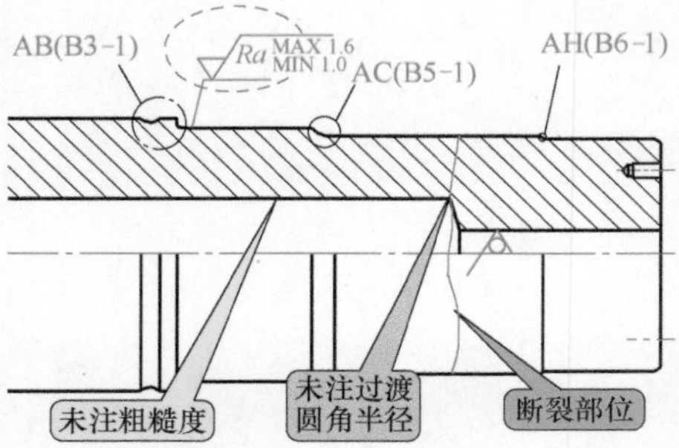

AB(B3-1)
Ra MAX 1.6 MIN 1.0
AC(B5-1)
AH(B6-1)
未注粗糙度
未注过渡圆角半径
断裂部位

图 3-213　主轴内孔存在设计和加工上的缺陷

⑤ 主轴内孔存在变径应力集中。最早产生的疲劳裂纹源可能出现在应力集中最大的部位，然后裂纹扩展，最终导致断裂。

⑥ 金相组织不均匀，有明显带状组织，会加速疲劳裂纹的萌生和扩展。

综上所述，主轴的热处理工艺存在缺陷（硬度偏低，带状组织）；主轴的结构设计存在缺陷（内孔的变径过渡圆角处应力集中大，截面小）；主轴断口处存在表面划痕、应力集中等多处疲劳源。因此在交变载荷和冲击载荷作用下裂纹进一步扩展，最终导致主轴突然断裂。

3.2.8.10　改进措施

① 重新审查设计数据的合理性，用有限元法分析、核定主轴强度的安全程度。

② 改进主轴的结构设计，最重要的是减轻主轴断口处的应力集中和降低表面粗糙度。

③主轴的硬度和金相组织必须得到保证，建议按 GB/T 3480.5—2008《齿轮材料的强度和质量》中非表面硬化调质钢的 MQ 级要求控制材料和热处理的质量。

④ 如果可能，建议采用更好的主轴材料，提高主轴抗疲劳强度和抗冲击强度。

3.2.9 实例 9　曲轴断裂失效分析❶

3.2.9.1　曲轴断裂失效概况

由于曲轴承受的都是变动载荷，并且有冲击力的作用，因此曲轴的失效大都是疲劳性质的断裂，并且是常见的一种失效形式。通常，曲轴断裂都发生在主轴颈与连杆轴颈上润滑孔的出口处和曲轴的各轴颈与曲柄连接的过渡圆角处[34]。下面介绍一个实例。

某压缩机发给用户使用后不久，曲轴发生断裂失效，如图 3-214 所示。其断裂部位见图 3-215。

图 3-214　曲轴断裂形貌

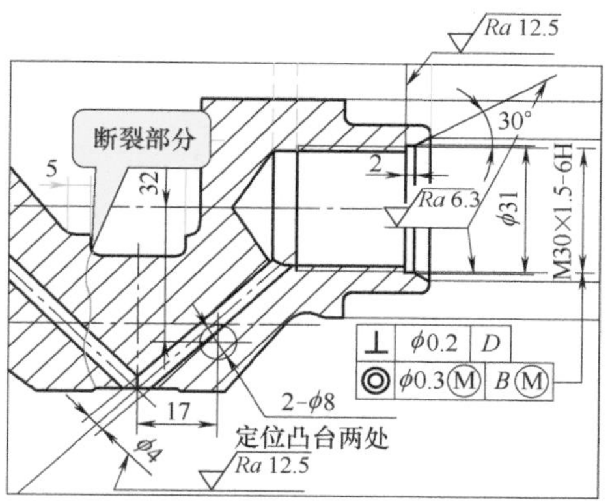

图 3-215　断裂部位

该曲轴材质为 42CrMo，经锻造、调质和渗氮处理。

曲轴断裂断口正视的形貌如图 3-216 所示。曲轴断裂断口的侧视形貌如图 3-217 所示。

图 3-216　曲轴断裂断口正视的形貌

图 3-217　曲轴断裂断口的侧视形貌

3.2.9.2　断口的宏观观察和分析

曲轴断裂断口如图 3-218 所示。

❶ 本实例取材于某科技公司《曲轴断裂失效分析报告》，2010 年 12 月。

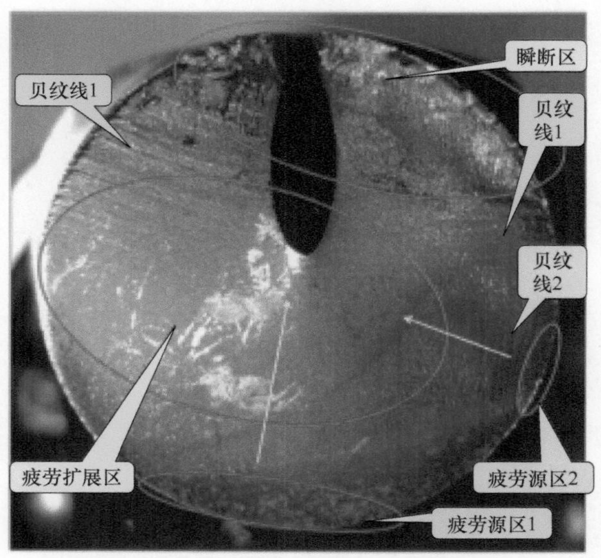

图 3-218　曲轴断裂断口

从断口图中可以得到以下信息：

① 从图 3-218 中可以清楚看到疲劳源区、疲劳扩展区、贝纹线和瞬断区。断口属于多源疲劳断口，贝纹线 1 是疲劳源 1 的疲劳裂纹扩展抑制线，贝纹线 2 是疲劳源 2 的疲劳裂纹扩展抑制线。

② 图 3-218 中疲劳源区 1 已被污染，疲劳特征不十分明显，但从贝纹线 1 的位置和方向可以判定疲劳源区 1 的存在。

③ 图 3-218 中的瞬断区断口非常粗糙、杂乱，是典型的一次性断裂。从曲轴断裂断口的侧视图中可以看到锯齿形的断口，这也是一次性断裂的典型形貌。疲劳源一般不出现在锯齿形断口区，除非是纯扭断口。

④ 由于钻孔区附近未发现疲劳断口特征，因此钻孔的应力集中对曲轴的疲劳断裂未产生致命的影响。但是应该指出，钻孔的应力集中是非常危险的，曲轴的断裂很可能从钻孔区引发。

⑤ 图 3-218 中的贝纹线 1 向上弯曲，说明曲轴断裂处（过渡圆角部位）的应力集中很严重；如果贝纹线 1 向下弯曲，说明曲轴断裂处的应力集中并不是很严重。

⑥ 图 3-218 中的瞬断区面积占断口总面积的 1/5 ～ 1/4，可见曲轴断口处的名义应力不是太大。

3.2.9.3　断口的微观分析

利用电子显微镜进行断口微观分析时，观察点（编号 1 ～ 12）位置如图 3-219 所示。现选择几个有代表性的观察点，对断口微观形貌进行观察与分析。

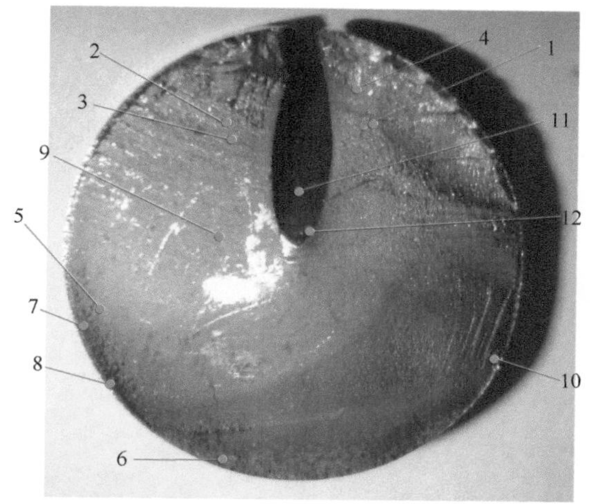

图 3-219　断口微观分析的观察点

观察点 1：是钻孔附近的瞬断区断口的低倍放大形貌，如图 3-220 所示。断口非常粗糙，是一种典型的一次断裂断口形貌。从图中还可以看到曲轴断裂时的擦伤痕迹。

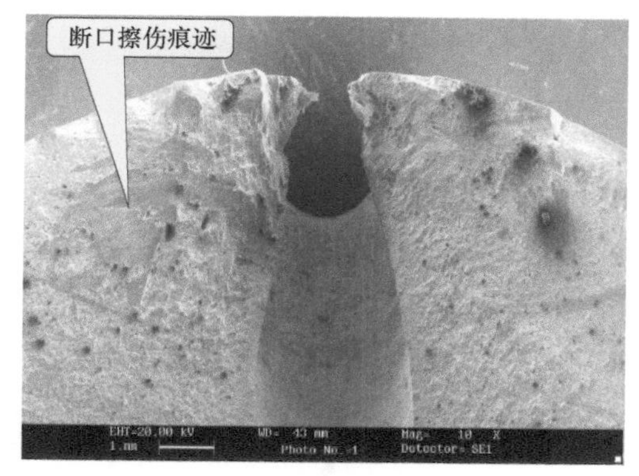

图 3-220　钻孔附近的瞬断区断口形貌

观察点 5：是疲劳区的断口形貌，其疲劳条纹形貌如图 3-221 所示。由于断口有污染，因此条纹不太清楚。

观察点 6：是疲劳区边缘的疲劳断口形貌，如图 3-222 所示。图中的层状组织是渗氮层，断口平坦，是疲劳裂纹萌生部位。

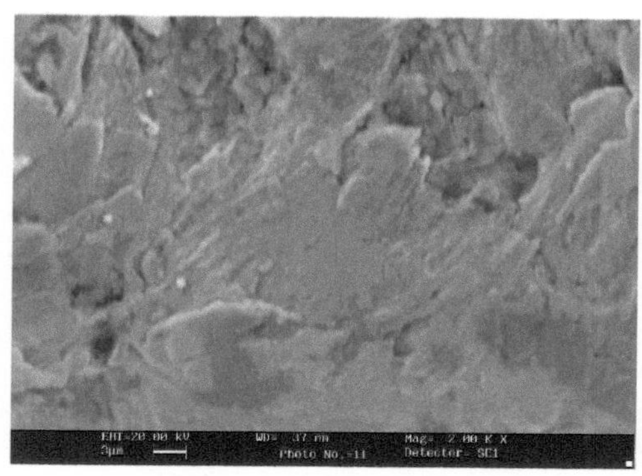

图 3-221　疲劳区的断口形貌

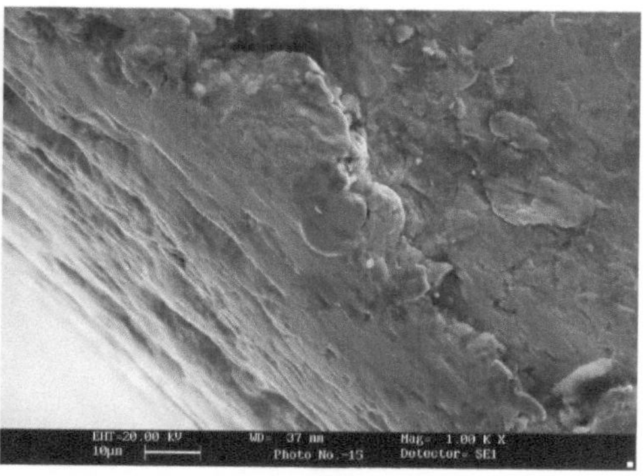

图 3-222　疲劳区边缘的疲劳断口形貌

观察点 7：是疲劳扩展区的断口形貌，如图 3-223 所示。图中贝纹线清晰可见，是典型的疲劳断口。

观察点 8：是疲劳源区的断口形貌，如图 3-224 所示。从图中可以清楚看到疲劳扩展的贝纹线和多源疲劳的疲劳贝纹线交叉的现象（有关讨论详见附录 C）。这是非常典型的疲劳断口。

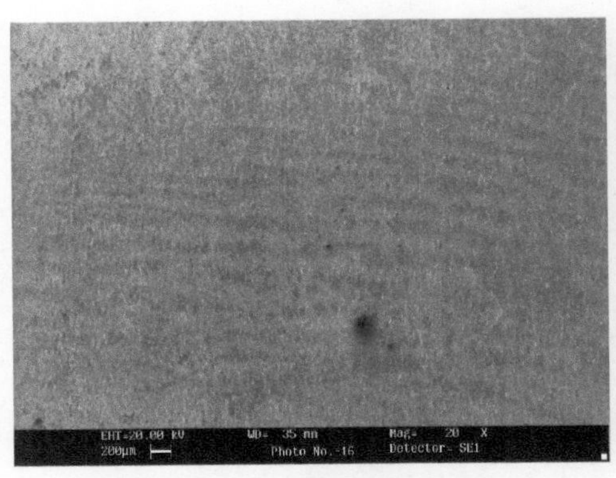

图 3-223 疲劳扩展区的断口形貌

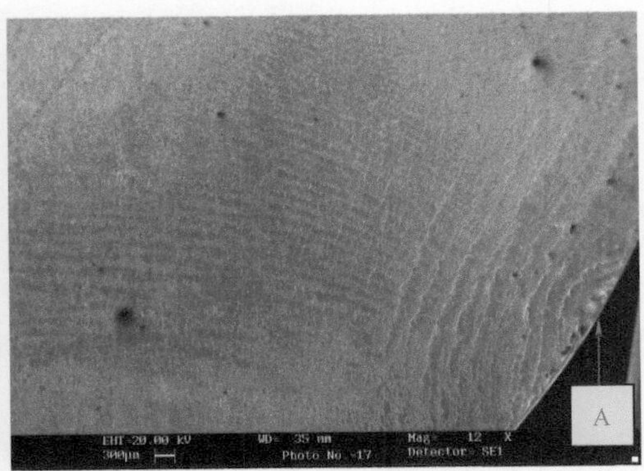

图 3-224 疲劳源区的断口形貌

图 3-225 是图 3-224 中疲劳源区 A 的放大图。从图中可以看到类似“后浪推前浪”的疲劳扩展贝纹线（典型的海滩花样）。图中白色的边缘是渗氮层。

3.2.9.4 曲轴的过渡圆角

曲轴的过渡圆角对疲劳强度有很大影响。曲轴断裂处的过渡圆角已经无法测量，但可以测量其他部位的过渡圆角，测量结果见图 3-226。根据测量结果发现加工存在问题：圆弧连接不好，出现了拐点，这就加大了曲轴过渡圆角处的应力集中。

图 3-225 疲劳源区 A 的放大

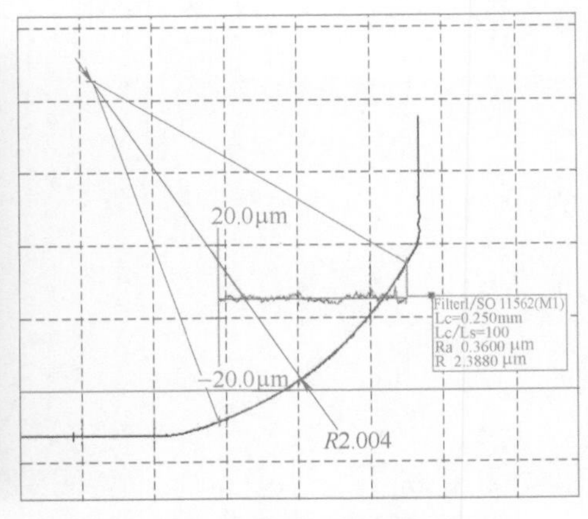

图 3-226 曲轴过渡圆角测量结果

3.2.9.5　材质、化学成分、力学性能和金相组织检验

① 该曲轴材质为 42CrMo，经锻造、调质和渗氮处理。

② 化学分析结果表明，曲轴材质中主要元素含量符合标准要求。

③ 曲轴材料的力学性能检测结果表明 R_m、R_p、A 和硬度等均符合要求。

④ 金相组织检验结果表明曲轴材料及热处理后的金相组织均合格。

3.2.9.6　结论

① 曲轴材质 42CrMo 的化学成分、力学性能、热处理、金相组织等均符合规定的要求。

② 曲轴的失效是疲劳断裂，并且是多源疲劳断裂。

③ 曲轴疲劳断裂发生在过渡圆角部位，从疲劳断口的特征也可以看到过渡圆角部位有严重的应力集中。

④ 钻孔区附近未发现疲劳断口特征，因此钻孔的应力集中对曲轴的疲劳断裂未产生致命的影响。但是钻孔的加工刀纹非常明显，曲轴的断裂很可能会从钻孔区引发。

⑤ 瞬断区面积占断口总面积的 1/5 ～ 1/4，曲轴断口的名义应力不是太大。

3.2.9.7　改进措施

① 应修改曲轴的过渡圆角，建议采用椭圆弧的过渡圆角。过渡圆角的圆弧要圆滑连接，不要出现拐点。

② 将过渡圆角处的粗糙度 *Ra* 0.8 改为 *Ra* 0.4，并进行抛光处理，以减小应力集中。

③ 将钻孔表面的粗糙度 *Ra* 12.5 改为 *Ra* 6.5，并进行适当的内孔研磨处理，以减小应力集中。

④ 应防止渗氮时出现氢脆的氛围。

⑤ 应防止轴颈渗氮后磨削加工的偏磨缺陷。

⑥ 采用其他的改进工艺措施[35]。

3.2.9.8　讨论

上面提到曲轴钻孔的应力集中大，钻孔加工刀纹非常明显，虽然对曲轴的疲劳断裂未产生致命的影响，但是，曲轴的断裂很可能会从钻孔区引发。有时单凭推测和断口的宏观观察可能会做出错误的判断，下面就是一个实例。

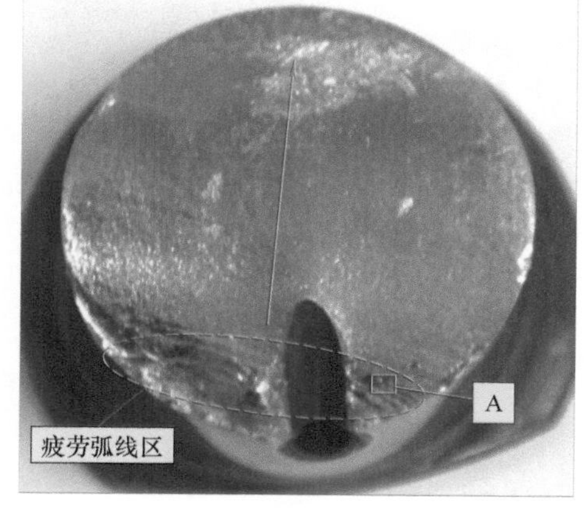

图 3-227　曲轴断口的形貌

以上实例的曲轴在使用中又发生了一次断裂事故，其断口的形貌如图 3-227 所示。在润滑油孔附近出现明显的疲劳弧线（贝纹线），于是认为油孔的应力集中

区域是疲劳源所在地，疲劳裂纹从下向上扩展（图 3-227），最后造成曲轴的疲劳断裂。这是根据断口宏观观察做出的初步判定，但是事实并非如此。将断口疲劳弧线区的 A 视场（图 3-227）置于扫描电镜下观察，其疲劳弧线形貌如图 3-228 所示。根据疲劳弧线的疏密程度就可以判断裂纹扩展的方向：上密下疏，裂纹是从上向下扩展的。由此可见，真正的疲劳源区应该是在断口的上方。此实例说明断口分析时，宏观观察虽然非常重要和有效，但一定要与微观观察相结合才能得到正确的结论。

图 3-228　断口中 A 视场的断口疲劳弧线形貌

3.2.10　实例 10　制氧厂离心压缩机断轴毁机失效分析[1]

前面 9 个轴的失效分析案例讨论的都是单个零件的损坏，而没有涉及整个机器多个零部件的损坏，这种失效分析目标明确，涉及的面不宽，失效分析的工作量较小，也比较容易深入分析，得到正确的结论。如果损坏的是整机，大的如飞机失事，小的如压缩机整机损坏（蜗壳、叶轮、齿轮、轴承、轴、扩压器、螺栓和密封件等全部损坏），失效分析工作就比较复杂了。整机损坏失效分析的关键是要寻找和确定整机损坏的肇事件。通常采用排查法，逐个分析失效零件的失效特征，逐一排除，确定肇事件，其他的失效零件就是受害件。

下面讨论的某制氧厂离心压缩机毁机失效分析就是一个很好的案例。

3.2.10.1　离心压缩机断轴毁机概况

某制氧厂万立方制氧机配套的一台离心压缩机在生产运行过程中出现突发性（事故前无征兆）整机严重破坏。所谓整机破坏就是压缩机中的轴、齿轮、轴承、

[1] 本实例取材于某制氧厂的《离心压缩机失效分析技术报告》，1999 年 4 月。

连接件、密封件、叶轮和机壳等均完全破坏。因此，失效分析工作的关键一步就是要找到肇事件，然后开展深入细致的失效分析工作。

四级离心压缩机机构简图如图 3-229 所示。电动机通过联轴器驱动大齿轮 1，大齿轮带动小齿轮 2 和 3，增速后驱动 4 个叶轮。

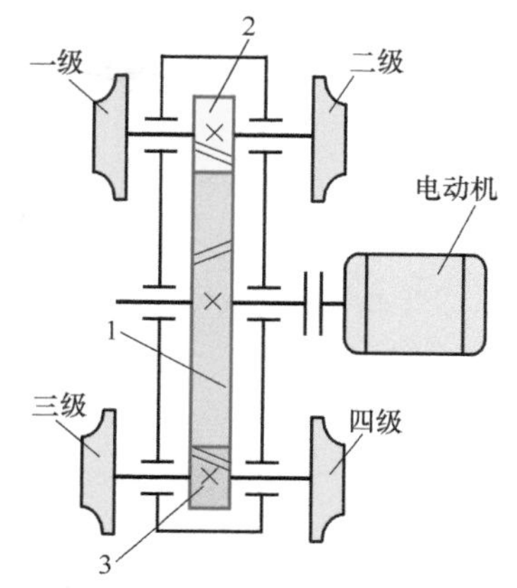

图 3-229　四级离心压缩机机构简图

1—大齿轮；2—低速小齿轮；3—高速小齿轮

四级离心压缩机的参数见表 3-29。

表 3-29　四级离心压缩机的参数

流量	m^3/h	54000
电机功率	kW	5400
电机转速	r/min	1500
低速小齿轮 2 转速	r/min	7824
高速小齿轮 3 转速	r/min	9650

一级叶轮各零件的位置关系见图 3-230。图中标注出轴断裂的位置。

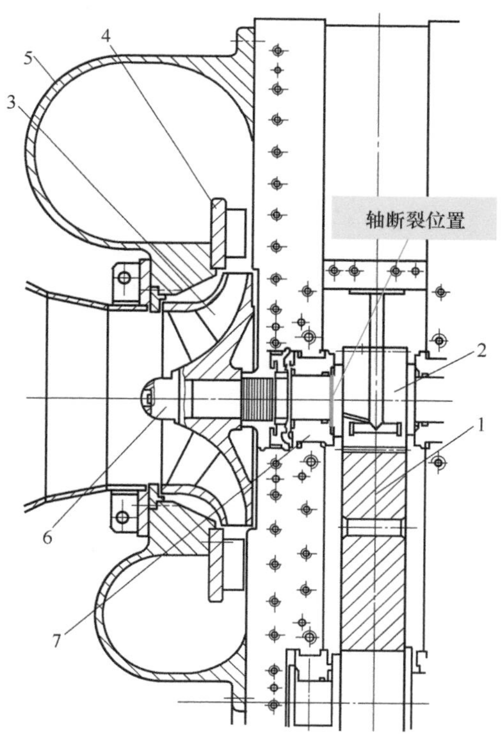

图 3-230　一级叶轮各零件的位置关系

1—主动大齿轮；2—低速小齿轮；3—一级叶轮；4—扩压器；5—蜗壳；6—螺帽；7—滑动轴承

事故发生后，有关人员对离心压缩机破坏情况持有不同的观点，见表 3-30。

表 3-30 压缩机的破坏情况和不同的观点

压缩机破坏情况	对破坏原因的不同观点
①叶轮从轴上脱落（螺母撸扣）	①制造质量不好，轴疲劳断裂
②叶轮爆裂	②螺母松脱使轴断裂
③扩压器和蜗壳全破坏	③齿轮断裂，引起轴断裂
④滑动轴承全破坏	④滑动轴承破坏，引起轴断裂
⑤齿轮轮齿碎裂	
⑥密封件碎裂	

3.2.10.2 全部失效件的排查与失效分析

为了找到整机毁坏的肇事件，采用排查法对每个失效件的失效形貌进行观察与分析，并对零件材料的化学成分、力学性能、金相组织等进行检测。

（1）叶轮爆裂的宏观微观分析

收集爆裂的叶轮碎片，拼凑成整体叶轮，如图 3-231 所示。遗憾的是其中有几块叶轮碎片没有找到。

叶轮中心部位的断裂形貌见图 3-232。图中可见叶轮轮毂断裂，并出现了很大的变形张开量，可推断轮毂断裂时受到了巨大的冲击力，不可能是疲劳断裂。

图 3-231 爆裂的叶轮碎片

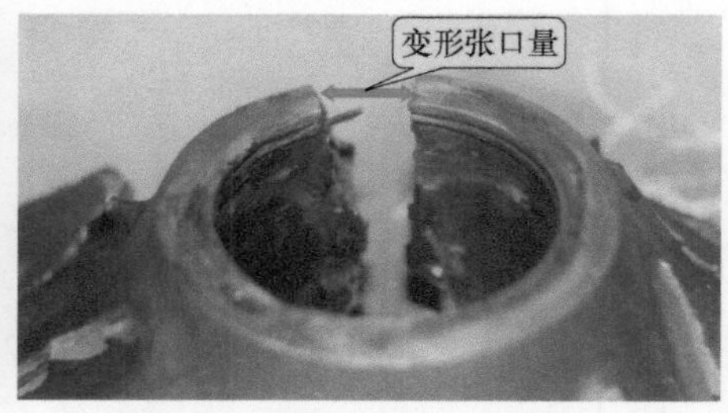

图 3-232 叶轮中心部位的断裂形貌

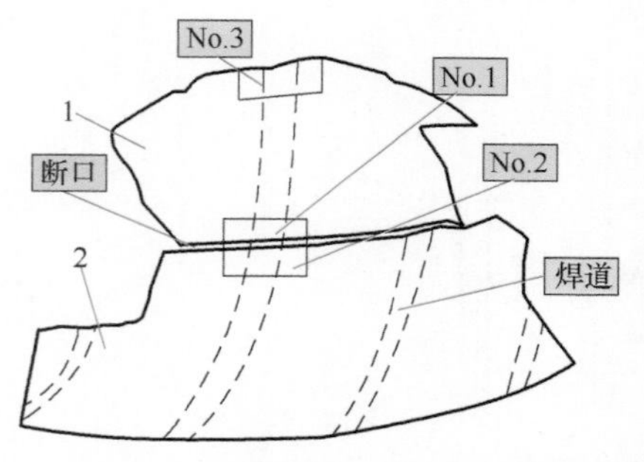

图 3-233 叶轮断口的宏观形貌分析取样

叶轮断口的宏观形貌分析取样如图 3-233 所示，在 2 块叶轮碎片（1 和 2）上共取 3 块试样（图中 No.1、No.2、No.3）。

叶轮 No.1、No.2 试样断口匹配面的宏观形貌见图 3-234，断口有放射形断裂特征，属于一次性断口，非疲劳断裂。

叶轮断口 No.3 试样的宏观形貌见图 3-235。有放射形断裂特征，属于一次性断口，非疲劳断裂。

叶轮断口 No.2 试样，其断口源区的

微观形貌见图 3-236。从图（a）～（d）4 个微观形貌可见，断口具有准解理断裂特征，表明是一种快速断裂的断口，非疲劳断裂。

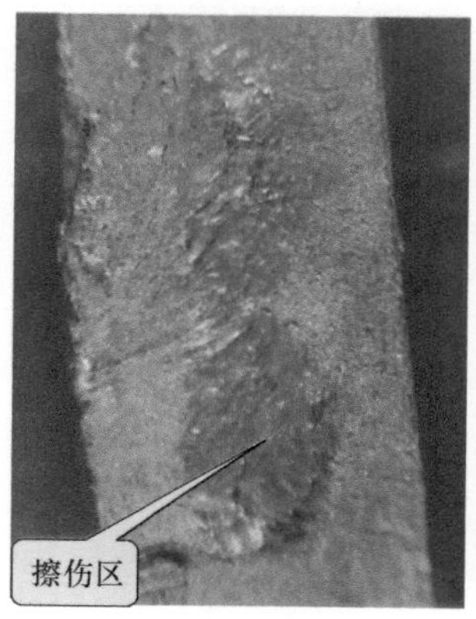

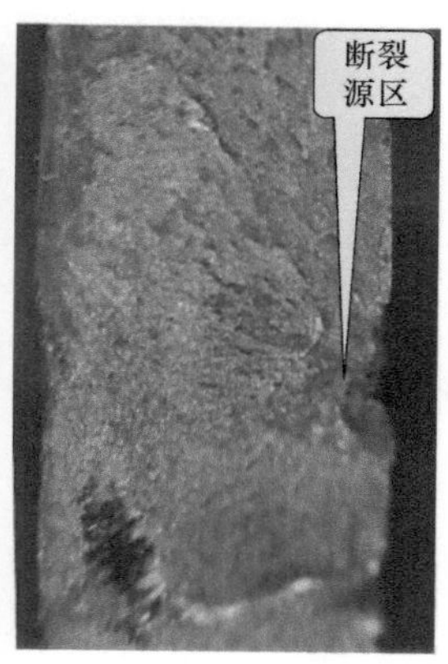

图 3-234　叶轮断口 No.1、No.2 试样匹配面的宏观形貌

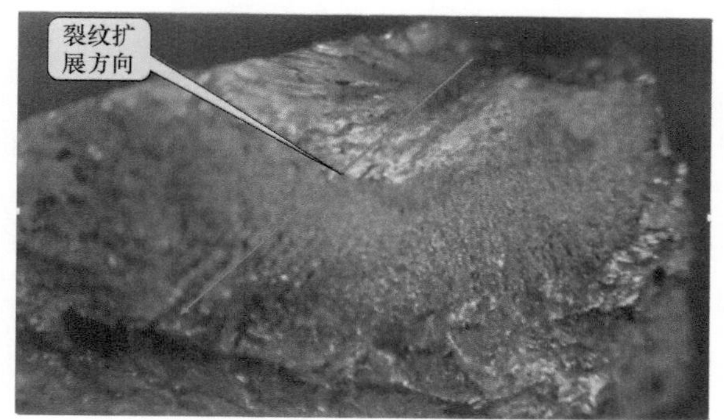

图 3-235　叶轮断口 No.3 试样的宏观形貌

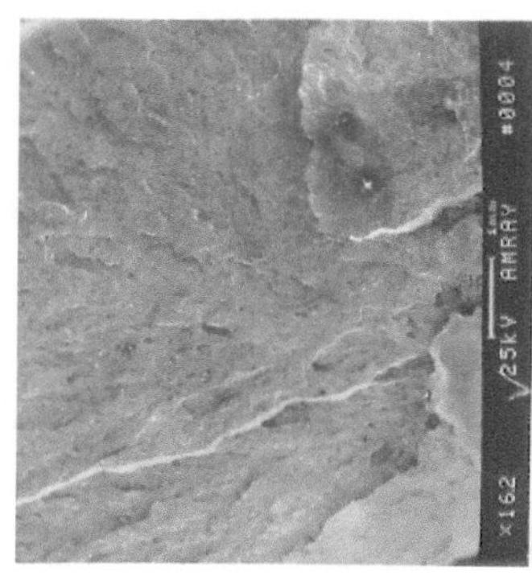

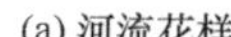
(a) 河流花样

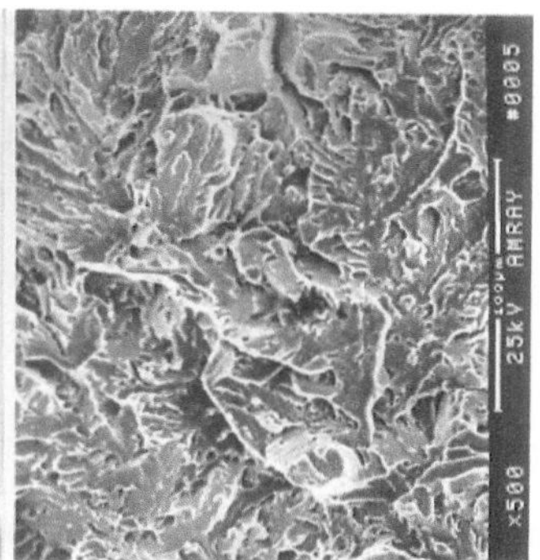

(b) 河流花样+韧窝

图 3-236

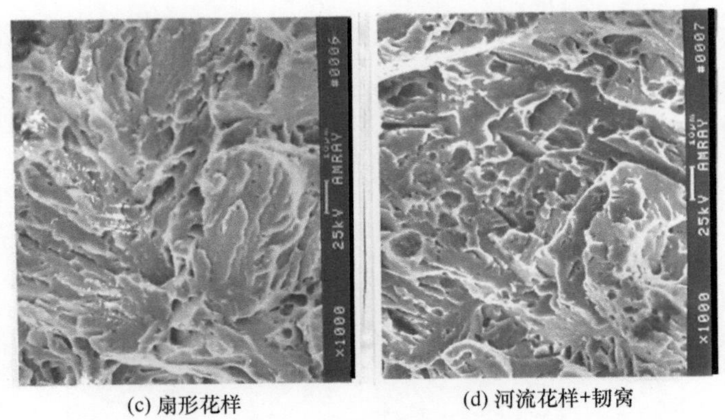

(c) 扇形花样　　(d) 河流花样+韧窝

图 3-236　叶轮断口 No.2 试样断口源区的微观形貌

叶片与轮盘的焊接存在缺陷，从图 3-237 中可以看到未焊透、未熔合的焊接缺陷。

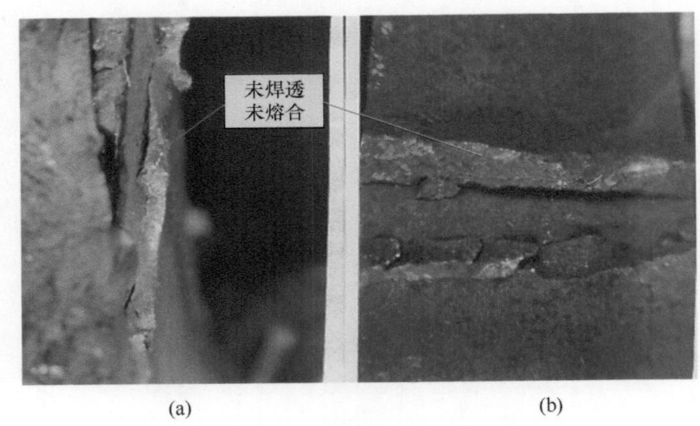

(a)　　(b)

图 3-237　叶片与轮盘的焊接存在缺陷

（2）叶轮压紧螺帽（平帽）的失效分析

发生事故时，叶轮破坏瞬间产生并作用于平帽上的巨大推力，首先使一级叶轮一侧轴上平帽内的防松螺栓［图 3-238（a)］发生瞬时脆断，随后轴头上的外螺纹和与其配合的平帽内螺纹互为“拉刀”，拉削彼此的螺纹，最后平帽由于撸扣而脱落，并掉入一级排气管道内。

图 3-238（b）是防松螺栓断裂的断口，图中有断裂源区和放射形断裂线，是冲击下的一次性快速脆性断裂。

防松螺栓断口的源区和扩展区的微观形貌见图 3-239，是一次性断裂的形貌。

压紧螺母内螺纹的损坏形貌见图 3-240。图中最重要形貌是螺纹脱扣破损，这是螺母不是松脱的证据，排除其是肇事件的可能性。

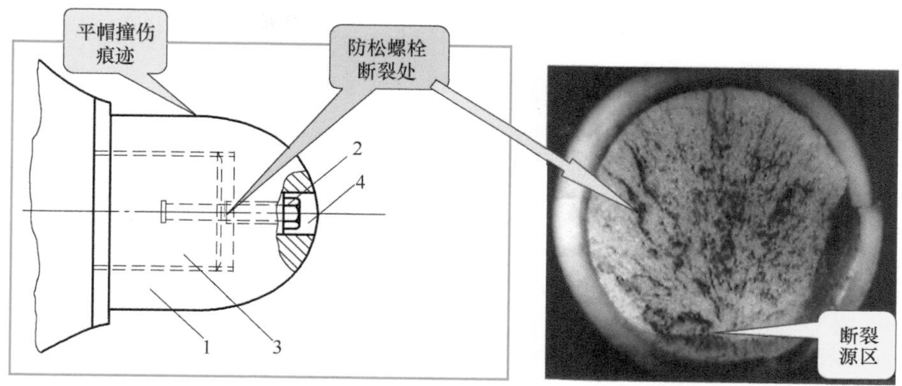

图 3-238　叶轮轴上的防松螺栓断裂

1—平帽；2—防松螺栓；3—叶轮轴；4—环氧树脂（防松）

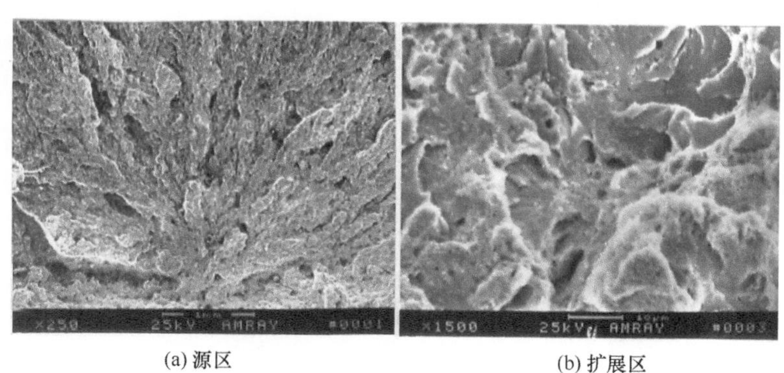

(a) 源区　(b) 扩展区

图 3-239　防松螺栓断口的源区和扩展区的微观形貌

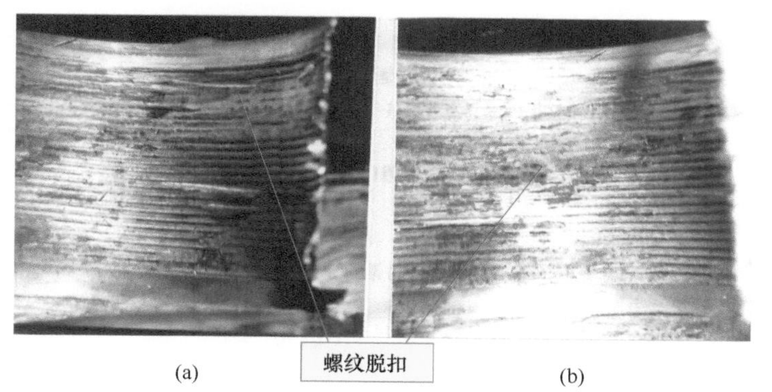

(a)　(b)

图 3-240　压紧螺母内螺纹的损坏形貌

（3）蜗壳、扩压器的失效分析

蜗壳、扩压器都是静止件，在正常情况下所受的外载荷不大，因此两者一般是不应该损坏的。很显然，蜗壳（图 3-241）、扩压器（图 3-242）破坏形貌表明，扩压器和蜗壳是在严重的外力冲击下破坏的。这个外力就是 1 级叶轮轴断裂后叶轮失去严格的约束条件（两个滑动轴承支承），使叶轮与扩压器叶片高速碰撞的冲击力。这时叶轮碎裂，扩压器的叶片被叶轮扫去一部分，碎裂的叶片高速飞出（扫膛），使相关零件受到破坏。作用在扩压器上的巨大冲击力使与扩压器连接的蜗壳破坏，连接螺栓断裂。这一过程是瞬时发生的，因此蜗壳破坏的断口呈现一次性断裂的特征。检查、观察蜗壳和扩压器的所有断口，均为一次性断口形貌。因此，可以判定蜗壳和扩压器都是叶轮爆裂的受害件，不是肇事件。

图 3-241　蜗壳的破坏形貌

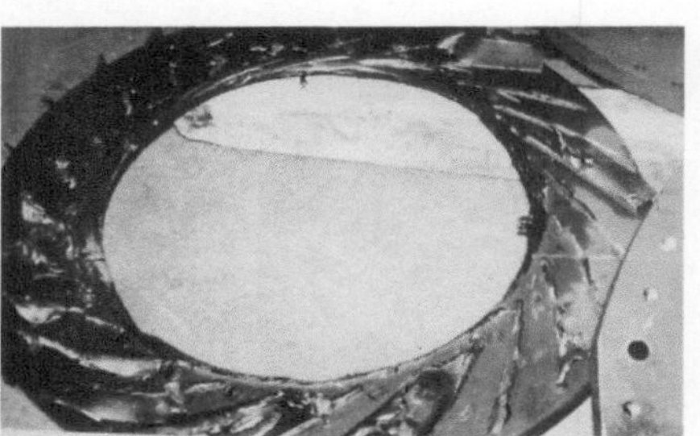

图 3-242　扩压器的破坏形貌

（4）滑动轴承的失效分析

滑动轴承用来支承叶轮和齿轮，由于转速很高（表 3-29），因此采用液体动压油膜轴承。事故发生后，低速小齿轮轴一、二级叶轮两侧的滑动轴承都遭到了破坏，但一级一侧轴承［图 3-243（a）］的破坏程度比二级一侧的更为严重。这是由于断轴后一级叶轮失去一个轴承的约束，断轴发生了“甩鞭”现象。巨大的甩力和碰撞力造成轴承体塑性变形，两端形成喇叭口，轴承严重胶合、擦伤，轴承被完全破坏［图 3-243（b）］。因此，一、二级叶轮轴承的破坏是由轴断裂引

(a) 轴承失效外观

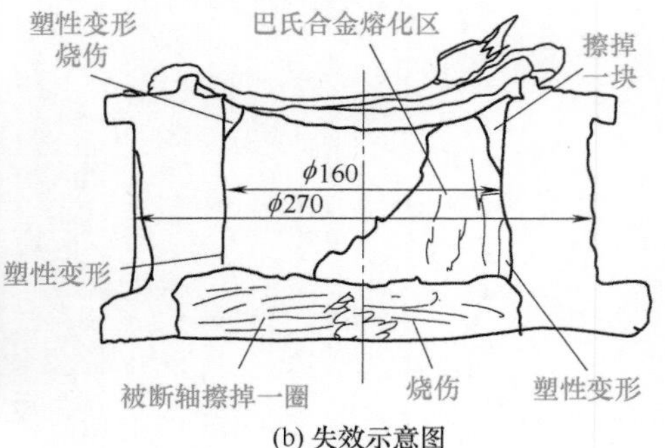

(b) 失效示意图

图 3-243　一级叶轮上轴承体的失效形貌

起的，是受害件不是肇事件。

（5）密封件的失效分析

一、二级叶轮轴有三处密封，均采用梳齿式密封装置，如图 3-244 所示。所用材料均为 Z104（合金牌号为 ZA1Si9Mg）。这种材料可承受较大的负荷和冲击，只要压缩机的温度不超过 200℃，密封是安全的。

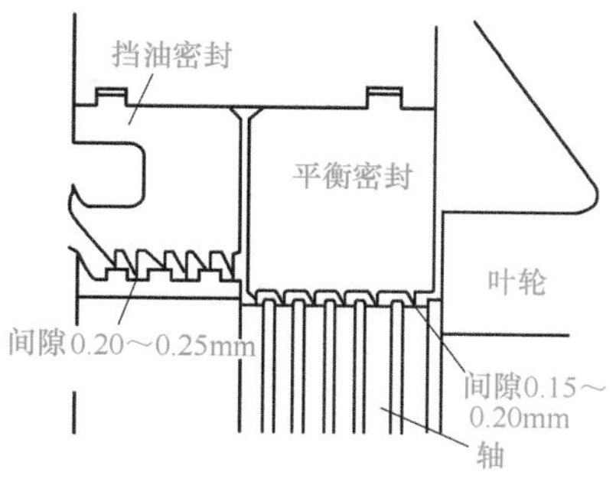

图 3-244　梳齿式密封装置

所有密封与转动件之间都有规定的间隙（图 3-244），因此不可能有大的力作用在密封件上。事故发生后，在现场看到的密封残骸都成碎块状。其断口具有粗糙的结晶状断裂形貌，是一次性脆性断裂。所有密封件都是受害件不是肇事件；密封件的破坏是由轴断裂引起的。

（6）齿轮的失效分析

空气压缩机的齿轮传动机构如图 3-229 所示。在一、二级叶轮轴发生断裂事故时，齿轮受到了严重破坏，特别是低速小齿轮 2 和大齿轮 3。

由于轴的断裂发生在低速小齿轮 2 的轴上，因此齿轮失效分析的重点就放在低速小齿轮 2（图 3-245）上。齿轮参数见表 3-31。

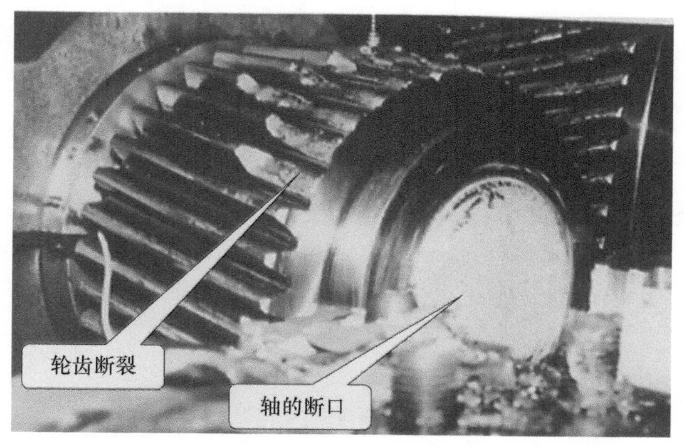

图 3-245　低速小齿轮 2 轮齿断裂形貌

表 3-31　齿轮参数

项目	主动大齿轮 1	低速小齿轮 2	高速小齿轮 3
法面模数 /mm	8	8	8
齿数	193	37	30
分度圆螺旋角	12°	12°	12°

续表

项目	主动大齿轮 1	低速小齿轮 2	高速小齿轮 3
齿宽 /mm	180	185	185
转速 /r · min^{-1}	1500	7824	9650
主动大齿轮额定功率 /kW	5400		

小齿轮材料为 12Cr2Ni4。大齿轮为中碳合金钢（因是受害件未做牌号确定），调质处理，硬度约为 300HBW。

大、小齿轮的破坏完全是由轴断裂后齿轮错位（齿顶与齿顶碾压）造成的。从图 3-248 中可以看到大小齿轮啮合错位的情况。

小齿轮 2 的主要破坏形式是断齿，共有 14 个齿在一端断裂，断齿偏向齿宽的一边，其整体外观形貌如图 3-245 所示。

图 3-246 是低速小齿轮 2 轮齿冲击齿根断裂的形貌，是典型的随机断裂，不是疲劳断裂。图中给出了轮齿有效硬化层深度。

小齿轮的齿面经过磨削加工，其轮齿根部出现了很深的磨削台阶，如图 3-247 所示。此台阶会产生很大的应力集中，对轮齿的弯曲疲劳强度极为不利。小齿轮大部分断齿，其断裂源都在此磨削台阶上。

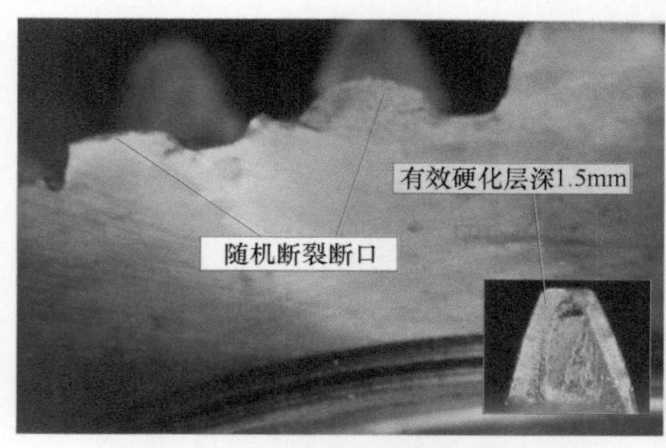

图 3-246　轮齿断裂的端面形貌

图 3-247　磨削台阶

调质大齿轮 1 的硬度比渗碳淬火的小齿轮 2 低很多，因此在小齿轮轴断裂、齿轮啮合错位时，大齿轮轮齿几乎全部被碾压破坏，如图 3-248 所示。

图 3-248　大齿轮轮齿被碾压破坏

被碾压的轮齿成破碎状，如图 3-249 所示，可见其碾压力非常大。

低速小齿轮 2 的轮齿渗层和心部的金相组织见图 3-250。

图 3-249　大齿轮碾压破坏局部放大形貌

① 齿面渗层金相组织［图 3-250（a)］是回火马氏体（4 级，JB/T6141.4—1992《重载齿轮 渗碳表面碳含量金相判别法》)，硬度为 60HRC。

② 轮齿心部金相组织［图 3-250（b)］是马氏体 + 屈氏体（3 级，JB/T 6141.3—1992《重载齿轮 渗碳金相检验》)，硬度为 30HRC。

金相组织正常，符合技术要求。

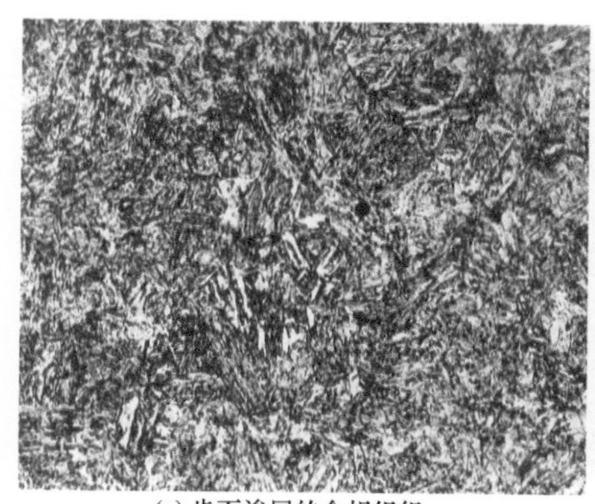

(a) 齿面渗层的金相组织

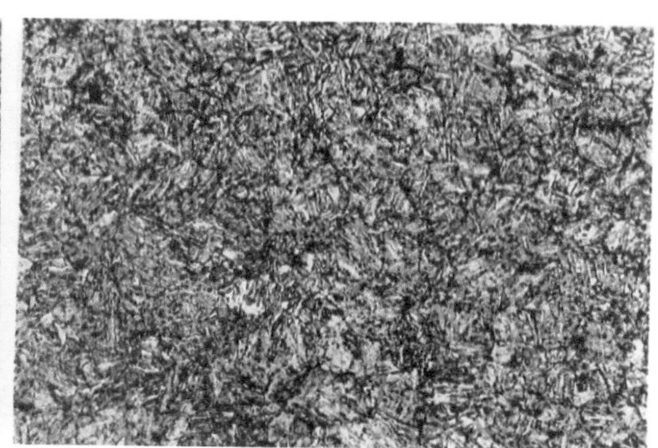

(b) 心部的金相组织

图 3-250　轮齿渗层和心部的金相组织

结论：根据以上分析可以判定大小齿轮的制造品质良好，不是肇事件，而是齿轮轴断裂造成的受害件。

3.2.10.3　一、二级叶轮轴的断裂失效分析

压缩机一、二级叶轮轴系部件的结构示意图见图 3-251。图中标注出轴的断裂部位［图 3-251（a)］和轴断裂处的结构尺寸［图 3-251（b)］；图中的 1、2 是

指轴上的一级叶轮和二级叶轮。

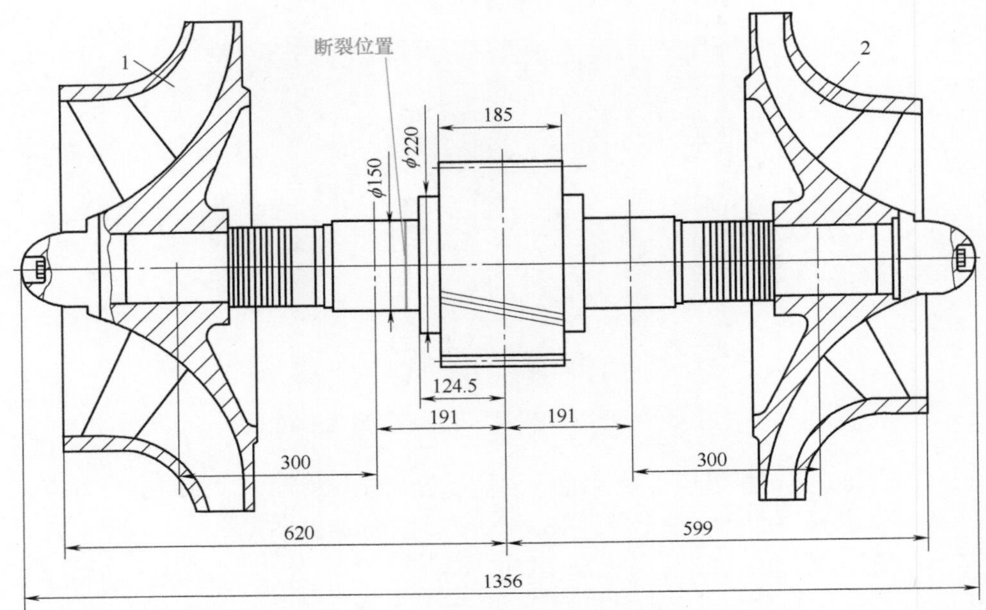

(a) 轴系部件

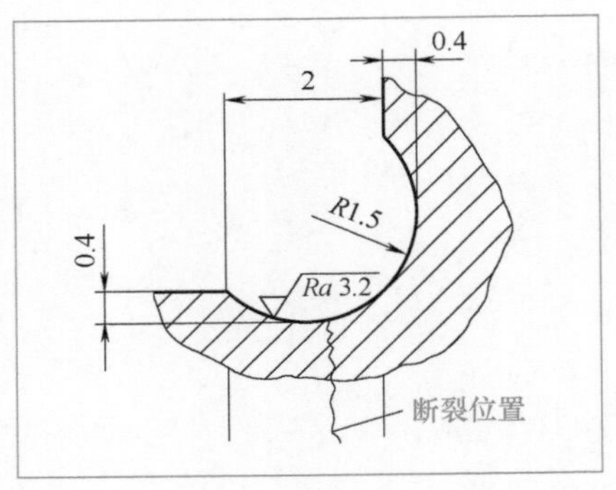

(b) 轴断裂处的结构尺寸

图 3-251 压缩机一、二级叶轮轴系的结构示意图

(1) 一、二级叶轮轴的断裂部位及表面损伤特征分析

一、二级叶轮轴与小齿轮为整体结构，采用 12Cr2Ni4 钢加工而成（其化学成分见表 3-32）。该轴主要承受弯曲和扭转载荷。轴的断裂位置在小齿轮与一级叶轮一侧轴承之间的轴肩过渡圆角根部，如图 3-252 所示。断轴的外观形貌见图 3-253。

(a) 轴断裂外观全貌 0.25×

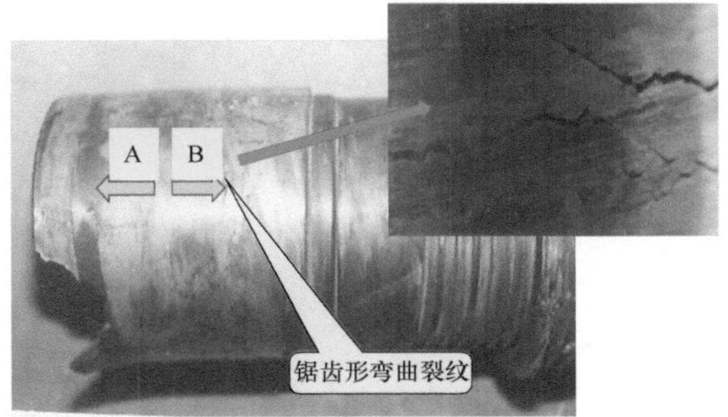

(b) 断口附近的碰撞痕迹(箭头A所指)和锯齿状裂纹(箭头B所指) 0.40×

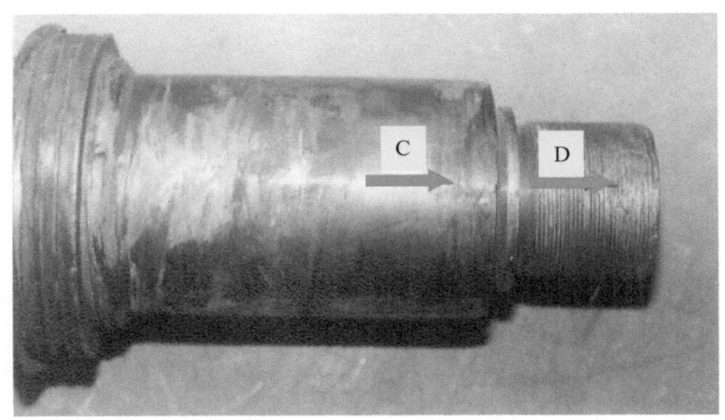

(c) 轴另一头的碰撞痕迹(箭头C所指)和螺纹受挤压痕迹(箭头D所指)

图 3-252　断裂轴弯曲受拉面损伤形貌

(a) 受压面全貌 0.25×

图 3-253

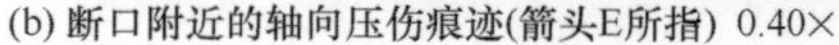

(b) 断口附近的轴向压伤痕迹(箭头E所指) 0.40×

(c) 靠近叶轮一侧的形貌 0.40×

图 3-253 断裂轴弯曲受压面损伤形貌

图 3-254 锯齿状裂纹的局部放大形貌 2.5×

断轴在轴承安装处附近出现明显的塑性弯曲变形［图 3-252（a）箭头所示］。轴弯曲变形的受拉面一侧表面上有周向碰撞痕迹和多条锯齿状裂纹［图 3-252（b）箭头 A 和 B 所指］。锯齿状裂纹沿轴的圆周方向分布，其局部放大形貌见图 3-254。

安装一级叶轮的轴表面上有周向碰伤痕迹，安装平帽的螺纹处有撞伤挤压痕迹［图 3-252(c）箭头 C、D 所指］。安装密封环处的轴表面也出现挤伤痕迹。

轴弯曲的受压面一侧表面损伤较轻，除安装轴承处的表面上有一条轴向撞伤痕迹［图 3-253（b）箭头 E 所指］之外，安装叶轮的轴表面和与平帽相配合的螺纹基本完好。

轴上弯曲处的锯齿状裂纹的深度约为 1.5mm，与轴表面的渗碳层深度相当。

上述的损伤特征表明：

① 轴上的撞击痕迹（图 3-252 上箭头 A、C、D 所指）是轴断裂后产生的。

② 断轴的弯曲变形是作用在损伤痕迹上的撞击力造成的，且轴的变形方向与撞击力的作用点有对应关系。

③ 锯齿状裂纹是在断轴快速弯曲变形过程中形成的。

④ 轴本身的断裂发生在弯曲变形之前。

（2）一、二级叶轮轴的断口观察与分析

1）断口宏观观察与分析　断轴的断口低倍形貌见图 3-255。在断口的五分之四圆周（除图中 DE 段外）上，均有与轴线呈约 45°角的断裂面。该断裂面与轴所受扭转载荷的正应力垂直，称为正断型断面（箭头 I 、II 所指）。紧接正断型

断裂面之后是沿扭转最大切应力作用面的切断型断裂面。将断口沿轴线剖开（图 3-256），可看到两者的关系，图 3-256 中 G 断裂面为正断型，H 断裂面为切断型。上述宏观特征表明，该断口具有扭转疲劳断裂的典型宏观形貌特征，属正断与切断复合型疲劳断口。

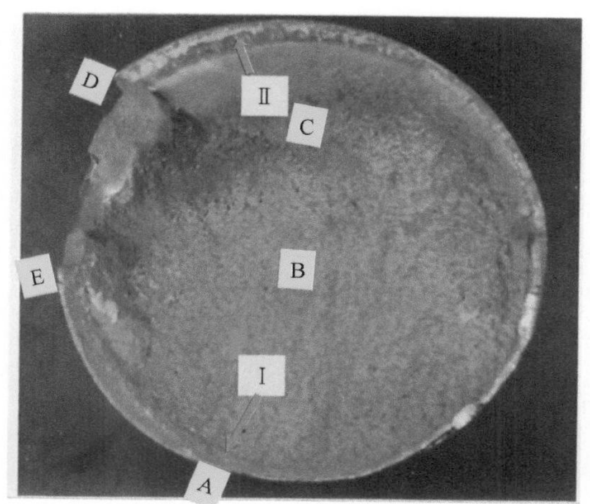

图 3-255　低速轴断口低倍形貌　0.5×

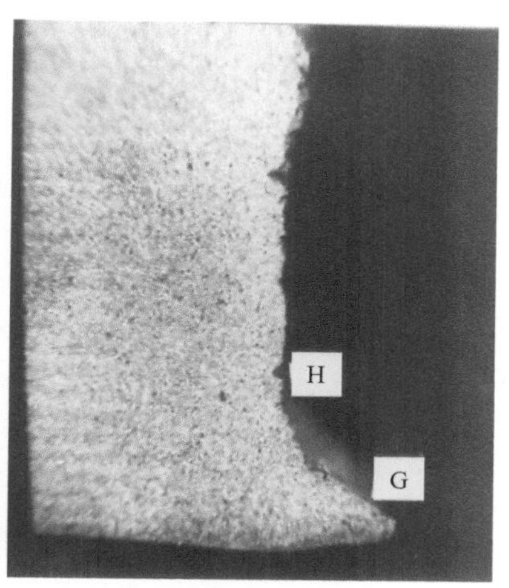

图 3-256　轴向剖开的正断型断裂（G）与切断型断裂（H）面 2.3×

断裂起源于轴五分之四的圆周表面，呈线源特征，其位置在轴肩过渡的退刀槽内。退刀槽圆角半径约为 1.5mm，表面有严重的加工刀痕和啃刀痕（图 3-257）。退刀槽圆角半径过小，表面粗糙度高，又存在严重啃刀，这些均会造成该处的应力集中增大、强度降低，成为引起轴在此断裂失效的重要原因之一。

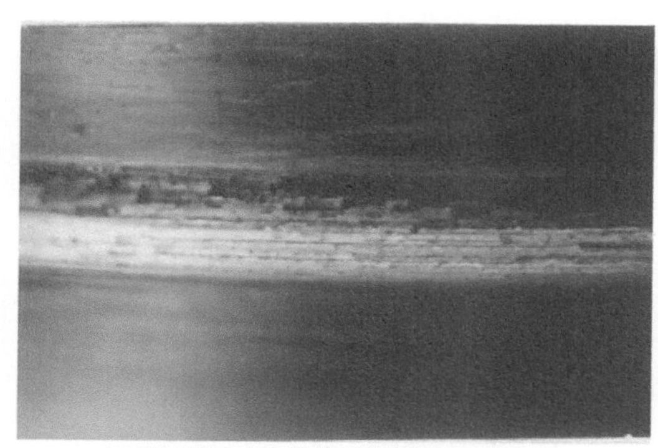

(a) 退刀槽的表面粗糙形貌和啃刀痕迹　4.0×

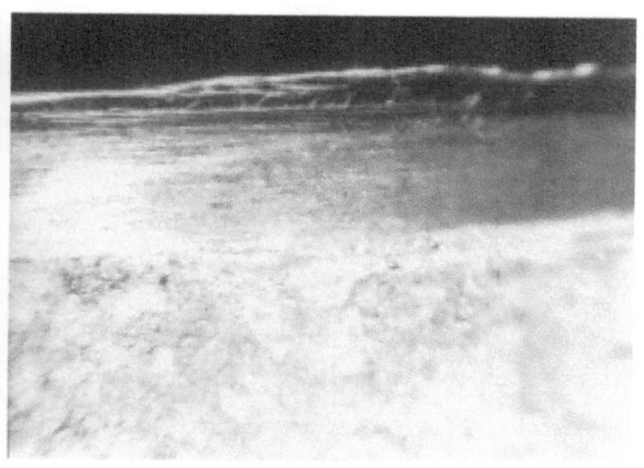

(b) 断口处退刀槽形貌　4.0×

图 3-257　退刀槽表面形貌

断口圆周上正断区各处的深度不等，但其断裂表面均较平滑、细密。由于靠近圆周表面的源区均遭到不同程度的磨损，所以无法确认最初起源点。

切断区内的断面粗糙，宏观断裂棱线清晰。尽管轴的断裂起源于五分之四圆周表面，但从切断区内的断裂棱线可以看出，轴的断裂扩展方向是由A向B（图3-255），其断面基本平整，从B处开始转向扩展，并快速扩展至C，与对面扩展过来的裂纹相交，形成明显凹槽。D、E处有剪切唇，是最终断裂分离区。

2）断口微观观察与分析　在图3-255的A处附近切取局部断口，用扫描电镜观察断口的微观形貌。

在正断区断口上，呈现出与断裂方向垂直的条排状等轴韧窝（裂纹扩展方向自下而上，以下各图均同），且韧窝浅而细，是低周疲劳断裂的一种特征形貌（图3-258和图3-259）。

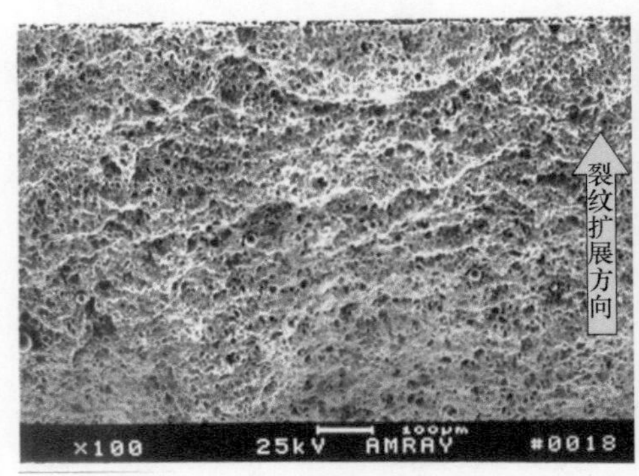

图3-258　正断区断口上的条排状等轴韧窝

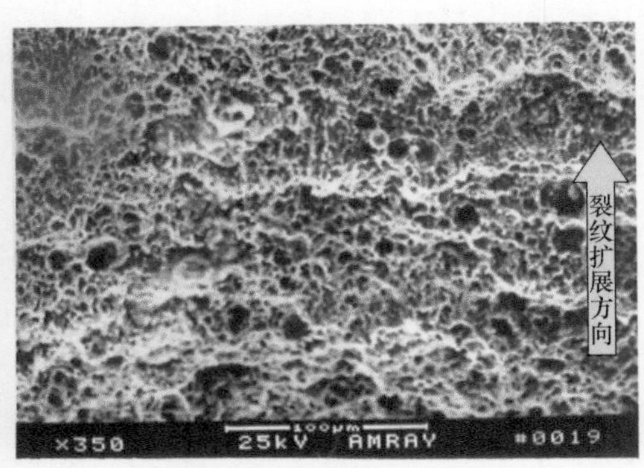

图3-259　正断区内与断裂方向垂直的条排状等轴韧窝

在切断区断口上，有与断裂扩展方向垂直的条排状断裂棱线（图3-260），棱线上的韧窝成排状，浅而细，有较多的点状夹杂物（图3-261）。

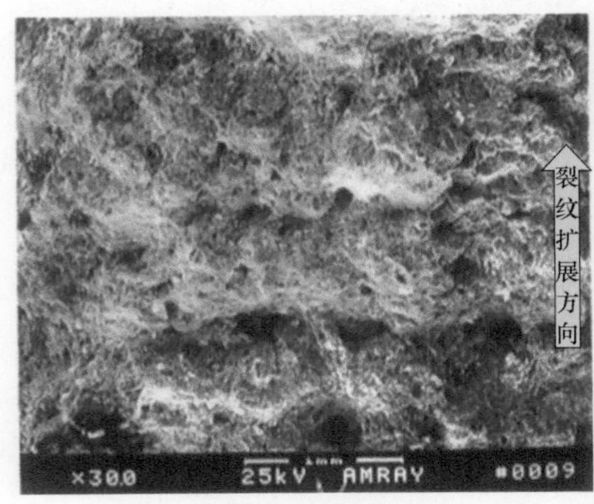

图3-260　切断区内与断裂扩展方向相垂直的棱线

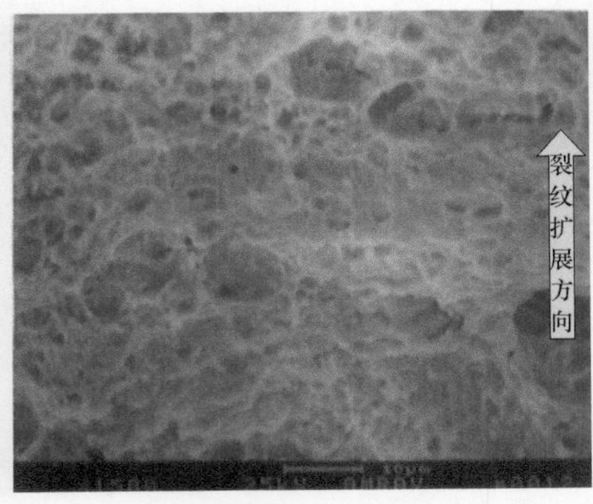

图3-261　断裂棱线上的韧窝与夹杂物

在两棱之间可见到典型的呈“线路板”状的低周扭转疲劳断裂的特征（图 3-262）。也可见到典型的疲劳台阶与疲劳条带，见图 3-263 ～图 3-265。

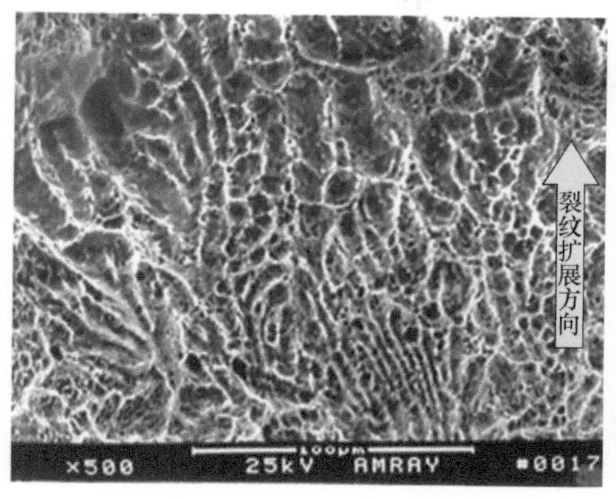

图 3-262　“线路板”状的低周扭转疲劳断裂特征

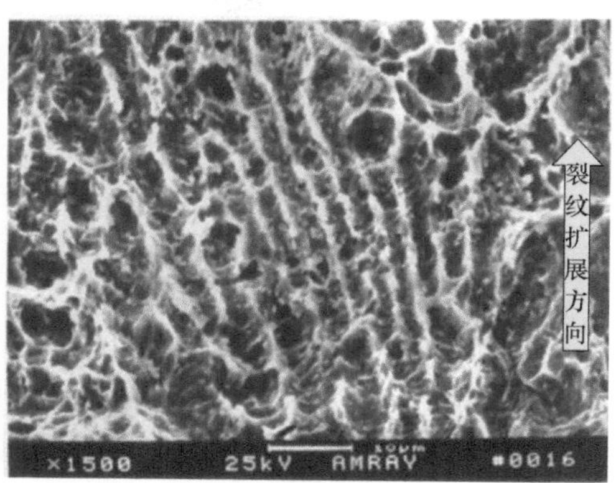

图 3-263　疲劳台阶和疲劳条带 + 韧窝（一）

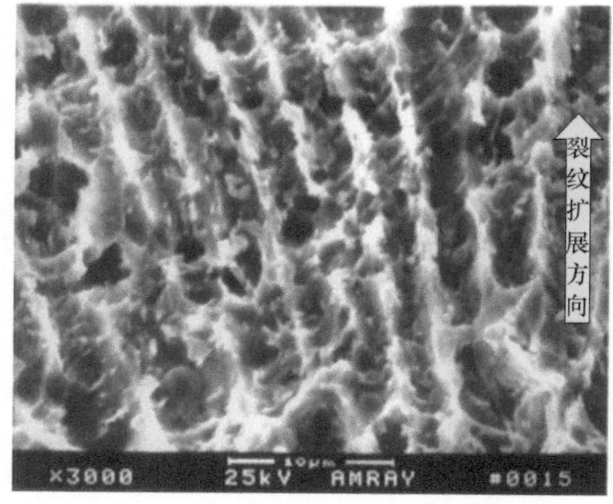

图 3-264　疲劳台阶和疲劳条带 + 韧窝（二）

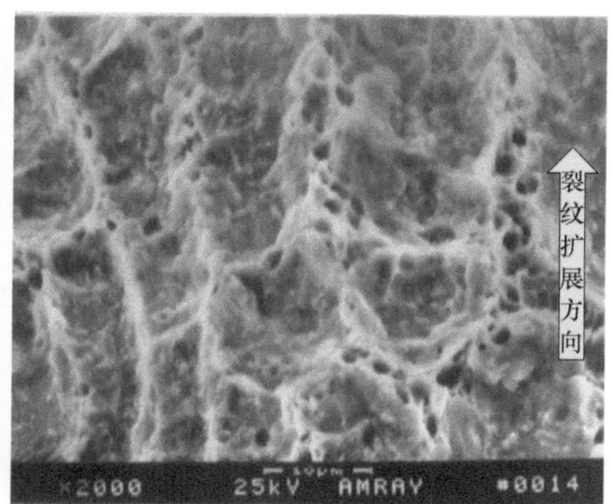

图 3-265　疲劳台阶 + 韧窝

3）轴断裂分析结论　断轴的上述宏观与微观断口特征表明：

① 轴的断口在宏观上表现出正断 + 切断混合型扭转疲劳特征，在微观上表现出低周扭转疲劳特征，因此轴的断裂性质为大应力低周扭转疲劳断裂失效。

② 一、二级叶轮轴的疲劳断裂主要是较高的非恒幅的交变扭转载荷作用造成的。断裂初期以扭转为主，而断裂后期又叠加弯曲的作用。

（3）一、二级叶轮轴的材质与冶金质量分析

在轴上取分析试样，按标准方法进行化学成分分析，其结果见表 3-32。

分析结果表明：该轴是由 12Cr2Ni4 钢制成的，其成分在该钢标准的规定范围内，符合要求。

表 3-32　低速轴的化学成分分析结果（质量分数）　　%

合金元素	C	Cr	Ni	W	Mn	Si	P	S
轴试样	0.14	1.44	3.41	＜0.10	0.46	0.18	0.010	0.016
12Cr2Ni4 标准成分	0.10～0.16	1.25～1.75	3.25～3.75	—	0.30～0.60	0.17～0.37	≤0.030	≤0.030

在轴的表面有锯齿状裂纹处切取纵向金相试样，进行了纯度、裂纹和金相组织分析。轴的纯度主要是存在硅酸盐型夹杂物和氧化铝类夹杂物，其级别为 2 级（见图 3-266）。

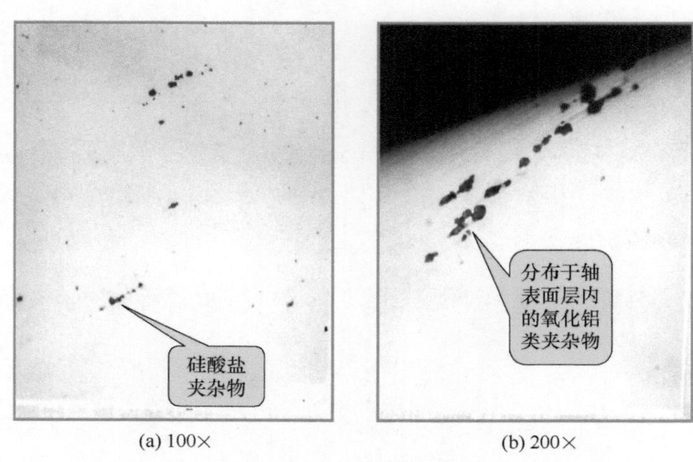

(a) 100×　　(b) 200×

图 3-266　轴材料的纯度

线性分布的夹杂物对材料的强度非常不利，因为裂纹可在夹杂物处萌生并沿夹杂物扩展，如图 3-267 所示。

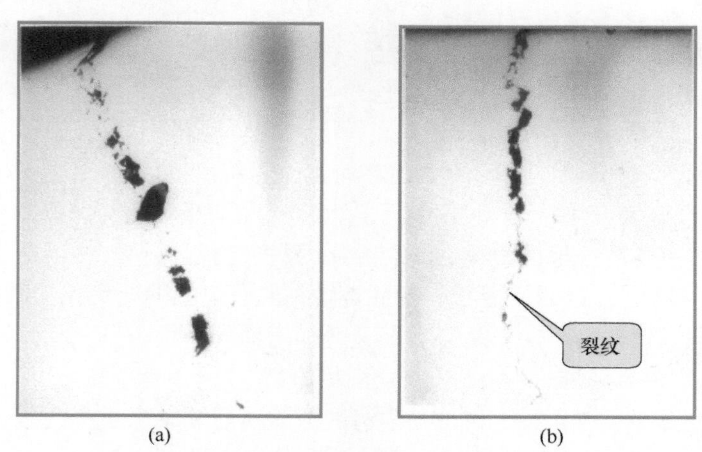

(a)　　(b)

图 3-267　裂纹在夹杂物处萌生并沿夹杂物扩展　100×

金相观察发现，轴的表层经渗碳处理，渗碳层深度约为 1.5mm，渗碳表面的平均硬度为 55.37HRC。渗碳层组织正常，无网状组织，见图 3-268。基体组织为回火马氏体 + 残余奥氏体，见图 3-269。

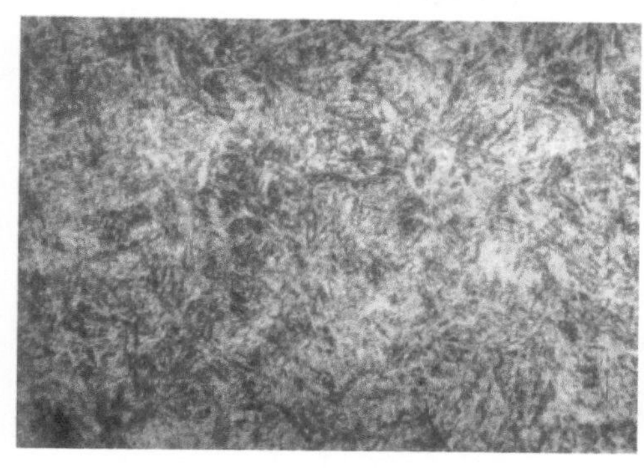

图 3-268　渗碳层组织　500×

图 3-269　基体组织　200×

断轴材料的冶金和热处理质量检验结果评价如下。

断轴材料：12Cr2Ni4。

钢的化学成分：经化验，化学成分在标准规定的范围内，符合要求。

纯度：有硅酸盐类夹杂物，2 级。

近表面夹杂物形态：类裂纹。

渗碳层深度和硬度：深度 1.5mm；硬度 55HRC。

金相组织：正常。

（4）一、二级叶轮轴的力学性能分析

沿轴的纵向取拉伸与冲击试样，按标准试验方法分别进行力学性能测试。

沿轴的中心线切取硬度试样，沿轴的直径方向测定 HRC 值；沿硬度试样的中心线（即轴中心）测定硬度的分布；对轴的外表面（渗碳表面）测定硬度。上述力学性能的测定结果分别列入表 3-33 ～表 3-35。

表 3-33　一、二级叶轮轴的室温拉伸与冲击力学性能

试样	规定非比例延伸强度 $R_{p0.2}$/MPa		抗拉强度 R_m/MPa		断面收缩率 Z/%		伸长率 A/%		冲击韧度 a_k/J·cm^{-2}	
	实测值	平均值	实测值	平均值	实测值	平均值	实测值	平均值	实测值	平均值
被测轴	892	883	966	966	14.7	15.2	66.2	66.9	195	187.7
	861		969		15.7		66.4		180	
	896		964		15.3		68.3		188	
标准规定值	≥ 785		≥ 980		≥ 12		≥ 45		≥ 88	

注：标准规定值的条件如下：棒材直径＞ 200mm；热处理工艺为 760 ～ 800℃油淬后 150 ～ 170℃回火，空冷。

表 3-34　一、二级叶轮轴的硬度测量结果　　HRC

测点编号	1	2	3	4	5	6	7	8	9	10	11
实测值	33.8	33.0	33.4	33.3	33.1	32.5	33.1	33.1	32.5	33.0	32.8
平均值	33.1（306HBW）										

注：1. 钢的技术条件的硬度规定值为 293 ～ 288HBW。

2. 平均硬度 33.1HRC，折合成布氏硬度为 306HBW。

表 3-35　一、二级叶轮轴表面硬度测量结果　　HRC

测定部位	实测值	平均值
轴的渗碳层外表面	55.0	55.4
	56.3	
	54.8	

断轴材料力学性能测定结果表明：

① 除抗拉强度 R_m 一项稍低于技术标准规定值之外，其他拉伸、冲击和基体硬度、表面硬度等项均符合标准规定的要求。

② 轴的表面经过渗碳处理，其表面硬度（55.4HRC）远高于心部硬度（32 ～ 33HRC）。

③ 硬度 55.4HRC 折合拉伸强度 R_m≈2000MPa，说明轴的表层（深约 1.5mm）具有远低于轴心部（基体）的塑性性能，由此会引起以下两种后果：

a. 高硬度表层的低塑性指标是严重降低大应力低周疲劳强度的一个重要因素；

b. 频度较高的夹杂物硬质点一旦存在于具有超高强度的表面或表层内，将会起非常显著的类裂纹作用（见图 3-282），这是造成硬表面早期萌生疲劳裂纹的重要条件之一。

（5）压缩机一、二级叶轮轴的受力分析与强度计算

1）压缩机一、二级叶轮轴的受力分析和常规强度计算　在正常的运转条件下，进行一、二级叶轮轴的强度计算，由计算结果知：弯曲疲劳综合影响系数 K_σ=5.97；扭转疲劳综合影响系数 K_τ=4.15；正应力安全系数 S_σ=9.12；扭剪应力安全系数 S_τ=55.5。总安全系数 S=9，可见该轴在正常载荷条件下运转是安全的。

2）一、二级叶轮轴扭转振动固有频率估算及发生扭转共振破坏的可能性分析　经过计算分析，可以得出以下结论：

① 在工作转速附近，轴不会发生扭转共振。

② 扭转共振时，很小的扭矩幅值就能产生较大的应力。

3）按扭转振动估算一、二级叶轮轴的强度　常规的强度计算结果表明，一、二级叶轮轴不应出现断裂失效，但实际这类设备在国内已发生过几起断轴事件。因此，一定有一个不正常的载荷在起作用，增大了轴上的扭转应力，造成大应力低周扭转疲劳断裂失效。经分析，非正常载荷的最大可能来源是扭转振动，而产生扭转振动的外干扰脉动扭矩很可能是压缩机的喘振、气体涡流或气体振动。这

里按扭转振动来估算该轴的强度。

计算结果表明：外干扰力矩的幅值 M 大致处于 10^7 ～ 10^8N·mm 范围，此幅值范围是合理的也是可能存在的。

由此可得出结论：很有可能是喘振、气体涡流或气体振动产生的脉动干扰力矩造成一、二级叶轮轴发生大应力低周扭转疲劳断裂失效。

3.2.10.4　压缩机一、二级叶轮轴断裂失效原因的综合分析

一、二级叶轮轴材料的化学成分分析结果表明，叶轮轴材料属于 12Cr2Ni4 渗碳钢，其成分合格。材料的力学性能除 R_m 一项稍低于标准规定值外，其他常规性能均符合技术标准规定要求。轴的基体硬度 32 ～ 33HRC，符合要求，但渗碳层表面的硬度 55.4HRC 远高于基体的硬度，硬化层深度约 1.5mm。

轴基体材料的显微组织为回火马氏体与少量铁素体，符合技术条件要求。材料的非金属夹杂物（硅酸盐）为二级，基本符合技术条件要求，但其分布的频度较高，表明夹杂物硬质点出现在轴表面和硬化层内的概率较高。

大量的疲劳试验结果已经证明：材料的低周（应变）疲劳强度（寿命）与其塑性成正比。该轴表层经渗碳处理，表层的硬度（强度）变高而塑性降低，导致断裂缺口处的低周疲劳强度必然低于硬度低而塑性高的基体材料；断轴缺口表面的高粗糙度（图 3-257）和存在于表层的夹杂物（图 3-267）又会加速疲劳裂纹萌生和扩展。上述二者对轴低周疲劳断裂的影响由断口的宏观形貌可清楚地看出。断口的 4/5 圆周上有约 45° 的斜断口，即正应力断口（正断型），斜断口的垂直（轴向）深度约为渗碳层深度或稍深些。当裂纹扩展超出渗碳层并进入到硬度低而塑性高的基体材料时，则立即由正应力断口转变为剪切应力断口（切断型）。一般的规律是：硬度（强度）高塑性低的材料，其扭转疲劳断口多为正断型；硬度（强度）低塑性高的材料，其扭转疲劳断口多为切断型。轴的疲劳断口（不包括瞬断区）总面积中，外圆一定深度上为正断型，占总面积的一小部分，而绝大部分面积为切断型。轴的断口形貌与其表层和内层的力学性能（主要是塑性指标）是完全对应的，完全符合大量疲劳断口试验得出的一般规律。

当压缩机在管网气流通畅、旋转振动平稳的条件下工作时，常规的强度计算结果指出，轴是非常安全的，不会发生扭转疲劳断裂失效。根据压缩转子扭转振动固有频率估算，在工作转速（7824r/min）下不发生扭转共振。而大的脉动扭转力很可能是“当管网阻力增大到某值时，压缩机流量下降很快，下降到一定程度时就会出现整个压缩机管网的气流周期性振荡的现象，压力和流量产生脉动，并发出异常噪声，即发生喘振，将使整个机器严重损坏”造成的。初步估算喘振、气体涡流或气体振动作用于轴上的外扰脉动扭转力矩，其值处在 10^7 ～ 10^8N·mm 范围内，可能造成轴在一级一侧退刀槽应力集中处发生低周扭转疲劳断裂。

由于该轴是扭转疲劳断裂，而脉动扭转又是轴对称的，在轴承处不会产生垂

直和水平方向的振动。因此，在轴发生最终断裂之前，运行记录上不可能显现振动振幅的明显变化。而当轴发生突然断裂时，因轴承、叶轮瞬间破坏，随之把测振传感器损伤，停止信号输出，所以运行记录上显示振动值为零。上述过程发生在极短的时间内。

综上所述，可对一、二级叶轮轴一级一侧主要零部件的破坏过程进行描述：喘振、气体涡流等产生的脉动扭矩导致轴在最薄弱环节退刀槽应力集中地区萌生疲劳裂纹，裂纹扩展的初期由于处在渗碳层内，断口是正断型。因为引起裂纹扩展和断裂的主要因素是轴对称的脉动扭力，它不会引起轴在垂直和水平方向的振动，所以监测系统不会获得这种信号预报，运行记录上的振动值仍处于平稳状态。疲劳裂纹由渗碳层扩展至基体材料时，断口由正断型转变为切断型，到轴发生瞬时断裂。断轴因失去二级叶轮一侧轴承的约束，立即在一级叶轮一侧轴承出现“甩鞭”现象，首先将测振传感器毁坏，监测系统的运行记录的振动信号为零，接着将轴承螺栓拉断、上下轴承变形并分离；叶轮与扩压器叶片碰撞，撞击产生的巨大冲击力使断轴发生弯曲变形，叶轮发生粉碎性脆性断裂。叶轮作用于平帽上的巨大推力先将平帽内的防松螺栓拉断，然后平帽和与轴头上相互配合的螺纹互为“拉刀”削掉彼此的螺纹顶部，平帽因螺纹撸扣而从轴上脱落。叶轮撞击扩压器的巨大冲击力传给蜗壳，使蜗壳破裂。轴的一级叶轮一侧各零部件的失效顺序和过程如上所述。由断轴到一级蜗壳破裂这一过程是在极短的时间内发生的。

离心压缩机失效模式可简明地用图 3-270 来表示。

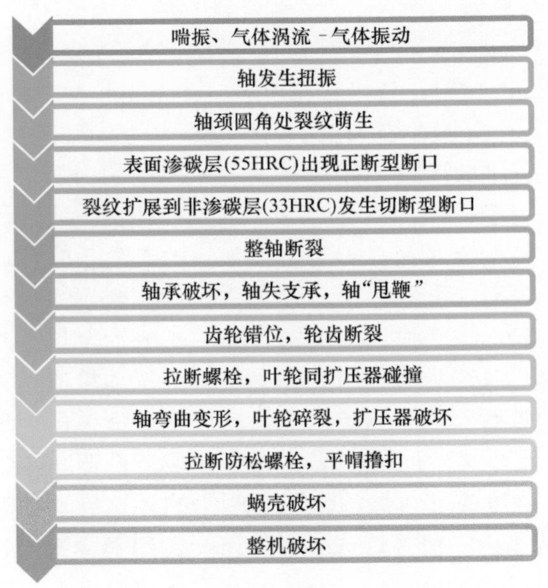

图 3-270　离心压缩机失效模式示意图

3.2.10.5 分析的结论

通过失效残骸件的表面痕迹分析、变形分析、断口形貌的宏观和微观形貌分析、材料的化学成分与力学性能测定、显微组织与夹杂物分析、加工质量分析以及对断轴的受力分析与强度计算等系统的试验研究，可获得以下结论：

① 查阅了事故当天的压缩机有关运行参数的记录，未发现机器在运行过程中出现异常现象。

② 离心压缩机的破坏是由一、二级叶轮轴首先断裂失效引起的。该轴是本事故的肇事件，其他零部件都是受害件。

③ 一、二级叶轮轴的断裂属于大应力低周扭转疲劳断裂失效。

④ 引起一、二级叶轮轴断裂的脉动扭矩，有可能是来源于压缩机管网系统的喘振、气体涡流或气体振动，其确切原因有待进一步分析。

有多篇刊物发表的论文涉及空压机振动异常的分析，例如文献［36］，可供参考，但论文均未涉及气体振动问题。

⑤ 断裂部位的过渡圆角太小、圆角表面的加工刀痕和啃刀痕以及圆角表面夹杂物硬质点的存在，都会进一步增大该区域的应力集中效应；圆角表面渗碳层使表层材料的塑性大幅度下降。高的应力集中效应与低的材料塑性指标共同引起圆角区域应变疲劳强度的降低，在脉动扭转应力作用下使该处过早地萌生疲劳裂纹，并导致该轴发生大应力扭转疲劳断裂失效。

3.2.10.6 意见和建议

① 据了解，此离心压缩机在用户使用中曾出现过数起断轴事件，事故发生时监控室的运行记录上都未出现异常振动信号记载，说明监测系统中没有监测扭转振动的功能。因此，有必要研究有关叶轮轴扭转振动检测技术，研制轴的扭转振动监测装置。同时，建议设计制造单位充分考虑如何防止扭转振动破坏。

② 发生事故后，使用单位要保存好所有损坏零件（在本次事故中，损坏的一级扩压器就未能找到）。维修时应特别注意对轴的退刀槽过渡圆角表面裂纹的探伤检测。

③ 应从设计、材料和加工工艺三个方面改善和提高一、二级叶轮轴断裂部的应变疲劳强度。如改变退刀槽圆角的形状和尺寸、降低圆角表面的表面粗糙度以及避免啃刀等，以降低应力集中效应，并应提高圆角表层的塑性性能。以上这些措施都会在很大程度上提高轴在该处的应变疲劳强度。

第 4 章 齿轮的失效分析

Chapter 4 Failure Analysis of the Gears

4.1 齿轮损伤和失效的形式

齿轮的失效可分为轮体失效和轮齿失效两大类，由于轮体失效一般情况下很少出现，因此齿轮的失效通常是指轮齿失效。轮齿失效，就是齿轮在运转过程中，由于某种原因，使轮齿在尺寸、形状或材料性能上发生改变而不能正常地完成任务。齿轮在运转中，轮齿有多种损伤和失效形式。GB/T 3481—1997《齿轮轮齿磨损和损伤术语》（ISO 10825-1995）将轮齿的损伤和失效分成6大类，如图4-1所示。每一大类又可分多种具体失效或损伤形式，并给出了相应的术语和定义。

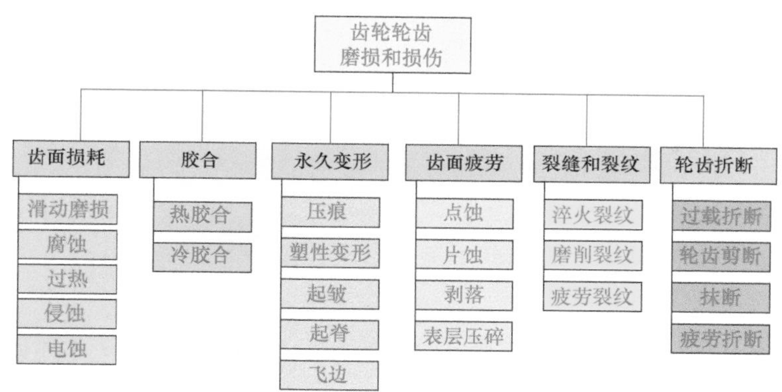

图 4-1　轮齿的损伤和失效分类

齿面损耗是一个大项，它包含的细目见图 4-2。

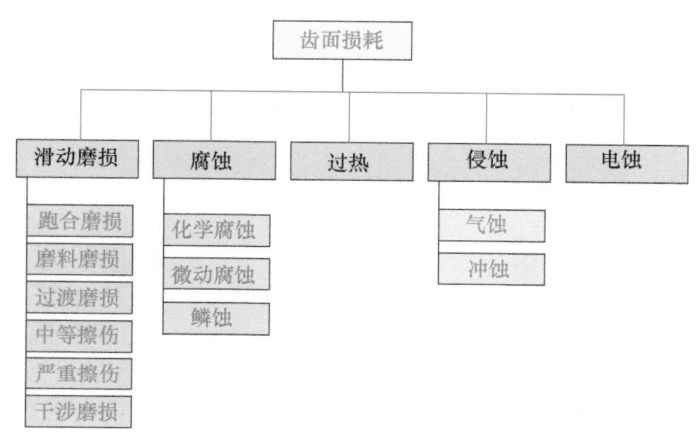

图 4-2　齿面损耗包含的细目

以上的轮齿损伤和失效有些是在齿轮加工过程中产生的，如淬火裂纹和磨削裂纹等。有些是最终失效（如断齿），这种失效一旦发生，齿轮只能停止运转，这种齿轮的失效极易判断。而另一些属于过程失效（如过度磨损、起皱、点蚀、剥落等），这种失效是齿面损伤逐步发展的结果，它有一个发展的过程，因此要判定过程失效必须有规定的失效判据才行。这种失效判据通常由各行业制定的标准或规范来规定。

GB/T 3480—1997（ISO 6336-1996）《渐开线圆柱齿轮承载能力计算方法》中规定的齿轮接触疲劳强度试验时，试验齿轮的失效判据如下：

对于非硬化齿轮，其大小齿轮点蚀面积占全部工作齿面的2%，或对单个齿占4%；

对于硬化齿轮，其大小齿轮点蚀面积占全部工作齿面的0.5%，或对单个齿占4%。

4.2 轮齿损伤和失效的形貌

4.2.1 磨料磨损和过度磨损失效

在动力齿轮传动中，齿面的磨损通常是不可避免的，但是如果齿面出现磨料磨损和过度磨损就不正常了。

磨料磨损是指悬浮或混在润滑剂中的坚硬微粒（如金属碎屑、锈蚀物、砂粒、研磨粉等）在齿面啮合相对运动中，使齿面材料移失或错位。有时齿面上嵌入坚硬微粒也会造成磨料磨损。磨料磨损的结果是使轮齿失去渐开线齿形（见图4-3，齿顶变尖），齿轮传动振动、噪声加大而失效。由于存在坚硬的微粒，因此齿面上常常出现径向划痕。

轮齿过度磨损的形貌类似于磨料磨损，齿面上的材料大量移失，并且速度很快，齿轮因而失效，见图4-4。图中小齿轮正反齿面即是由于磨料磨损引起的过度磨损。

图4-3 磨料磨损的齿轮

图4-4 过度磨损的齿轮

4.2.2 干涉磨损失效

轮齿的干涉磨损是由一个齿轮齿顶或另一个齿轮齿根材料过多引起的。当载荷过大，轮齿变形太大，又未进行齿廓修形或修形不到位，就可能引起轮齿的干涉磨损，如图 4-5 所示。图中轮齿 2 在载荷作用下产生弯曲变形 f，轮齿 2′ 在载荷作用下产生弯曲变形 f'，于是轮齿啮合失去了正确的位置，就在一对轮齿进入啮合的 E_1 点出现了齿廓干涉。这也是产生啮入冲击的原因。主动轮啮入冲击点都在齿根部位，从动轮都在齿顶部位。啮入冲击也是齿轮传动振动、噪声的起源之一。

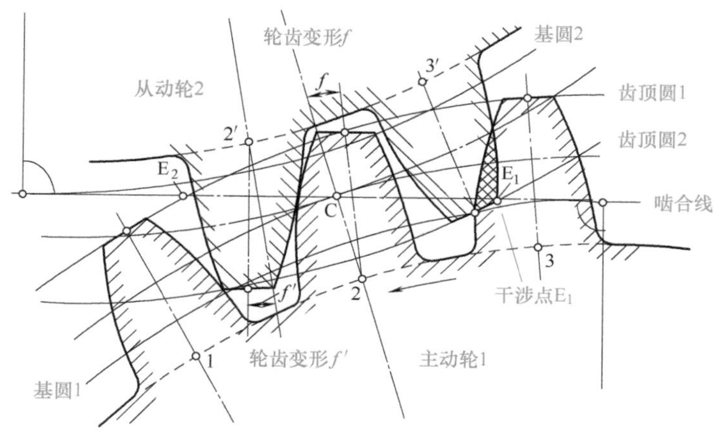

图 4-5　轮齿弯曲变形引起的齿廓干涉[37]

轮齿啮合干涉的结果是刮去和磨去两齿轮轮齿齿顶和齿根的材料，使主动轮齿根部刮出沟槽（干涉带），从动轮齿顶部滚圆。轮齿干涉的初期是干涉带出现磨损损伤，磨损加大、加深，就会发展为点蚀和剥落。轮齿有效工作齿面根部出现不同程度损伤干涉带的实例，如图 4-6 ～图 4-9 所示。

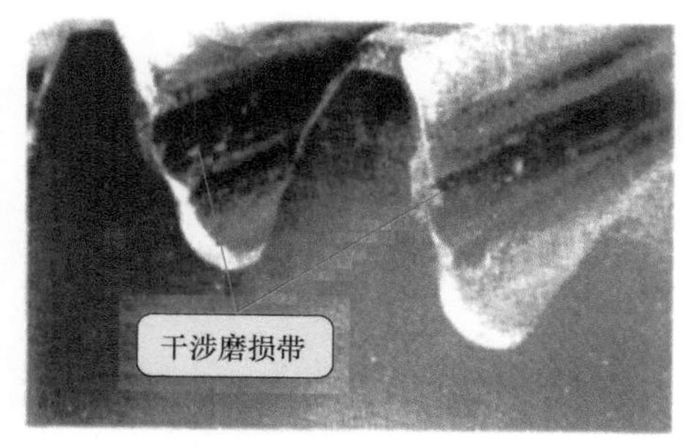

图 4-6　严重的干涉磨损

（摘自 GB/T 3481—1997）

如果齿面出现图 4-9 这类严重的深层剥落带，最后很可能造成轮齿的随机断裂（见图 4-37）。

此外，即使大小齿轮轮齿完全刚性，受载后无变形，但是如果大小齿轮的基圆齿距不相等，也会产生上述的轮齿啮合干涉现象，如图 4-10 所示。图中 p_{b1}、p_{b2} 是小齿轮和大齿轮的基圆齿距。

(a) 初期的干涉损伤带

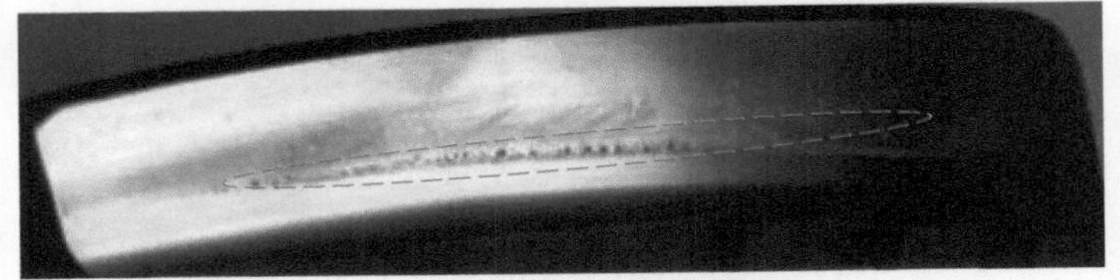

(b) 齿宽中部的干涉损伤带

图 4-7　弧齿锥齿轮齿面的干涉损伤带

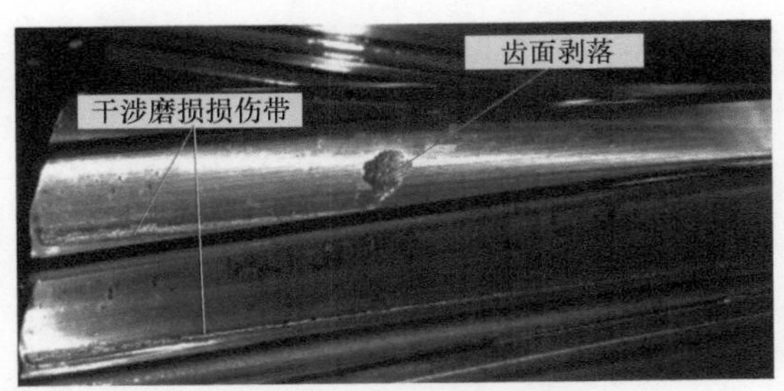

图 4-8　较严重的干涉损伤带（有偏载）

图 4-9　齿面根部严重的深层剥落带

当 $p_{b1} > p_{b2}$ 时，会出现啮出冲击，从动轮的齿根出现干涉损伤带；当 $p_{b1} < p_{b2}$ 时，会出现啮入冲击，主动轮的齿根出现干涉损伤带。

在实际应用中，啮入冲击对齿轮的强度、振动和噪声影响较大。

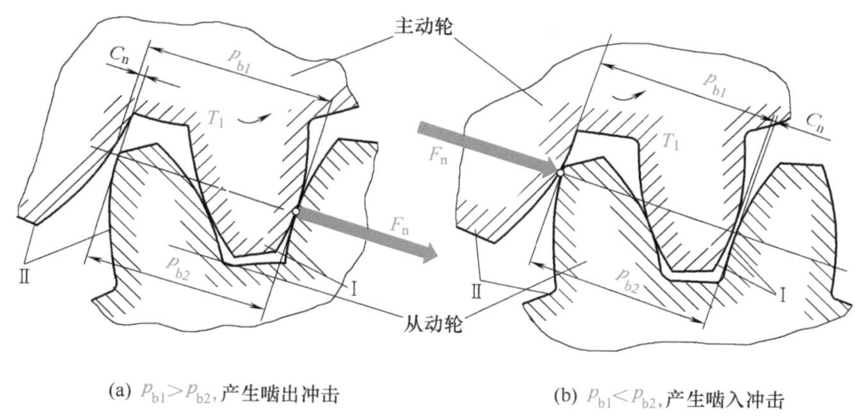

(a) $p_{b1}>p_{b2}$，产生啮出冲击　　(b) $p_{b1}<p_{b2}$，产生啮入冲击

图 4-10 大小齿轮基圆齿距不相等产生轮齿啮合干涉示意图

避免齿轮副啮入冲击和啮出冲击最有效的措施是轮齿齿廓修形：对齿轮作齿顶修缘或对齿轮作齿根修根。

4.2.3 胶合失效

轮齿的胶合是由于齿面上不平的峰谷在接触时产生局部高压，使其熔焊在一起，而后随着齿面的相对运动促使结点发生塑性变形和破裂，导致齿面材料的损失和迁移。胶合的特征形貌是在垂直于节线方向（与滑动方向一致）出现不同程度的划痕（胶合线）。在一般用途的齿轮装置中，轻微的胶合（图 4-11、图 4-12）并不影响正常使用。图 4-13 是机车齿轮的中度胶合，齿面的损伤已经影响齿轮的运转品质和寿命。如果出现破坏性胶合——胶合线较深，几乎连成一片，齿面上的金属被大量撕脱，工作节线明显暴露出来，正常齿廓被破坏，齿轮就失效了，如图 4-14 所示。

图 4-11 齿面轻微胶合（一）

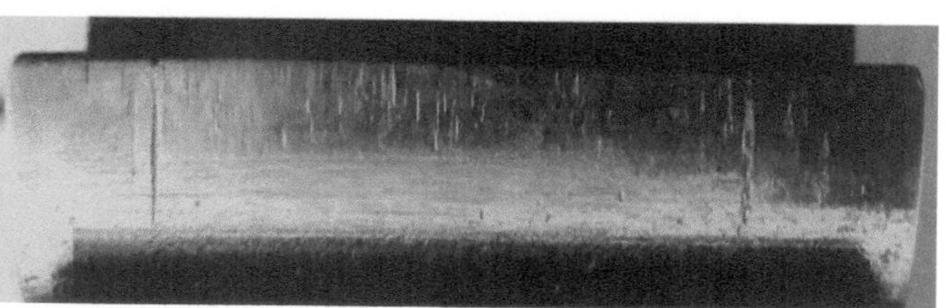

图 4-12 齿面轻微胶合（二）

图 4-13 机车齿轮的中度胶合

图 4-14 破坏性胶合

4.2.4 齿面疲劳失效

4.2.4.1 概述

齿轮在运转过程中，受到周期性变化的接触应力的作用，当接触应力超过一定值时，齿面上就会产生微小的疲劳裂纹（图 4-15）。此疲劳裂纹不断扩展、延伸，最终使小块金属脱落，形成不同形状的小凹坑。齿面金属材料移失并出现凹坑是齿面疲劳损伤的特征形貌。

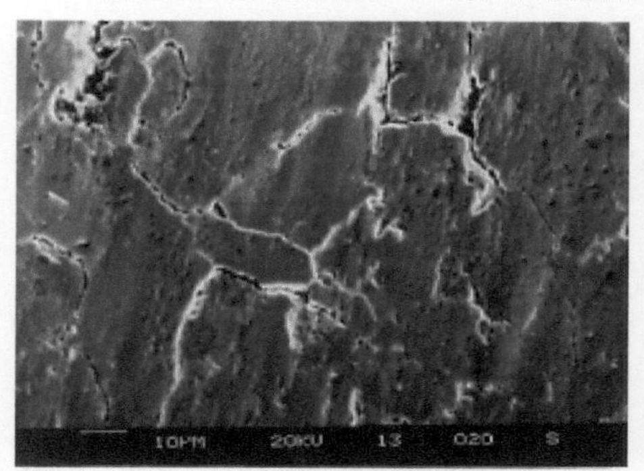

图 4-15 接触疲劳裂纹

根据凹坑形状和起因不同，齿面疲劳有点蚀、片蚀、剥落和表层压碎几种损伤和失效形式。这些不同的失效形式最重要的区别在于裂纹的起源部位。一对轮齿的啮合传动，从开始啮合到脱离啮合，除了节点位置是纯滚动外，其他位置的啮合都既有滑动又有滚动。

理论研究和试验结果表明：

当两接触表面是纯滑动时，裂纹源在表面；如为纯滚动，裂纹源在表层下（次表层）。齿轮齿面啮合既有滚动又有滑动，裂纹可能在表层下也可能在表面上。决定裂纹源位置时，还要看滑动和润滑油对摩擦系数的影响程度。一般来讲，增大摩擦系数，裂纹源接近表面。当摩擦系数大于 0.10 时，可认为最大切应力出现在表面。对于滚动轴承，接近纯滚动，所以裂纹源一般发生在表层下。

图 4-16 表示在滚动滑动系统中裂纹源的位置及裂纹扩展的情况。图 4-16（a）表示最大切应力在表面，所以裂纹源 A 点在表面。裂纹形成后，扩展方向与表面成锐角，以后又沿裂纹的垂直方向上行，使材料剥落产生凹坑。

图 4-16（b）表示裂纹源在表层下的 B 点，裂纹扩展方向有的与表面平行，有的与表面垂直，所形成的凹坑截面形状不太规则。对于这种最大接触应力在表

层下的零件（如滚动轴承），应尽量避免或减少在表层下出现应力集中点，例如非金属夹杂及其他缺陷。采用真空熔炼、真空浇铸、电渣重熔等工艺能使金属内的缺陷减少，是提高零件接触疲劳寿命的有效措施。

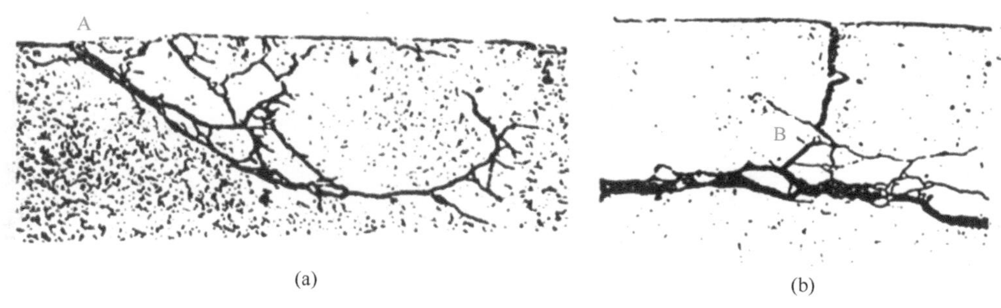

图 4-16　滚滑动系统中裂纹源的位置及裂纹扩展情况[38] 132-134

此外，还应当考虑润滑油在裂纹尖端处形成的油楔对齿面损伤的影响。

4.2.4.2　初期点蚀

齿面初期点蚀的蚀坑很小、很浅（图 4-17），一般起因于凹凸不平的接触，通常随着点蚀的作用凸出部分被消去后，齿面的载荷重新分布，点蚀不再进一步发展（即点蚀受到抑制）。轮齿初期点蚀常见于齿轮运转的初期阶段，也可能在低于额定载荷的跑合期发生。

图 4-17　齿面初期点蚀

4.2.4.3　扩展性点蚀

在一般的齿轮传动装置中，齿面上出现不扩展的初期点蚀（图 4-17）并不影响齿轮的使用。但是，如果齿面出现扩展性点蚀（破坏性点蚀），破坏了齿面的正确形状，齿轮将很快失效。扩展性点蚀一般首先出现在靠近节线的下齿面上（图 4-18），点蚀坑较大、较深，并有不断扩展的趋势。有时虽然会有一些间断的抑制，但随后又进一步扩展，直至连成一片，最后导致齿轮失效。

(a)

(b)

图 4-18 调质齿轮的扩展性点蚀[39] 190-196

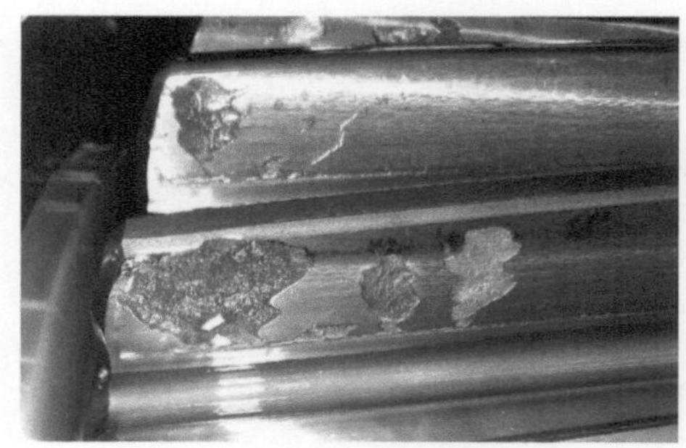

图 4-19 渗碳淬火齿轮由于轮齿偏载引起的片蚀

4.2.4.4 片蚀和剥落

片蚀的特征是齿面材料有较大面积的薄碎片脱落，使齿面出现深度大致相同的浅坑。图 4-19 所示为渗碳淬火齿轮由于轮齿偏载引起的片蚀。轮齿片蚀脱落的碎片很薄，其三个方向视图见图 4-20。

剥落用来表示脱落的碎片厚于齿面硬化层，且形状不规则的类似于片蚀的损伤，如图 4-21 所示。

600 轧机中辊齿轮轴，使用约两年，因齿面出现大块剥落而失效（图 4-22）。齿轮材料为 40Cr，火焰淬火处理。此失效与热处理工艺控制不当有关：表面淬火温度过高，组织过热。

(a) 碎片的齿面

(b) 侧视图
（碎片的厚度0.5～1.0mm）

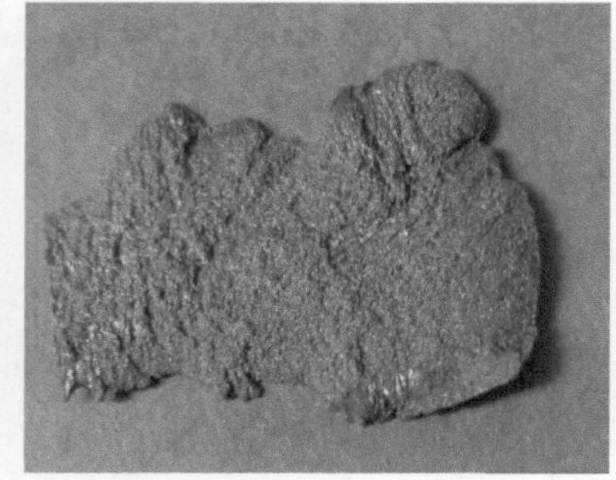

(c) 碎片的断口

图 4-20 轮齿片蚀脱落的碎片的三个方向视图

(a)

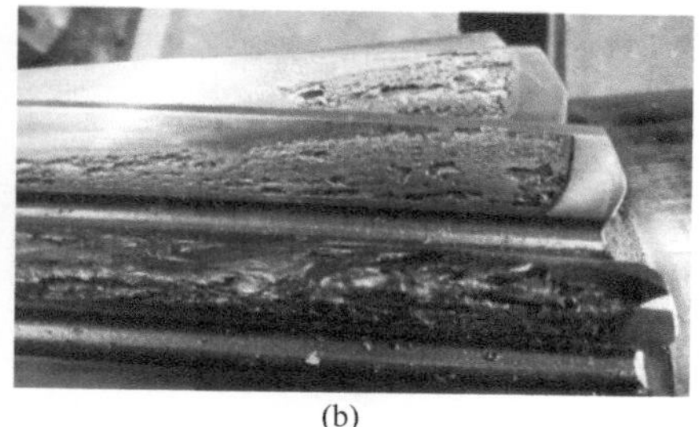

(b)

图 4-21　渗碳淬火齿轮因轮齿偏载引起的剥落

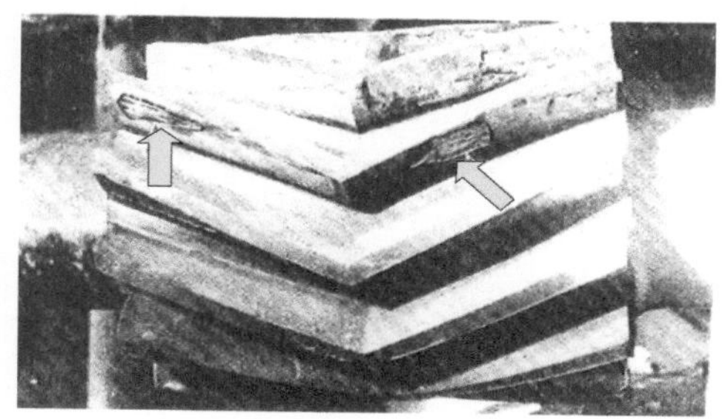

图 4-22　40Cr 火焰淬火人字齿轮的齿面剥落[40]

弧齿锥齿轮齿面的严重剥落见图 4-23。小齿轮轮齿几乎所有的凹面都发生了剥落，相啮合的大齿轮轮齿几乎所有的凸面都发生了剥落。从齿面剥落区可见：接触区比较正常，但偏小（可能是齿长倒坡过大所致），造成载荷集中。

内齿圈轮齿面的严重剥落如图 4-24 所示。内齿圈齿轮最常用的热处理是调质和渗氮，目前，硬齿面的内齿轮应用也逐步增多。软齿面和渗氮内齿轮如果出现剥落，剥落面就发展很快，结果如图 4-24（d）所示。

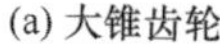

(a) 大锥齿轮

(b) 小锥齿轮

图 4-23　弧齿锥齿轮齿面的严重剥落

片蚀和剥落的主裂纹通常发生在与齿面平行的次表层。随着裂纹的扩展，裂纹上部的金属就会碎裂脱落，形成蚀坑。齿面小块金属脱落发展过程示意图如图 4-25 所示。

图 4-24　内齿圈齿轮齿面的严重剥落形貌

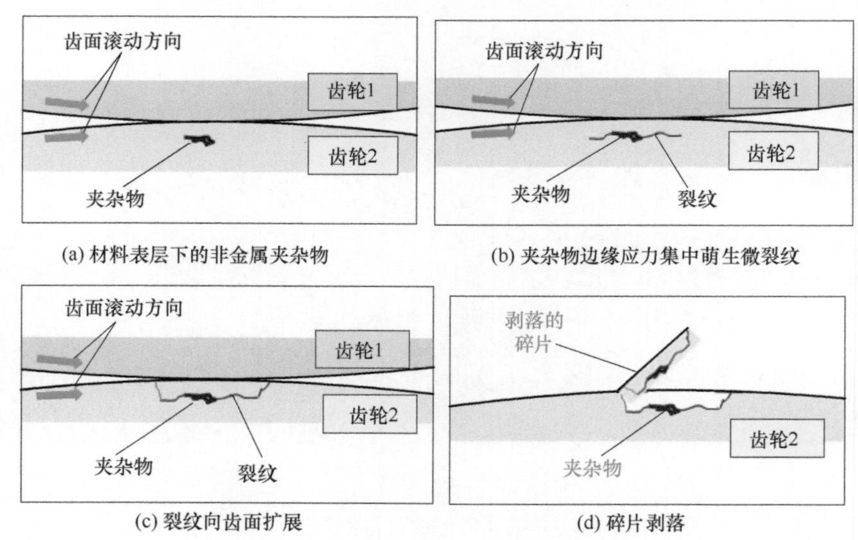

图 4-25　齿面小块金属脱落发展过程示意图

齿面剥落的断口微观形貌见图 4-26。疲劳裂纹起源于齿面表层下面，其核心区域很可能存在非金属夹杂物。

4.2.4.5 表层压碎

GB/T 3481—1997/ISO 10825-1995《齿轮轮齿磨损和损伤术语》中关于齿面“表层压碎”的定义是：裂纹通常在表层与心部的过渡区延伸，致使大块表层材料碎片逐渐脱落。这是一种严重的剥落形式。图4-27所示为表面硬化弧齿锥齿轮大轮工作齿面的表层压碎。在轮齿上可以看到大量的与小齿轮齿面接触线方向一致的裂纹。一个齿面上有大量材料脱落，形成一个大的凹坑。

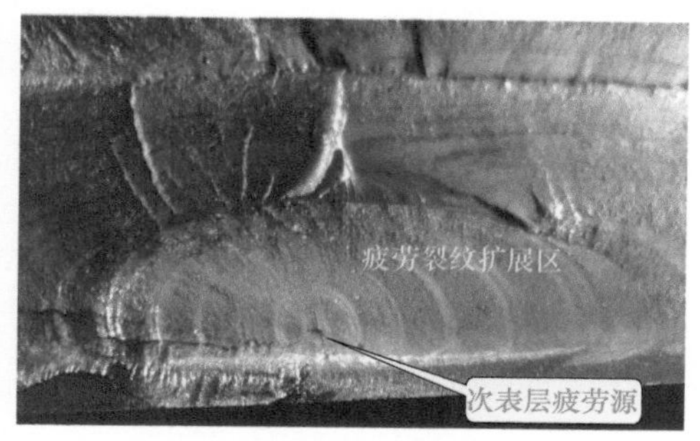

图4-26 齿面剥落的断口微观形貌

图4-27 表面硬化弧齿锥齿轮大轮工作齿面的表层压碎

图4-28是渗氮齿轮因超载造成表层压碎的形貌。在齿根部位还出现干涉性的损伤带。

图4-28 渗氮齿轮因超载造成的表层压碎形貌

图4-29是渗碳淬火齿轮因偏载造成的表层压碎（多条裂纹）的形貌。表层压碎极易引起轮齿随机断裂。偏载还造成偏齿宽一端的齿面胶合。

扩展性点蚀、片蚀、剥落和表层压碎都会破坏正常的齿面形状，从而使齿轮失效。

4.2.4.6 微点蚀

GB/T 3481—1997/ISO 10825-1995《齿轮轮齿磨损和损伤术语》中关于齿面

图 4-29 渗碳淬火齿轮因偏载造成的表层压碎形貌

“微点蚀”的定义是：油膜相对于重载很薄的润滑条件下，运转的齿轮副工作齿面的损伤。损伤面放大后可见密密麻麻成片的微小蚀坑或微小裂纹。图 4-30 为表面硬化小齿轮有效齿面上的微点蚀形貌。

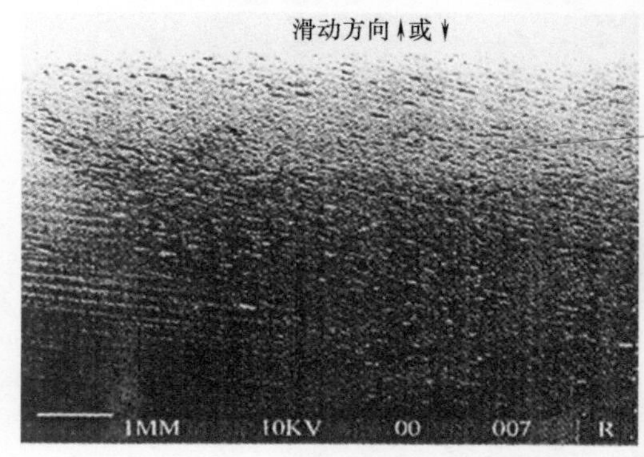

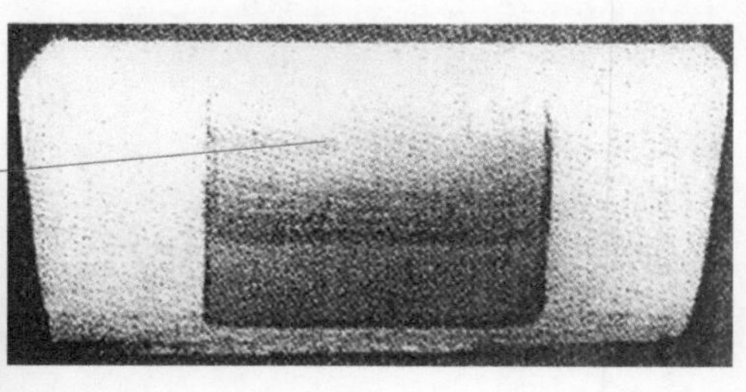

图 4-30 表面硬化小齿轮有效齿面上的微点蚀形貌

GB/T 3481—1997 中对微点蚀的定义比较简单，有必要做一些补充（部分内容摘自网络）。

微点蚀是一种高速旋转齿轮齿面接触磨损现象，这种现象与弹性动压润滑（EHL）或混合润滑条件下的滚动和滑动接触有关。影响微点蚀的因素很多，有载荷、速度、油膜厚度和温度等，此外，润滑油的化学组分对微点蚀也有很大的影响。通常，微点蚀开始于最初 $10^5 \sim 10^6$ 次应力循环时产生的大量表面裂纹，这些裂纹扩散至整个工作齿面，进一步引发了典型尺寸约为 10μm 的微坑。最后，微坑聚合变成了连续暗淡无光泽的损伤面。这种现象有一些不同的名称，如灰斑、白霜或者微点蚀等，其中，微点蚀为首选的术语。微点蚀是硬齿面齿轮常见的，但并非必然要出现的。

微点蚀可能出现在工作齿面的任何位置，然而研究表明，轮齿啮合的重载区或高速滑动区更容易观测到微点蚀。正因如此，微点蚀经常会发生在齿廓的齿顶和齿根以及轮齿的边缘。此外，在高应力的局部齿面也会观察到微点蚀。

微点蚀的持续发展最终会导致点蚀。也有报道称微点蚀演变为一个点蚀后就会停止，这种现象有时也会描述为“磨合”或者“应力消除”。微点蚀看起来好像危害不大，但是齿轮表面金属的损伤也会降低齿轮的精度、增加振动噪声等。而产生的金属颗粒进入油液后，由于尺寸太小而不能用常规的过滤器过滤，因而会伤害齿轮的齿面。

图 4-31 所示是渗碳淬火齿轮齿面微点蚀的微观形貌。图 4-31（b）是图 4-31（a）的放大。

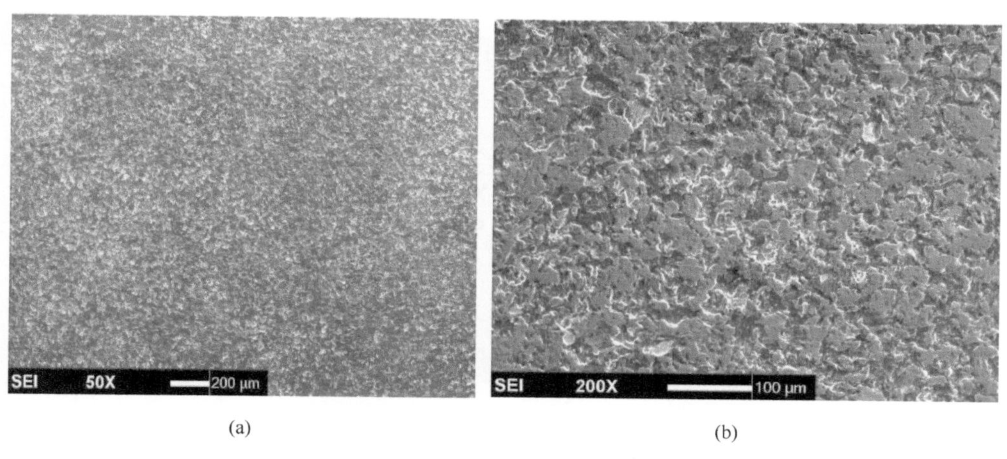

(a)　(b)

图 4-31　渗碳淬火齿轮齿面微点蚀的微观形貌

2010 年，ISO 公布了微点蚀承载能力计算的新标准：ISO/TR 15144-2010 Calculation of micropitting load capacity of cylindrical spur and helical gears -- Part 1: Introduction and basic principles❶。该标准中的计算出发点和计算方法与 ISO6336-1996 有很大的不同。

4.2.4.7　影响齿面接触疲劳的因素及对策

齿面接触疲劳有多种失效形式，但最基本的损伤和失效形式是点蚀，因此下面从载荷、材质、制造及润滑等几个基本方面来讨论影响点蚀的主要因素和预防点蚀失效的具体措施。

1）载荷　对载荷估计不足造成齿面失效的案例屡见不鲜，因此重要的传动最好有齿轮传动的载荷谱，以保证设计计算比较符合实际。齿轮轴线歪斜（制造或安装等因素造成）产生严重偏载，往往是导致齿面局部严重点蚀和剥落的罪魁祸首，对于硬齿面齿轮更是如此。为此，应采取提高齿轮的制造精度、安装上调

❶ 2014 年，ISO 公布了同名修改版 ISO/TR 15144-2014。2018 年 8 月和 9 月，ISO 正式发布微点蚀计算新规范 PD ISO/TS 6336-22-2018 和 PD ISO/TR 6336-31-2018，取代 ISO/TR 15144-1-2014。PD ISO/TS 6336-22-2018 给出了微点蚀计算理论方法。PD ISO/TR 6336-31-2018 给出了 4 个例子作为计算指导。

整合适的轴承间隙或进行轮齿修形等来减小或避免齿轮的偏载。

对于早期点蚀应使其不向扩展性点蚀发展，为此应控制局部过应力因素，必要的跑合或开始运转阶段的渐进加载工作制度（对有些重载大齿轮，无条件跑合时）会提高工作能力和寿命。这可能是不过高的载荷使轮齿表层材料晶粒产生适当的塑性变形而强化的结果。跑合后应对系统进行清洗，润滑油应滤清或更换。

2）摩擦力　啮合传动中轮齿间摩擦力的大小和方向对点蚀的影响很大。摩擦力很大时，不仅加剧磨损降低传动效率，而且会使接触处局部温升过高、润滑条件及材质表面组织变坏甚至产生严重塑变，这样更易发展点蚀。摩擦力的大小与方向影响原始裂纹的方向与扩展。随着摩擦力的增大，最大剪切应力 τ_{max} 最大值点的位置也从接触面下深度为 $z_0=0.786s$（s 是圆柱体接触变形宽度的 $\frac{1}{2}$）处，沿摩擦力的方向逐渐移向不在对称面上的接触表面上[15] 151，这对预防齿面点蚀的形成极为不利。反复改变摩擦力方向（即改变一对齿轮的主、从动关系），可以提高齿面抗点蚀能力。例如，行星齿轮传动在跑合时可以反复改变齿轮的主、从动关系以避免或减轻点蚀。

3）轮齿材质与齿面硬度　一般来说，轮齿的材质越好，齿轮的承载能力越高。这里的“材质”是指齿轮制造的内在质量，具体的性能指标在 GB/T 3480.5—2008《直齿轮和斜齿轮承载能力计算　第 5 部分：材料的强度和质量》中用 ML、MQ 和 ME 三个等级来反映。

试验结果和使用经验表明，齿面硬度的正确选择与保证是材质问题中最关键的因素，齿面接触强度、承载能力与硬度成平方关系。因此，现代齿轮传动，特别是高速、重载齿轮一般都用硬齿面（＞ 350HBW），低速重载齿轮也向中硬齿面及硬齿面方向发展。对于硬齿面齿轮，通常硬化层可通过化学热处理（如渗碳淬火、渗氮等）来得到，其中渗碳淬火（或碳氮共渗）是最常用的热处理方法。渗碳和相应的热处理相结合可得到良好的硬化层及硬软过渡层。这种高硬度（≥ 58HRC）强化的轮齿表层具有相当高的抗塑变能力，因而具有高的抗点蚀能力，但同时应相应提高齿轮的精度等级，否则局部的高应力集中（偏载）会导致相反的效果。

4）齿面粗糙度　齿面粗糙度数值越低，即齿面微凸体峰值越小，局部应力集中小，对齿面油膜形成也越有利。所以，降低齿面粗糙度数值，齿轮的接触疲劳强度和寿命都可提高。但同时，制造成本也会提高，故应根据具体情况来适当选择。

按照使用前和使用到粗糙度变化较稳定时的不同情况，齿面粗糙度可分为原始粗糙度和运转粗糙度。对硬齿面轮齿，原始齿面粗糙度在使用中变化不会太大，所以对硬齿面应选较低粗糙度。对于软齿面及中硬齿面，由于跑合性较好，所以应按运转粗糙度的数据来选择原始粗糙度，也就是不必选太低的粗糙度就可以满足强度的要求，又具有较好的经济性。

5）润滑条件　尽管在形成点蚀过程中润滑油（特别是黏度较低时）会促进裂纹的扩展，加速点蚀的形成，但是总的来说，良好的润滑对提高轮齿抗点蚀承载能力是有好处的。

为保证良好的齿面润滑，要着重考虑以下几点[15] 308：

① 在正确选择油品的条件下，适当提高黏度能提高抗点蚀能力。对通常处于混合润滑状态下的齿轮传动，润滑油黏度的提高可降低摩擦系数，从而降低摩擦力和接触应力，并可使油不易进入微裂纹，对控制裂纹扩展有利，可延长抗点蚀寿命。

② 在边界润滑条件下（特别对低速重载齿轮传动），为了提高其承载能力，应设法提高润滑油膜的强度以降低摩擦系数。这时，需要在油中加入合适且适量的添加剂。极压（EP）添加剂主要对抗胶合有利，当然对抗点蚀也有一定好处。应当注意控制油中的水，水中活性的氧原子使金属齿面发生腐蚀，引起应力集中并引发裂纹源。而且，腐蚀疲劳的 *S-N* 曲线是无水平段的，所以疲劳强度将随循环次数增加而持续下降，大大降低了承载能力。

③ 从减轻点蚀方面考虑，啮入方向供油不如啮出方向供油（便于更好冷却），供油不宜过多，供油（喷油）油压不宜过高，这些可能都是为了避免润滑油充分渗入裂纹而加剧点蚀。

4.2.5 轮齿折断失效

轮齿折断（断裂）是一种危险性很大的最终失效形式，它可以细分为以下几种。

4.2.5.1 过载折断

轮齿受到一次或几次严重过载时，就可能发生过载折断。过载折断的断口一般都在齿根部位。断口线比较平直［图 4-32（a）］，并且具有很粗糙的纤维状断口的特征。它与弯曲疲劳断裂的断口线有明显的不同，后者断裂线比较弯曲［图 4-32（b）］，断口比较平整。图 4-33 是右齿面因一次严重过载造成轮齿折断（剪断）的形貌。

4.2.5.2 疲劳折断

轮齿经高循环次数载荷的作用，在齿根产生疲劳裂纹，导致轮齿疲劳折断。疲劳折断的断口分为疲劳断口面和最终（瞬断）断口面两个不同区域。在疲劳区内看不到塑性变形的痕迹，断口较平滑，无光泽；而最终断口面的形貌与过载折断的相似。图 4-33 是两个轮齿疲劳折断的典型形貌。图 4-33（a）是轮齿多源疲劳断裂的断口；图 4-33（b）是断口说明示意图；图 4-33（c）是轮齿单源疲劳断裂的断口。从齿轮端面观察，轮齿疲劳折断的齿根裂纹和断裂线比过载折断的弯曲（图 4-34）。图 4-35 所示齿轮的右侧断齿是疲劳折断，而左侧断齿是过载（冲击）折断，两者齿根的断裂纹线有明显的不同。

(a) 过载断裂

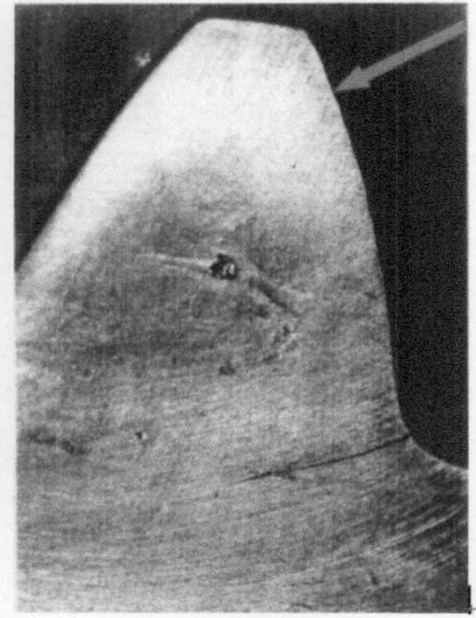

(b) 疲劳断裂

图 4-32 轮齿过载断裂（剪断）和疲劳断裂

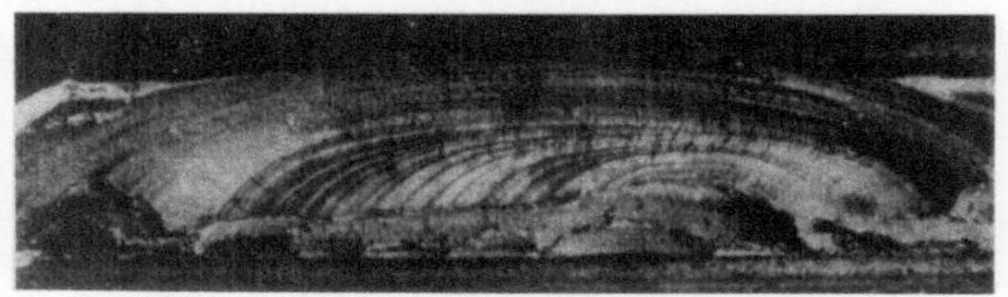

(a) 多疲劳源的轮齿断裂断口

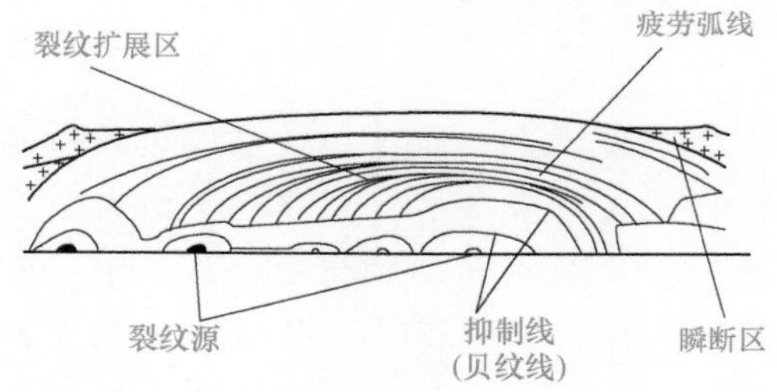

(b)断口说明示意图

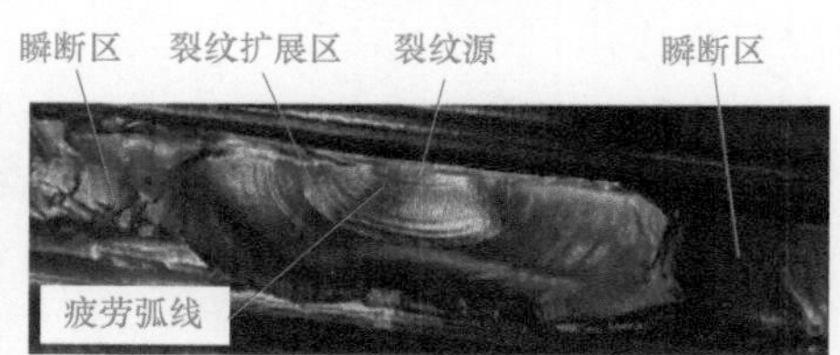

(c) 单疲劳源的轮齿断裂断口

图 4-33 轮齿疲劳折断的典型形貌

图 4-34　轮齿在 30° 切线点处疲劳断裂

图 4-35　轮齿的疲劳折断和过载折断

对于斜齿轮或严重偏载直齿轮，疲劳折断可能发生在端部。图 4-36 所示为斜齿轮由于过载造成齿端折断。斜齿轮的齿端折断与斜齿轮的接触线倾斜有关。

图 4-36　过载造成的斜齿轮齿端折断

4.2.5.3　随机断裂[41-43]

（1）概述

轮齿的随机断裂是指与齿根圆角截面无关的轮齿断裂。断裂部位由轮齿缺陷、损伤或过高的有害残余应力的位置决定，见图 4-37。从图中看出：正常的弯曲疲劳断裂的断裂线都起源于 30° 切线点附近，而如果轮齿腰部出现严重损伤，例如深层剥落，就会产生很大的应力集中而引发如图所示的随机断裂。齿顶的随机断裂大多数是由于热处理缺陷造成的。

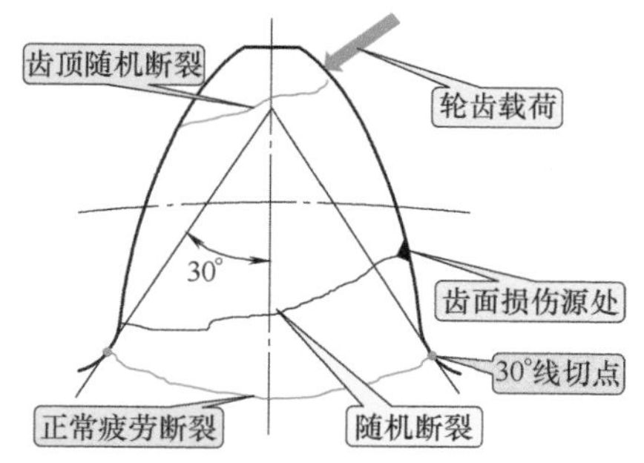

图 4-37　轮齿的正常疲劳断裂和随机断裂

1980 年的 AGMA110.4 Nomenclature of Gear Tooth Failure Modes 标准首先提出了随机断裂。我国 GB 3481—1983《齿轮轮齿损伤的术语、特征和原因》中也收录了这一词。1979 年的 DIN3979-1979《齿轮传动的轮齿损伤　标志特征和原因》

中只定义了轮齿的过载折断和疲劳折断，没有随机断裂。在我国等同采用ISO标准的GB/T3481—1997《齿轮轮齿磨损和损伤术语》中，也没有随机断裂这一词条。由此可见随机断裂这一重要的失效现象并没有引起人们广泛的注意。

随机断裂在减速机的齿轮中经常出现，特别是硬齿面齿轮，笔者曾经多次呼吁恢复随机断裂这一词条，见文献［41，42］。

（2）轮齿发生随机断裂的原因

齿轮轮齿发生随机断裂的原因很多，主要有：

① 随机断裂通常是由于轮齿缺陷、点蚀、剥落或其他应力集中源在该处形成过高局部应力集中引起的。

② 夹杂物、细微磨削裂纹等轮齿缺陷在交变应力作用下，裂纹不断扩展导致轮齿随机断裂。

③ 不当热处理造成的过高残余应力也能引起轮齿的局部断裂。

④ 载荷过大或轮齿修形不到位引起啮入冲击载荷过大，都会造成随机断裂。

⑤ 轮齿偏载造成的齿面损伤会引起轮齿腰部或轮齿根部的随机断裂。

⑥ 较大的异物进入啮合处也会使局部轮齿断裂。

（3）随机断裂的分类和实例

轮齿的随机断裂根据断裂部位不同可以分为3类：齿顶随机断裂、齿腰随机断裂和齿根随机断裂。下面是轮齿随机断裂的一些实例。

① 齿顶随机断裂　由于轮齿偏载，齿面深层剥落造成轮齿齿顶随机断裂（图4-38）。硬齿面齿轮由于热处理缺陷，齿顶硬度过高也会造成齿顶随机断裂。

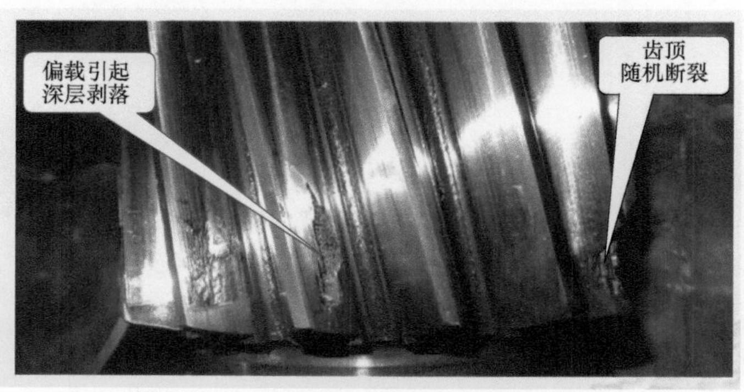

图4-38　齿面深层剥落造成轮齿齿顶随机断裂

② 齿腰随机断裂　轮齿腰部如果有缺陷、损伤就有可能发生齿腰随机断裂。图4-39就是40Cr钢渗氮齿轮齿面压裂后产生的随机断裂。随机断裂的断口形貌与一般疲劳断齿相似。

图4-40是球墨铸铁齿轮齿面压碎后产生的齿腰随机断裂。轮齿腰部裂纹和齿腰随机断裂见图4-41。

图 4-39　40Cr 钢渗氮齿轮齿面压裂后产生的随机断裂

图 4-40　球墨铸铁齿轮齿面压碎后产生的齿腰随机断裂

(a) 轮齿腰部裂纹

(b) 齿腰随机断裂

图 4-41　轮齿腰部裂纹和齿腰随机断裂

③ 轮齿根部随机断裂　根部随机断裂是指有效工作齿面的根部发生断裂，而与 30°切线点断裂无关。图 4-42 是二十多度螺旋角的斜齿轮（渗碳淬火齿轮），在正常情况下不可能出现整齿断裂，但由于啮入冲击使齿根部位出现深层剥落，剥落坑的应力集中造成了轮齿根部的随机断裂。

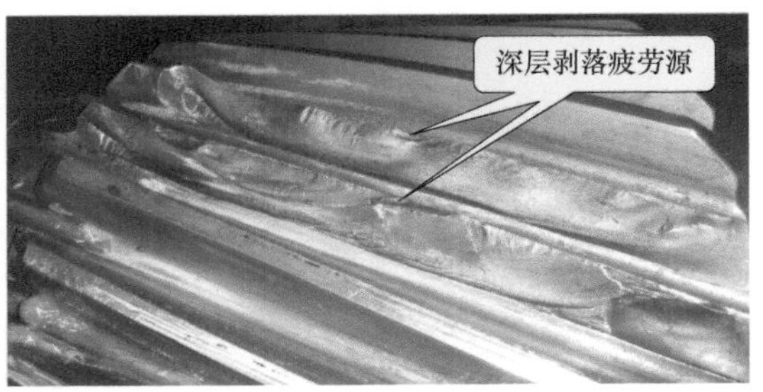

图 4-42　深层剥落造成齿根部位的随机断裂

再举一个齿根随机断裂的实例：某风电机行星增速器的齿圈有数个齿都在输入端发生断裂或出现裂纹，如图 4-43 所示。由图可见，裂纹出现在实际工作齿面的齿根，而不是出现在弯曲应力和应力集中最大的齿根部位。由于数个断齿和开裂未断的齿都发生在内齿圈的输入端，并且位置及裂纹长度形式基本一致，由此可以认为该齿圈传动有较大的偏载，由于偏载该处出现了很大的接触应力，齿面受到了严重的损伤——可能是表层压碎。

断齿的断口如图 4-44 所示。由于偏载，接触应力过大造成表层压碎，因此断口会有压碎层（通常是表面硬化层）。表层压碎裂纹产生很大的应力集中，促成疲劳裂纹的扩展，形成疲劳裂纹扩展区。疲劳裂纹扩展区逐渐扩大，裂纹扩展的速度加快，出现裂纹快速扩展区。最后轮齿承受不了载荷而断裂（齿根部随机断裂），形成瞬断区。

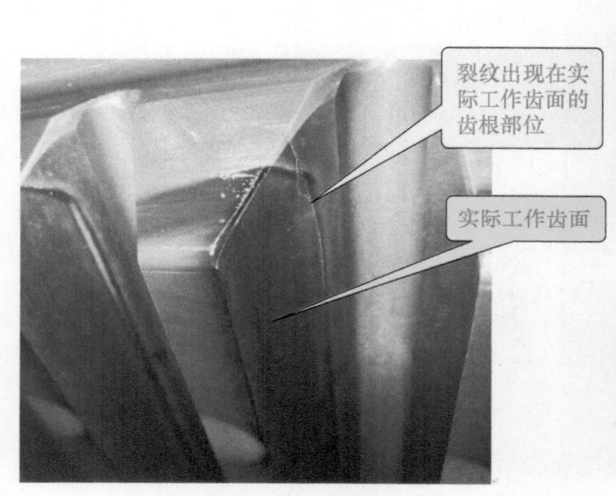

图 4-43　齿圈齿上的裂纹

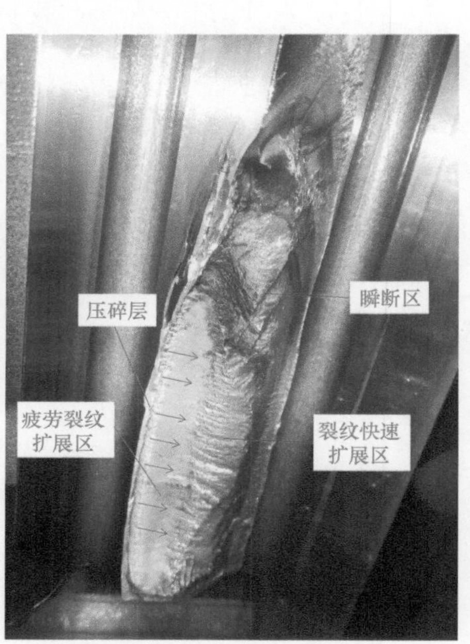

图 4-44　断齿的断口

弧齿锥齿轮如果有效工作齿面的根部出现深层剥落，也会引发轮齿的随机断裂，图 4-45 就是一个实例。图中疲劳源区就是深层剥落的部位。

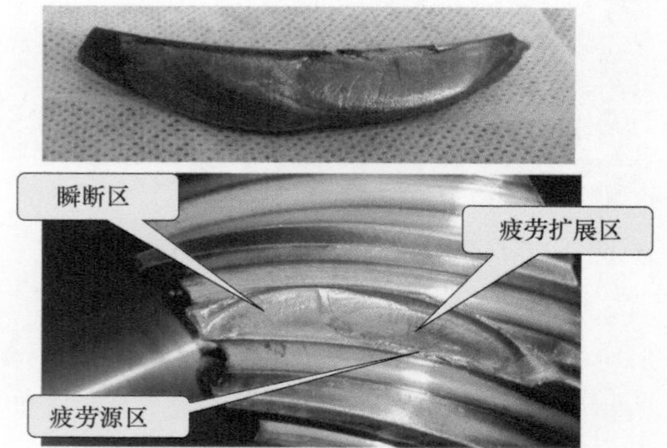

图 4-45　弧齿锥齿轮因深层剥落引发的随机断裂

（4）预防轮齿随机断裂的措施

可以从以下几方面来预防轮齿的随机断裂：

① 在齿轮的设计环节，要精细计算齿轮的强度，避免齿面接触应力过大造成齿面的严重损伤，例如深层剥落、齿面压碎等。因为这些严重损伤会产生很大的应力集中，从而引发轮齿随机断裂。

② 提高齿轮的制造精度和安装精度，避免出现齿轮偏载。因为齿轮的偏载对齿面的损伤很大，特别是硬齿面齿轮。

③ 对高速、重载齿轮要进行合理的轮齿修形，避免过大的啮合冲击载荷，因为齿根部位的随机断裂大部分是由啮合冲击引起的。

④ 采用夹杂物少的钢材，齿轮的坯料应该经过锻造，锻造比不能小于 3，避免齿轮内部缺陷引起的随机断裂。

⑤ 优化热处理工艺，避免齿轮出现过大、不利的残余应力；齿顶部位的硬度不能太高。

由于齿轮随机断裂事故在使用中经常出现，因此很有必要对这一失效现象做出规范化文字表述。建议在修订 GB/T 3481—1997《齿轮轮齿磨损和损伤术语》时，增加“齿轮随机断裂”词条。

4.2.5.4 轮齿折断最常见的原因

以下几方面是轮齿折断（正常齿根疲劳折断）最常见的原因。

1）齿廓型式选用不当　有一部分轮齿的断裂是由齿轮应用的齿廓选用不合理引起的，例如，对于渗碳淬火硬齿面齿轮，选用 GB/T 1356—2001《通用机械和重型机械用圆柱齿轮　标准基本齿条齿廓》的 D 型齿廓比较合理，因为这种齿廓齿根过渡曲线的圆角半径较大，并且可以不磨齿根以保持热处理后产生的残余压应力。如果采用普通的 A 型齿廓，齿根过渡曲线的圆角半径小，应力集中大，将降低轮齿的弯曲强度（见本章失效分析实例 7）。此外，齿根过渡曲线处的粗糙度也应尽量减小，否则很容易在齿根处产生微裂纹，引发轮齿断裂。

2）齿轮啮合偏载　这是齿轮传动最重要的问题之一，特别是对于硬齿面齿轮，可以说偏载是致命的。笔者见过和处理过的众多齿轮失效案例（包括接触疲劳和弯曲疲劳）绝大部分都是由齿轮偏载引起的。因此，应该在设计和制造各个环节采取措施减小或避免产生偏载。影响齿轮偏载的因素比较复杂，在 GB/T 3480—1997《渐开线圆柱齿轮承载能力计算方法》中给出了以下影响因素。

① 齿轮副的接触精度，它主要取决于齿轮加工误差、箱体镗孔偏差、轴承的间隙和误差、大小轮轴的平行度、跑合情况等。

② 轮齿啮合刚度、齿轮的尺寸结构及支承型式、轮缘、轴、箱体的刚度。

③ 轮齿、轴、轴承的变形，热膨胀和热变形（这对高速、大齿宽齿轮尤其重要）。

④ 径向、轴向载荷及轴上的附加载荷（例如带或链传动）。

⑤ 设计中有无元件变形补偿措施（例如齿向修形）。

目前，提高机件的制造精度、采用经过缜密分析计算的齿向修形是预防偏载的有效措施，详见有关文献［44］。

3）啮合冲击大，齿廓修形不到位　当齿轮传动的载荷大（或大小齿轮的基圆节距相差太大），轮齿就会产生很大的弯曲变形（图 4-5），这种情况下，如果没有进行齿廓修形或者修形不到位，就会在主动轮的工作齿面根部出现干涉现象（图 4-5），其结果是出现干涉磨损（图 4-6）或齿面的点蚀、剥落带（图 4-9），最后很可能造成轮齿的随机断裂（图 4-42）。良好的齿廓修形是避免或减小啮合冲击的最有效措施，详见有关文献［44］。

4）齿轮热处理质量差　热处理质量是轮齿断裂的重要影响因素之一。具体的表现是在齿根部位出现热处理缺陷，如表层脱碳、内氧化、网状碳化物、粗大马氏体和非马氏体组织等（详见 4.3.2 材料和热加工方面的失误）。这些缺陷严重降低轮齿的弯曲承载能力，造成轮齿断裂。

4.2.6 电蚀失效

由于某种原因（例如轴电流），两齿轮啮合齿面之间出现一定的电位差，齿面间就会出现电弧或电火花，使齿面上形成许多边缘光滑的小坑——电蚀坑。如在电子显微镜下观察电蚀的齿面，可以看到电蚀坑中有金属熔化的痕迹。电蚀坑形成的机理类似于电火花加工。当电蚀现象严重时，齿面会出现条状电蚀带，齿面损坏很快，齿轮随之失效[45] 26-28。这种电蚀现象往往在大功率电动机（特别是变频调速电机）高速齿轮箱的齿轮传动中可以看到[46] 19-22。

图 4-46　由大电流引起严重电蚀的齿面形貌

图 4-46 是由大电流引起严重电蚀的齿面形貌。

由电动机轴电流引起的齿面电蚀麻点，现场实拍如图 4-47 所示。麻点分布在整个工作齿面上。

(a)

(b)

图 4-47　由电动机轴电流引起的齿面电蚀麻点

在图 4-47 中选择一个麻点，用光学显微镜和电子显微镜观察，电蚀麻点的形貌见图 4-48。麻点有以下特点：有金属熔化的痕迹；麻点边缘光滑无裂纹；麻点擦伤有方向性。由此可见，电蚀麻点是在运转过程中发生的，详见本章失效分析实例 2、实例 3。

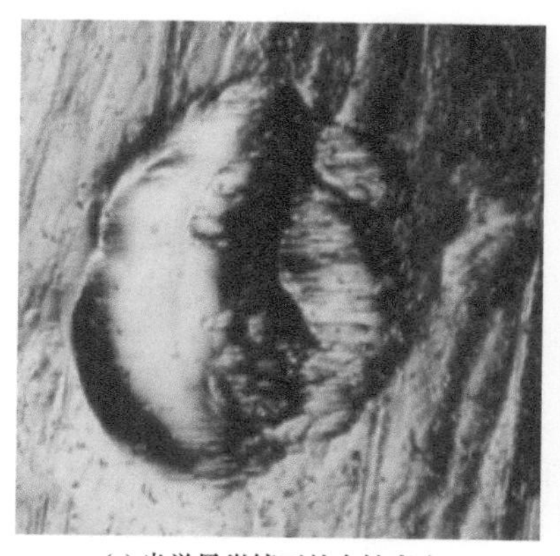

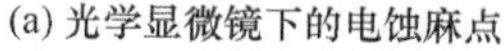

(a) 光学显微镜下的电蚀麻点

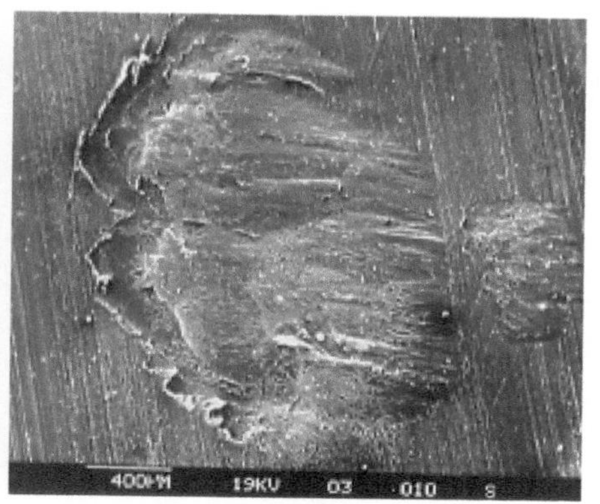

(b) 电子显微镜下的电蚀麻点

图 4-48　光学显微镜和电子显微镜观察电蚀麻点的形貌

电蚀齿面的微观形貌如图 4-49 所示，图中不同大小的电蚀坑清晰可见。其特点是：电蚀坑周围比较圆滑、无裂纹；存在电蚀条纹；高倍图像有金属熔化的云形花样。详见本章失效分析实例 2、实例 3。

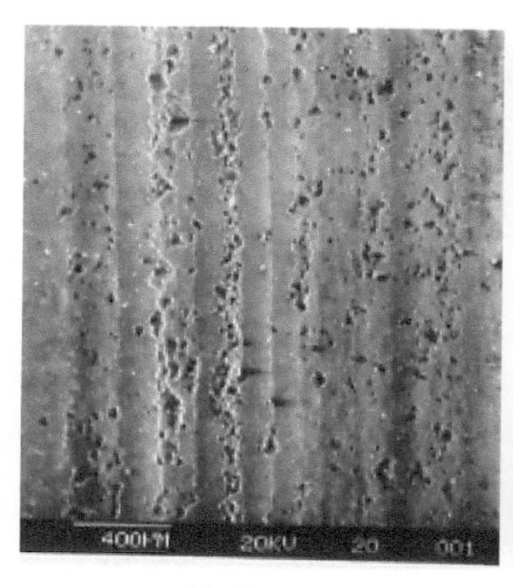

(a) 40×

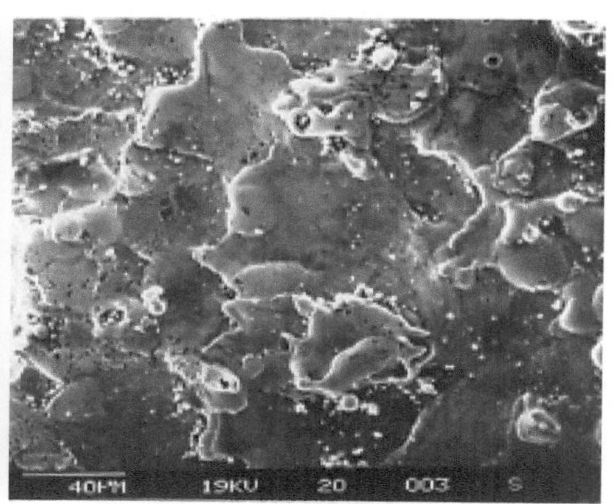

(b) 400×

图 4-49　电蚀齿面的微观形貌

遭受电蚀的表面都会有介于熔化层和基体之间的热影响层。热影响层的金属材料并没有全部熔化，只是受高温的影响使材料的金相组织发生了变化。因此，电蚀表面存在由于热作用而形成的残余应力，而且大部分表现为拉应力。由于表面存在着较大的拉应力，还可能出现微裂纹，因此其耐疲劳性能比正常的机械加工表面低很多。

以上讨论的都是在齿轮运转过程中产生的电蚀，而在实际生产过程中，由于操作不慎，还可能出现“接触焊型”的电蚀（黏结），详见本章失效分析实例 4。

4.2.7 塑性变形失效

塑性变形就是卸去施加的载荷后不能恢复的变形。轮齿受到冲击可使齿轮轮齿弯曲、齿面压陷；在超高载荷和摩擦条件下运转的齿轮副，由于轮齿的滚动和滑动作用，可使齿面材料发生塑性流动。以下两种塑性变形失效是常见的。

（1）滚压塑变

这种塑性变形的特点是：主动齿轮齿面上的材料向齿根和齿顶流动，并在齿根和齿顶出现飞边；从动齿轮齿面上相应的材料向节圆柱面附近流动。因此，在主动齿轮的齿面上产生沟槽，而在从动齿轮的齿面上出现起脊，如图 4-50 所示。由于塑性变形破坏了齿面渐开线齿形，齿轮的动载荷和振动、噪声都会增加，对传动品质的影响很大。滚压塑变主要出现在软齿面和中硬齿面的齿轮中，硬齿面齿轮很少见。

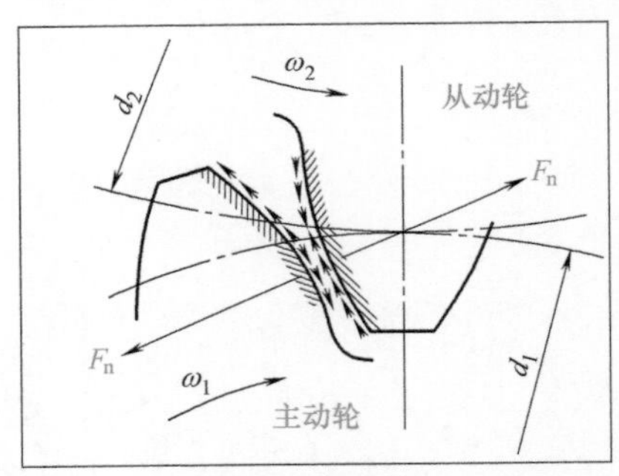

(a) 齿面上摩擦、金属流动

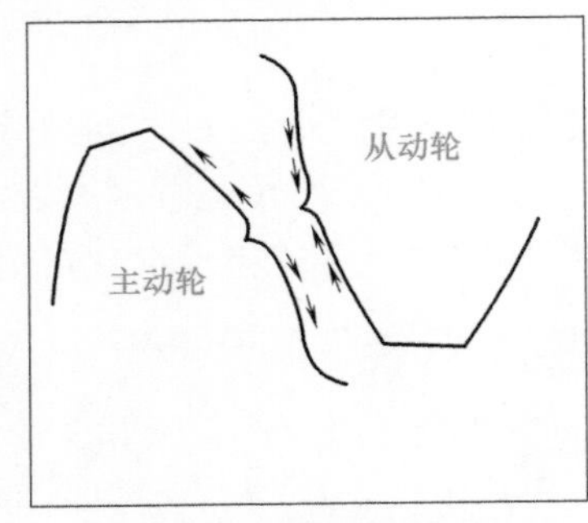

(b) 齿面塑性变形

图 4-50 齿面上摩擦、金属流动和齿面塑性变形 [47]

（2）飞边

在高摩擦、重载荷或胶合的作用下，由于齿面金属出现塑性变形，在轮齿的边缘形成粗糙且常为尖锐的凸出外延部分，这就是飞边，见图 4-51 所示。图 4-51 所示的是一个中硬齿面齿轮上由一次性大载荷造成的飞边。

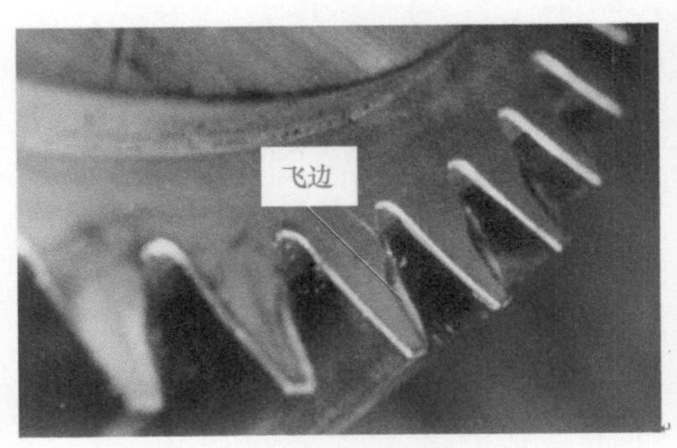

图 4-51 轮齿塑性变形（飞边）

4.2.8 化学腐蚀失效

这是一种由化学浸蚀引起的齿面剥蚀，常见的迹象是在整个齿面布满小凹痕并有晶界氧化现象。在齿面有效部分有时能看到红棕色锈迹，如图 4-52 所示。图 4-53 所示的齿轮作为备件库存太久，又没有采用防锈措施，整个齿轮都被氧化锈蚀。装机试用后齿面虽然没有了锈迹，但齿面布满了成片的凹痕，齿轮的精度完全被破坏。

图 4-52　化学腐蚀齿面形貌

图 4-53　氧化锈蚀齿面形貌

4.2.9 齿轮裂纹失效

在齿轮生产制造和使用过程中，由于材料缺陷、应力过大、热处理工艺和磨削加工不当等，齿轮会出现多种不同形貌的裂纹或裂缝。

（1）锻造缺陷引起的裂纹

图 4-54 所示是由锻造缺陷引起的裂纹，这种裂纹一般能在轮齿的切削过程中被发现。图 4-55 所示就是在磨削过程中发现的单条裂纹，具有图 4-54 所示的裂纹特征。

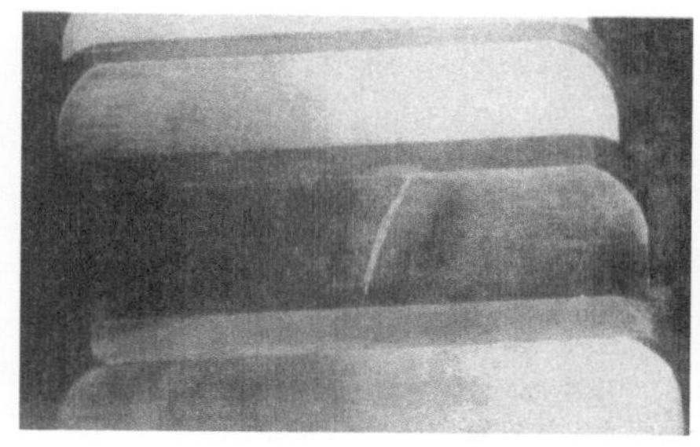

图 4-54　由锻造缺陷引起的裂纹

图 4-55　磨削过程中发现的单条裂纹

（2）淬火裂纹

齿轮在热处理过程中由内应力过大引起的裂纹就是淬火裂纹。这种裂纹常在

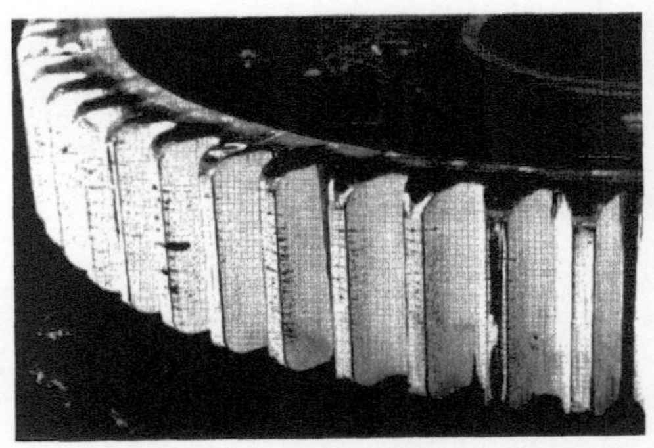

图 4-56　在齿顶出现的淬火裂纹形状

热处理淬火过程中出现，也可能由其他原因引起。火焰或感应淬火的局部硬化的齿面或调质齿轮的齿面，均容易出现这种形式的损伤。有时，淬火过程产生的裂纹在经过一段时间或在磨削齿面时才能被发现。

在一个大齿轮齿顶出现的淬火裂纹形状如图 4-56 所示，这是很典型淬火裂纹形状。

在生产实践中，有多种不同形状和不同分布位置的淬火裂纹，如图 4-57、图 4-58 所示（见本章失效分析实例 5）。

图 4-57　荧光检验的淬火裂纹

图 4-58　淬火裂纹引发的掉皮、掉角

（3）磨削裂纹

在磨削过程中或磨齿之后，有时会发现齿面出现了裂纹，这些裂纹的图像多少有点规则，例如，裂纹大致相互平行，通常垂直于磨轮轨迹，或呈龟裂图形。

图 4-59 所示为齿面硬化的小齿轮磨齿后，在齿面上呈现龟裂图形的磨削裂纹。

磨削裂纹属于最典型的表面裂纹，其垂直深度一般不超过 0.5mm，浅的仅有

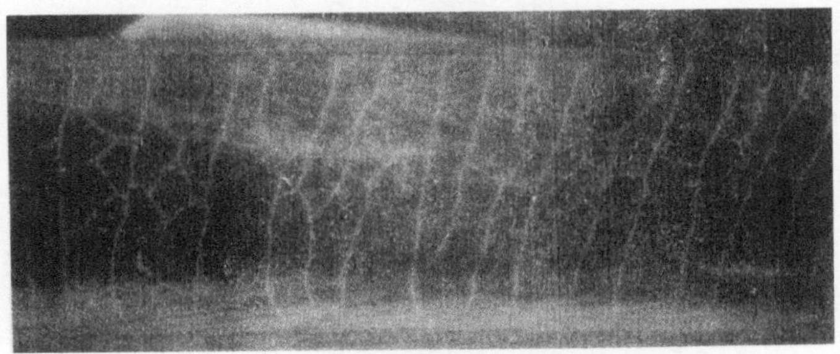

图 4-59　小齿轮磨齿后齿面呈现龟裂图形的磨削裂纹

0.010 ～ 0.020mm，深的有时也可超过 1mm，甚至达 1.9mm，但并不多见。

国内外一致认为产生磨削裂纹的原因是磨削时产生的表面层应力超过材料断裂强度。实际上影响磨削裂纹产生的因素很多，主要有：材料品质、热处理工艺和磨削工艺等。

在生产实践中，磨削裂纹有各种不同的形状和分布位置，如图 4-60 所示。这种裂纹不同的形状和分布可能与齿轮热处理后残余应力的大小和方向有关。

(a) 全齿面的磨削裂纹(一)

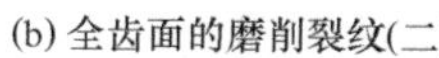

(b) 全齿面的磨削裂纹(二)

(c) 齿根的磨削裂纹(一)

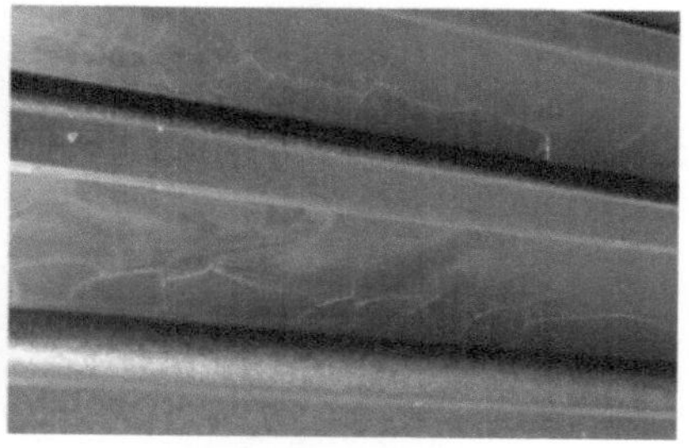

(d) 齿根的磨削裂纹(二)

图 4-60　不同形状和分布位置的磨削裂纹

4.2.10 齿面烧伤失效

齿轮磨削时有时会出现磨削裂纹，有时还可能出现磨削烧伤，甚至是严重烧伤。齿面烧伤后齿面的残余压应力就没有了，甚至出现残余拉应力，因此对轮齿强度影响很大。试验结果表明：严重烧伤（未出现裂纹）齿轮的弯曲疲劳寿命仅为无烧伤齿轮寿命的 77.6%；严重烧伤齿轮的接触疲劳寿命仅为无烧伤齿轮寿命的 71%。如果将烧伤的齿轮投入运转，最常见的是引发齿面表层压碎，发展为深层剥落，最后造成轮齿的随机断裂。

图 4-61 是磨削烧伤引起轮齿随机断裂的实例[1]，图中断口棕色部分就是磨削

[1] 本实例由无锡某齿轮公司提供。

烧伤裂纹扩展区，白色的断口是未烧伤新断裂的断口。

齿轮经磨削后出现齿面严重烧伤，并出现了宏观裂纹，如图 4-62 所示。在工作齿面齿高中部剖面处能看到明显的黑色层，最深处为 0.20 ～ 0.25mm（硬度 651 ～ 660HV）。在非工作齿面，有一个齿的剖面处能看到黑色层，深度为 0.03 ～ 0.05mm（该处硬度 692 ～ 695HV），轮齿外观啮合面呈现紫黑色，同时该处表面粗糙度很差。此外，发现有一个齿在黑色区域处有一个明显的凹痕，从凹痕到内部有一条很长的裂纹，该裂纹沿着黑色区域向下和向轮齿内部扩张，向下区域裂纹一直沿着黑色区域扩张，然后又向表面前进，最终在离表面约 0.20mm 处停止扩张。向轮齿内部扩张的裂纹已经深入到约 2/3 的轮齿，详见图 4-63。检验裂纹附近的组织，没有发现明显的渗碳痕迹，表明该裂纹不是热前裂纹。

齿轮齿面磨削烧伤对齿轮承载能力的影响是很大的，因此合格的齿轮产品都不容许齿面存在磨削烧伤。GB/T 17879—1999（ISO 14104-1995 ）《齿轮磨削后表面回火的浸蚀检验》规定用化学浸蚀方法对磨削表面的局部过热进行检验，规定了分类和操作程序，如图 4-64 所示。表面回火分类见表 4-1。

图 4-61　磨削烧伤引起轮齿随机断裂

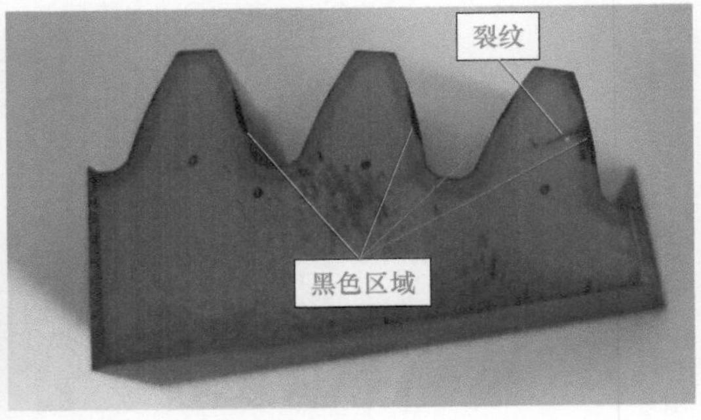

图 4-62　齿面烧伤裂纹

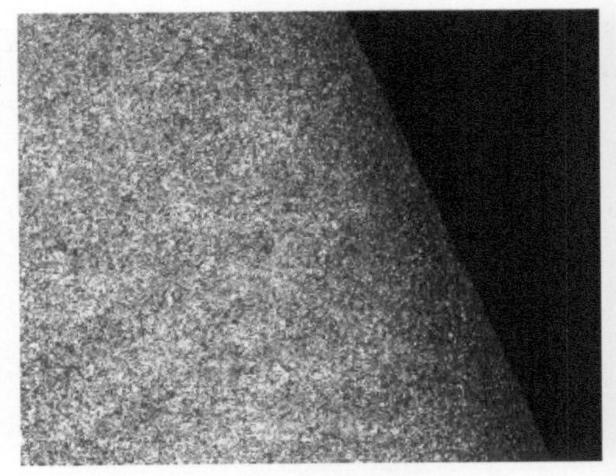

(a) 工作齿面齿高中部 50×

(b) 齿高中部 100×

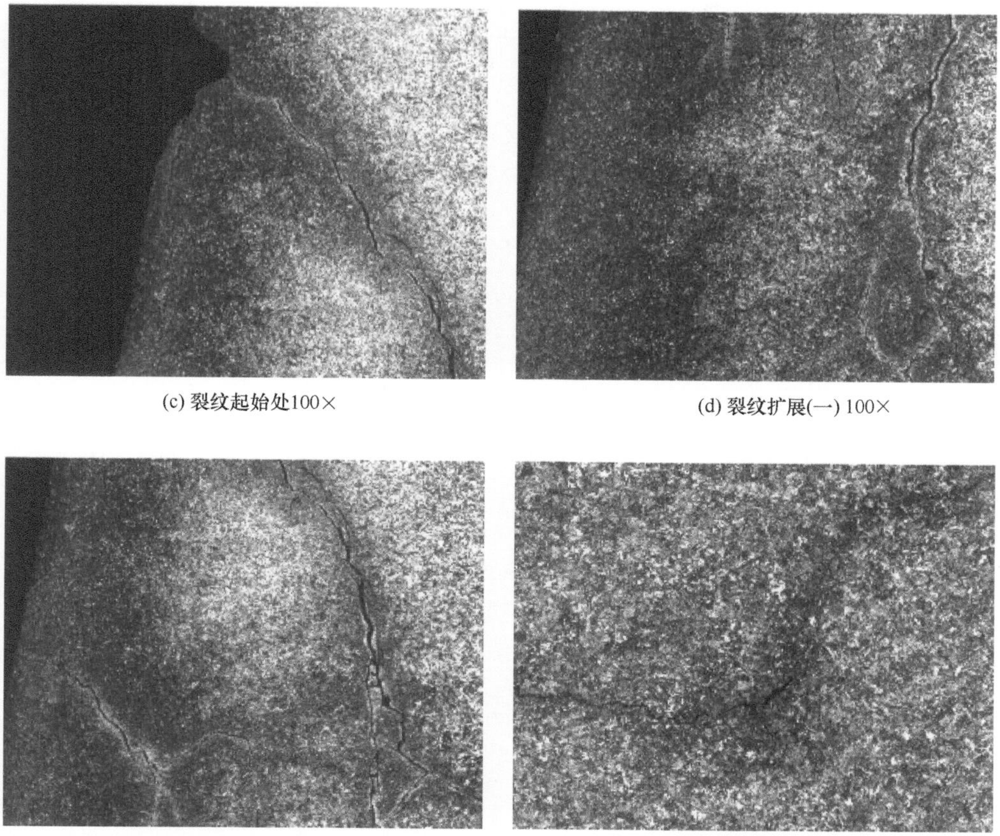

(c) 裂纹起始处100×

(d) 裂纹扩展(一) 100×

(e) 裂纹扩展(二) 100×

(f) 裂纹扩展到心部 100×

图 4-63　啮合面裂纹的起源和扩展形貌

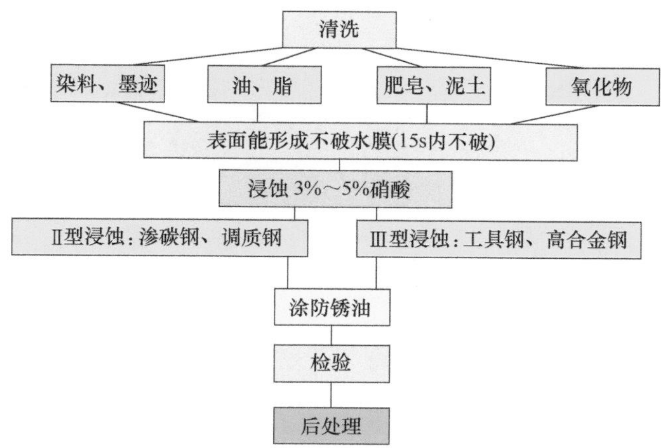

图 4-64　磨削表面的局部过热检验方法和操作程序

表 4-1　表面回火分类

前缀代号		
F——功能面，包括齿面、磨削齿根、轴颈等 N——非功能面，包括其他磨削表面		
分类代号		
分类	程度	回火区域目视外观
A	无回火	均匀灰色
B	轻度回火	较窄的浅色显示
D	重度回火	较宽的浅色显示
E	再硬化（严重过热）	白色区域周围有黑色面
后缀代号		
级别	回火表面积的最大百分比	
1	10%	
2	25%	
3	无限制	

理论和实践表明，利用上述的浸蚀法检验齿面烧伤只能反映因金相结构变化引起硬度下降的情况，对于齿面存在的残余应力则无法反映，因此在全面揭示磨削烧伤程度上显得不足。此外浸蚀使用的硝酸对环境造成的污染也不容忽视。目前一种全新的检测方法已经出现，这就是高效的磨削烧伤检测方法——磁弹法。使用这种方法的仪器已在市场销售。国内有的齿轮制造厂也在使用这种仪器。

4.2.11 轮毂断裂失效

在实际的齿轮制造和使用中，有时能看到齿轮轮毂断裂失效，如图 4-61 所示。轮毂断裂的主要原因是：

① 热处理后齿轮的残余内应力过大，图 4-65（a）和图 4-65（b）所示齿轮都有残余内应力过大问题。为此，曾经设计专门的试验对图 4-65（b）所示机车齿轮测定轮体内的残余内应力，试验结果证明了这一点。

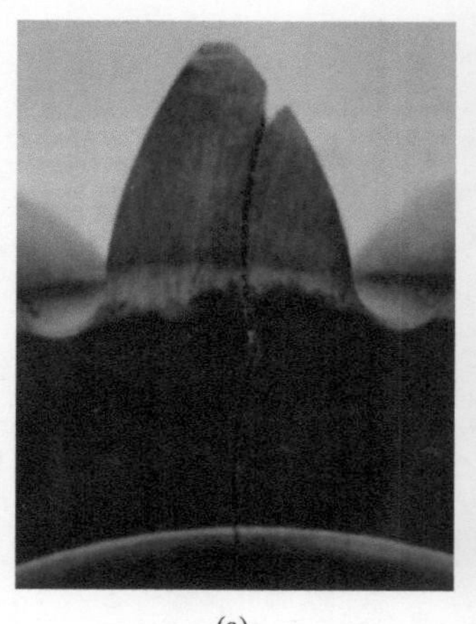
(a)

(b)

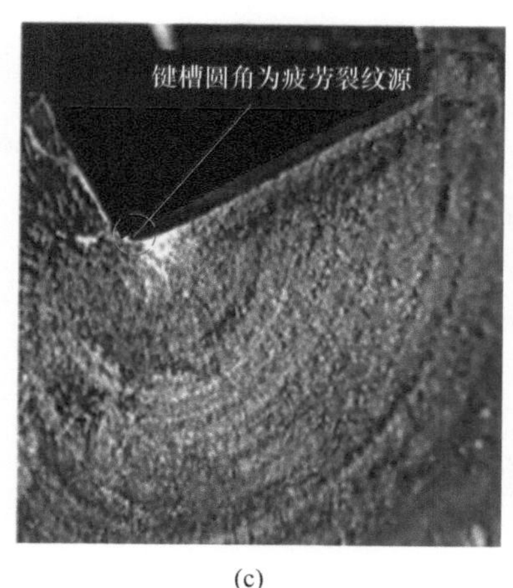

(c)

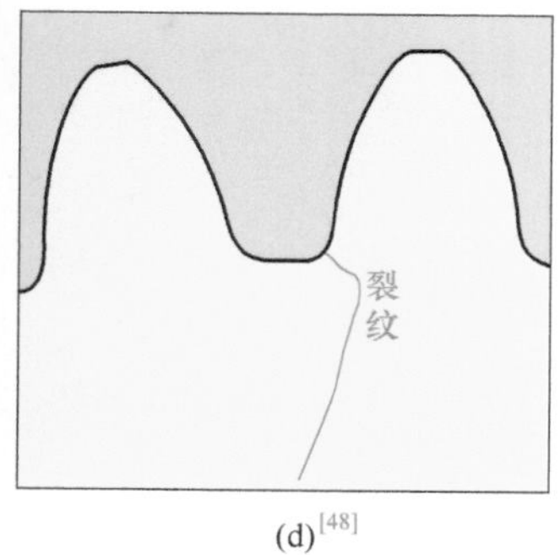

(d)[48]

图 4-65　齿轮轮毂断裂失效

② 轮毂太薄，强度不够。

③ 齿轮同轴配合的过盈量太大，装配应力促成轮毂的断裂。

④ 轮毂上键槽的应力集中也是促成轮毂断裂的原因之一，图 4-65（c）所示的轮毂键槽根部圆角断口出现的疲劳源就是证明。

⑤ 在某些特殊情况下，例如航空齿轮，齿轮的振动（二节径振动）也会引发轮毂的径向裂纹［图 4-65（d）］，造成轮毂断裂[48]。

4.3　诱发轮齿损伤和失效的主要原因

由于齿轮工况不同、材质各异、环境条件也有差别，因此上述轮齿主要失效形式的诱因往往很复杂，但可以从以下几方面进行分析、查找。

4.3.1　设计方面的失误

1）对作用在轮齿上的载荷估计不足　轮齿上所受的载荷一般可分为三部分，即

① 名义载荷，可视为齿轮传递的名义功率。

② 外部动载荷，它取决于原动机、从动机的特性，轴和联轴器系统的质量、刚度以及运行状态。

③ 内部动载荷，这是由于齿轮本身制造误差、轮齿刚度等产生的载荷。

精确确定轮齿上的载荷非常困难，较好的办法是进行实测或对传动系统进行全面分析。但是，这种复杂的方法不是处处可以采用的，因此在齿轮设计中，对载荷估计不足是常见的。

2）齿轮装置结构设计不合理　例如，轴承安装方式或安装位置不合适、轴

或齿轮箱的刚度太差、密封不可靠等都可能使轮齿失效。

3）确定的齿轮参数不合适　例如齿轮的模数、齿宽系数，侧隙、顶隙、齿根圆角的形状、齿廓修缘、齿向修形等确定得不合适，从而影响齿轮的寿命。

4）材料选用不合适　齿轮的材料种类、牌号应根据齿轮的具体使用条件来选定，特别是大小齿轮不同材料要匹配，否则容易引起齿轮失效。

5）润滑系统设计有误　齿轮装置的润滑方法、润滑油性能和油量等处理不好会使齿面产生胶合、过热和过度磨损等失效。

4.3.2 材料和热加工方面的失误

齿轮材料化学成分和力学性能不合格、内部有缺陷等是诱发齿轮失效的重要原因之一。齿轮材料的热加工是指毛坯的锻造和齿轮的热处理。其常见的失误有：金相组织不良，齿面或齿心硬度不合适，硬化层深度不适当，表面有脱碳和晶界内氧化现象，残余应力不良，有热处理裂纹等[49]。

下面给出了一些热处理金相组织缺陷对齿轮强度影响的试验研究数据❶，供齿轮失效分析时参考。

(1) 表层脱碳对疲劳强度的影响

淬硬齿面表层脱碳，降低表面硬度，使表层出现拉应力，裂纹最容易在表面脱碳层上发生，大大降低齿轮的疲劳强度，因此表面脱碳对硬齿面齿轮特别有害。研究表明：表面脱碳可使齿轮的弯曲疲劳极限应力降低 1/2 ～ 2/3。例如，40CrNi3 钢：未脱碳 σ_{-1}=854MPa；脱碳 σ_{-1}=245MPa。

再如，Cr-3%Ni 钢（如 12CrNi3、20CrNi 等），0.22mm 的脱碳层，会使轮齿的弯曲疲劳强度降低 30% ～ 40%。

(2) 内氧化对疲劳强度的影响

晶界内氧化使渗层表面硬度下降，出现残余拉应力，从而降低齿轮的弯曲疲劳强度。研究表明：当内氧化层深小于 0.013mm 时，对疲劳强度影响不大；当层深大于 0.016mm 时，齿轮的弯曲疲劳强度降低 25%。另一研究数据是：20CrMnMo、20Cr2Ni4A 钢碳氮共渗的内氧化深度大于 0.013mm 时，会使钢的疲劳极限下降 20% ～ 25%。

(3) 粗大马氏体和大量残余奥氏体对疲劳强度的影响

在淬火过程中，加热温度过高、保温时间过长会使晶粒急剧长大，奥氏体中碳浓度和合金元素浓度增加，Ms 点下移，淬火后出现粗大马氏体和大量残余奥氏体，从而使钢件的脆性增加、硬度下降，对齿轮的强度非常有害。

---

❶ 这些试验研究结果的数据，摘自国内外的公开发表的论文和资料，其出处不一一列举了，笔者对原作者表示衷心的感谢！

（4）碳化物组织对强度的影响

齿面的组织对渗层强度有很大影响。试验数据表明：粗大的块状、尖角状和网状分布的碳化物对齿轮性能有显著的不利影响；少量细粒状碳化物分布在马氏体上，有利于提高疲劳强度。

（5）不良碳化物对疲劳强度的影响

试验研究表明：网状和大块状碳化物的形成，降低了渗碳层中的残余压应力，使轮齿的弯曲疲劳强度降低 25% ～ 30%。较分散颗粒状碳化物的齿轮比大块粗粒带状的齿轮接触疲劳寿命大一倍。网状碳化物对齿轮的弯曲疲劳强度特别有害。

（6）渗碳淬火齿轮表面的非马氏体组织对强度的影响

试验研究结果表明：非马氏体组织降低了表面层的相变残余压应力，对轮齿的弯曲强度非常不利。当非马氏体组织层深大于 0.013mm 时，齿轮的疲劳寿命降低 20% ～ 25%。当层深达到 0.03mm 时，齿轮的疲劳寿命降低 45%。淬火钢表层含有 5% 非马氏体组织时，其弯曲疲劳极限降低 10%。

（7）黑色组织对齿轮强度的影响

渗层中出现黑色组织将降低零件的表面硬度、残余压应力、耐腐蚀性、抗弯曲疲劳强度和抗接触疲劳强度，从而明显降低齿轮的使用寿命。黑色组织对齿轮性能的影响程度与黑色组织的严重程度有关。40Cr 钢经过碳氮共渗后，当在 0.3 ～ 0.4mm 的共渗层中存在 0.05 ～ 0.06mm 的浅层黑网时，多次冲击寿命下降 30% ～ 60%；当存在黑色带状托氏体时，多次冲击寿命下降 60% ～ 80%。碳氮共渗齿轮渗层的黑色组织类似于内氧化，它降低了齿面的硬度和残余压应力，可使轮齿弯曲疲劳强度降低 6%。

（8）残余奥氏体（Ar）对齿轮强度的影响

① 残余奥氏体是不稳定组织，在交变应力作用或其他条件下会转变成马氏体，因此容易产生零件的畸变。

② 残余奥氏体（Ar）的导热性差，因此容易引发齿轮的胶合失效和磨削裂纹。

③ 在高应力、低循环周次情况下，疲劳寿命随 Ar 的增加而提高；在低应力、高循环周次情况下，疲劳寿命随 Ar 的增加而降低。因此，应根据零件的不同工况确定最佳的 Ar 含量。通常，Ar 含量在 10% ～ 25% 最佳。

4.3.3 机械加工方面的失误

① 轮齿的尺寸、形状不良　齿根圆角、齿顶和齿端倒角加工不良；齿厚、齿廓修缘、齿向修形不到位等。

② 轮齿加工精度不足　齿向误差太大会引起齿向偏载；齿距偏差、齿形误差会引起齿高方向接触不良和啮合冲击；齿面粗糙度过大易引发点蚀或胶合失效。

③ 不按图纸要求加工　例如，图纸上要求采用 GB/T 1356—2001 标准基本齿条齿廓的 D 型齿廓，而实际采用的是 A 型齿廓，两者齿根圆角（应力集中）差

别很大（见本章实例 7)。再如，图纸上要求不磨齿根，而实际磨了齿根，其结果减少或消除了齿根有利的压缩应力（见本章实例 7)。

④ 磨削工艺不当　齿面出现磨削裂纹而又没有发现，造成齿面接触疲劳强度降低，缩短使用寿命。

4.3.4 装配方面的失误

轮齿接触检查不严、轴承间隙未调整好（圆锥滚子轴承的轴向间隙大小直接影响齿轮的接触精度，因此调整好轴承间隙尤为重要，见本章实例 10)；齿轮啮合间隙太小又未发现；装配时的故障排除不彻底；不注意装配清洁度等。

4.3.5 使用和维护方面的失误

超载、超速使用；润滑油不足、错号或老化；不进行定期检查和检修；对异常情况（如振动、噪声增加、漏油等）未及时处理等。

在齿轮失效分析中，应根据具体的失效形式、现场调查和检测结果来查明齿轮失效的直接原因；对影响轮齿失效的因素进行全面分析和衡量，最后做出科学、缜密的推断，提出相应的改进措施。

4.4 齿轮失效分析方法中的注意事项

齿轮失效分析与一般零件失效分析方法、步骤基本是相同的，但是由于齿轮本身有其特殊性，因此失效分析的方法也有特别的一面。下面针对齿轮传动的特点，说明齿轮失效分析中应注意的事项。

4.4.1 齿轮失效的背景调查

首先，了解失效齿轮的背景非常重要，因为不同使用场合的齿轮，其工况有很大的差别，例如行星齿轮减速机的行星轮工况与定轴减速机的齿轮就有很大的不同。此外，还要了解工作机的冲击、振动情况，润滑是否良好，使用、维护是否正常，齿轮失效时的使用寿命，齿轮的设计者和制造者等。

其次，要收集有关齿轮的资料，例如齿轮的装配图纸、零件图纸、设计计算书、热处理的工艺流程、精加工后的精度检测数据、齿轮装配后的接触斑点和齿轮侧隙的大小等。填写表 4-2 ～表 4-4 的信息可全面了解齿轮背景资料和齿轮本身的参数。这些资料和数据在下一步的分析、检验和齿轮强度复核计算中是不可或缺的。

表 4-2　齿轮装置情况和结构

齿轮装置生产和使用情况（附齿轮传动装置图纸）	
齿轮装置名称、型号、规格	
生产厂	
使用单位名称、地点	
原动机	
从动机	
开始投入使用日期	
已经运行小时数	
工作情况（如正反转、冲击、振动情况和重量限制等）	
不稳定变载荷图谱	（）没有；（）有，另附
可靠性要求	（）一般；（）较高；（）高
设计使用寿命（年）或目标寿命（小时）*	
齿轮副结构数据	
传动类型	（）外啮合；（）内啮合；（）行星传动
小齿轮结构类型 （按 GB/T 3480—1997 中的图 5 填写）	（）a；（）b；（）c；（）d；（）e （）刚性；（）非刚性 l=____mm；　s=____mm

注：*设计使用寿命按年计算，使用中的齿轮运转和停歇时间，甚至库存时间都计算在使用寿命内；目标寿命按小时计算，它仅计入实际运转的时间（h）。

表 4-3　齿轮装置齿轮副基本数据

名称	代号	单位	小齿轮	大齿轮
名义功率	P	kW		
转速	n	r/min		
中心距	a	mm		
基本齿廓标准号 和齿廓型号	GB/T 1356—2001 （）A；（）B；（）C；（）D			
法面模数	m_n	mm		
齿形角	α_n	（°）		
基本齿廓齿根过渡圆角半径	ρ_{fp}	mm		
齿高系数	h_{an}^*			
顶隙系数	c_n^*			
齿数	z			
齿数比（≥1）	u			
分度圆螺旋角	β	（°）		
齿宽	b	mm		
人字齿轮齿宽 （写成 2×b/2）		mm		
法向变位系数	x_n			
其他				

表 4-4 齿轮装置其他条件和数据

名　　称	代号	单位	小齿轮	大齿轮
齿轮精度等级	GB/T 10095—2008			
是否允许有一定程度点蚀			( ) 是；( ) 否	
装配时是否检验调整			( ) 是；( ) 否	
法向侧隙设计值	j_{bn}	mm		
材料牌号				
材料抗拉强度	R_m	MPa		
材料规定非比例延伸强度	$R_{p0.2}$	MPa		
热处理方式				
材料和热处理质量要求等级			( ) ML；( ) MQ；( ) ME	
齿面硬度		HBW HRC HV		
齿面最后成形工艺				
齿面平均粗糙度	Ra			
润滑剂牌号				
40℃时运动黏度	ν_{40}	mm^2/s		
润滑方式				
润滑油初始温度	t_1	℃		
其他				

4.4.2 失效齿轮的宏观观察

失效齿轮的宏观观察与分析是指用肉眼或放大倍数一般不超过 30 的放大镜对失效齿轮整体和断口表面进行观察和分析的方法。宏观观察和分析可以直接确定失效齿轮的宏观表现及其性质，可以确定失效的类别、疲劳源区的位置、数量和裂纹扩展方向等。

(1) 失效齿轮的整体观察

这是宏观观察的第一步，主要观察：齿轮有无意外的外伤；轮齿有无偏载现象（非常重要）；主动轮有效工作齿面的根部有无干涉磨损的损伤带；判定齿轮失效的类别（齿面疲劳失效、齿根弯曲疲劳失效、随机断裂失效、胶合失效、磨损失效等）。很多情况下，同一失效的齿轮上可以观察到多种损伤形式，例如轮齿断裂，除了断裂以外可能还有胶合、点蚀、剥落等齿面损伤。这些损伤对轮齿断裂是否有直接或间接影响就很值得注意和分析。

(2) 齿面疲劳损伤失效观察

确定齿面疲劳损伤（例如齿面剥落）是齿轮失效的原因以后，就要对齿面损伤进行仔细观察。前面已经讨论了齿面疲劳损伤的多种形式：微点蚀、点蚀、剥落、片蚀、表层压碎等。每一种损伤形式都有本身的形貌特点，有些是比较好区分的，例如点蚀与剥落；而有些是较难区分的，例如剥落与片蚀、片蚀与压碎等；当点蚀、剥落和片蚀混成一团时，就更难区分。其实，从实用的角度来看，不做严格区分问题也不大，只要注意蚀坑深浅就可以了。蚀坑深，通常最初的疲劳裂纹都出现在次表层，这是剥落、压碎的共同特点。蚀坑浅，最初的疲劳裂纹大多出现在轮齿的表面，基本上可以判定为点蚀。当然，点蚀扩展成片、成带，也有可能发展成剥落。所有这些都需要在仔细观察后做出判断。

（3）齿面胶合失效观察

齿面胶合失效的形貌比较直观，只要看齿面擦伤痕迹的轻重就可以做出基本判断，但是要注意擦伤痕迹分布的部位：齿面的上部；齿面的下部；全齿面都有；偏齿宽的一端。因为不同部位的胶合反映了齿轮的制造误差和不同的润滑状态，如果轮齿有齿廓或齿向修形的话，还反映轮齿修形的优劣。如果胶合发生在齿宽的一端，那就基本上可以肯定胶合是由轮齿偏载引起的，这种情况在实际中见得最多。

（4）轮齿断裂失效观察

轮齿断裂失效形貌也比较直观，首先要根据轮齿断口所处的位置确定是一般的疲劳断裂还是随机断裂。两种断裂断口要重点观察是疲劳断裂还是一次性断裂，如果断口上有反映疲劳的贝纹线（疲劳弧线），就基本上可以肯定轮齿是疲劳断裂。进一步判断是单源疲劳断裂还是多源疲劳断裂。根据断口疲劳区、瞬断区面积的大小，判断轮齿名义弯曲应力的大小。当一个齿轮上有多个轮齿断裂时，就要找到最早断裂的那个轮齿，我们不妨称之为“肇事齿”，以后失效分析的重点就放在“肇事齿”。寻找“肇事齿”的最好方法就是看断口断裂线的弯曲程度，再加上疲劳断口贝纹线判断原则，通常就能找到那个“肇事齿”。有时会出现两个或多个断裂轮齿具有“肇事齿”的特征，这种情况就要比较两个断口疲劳区的大小，一般情况下疲劳区大的是先断的，疲劳区小的是后断的（可能是打断的）。

4.4.3 失效齿轮断口的微观观察

轮齿断裂断口（或齿面损伤点）的微观观察主要是利用光学显微镜、体视显微镜和扫描电子显微镜（SEM）等仪器设备对观察断口进行观察和分析，了解断口的断裂特征、断裂机制和断口提供的有用信息。在实际应用中，具有电子探针（EPMA）的扫描电子显微镜应用最广泛，因为它在观察断口形貌的同时可以进行断口微区的化学成分分析，这就给微观观察带来极大的方便。其他的仪器如透射电子显微镜，虽然放大倍数可以很大，分辨率也很高，但试样的制备比较复杂，在齿轮的失效分析中很少采用。

在应用扫描电子显微镜进行断口微观观察时，首先是采用低倍对断口的全貌进行扫描观察，标定断口的方向，分区记录其形貌特征，然后再逐步放大倍数观察断口。对于疲劳断口，观察者最关心的是疲劳源和疲劳源区的形貌。如果找到疲劳源和疲劳源区，就要区分表面源还是次表面源，进一步判断这些疲劳源是如何引发出来的：是非金属夹杂物（用 EPMA 测定）还是应力集中，是外伤（如齿面深层剥落、表层压碎等）还是内部缺陷（如锻造缺陷、热处理缺陷等）。对于齿面外伤造成的随机断裂，很难找到疲劳源点，但疲劳源区和疲劳裂纹扩展区还是很明显的。在疲劳扩展区，用低倍放大就能清晰地看到不同形貌的贝纹线，但是对于渗碳淬火齿轮即使用高倍放大也较难看到典型的疲劳条纹（疲劳辉纹）。

在齿轮的失效分析工作中，应用 SEM 找到疲劳源区并不困难，当然找不到也有可能，例如被擦伤所掩盖。疲劳源区有多种断口微观形貌，且有韧窝断口，这一般就是韧性断口；对于硬齿面齿轮，常看到的是准解理断口，属于脆性断裂断口。在实际的微观分析中，要准确判断断口的性质有时会遇到困难，因为断口会显现很复杂的微观形貌。例如，材料为 17CrNiMo6 的硬齿面齿轮，发生齿根部的随机断裂，将断口置于扫描电镜下观察，断口各区域的微观形貌差别很大，这就很难确定整个断口的性质。渗碳淬火的 17CrNiMo6 钢是一种低温回火马氏体钢，其断口通常都是准解理断裂。

准解理是介于解理断裂和韧窝断裂之间的一种过渡断裂模式。目前，被人们普遍接受的准解理模型如图 4-66 所示[50] 199：最先是在机件的不同部位同时产生许多解理小裂纹［图 4-66（a）］，然后这些小裂纹不断长大［图 4-66（b）］，最后以塑性方式撕裂残余连接部分，从而形成准解理断口［图 4-66（c）］。按这个模型，断口上最初和随后长大的解理小裂纹即成为解理小平面，而最后的塑性撕裂则表现为撕裂棱或韧窝、韧窝带。

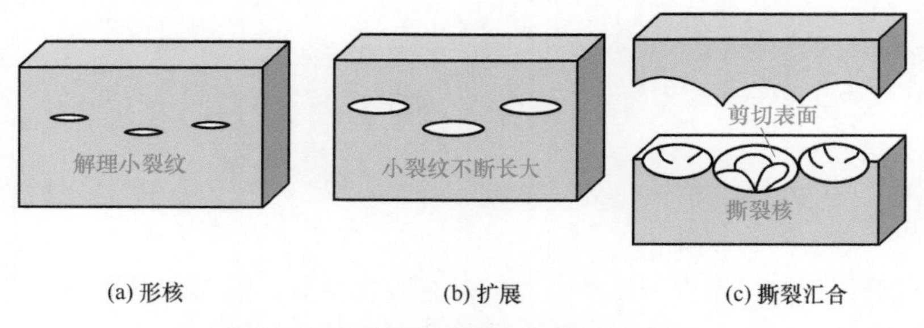

图 4-66　准解理模型断裂形成示意图

准解理断裂微观断口的具体形貌（有各种花样：河流花样、扇形花样等），同钢材种类、热处理、断裂受载（静载、变载、冲击载荷）有关。图 4-67 是准解理断裂断口微观形貌，详见第 3 章实例 10。

在实际的失效分析工作中，碰到的断口与公认的准解理断口形貌[11] 117-123 并不完全一致。在这种情况下，只能根据局部相似进行初步判断了，结论只能作为参考。

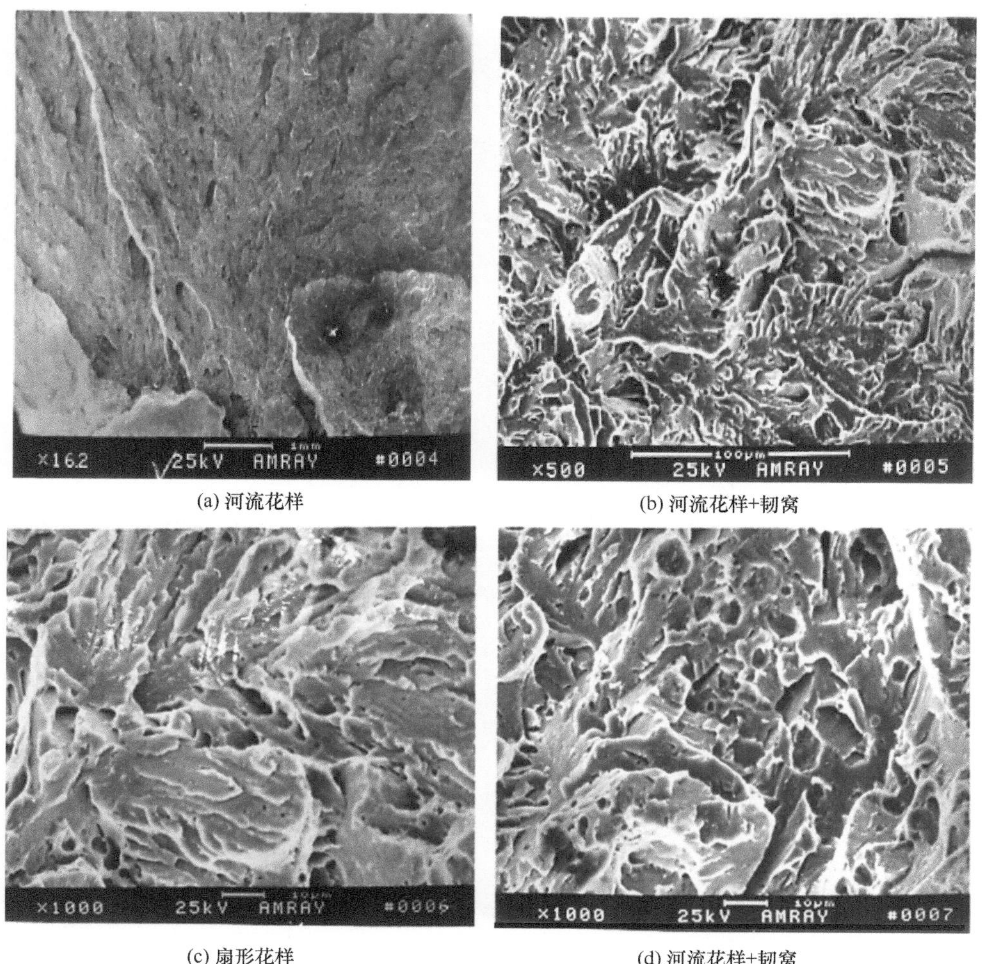

(a) 河流花样　(b) 河流花样+韧窝

(c) 扇形花样　(d) 河流花样+韧窝

图 4-67　具有准解理特征的断口微观形貌

4.4.4 失效齿轮的承载能力计算复核

齿轮失效分析通常都要求复核齿轮的承载能力计算，以确定设计计算方面是否有失误。

齿轮轮齿损伤的主要形式有断齿、点蚀、胶合、磨损和塑性变形等。针对以上损伤形式，要求有如下的计算：

① 接触强度计算　为防止齿面点蚀和剥落，需进行齿面接触疲劳强度计算；为防止齿面塑性变形和压溃，需进行齿面接触静强度计算。

② 弯曲强度计算　为防止轮齿弯曲疲劳折断，需进行弯曲疲劳强度计算；为

防止轮齿塑性变形和脆性折断，需进行弯曲静强度计算。

③ 胶合计算　为防止齿面发生胶合破坏，需进行胶合计算或弹性流体动压润滑计算。

④ 磨损计算　为防止齿面发生过度磨损，需进行齿面磨损计算，即计算齿面的线性磨损量，或按许用的线性磨损量计算齿轮的寿命。

以上四种计算准则，可用图 4-68 所示的失效区域图大致表示。失效区域图表示了点蚀、磨损、胶合和断齿四种失效形式与齿轮承载能力的限制关系。失效区域图指出了在相应的载荷和圆周速度范围条件下失效形式的范围。应该指出：失效区域图因具体工作条件和齿轮本身的情况而异，所以它不能直接用于设计和判断轮齿的工作能力。但它能表明失效的出现条件和彼此的关系。

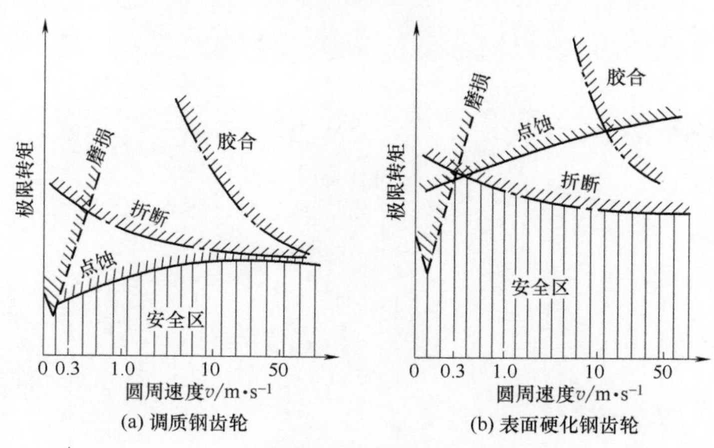

图 4-68　齿轮失效区域示意图 [15] 2-4

从失效区域图 4-68（a）可以看出，当齿轮的圆周速度不太高时，限制渐开线闭式调质钢齿轮承载能力的主要失效形式是点蚀；从图 4-68（b）可以看出，当齿轮的圆周速度不太高时，限制渐开线闭式表面硬化钢齿轮承载能力的主要失效形式是轮齿折断。从图 4-68 可以看出，对高速齿轮而言，限制齿面承载能力的主要失效形式往往是胶合。对速度很低（如 $v < 0.5$m/s）的润滑齿轮而言，由于运转速度很低，润滑油膜可能变得极薄而被轮齿表面的微凸体尖点破坏，从而出现边界润滑情况，所以往往是磨损限制了齿轮的使用寿命和承载能力。低速磨损会使齿轮由于齿形严重损伤或轮齿折断而导致报废。

国内常用的齿轮承载能力计算方法有：

GB/T 3480—1997《渐开线圆柱齿轮承载能力计算方法》；

GB/T 10062—2003《锥齿轮承载能力计算方法》；

GB/Z 6413.1—2003《圆柱齿轮、锥齿轮和准双曲面齿轮　胶合承载能力计算方法　第 1 部分：闪温法》；

GB/Z 6413.2—2003《圆柱齿轮、锥齿轮和准双曲面齿轮　胶合承载能力计算方法　第 2 部分：积分温度法》；

ANSI/AGMA 2101-D04 Fundamental Rating Factors and Calculation Methods for Involut Spur and Helical Gear Teeth。

关于齿轮的磨损寿命，虽然国外学者进行了多年的研究[15] 4，但由于影响磨损的因素很多而且很复杂，因此至今还没有较成熟的计算方法。

国内的齿轮传动装置制造企业一般都有自己的齿轮承载能力计算方法，并将计算方法设计成使用方便的计算软件。在应用这些计算软件计算齿轮承载能力（安全系数）时，应注意以下几点：

① 上述标准 GB/T 3480—1997 和 GB/T 10062—2003 中的齿面接触强度计算只能用于齿面点蚀失效的齿轮传动，不能用于剥落、片蚀、表层压碎的失效齿轮。

对于剥落失效的齿轮，其承载能力目前还没有标准的计算方法。如果能够确定齿轮是次表层的裂纹引起的齿面剥落，GB/T 3480.5—2008《直齿轮和斜齿轮承载能力计算　第 5 部分：材料的强度和质量》推荐计算轮齿最小有效硬化层深度 Eht_c 来计算防止齿面剥落的承载能力。根据最大接触剪切应力推导出 Eht_c 的计算式

$$Eht_c = \frac{\sigma_H d_1 \sin\alpha_t}{U_H \cos\beta_b} \times \frac{z_2}{z_2 \pm z_1} \tag{4-1}$$

式中　Eht_c ——最小有效硬化层深度，mm；

σ_H ——计算接触应力，MPa；

d_1 ——小齿轮分度圆直径，mm；

α_t ——端面分度圆压力角，(°)；

β_b ——基圆螺旋角，(°)；

U_H ——硬化工艺参量（对于 MQ、ME 级，取 66000MPa；对于 ML 级，取 44000MPa）；

z_1，z_2 ——小齿轮和大齿轮齿数；

$+$ ——用于外啮合齿轮传动；

$-$ ——用于内啮合齿轮传动。

② 上述标准 GB/T 3480—1997 和 GB/T 10062—2003 中的轮齿弯曲强度计算，只能用于齿根 30°切线点处断裂失效的齿轮传动，不能用于随机断裂失效齿轮。现实中，经常能看到齿根随机断裂的齿轮也用上述标准的计算方法计算轮齿的弯曲强度，这是不可取的，计算结果不说明任何问题。目前，齿轮的随机断裂还没有任何计算方法。

③ 在齿轮承载能力计算和减速机选用中会见到多个系数，例如使用系数、服

务系数、过载系数和选用系数等，计算时或议定技术协议时很容易混淆它们之间的概念而出现差错。在 AGMA 215.1-66 中首先使用过载系数（overload factor），但在 AGMA 218.02-82 中将过载系数改为使用系数（application factor）。这就是 ISO 使用系数 K_A，其值决定于原动机和工作机的特性。

在计算齿轮传动装置的设计功率时，AGMA 420.04-75 中使用了服务系数（service factor）。服务系数包括使用系数、寿命系数和安全系数。

接触强度服务系数
$$C_{SF} = C_a\left(\frac{C_R}{C_L}\right)^2 \tag{4-2}$$

弯曲强度服务系数
$$K_{SF} = \frac{K_a K_R}{K_L} \tag{4-3}$$

式中 C_{SF}，K_{SF} ——接触、弯曲强度计算服务系数；

C_a，K_a ——接触、弯曲强度计算使用系数；

C_L，K_L ——接触、弯曲强度计算寿命系数；

C_R，K_R ——接触、弯曲强度计算安全系数。

服务系数（在 GB/Z 19414—2003《工业闭式齿轮传动装置》中称为选用系数）应用于通用系列产品的设计和选用中。设定：

① 使用系数 K_A=1（电机驱动、工作平稳、每日工作不超过 10h）；

② 最小安全系数 S_{Hmin}=1，S_{Fmin}=1.2（可靠度 =99%）；

③ 齿轮按无限寿命设计，取寿命系数

$$Z_{NT}=1; \qquad Y_{NT}=1。$$

如果齿轮装置的工况、安全度和使用寿命与上述条件不同，就要引入选用系数（服务系数）。

对齿面接触强度的选用系数：
$$K_{SH} = K_A\left(\frac{S_H}{S_{Hmin}}\right)^2 / {Z_{NT}}^2 \tag{4-4}$$

对齿根弯曲强度的选用系数：
$$K_{SF} = K_A\left(\frac{S_F}{S_{Fmin}}\right) / Y_{NT} \tag{4-5}$$

当复核齿轮装置的强度时，要根据供需双方技术合同中规定的计算方法和各重要系数的选定来进行复核计算。例如，如果齿轮装置是按选用系数设计的产品，而在复核时采用 GB/T 3480—1997 或 GB/T 10062—2003 计算齿轮的安全系数，就必须采用式（4-4）和式（4-5）求得使用系数 K_A，才能进行安全系数的计算。

事实上，很多技术合同和齿轮强度安全系数的复核计算很少注意到这些重要的细节，因而造成齿轮强度复核计算不合理。

4.5 齿轮失效分析实例

4.5.1 实例 1 型钢轧机减速机齿轮齿面剥落原因分析[1]

4.5.1.1 齿轮失效概况

某钢厂的型钢轧机减速机（国外品牌）机构示意图见图 4-69，图中 z 是齿数。轴承全部采用调心滚子轴承。除了输出齿轮为人字齿轮外，其他均为斜齿圆柱齿轮。

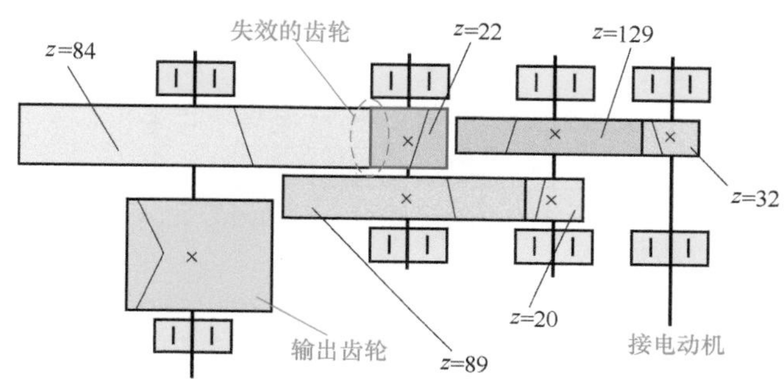

图 4-69　型钢轧机减速机机构示意图

在拆检生产线轧机减速机过程中，发现多台减速机第 3 级齿轮（图 4-69）齿面有不同程度的剥落，尤其是精轧机齿轮减速机最严重，主要失效形式有：

图 4-70　10 号轧机过桥齿轮的齿面损坏形貌

① 工作齿面中部向下有连续剥落，深度 1 ～ 2mm（有时连续数齿），见图 4-70 ～图 4-72。

② 齿根部位出现点蚀、剥落带损伤（图 4-70、图 4-71），厂内称之为根切现象，其实是齿轮啮入冲击引起的。这种损伤的出现主要与齿廓修形不合理、不到位有关，严重时会造成轮齿的随机断裂。

③ 图 4-72 所示的传动齿轮有严重的偏载现象，因此出现偏齿宽一端大片剥落，对于硬齿面齿轮来说，这是致命的缺陷。减速机的制造质量存在很大问题。

[1] 本实例取材于某钢铁公司《小 H 型钢轧机减速机齿轮内在品质检验报告》，2009 年 12 月。

图 4-71　12 号轧机过桥齿轮的齿面损坏形貌

图 4-72　13 号轧机过桥齿轮的齿面损坏形貌

失效齿轮的齿轮传动参数见表 4-5。

表 4-5　齿轮传动参数

项目	参数
齿数 z_2/z_1	64/22
模数 m_n	24mm
压力角 α_n	20°
分度圆螺旋角 β	9° 30′
节圆直径 d_{w1}/d_{w2}	535.342mm/2060.377mm
分度圆直径 d_1	535.342mm
齿宽 b	500mm
变位系数 x_{n1}	0.38112
中心距 a	1300mm
主传动最大转矩	35.82kN · m

齿轮其他参数：

① 根据钢的化学成分分析结果，大小齿轮材料均为德国的 17NiCrMo6-4 钢。

② 齿轮经渗碳淬火 + 低温回火，有效硬化层深度为 3.3mm，齿面硬度为 58 ～ 62HRC，心部硬度为 280 ～ 320HBW。

③ 齿顶修缘量为 0.24mm，齿面最后成型工艺是磨齿。

④ 润滑油为 ET320，40℃时的运动黏度为 320mm^2 /s。

齿轮出现严重的点蚀和剥落，为了找到原因，就必须对齿轮制造的内在品质做全面细致的检验。

4.5.1.2　齿轮内在品质检验的目的和内容

齿轮的品质包括外形品质和内在品质。

齿轮的外形品质由齿轮加工的精度决定，通过齿轮的精度测量，就可以了解齿轮的外形品质。

齿轮的内在品质由齿轮的材料品质、锻造品质和热处理工艺品质等决定。要分析齿轮的内在品质，只有破坏齿轮的本体才能进行，因此齿轮的内在品质分析通常都在齿轮失效以后进行。

有关资料显示约有 40% 的齿轮失效是由齿轮内在品质太差引起的。理论和实践都表明：齿轮的内在品质对齿轮的承载能力有十分重大的影响，因此齿轮内在品质分析是齿轮失效分析的主要项目之一。

根据 GB/T 3480.5—2008《直齿轮和斜齿轮承载能力计算　第 5 部分：材料的强度和质量》，齿轮内在品质检验的主要内容有：材料的化学成分、非金属夹杂物、带状组织、晶粒度、轮齿表面硬度和心部硬度、轮齿表面脱碳层和内氧化、有效硬化层深度至表面硬度降和至心部硬度降、碳化物级别、残余奥氏体、表面非马氏体组织、心部显微组织等。

本次检验就是为了查明上述失效齿轮的内在品质——材料品质、锻造品质和热处理工艺品质的具体情况。

4.5.1.3　齿轮轮齿试样切取和制备

① 在现场，从失效的 12 号轧机过桥齿轮上采用线切割的方法切取轮齿的一部分，如图 4-73 所示。

图 4-73　从失效齿轮上切取轮齿试样

② 从上述轮齿上切取力学性能试验用试样，如图 4-74 中 1 所示。共切取 3 片，可制成 6 个室温拉伸试样。

③ 切取 10mm 厚的轮齿，如图 4-74 中 2 所示，以备切取金相试样。

④ 在 10mm 厚的轮齿工作齿面上切取 3 个金相试样，如图 4-74 中 3（齿顶部位）、4（齿腰部位）、5（齿根部位）所示。切取的 3 个金相试样如图 4-75 所示。

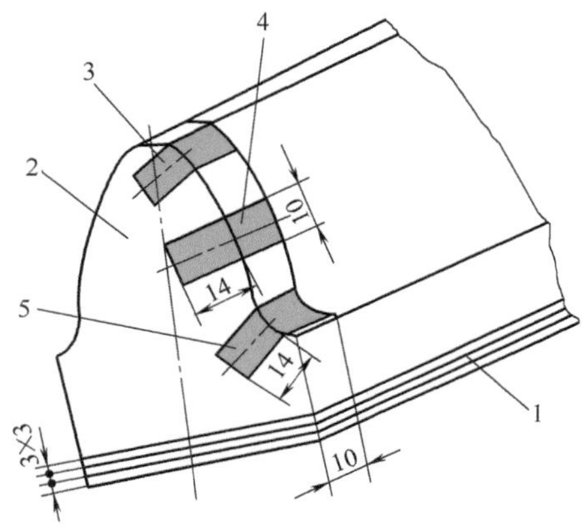

图 4-74　切取力学性能试验用试样

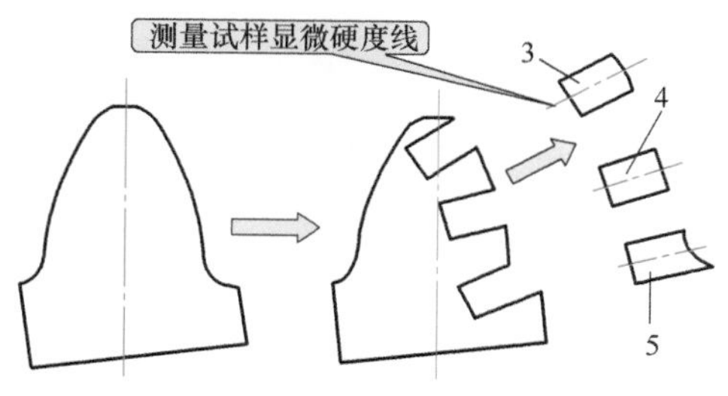

图 4-75　切取的 3 个金相试样

4.5.1.4 齿轮材料化学成分分析

从图 4-66 所示的轮齿上钻取化学成分分析试样，分析齿轮材料的化学成分，结果如表 4-6 所示。

表 4-6 齿轮材料的化学成分（质量分数） %

化学元素	C	Mn	Ni	Cr	Mo
齿轮试样	0.18	0.68	1.31	0.92	0.18
17NiCrMo6-4	0.14 ～ 0.20	0.50 ～ 0.90	1.20 ～ 1.50	0.80 ～ 1.10	0.15 ～ 0.25

从表 4-6 所示的化学成分数据可见，齿轮的材料为德国 17NiCrMo6-4 钢。

4.5.1.5 齿轮材料的力学性能测定

齿轮材料的力学性能测定结果见表 4-7。

表 4-7 齿轮材料的力学性能测定结果

试样	试样厚度 /mm	试样宽度 /mm	最大拉力 F_m/kN	抗拉强度 R_m/MPa	规定非比例延伸强度 $R_{p0.2}$/MPa	断后伸长率 A/%
第 1 根	3	12.56	29.70	790	570	17.5
第 2 根	3	12.56	29.64	785	575	18.5
第 3 根	3	12.56	29.79	790	570	18.5
第 4 根	3	12.56	29.83	790	570	21.5
第 5 根	3	12.56	29.75	790	580	19.5
第 6 根	3	12.56	29.80	790	580	19.5

表 4-7 中的各项数据离散性很小，3 项主要指标的平均值为：抗拉强度 R_m=789MPa；规定非比例延伸强度 $R_{p0.2}$=574MPa；伸长率 A=19%。

经测定，6 个试件的平均硬度为 21.8HRC（234HBW）；最高硬度为 23.2HRC（240HBW）；最低硬度为 20.5HRC（227HBW）。

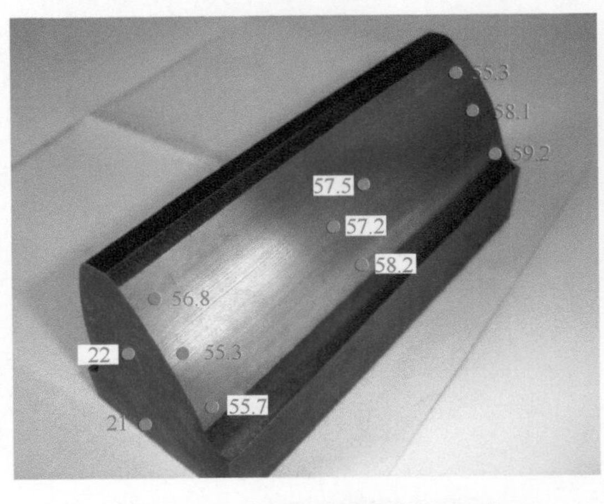

图 4-76 非工作齿面的洛氏硬度

以上数据均符合调质合金钢的力学性能正常值。

4.5.1.6 齿轮齿面硬度的测定

由于轮齿的齿面是曲面，因此不能用一般的台式硬度计测量齿面的硬度值，只能用手提硬度计（HLJ-3200 里氏硬度计）来测量。轮齿各部位硬度测量的结果如图 4-76 ～图 4-78 所示。从图 4-77 看出，工作齿面的硬度偏低，但由于齿面是曲面，测量的误差也较大，因此，此硬度值只供参考。图 4-78

所示的轮齿端面测得的硬度是正常的。

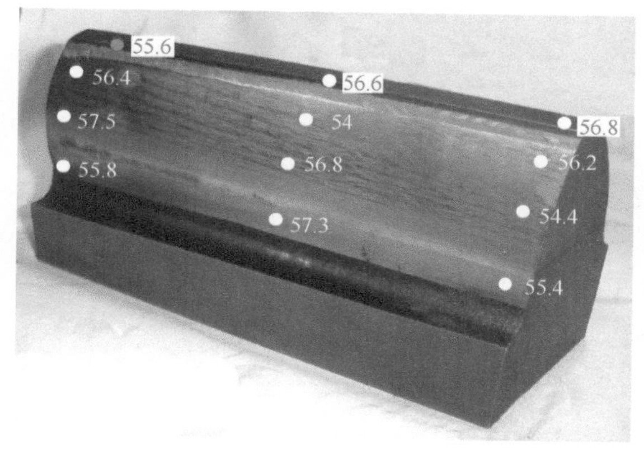

图 4-77　工作齿面和齿顶的洛氏硬度

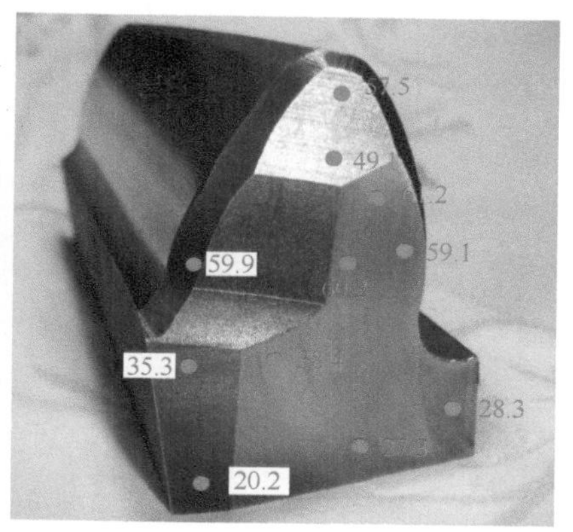

图 4-78　轮齿端面的洛氏硬度

4.5.1.7　沿轮齿硬化层深度的显微硬度测定

沿轮齿硬化层深度的显微硬度测定是 GB/T 3480.5—2008《直齿轮和斜齿轮承载能力计算　第 5 部分：材料的强度和质量》的重要内容之一。将图 4-75 中的 3（轮齿顶部）、4（轮齿腰部）、5（轮齿根部）3 个试样磨制成 3 个金相试样，如图 4-79 所示。然后用显微硬度计（Leica 显微硬度计）沿轮齿硬化层深度测定显微硬度 HV0.2 值，其结果如图 4-80（轮齿顶部）、图 4-81（轮齿腰部）和图 4-82（轮齿根部）所示。

（1）轮齿顶部沿轮齿硬化层深度测定显微硬度值

从图 4-80 轮齿顶部硬度分布曲线的数据和图形可见：

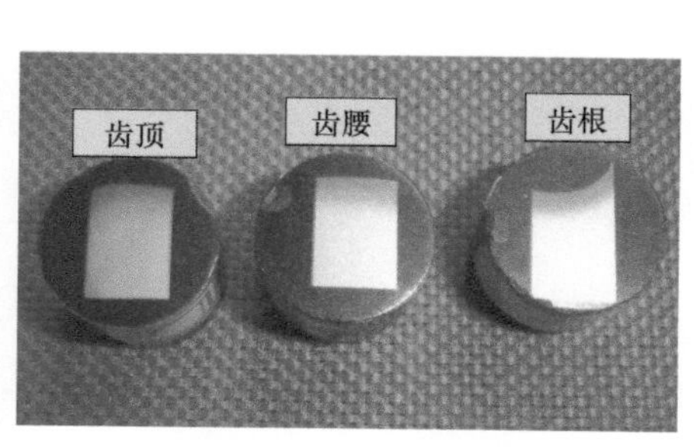

图 4-79　3 个金相试样

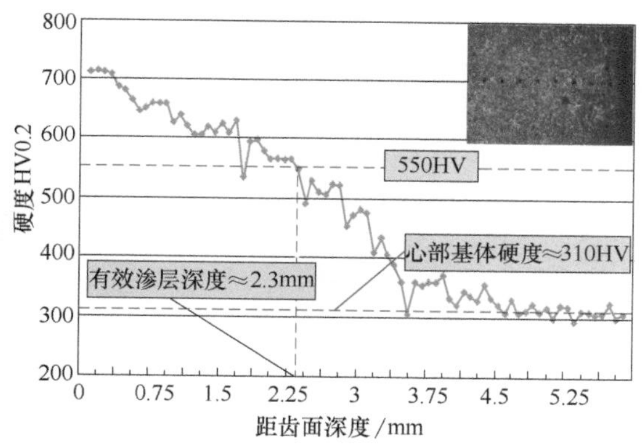

图 4-80　沿轮齿硬化层深度测定显微硬度值（轮齿顶部）

① 轮齿顶部的有效渗层深度约为 2.3mm，根据 GB/T 3480.5—2008《直齿轮和斜齿轮承载能力计算　第 5 部分：材料的强度和质量》，齿面接触强度推荐的

有效渗层深度可用下式计算（已知齿轮法向模数 m_n=24mm）：

$$Eht_{Hopt}=0.083m_n+0.67=0.083\times24+0.67=2.662mm$$

因此，轮齿顶部的有效渗层深度不符合技术要求。

② 心部基体硬度约为 310HV，硬度偏低，但尚能符合标准规定的最低技术要求（33 ～ 48HRC 或 313 ～ 482HV）。

③ 在金相试样上不能测定齿面硬度，但从曲线的趋势推断齿面硬度约为 700HV（约为 60HRC），符合技术要求（58 ～ 62HRC）。

④ 次表层至齿面的硬度降约为 13HV（< 40HV），符合技术要求。

（2）轮齿腰部沿轮齿硬化层深度测定显微硬度值

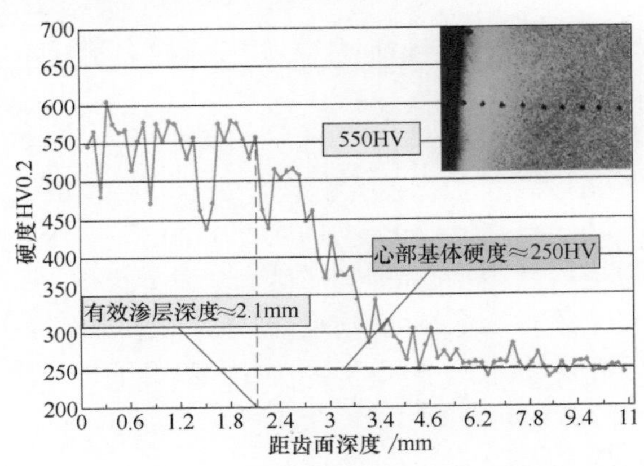

图 4-81 沿轮齿硬化层深度测定显微硬度值（轮齿腰部）

从图 4-81 所示的轮齿腰部硬度分布曲线的数据和图形可见：

① 轮齿腰部的有效渗层深度约为 2.1mm，推荐的有效渗层深度为 2.662mm，因此，轮齿腰部的有效渗层深度不足。

② 心部基体硬度约为 250HV，硬度偏低，不符合标准规定的技术要求（33 ～ 48HRC 或 313 ～ 482HV）。

③ 从曲线的趋势推断，齿面硬度约为 570HV（约为 53.5HRC），硬度明显偏低，不符合规定的技术要求（58 ～ 62HRC）。

④ 次表层至齿面的硬度降约为 35HV（< 40HV），基本符合技术要求。次表层至齿心部的硬度降约为 350HV。

⑤ 整个硬化层的硬度值离散性很大，金相组织不均匀，微观力学性能不稳定。

（3）轮齿根部沿轮齿硬化层深度测定显微硬度值

从图 4-82 所示的轮齿根部硬度分布曲线的数据和图形可见：

① 轮齿根部的有效渗层深度约为 1.6mm，推荐的有效渗层深度为 2.662mm，轮齿根部的有效渗层深度不到推荐值的 2/3，深度明显不足。

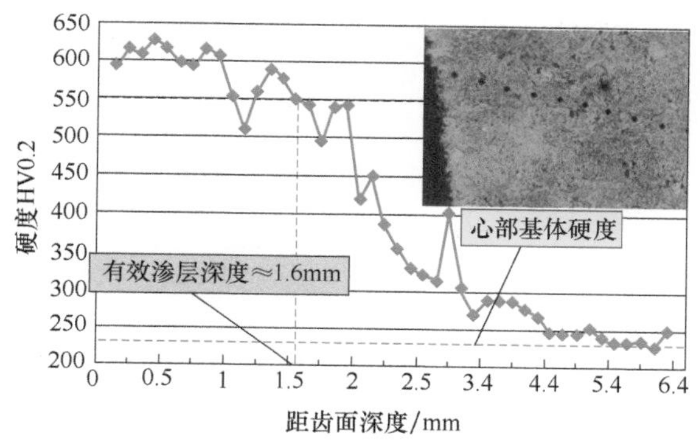

图 4-82　沿轮齿硬化层深度测定显微硬度值（轮齿根部）

② 心部基体硬度约为 230HV，硬度偏低，不符合标准规定的技术要求（33 ～ 48HRC 或 313 ～ 482HV）。

③从硬度曲线的趋势推断齿面硬度约为 580HV（约为 54.2HRC），不符合规定的技术要求（58 ～ 62HRC）。

④ 整个硬化层的硬度值离散性很大，金相组织不均匀，微观力学性能不稳定。

⑤ 次表层至齿面的硬度降约为 50HV（＞ 40HV），不符合技术要求。次表层至齿心部的硬度降约为 400HV。

4.5.1.8　轮齿金相组织观察与检验

齿轮材料的化学成分接近美国的 4720H 钢材。进行金相检验的齿轮经过渗碳、淬火和回火处理。对 3 个试样进行镶样、磨样和 4% 硝酸酒精溶液浸蚀后（图 4-79），用 Leica 金相显微镜进行观察、拍照。轮齿金相检验部分得到如下结果：

1）渗碳层深度

① 轮齿顶部：共析层 1.80mm，过渡层 0.90mm，总深度 2.70mm。

② 轮齿腰部：共析层 1.45mm，过渡层 1.54mm，总深度 2.99mm。

③ 轮齿根部：共析层 1.58mm，过渡层 1.10mm，总深度 2.68mm。

2）非金属夹杂物　硫化物 1.0 级（GB/T 3077—1988 规定：＜ 3 级为合格）；氧化物 1.5 级（GB/T 3077—1988 规定：＜ 3 级为合格）。

3）带状组织　B0 级（齿轮渗碳钢要求不大于 3 级，符合要求）。

4）齿轮试样渗碳层区域晶粒度评级

① 轮齿顶部晶粒度评级为 7.7。

② 轮齿腰部晶粒度评级为 7.0。

③ 轮齿根部晶粒度评级为 6.4。

按 GB/T 3077—2015 要求，钢的本质晶粒度不小于 6 级。

5）金相组织　金相组织检验的轮齿部位见图 4-83。

a 区（齿顶部位近齿面）：隐晶马氏体 + 少量残余奥氏体，评级为 1 级，碳化物颗粒为 1 级（图 4-84）。

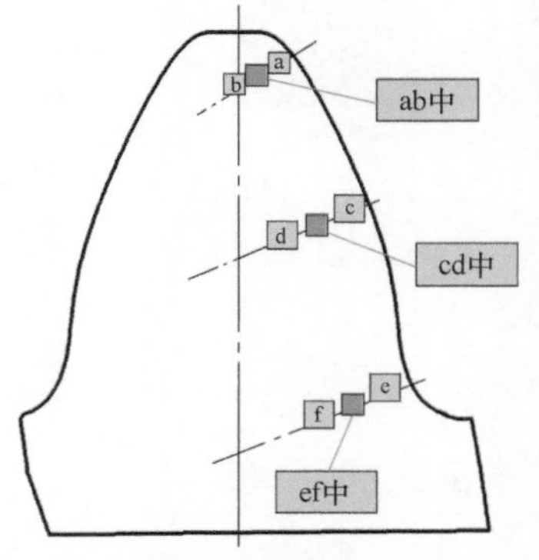

图 4-83　轮齿金相组织检验的 9 个部位

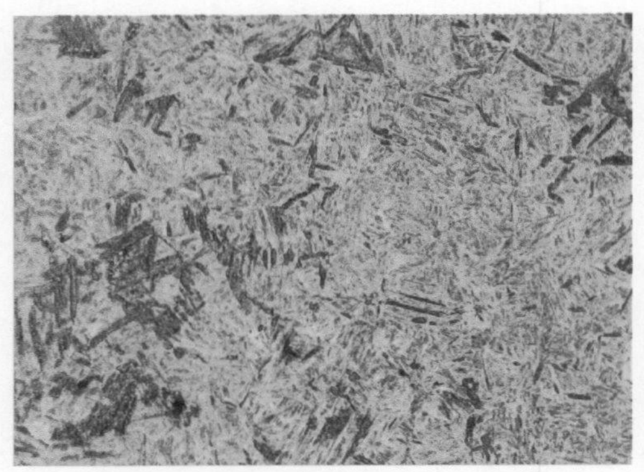

图 4-84　齿顶部位近齿面的金相组织

b 区（齿顶部近齿心）：回火马氏体 + 少量游离铁素体，评级为 3 级，铁素体呈块状分布。

c 区（齿腰部位近齿面）：细针马氏体 + 残余奥氏体，评级为 2 级，碳化物颗粒为 2 级，距齿面 1mm 处出现贝氏体组织（图 4-85）。

d 区（齿腰部近齿心）：回火马氏体 + 较多量游离铁素体，评级为 4 级，铁素体呈粒状分布。

e 区（齿根部位近齿面）：细针马氏体 + 残余奥氏体，评级为 2 级，碳化物颗粒为 2 级，距齿面 2mm 出现贝氏体组织（图 4-86）。

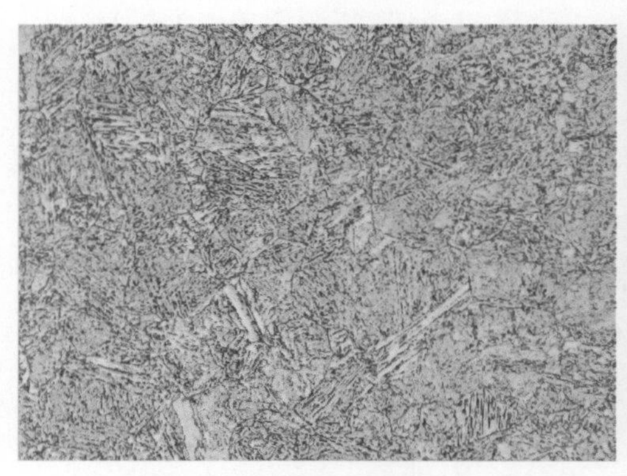

图 4-85　齿腰部位近齿面的金相组织

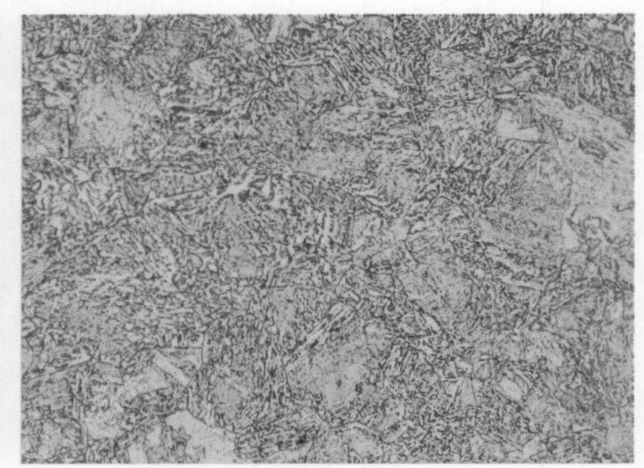

图 4-86　齿根部位近齿面的金相组织

f 区（齿根部近齿心）：回火马氏体 + 较多量游离铁素体，评级为 4 级，铁素体呈粒状分布。

ab 中、cd 中和 ef 中各区的金相组织从略。

未观察到有表面脱碳现象。

对轮齿金相组织的评价：

① a 区（齿顶部位近齿面）和 b 区（齿顶部位近齿心）的金相组织良好，符合技术要求。

② c 区（齿腰部位近齿面）和 e 区（齿根部位近齿面）距齿面 1 ～ 2mm 处出现贝氏体组织，这是不好的金相组织。

③ d 区（齿腰部位近齿心）和 f 区（齿根部位近齿心）出现较多的游离铁素体，降低了轮齿心部的硬度，是不好的金相组织。

4.5.1.9　齿轮内在品质检验结论

① 齿轮材料化学成分符合 17NiCrMo6-4 钢材的规定，未发现疏松和偏析，非金属夹杂物（氧化物和硫化物）、带状组织和晶粒度等均符合标准规定的技术范围。齿轮材料的冶金质量良好，齿轮坯料的锻造质量良好。

② 轮齿渗碳淬火（齿面经磨削）后的齿面有效硬化层深度和硬度均不符合技术要求。特别是腰部的齿面硬度明显偏低（约为 53.5HRC），这是齿面发生点蚀和剥落损坏的主要原因之一。

③ 轮齿齿顶的金相组织基本良好，而轮齿腰部（出现贝氏体）和心部（游离铁素体较多）的金相组织较差，这是造成轮齿腰部硬度偏低的主要原因。

4.5.1.10　结论与建议

① 齿轮材料的冶金质量良好；齿轮坯料的锻造质量良好。

② 轮齿的热处理工艺存在缺陷，造成齿轮的内在品质不好，特别是轮齿腰部的内在品质很差，这是齿面发生点蚀和剥落的重要原因之一。

③ 减速机齿轮副存在严重偏载的现象，这是硬齿面齿轮传动的致命杀手。

④ 建议减速机制造厂对齿轮的热处理工艺作全面检查；特别要查明轮齿腰部硬度低的原因和硬度特别离散的原因。

⑤ 建议减速机制造厂深入、细致查明齿轮偏载的原因，并采取改进措施，避免或减轻齿轮偏载，这是减速机制造的重中之重。

4.5.2　实例 2　高速线材厂精轧机增速箱齿轮损伤分析[1]

4.5.2.1　增速箱齿轮损伤概况

某高速线材厂精轧机主传动增速箱的机构示意图如图 4-87 所示。

该增速箱从国外引进。增速箱内有三个相互啮合的大小齿轮：大齿轮（齿数 z=174），小齿轮（齿数 z=42），中齿轮（齿数 z=52）。由小齿轮和中齿轮驱动两架精轧机。

[1] 本实例取材于某钢铁公司《高速线材厂精轧机增速箱齿轮损伤分析报告》，1996 年 12 月。

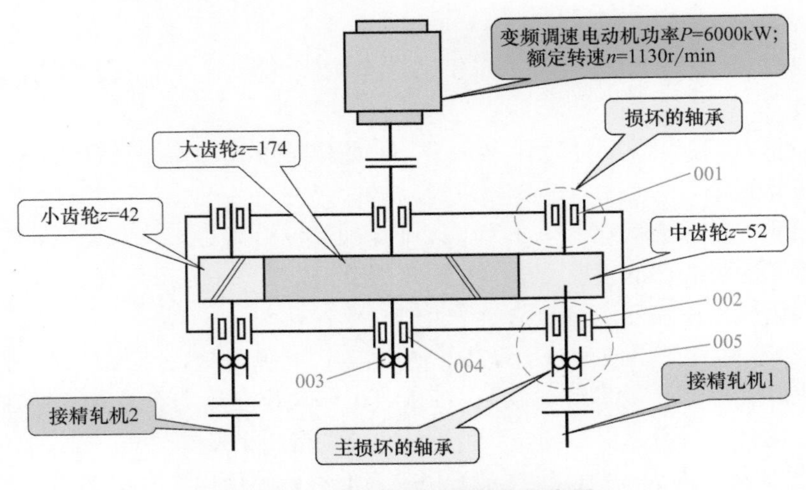

图 4-87 精轧机增速箱机构示意图

主电机采用变频调速电动机，功率 P=6000kW，转速 n=850 ～ 1570r/min，额定转速 n_e=1130r/min。

精轧机组经过 8h 空载试运转后，发现大、中、小三个齿轮的齿面上都出现了很多麻点，并且有温升过高和振动噪声不正常现象。

齿轮传动参数如下。

齿数和齿宽：小齿轮　z=42　b=230mm

中齿轮　z=52　b=230mm

大齿轮　z=174　b=240mm

法面模数：m_n=8mm

分度圆螺旋角：β=10°42′5″

大、小齿轮传递功率：P=3000kW

大、中齿轮传递功率：P=3000kW

大齿轮额定转速：n_e=1130r/min

齿轮精度等级：Q12（AGMA200-A88），相当于 GB/T 10095 的 5 级。

齿面麻点故障发生后，对故障发生的原因使用方（高线厂）同供应方（外商）发生了争论。是什么原因使齿面上产生麻点成为厂方同供应商争论的焦点。

为了安装方便，厂方曾经用电焊机在增速箱上焊了一个附件。供应商以此为依据，认为齿面上麻点是电焊机在增速箱箱体上焊接附件时产生电蚀造成的。厂方对此不能认同，但提供不了有说服力的反驳依据。

本次失效分析的主要任务就是查明：麻点是一种什么损伤；齿面麻点是什么时候出现的。

4.5.2.2 现场调查和取样

现场调查和取样先后进行了两次，以下是主要的工作。

① 对大、中、小三个损伤齿轮的齿面进行了详细的宏观观察。

② 对全齿面麻坑的形状和分布进行了拓印。

③ 用近摄镜拍摄了三个齿轮数个齿面典型麻坑的形貌和分布。

④ 用醋酸纤维素纸（AC 纸）对损伤的齿面做了复型（见附录 A）。

⑤ 向现场有关人员了解齿轮试运转前后的情况：试运转逐级增加电机转速至额定转速的 80% 左右（800r/min）时，发现增速箱运转不正常，箱体温度较高，振动噪声较大；停机检查后发现齿面出现麻坑。因此，厂方认为麻坑是在增速箱空载试运转时发生的。

4.5.2.3　设备供应方提供的资料和数据

① 增速箱的装配简图。

② 中、小齿轮的材料牌号、成分和热处理后要求的硬度：材料为 AISI 4340，相当于我国的 40CrNiMo 钢。热处理后要求的硬度为 300 ～ 350HBW，属于中硬齿面齿轮。

③ 润滑油的牌号和特性：

润滑油的牌号为 525（Mobil Vacuoline），40℃时的运动黏度为 84.2 ～ 93.6cSt。

设备供应方未能提供齿轮的几何尺寸参数，如模数、螺旋角、变位系数、修形尺寸和实际的齿轮制造误差，这给计算分析造成一定的困难。

4.5.2.4　齿面麻点宏观微观观察

（1）照片中的麻点形貌

在现场调查时，除了对啮合齿轮（图 4-88 ）目视观察外，还拍摄了多个齿的齿面照片，真实记录了齿面麻点的宏观形貌，如图 4-89 、图 4-90 所示。

图 4-88　大小齿轮啮合传动

从图 4-89、图 4-90 中可以看到齿面麻点的形貌有以下这些特点：

① 麻点形状有方向性，椭圆的麻点的长轴都在一个方向上（图 4-90）。

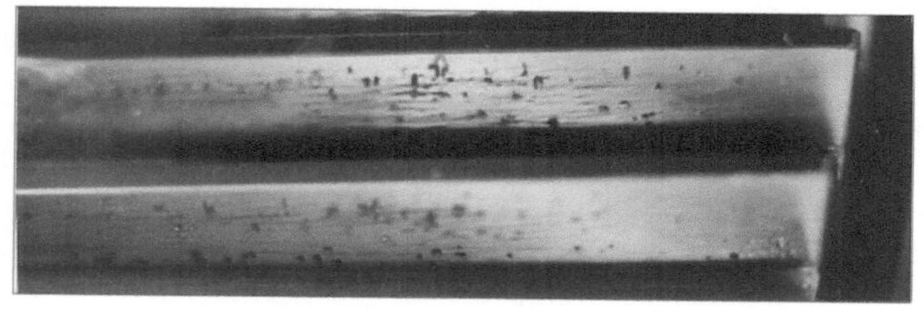

(a)

图 4-89

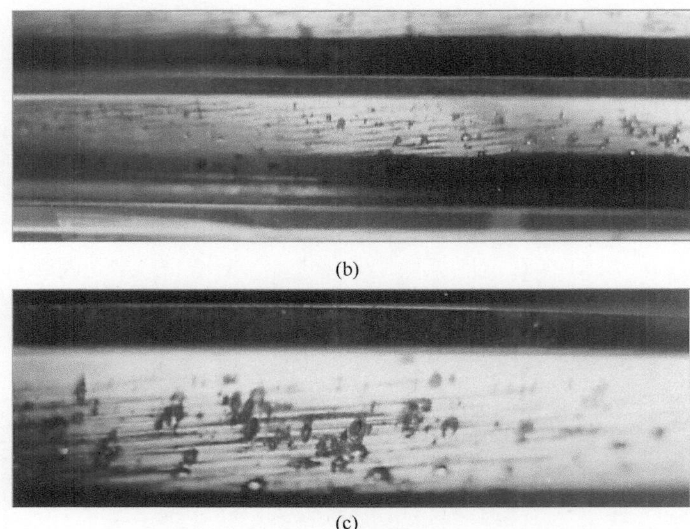

(b)

(c)

图 4-89　齿面麻点的宏观形貌（一）

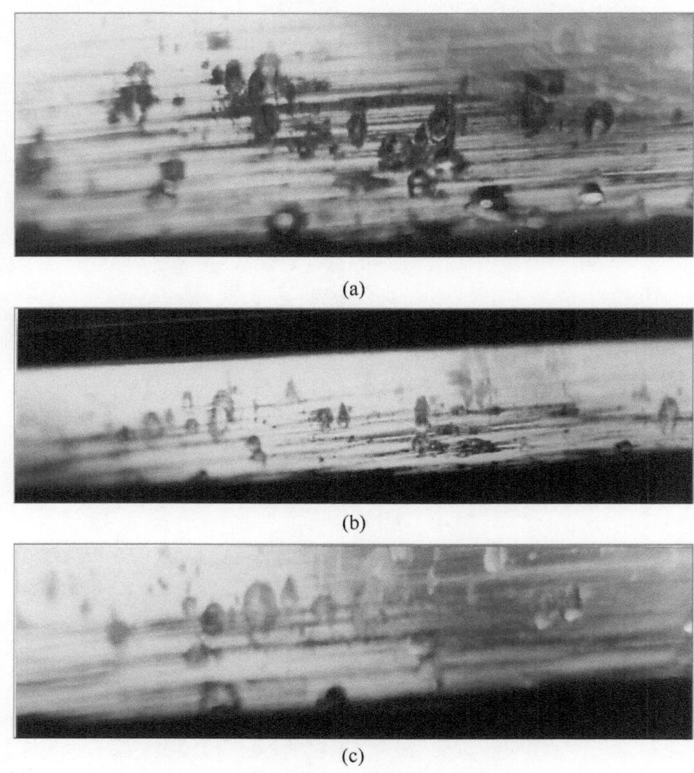

(a)

(b)

(c)

图 4-90　齿面麻点的宏观形貌（二）

② 麻点分布在整个齿面上［图 4-89（a）、（b）］；

③ 麻点的大小、轻重不同（图 4-89、图 4-90）。

（2）麻点在显微镜下的形貌

在现场用 AC 纸制作齿面麻点的复型，回实验室处理后，将复型置于显微镜下观察麻点的形貌（详见附录 A）。麻点的形貌如图 4-91、图 4-92 所示。

图 4-91　麻点在显微镜下的形貌（一）

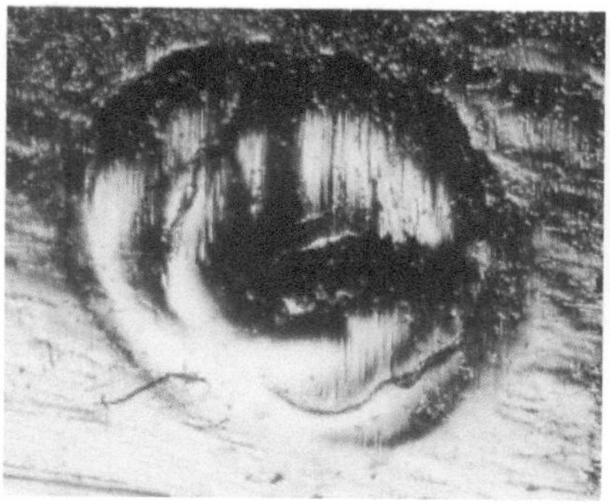

从图 4-91 、图 4-92 中可以看到齿面麻点的形貌有以下这些特点：

① 麻点的形状有方向性，其轴线与磨削刀痕近于垂直［图 4-91、图 4-92(c)、图 4-92（d)］。

(a)

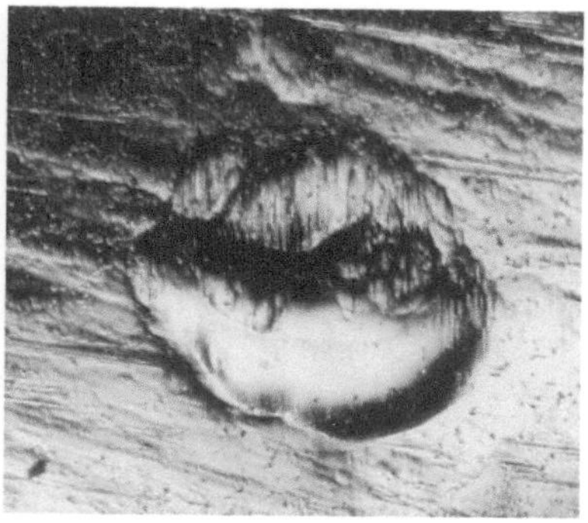

(b)

(c)

(d)

图 4-92　麻点在显微镜下的形貌（二）

② 麻点形状的边界比较圆滑，没有裂纹（图 4-92），显然这不是点蚀。

③ 麻点的前部有轻重不一的擦伤痕迹（图 4-92），这是麻点在齿轮运转时出现的有力证据。

④ 麻点的后部有金属熔化的形貌特征（图 4-92），这是齿面遭受电蚀的形貌。

（3）麻点在电镜下的形貌

将麻点的复型置于电子显微镜下，观察麻点的形貌见图 4-93。

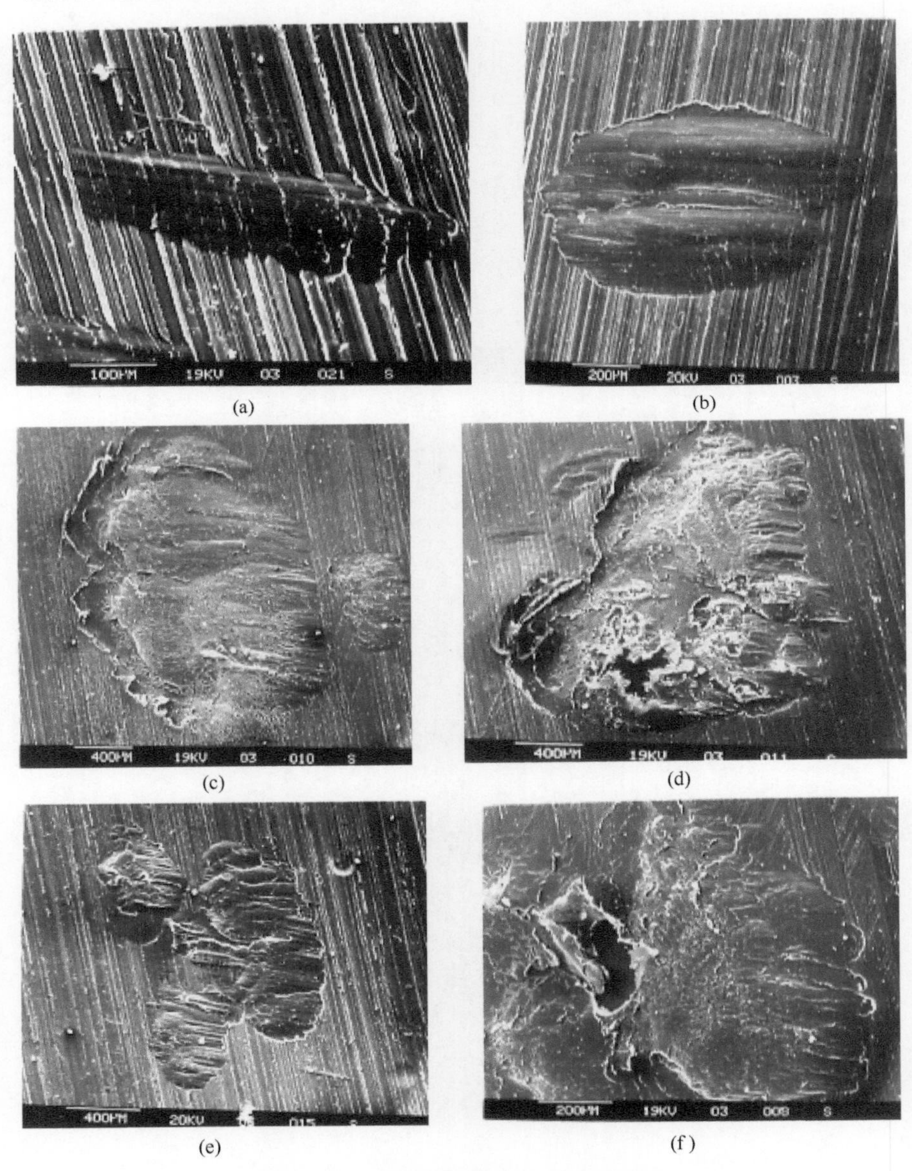

(a) (b) (c) (d) (e) (f)

图 4-93 电子显微镜下的麻点形貌

从图 4-93（电镜照片）中看到的齿面麻点形貌与上述的形貌特点基本相同，例如麻点的方向性、擦伤痕迹、金属熔化特征等。

根据以上事实，基本可以判定齿面受到了电蚀损伤[45]。

4.5.2.5　实验室齿轮电蚀模拟试验

为了查明齿面麻点产生的原因，在实验室中进行了电蚀模拟试验：在齿轮试验台上安装一对齿面接触的试验齿轮，然后用电焊机通上瞬时电流。结果接触的齿面就出现了电蚀的痕迹，如图 4-94 所示。

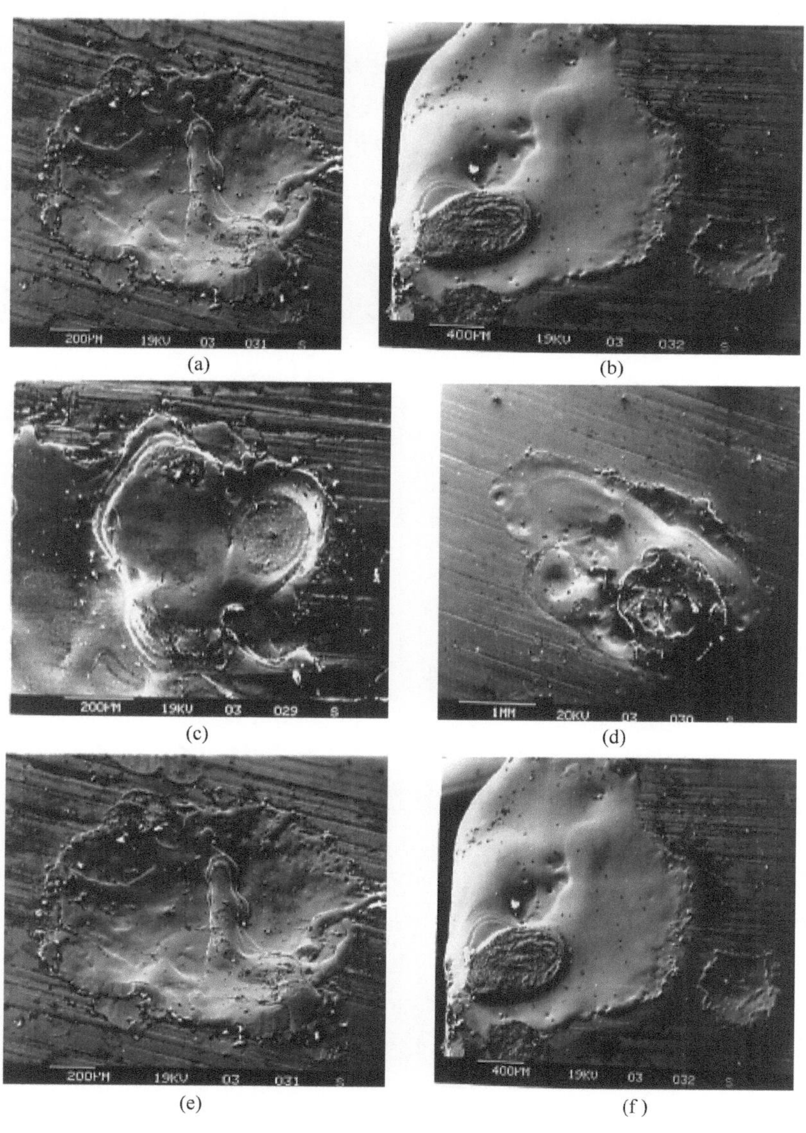

图 4-94　齿轮电蚀模拟试验的麻点照片

从电子显微镜的图片上可以看到齿面电蚀损伤点的形貌特征如下。

① 与上述齿轮麻点相同的形貌：接触点有金属熔化现象；损伤点边缘无裂纹。

②与上述齿轮麻点不同的形貌：无擦伤痕迹；焊点无方向性；有一个焊接点的断口。

以上是齿轮静止状态下齿面电蚀损伤点的形貌特征，它与齿轮运转下的电蚀麻点有很大的不同。

4.5.2.6 结论

根据以下事实，可以排除箱体上焊接引起麻点的可能性。

① 整个工作齿面上都有麻点，这类麻点只有在运动中才能出现。如果是焊接附件时产生的，麻点应该线状排列（斜齿轮齿面接触是直线）。

② 麻点边缘无裂纹，边缘的擦痕有方向性，这是一种接触运动副上发生电蚀的典型形貌。

③ 实验室的模拟试验结果表明：齿面相对运动中出现的电蚀麻点与静止状态下出现的电蚀点有完全不同的形貌。麻点的形貌表明麻点是在运动中出现的，可以排除在箱体上焊接引起麻点的可能性。

什么是电蚀，产生电蚀有什么条件，如何防止电蚀，答案请参看本章实例 3 发电厂液力偶合器传动齿轮失效分析。

4.5.3 实例 3 发电厂液力偶合器传动齿轮失效分析❶

4.5.3.1 齿轮失效概况

某发电厂 2×300MW 机组电动给水泵泵组的设计者为 ×× 水泵厂。该泵组的给水泵芯包为国外公司制造，电动机 YKS5500-4 为国内某电机厂制造，液力偶合器 R16Kj-550 为另一国外公司制造，机组整套启动运行 27 天（共计 648h）后，发现油泵大小传动齿轮严重磨损失效。更换齿轮后运转正常，但是运转 26 天（共计 624h）后，该传动齿轮又严重磨损失效。又更换一对齿轮运转 100h 后，仍然出现严重的齿面磨损。

经检查，齿轮的润滑情况良好；油膜计算、胶合计算、强度计算也都符合要求。是什么原因造成传动齿轮的磨损失效，这个问题的答案就是失效分析的任务和目标。

液力偶合器传动齿轮机构示意图如图 4-95 所示。图中标注出失效的圆柱齿轮，该齿轮通过锥齿轮驱动油泵，因此该齿轮失效就使全机润滑停供，水泵停机。

❶ 本实例取材于某发电厂《液力偶合器传动齿轮失效分析报告》，1996 年 6 月。

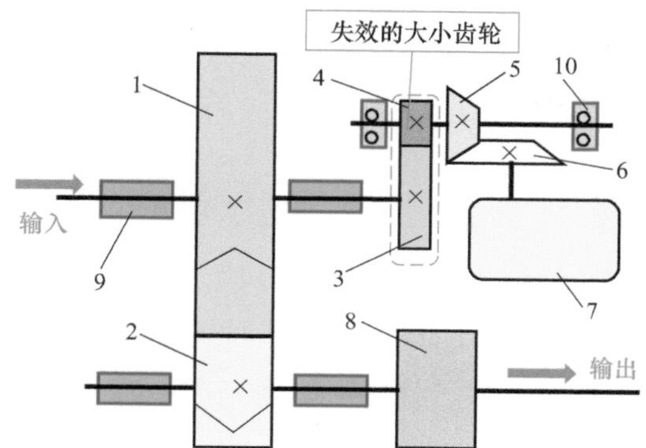

图 4-95　液力偶合器传动齿轮机构示意图

1—大人字齿轮；2—小人字齿轮；3—失效的大齿轮；4—失效的小齿轮；5—小锥齿轮；6—大锥齿轮；7—油泵；8—液力偶合器；9—滑动轴承；10—滚动轴承

该机油泵齿轮传动系统形貌见图 4-96。

图 4-96　油泵齿轮传动系统形貌

设备供应方提供的资料和数据：

主传动人字齿轮的速比 $i=z_2/z_1=1/3$。

驱动油泵的大小齿轮（失效的齿轮）的速比 $i=z_3/z_4=91/46$，齿轮传递功率 P=0.7kW，大齿轮转速 n_3=1490r/min，小齿轮转速 n_4=2947r/min。

液力偶合器齿轮箱采用 20 号透平油喷油润滑。

失效齿轮材料和热处理：大齿轮材料为　17CrNiMo6，渗碳淬火；
小齿轮材料为　20MnCr5，渗碳淬火；
两者热处理后硬度均为 60HRC。

失效齿轮的几何参数和化学成分见表 4-8。

表 4-8 电蚀失效齿轮的几何参数和化学成分

齿轮	齿轮几何参数				化学成分（质量分数）/%					
	m_n/mm	z	β	b/mm	C	Si	Mn	Ni	Cr	Mo
大齿轮	2.5	91	11° 18′	20	0.20	0.30	0.53	1.50	1.60	0.30
小齿轮	2.5	46	11° 18′	20	0.20	0.28	1.00	—	1.00	—

采用表面电动轮廓仪测量轮齿表面的粗糙度，结果如下：

Ra（μm）2.20；1.68；1.96；1.70；0.30；0.20。平均值 *Ra*=1.34μm。

根据以上条件，按道森（D.Dowson）公式[51]计算齿轮啮合运转时的最小油膜厚度为 $h_{\min}=\dfrac{2.65\alpha^{0.54}}{E^{0.03}[F_t/(b\cos\alpha_n)]^{0.13}}\times\left(\eta_0\dfrac{\pi n}{30}\right)^{0.7}\times\dfrac{(a\sin\alpha_n)^{1.13}i^{0.43}}{(\cos\beta)^{1.43}(i+1)^{1.56}}=5.1872\mu m$。

膜厚比为 $\lambda=\dfrac{h_{\min}}{\sqrt{\sigma_1^2+\sigma_2^2}}=5.35>4$。

可见齿面不可能产生胶合和黏着磨损，轮齿的快速失效必定有其他的原因。

4.5.3.2 失效齿轮的宏观观察

失效的小齿轮形貌如图 4-97 所示。失效的大齿轮形貌如图 4-98 所示。齿轮经过 60 天运转，轮齿就大部分磨损缺失，在良好的润滑条件下，为什么会有如此快的磨损速度？

图 4-97 失效的小齿轮形貌

图 4-98 失效的大齿轮形貌

仔细观察轮齿缺失的断口，发现断口中沿齿向有条纹状的形貌，如图 4-99 所示。

根据以上的磨损断口形貌，再与以下两个电蚀的参考物对比，可以大致判定齿轮遭受了电蚀。

① 确定齿面电蚀的参照物一。GB/T 3481—1997（ISO 10825-1995）中关于齿轮电蚀（electric erosion）的定义为：齿轮齿面受电弧或电火花的作用，齿面

上出现许多边缘光滑的小麻坑。齿面有时出现较大面积的灼伤，其边缘呈现回火色，如图 4-100 所示。图中可以看到有条纹状的齿面损伤。

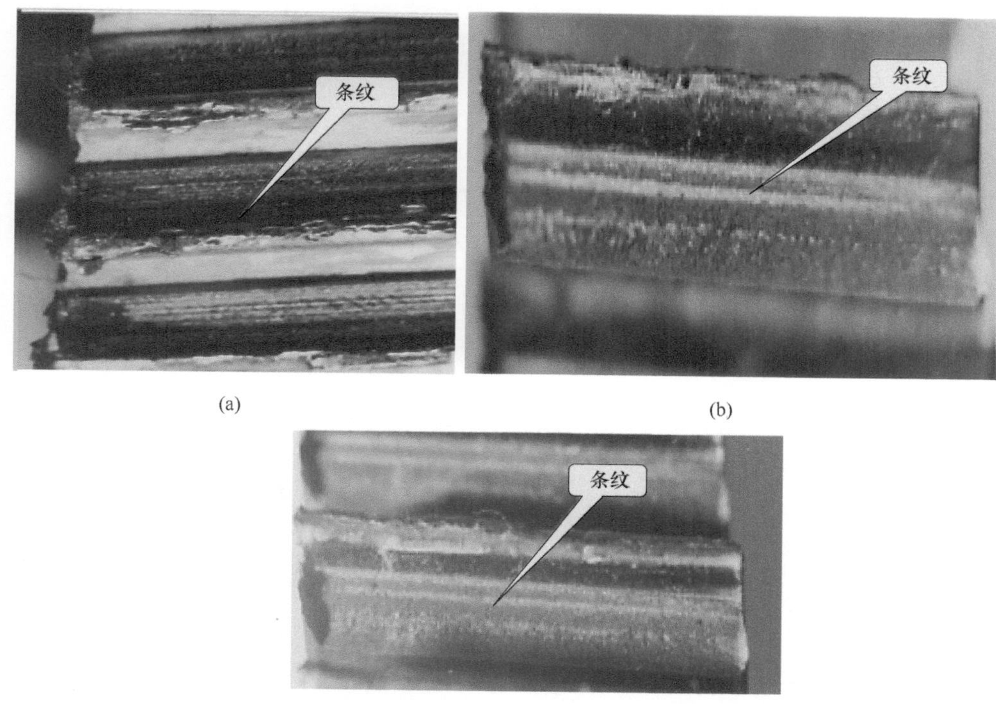

图 4-99　磨损断口中沿齿向的条纹形貌

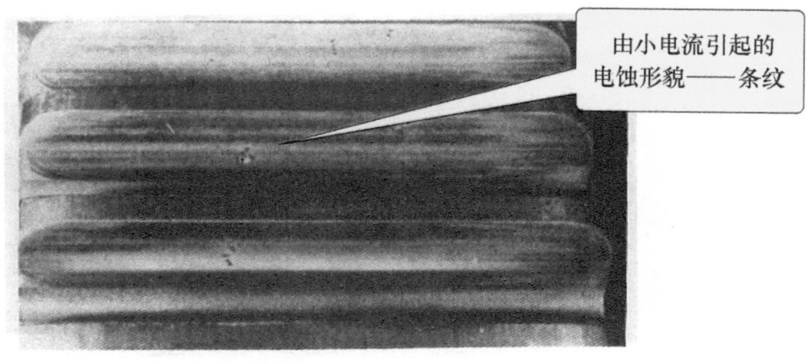

图 4-100　齿面电蚀的典型形貌

② 确定齿面电蚀的参照物二。GB/T 26411—2009（ISO 15243-2004）《滚动轴承 损伤和失效术语、特征及原因》中关于轴承电蚀的定义为：电蚀是由于电流的通过造成接触表面材料的移失。轴承电蚀的典型形貌如图 4-101 所示，轴承内圈、外圈和滚动体都能看到电蚀条纹。

(a) 内圈

(b) 外圈

(c) 滚动体

图 4-101　轴承电蚀的典型形貌 [4] 496

4.5.3.3　失效齿轮的微观观察

将上述的条纹断口置于电镜下观察，其形貌如图 4-102 所示。

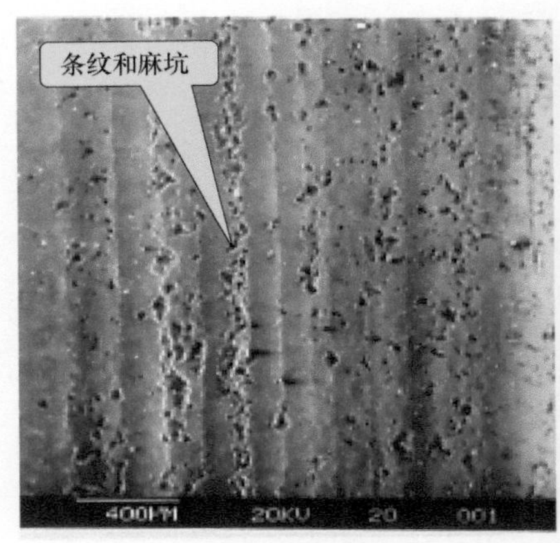

(a) 小齿轮1号试样(右)　40×

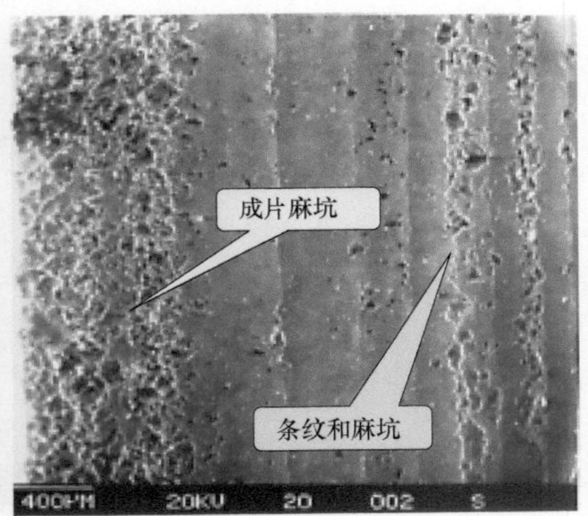

(b) 小齿轮1号试样(左)　40×

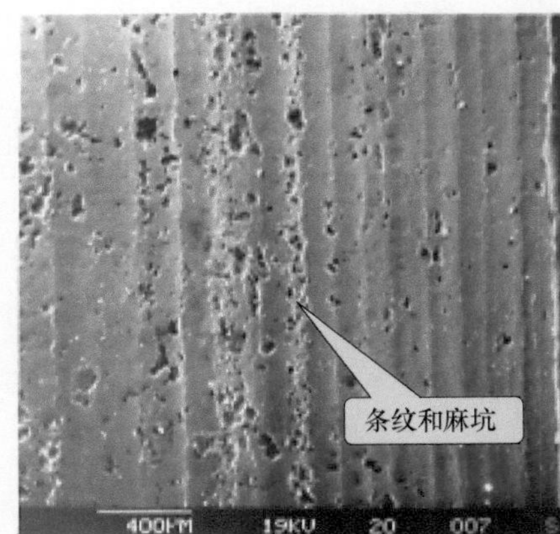

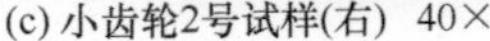

(c) 小齿轮2号试样(右)　40×

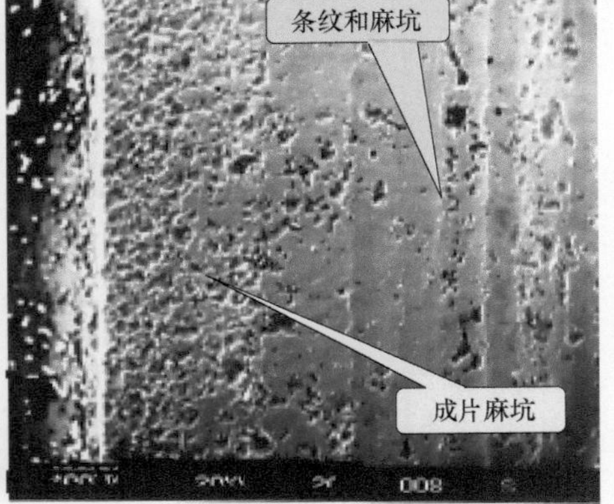

(d) 小齿轮2号试样(左)　40×

图 4-102　电镜下的条纹断口形貌

图 4-102 所示的条纹断口有以下特征：

① 断口上有清晰的条纹，条纹很光滑，应该是磨损产生。

② 断口上有条纹状分布的麻坑，麻坑呈圆形，大小不一。

③ 断口上还有成片分布的麻坑，麻坑相互重叠成片。

④ 大小麻坑的周围没有裂纹，可以肯定不是点蚀。

这些特征都是齿面电蚀的典型形貌。

将小齿轮电蚀麻坑高倍放大，其微观形貌见图 4-103。

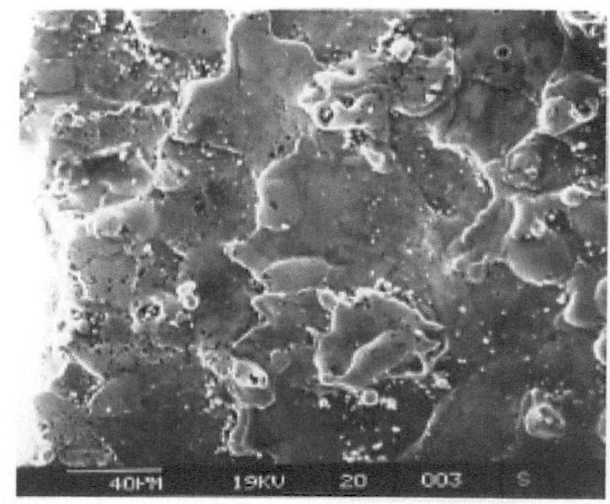

(a) 小齿轮1号试样(左边缘)　400×

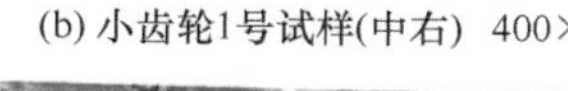

(b) 小齿轮1号试样(中右)　400×

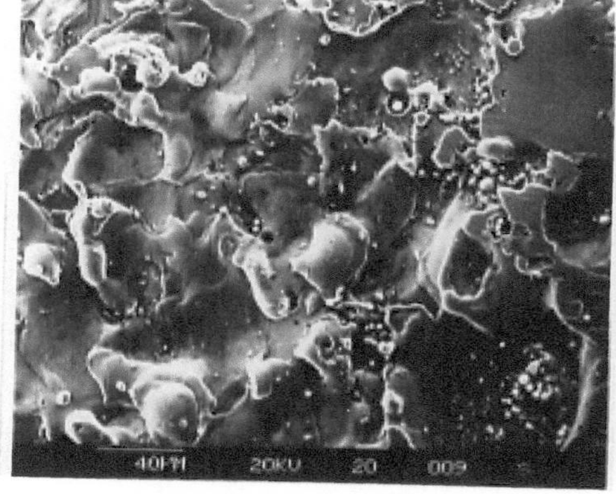

(c) 小齿轮2号试样(左)　400×

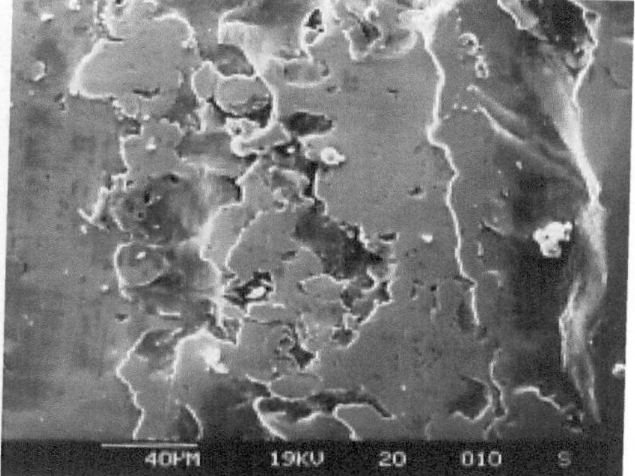

(d) 小齿轮2号试样(中)　400×

图 4-103　电蚀麻坑高倍放大微观形貌

图 4-103 所示轮齿缺失断口的高倍微观形貌有以下特征：

① 断口上出现大量云形花样［图 4-103（a）、图 4-103（c）］，这是金属熔化的形貌。

② 由于电蚀坑破坏了齿面，因此齿面断口出现碎裂现象［图 4-103（b）、

图 4-103（d）]，这就加快了轮齿的磨损。

根据以上微观观察的事实，基本可以肯定轮齿的缺失是齿轮遭受电蚀的结果。

4.5.3.4 实验室试验验证

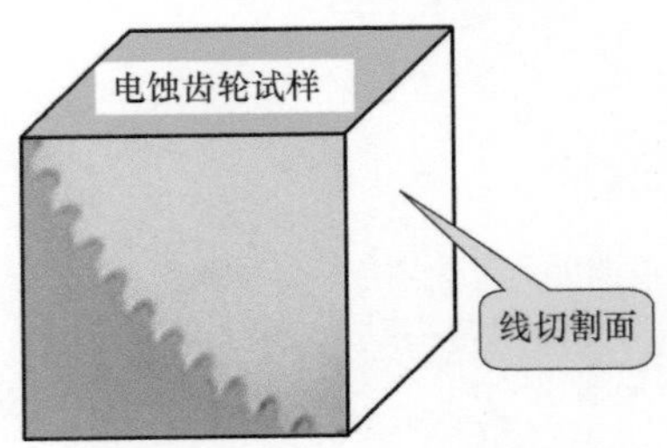

图 4-104 齿轮试样线切割制成的电蚀表面（线切割面）

为了进一步证实齿轮轮齿的缺失是由于受到了电蚀破坏，设计了电蚀面微观形貌的对比试验。也就是将齿轮运转产生的电蚀表面同人为制作的电蚀表面对比，如果两种电蚀表面的微观形貌相同或相似，那么就可以判定轮齿的缺失是电蚀的结果。

电火花线切割也是一种电蚀，因此可以将电蚀失效齿轮电蚀表面的微观形貌同电火花线切割的电蚀表面（图 4-104）微观形貌进行对比，观察两者的异同。

两种电蚀表面的微观形貌对比见图 4-105。

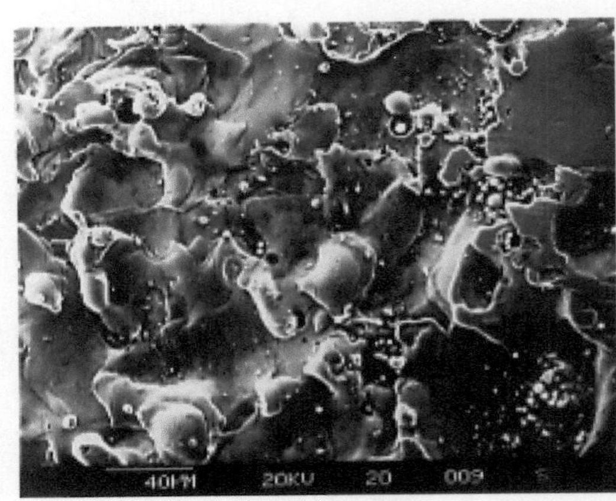

(a) 齿轮运转电蚀表面400×

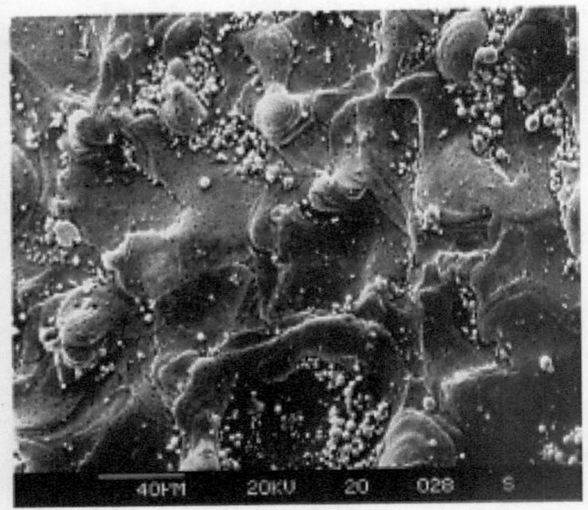

(b) 齿轮线切割表面 400×

图 4-105 两种电蚀表面的微观形貌对比

结论：比较图 4-105 所示的两种电蚀表面的微观形貌，可以看出两者的微观形貌十分相似，都呈现相似的云形花纹（金属熔化的形貌），充分地说明了齿轮轮齿是电蚀失效。

4.5.3.5 轴电压、轴电流的测试

电动机特别是变频电动机运转时，在一定的条件下会产生轴电压（U）、轴电流（I），测试原理如图 4-106 所示。测试结果表明，电动机在运转时会产生轴电压、轴电流。例如在某次试验中，测得轴电压 U_1=0.47V；接地电压 U_2=0.41V；

轴电流 I=0.88A。

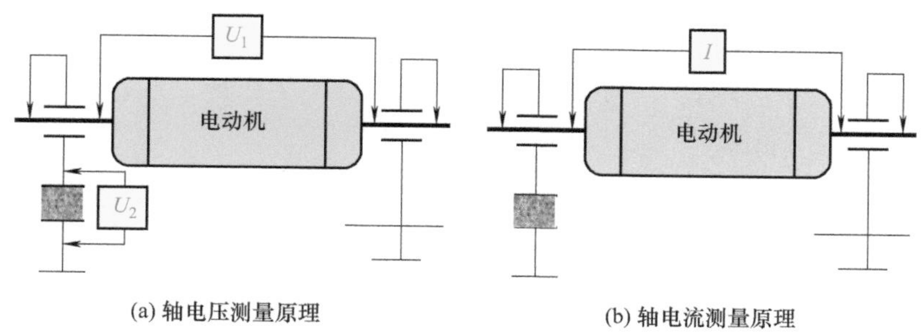

图 4-106　轴电压、轴电流测试原理

4.5.3.6　齿轮电蚀原理模型

齿轮电蚀系统示意图如图 4-107 所示。在良好的润滑条件下，主从齿轮齿面的啮合是被油膜隔开（存在一定的油膜厚度）的。齿轮之间的润滑油本身都是很好的绝缘体，但在较强的电场作用下（当轴电压增高到一定值时），啮合齿面之间发生尖峰放电，它击穿油膜使油液丧失绝缘性能，就发生电蚀，并在阴阳两极之间形成放电通道，产生火花放电的瞬时电压。这种击穿与放电的过程都非常短暂，以纳秒计。

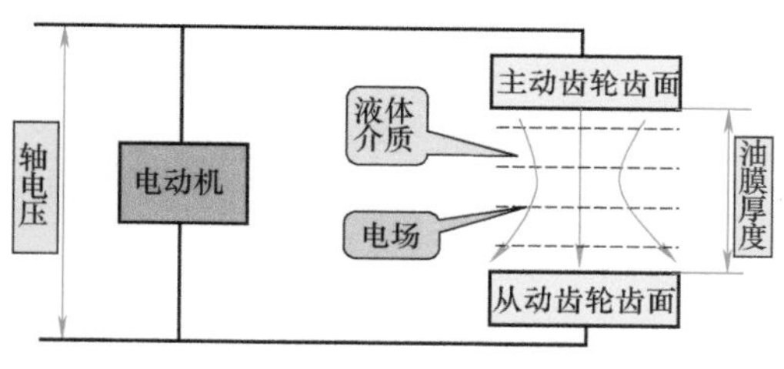

图 4-107　齿轮电蚀系统示意图

产生轴电流、轴电压的主要原因是机组存在设计、制造、安装和调试的误差。

整个机组中，前置泵、电动机、弹性联轴器、液力偶合器和给水泵可形成了一个电流回路，如图 4-108 所示，其中有许多运动副，例如齿轮、轴承等，何处油膜最薄，就在何处发生电蚀。

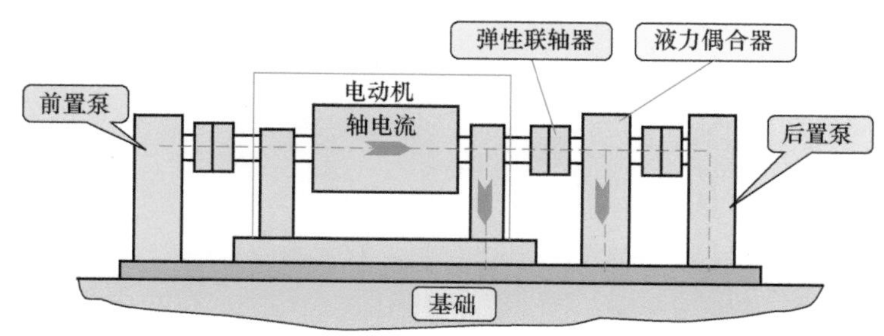

图 4-108　电动给水泵电流回路示意图

4.5.3.7 分析与结论

① 根据 GB/T 3480—1997 计算齿轮强度，可以断定齿轮的齿面接触强度和齿根的弯曲强度是足够的。

② 按道森公式计算油膜厚比 λ=5.35，在正常情况下能满足形成完整油膜的要求，故在理论上不会产生胶合和黏着。

③ 从失效齿面的照片中可以看到，失效齿面有明显的电蚀条纹，其宏观特征为表面凹凸不平，并有黑色麻坑。这与其他参考资料描述的电蚀现象非常相似。

④ 齿轮失效表面同电火花线切割表面的形貌对比发现：两者的微观形貌非常相似，均为金属熔融形态的云形花样。

⑤ 根据现场调查、理论分析和对比试验的结果可以断定：轮齿表面有电流通过，在轮齿齿面接触线上电流击穿润滑油膜引起电火花；造成局部表面熔融。

根据以上事实和分析可以得到结论：齿面很快失效的主要原因是电蚀。

当发生电蚀时，可采用绝缘联轴器或在电机轴上设置接地电刷来避免电蚀，后者更方便更安全。

4.5.3.8 关于齿轮电蚀的讨论

① 产生轴电流的主要原因是机组存在设计、制造、安装和调试误差，因此要避免或减少这些误差[52]。同一型号的机组，在 A 厂发生电蚀，但在 B 厂不发生电蚀，其原因在于两个机组的上述误差不同。

② 为了防止轴电压的形成，对于一些重要的机组（例如透平发电机组），其技术条件规定，旋转部件的残余磁力大小不得超过规定值。

③ 通常，中低速齿轮传动不能形成完整的油膜，因此出现电蚀的可能性很小。

④ 同一轴上有两对齿轮，一对齿轮电蚀，而另一对齿轮未电蚀，其主要原因是油膜厚度不同。

4.5.4 实例 4 减速机锥齿轮齿面电蚀失效分析❶

4.5.4.1 减速机锥齿轮齿面失效概述

应用于煤矿刮板机的减速机，因运转中出现异响而下线检查。减速机的外貌如图 4-109 所示。

该减速机的基本信息如下：

电动机功率 P=700kW；转速 n=1450r/min；传动比 i=16.03；高速轴直径

❶ 本实例取材于某公司的《刮板机减速机锥齿轮齿面电蚀失效分析报告》，2017 年 9 月。

d=100mm。

失效的小锥齿轮和大锥齿轮如图 4-110 和 4-111 所示。大小锥齿轮啮合齿面的失效部位见图 4-112。从图中可见，大小锥齿轮上只有两个齿面有大片剥落的损伤断口。

大锥齿轮的损伤齿面见图 4-113，小锥齿轮的损伤齿面见图 4-114，两者的损伤齿面是能够耦合的。

图 4-109　减速机外貌

图 4-110　失效的小锥齿轮

图 4-111　失效的大锥齿轮

图 4-112　大小锥齿轮啮合齿面的失效部位

图 4-113　大锥齿轮的损伤齿面

图 4-114　小锥齿轮的损伤齿面

大锥齿轮其他轮齿的齿面上都有图 4-115 所示的压痕；小锥齿轮其他轮齿的齿面上都有图 4-116 所示的压痕。

图 4-115 大锥齿轮其他轮齿齿面上的压痕

图 4-116 小锥齿轮其他轮齿齿面上的压痕

这些压痕是失效齿面（图 4-113 和图 4-114 ）上高低不平断口在运转时轮齿追越造成的。

图 4-113 和图 4-114 所示的齿面损伤是如何产生的？据现场人员反映，在减速机静止的情况下，曾经动用电焊机在与减速机连接的构件上焊接零件，从而造成齿面电蚀损伤。为了查明齿面失效的原因，进行以下的一些观察和分析工作。

4.5.4.2 锥齿轮齿面失效的宏观观察

从小锥齿轮上切割下来的齿面失效断口如图 4-117 所示。这是一个很复杂的断口，有深、浅坑洼区，边缘磨平区，未磨平区，脊棱区，焊粒飞溅区等。此外

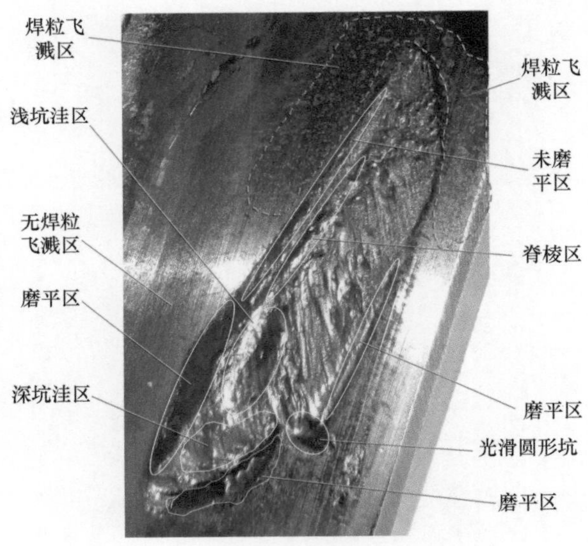

图 4-117 小锥齿轮齿面失效断口

还有断口周围的无焊粒飞溅区。

整个断口可分为两大部分：上部和下部。上部断口放大如图 4-118 所示，图中可以清晰地看到焊粒飞溅黏结齿面的痕迹。

下部断口放大如图 4-119 所示，图中看不到焊粒飞溅黏结齿面的痕迹，只能看到齿面磨削的刀痕。

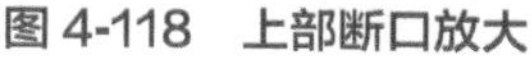

图 4-118　上部断口放大

图 4-119　下部断口放大

从上述断口的宏观形貌来看，大小锥齿轮遭受电焊机焊接时大电流过电电蚀的可能性很大。为此，需要采用齿面断口电镜观察的手段进一步证实。

4.5.4.3　锥齿轮齿面失效的微观观察

为了查明原因，从小齿轮上切取断口试样（图 4-120），并将齿面断口试样置于电子显微镜上观察断口的形貌，具体情况如下。

断口试样如图 4-120 所示。图中画出了电镜观察点的编号：1 ～ 15。

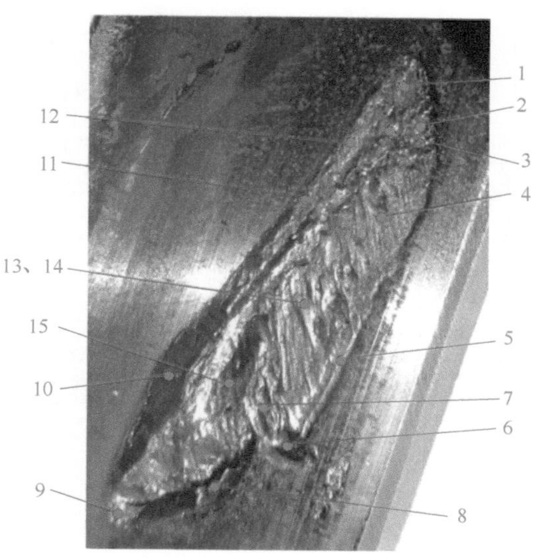

图 4-120　断口试样及观察点编号

① 断口的低倍照片如图 4-121、图 4-122 所示。图 4-121 的断口高低不平，呈现山脉花样，有多个低洼区。图 4-122 的断口比较平坦。

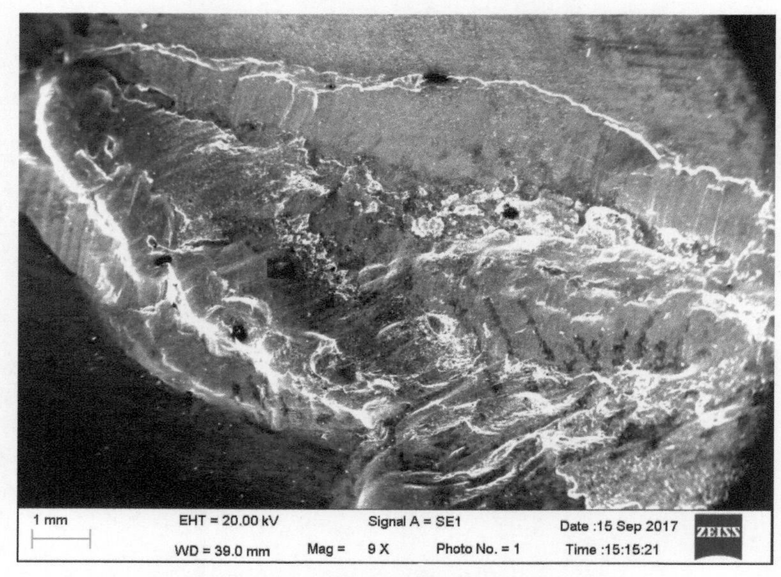

图 4-121 断口低倍照片（一）

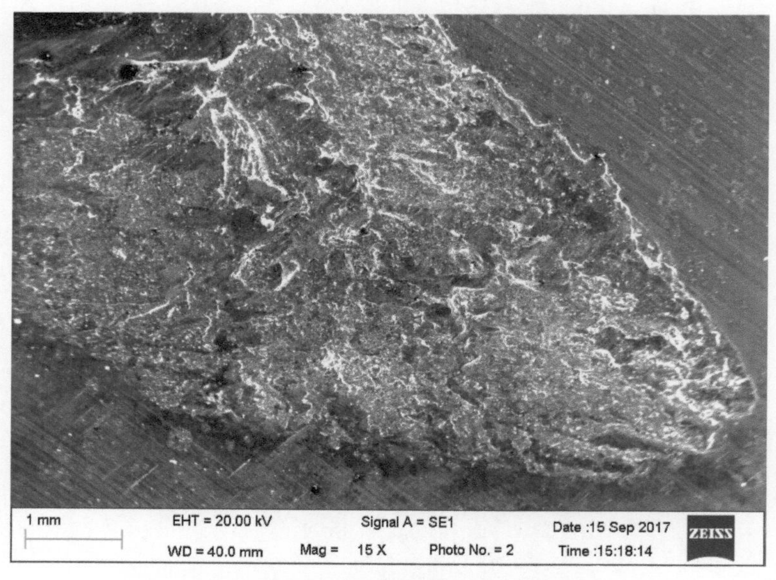

图 4-122 断口低倍照片（二）

② 观察点 1 位于上述平坦区，其电镜照片如图 4-123 所示。这是一种撕裂型的断口形貌，没有看到电蚀的痕迹。

图 4-123　观察点 1 的电镜照片

③ 观察点 3 的电镜照片（高倍）如图 4-124 所示。图中的孔洞具有韧窝的特征。

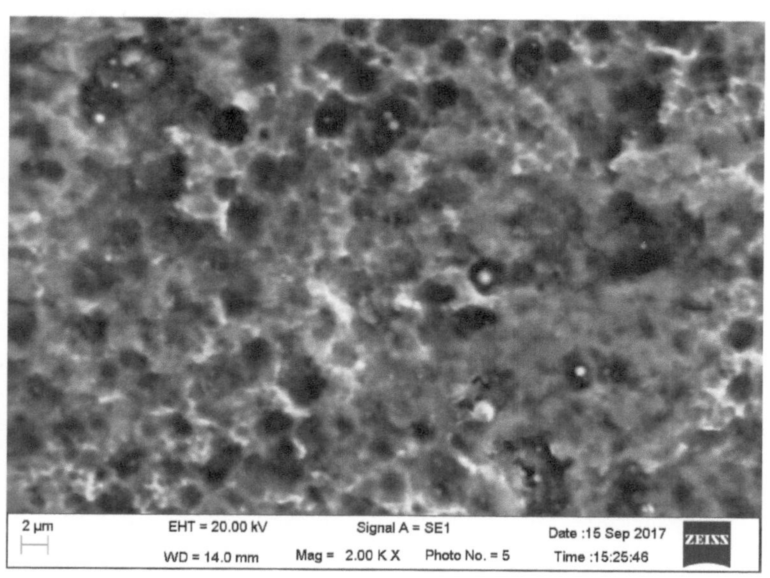

图 4-124　观察点 3 的电镜照片

④ 观察点 4 的电镜照片如图 4-125 所示，该区域较高，在齿轮运转时被磨平。

⑤ 观察点 5 位于断口的边缘，其断口电镜照片如图 4-126 所示。图中呈现大

量孔洞疏松（具有电蚀特征）的结构，并有表面磨平的部分。

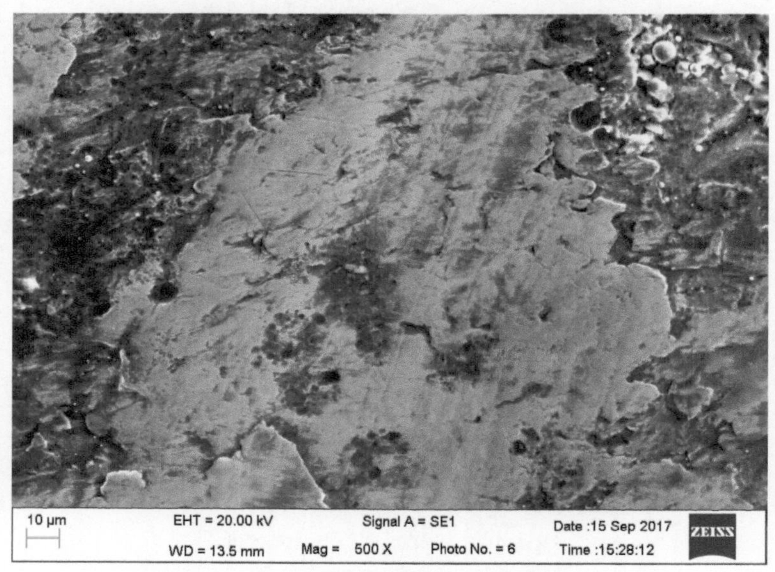

图 4-125　观察点 4 的电镜照片

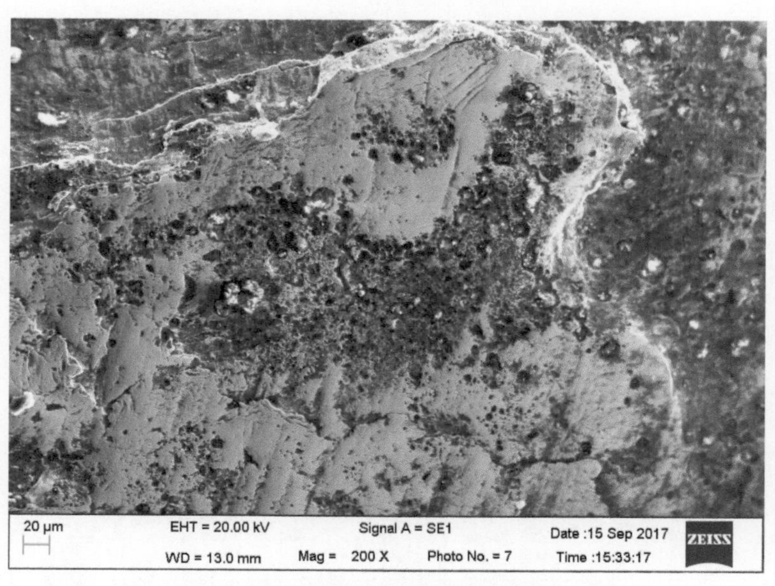

图 4-126　观察点 5 的电镜照片

⑥ 观察点 6 也位于断口的边缘，其断口电镜照片如图 4-127 所示。图中呈现许多非常清晰的大小不同的孔洞，孔洞的边缘没有裂纹，这是一种非常典型的电蚀形貌。

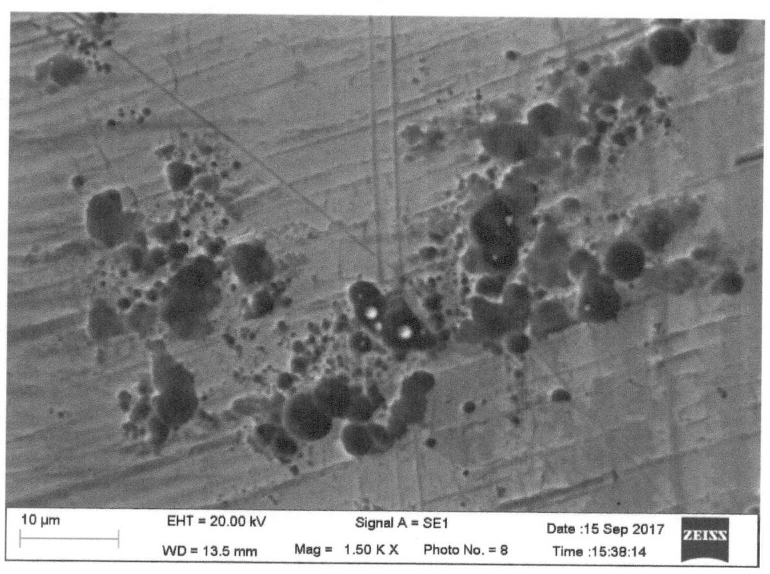

图 4-127　观察点 6 的电镜照片

⑦ 观察点 6 不同位置的能谱分析结果见图 4-128。在观察点 6 的孔洞边缘做能谱成分测定，结果如图 4-128（a）所示；在观察点 6 的孔洞内做能谱成分测定，结果如图 4-128（b）所示。

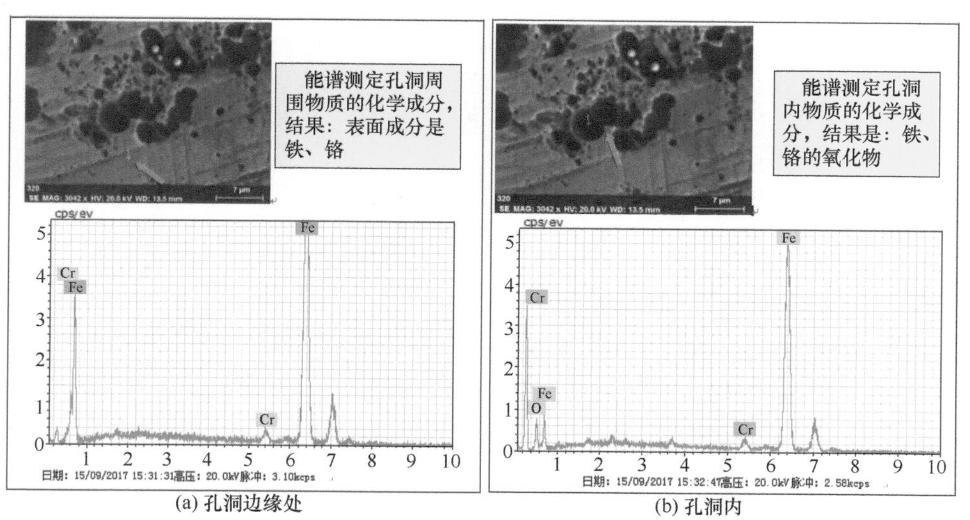

图 4-128　观察点 6 的能谱分析结果

⑧ 观察点 8 位于断口的边缘，其电镜照片如图 4-129 所示。图中呈现大量圆形孔洞，孔洞的周围没有任何裂纹，它不是点蚀，而是典型的电蚀形貌。

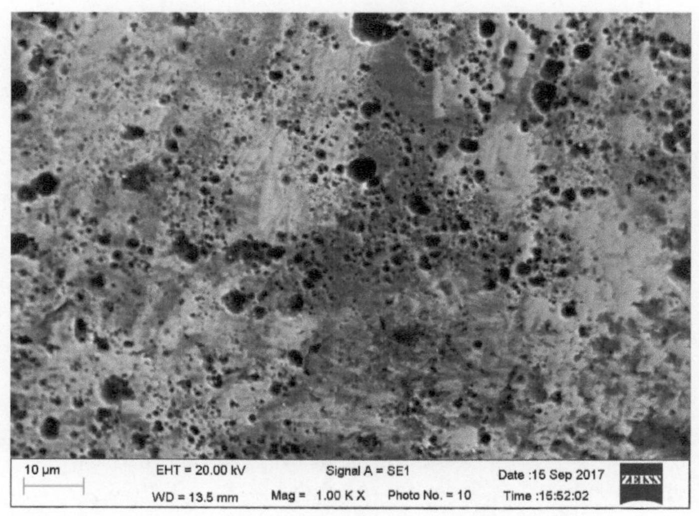

图 4-129 观察点 8 的电镜照片

⑨ 观察点 9 位于断口的边缘，其电镜照片如图 4-130 所示，该断口形貌与观察点 8 基本相同。图中断裂坑中的小球是线切割时粘上的熔化金属颗粒，与齿面电蚀无关。

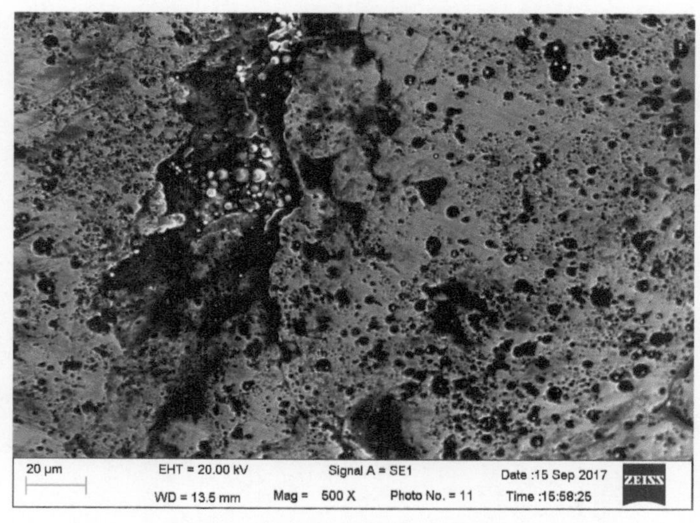

图 4-130 观察点 9 的电镜照片

⑩ 观察点 10 也位于断口的边缘，其电镜照片如图 4-131 所示。其断口呈现非常破碎的形貌，是过度电蚀造成的。

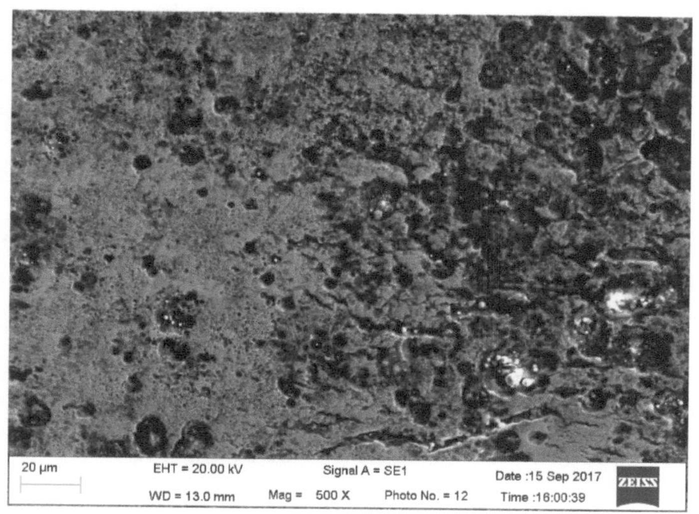

图 4-131　观察点 10 的电镜照片

⑪ 观察点 12 也位于断口的边缘，其电镜照片（高倍）如图 4-132 所示。蚀坑圆形、大小深浅不一，蚀坑周边无裂纹，这是典型的电蚀形貌。

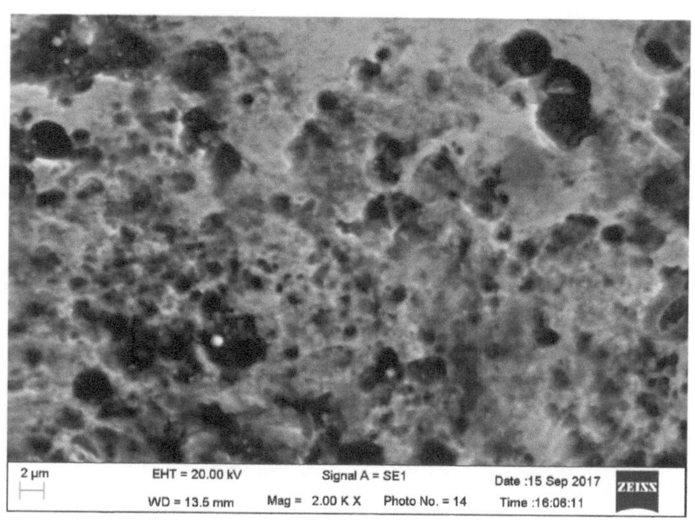

图 4-132　观察点 12 的电镜照片

⑫ 观察点 13 位于断口的中部区域，其电镜照片如图 4-133 所示。该观察点的高倍放大如图 4-134 所示，显示了运转后齿面碎裂的形貌。图中圆形孔洞是电蚀的形貌。

⑬ 观察点 15 位于断口的中部区域，其电镜照片如图 4-135 所示。该区域较低洼，齿轮运转时未受到损伤，因此呈现出无电蚀痕迹的断裂形貌。

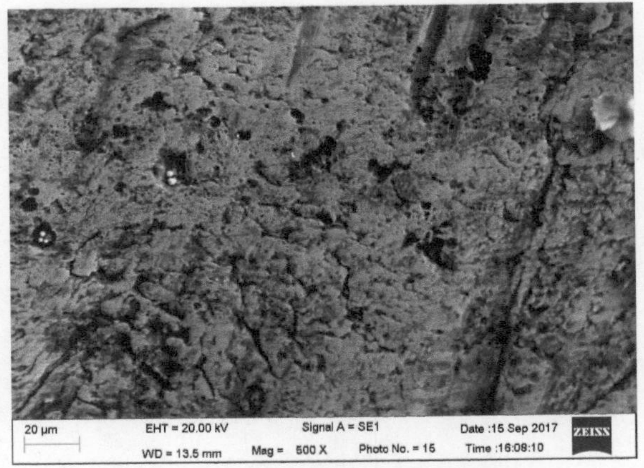

图 4-133　观察点 13 的电镜照片

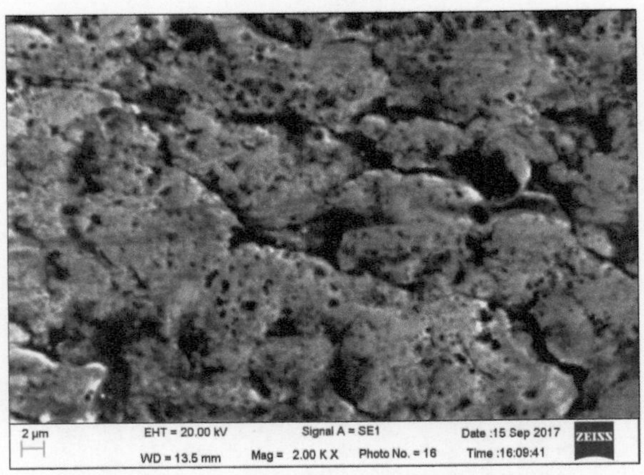

图 4-134　观察点 14 的高倍放大电镜照片

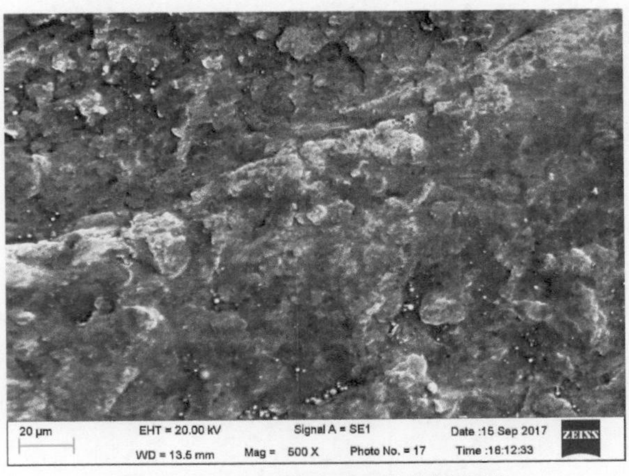

图 4-135　观察点 15 的电镜照片

4.5.4.4　齿面失效断口的分析

观察点 5、6、8、9、10、12 的图片中，都能观察到大量的圆形蚀坑。这种蚀坑的周围没有任何裂纹，因此只能是电蚀坑。本章实例 3 讨论了电厂给水泵增速机齿轮电蚀故障，其齿面的电蚀形貌如图 4-136 所示。该形貌与上述讨论的形貌十分相似，因此可以判定电镜分析的齿轮是电蚀失效。

图 4-136　电厂增速机齿轮齿面电蚀形貌

还要注意，电蚀形貌最明显的观察点 5、6、8、9、10、12 都位于断口的边缘，非边缘部位的电蚀形貌不很明显，但并不是说没有受到电蚀。

齿面电蚀模型可以设想为：两个齿面的接触情况如图 4-137、图 4-138 所示。如果没有载荷，其齿面接触可能是一条线或一个点，但电蚀时，实际上齿面接触是一个电蚀区，如图 4-137 所示。在过电电蚀时，接触区遭到电蚀，金属熔化黏结，但在后来的运转时，会撕裂齿面的黏结，形成两个断口，如图 4-138 所示。由于齿面接触区的圆周速度并不相同（见图中 V_1、V_2）经过齿轮多次追越啮合后，电蚀断口中会磨去部分电蚀坑，而在电蚀区的边缘区域能保留完整的电蚀形貌。这就是电蚀形貌特征最明显的观察点 5、6、8、9、10、12 都位于断口边缘的原因。

当然，这仅仅是一种理想的推理，实际情况要比想象的复杂得多，例如黏结点的撕裂、运转时的摩擦磨损等都会影响电蚀断口的形貌。因此，上述模型还不足以诠释全部断口的形貌特征，但齿面存在电蚀损伤这一点是无疑的。

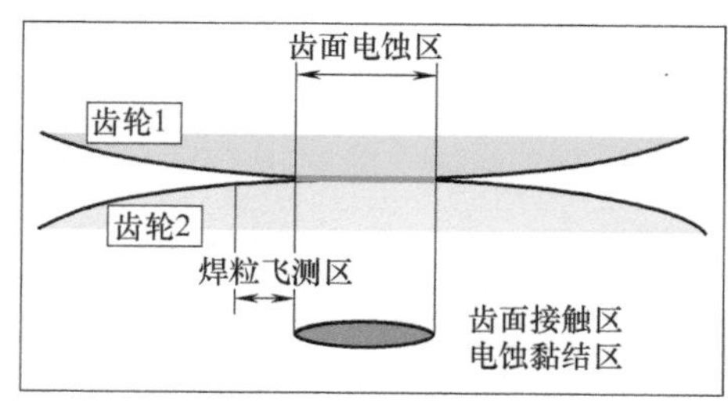

图 4-137　两个齿面的接触情况示意图

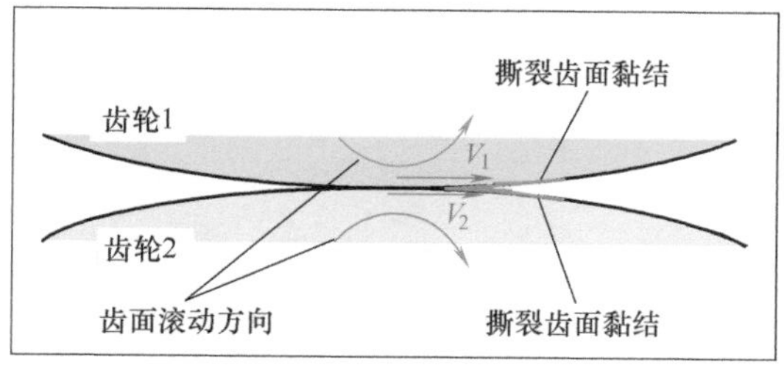

图 4-138　两个齿面电蚀区的撕裂示意图

4.5.4.5　齿面失效分析的结论

根据以上锥齿轮齿面断口的宏观观察和电镜观察，可以得到以下结论：

刮板机减速机锥齿轮齿面失效的原因是大电流过电电蚀。由于齿面有大面积的电蚀断口，虽然只有一对齿，但也足以破坏齿轮传动的平稳性，出现异常的振动和噪声。这就是减速机锥齿轮报废的原因。

预防这种大电流过电电蚀的措施就是不允许在没有保护措施的条件下，在减速机上或与减速机关联的机件上焊接。

4.5.5 实例 5 不同来料齿轮热处理后开裂失效分析[1]

4.5.5.1 齿轮失效概况

应用于行星齿轮减速机的 38 件行星齿轮，其钢材 18Cr2Ni4WA 由 Q 和 N 两个单位供货。这 38 件相同材料的行星齿轮经同炉热处理后，发现 Q 料的 8 件没有裂纹，而 N 料的 30 件均有裂纹。

行星齿轮材质为 18Cr2Ni4WA 钢，热处理工艺为：930℃渗碳 25h 后炉冷至 780℃，出炉空冷 +680℃高温回火，空冷 +840℃渗碳 2h，油淬（油温 65℃）+ 深冷处理 +180℃ 3h 两次回火。

由两单位供应的相同牌号的齿轮材料 18Cr2Ni4W 钢，在同炉中进行正火和高温回火以及后面相同的渗碳、淬火热处理工艺后，出现了完全不同的结果——Q 料的 8 件未见裂纹，N 料的 30 件均有裂纹。其原因是什么？这是我们最关心的问题。

4.5.5.2 失效件宏观观察

行星齿轮开裂宏观形貌见图 4-139、图 4-140。开裂位置均位于齿的两个端面附近。裂纹荧光显示见图 4-141，裂纹靠近齿轮两端，呈八字形貌。裂纹宏观形貌为：端面上裂纹没有扩展到齿面层［图 4-142（a)］，心部裂纹的张口最宽；齿面上的裂纹没有扩展到端面和齿顶［图 4-142（b)］。

图 4-139 齿轮全貌及轮齿掉角

图 4-140 齿轮掉皮、掉角

[1] 本实例取材于某公司的《行星齿轮热处理后开裂失效分析报告》，2018 年 11 月。

图 4-141　荧光检验的裂纹

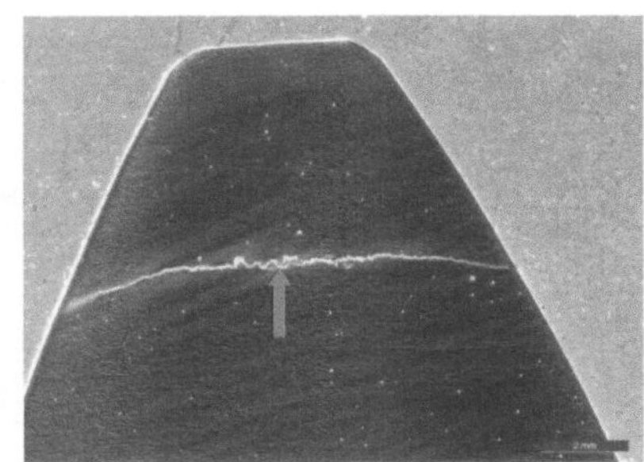

(a) 端面上裂纹

(b) 齿面上的裂纹

图 4-142　轮齿端面和齿面上的裂纹

裂纹断口宏观形貌见图 4-143，各断口均有一定金属光泽，断口尺寸较大的轮齿断口（称为轮齿断口 1），心部有一区域可见光亮的金属刻面［图 4-143（a）］；断口较小的轮齿断口（称为轮齿断口 2），心部区域未见明显的金属刻面区［图 4-143（b）］，但隐约可见表层和心部两个不同区域。

(a) 轮齿断口1

(b) 轮齿断口2

图 4-143　轮齿断口 1 和断口 2 的形貌

4.5.5.3 断口微观观察

将裂纹断口超声波清洗后进行微观观察。轮齿断口 1 及其渗碳层的微观形貌见图 4-144 和图 4-145，裂纹断口心部形貌具有沿晶断裂特征。断口心部金属刻面区微观形貌呈沿晶断裂特征，且晶粒较粗大，靠近心部区域呈沿晶 + 准解理特征，且向边缘靠近，准解理特征所占比重逐渐增加，渗碳层呈准解理特征。

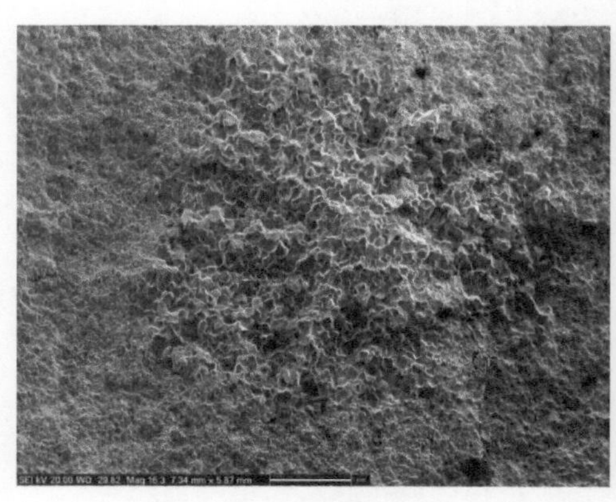

(a) 16×

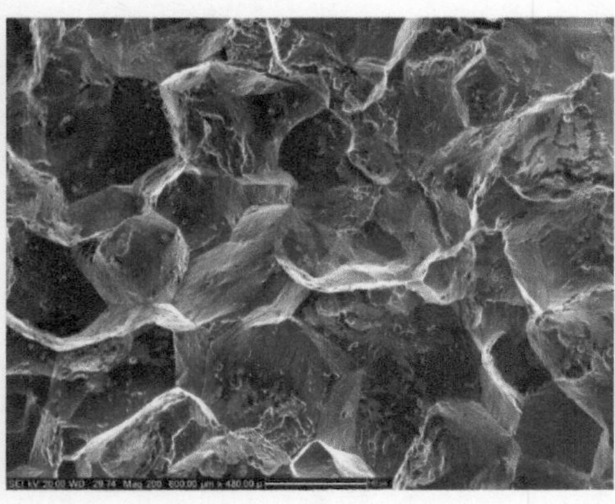

(b) 200×

图 4-144 轮齿断口 1 的微观形貌

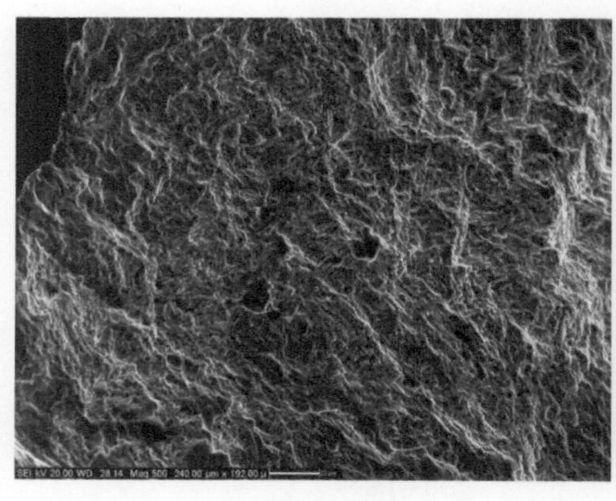

(a) 500×

(b) 500×

图 4-145 轮齿断口 1 渗碳层微观形貌

轮齿断口 2 的微观形貌与轮齿断口 1 相似，断口心部很小的区域呈沿晶断裂特征，且晶粒较粗大，心部其他区域呈沿晶+准解理特征，渗碳层呈准解理特征。

人工打断 N 料和 Q 料的轮齿，断口均呈等轴韧窝特征，见图 4-146 和图 4-147，两者的韧窝结构有明显的差别，前者结构粗大。

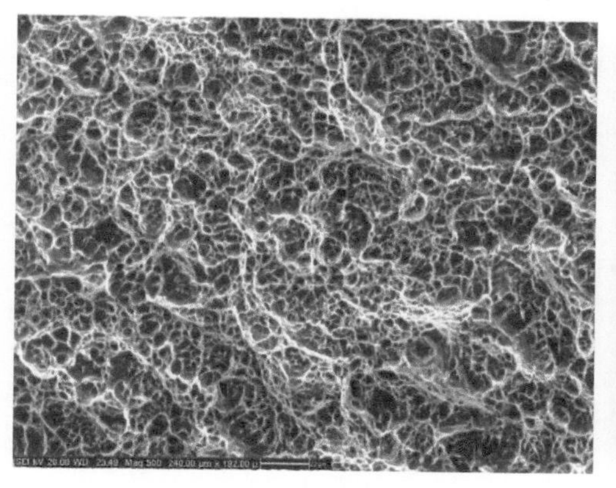

图 4-146　N 料轮齿断口　500×

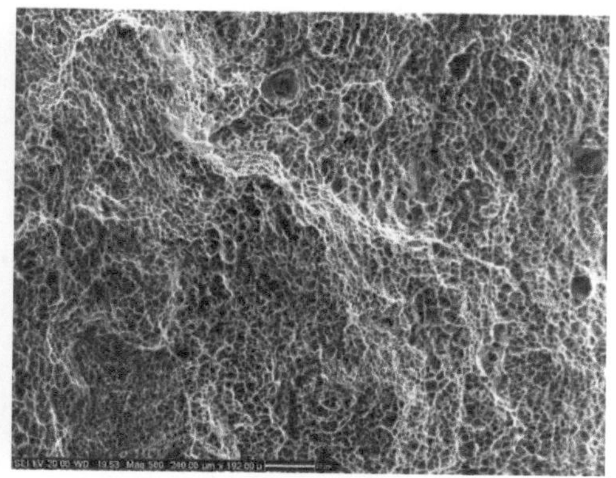

图 4-147　Q 料轮齿断口　500×

对轮齿断口 1 的裂纹断口进行化学成分分析，结果见表 4-9。钢的化学成分符合标准规定。裂纹断口未见明显异常元素。

表 4-9　轮齿断口 1 的裂纹断口化学成分分析结果（质量分数）　%

化学成分	Si	Cr	Ni	Mn	W
失效件实测值	0.35	1.44	4.02	0.38	0.85
18Cr2Ni4WA 标准值	0.17 ～ 0.37	1.35 ～ 1.65	4.00 ～ 4.50	0.30 ～ 0.60	0.80 ～ 1.20

4.5.5.4　金相检查

金相检查取样：分别在 Q 料和 N 料齿轮上从齿顶中心位置截取径向截面试样，磨、抛、腐蚀后进行金相组织检查。N 料和 Q 料轮齿的心部组织均为马氏体（图 4-148、图 4-149），前者组织较粗大。

图 4-148　N 料轮齿的心部组织

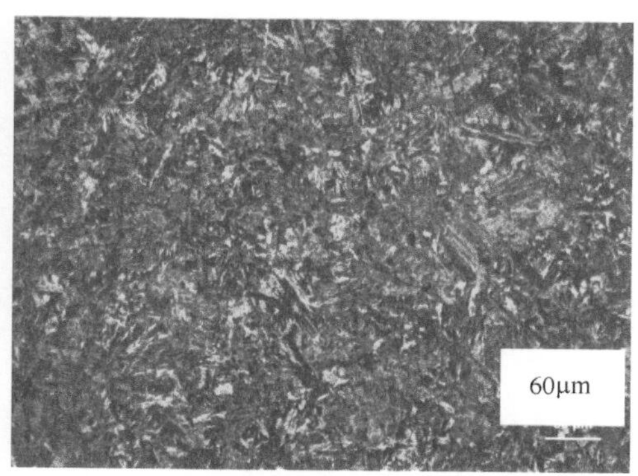

图 4-149　Q 料轮齿的心部组织

Q 料轮齿边缘渗碳层碳化物呈网状分布（图 4-150），N 料轮齿边缘渗碳层碳化物网状分布不明显（图 4-151）。

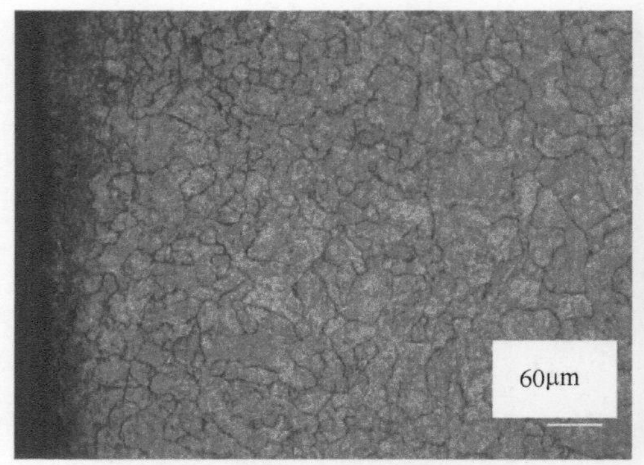

图 4-150 Q 料轮齿边缘渗碳层金相组织

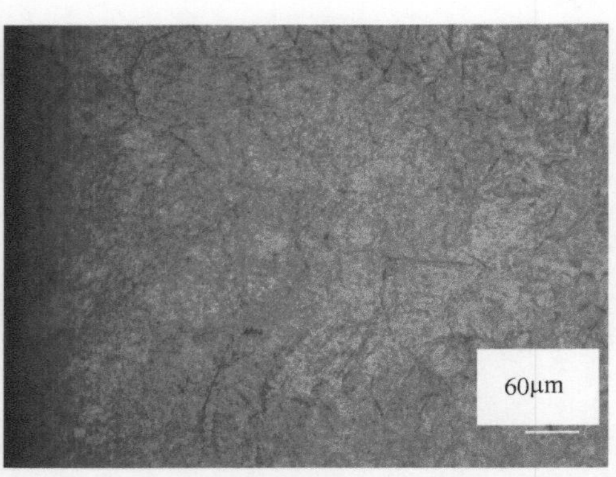

图 4-151 N 料轮齿边缘渗碳层金相组织

图 4-152 断口沿晶开裂区附近金相组织

轮齿断口 1 的裂纹断口沿晶开裂区附近为马氏体组织，见图 4-152。N 料和 Q 料轮齿心部晶粒形貌见图 4-153 和图 4-154。N 料轮齿心部晶粒大小不均匀（有混晶现象），且晶粒明显较 Q 料轮齿心部晶粒粗大。

4.5.5.5 硬度测量

分别从 Q 料和 N 料齿轮上截取垂直于齿轮轴向的横截面试样，磨、抛后对轮齿心部进行显微硬度测试，结果见表 4-10。N 料轮齿心部显微硬度平均值为 465.76HV（46.5HRC），高于 Q 料齿心部显微硬度 427.90HV（44HRC）。均超出技术要求（36 ～ 42HRC）。

图 4-153 N 料轮齿心部晶粒形貌

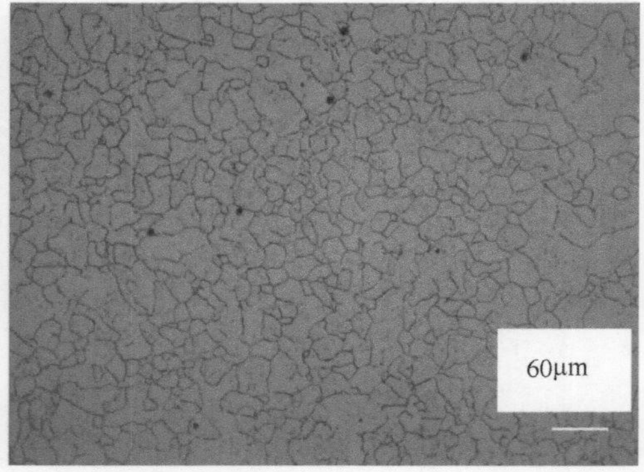

图 4-154 Q 料轮齿心部晶粒形貌

表 4-10　齿轮齿心部显微硬度测试结果

HV

齿轮材料	测试点					平均值
	1	2	3	4	5	
Q 料	432.54	420.97	424.25	432.53	429.20	427.90
N 料	468.29	460.82	460.82	479.92	458.96	465.76

采用硬度梯度方法对渗碳层深度进行测量，渗层深度以 550HV 处深度为准，结果见表 4-11。Q 料齿面渗碳层深度为 2.148mm，N 料齿面渗碳层深度为 2.282mm，均符合 2.0 ～ 2.4mm 的技术要求。N 料齿面渗碳层硬度和深度均大于 Q 料。

表 4-11　齿轮齿面渗层硬度梯度

HV

序号	距离表面 /mm	N 料	Q 料
1	0.8	667.15	657.56
2	1.2	636.02	648.19
3	1.6	609.79	598.66
4	2.0	567.04	564.54
5	2.1	559.53	554.61
6	2.2	552.16	544.96
7	2.3	549.73	535.55

4.5.5.6　分析与讨论

① 宏观观察显示，齿端面上裂纹没有扩展到两侧齿面，齿面上裂纹没有扩展到端面和齿顶，横截面上裂纹心部张口最宽，裂纹断口均未见明显扩展台阶。由此可判断齿轮轮齿心部首先开裂。

② 微观观察显示，齿轮裂纹断口的心部，局部呈现沿晶开裂特征，心部其他区域呈现沿晶 + 准解理开裂特征。由此可判断行星齿轮开裂性质为沿晶脆性开裂。

③ 裂纹始发于心部，裂纹断口心部呈沿晶特征以及沿晶 + 准解理特征，而轮齿心部人工打开断口呈现韧窝特征。由此可判断裂纹在高温内应力作用下形成。裂纹断口均呈一定的金属光泽，未见明显氧化。

④ 淬火过程中，渗碳层和基体由于温差和组织的差异变形不一致而产生内应力。热处理产生的内应力比较复杂。轮齿开裂的部位均位于轮齿端面附近 4 个渗碳层交汇的基体及过渡层处，此区域正好具有较高的内应力。结合热处理工艺可判断，裂纹很有可能产生于第二次渗碳后的油淬工艺过程。

⑤ 金相检查显示，N 料和 Q 料齿心部组织均为马氏体。与 Q 料相比，N 料马氏体组织较粗大，轮齿心部晶粒大小不均。

⑥ 硬度测试显示，N 料轮齿心部硬度和齿面渗碳层硬度均较 Q 料高。马氏体组织粗大、晶粒粗大、晶粒大小不均匀以及硬度较高，均会促使淬火过程中裂纹的萌生。

⑦ Q 料和 N 料齿轮，经过同炉和相同的热处理工艺过程，但出现完全不同

的结果：Q 料齿轮完好，而 N 料掉皮、掉角。由此可判断，N 和 Q 的原材料应该存在一定差异。

4.5.5.7 结论与建议

综上所述，可得到以下结论：

① 根据断口的宏观观察和微观观察结果可知，行星齿轮开裂性质为热处理内应力作用下产生的沿晶脆性开裂。

② N 料马氏体组织较粗大，心部晶粒大小不均，且较 Q 料晶粒大，轮齿的心部硬度和齿面渗碳层硬度均较 Q 料高。由此可以判断，N 料轮齿开裂与马氏体组织粗大、晶粒大且大小不均匀、硬度较高等因素有关。

③ 行星齿轮材质为高强度中合金渗碳钢 18Cr2Ni4WA。这是一种强度高，韧性、淬透性良好，缺口敏感性低的制造齿轮的高档材料，但是工艺性能较差，它对原材料的化学成分、晶粒度等的一致性要求较高，否则就会影响热处理工艺的合理安排。

④ Q 料和 N 料齿轮，经过同炉和相同的热处理工艺过程，但出现完全不同的结果，说明 N 和 Q 原材料品质的差异可能是造成 N 料齿轮开裂的主要原因。建议对原材料做进一步对比分析。

4.5.6 实例 6 制冷压缩机高速齿轮轮齿断裂失效分析[1]

4.5.6.1 高速齿轮使用场合和失效情况

失效的高速齿轮应用于制冷压缩机的增速箱，其安装结构如图 4-155 所示。

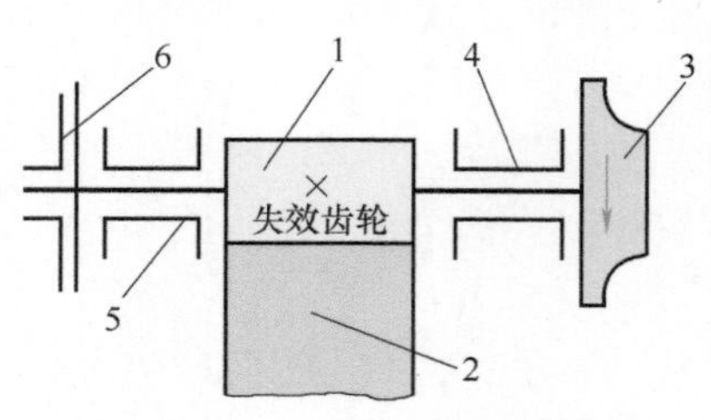

图 4-155 失效的齿轮轴安装示意图

1—失效的小齿轮；2—大齿轮；3—叶轮；4，5—径向滑动轴承；6—止推滑动轴承

失效的小齿轮转矩约为 580N · m；转速约为 12220r/min；旋转方向为逆时针方向，见图 4-155。

根据厂方报告：压缩机高速小齿轮运转 2000h，轮齿出现断裂失效。

断齿的高速小齿轮轴如图 4-156 所示，其断口部位放大图如图 4-157 所示。轮齿上有两种类型的损伤：一种是断齿，这是致命（报废）性的损伤；另一种是靠近轮齿端部的局部剥落，它虽然不是致命性的，但是影响压缩机的运转质量。值得注意的是，这种靠近轮齿端部的局部剥落均间隔一个齿，重复出现于整个齿轮（见图 4-157）。

[1] 本实例取材于某公司的《压缩机高速齿轮轮齿断裂失效分析报告》，2012 年 5 月。

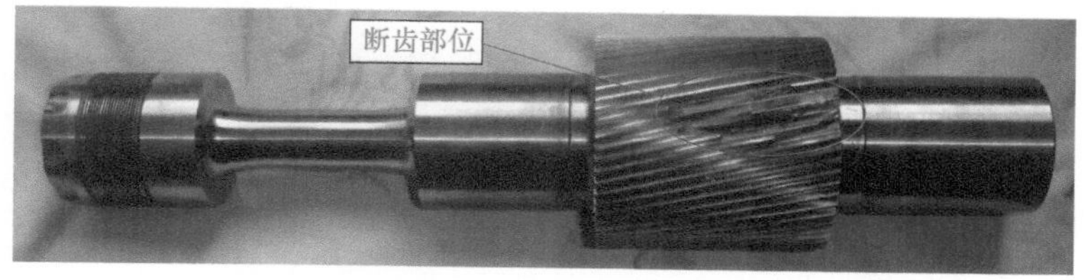

图 4-156　断齿的高速小齿轮轴

图 4-157　高速小齿轮断口部位正视

齿轮参数见表 4-12。

表 4-12　齿轮参数

齿数	法面模数	压力角	螺旋角	顶圆直径	齿宽
58	1.27	20°	12° 17′57″	78.461mm	219mm

齿轮材料：AMS 6265（E9310），国产代用材料 G10CrNi3Mo。

热处理：渗碳淬火，齿面硬度 58 ～ 62HRC，心部硬度 30 ～ 36HRC，有效硬化层深度 0.25 ～ 0.38mm。

4.5.6.2　断齿断口宏观观察

（1）轮齿宏观断口的特征

断齿件轮齿宏观断口如图 4-158 所示。断齿件共有 6 个齿断裂，见图 4-158 的

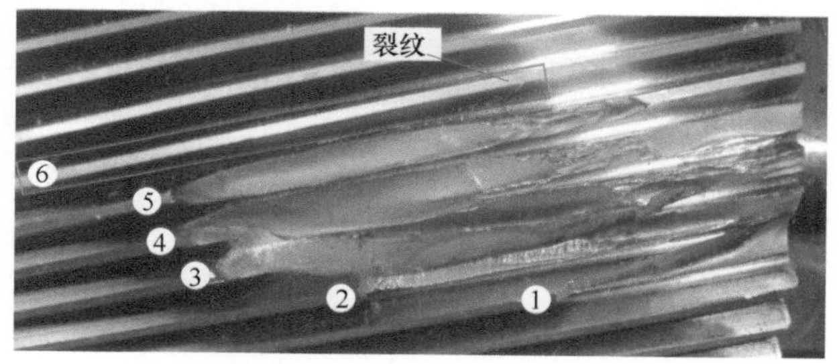

图 4-158　断齿件轮齿宏观断口正视

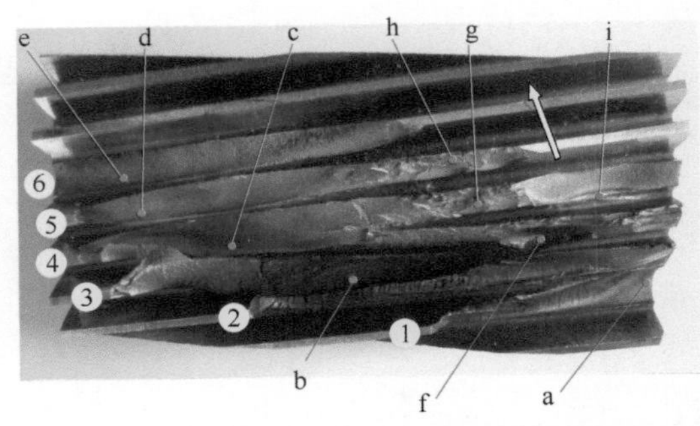

图 4-159 第 6 齿脱落后的全部断齿断口

1～6，其中轮齿 6 是在线切割时脱落的，可见该齿已有内在的裂纹。第 6 齿脱落后的全部断齿断口如图 4-159 所示。

仔细观察图 4-159 的 6 个断齿断口（图中箭头指向工作齿面），1 齿的 a 处、2 齿的 b 处、3 齿的 i 处、4 齿的 c 处、5 齿的 d 处、6 齿的 e 处都能看到疲劳断口的特征，其中最明显的是 a、b、c、f 和 i 处。由于 2、3 齿之间的裂纹向下发展，因此 2、3 齿之间出现了很少见到的深沟疲劳断裂。将深沟切开如图 4-160 所示，其疲劳源区、疲劳扩展区清晰可见，图 4-161 所示为深沟横截面。

第 4 齿的 g 处、第 5 齿的 h 处是典型的瞬断断口。

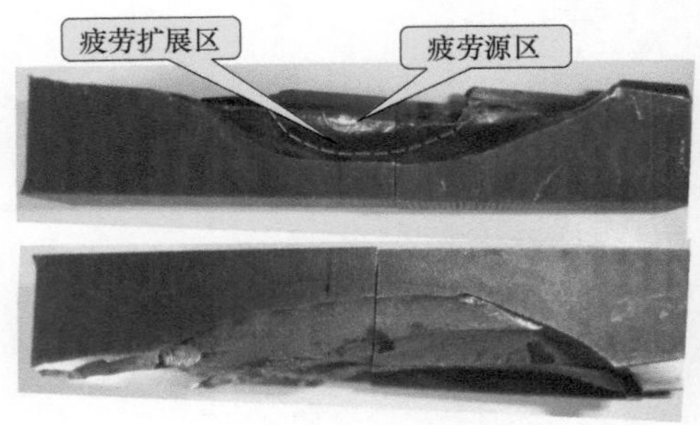

图 4-160 断裂深沟剖切

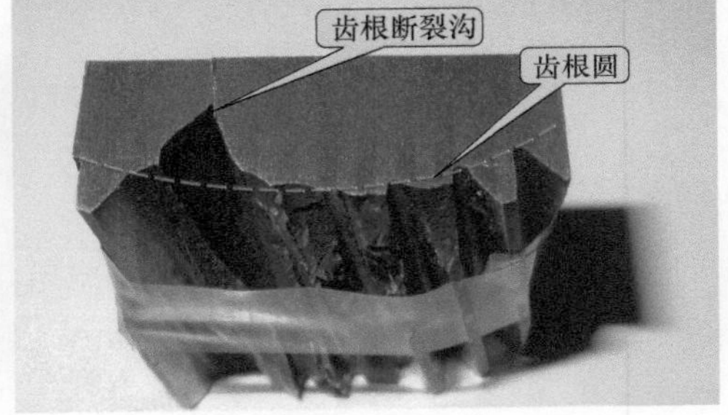

图 4-161 齿根断裂深沟横截面

断齿件齿轮的侧视断口如图 4-162 所示。根据齿轮端面上断齿齿根断口（断裂线）的形状，可以判定：图 4-162 中的断口 A 是轮齿弯曲疲劳断口，因为断口呈圆弧线状，而断口 B、C 和 D 都是冲击断裂断口。

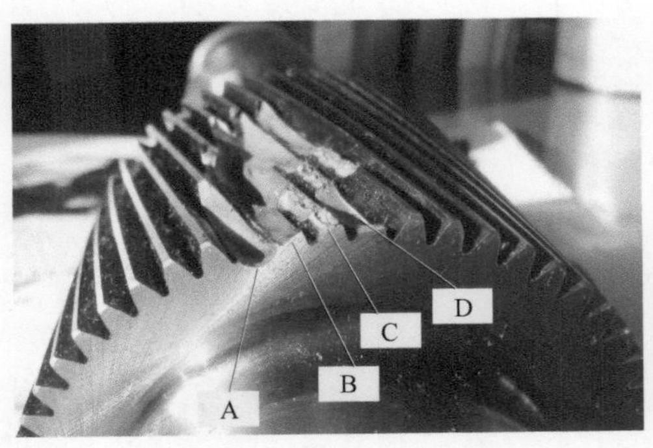

图 4-162 断齿件齿轮断口侧视

（2）断口宏观观察小结

① 从以上断口宏观观察的结果来判断，可以确定齿轮轴的轮齿发生了多源疲劳断裂，此结论可以在断口微观观察中进一步验证。

② 多个轮齿断裂和隔齿局部剥落都发生在齿轮的同一端（图 4-158），可以

认为齿轮的啮合存在偏载现象。

4.5.6.3　断齿断口微观观察

（1）齿轮轮齿试样切取和制备

在失效的齿轮上切取轮齿断裂的部分，如图 4-163 所示。图中示明了齿端局部剥落试样（用于电镜观察齿端局部剥落）、断齿断口试样（用于电镜观察轮齿断口）和断齿金相试样（用于断齿的金相检验）的取样位置。

图 4-163　切取试样的部位

供电镜观察齿端局部剥落的试样如图 4-164 所示。

（2）断口微观观察分析

1）断齿断口微观观察　断齿件的轮齿断裂断口如图 4-165 所示。图中选择了 A、B、C、D 4 个轮齿疲劳断裂断口进行微观观察，图中编号 1 ～ 15 是在电子显微镜下的观察点。以下选择典型的观察点 1、6、7、10、12、14 和 15 进行分析说明。

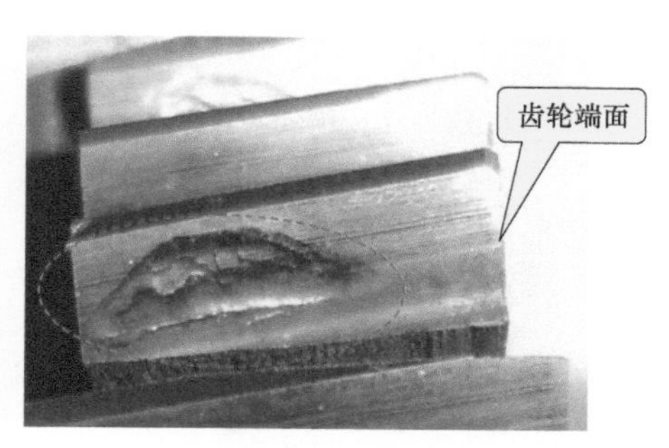

图 4-164　供电镜观察齿端局部剥落的试样

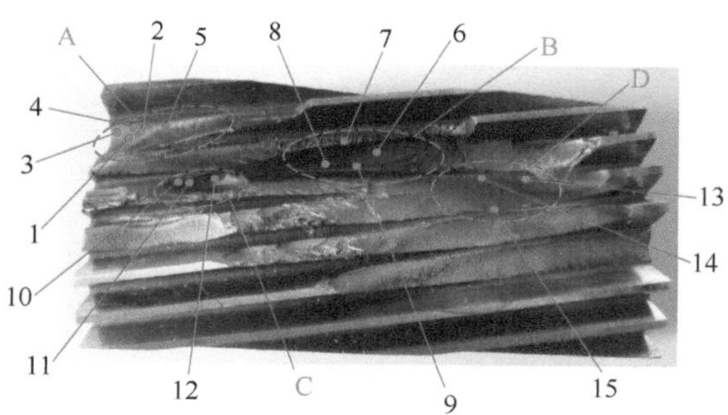

图 4-165　轮齿断裂断口的电镜观察点

① 轮齿断口 A 的观察。

点 1，位于断口的疲劳区，微观形貌如图 4-166 所示。图中可见河流状花样和局部的类疲劳条纹，是疲劳断口。

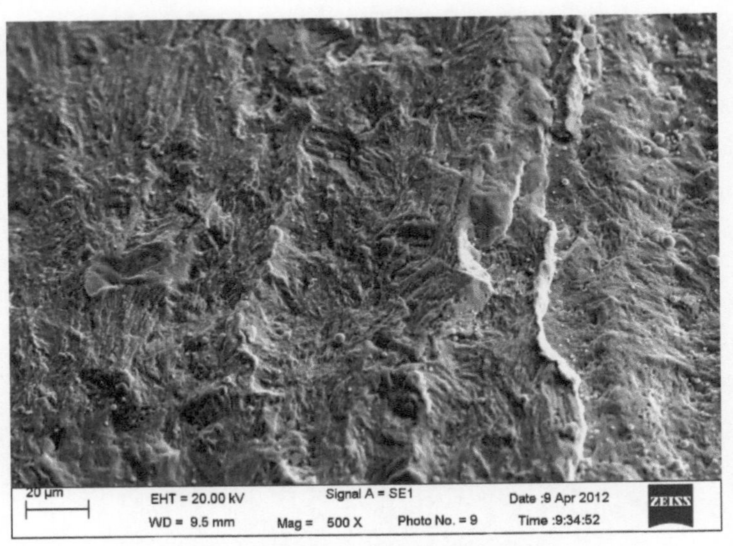

图 4-166　点 1 断口的微观形貌

② 轮齿断口 B 的观察。下面 2 个观察点位于 B 区，这个疲劳区出现的断口形貌——沿齿根出现很深的断裂沟比较少见，如图 4-160、图 4-161 所示。

点 6，位于疲劳断口的中部，微观形貌如图 4-167 所示，从图中可看到撕裂岭，该点位于非硬化区。

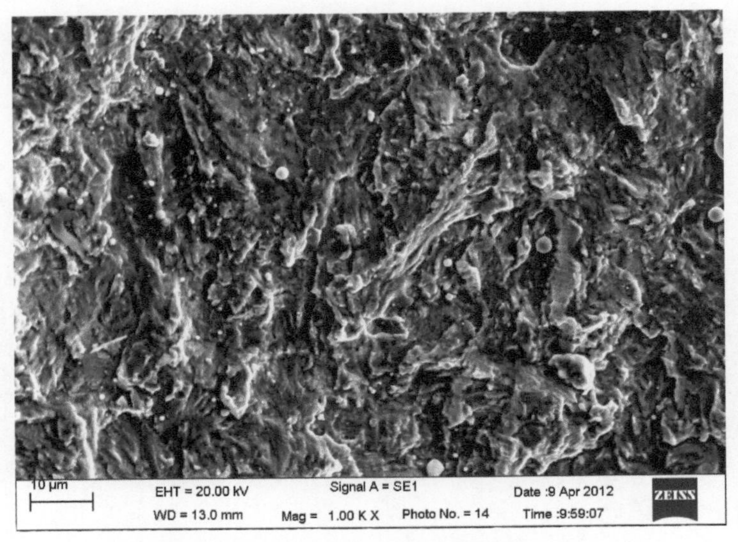

图 4-167　点 6 断口的微观形貌

点 7，位于疲劳断口的边缘，微观形貌如图 4-168 所示，从图中可看到疲劳裂纹扩展的方向。

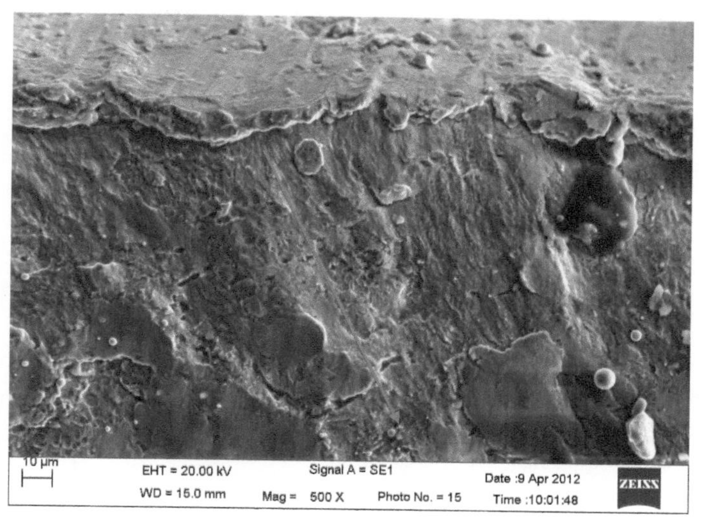

图 4-168　点 7 断口的微观形貌

③ 轮齿断口 C 的观察。观察点 10、12 位于另一个疲劳区，这个疲劳区具有很典型的疲劳特征。

点 10，其断口全貌如图 4-169 所示，从图中可见断口的疲劳源和疲劳扩展区，甚至可看到部分疲劳贝纹线。

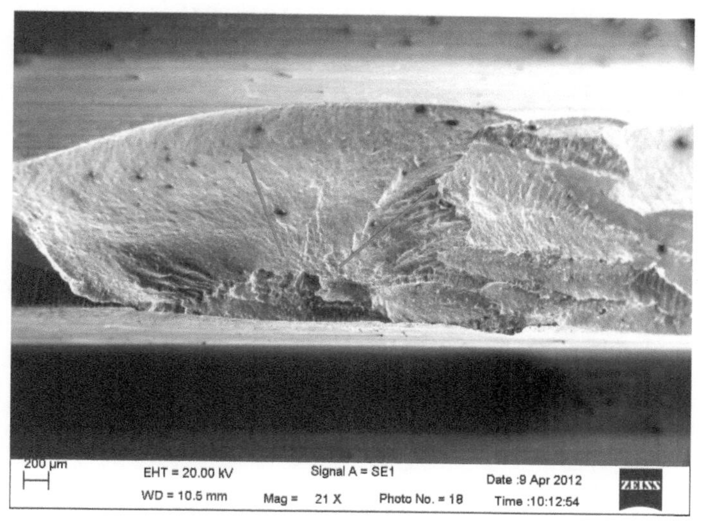

图 4-169　点 10 断口的微观形貌

点 12，其断口全貌如图 4-170 所示，是疲劳扩展区的断口形貌，可以看到疲劳裂纹从源区向外扩展。图中呈现山脉状的疲劳台阶，台阶的沟槽中分别出现多条裂纹，裂纹可能是最后断裂时产生的。

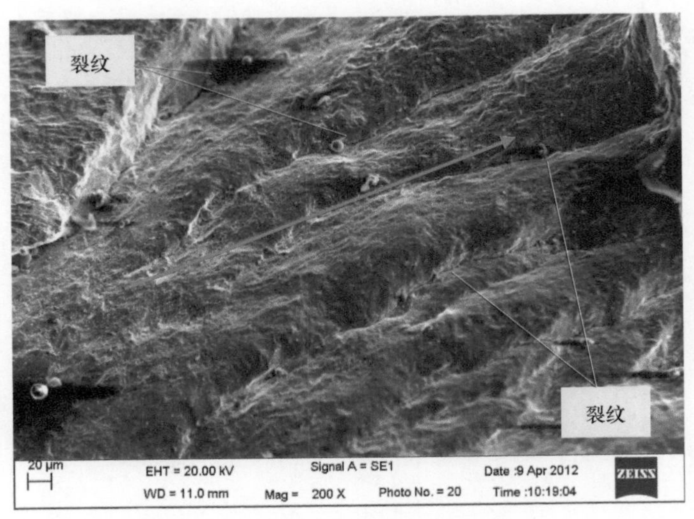

图 4-170　点 12 断口的微观形貌

④ 轮齿断裂断口 D 的观察。观察点 14、15 位于 D 断口区。

点 14，其轮齿断裂断口边缘形貌如图 4-171 所示，是典型渗碳层的疲劳断口形貌，疲劳断口分层向下扩展。

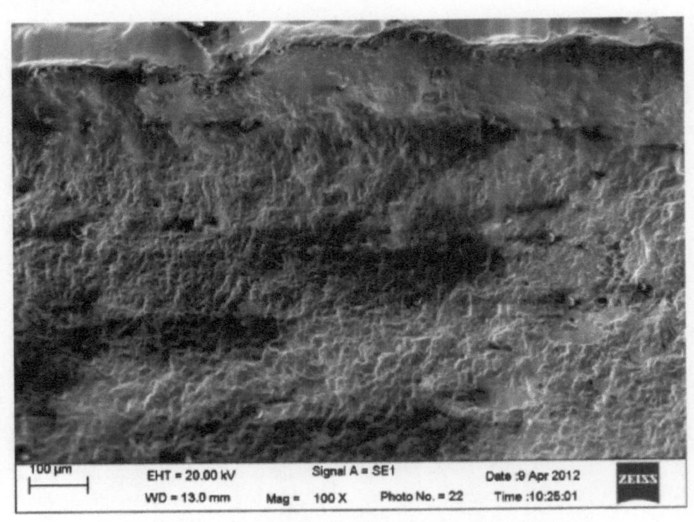

图 4-171　点 14 断口的微观形貌

点 15，其轮齿断裂断口边缘形貌如图 4-172 所示，是典型的轮齿最后断裂部位的纤维断口形貌。

2）靠近轮齿端部的局部剥落断口微观观察　靠近轮齿端部的局部剥落的宏观形貌如图 4-173 所示，其特征有：

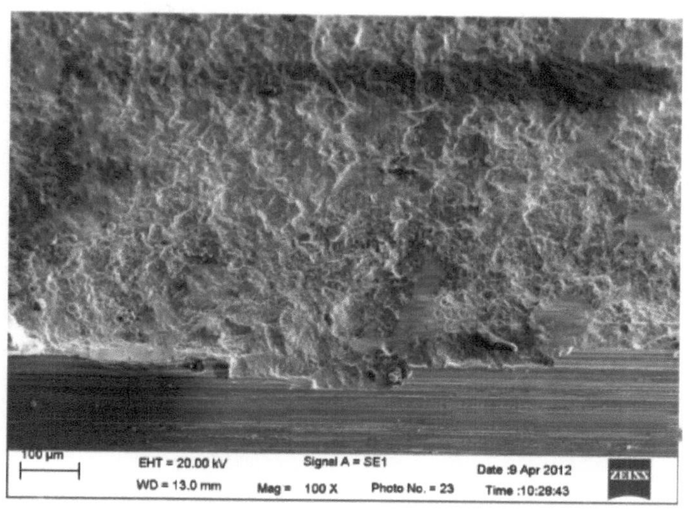

图 4-172　点 15 断口的微观形貌

① 均相隔一个齿发生剥落；

② 都位于齿端约 10mm 处；

③ 剥落断口形状相似。

剥落坑的低倍放大如图 4-174 所示，图上标注出了电镜的观察点。

图 4-173　靠近轮齿端部的局部剥落

图 4-174　剥落坑低倍放大的电镜观察点

点 1 是剥落坑的全貌。

点 2 是齿面剥落形貌，见图 4-175。

点 3 是齿面剥落区局部未剥落部分的形貌，见图 4-176，图中可见很深的加工刀痕，会产生齿面应力集中而剥落、断齿。

点 4 是齿面剥落区在高倍（5000 倍）放大下微小剥落坑的形貌，见图 4-177。

点 5 是齿面剥落的典型形貌，如图 4-178 所示，剥落坑、齿面裂纹清晰可见。齿面上还有不少小圆坑，其周围没有裂纹，这通常是一种初始点蚀坑形貌或微电

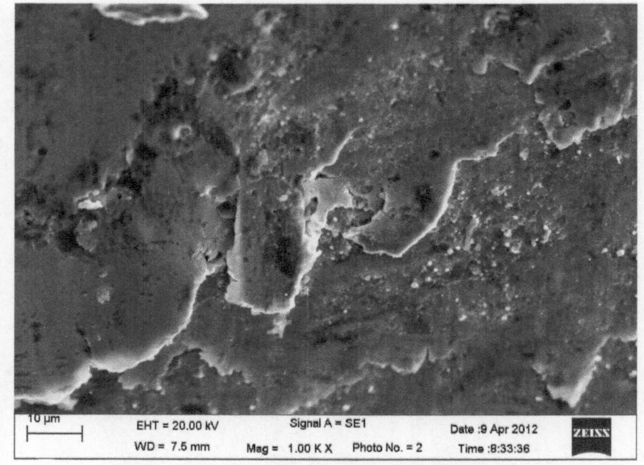

图 4-175 点 2 断口的微观形貌

图 4-176 点 3 断口的微观形貌

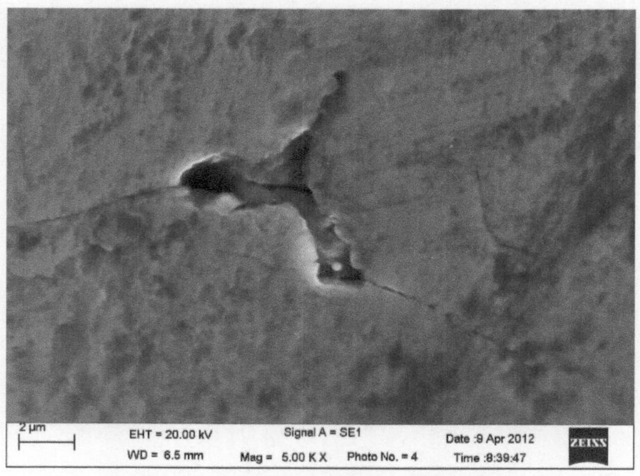

图 4-177 点 4 断口的微观形貌

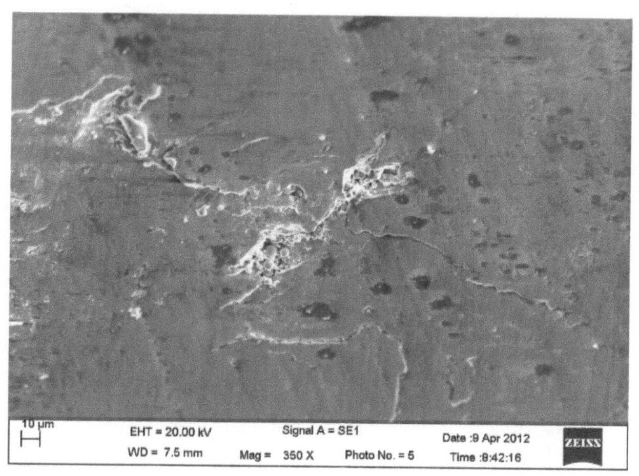

图 4-178　点 5 断口的微观形貌

蚀坑的形貌。

3）断口微观观察小结　通过电镜微观观察，可以做出以下判断和推测。

① 疲劳断裂的微观形貌比较明显，如图 4-168、图 4-169 所示，轮齿属于疲劳断裂。

② 有多个齿的断口出现疲劳断裂的特征，可见在轮齿断裂前就有几个齿先后出现齿根裂纹，但是疲劳源区的疲劳特征不很明显。

③ 靠近轮齿端部局部剥落的微观形貌是一种常见的硬齿面剥落形貌，但是其特别之处在于：均相隔一个齿发生剥落；都位于齿端约 10mm 处；剥落断口形状相似。会发生这种奇特的轮齿齿面剥落的原因目前尚不明确。

4.5.6.4　齿轮材料化学成分分析

从断齿件上钻取化学成分分析样品，分析齿轮材料的化学成分，结果如表 4-13 所示。

表 4-13　齿轮材料的化学成分分析结果（质量分数）　%

化学成分	G10CrNi3Mo	AMS6265（E3910）	断轴试样
C	0.08 ～ 0.13	0.07 ～ 0.13	未检验
Si	0.15 ～ 0.40	0.15 ～ 0.35	0.40
Mn	0.40 ～ 0.70	0.40 ～ 0.70	0.64
Cr	1.00 ～ 1.40	1.00 ～ 1.40	1.38
Ni	3.00 ～ 3.50	3.00 ～ 3.50	3.17
Mo	0.08 ～ 0.15	0.08 ～ 0.15	0.12
P	≤ 0.030	max0.015	0.025
S	≤ 0.030	max0.015	0.0094
B		max0.001	未检验
Cu		max0.035	0.028

从表 4-13 数据可见，失效件材料的化学成分接近 AMS6265（E3910）和 G10CrNi3Mo 的化学成分。

4.5.6.5 齿轮材料的力学性能测试

（1）材料拉伸力学性能和硬度测试

齿轮材料为美国宇航材料标准的 AMS6265（E9310）钢或国产 G10CrNi3Mo 渗碳轴承钢。其特点是：淬透性良好，能在大的截面范围内获得均匀的强度。经调质或淬火加低温回火后，有良好的综合力学性能，但有形成白点的敏感性，高温回火时有回火脆性倾向。

G10CrNi3Mo 钢规定的力学性能见表 4-14。

表 4-14 G10CrNi3Mo 钢的力学性能

抗拉强度 R_m/MPa	屈服强度① $R_{p0.2}$/MPa	伸长率 A/%	断面收缩率 Z/%	冲击韧性 a_k/J·cm^{-2}	硬度 HBW
≥ 980	≥ 835	≥ 10	≥ 55	≥ 98	292 ～ 341

① 规定非比例延伸强度。

齿轮材料的力学性能测定结果列于表 4-15。

表 4-15 齿轮材料的力学性能测定结果

顺序	试样厚度 h/mm	试样宽度 b/mm	最大拉力 /kN	抗拉强度 R_m/MPa	规定非比例延伸强度 $R_{p0.2}$/MPa	断后伸长率 A/%
第 1 根	2.46	11.94	36.53	1243.78	939.58	11.13
第 2 根	2.36	11.96	35.57	1260.37	956.44	10.13
第 3 根	2.52	11.96	38.62	1281.46	955.75	11.67

结论：3 个试样拉伸力学性能和 2 个冲击试样的平均值、最高值、最低值和标准值列于表 4-16。比较测试值和标准值可见，失效件的材料力学性能完全符合技术要求。

表 4-16 试样力学性能测试值和标准值

项目	标准值	测试值		
		平均值	最大值	最小值
抗拉强度 R_m/MPa	≥ 980	1261.9	1281.46	1243.78
规定非比例延伸强度 $R_{p0.2}$/MPa	≥ 835	950.6	956.44	939.58
伸长率 A/%	≥ 10	11	11.67	10.13
冲击韧性 a_k/J·cm^{-2}	≥ 98	102.6	106.3	98.8

3 根拉伸试件的硬度如表 4-17 所列。

结论：3 根试件的平均硬度 39.1HRC，最高硬度 39.9HRC，最低硬度 38.3HRC。硬度值均高于合金钢的力学性能正常值（见表 4-14），符合技术要求。

表 4-17　3 根拉伸试件的硬度　HRC

试样标识	硬度测点				硬度平均值
	1	2	3	4	
第 1 根	39.7	38.2	36.6	38.6	38.3
第 2 根	37.4	40.8	37.3	39.4	38.7
第 3 根	38.7	39.4	41.3	40.3	39.9

（2）材料冲击韧性性能和硬度测试

两根冲击试样的硬度和冲击功测试结果如表 4-18 所示。

表 4-18　两根冲击试样的力学性能测量结果

试样标识	硬度 HRC				冲击功/J	冲击韧性 a_k/J · cm^{-2}
	测点 1	测点 2	测点 3	测点 4		
第 1 根	36.6	38.7	39.6	36.8	79	98.8
第 2 根	35.5	38.7	37.8	39.0	85	106.3

结论：冲击功折合成冲击韧性值，第一根试样 a_k=98.8J/cm^2，第 2 根试样 a_k=106.3J/cm^2，平均值 a_k=102.6J/cm^2，测试值均大于标准值（表 4-14），材料的冲击韧性符合技术要求。

（3）齿轮轴颈硬度测定

在失效的齿轮轴的轴颈上，沿轴线测量了 4 个点的硬度（图 4-179），测量结果见表 4-19。

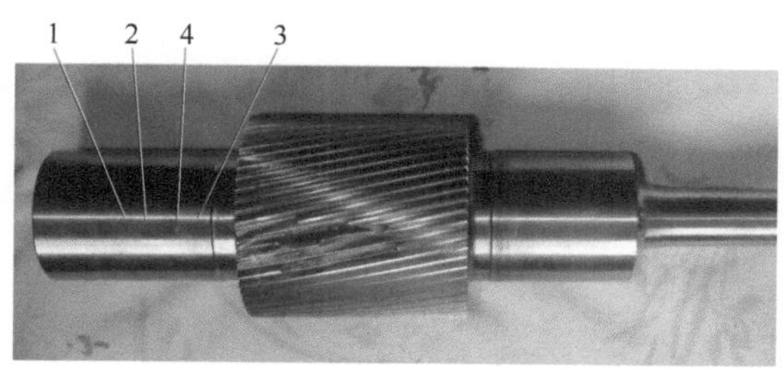

图 4-179　轴颈硬度测量点

表 4-19　轴颈硬度测量结果

点号	1	2	3	4	平均
硬度 HRC	48.6	51.6	56.6	57.6	53.6

结论：① 对于表面渗碳淬火的轴颈来说，硬度稍偏低；

② 硬度最高最低值相差 9HRC，硬度的离散度较大。

4.5.6.6　齿轮轮齿的金相检验

（1）轮齿金相检验的内容

轮齿的金相检验是判别齿轮品质的重要指标。根据 GB/T 3480.5—2008《渐开线圆柱齿轮承载能力计算方法　第5部分：材料的强度和质量》，齿轮金相检验的主要内容有：非金属夹杂物、带状组织、晶粒度、轮齿表面硬度和心部硬度、轮齿表面脱碳层和内氧化、有效硬化层深度至表面硬度降和至心部硬度降、表面非马氏体组织、心部显微组织等。

本次检验就是逐项检查上述项目，以便评定失效齿轮的内在品质。

(2) 轮齿试样切取和制备

从失效的齿轮上切取轮齿的一部分，如图4-180所示。

图4-180　金相试样的切取部位和试样外形

齿轮材料的化学成分接近于美国的AMS 6265钢材。进行金相检验的齿轮经过渗碳、淬火和回火处理。对试样采用镶样、磨样和4%硝酸酒精溶液浸蚀后，用Leica金相显微镜进行观察、拍照。

(3) 轮齿金相组织观察与检验

轮齿金相检验得到以下的结果：

图4-181　非金属夹杂物

① 非金属夹杂物：夹杂不明显，仅有少量氧化物夹杂（图4-181）。

② 带状组织：试样中部有带状组织，但不很明显（图4-182）。

③ 齿轮试样渗碳层区域轮齿根部晶粒见图4-183。

④ 齿轮渗碳金相检验：轮齿根部有渗碳不足现象（图4-184）。

⑤ 轮齿金相组织的检验部位见图4-185。

图 4-182 带状组织

图 4-183 晶粒形状

图 4-184 渗碳不足金相

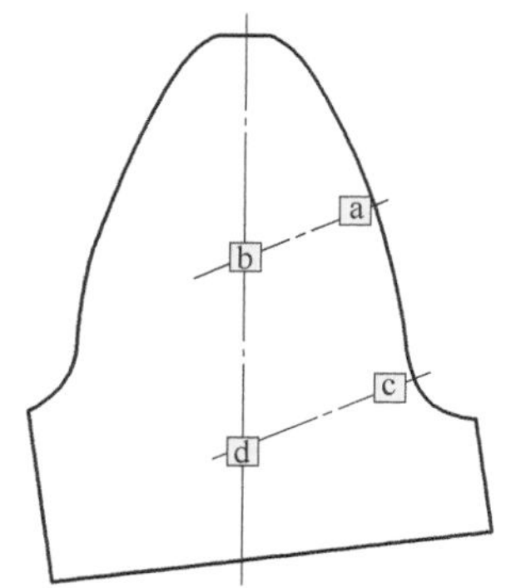

图 4-185 轮齿金相组织检验的 4 个部位

a 区（轮齿腰部近齿面）：边界极少量高碳马氏体组织，过渡至心部是回火马氏体组织（图 4-186）。

b 区（轮齿腰部近齿心）：回火马氏体组织（图 4-187）。

图 4-186 轮齿腰部近齿面的金相组织

图 4-187 轮齿腰部近齿心的金相组织

c 区（轮齿根部近齿面）：回火马氏体组织（图 4-188）。

d 区（轮齿根部近齿心）：回火马氏体组织（图 4-189）。

图 4-188　轮齿根部近齿面的金相组织

图 4-189　轮齿根部近齿心的金相组织

金相检验小结：有渗碳不足现象，有不太明显的带状组织；轮齿工作面（齿腰）有极少量高碳马氏体组织，过渡至心部是回火马氏体组织；齿根部位表面也是回火马氏体组织，可能是过度磨削造成的，对轮齿的弯曲强度非常不利；非金属夹杂物不明显。

（4）沿硬化层深度的显微硬度测定

沿轮齿硬化层深度的显微硬度测定是 GB/T 3480.5—2008 和 GB/T 8539—2000 的重要内容之一。显微硬度测定的试样和测定的位置如图 4-190 所示。

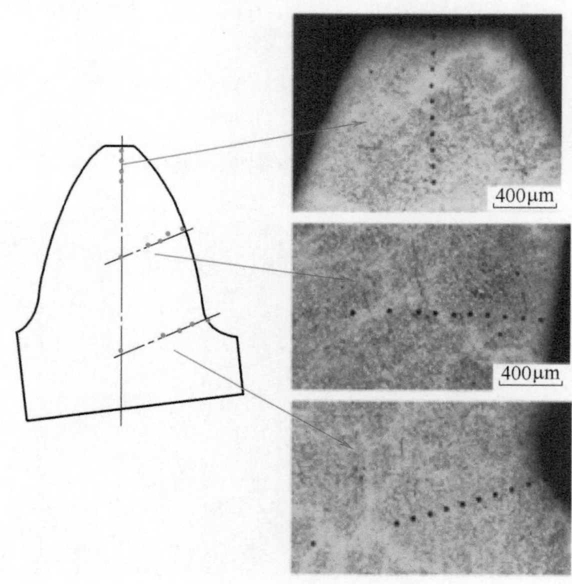

图 4-190　硬度测定位置

用显微硬度计（Leica 显微硬度计）沿轮齿硬化层深度分别测定轮齿的齿顶、齿腰和齿根部位的显微硬度 HV0.2 值。

1）轮齿顶部沿硬化层深度的硬度分布曲线　轮齿顶部硬度分布曲线如图 4-191 所示。

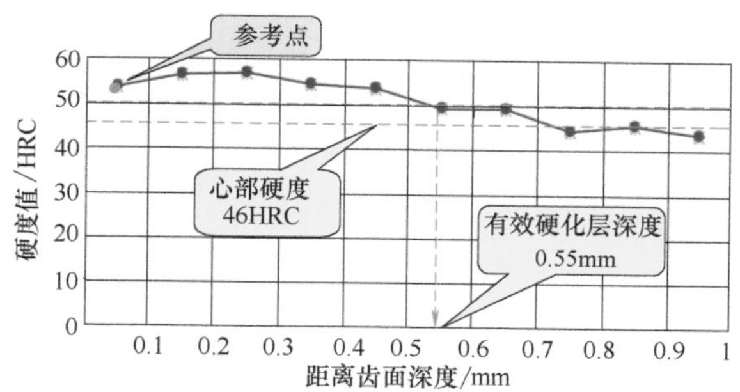

图 4-191　轮齿顶部沿硬化层深度的硬度分布曲线

轮齿顶部的有效硬化层深度约为 0.55mm（有效硬化层深度的硬度界限，按美国标准为 50HRC，按我国标准为 550HV，以下均按美国标准），超过图纸规定的 0.25 ～ 0.38mm，因此，轮齿顶部的有效渗层深度不符合技术要求。

心部基体硬度约为 46HRC，硬度大大高于图纸规定的技术要求（30 ～ 36HRC）。

在金相试样上不能测定齿面硬度，但从曲线的趋势（删去靠近表面的第一点）推断齿面硬度为 56 ～ 60HRC，基本符合技术要求（58 ～ 62HRC）。

2）轮齿腰部沿硬化层深度的硬度分布曲线　轮齿腰部硬度分布曲线如图 4-192 所示。

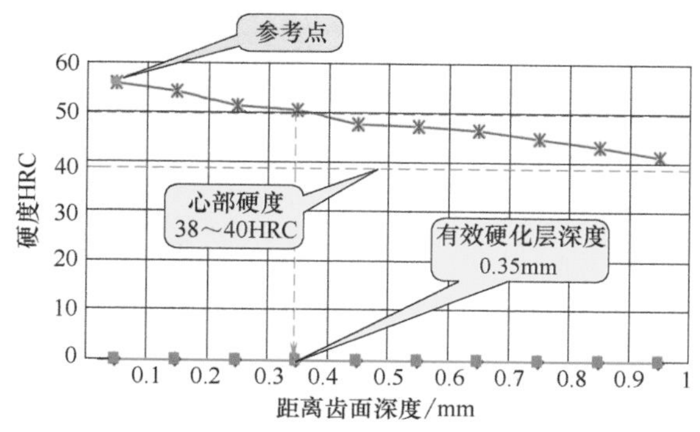

图 4-192　轮齿腰部沿硬化层深度的硬度分布曲线

腰部的有效渗层深度约为 0.35mm，图纸规定为 0.25 ～ 0.38mm，符合技术要求。

心部硬度为 38 ～ 40HRC，硬度稍高于图纸规定的技术要求（30 ～ 36HRC），可认为基本符合技术要求。

在金相试样上不能测定齿面硬度，但从曲线的趋势推断齿面硬度为 58 ～ 61HRC，基本符合技术要求（58 ～ 62HRC）。

3）轮齿根部沿硬化层深度的硬度分布曲线　轮齿根部硬度分布曲线如 4-193 所示。

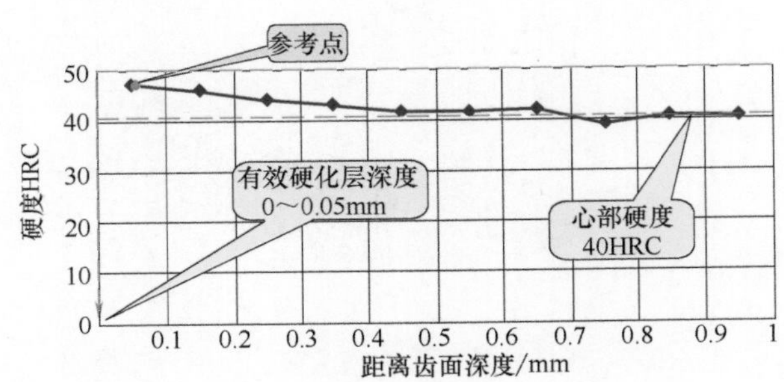

图 4-193　轮齿根部沿硬化层深度的硬度分布曲线

在金相试样上不能测定齿面硬度，但从曲线的趋势推断齿面硬度为 50 ～ 52HRC，硬度明显偏低，影响齿轮的弯曲强度。

轮齿根部的有效渗层深度为 0 ～ 0.05mm，与图纸规定的 0.25 ～ 0.38mm 相差甚远，深度明显不足，影响齿轮的弯曲强度。

心部硬度约为 40HRC，可认为基本符合技术要求。

将以上数据列入表 4-20，即可一目了然。

表 4-20　轮齿不同部位有效硬化层深度和心部硬度

图示	测点	图纸标注 /mm	实测 /mm
C A D B	齿腰 A	0.25 ～ 0.38	0.35
	齿根 B	最小 0.18	0 ～ 0.05
	齿顶 C	0.25 ～ 0.38	0.55
	心部 D	实测硬度 33.5HRC	

注：表中的图示和图上标注取自齿轮零件工作图。

（5）轮齿金相硬度检验小结

轮齿顶部的有效渗层深度偏大，心部的硬度也偏高；轮齿腰部的有效渗层深度、表面硬度和心部硬度符合规定的技术要求；轮齿根部的有效渗层深度、表面硬度和心部硬度完全不符合技术要求。对于齿轮的弯曲强度来说，齿根部的有效渗层深度和表面硬度是最关键的技术参数，因此齿根部是强度最薄弱环节。

4.5.6.7　失效原因分析

针对本失效件可知，影响轮齿弯曲强度的主要因素如下。

（1）齿根磨削影响轮齿的弯曲强度

断齿齿轮的齿根形状和加工情况，对齿轮的弯曲强度有很大影响。断齿齿轮的齿根形状和加工情况如图 4-194 所示。

图 4-194　齿轮的齿根形状和加工情况

对于渗碳淬火齿轮来说，齿根采用全圆弧齿廓无疑是很正确的，因为全圆弧齿根齿廓可以减少齿根的应力集中，提高轮齿的弯曲强度。但是，齿根磨削有一定的风险，其中最大的问题是偏磨。由于齿轮轴热处理不可避免会有变形，因此在磨削齿根时就会出现不同位置齿根的磨削量不相等，即偏磨现象。断齿齿轮的有效硬化层厚度很薄，只有 0.25 ～ 0.38mm，因此一旦出现偏磨，齿根的硬化层厚度就得不到保证，齿根的残余压应力就会减少，甚至出现残余拉应力［图 4-195（b）］，影响轮齿的弯曲强度。只有能够严格控制齿轮轴的热处理变形，齿根磨削的质量才是可控的，否则，齿根磨削会有很大风险。

轮齿经过渗碳淬火后，轮齿表面的马氏体比容比奥氏体的大，当奥氏体转变成马氏体时，体积一般要膨胀 4 倍，因此轮齿表面会产生很大的残余压应力［图 4-195（a）］，这对轮齿的弯曲强度十分有利。

由上述轮齿金相硬度检验得知：轮齿根部的有效渗层深度只有 0 ～ 0.05mm，表面硬度为 50 ～ 52HRC，硬度明显偏低，其原因可能与偏磨有关。

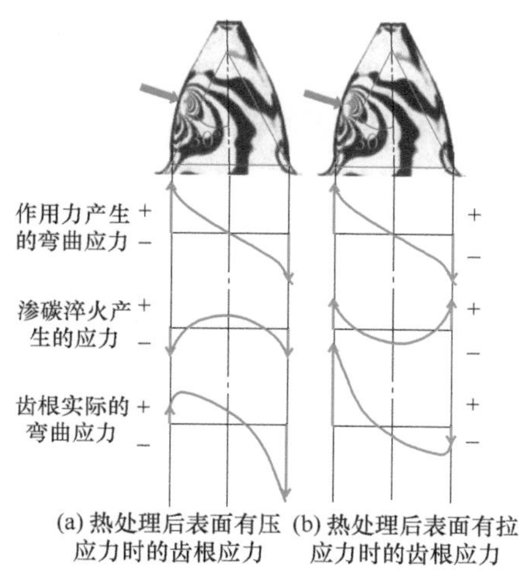

图 4-195　齿根残余应力对轮齿强度的影响

（2）取消热处理工艺中的冷处理影响齿轮轴的强度

在齿轮轴的热处理工艺流程中，最后有冷处理工艺环节，冷处理是用来提高硬度、耐磨性和尺寸稳定性的，不能取消（据了解，制造厂已经取消了冷处理环节）。其原因是：当含碳和合金元素较多时，马氏体转变终止点将降至0℃以下，为了使残留奥氏体转变为马氏体就需要有将工件置于低温介质或在一般制冷设备中冷却的工艺——冷处理。冷处理主要用于尺寸精度要求高的工件，齿轮轴正是属于这种工件。取消冷处理将使齿轮轴尺寸不稳定，在冷加工过程中就会出现不可避免的偏磨、过磨等缺陷，严重影响齿轮的强度，因此冷处理工艺操作最好不要取消。

（3）有限元法计算分析轮齿应力

采用Pro/ENGINEER软件，根据图纸尺寸及参数建立几何模型，选取在某一时刻参加啮合的几个轮齿进行网络划分，根据齿轮真实工况对有限元模型施加边界条件后，应用有限元软件计算齿轮在运转过程中的应力情况。

计算结果的应力云图如图4-196所示，得到啮合轮齿的应力值：齿轮接触应力最大值为680MPa；受压侧弯曲应力最大值为228MPa，受拉侧最大应力值为182MPa。

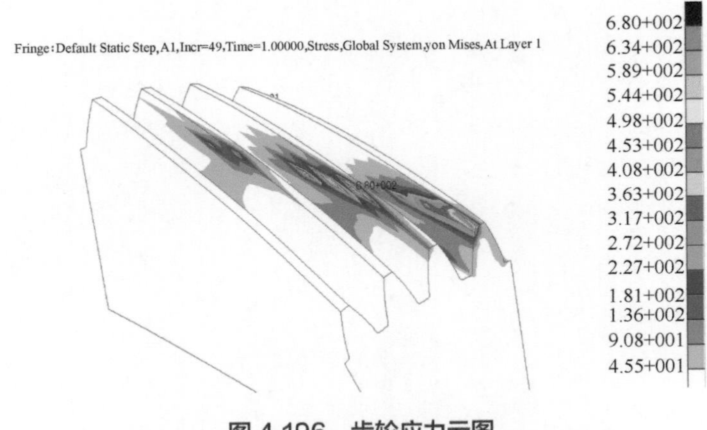

图4-196 齿轮应力云图

从齿轮的有限元计算来看，齿轮的接触应力和弯曲应力均在允许的范围内，因此不是齿轮失效的原因。从失效齿轮照片可推断，多个轮齿的断裂可能是由于高速冲击造成的。从分析结果可知，齿顶或轮齿端面边缘处易出现应力集中现象（图4-196），如果不进行齿顶修缘，则会引发较大的接触应力。

（4）数值分析

1）应力和安全系数计算　在Romax软件中建立的断齿件数字模型如图4-197所示，计算失效件齿轮的接触应力、弯曲应力和安全系数，结果见表4-21，各项指标均满足强度要求。

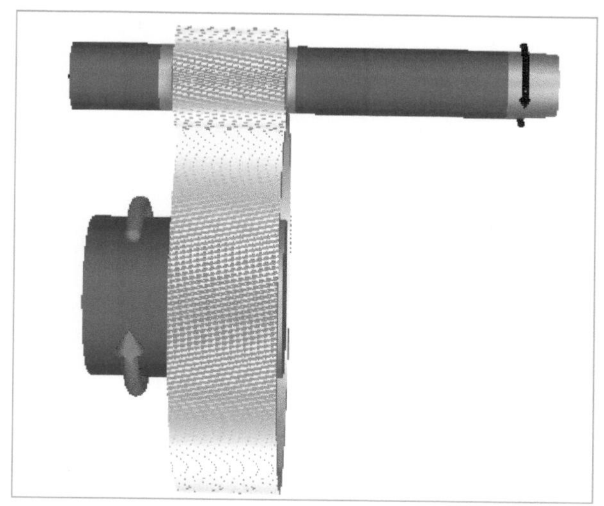

图 4-197 断齿件数字模型

表 4-21 应力和安全系数计算结果

项目	接触应力 /MPa		弯曲应力 /MPa		接触安全系数		弯曲安全系数	
	小齿轮	大齿轮	小齿轮	大齿轮	小齿轮	大齿轮	小齿轮	大齿轮
计算值	629.21	629.21	260.14	241.97	2.612	2.827	1.733	1.348
允许值	1560		450		1.0		1.2	
评价	安全	安全	安全	安全	安全	安全	安全	安全

2）振动模态分析　经过模态分析可得齿轮轴（断齿）激励频率，见表 4-22。

表 4-22 齿轮轴（断齿）激励频率

低速轴转速 /r · min^{-1}	2977.9	高速轴转速 /r · min^{-1}	12220
低速轴输入频率 /Hz	49.6	高速轴输出频率 /Hz	203.6
齿轮啮合频率 /Hz	11812.7		
叶轮频率 /Hz	1628.8		

固有频率与激励频率取值相近的点有两个，分别是 1549.72Hz 和 1874.86Hz。第 10、11 阶振型相同，都是高速轴左右摆动，带动齿轮左右摆动，加剧齿轮磨损，降低齿轮疲劳寿命。

（5）喘振、共振引发轮齿快速断裂

通过电镜微观观察，可以看到有多个齿的断口出现疲劳断裂的特征，但是轮齿疲劳断裂的源区、裂纹扩展区的贝纹线等一般的疲劳断口形貌不明显。这是齿轮的转速很高（约 12220r/min），断口上裂纹的扩展不容易休止的缘故。

如果压缩机连续运转中间不停歇，则轮齿弯曲应力循环次数 $N=1.4664\times10^{9}$，远超过应力循环基数 $N=3\times10^{6}$（在 ANSI/AGMA 2001-B88 中规定应力循环基数

$N=10^7$），在正常载荷下不应发生弯曲疲劳断裂（按无限寿命设计），因此只有在某时段发生过载（例如系统某次谐波与固有频率接近而发生高频共振或系统喘振等）才可能造成轮齿的这种快速断裂。

叶轮式压缩机是否在喘振工况点运行主要取决于管网的特性曲线。对于叶轮式制冷压缩机来说，如果在小流量区域工作，就可能发生喘振[53] 77-80。

在喘振工况下，齿轮轮齿就有可能发生断裂。因此，需要布置防喘振控制系统或调节装置，并在运行过程中监测运行情况。

4.5.6.8 结论和建议

（1）结论

经过以上多项检验和分析，可以得到以下结论。

① 失效件材料的化学成分符合标准规定。

② 齿轮轴材料的冶金质量良好，有不太明显的带状组织，齿轮坯料的锻造质量存疑。

③ 失效件的材料力学性能测试结果表明，材料的抗拉强度 R_m、规定非比例延伸强度 $R_{p0.2}$、断后伸长率 A 和冲击韧性 a_k 均符合技术要求的规定。

④ 齿顶、齿腰和齿根的硬度分布曲线测定结果表明，齿顶和齿根的硬度不符合技术条件要求，特别是齿根的硬度和有效硬化层深度不足，严重影响轮齿的弯曲强度。

⑤ 断口的宏观观察和微观观察结果表明，多个齿的断口形貌具有疲劳断裂的特征，轮齿属于疲劳断裂。

⑥ 齿根磨削最大的问题是偏磨。只要出现偏磨，齿根的硬化层厚度就得不到保证，齿根的残余压应力就会减少，甚至出现残余拉应力，影响轮齿的弯曲强度。

⑦ 轮齿金相组织检验结果表明，轮齿根部有渗碳不足现象；有不太明显的带状组织；轮齿工作面有极少量高碳马氏体组织，过渡至心部是回火马氏体组织；齿根部位表面也是回火马氏体组织，对轮齿的弯曲强度非常不利；非金属夹杂物不明显。

⑧ 取消冷处理将使齿轮轴尺寸不稳定，产生大的热处理变形，在冷加工过程中会出现偏磨、过磨缺陷，影响齿轮的强度。

⑨ 轮齿弯曲应力循环次数 $N=1.4664\times10^9$，远超过应力循环基数 $N=3\times10^6$，根据金属疲劳理论，在正常载荷下不应发生弯曲疲劳断裂（按无限寿命设计）。

⑩ 齿轮有限元分析和数值分析结果表明，各项强度指标均满足规定的技术要求，但齿面载荷有偏载现象。

⑪ 模态分析结果表明，齿轮传动系统可能存在高频共振，加剧齿轮磨损，降低齿轮疲劳寿命。

因此，齿轮轮齿的断裂很可能是压缩机系统在某些时段发生过载（例如共振、喘振等）造成的。

（2）建议

① 改进热处理工艺，要特别保证轮齿根部的硬度和有效硬化层深度。

② 齿根最好不磨削，以保证齿根有足够的残余压应力，提高轮齿的弯曲强度。

③ 不要取消齿轮轴热处理工艺中的冷处理操作，以提高齿根的硬度和尺寸稳定性。

④ 严格控制齿轮的制造和安装精度，建议进行齿轮修形，防止齿轮偏载运行。

⑤ 最好布置防喘振控制系统或调节装置（如果目前系统中还没有），并在运行过程中监测运行情况。

4.5.7 实例 7 高速线材厂预精轧机过桥齿轮断齿失效分析[1]

4.5.7.1 齿轮应用场合和失效概况

某高速线材厂线材预精轧机组示意图见图 4-198。

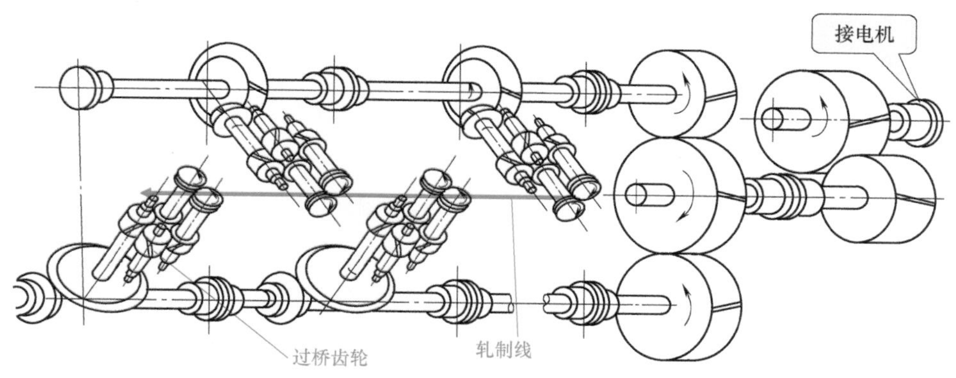

图 4-198　线材预精轧机组示意图

过桥齿轮传动如图 4-199 所示，驱动力齿轮 1 带动辊轴齿轮 3 和过桥齿轮 2，过桥齿轮 2 带动辊轴齿轮 4。为了适应轧制不同规格的钢材，辊轴齿轮 3 和 4 并不啮合。过桥齿轮转速 n=844r/min，转矩 T=6257N·m，采用油膜轴承支承。

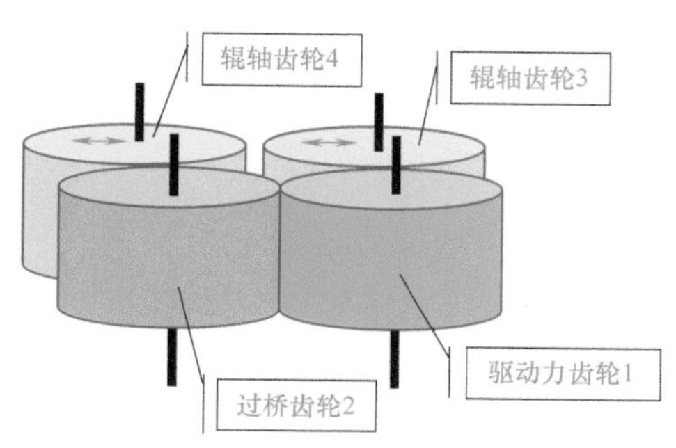

图 4-199　过桥齿轮传动

过桥齿轮在安装使用 15 天后，出现 3 个轮齿同一端局部断裂。

现场观察失效的齿轮（图 4-200）

[1] 本实例取材于某钢铁公司《高线厂预精轧机过桥齿轮断齿失效分析报告》，2001 年 12 月。

发现，同一端的 3 个轮齿，其断裂面自齿根部斜向齿顶发展，断裂长度约占全齿长的 1/10。与断裂齿相邻的轮齿带有裂纹。轮齿的断齿一端，齿面有明显的偏载磨损痕迹。仔细观察断口，未看到有疲劳断口的形貌。过桥齿轮轮齿的断裂具有典型的斜齿轮断齿的特征。

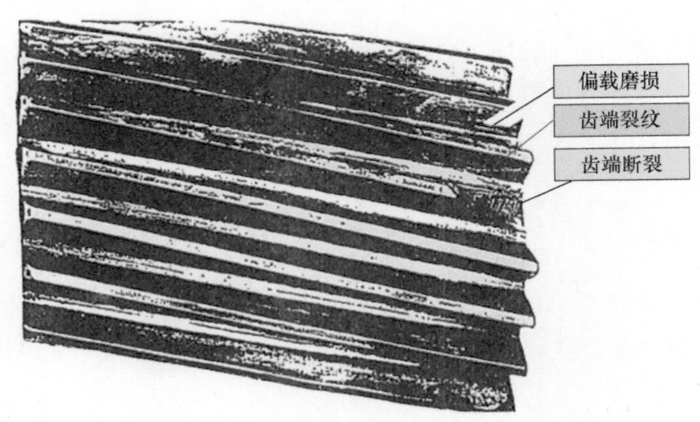

图 4-200 齿端断裂的失效齿轮

4.5.7.2 齿轮的参数与技术要求

（1）零件图与齿槽要求

过桥齿轮的零件图见图 4-201。其齿根齿槽采用 GB/T 1356—2001 标准基本齿条齿廓的 D 型齿廓，如图 4-202 所示。

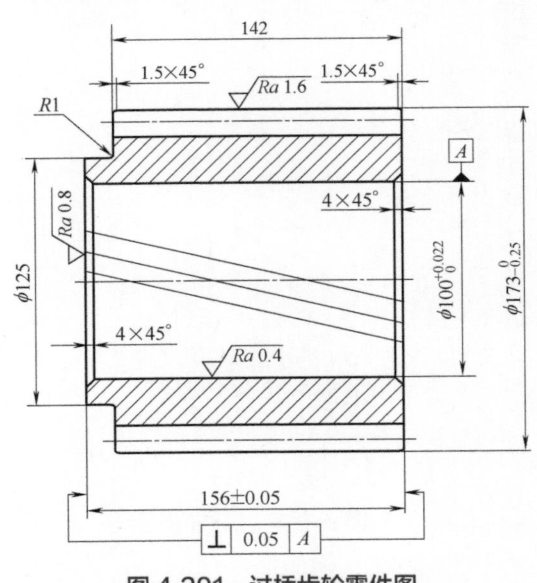

图 4-201 过桥齿轮零件图

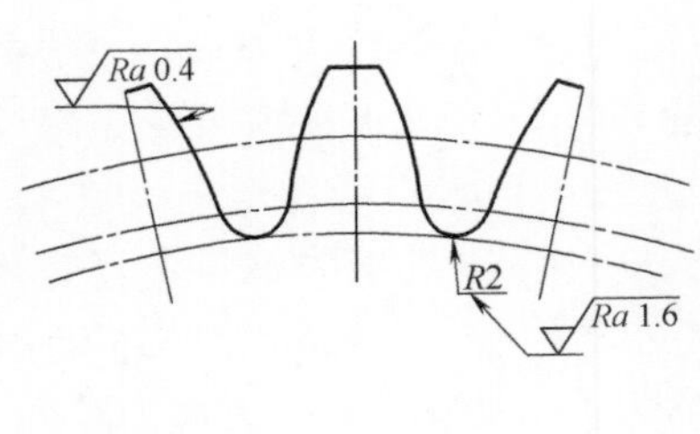

图 4-202 齿根齿槽采用 GB/T 1356—2001 的 D 型齿廓

（2）齿轮参数

法面模数　m_n=5mm；齿数 z=31；齿形角 α_n=20°；分度圆螺旋角 β=15°；

分度圆直径 d=160.468mm；法面变位系数 x_n=0.27；精度等级 5 级（GB/T 10095—2008）。

（3）技术要求

齿轮材料：20CrMnTiA；

热处理：渗碳淬火，渗碳层深度 0.8 ～ 1.2mm；

齿面硬度：58 ～ 62HRC；

心部硬度：＞ 33HRC。

4.5.7.3　齿轮硬度和有效硬化层深度测定

在失效齿轮上取样，检查轮齿齿顶、齿腰和齿根几个部位的维氏硬度，并转换为 HRC 值。测试的硬度值如图 4-203 所示。

为了看清轮齿不同部位硬度的变化并测定有效硬化层深度，绘制距齿面深度 - 硬度曲线，如图 4-204（齿顶部位）、图 4-205（齿腰）和图 4-206（齿根部位）所示。

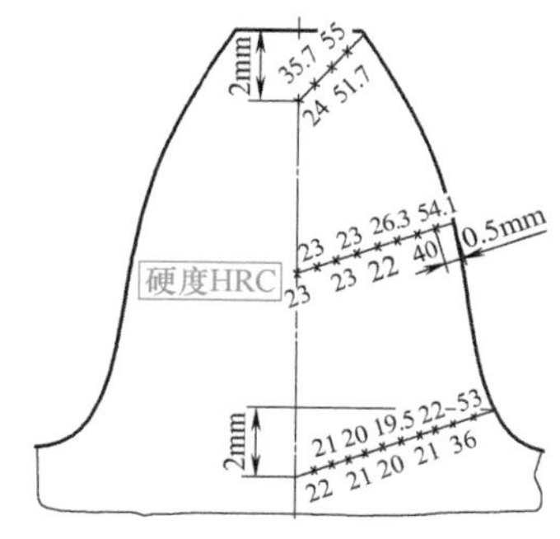

图 4-203　齿顶、齿腰和齿根部位的硬度

从图 4-204 齿顶的硬度变化曲线可见，有效渗层深度为 0.9mm，符合技术要求 0.8 ～ 1.2mm。但是，心部硬度仅为 251HV（24HRC），远没有达到技术要求＞ 33HRC。

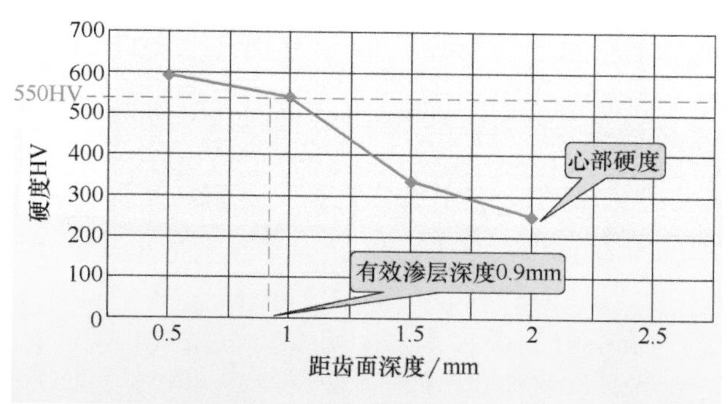

图 4-204　齿顶部位硬度变化曲线

从图 4-205 的齿腰硬度变化曲线可见，有效渗层深度仅为 0.6mm，完全不符合技术要求 0.8 ～ 1.2mm。心部硬度也仅为 234HV（22HRC），远没有达到技术要求＞ 33HRC。

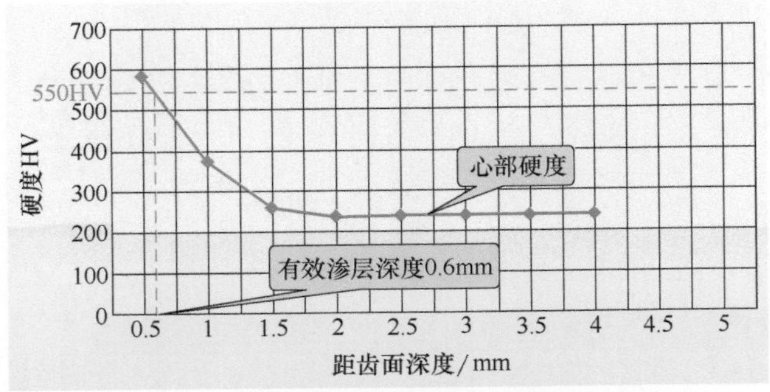

图 4-205 齿腰部位硬度变化曲线

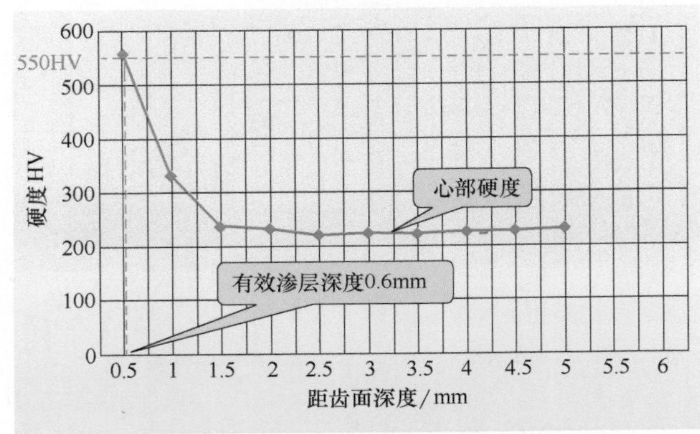

图 4-206 齿根部位硬度变化曲线

从图 4-206 齿根的硬度变化曲线可见，有效渗层深度仅为 0.55mm，完全不符合技术要求 0.8 ～ 1.2mm。心部硬度也仅为 241HV（23HRC），远没有达到技术要求＞ 33HRC。

硬度测量的结论和讨论：

① 轮齿心部硬度只有 22 ～ 24HRC，远低于图纸规定的数值（＞ 33HRC），这对轮齿的弯曲强度极为不利。

② 齿顶有效渗层深度为 0.9mm，达到了技术规定值，但是齿腰和齿根的有效渗层深度仅为 0.55 ～ 0.6mm，离技术规定值 0.8 ～ 1.2mm 甚远。对轮齿弯曲疲劳强度影响很大。

对于渗碳淬火齿轮，心部硬度的提高可以提高疲劳强度，但当心部硬度超过一定值（350 ～ 400HV）后，齿面残余压应力的降低会引起轮齿的疲劳强度降低，因此过高的心部硬度也是不可取的。

4.5.7.4 轮齿金相组织检验

在轮齿金相试样上，选择不同位置（a、b、c、d）检验材料金相组织，选定的位置见图 4-207。

a、b、c、d 区的金相组织见图 4-208。图 4-208（c）可见金相组织不均匀，图 4-208（d）可见大块的铁素体。齿根心部出现大块的铁素体是不被允许的，这是轮齿心部硬度很低的原因。

讨论：轮齿的心部组织与材料的淬透性和齿轮模数大小有关，可能是板条状马氏体、贝氏体和铁素体的混合组织。对齿轮的力学性能特别是弯曲疲劳性能来说，一般板条状低碳马氏体组织为好，其硬度为 33 ～ 48HRC。心部不允许有块状铁素体。

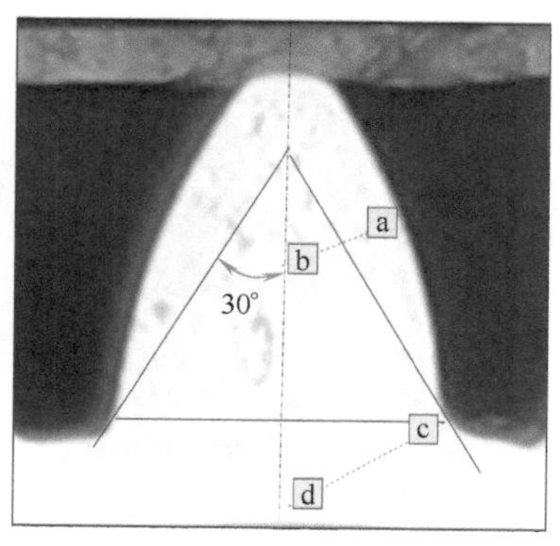

图 4-207　轮齿金相组织检验的不同位置

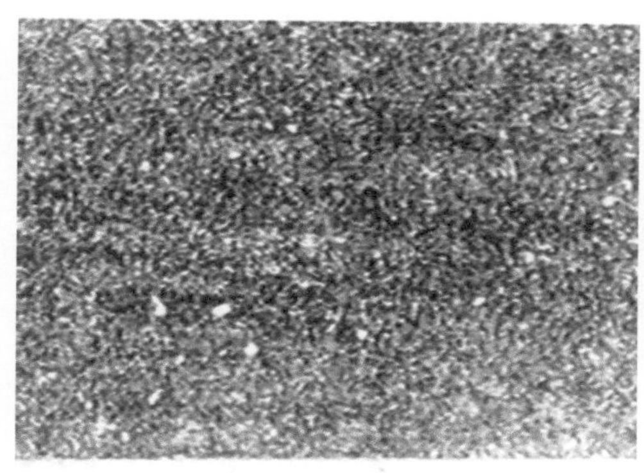

(a) a区(齿腰部近齿面) 500×
细小马氏体+残余奥氏体
+粒状碳化物

(b) b区(齿腰心部) 500×
马氏体+贝氏体+少量铁素体

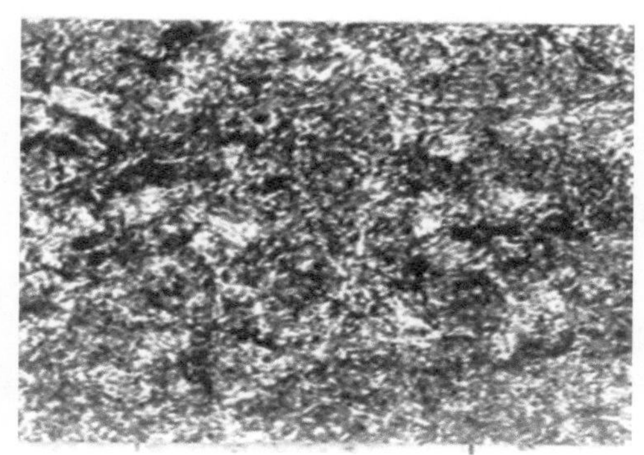

(c) c区(齿根近齿面) 500×
马氏体+残余奥氏体

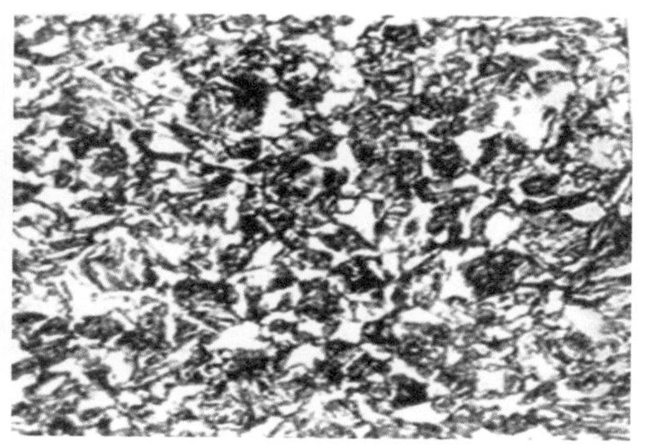

(d) d区(齿根心部) 500×
马氏体+大块铁素体
+少量魏氏组织

图 4-208　a、b、c、d 区的金相组织

4.5.7.5 轮齿根部形状和加工方法检查

轮齿根部形状对轮齿的弯曲疲劳强度影响很大，因为涉及齿根的应力集中和热处理后的残余压应力问题。设计图纸规定的轮齿根部形状如图 4-209 所示，r=2mm，要求齿根采用 GB/T 1356 —2001 标准基本齿条齿廓的 D 型齿廓。

D 型基本齿条齿廓的齿根圆角为单圆弧。当保持最大齿根圆角半径时，增大的齿根高（h_{fp}=1.4m，齿根圆角半径 ρ_{fp}=0.39m）使精加工刀具能在没有干涉的情况下工作。这种齿廓推荐用于高精度、传递大转矩的齿轮。齿廓精加工用磨齿或剃齿，并要小心避免齿根圆角处产生凹痕，凹痕会导致应力集中。

这种齿廓有以下优点：

① 规定只磨削齿面不磨齿根，就能够提高磨削砂轮的寿命；

② 不磨齿根就能保持热处理产生的残余压应力；

③ 避免或减少偏磨对齿根强度的影响。

失效齿轮的齿根形状如图 4-210 所示。经检查发现：

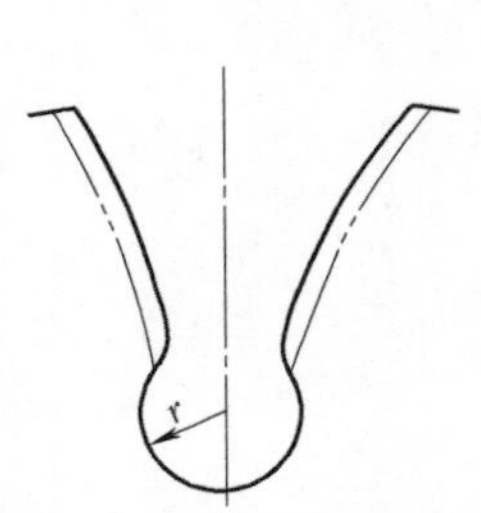

图 4-209 设计图纸规定的轮齿根部形状

图 4-210 失效齿轮的齿根形状

① 未采用 GB/T 1356—2001 标准基本齿条齿廓的 D 型齿廓，而是常用的 A 型齿廓，A 型齿廓的齿根应力集中比 D 型齿廓大很多。

② 技术要求齿根部不磨削，但实际齿轮的齿根部是经过磨削的，这就带来前面讨论过的有降低轮齿弯曲疲劳强度的风险。

4.5.7.6 分析结论

根据以上的观察和分析，可以得到以下的结论：

① 轮齿心部硬度（22 ～ 24HRC）远低于规定的硬度值（＞ 33HRC）。

② 轮齿腰部有效渗层深度仅为 0.6mm，根部有效渗层深度仅为 0.51mm，均不符合技术要求的 0.8 ～ 1.2mm。

③ 轮齿心部金相组织存在大量块状铁素体，不符合技术要求。

④ 齿根底槽形状（A 型齿廓）和加工工艺（磨削齿根底槽）不符合设计图纸要求。

⑤ 轮齿偏齿宽一端断裂，说明齿轮有较大的偏载。

⑥ 断口无明显疲劳特征，属于大应力破坏，不排除过载轧钢的可能性。

4.5.7.7　改进措施

根据以上的分析结论，提出以下的改进措施。

① 改进齿轮热处理工艺，改善齿轮心部的金相组织，提高心部的硬度。

② 按照设计图纸规定的轮齿根部形状，采用 GB/T 1356—2001 标准基本齿条齿廓的 D 型齿廓来加工齿轮，减少齿根的应力集中。

③ 不磨削齿根的齿槽，保留齿根的残余压应力，避免偏磨。

④ 提高齿轮的加工精度，避免或减少齿轮的偏载。实践经验证明，齿轮偏载是硬齿面齿轮的“杀手”。

4.5.8　实例 8　弧齿锥齿轮热处理裂纹成因分析和改进措施[1]

4.5.8.1　齿轮故障概述

减速机用的三对弧齿锥齿轮，按技术要求进行了热处理。将热处理完毕的齿轮转送加工部门粗加工时发现大小锥齿轮都有大量裂纹。

弧齿锥齿轮为锻棒件，所用材料为 18CrNiMo7-6 钢，热处理工艺为 925℃渗碳 15h + 扩散 5.5h + 820℃淬火 + 180℃回火 8h。

4.5.8.2　裂纹的宏观形貌

从外形上观察三对锥齿轮裂纹的形貌，其形貌可分为 4 种：第一种为齿根处的小裂纹，见图 4-211；第二种为齿根处向外延伸的大裂纹，见图 4-212；第三种为从齿根处向外延伸的网状裂纹，见图 4-213；第四种为从螺纹孔处向外延伸的裂纹，见图 4-214。四种裂纹都起源于应力集中最大的部位，如齿根圆角处或螺纹孔处，属于热处理应力集中内应力过大裂纹。在图 4-213 中，还可以根据判断裂纹出现先后的丁字形准则区分主裂纹和次裂纹，主裂纹是先裂的，次裂纹是后裂的。

图 4-211　沿齿根处的小裂纹

图 4-212　齿根处向外延伸的大裂纹

[1] 本实例取材于某公司《弧齿锥齿轮热处理裂纹成因分析和改进措施》，2015 年 12 月。

图 4-213　从齿根处向外延伸的网状裂纹

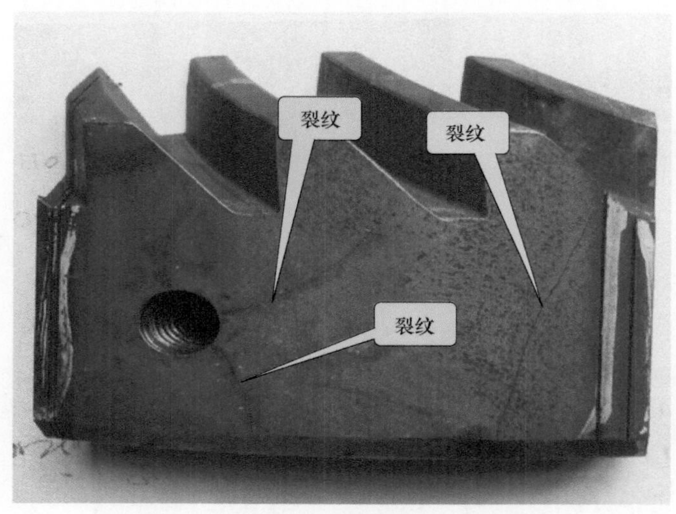

图 4-214　从螺纹孔处向外延伸的裂纹

4.5.8.3　热处理工艺调查

齿轮经过热处理出现裂纹，可以肯定这是热处理裂纹，裂纹与热处理工艺有关。热处理现场调查结果证实的确如此，热处理工艺过程出现了问题。

在热处理工艺进入强渗阶段时，操作人员发现炉内碳势达不到工艺要求的数值。相关技术人员到现场检查，检查结果是氧碳头出现了问题，决定降温，出炉缓冷工件。从发现问题到落实解决问题持续了大约 3h。更换氧碳头后，操作人员再次将工件按热处理工艺规程进行加工处理。将热处理完毕的齿轮转送加工部门粗加工时发现了裂纹。

4.5.8.4 裂纹的微观观察

从主裂纹上截取试样，制样后在显微镜下观察裂纹，发现沿齿根处的裂纹深度约为0.94mm，见图 4-215。裂纹及工件表面有氧化现象，见图 4-216。裂纹处的氧化层深度 25.27μm，见图 4-216（a）。比工件表面的氧化深度 31.65μm 略浅，见图 4-216（b）。

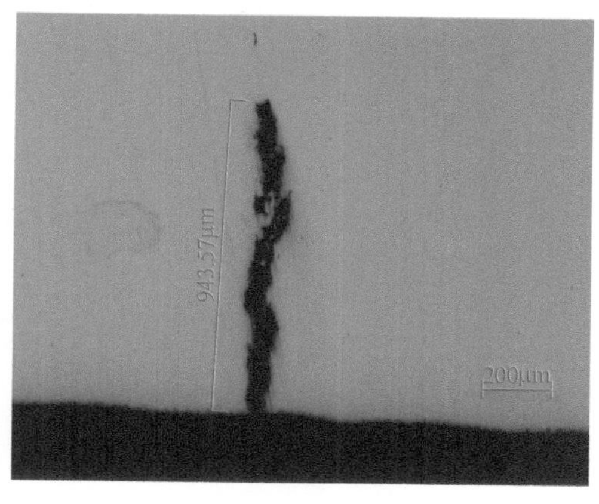

图 4-215 齿根处的裂纹

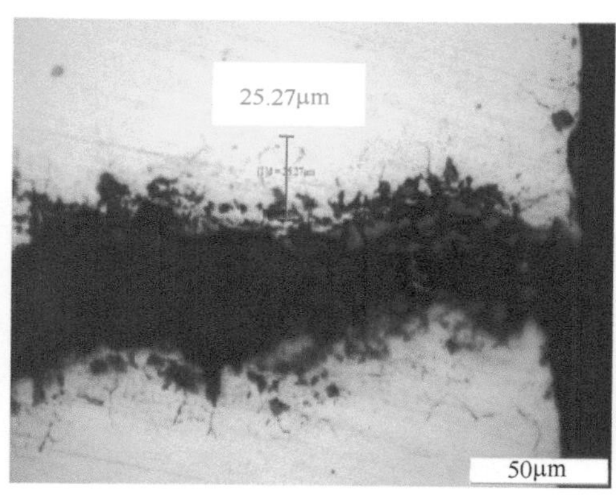

(a)

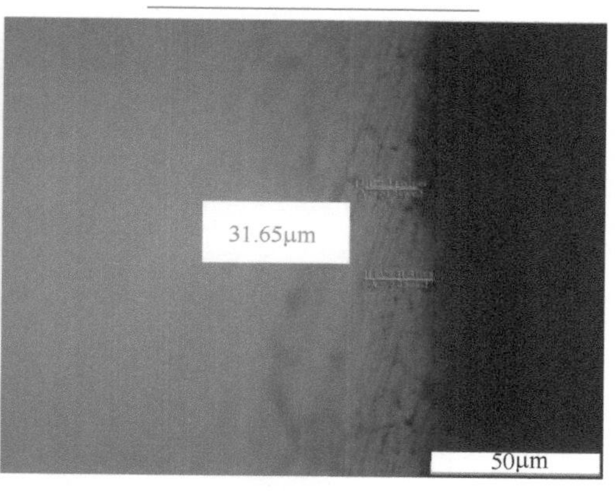

(b)

图 4-216 裂纹及工件表面的氧化层深度

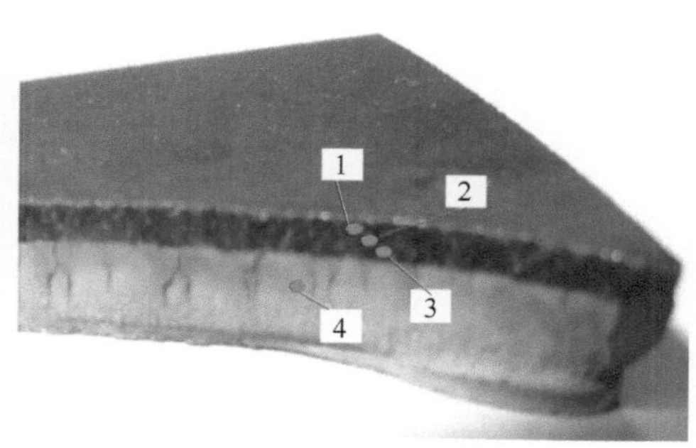

图 4-217 人为打开后裂纹的形貌

将裂纹断口人为打开，如图 4-217 所示。打开裂纹的方法见有关文献[26] 9-14。

裂纹断口有污染物，经过清理后，电镜观察其断口形貌，观察点 1、2、3、4 的部位如 4-217 所示。观察点 1 ～ 3 位于热处理裂纹区（深色区），相应的断口形貌如图 4-218 ～图 4-220 所示；观察点 4 位于基体区（浅色区），相应的断口形貌如图 4-221 所示。

从图 4-218 ～图 4-220 可见，裂纹断口的氧化物清理后呈现一种疏松（豆腐渣形）的断口形貌，这是氧化腐蚀的结果，与疲劳断口和瞬断断口有明显的不同。

图 4-218　观察点 1 的断口形貌　1000×

图 4-219　观察点 2 的断口形貌　1000×

图 4-220　观察点 3 的断口形貌　1000×

图 4-221　观察点 4 的断口形貌　1000×

4.5.8.5　金相检查

渗碳层金相组织的马氏体级别、碳化物级别、残余奥氏体级别都合格，见图 4-222。

图 4-222　渗碳层金相组织

4.5.8.6　有效硬化层深度检查

检查发现，齿轮的有效硬化层深度出现异常。热处理工艺要求 1.8mm（1.7 ～ 2.1mm），检验实物齿轮有效硬化层深度为 2.8mm，如图 4-223 所示。

换上新的氧碳头后，整个热处理过程是按 1.8mm 热处理工艺加工的。实际检验结果显示有效硬化层深度高出技术要求很多，说明第一次渗碳时，到达碳势后，炉内大约有 3h 因氧碳头有问题而未显示出真值，但炉内实际碳势很高。齿轮一直在无氧碳头控制的情况下渗

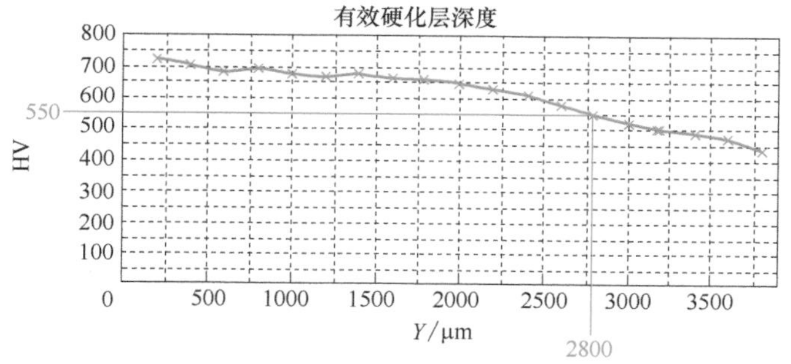

图 4-223　显微硬度测试结果

碳 3h，再加上降温保温时间，齿轮至少渗了 1.7mm 渗层深度。

4.5.8.7 分析与讨论

（1）齿轮开裂性质分析

从裂纹的形态上看，裂纹起源于应力集中处。无论齿根还是螺纹孔都是零件应力最集中的地方，属于热处理内应力集中裂纹。

（2）裂纹开裂原因分析

① 沿齿根延伸的大、小裂纹都有氧化现象，而且氧化深度比工件表面氧化深度略浅，说明裂纹是第二次渗碳前产生的，不是淬火裂纹，也不是第一次加热渗碳、缓冷时产生的。

② 第一次发现氧碳头有问题时，工件在强渗阶段是无氧碳头控制的高温高碳势渗碳 3h，而 18CrNiMo7-6 是低碳高合金材质，这种情况下渗层必然会产生粗大的马氏体组织及很高的残余奥氏体组织，对工件表面形成一定的拉应力。

③ 换上新的氧碳头后，工件被重新热处理，在加热过程中，工件表面是粗大的马氏体组织及很高的残余奥氏体组织，在热应力和组织应力作用下，工件在应力集中处开裂。

4.5.8.8 锥齿轮返工后的情况

用原来的材料重新下料，加工大小锥齿轮。周转到热处理后，按 1.8mm 渗层的热处理工艺加工：渗碳→缓冷→淬火→清洗→回火→喷丸，检验 3 对锥齿轮，均未发现异常。检验金相组织合格，有效硬化层深度合格，为 1.713mm。充分证明锥齿轮的裂纹是热处理工艺缺陷产生的残余应力过大所致，原材料没问题。

4.5.8.9 结论及建议

① 三对弧齿锥齿轮的裂纹是热处理工艺不正常、热处理残余应力过大所致。热处理工艺正常后就能避免类似事故发生。

② 建议今后氧碳头出现问题时，先检验随炉试样的渗层深度及渗层组织，再重新制定热处理工艺进行返工。

4.5.9 实例 9 矿用减速机低速级齿轮轮齿断裂失效分析[1]

4.5.9.1 减速机的基本情况和信息

某煤矿选煤厂带式运输机上使用的某型号减速机自投入使用以来发生多次轮齿断裂。所有断裂处都在二级减速的低速级，以大齿轮轮齿断裂最为严重。

现以此减速机为案例，分析齿轮轮齿断裂的原因，提出防止齿轮失效的改进措施。

减速机参数如下：

[1] 本实例取材于某公司的《减速机轮齿断裂的失效分析报告》，2013 年 10 月。

电动机功率 560kW，转速 1500r/min；二级传动的总传动比 20；目标寿命 50000h。

减速机的形貌如图 4-224 所示。轮齿的断裂发生在低速级大齿轮上，一处断 4 个齿。4 个断齿都靠近齿宽的一侧。

图 4-224　减速机外形

减速机低速级装配图如图 4-225 所示。

低速级大小齿轮参数如下：

齿数 z_1=18，z_2=68；法面模数 m_n=10mm；分度圆螺旋角 β=10°；变位系数 x_1=0.5762，x_2=0.3156；中心距 a=445mm；齿宽 b=192mm。低速级小齿轮转速 n_1=293r/min，传递功率 P_1=549kW。

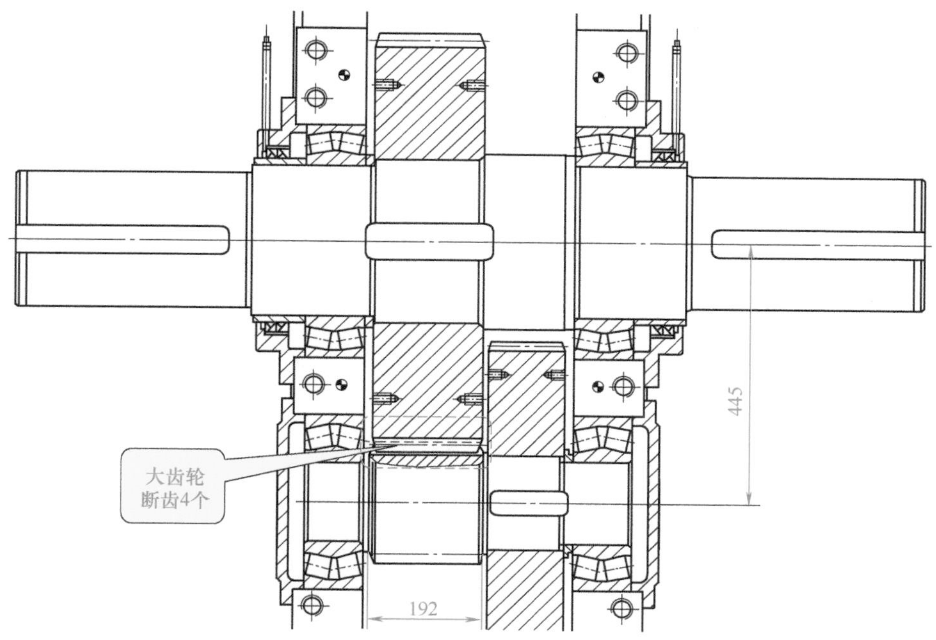

图 4-225　减速机低速级装配图

齿轮零件图上的技术要求：材料 17CrNiMo6，渗碳淬火处理；质量等级 MQ；有效渗碳层深度 2.0 ～ 2.3mm；齿面硬度 59 ～ 62HRC。

4.5.9.2　轮齿断裂断口的宏观观察和分析

通过断口的宏观观察和分析可以直接确定断裂的宏观表现及性质，确定断裂源区的位置、数量和裂纹扩展方向。

以下是对减速机小齿轮和大齿轮轮齿损伤和断裂的宏观观察与分析。

(1) 断齿失效的大齿轮

大齿轮轮齿断裂断口的宏观形貌如图 4-226 所示。

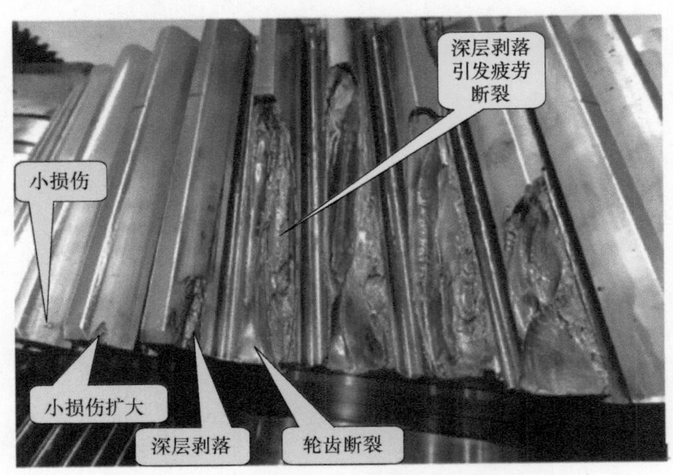

图 4-226　大齿轮轮齿断裂断口的宏观形貌

从图 4-226 可看到断裂的发生过程（示意）：小损伤→小损伤扩大（表层压碎后剥落）→大损伤（表层压碎后深层剥落）→轮齿在深层剥落处断裂。由此可见，轮齿的断裂是齿面发生表层压碎后深层剥落造成的（图 4-227）。齿面的深层剥落使轮齿齿面的剥落处产生很大的应力集中，从而引发轮齿从齿面斜向齿根的断裂，这是一种典型的随机断裂（图 4-228）。之所以称为随机断裂是因为断裂的起源处不在齿根上，而是在发生随机损伤的齿面上。图 4-228 示出了一般正常断裂和随机断裂不同之处：正常的疲劳断裂疲劳源区位于 30°线切点附近；随机断裂疲劳源区位于齿面的严重损伤处。

图 4-227　齿面表层压碎后的深层剥落引发的随机断裂

轮齿的随机断裂是由表层压碎后深层剥落引发的，而深层剥落是由轮齿严重偏载引起的。从图 4-229 的啮合压痕可以看出偏载的严重程度：实际工作齿宽仅占工作齿宽的 2/3。轮齿的剥落和断裂失效是必然的。

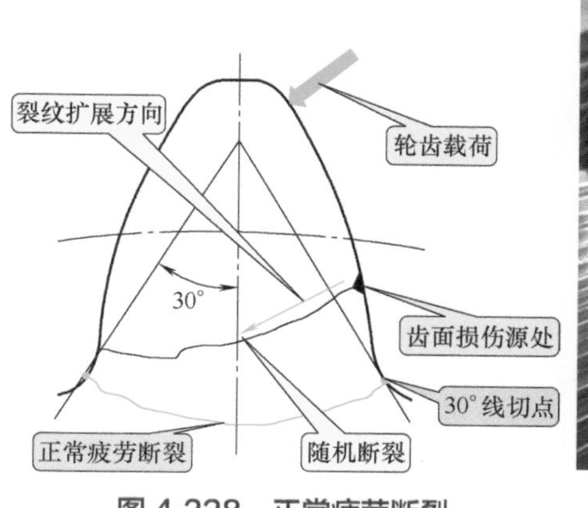

图 4-228　正常疲劳断裂和随机断裂的不同

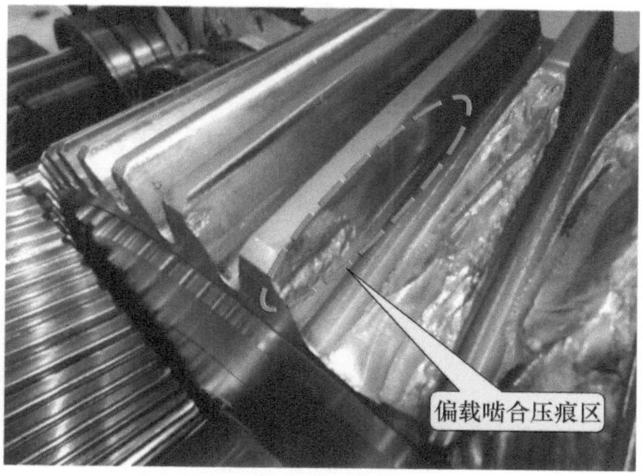

偏载啮合压痕区

图 4-229　啮合压痕和断裂

在 GB/T 3481—1997《齿轮轮齿磨损和损伤术语》中，对齿轮的表层压碎有明确的定义："由于裂纹通常在表层与心部的过渡区延伸，致使大块表层材料碎片逐渐脱落，这是一种严重的剥落形式。"

图 4-230 就是由表层压碎后深层剥落引起的随机断裂，图中标注出引发随机断裂的深层剥落区，其他部位为断裂扩展区和瞬断区。很明显，深层剥落也减少了轮齿抗弯曲的截面。

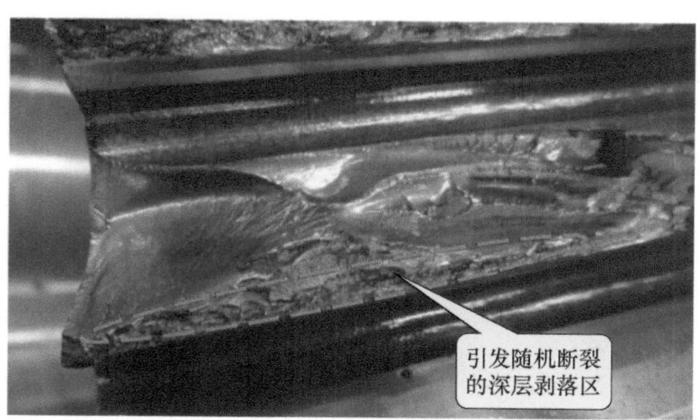

图 4-230　断裂源（深层剥落）区

图 4-231 是其他两个断齿，断口的形貌基本与上述相同。

（2）未完全失效的小齿轮

同上述大齿轮啮合的小齿轮没有发生轮齿断裂，只是齿根部位有一点小损伤，如图 4-232、图 4-233 所示。这是由啮入冲击和齿顶干涉造成的，同时也能看到齿轮严重偏载。

图 4-231 其他两个断齿

图 4-232 小齿轮齿根部位的小面积剥落

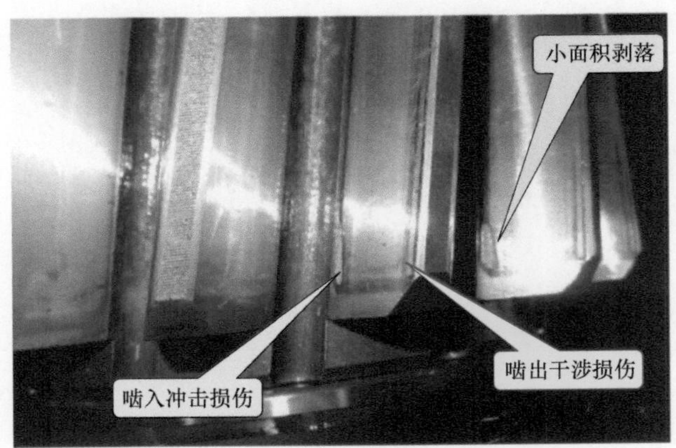

图 4-233 小齿轮齿面的损伤

相同材料和热处理的一对大小齿轮啮合通常是小齿轮容易发生轮齿断裂，但是上述齿轮副中却相反。其原因是大齿轮的硬度偏低。进一步的硬度测定可以证实这一点。

（3）断口宏观观察与分析的结论

① 轮齿的断裂是由齿面表层压碎后深层剥落引发的随机断裂。

②发生随机断裂的主要原因是齿轮偏载，偏载使齿面的接触应力倍增而压碎齿面。

③ 大齿轮失效而小齿轮没有失效的原因是大齿轮硬度偏低，进一步的硬度测定可以证实这一点。

④ 小齿轮齿面有一点小损伤，这是由啮入冲击和齿顶干涉造成的，同时也看到齿轮严重偏载。

⑤ 偏载是硬齿面齿轮的致命杀手，应采取各种措施减少齿轮的偏载，虽然难度很大。

4.5.9.3　大齿轮磨削裂纹、磨削烧伤检测

（1）磨削裂纹检测

检测设备：微型磁粉探伤仪，CJ4-220E 和 UVL-3000 手持黑光灯，如图 4-234 所示。

(a)

(b)

图 4-234　大齿轮磨削裂纹检测

检测结果：没有发现裂纹。

（2）磨削烧伤检测（如图 4-235）

结论：齿面呈灰色，未发现磨削烧伤痕迹。

图 4-235　大齿轮磨削烧伤检测

4.5.9.4　齿轮材料化学成分分析检验

断齿件材料化学成分能谱分析结果（主要元素成分）见表 4-23。

分析结果：Mn 的化学成分稍有超标。

4.5.9.5　齿轮材料力学性能检验

（1）截取试样

齿轮材料的拉伸和冲击试样取自大

齿轮，取样位置如图 4-236 所示。

表 4-23　断齿件材料化学成分能谱分析结果　%

化学元素	C	Si	Mn	Cr	Mo	Ni
17CrNiMo6 标准值	0.14 ～ 0.19	0.15 ～ 0.40	0.40 ～ 0.60	1.50 ～ 1.80	0.25 ～ 0.35	1.40 ～ 1.70
试样实测值		0.28	0.65	1.56	0.28	1.49

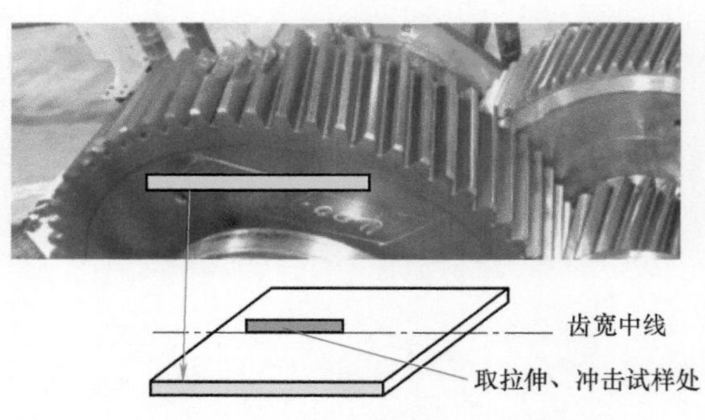

图 4-236　拉伸、冲击试样取样处

（2）拉伸试验

拉伸试样按有关标准制作，拉伸试验结果列于表 4-24。表中列出了拉伸试验的平均值和标准值，可见抗拉强度和屈服强度均比标准值小。

表 4-24　拉伸试验结果

试样标识	试样厚度 a/mm	试样宽度 b/mm	最大力 F_m/kN	抗拉强度 R_m/MPa	屈服强度 R_p/MPa	断后伸长率 A/%
第 1 根	3	11.1	31.92	958.47	698.03	14.29
第 2 根	3	11.1	32.81	985.38	714.15	14.29
第 3 根	3	11.1	31.87	957.10	732.53	14.29
平均值	3	11.1	32.20	957.98	714.90	14.29
标准值				≥ 1150	≥ 850	≥ 8

（3）冲击试验

冲击试样按有关标准制作，冲击试验结果见表 4-25。

表 4-25　冲击试验结果

试样	冲击功 A_{KV}/J
第 1 根	47.75
第 2 根	41.76
第 3 根	47.94
平均值	47.82
标准值	70.00

表中的数据表明：试样的冲击功小于标准值，并且差距较大。

力学性能检验结果表明：齿轮材料的力学性能未达到标准的要求。

4.5.9.6　齿轮齿面硬度测定

在大齿轮断齿齿面上测量硬度（图 4-230），其硬度值（HRC）为：

53.6，51.9，52.1，52.4，52.3，50.7，53.4，51.6，52.3，52.9，50.8，52.9

硬度平均值为 52.24HRC。很明显齿面硬度偏低，远低于技术要求的硬度 59 ～ 62HRC。

在小齿轮齿面上测量硬度，其硬度值（HRC）为：

57.4，57.5，57.2

平均值为 57.37HRC。齿面硬度偏低一点，但高于大齿轮的硬度。

齿面硬度测定结果表明：大齿轮齿面硬度平均值为 52.24HRC，低于 58HRC 较多。小齿轮齿面硬度平均值为 57.37HRC，偏低一点，但高于大齿轮的硬度。大齿轮齿面硬度太低是齿面表层压碎的重要原因之一。

4.5.9.7　齿轮安全系数计算

齿轮轮齿断裂发生在减速机低速级上，因此只计算低速级大小齿轮的安全系数。

取服务系数 F_S=2.00，应用齿轮计算软件计算大小齿轮的安全系数，计算结果见表 4-26。

表 4-26　失效的低速级齿轮安全系数计算结果

齿轮	接触疲劳安全系数 S_H	弯曲疲劳安全系数 S_F
小齿轮	1.12	1.45
大齿轮	1.13	1.36

注：容许的弯曲最小安全系数 S_{Fmin}=1.25；容许的接触最小安全系数 S_{Hmin}=1.00 ～ 1.10。

分析与讨论：

① 从齿轮设计上看，大小齿轮的接触疲劳安全系数 S_H 和弯曲疲劳安全系数 S_F 都比较合适，齿轮接触强度和弯曲强度是安全的。因此正常情况下，齿轮是不可能疲劳断裂的。轮齿的断裂一定有其他原因。

② 计算中，设定齿轮的精度为 6 级（ISO 1328-1-1995），因此接触和弯曲的齿向载荷分布系数 $K_{H\beta}$ 和 $K_{F\beta}$ 都不算太大，但是对减速机失效齿轮宏观观察可发现，实际齿轮的偏载十分严重（见断口宏观观察部分），齿面接触应力过大，导致齿面发生表层压碎。

③ 齿面的表层压碎发展为深层剥落就会在齿面引起很大的应力集中，从而引发轮齿的随机断裂。

④ 齿轮严重偏载引发轮齿的随机断裂是减速机低速级齿轮的致命伤。

4.5.9.8　失效分析结论

根据以上轮齿断裂断口宏观观察、检验和计算的结果，可以得到以下结论：

① 断裂齿轮材料的化学成分中，Mn 含量稍高。

② 材料的拉伸和冲击性能偏低，影响轮齿的强度。

③ 大齿轮的齿面硬度偏低 5 ～ 6HRC，严重影响齿轮的接触强度，是齿面失效的主要原因之一。

④ 对轮齿断裂断口宏观观察可发现，齿轮的偏载十分严重，齿面接触应力过大，导致齿面发生表层压碎。

⑤ 齿面表层压碎后快速发展成深层剥落，齿面因剥落裂纹产生严重的应力集中，最后轮齿在表层压碎处断裂，也就是随机断裂。

⑥ 大齿轮的齿面硬度和力学性能偏低，加上减速机制造精度达不到要求，齿轮严重偏载引发轮齿随机断裂，这是减速机低速级齿轮轮齿断裂的真正原因。

4.5.9.9 改进措施的建议

① 严格检查齿轮的齿面硬度，每一个齿轮都用齿面硬度计检查，齿面硬度达不到图纸要求的齿轮不能投入使用。

②严格按 GB/T 3480.5—2008《直齿轮和斜齿轮承载能力计算 第 5 部分：材料的强度和质量》中的 MQ 级控制齿轮的材料和热处理的质量，要同齿轮制造厂（供应商）取得共识。

③ 齿轮偏载对硬齿面齿轮来说是致命的，因此减少或避免齿轮偏载必须引起减速机制造者重视，这也是减速机制造技术的难题之一。

④ 改进减速机齿轮装配时检验齿轮接触斑点的方法，控制涂抹油膜的厚度（见 GB/Z 18620.4—2008《圆柱齿轮 检验实施规范 第 4 部分：表面结构和轮齿接 触斑点的检验》)，接触斑点检验不合格的齿轮不能投入使用。

4.5.10 实例 10 电梯用蜗杆减速机蜗轮磨损失效分析[❶]

4.5.10.1 蜗轮磨损失效概述

应用于自动扶梯主机上的某款蜗杆减速机，其蜗轮在短时间内（1 ～ 6 个月）频繁出现过度磨损。该减速机应用于自动扶梯主机，功率 7.5kW 或 9kW，输入转速 1500r/min，属一级蜗杆蜗轮传动。蜗轮材料为铸造铜合金，蜗杆材料为 16CrMn 钢，润滑油为卡松合成油。

委托方送检的是发生重度磨损（蜗轮轮齿全部磨损缺失）的减速机。该减速机蜗杆是圆弧圆柱蜗杆（尼曼蜗杆、CAVEX 蜗杆）[54] 237-244。这种蜗杆传动最早（1932 年）由 H.E.Merrite 等提出，而磨削的圆弧圆柱蜗杆，历史最久的是德国 CAVEX 圆柱蜗杆。电梯减速传动就是采用这种 CAVEX 蜗杆减速机。

❶ 本实例取材于某公司《电梯蜗轮过度磨损失效分析报告》，2015 年 3 月。

CAVEX 圆柱蜗杆用轴截面为圆弧的盘形铣刀或砂轮包络而成，蜗杆轴截面为凹形齿廓，如图 4-237 所示。

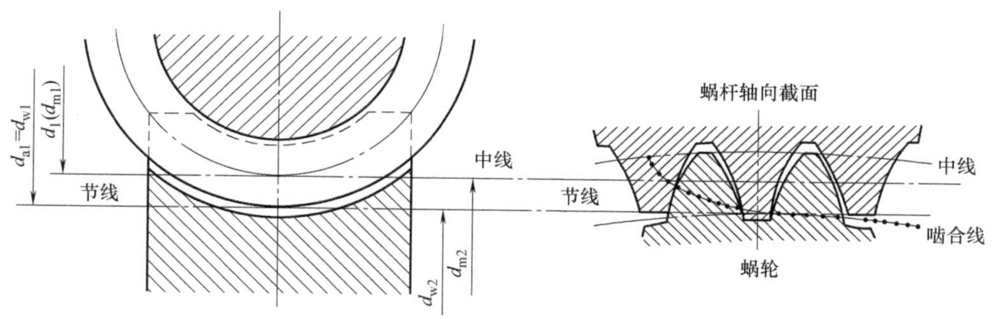

图 4-237　CAVEX 圆柱蜗杆蜗轮轴截面图

为了查明蜗轮过度磨损的原因，做了以下失效分析工作：对蜗轮、蜗杆的损伤形貌进行了观察；对蜗杆的接触痕迹、粗糙度进行了检查与测量；对蜗轮、蜗杆的材质进行了分析；对齿轮箱中的润滑油及四种未使用润滑油进行了检测；进行了蜗轮试样在新油中的腐蚀试验；对四种新油的油膜承载能力进行了测定；进行了蜗杆蜗轮材料磨损试验。在以上工作的基础上，确定了蜗轮异常磨损的失效模式，对蜗轮异常磨损的原因进行了分析，并提出了相应的改进措施。

4.5.10.2　损伤形貌观察

蜗杆箱外观见图 4-238。将蜗杆箱分解，蜗杆箱的输入端（与电机相连）及输出端（与链轮连接）均未见明显损伤。收集蜗杆箱中的润滑油发现，润滑油均已变成浑浊的深褐色，见图 4-239。

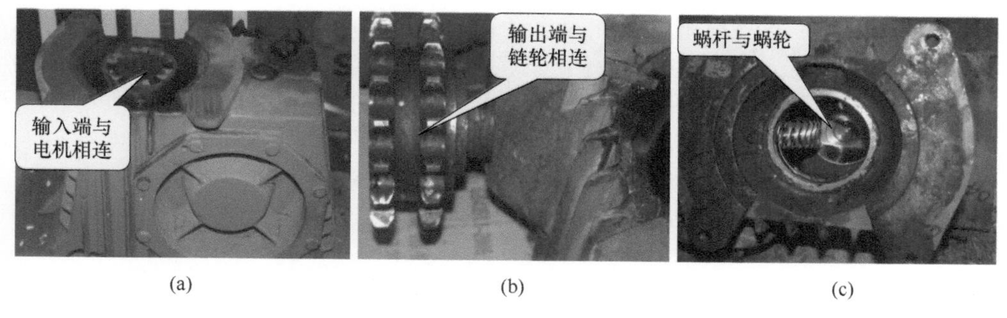

(a)　(b)　(c)

图 4-238　蜗杆箱外观

蜗杆、蜗轮的装配关系见图 4-240。下面对各蜗杆箱的蜗轮、蜗杆损伤特征进行宏观观察。

图 4-239　蜗轮磨损后蜗杆箱中润滑油的颜色

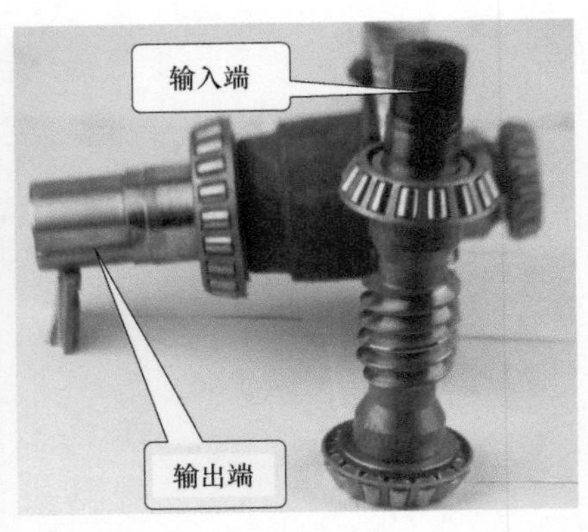

图 4-240　蜗杆、蜗轮的装配关系

（1）蜗轮轮齿损伤观察

蜗轮轴组件外观见图 4-241。所有轮齿几乎均沿齿根被剃光，轮齿缺失见图 4-242。齿根部位出现很多平行的“犁沟”——划痕和很多残留的“飞翅”，见图 4-243。

图 4-241　蜗轮轴组件外观

图 4-242　磨损齿面的宏观形貌

图 4-243　磨损齿面的宏观形貌放大

蜗轮磨损表面可看到沿齿宽方向分布的犁沟，见图 4-244，并可见大量块状覆盖物及颗粒物，分别见图 4-245。局部可见腐蚀产物，见图 4-244（d）。能谱分析结果表明，磨损表面含 P、S，腐蚀产物含 P，见图 4-246。

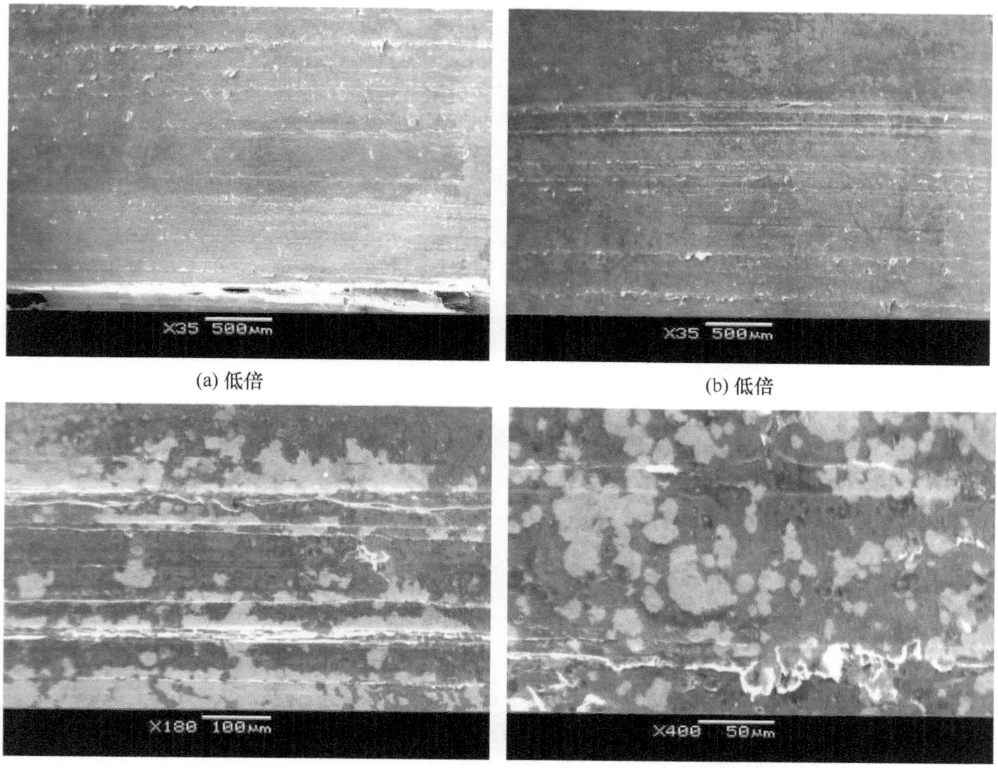

(a) 低倍　(b) 低倍

(c) 高倍　(d) 高倍

图 4-244　磨损表面沿齿宽方向分布的犁沟

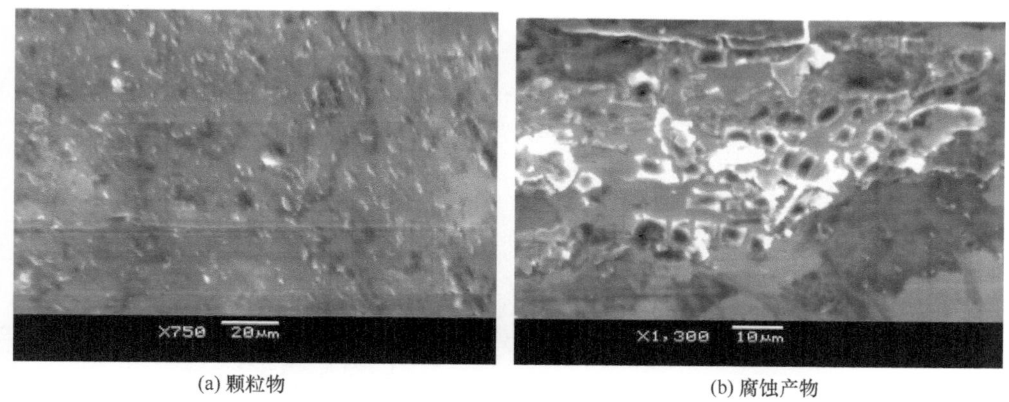

(a) 颗粒物　(b) 腐蚀产物

图 4-245　磨损表面的附着物

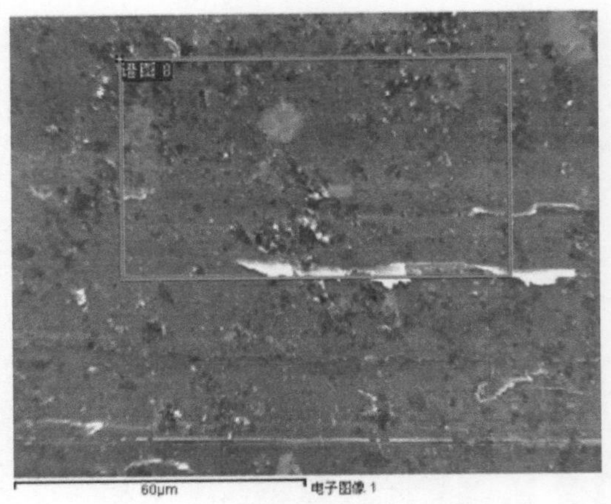

元素	重量百分比/%	原子百分比/%
Al	0.34	0.46
P	0.62	0.71
S	0.41	0.46
Ni	1.84	1.12
Cu	73.39	41.25
Sn	3.30	0.99

(a) 从图4-245(a)取样

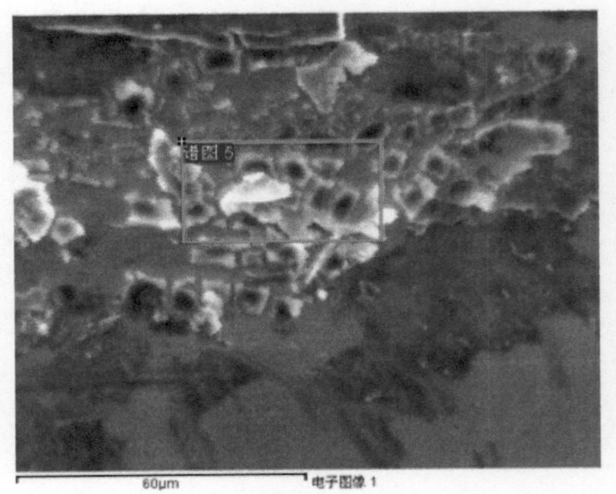

元素	重量百分比/%	原子百分比/%
P	0.39	0.41
K	1.78	1.48
Ni	1.64	0.91
Cu	60.87	31.19
Sn	8.31	2.28

(b) 从图4-245(b)取样

图 4-246　磨损表面能谱分析结果

（2）蜗杆损伤形貌

蜗杆外观见图 4-247，齿面未见明显磨损、剥落损伤，中间齿两个齿面均呈淡金黄色，表明覆盖一层铜，见图 4-248、图 4-249。

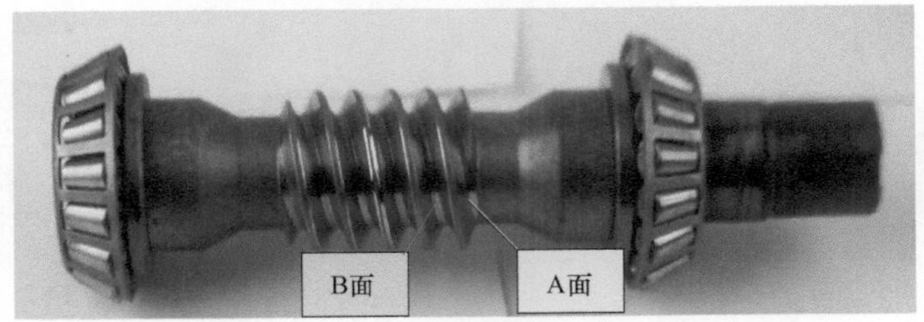

图 4-247　蜗杆外观

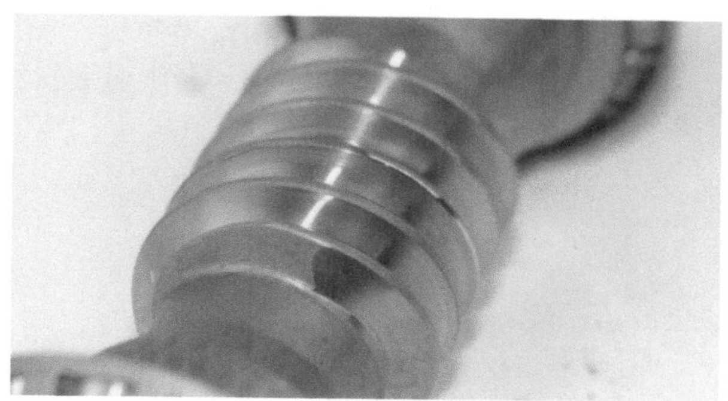

(a) 全貌

(b) 中间齿面

图 4-248　蜗杆 A 面宏观形貌

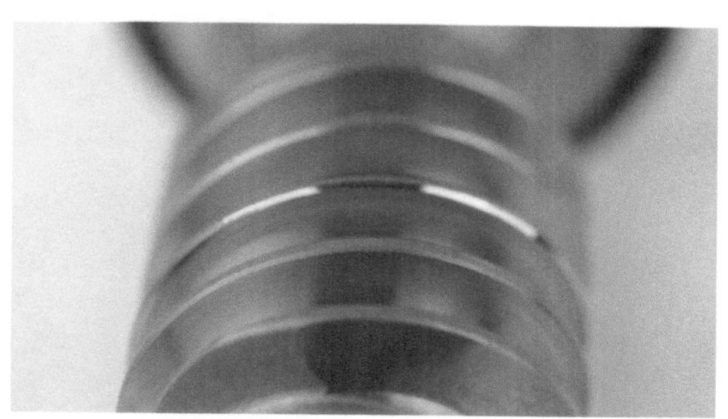

(a) 全貌

(b) 中间齿面

图 4-249　蜗杆 B 面宏观形貌

蜗杆齿底形貌见图 4-250，可见蜗杆齿底的渗碳层均有部分进行了磨削加工处理，蜗杆齿底约 1/3 圆周的渗碳层被磨削，说明蜗杆有偏磨现象。

图 4-250　蜗杆齿底形貌

蜗杆原始加工表面（靠近头部磨削起始点部位）形貌见图 4-251。蜗杆工作后的齿面（中间齿齿面）形貌见图 4-252。蜗杆工作后的齿面能谱分析见图 4-253。

各蜗杆的原始加工形貌差别不大[❶]；工作后的表面形貌有以下特点：32#、85# 蜗杆表面覆盖的铜较少，能谱分析结果也表明铜元素含量较少；随着蜗轮磨损程度增加，对应的蜗杆齿面覆盖的铜逐渐增多（从形貌看出），能谱检测出的铜元素含量也逐渐增加。

(a) 低倍

(b) 高倍

图 4-251　蜗杆齿面原始加工形貌

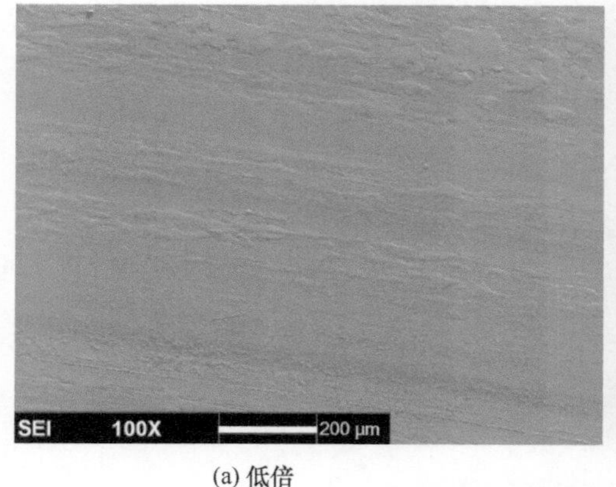

(a) 低倍

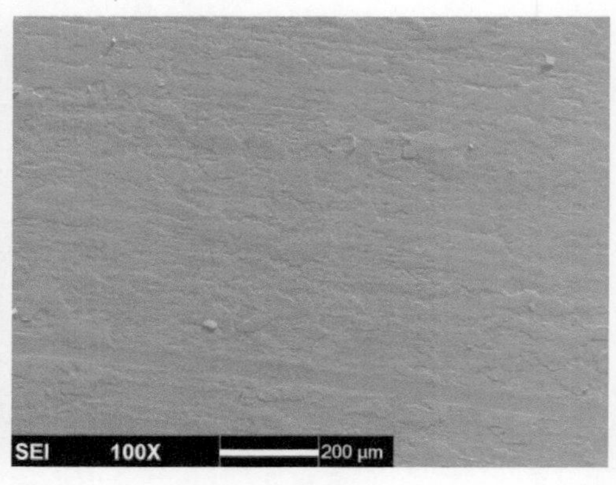

(b) 高倍

图 4-252　蜗杆工作后的齿面形貌

❶ 实际分析了 4 套不同磨损程度的蜗杆、蜗轮，本案例是其中之一。

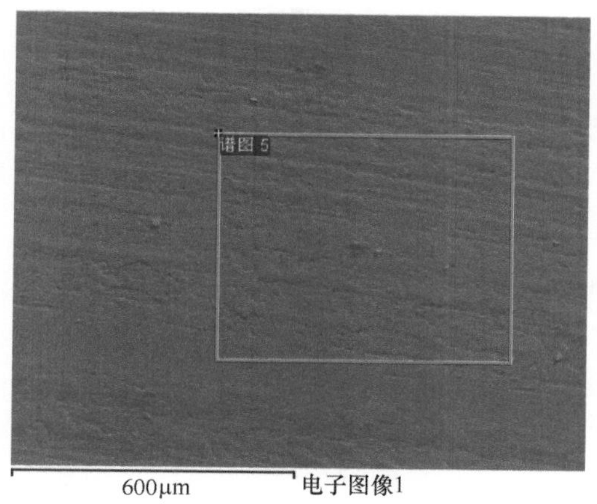

元素	质量分数/%	原子百分比/%
P	0.30	0.40
Cr	0.27	0.21
Fe	17.66	12.90
Ni	1.36	0.94
Cu	60.57	38.90
Sn	5.36	1.84

图 4-253　蜗杆齿面能谱分析结果

4.5.10.3　接触痕迹观察

蜗轮蜗杆转动时，齿面的啮合线分布在空间啮合面上，啮合线在蜗杆螺旋面上的分布如图 4-254 所示。将蜗杆螺旋面接触线（接触迹）展开在平面上（图 4-255）：由蜗杆顶圆 a 点进入啮合，沿 b 点逐渐移至 c 点时，蜗杆齿根圆进入啮合，到 g 点时，蜗杆齿根圆退出啮合，一直到 h 点及 j 点为止，蜗杆齿顶圆退出啮合。

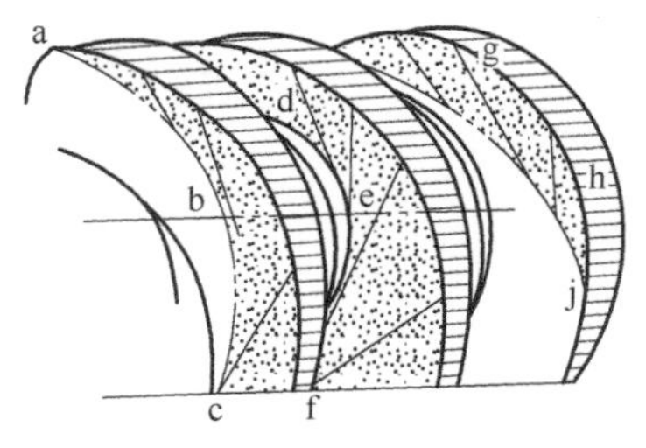

图 4-254　蜗杆接触线及其在螺旋面上的分布[54]276

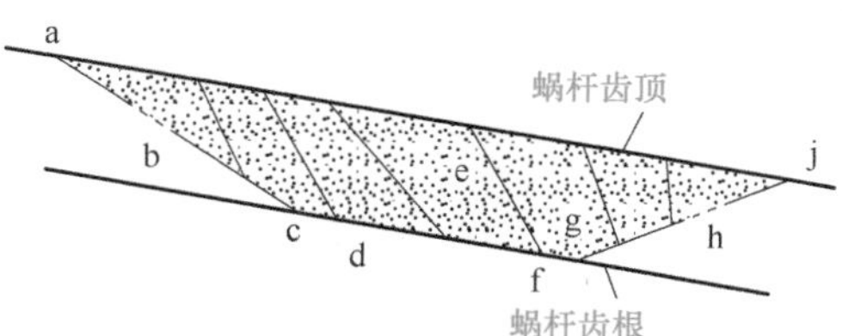

图 4-255　接触迹展开图

记录用（简化）的接触迹展开图如图 4-256 所示。如果蜗杆的接触迹形状如图 4-254 和图 4-255 所示，说明设计、加工工艺和装配均属正常状态。否则，其中某些环节可能存在问题，应查找原因。因此，在检查接触迹时，只要看接触迹的形状是否正常即可，如果出现不正常的接触迹就应画图（图 4-256）详细记录，供查找原因用。

值得注意的是，分析的蜗杆是双头蜗杆，如图 4-257 所示，一个蜗杆就有两个螺旋面，两个接触痕迹；如果蜗杆正反转，就有 4 条接触痕迹。接触痕迹不在蜗杆的中间是正常的，如图 4-258 所示。

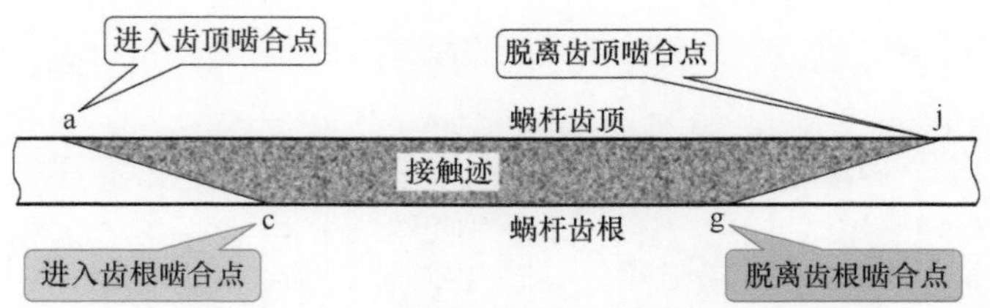

图 4-256 记录用（简化）的接触迹展开图

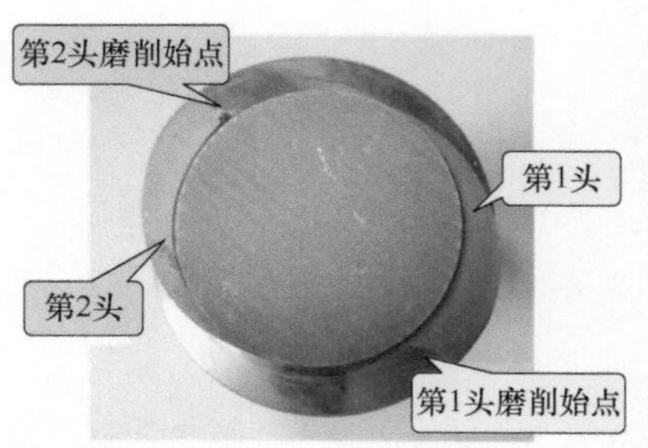

图 4-257 双头蜗杆纵切面视图

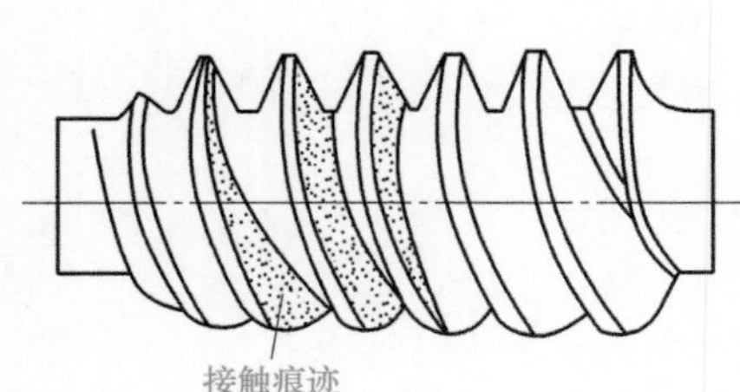

图 4-258 接触痕迹不在蜗杆的中间位置

将蜗杆面向输入端一侧的齿面命名为A面，另一面命名为B面，见图4-259。蜗杆A、B面均粘有较多的铜，根据铜的分布描出接触痕迹，见图4-260和图4-261。从第1头、第2头开始数均是第3个齿开始有接触痕迹，第6个齿结束，接触痕迹正常。

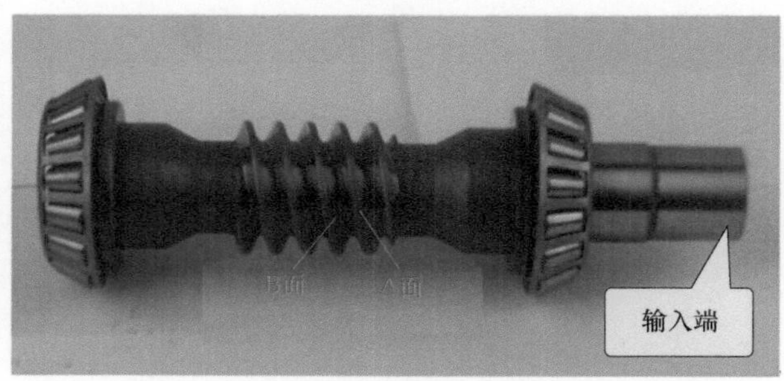

图 4-259 蜗杆外观

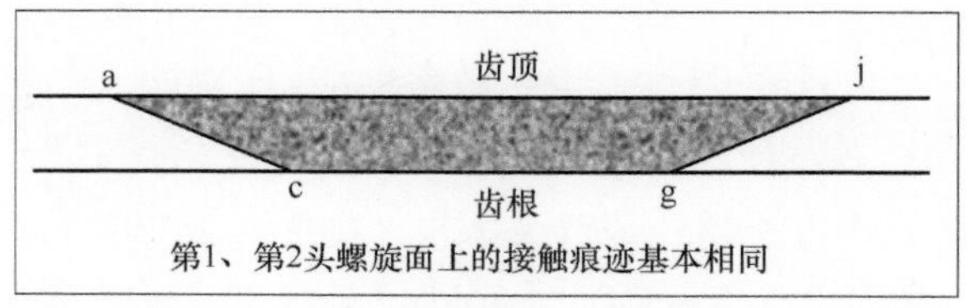

图 4-260 蜗杆A面的接触痕迹展开图

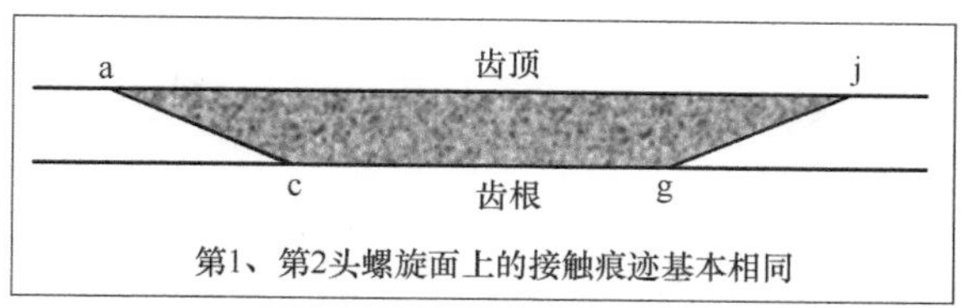

图 4-261　蜗杆 B 面的接触痕迹展开图

4.5.10.4　蜗杆粗糙度测量

对蜗杆的原始加工表面（靠近头部磨削起始点部位）进行粗糙度测量，结果见表 4-27。可见蜗杆 A、B 两面的粗糙度相差不大。

表 4-27　蜗杆原始加工表面粗糙度测量结果　μm

位置	1	2	平均值
A 面	0.515	0.516	0.515
B 面	0.674	0.672	0.673

4.5.10.5　蜗轮晶粒尺寸和形貌

从蜗轮轮齿部位切取金相试样，磨制抛光后用金相浸蚀剂进行浸蚀，浸蚀时间 90 ～ 120s，浸蚀剂配方 $2gFeCl_3+5mlHCl+30mlH_2O+60mlC_2H_5OH$。采用金相显微镜放大 100 倍测平均晶粒尺寸，结果见表 4-28。晶粒形貌见图 4-262。重度磨损蜗轮的晶粒粗大。

表 4-28　蜗轮晶粒尺寸测量结果　μm

项目	靠近齿部位	项目	靠近齿部位
第一次	94	第三次	99
第二次	104	平均值	99

4.5.10.6　蜗杆金相组织观察

蜗杆金相试样从头部未磨削的部位切取，见图 4-263。蜗杆的金相组织见图 4-264，渗碳层均为呈针状的高碳马氏体组织。

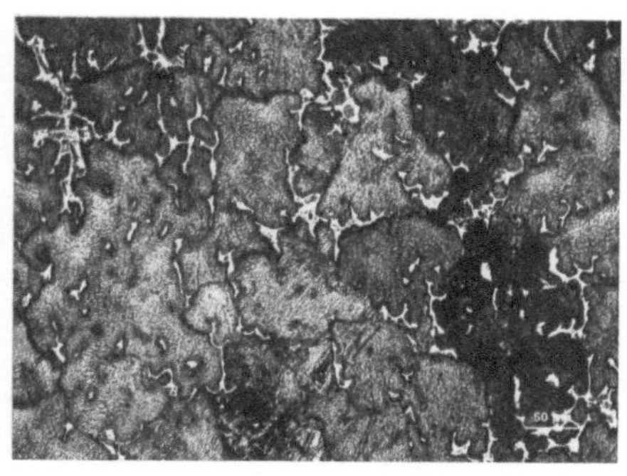

图 4-262　蜗轮晶粒形貌

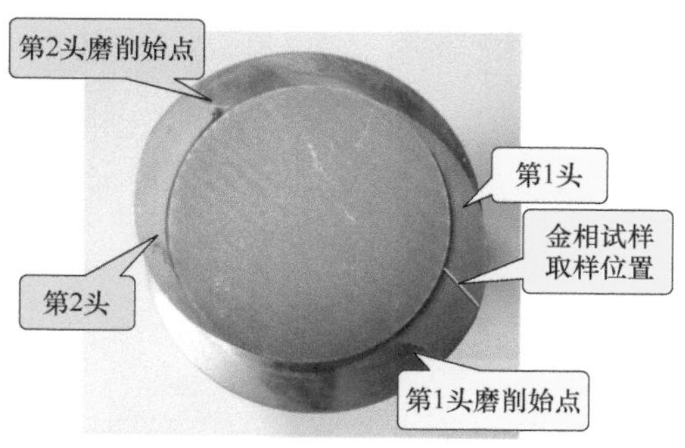

图 4-263　金相试样切取位置

(a) 渗碳层(低倍)

(b) 渗碳层(高倍)

(c) 心部

图 4-264 蜗杆的金相组织

4.5.10.7 硬度测量

(1) 蜗轮硬度测量

从蜗轮轮齿附近切取硬度试块，按照 GB/T 231.1—2002《金属布氏硬度试验 第 1 部分：试验方法》进行布氏硬度测试，共测 3 次，结果为：117HBW，120HBW，116HBW；平均值为 118HBW，满足≥ 95HB 的技术要求。

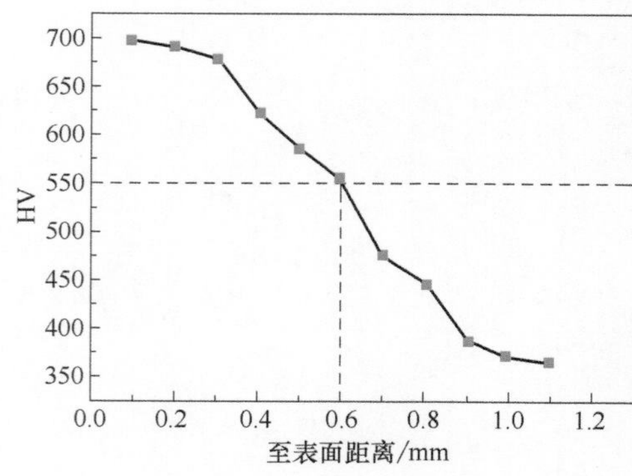

图 4-265 蜗杆齿硬度梯度曲线

(2) 蜗杆硬度测量

从蜗杆一头（未啮合部位）切取硬度试样，采用显微硬度检验法对各蜗杆齿的有效渗碳层深度（通过硬度梯度曲线测得表面至 550HV 的距离）进行测量，硬度梯度曲线见图 4-265，硬化层深度为 0.594mm。蜗杆的硬化层深度符合技术要求的（0.5+0.1）mm。

蜗杆心部硬度共检测 3 次，结果为：318.37HV0.5，294.28HV0.5，272.84HV0.5。平均值为 295.16HV0.5（29.1HRC）。

4.5.10.8　化学成分分析

（1）蜗轮化学成分

从蜗轮上取粉末试样进行化学成分分析，结果见表 4-29。所测元素含量符合规定值要求。

表 4-29　蜗轮化学成分分析结果（质量分数）　%

化学元素	Sn	Ni	Zn	Fe	Mn	Sb	Cu
实测值	11.27	2.22	1.65	＜ 0.10	0.15	0.30	余量
规定值	11.5~13.0	1.5~2.5	≤ 2.0	≤ 0.25	≤ 0.2	≤ 0.50	余量

（2）蜗杆化学成分

从蜗杆上切取粉末试样，采用化学分析法进行成分分析，结果见表 4-30。化学元素符合标准要求。

表 4-30　蜗杆化学成分分析结果（质量分数）　%

化学元素	C	Si	Mn	Cr	P	S	Fe
实测值	0.18	0.18	1.08	0.92	0.008	0.028	余量
16CrMn（GB/T 5216—2004）	0.14 ～ 0.19	0.17 ～ 0.3	1.00 ～ 1.30	0.80 ～ 1.10	≤ 0.035	≤ 0.035	余量

4.5.10.9　润滑油检测

对蜗杆箱中的润滑油进行检测，结果见表 4-31。检测结果为：①蜗杆箱中的 P 含量远高于 Cl、S 含量。②油中的 Cu、Sn、Ni、Zn 含量与蜗轮磨损程度存在明显的对应关系，即蜗轮磨损越重，磨屑越多，从而油中上述元素的含量也越高。

前面的能谱分析结果表明，蜗轮轮齿表面的腐蚀产物、腐蚀凹坑所含的腐蚀性元素主要为 P。润滑油检测结果表明，卡松油中含大量的 P，应来源于油中的添加剂（可能为磷酸三甲酚酯，航空润滑油含此添加剂）。该添加剂在一定温度下与水发生反应生成磷酸，从而对蜗轮产生腐蚀。因此，有必要对蜗杆箱润滑油的磷酸根含量进行检测。测磷酸根含量的方法是：在润滑油中加入一定量的水，润滑油与水配比（体积比）为 1 ∶ 2，然后进行检测。检测结果为 38ppm。表明磷酸根含量并不高。

表 4-31　蜗杆箱中的润滑油检测结果

序号	项目	试验结果	试验方法
1	外观	浑浊的深褐色	目测
2	运动黏度（40℃）/$mm^2 \cdot s^{-1}$	无法测出	GB/T 265
3	水分 /%	0.26	GB/T 260

续表

序号	项目	试验结果	试验方法
4	中和值（酸值）/mgKOH · g^{-1}	3.5	GB/T 7304[①]
5	腐蚀试验（铜片，100℃，3h）/ 级	1a	GB/T 5096
6	硫含量 /%	＜ 0.01	ICP
7	氯含量 /mg · kg^{-1} /%	11 0.0011	RIPP[②]
8	微量元素含量 /mg · kg^{-1} Fe Cr Pb Cu 以下从略	 28.5 79.8 29.4 8075 以下从略	原子发射光谱法

注：1. 酸值试验方法采用电位滴定法；

2. RIPP 为石油化工科学研究院标准。

4.5.10.10　蜗轮试样腐蚀试验

图 4-266　蜗轮试样外观

从蜗轮上切取如图 4-266 所示的试样，将其部分浸入 4 种（研究 4 种润滑油对蜗轮的腐蚀性能）未使用的润滑油中。试验方法参照 GJB 563《轻质航空润滑油的腐蚀性和氧化安定性的测定法（金属片法）》，具体方法为：将试片悬挂浸入润滑油中，在 80℃通空气（50ml/min，环境空气湿度 30% ～ 65%）7 天、停止通气 7 天为一个循环，观察试片外观，如无变化，继续试验，试验时间共 56 天，试验后取出试片称重。试验前后蜗轮试片质量见表 4-32，1 号、2 号油中的试片质量减小，说明试片发生了轻微腐蚀，3 号、4 号油中的试片质量稍有增加，说明试片发生了轻微氧化。但金属质量变化在 ±0.4mg 以内，一般判定为“无”，即认为没有发生腐蚀。

表 4-32　蜗轮试片试验前后质量变化

润滑油编号	试片编号	试验前质量 /g	试验后质量 /g	金属质量变化 /mg
1 号	005-1	16.6320	16.6316	−0.4
	005-2	16.7673	16.7669	−0.4
	85-1	16.6436	16.6432	−0.4
	85-2	16.6375	16.6371	−0.4

续表

润滑油编号	试片编号	试验前质量 /g	试验后质量 /g	金属质量变化 /mg
2 号	005-3	16.7303	16.7301	−0.2
	005-4	16.6945	16.6944	−0.1
	85-3	16.6925	16.6922	−0.3
	85-4	16.6278	16.6922	−0.3
3 号	005-5	16.7213	16.7215	0.2
	005-6	16.7777	16.7779	0.2
	85-5	16.6538	16.6540	0.2
	85-6	16.6797	16.6798	0.1
4 号	005-7	16.7617	16.7620	0.3
	005-8	16.6661	16.6663	0.2
	85-7	16.6008	16.6011	0.3
	85-8	16.4690	16.4694	0.4

4.5.10.11　四种润滑油油膜承载能力测定

在北京科技大学机械工程实验室，对 4 种电梯蜗杆减速机润滑油（见表 4-33）的承载性能进行试验，目的是测定润滑油的油膜承载能力，比较 4 种润滑油润滑性能的差别。评定润滑油承载能力的试验方法有多种，四球摩擦试验机的四球法具有设备简单、实验方法简便、快速、经济的优点，因此得到广泛应用。目前，测定润滑剂承载能力的四球试验方法已被许多国家列入标准和规范，我国的标准为 GB/T 3142—1982《润滑剂承载能力测定法》（该标准已更新为 GB/T 3142—2019）。

在四球机上，对四种润滑油油膜承载能力进行试验，结果如表 4-33 所示。可见，2 号油（卡松油 B）承载能力最好，最差的是 3 号油（BP 合成油）。

表 4-33　油膜承载能力试验（四球机试验，常温）结果

试验油编号	说明	最大无卡咬载荷 P_B 点
1 号	卡松油 A	1100N
2 号	卡松油 B	1400N
3 号	BP 合成油	800N
4 号	Mobile 矿物油	900N

注：表中的说明是经过简化的。

4.5.10.12　蜗轮材料磨损试验

摩擦副的抗磨性可以在 M-2000 型磨损试验机（图 4-267）上测定。该方法的主要试样是安装在试验机上的一对直径相同（或不同）、转速不同、相互接触的摩擦副试辊。试验时，在接触面间加入润滑油，两个试辊处于滚动和滑动复合摩擦条件下，对试辊施加一定负荷并在规定的时间内运转，然后测定摩擦副的磨损量。该试验方法是 SH/T 0190—1992《液体润滑剂摩擦系数测定法 》的延伸使用。

图 4-267　M-2000 型磨损试验机

在北京科技大学机械工程实验室进行试验，试验结果如表 4-34 所示。从试验结果看，1 号油（卡松油 A）的抗磨损性能最好。

表 4-34　不同油号的蜗轮试样磨损量实测结果

润滑油编号	实测磨损量 /g
1 号油	0.0031
2 号油	0.0126
3 号油	0.0238
4 号油	0.0080

4.5.10.13　分析与讨论

（1）蜗轮异常磨损的失效模式

按磨损的机理分类，常见的磨损可以分为黏着磨损、磨粒磨损、疲劳磨损和腐蚀磨损。摩擦副的磨损失效模式大致都在此范围内。

本次蜗轮异常磨损的失效模式可以表述为：对于异常磨损的蜗轮，与其配对的蜗杆齿面上均粘有一层蜗轮磨失的铜，磨损程度越重，蜗杆上粘的铜越多，由此说明黏着磨损是蜗轮磨损失效的主要形式之一。蜗轮蜗杆摩擦副最先出现黏着磨损（涂抹、胶合）。黏着磨损就意味着金属的转移，蜗轮的铜黏附在蜗杆上或者蜗杆的钢黏附在蜗轮上，但主要是前者。蜗杆修形（修整）不到位，或滚动轴承游隙控制不到位，或两者都不到位，这些因素均会造成蜗杆蜗轮中心距变动，蜗杆蜗轮偏斜，使蜗杆蜗轮脱离正确啮合的位置，不能形成有效的润滑油膜，从而造成黏着磨损。黏附在蜗杆上的铜在显微镜下看实际上是铜微粒，它可以脱落进入润滑油中，也可以粘回蜗轮齿面上，如此反复。无论哪种情况，铜微粒经过冷作硬化后硬度会提高（蜗轮因温度升高而降低硬度），变成典型的磨粒（暂不考虑外部进入减速机的微粒），于是就发生了磨粒磨损。磨粒磨损的实质是颗粒状物体压入基本件表面，同时有切向运动而发生划伤和微切削的过程。从形貌上判断磨粒磨损的主要依据是划痕。前面已经提到蜗轮齿面磨损部位出现很多平行的“犁沟”——划痕，这是蜗杆蜗轮磨粒磨损的表征。通常磨粒磨损的磨损速率都比较快，如果减速机使用和维护不到位，未能及时更换被磨粒污染的润滑油，或者有减速机外部的微粒进入减速机，就会加快蜗轮磨损失效。

以上是蜗轮磨损失效模式的主线。其他磨损（如腐蚀磨损、疲劳磨损）在蜗轮磨损中也有发生：润滑油的添加剂（如磷成分等）对铜的腐蚀作用加速了蜗轮齿面的磨损（腐蚀磨损）；蜗轮齿面的接触疲劳裂纹（不可避免）也会加速蜗轮齿面的磨损（疲劳磨损），只是由于裂纹的扩展速率小于齿面的磨损速率，无法观察到而已。

（2）蜗轮异常磨损的原因分析

蜗轮形貌观察结果表明蜗轮存在腐蚀凹坑或腐蚀产物，能谱分析结果显示造成蜗轮腐蚀的腐蚀性元素主要是 P。但从润滑油检测结果来看，蜗轮磨损程度与润滑油的酸值无明显对应关系，轻度磨损的蜗杆箱中的润滑油酸值最大（另有试验），且磷酸根含量远高于其他蜗杆箱中的润滑油，说明润滑油添加剂在使用过程中形成的磷酸对铜的腐蚀作用并不是造成蜗轮异常磨损的主要因素。

蜗轮材质检查结果表明，蜗轮磨损程度与其晶粒尺寸没有明显的对应关系（另有试验），说明蜗轮磨损与其材质关系不大。

油膜承载能力和磨损试验结果进一步说明，蜗杆蜗轮材质及润滑油的品质在本次蜗轮磨损中不是决定性因素。

影响蜗杆蜗轮磨损的因素很多，各因素之间还可能相互影响。本次检测和磨损试验的结果只能说明蜗杆蜗轮摩擦副和润滑剂等对齿面磨损有一定的影响，但不是决定性的因素（仅限于本次研究）。具有决定性影响的很可能是实际减速机蜗杆蜗轮的加工制造、安装调整和现场使用等影响因素，可作如下的具体分析。

1）蜗轮齿面严重磨损的宏观形貌　观察蜗轮磨损齿面的宏观形貌可以初步判断磨损的过程和性质。

图 4-268 为蜗轮磨损齿面的宏观形貌。从图中可见齿厚全部磨失，齿根部位出现很多平行的“犁沟”——划痕和很多残留的“飞翅”，这是由于蜗杆蜗轮摩擦副“微切削”造成的，在摩擦学上属于磨粒磨损范围。这种磨损可以认为同润滑油没有什么关系，因为采用任何润滑油都不可能形成有效的油膜。造成这种磨损决定性的因素是蜗轮蜗杆的非正常啮合。

图 4-269 为蜗杆齿面的宏观形貌，齿面上黏附上一层蜗轮磨失的铜，可见黏着磨损也是蜗轮磨损失效的主要形式之一。

图 4-268　蜗轮磨损齿面的宏观形貌

图 4-269　蜗杆齿面黏着磨损的宏观形貌

2）造成蜗轮蜗杆非正常啮合的几种可能情况　众所周知，圆弧圆柱蜗杆（尼曼蜗杆、CAVEX 蜗杆）传动有许多优点，如承载能力大、寿命长、传动效率高等，但其啮合没有可分性，这就对蜗杆蜗轮的制造、装配、使用有很高的要求。凡不能保证这些要求的，就可能造成蜗轮蜗杆非正常啮合，严重影响减速机的寿命，以下几种情况最为常见。

① 蜗杆修形（修整）不到位。为了改善蜗杆和其他零件的变形对圆弧圆柱蜗杆传动啮合的不利影响，通常要对蜗杆或蜗轮进行“失配”修形（修整），最常用的是蜗杆修形。目前委托方未提供所研究的蜗杆副是何种修形、如何修形，但修形是肯定的。对蜗杆修形就要采用砂轮对蜗杆进行磨削。由于磨削磨损，砂轮直径就会减小，例如 ϕ150mm 减小到 ϕ120mm，砂轮的廓线（比如圆弧或其他曲线）就会发生变化。因此，新砂轮和旧砂轮的廓线是有差别的，前者能够磨出修形尺寸精度很高的蜗杆，使用寿命很长，后者就可能造成蜗杆修形不到位，使用寿命很短。同一批次蜗杆减速机的寿命有长有短，蜗杆修形（修整）到位还是不到位是重要的原因之一。

② 滚动轴承游隙控制不到位。滚动轴承的游隙对轴承的寿命有很大影响。使用经验表明：对于球轴承，工作游隙接近零较合适；对于滚子轴承，有少量的工作游隙较好；在要求支承刚度良好的部件中最好采用负游隙（预紧）。圆弧圆柱蜗杆减速机就属于最后这种情况，因为圆弧圆柱蜗杆蜗轮副的啮合没有可分性，对中心距的偏差特别敏感，因此要求蜗杆和支承有足够的刚性，滚动轴承的游隙要严格控制（最好采用负游隙）。下面讨论一下圆弧圆柱蜗杆减速机圆锥滚子轴承游隙过大出现的问题。目前委托方未能提供蜗杆减速机圆锥滚子轴承游隙控制方面的资料和说明，如果委托方已经注意到这方面的问题，下面的讨论可能是多余的。

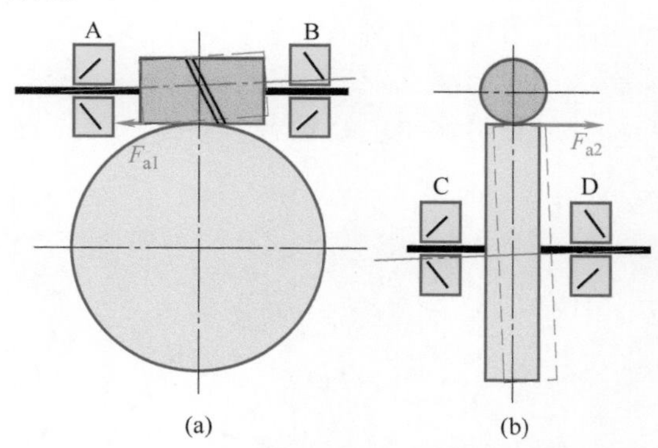

图 4-270　蜗杆蜗轮减速机机构简图

图 4-270 是蜗杆蜗轮减速机机构简图。在图中，F_{a1} 和 F_{a2} 分别为蜗杆轴向力和蜗轮轴向力。

a. 如果蜗杆轴的两个圆锥滚子轴承 A 和 B［图 4-270（a）］装配时留有较大的轴向游隙（或工作过程中轴承磨损、紧固件松动等加大了游隙），工作时在轴向力 F_{a1} 的作用下，压紧轴承 A，轴承 B 就留出较大的游隙，结果使蜗杆轴线偏斜，如图中红色线所示。蜗杆偏斜，也加大了蜗杆传动的中心距，破坏了蜗杆蜗轮的正确啮合，降低了油膜的承载能力，缩短了蜗轮的寿命。

b. 如果蜗轮轴的两个圆锥滚子轴承 C 和 D［图 4-270（b）］装配时留有较大的轴向游隙（或工作过程中轴承磨损、紧固件松动等加大了游隙），工作时在轴向力 F_{a2} 的作用下，压紧轴承 D，轴承 C 就留出较大的游隙，结果使蜗轮轴线偏斜，如图中红色线所示。蜗轮偏斜，也加大了蜗杆传动的中心距，破坏了蜗杆蜗轮的正确啮合，降低了油膜的承载能力，缩短了蜗轮的寿命。

c. 如果上述两种情况同时发生，就会完全破坏蜗杆蜗轮的正确啮合，无法建立完整的润滑油膜，蜗轮就可能发生异常的过度磨损。

小结：从以上分析可知，圆弧圆柱蜗杆减速机轴承游隙的控制起着关键性的作用。

③ 减速机的使用和维护不到位。只要蜗杆蜗轮摩擦副不是完全液体动压润滑，蜗杆、蜗轮运转中的磨损就是不可避免的。如果能够及时更换被磨屑污染的润滑油，就能减轻不正常的过度磨损。

如果实际应用中磨损严重的蜗轮的齿面（图 4-268）是典型的磨粒磨损形貌——划痕、犁沟，有“微切削”存在，那么可以说这台减速机的使用和维护肯定不到位。拆卸分解蜗杆减速机后，蜗轮齿严重磨损的蜗杆箱中的润滑油均已变成黑色（图 4-239）就是证明。

4.5.10.14　结论与改进措施

（1）结论

① 蜗轮过度磨损的失效模式。蜗杆修形（修整）不到位，或滚动轴承游隙控制不到位，或两者都不到位，造成蜗杆蜗轮中心距变动或蜗杆蜗轮位置偏斜，使蜗杆蜗轮脱离了正确啮合的位置，不能形成有效的润滑油膜，从而造成黏着磨损。黏附在蜗杆上的铜微粒经过冷作硬化后成为磨粒，使蜗杆蜗轮处于磨粒磨损模式，蜗轮快速磨损。由于减速机使用和维护不到位，未能及时更换被磨粒污染的润滑油，使减速机长期处于磨粒磨损模式，造成蜗轮快速磨损失效。

② 润滑油品种和性能（如腐蚀性等）不同，虽然对蜗轮的寿命可能有一定的影响，但不是蜗轮过度磨损的决定性因素。

③ 蜗杆蜗轮摩擦副的材质（如晶粒度等）不是影响蜗轮过度磨损的决定性因素。

④ 蜗杆修形（修整）不到位、滚动轴承游隙控制不到位和减速机使用和维护不到位具有随机性。也就是说同一批次的蜗杆减速机中，各项指标有的可能到位，有的可能不到位，这就是减速机的寿命有长有短的原因。

（2）改进措施

① 重视蜗杆、蜗轮的加工制造，对蜗杆修形加强监测，不符合图纸要求的蜗杆不能投入使用。

② 重视蜗杆、蜗轮轴上圆锥滚子轴承游隙的控制，严格执行规定的操作程序，一定要避免出现过大的轴承游隙。

③ 重视减速机的合理使用和维护，监视减速机内润滑油的清洁度，如发现清洁度很低，或者有水进入蜗杆箱内，应及时更换润滑油。

④ 从试验结果来看，采用卡松润滑油对延长蜗轮的使用寿命比较有利，可以推荐继续使用。

第 5 章 轴承的失效分析

Chapter 5

Failure Analysis of the Bearings

在机械传动装置中，轴承用来支承传动件，轴承失效就会使整个传动系统瘫痪，其重要性是不言而喻的。在机械传动装置中，常用的轴承是滚动轴承和滑动轴承。前者由于具有一系列优点应用广泛；后者目前主要应用于高速传动装置或要求轴承结构紧凑的场合中，中低速传动装置很少采用。本章主要论述滚动轴承的失效分析，仅有一个实例论述滑动轴承失效分析。

5.1 滚动轴承的失效

5.1.1 滚动轴承失效模式的分类

滚动轴承由于某种原因丧失其规定的功能，轴承就失效了。轴承失效可分两大类：其一是运动失效，其二是精度失效。运动失效指轴承无法正常运转的失效，如断裂、剥落等；精度失效指轴承虽然还继续运转，但已经失了规定的精度，轴承只能报废。

由于滚动轴承的结构和工作条件不同，因此轴承的失效模式（失效形式）也多种多样，GB/T 24611—2009《滚动轴承　损伤和失效术语、特征及原因》/ISO 15243-2004，IDT，Rolling bearings.Damage and failures.Terms，characteristics and causes[❶]将滚动轴承的失效模式分成 6 大类，如图 5-1 所示。GB/T 24611—2009 是以下内容的主要参考文献。

5.1.2 接触疲劳失效

滚动轴承转动时，其内外圈滚道和滚动体都在交变接触应力的条件下工作，经过一定应力循环次数后，轴承零件表面就可能出现金属疲劳现象，从而使轴承失效。按照裂纹起源的不同，疲劳失效可分为两种。

（1）次表面起源型疲劳

根据赫兹理论，在滚动接触载荷作用下，金属组织将发生变化，并在表面某一深度出现显微裂纹。此显微裂纹常常是由轴承钢中的夹杂物（图 5-2）引起的。在夹杂物（蝴蝶形）的边缘（白色）裂纹就会向滚动接触表面扩展，进而产生显微片状剥落、小片状剥落、剥落麻点，然后片状剥落（图 5-3）。

剥落是滚动轴承最常见的失效形式，它可以发生在内外圈滚道和滚动体上。轴承产生剥落的原因很多，如图 5-4 所示的调心滚子轴承，因负荷过大引起滚动

❶ 该标准现已更新为 ISO 15243-2017(E)/BS ISO 15243-2017 Rolling bearings.Damage and failures.Terms，characteristics and causes。新标准中轴承的失效模式没有任何变动，只更换了部分插图，改写了资料性的附录 A（论述：轴承的失效分析；轴承损坏的原因和对策；其他方面的研究；术语使用的解释）。

体表面剥落失效；调心滚子轴承因轴向力过大引起滚动体表面失效，见图 5-5。

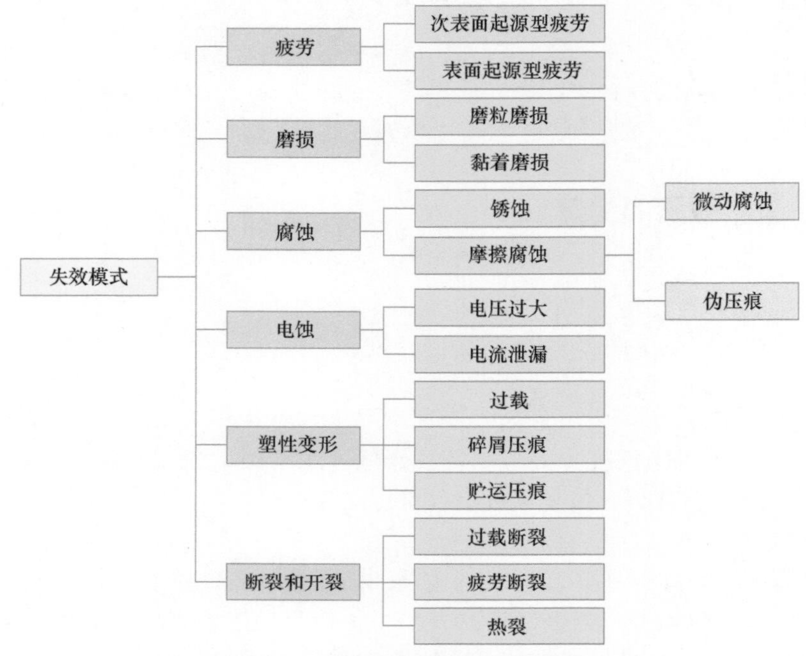

图 5-1　滚动轴承的失效模式的分类

图 5-2　具有“蝴蝶现象”（白色浸蚀区）的次表面裂纹

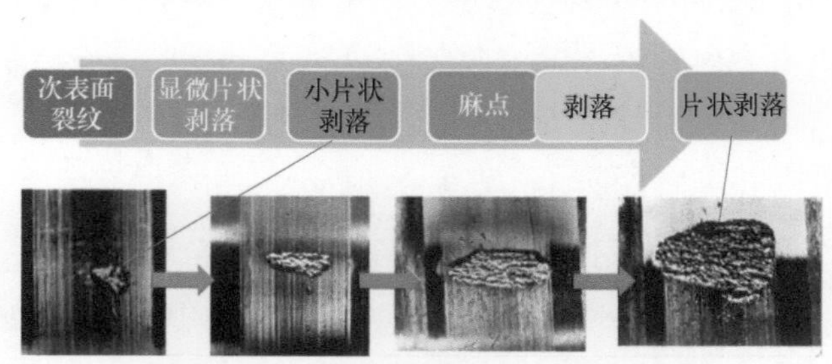

图 5-3　轴承工作次表面剥落的产生和扩展

图 5-4　调心滚子轴承滚动体表面严重剥落

(a)　(b)

图 5-5　调心滚子轴承滚动体表面失效

（2）表面起源型疲劳

表面起源型疲劳是由表面损伤造成的一种失效模式。表面损伤是在润滑状况劣化且出现一定程度的滑动时，对滚动接触金属表面微凸体的损伤，它将引起微凸体显微裂纹和微凸体显微剥落，见图 5-6。污染物颗粒或储运在滚道上形成的压痕也可导致表面起源型疲劳。塑性变形压痕也会引起表面起源型疲劳，如由于安装或搬运不当，滚道上对应滚动体节距处产生压痕，随后的滚碾导致表面剥落，见图 5-7。

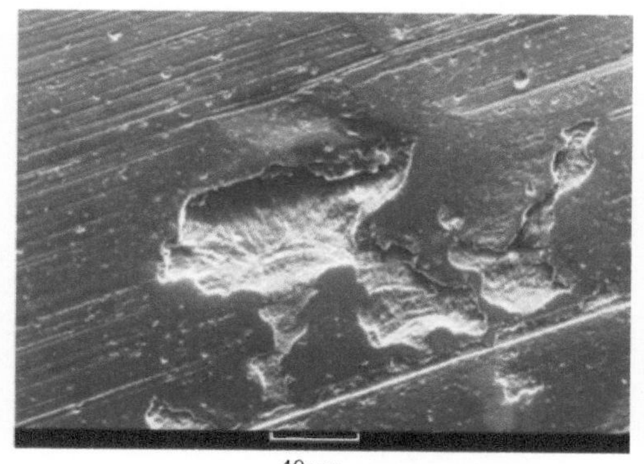

40μm

图 5-6　微凸体显微剥落

图 5-7　塑性变形压痕引起的表面起源型疲劳（剥落）

5.1.3　磨损失效

磨损是指在使用过程中，两个滑动或滚动 - 滑动接触表面的微凸体相互作用造成材料不断移失。滚动轴承的磨损，按其形成机理可分为两种，即磨粒磨损和黏附磨损。

（1）磨粒磨损

磨粒磨损是润滑不充分或外界颗粒侵入（包含自身的磨损颗粒）的结果。旋转表面和保持架上的材料被磨掉，磨粒数量逐渐增多，最终磨损进入一个加速过程从而导致轴承失效。

（2）黏附磨损（涂抹、滑伤、黏结）

黏附（黏着）磨损是摩擦副材料从一个表面转移到另一个表面，并伴随有摩擦发热，有时还有回火或重新淬火。这一过程会在接触区产生局部应力集中，并可能导致开裂或剥落。

图 5-8　滚动体与外圈滚道之间的涂抹（滑伤）

由于滚动体承载较轻并且在其反复进入承载区时，受到强烈的加速度作用，因此，在滚动体和外圈滚道之间会发生涂抹（滑伤），见图 5-8。当载荷相对转速过小时，滚动体和滚道之间也会发生涂抹。

由于润滑不充分，套圈挡边引导面和滚子端面均会发生涂抹，见图 5-9。对于满装滚动体（无保持架）轴承，由于润滑和旋转条件的不利影响，滚动体之间的接触处也会发生涂抹。

如果轴承套圈相对其支承面（如内圈安装于轴或外圈安装于轴承座）出现相对“旋转”，则在套圈端面与其轴向支承面之间的接触处也会发生涂抹，甚至还会引起套圈的开裂，如图 5-10 所示，图中右下角是用电镜放大的涂抹表面。

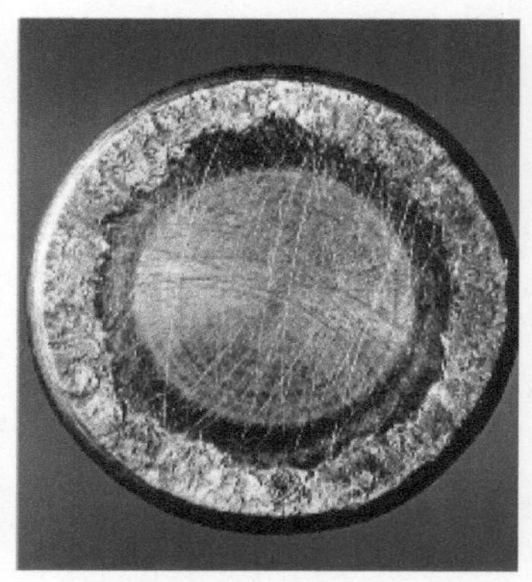

图 5-9　滚子端面发生涂抹

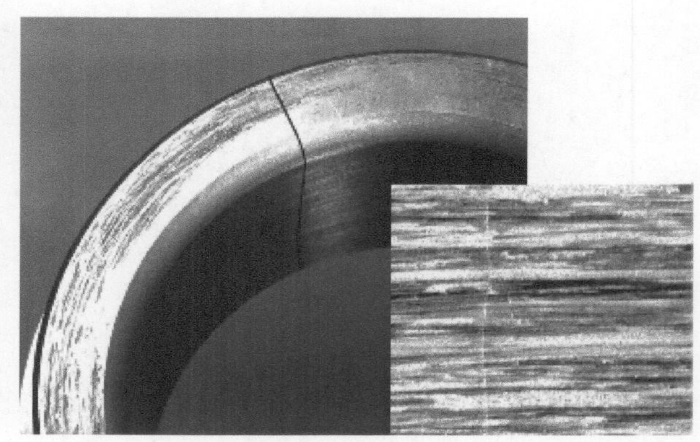

图 5-10　套圈端面上的涂抹（套圈断裂）

由于两零件直径之间存在微小的差异，其周长也存在微小差异，因此，在径向载荷作用下，当某一点接触时，旋转速度也存在微小差异。将套圈与其支承面旋转速度存在微小差异的滚动称为“蠕动”（creep）。发生蠕动时，套圈和支承接触区内的微凸体被滚碾，造成套圈表面外观发亮。

此外，还可看到其他损伤，如擦伤、微动腐蚀和微动磨损。在某些承载条件下，套圈和支承面之间的过盈量不够大时，以微动腐蚀为主。

5.1.4 腐蚀失效

定义：腐蚀是金属表面的一种化学反应现象。

（1）锈蚀（氧化、生锈）

当钢制滚动轴承零件与水分（如水或酸）接触时，表面发生氧化。随后出现腐蚀凹坑，最后表面出现小片状剥落（图 5-11）。

图 5-11　滚子轴承外圈上的腐蚀

当润滑剂中存在水分或劣化的润滑剂与其相邻的轴承零件表面发生反应时，可在滚动体和轴承套圈的接触区内发现一种特定形式的锈蚀。在深度锈蚀阶段，接触区在对应于滚动体节距的位置将会变黑，最终产生腐蚀麻点，见图 5-12、图 5-13。

图 5-12　球轴承内圈和外圈滚道上的接触腐蚀

图 5-13　轴承内圈滚道上的接触腐蚀

（2）微动腐蚀

接触表面作微小往返摆动时，传递载荷的配合界面将出现微动磨损，表面微凸体受到氧化并被磨去，最后发展成为粉末状锈蚀（氧化铁）。微动腐蚀轴承表面发亮或变成黑红色（图 5-14）。这种失效一般是由不合适的配合（过盈配合太松、表面粗糙度太大）以及载荷变动和振动造成的。

图 5-14　内圈内孔表面的微动腐蚀

(3) 伪压痕(振动腐蚀)

轴承有周期性振动时，由于弹性接触面的微小运动和（或）回弹，滚动体和滚道接触区将出现伪压痕。根据振动强度、润滑条件或载荷的不同，腐蚀和磨损会同时产生，在滚道上形成凹坑。对于静止轴承，凹陷出现在滚动体的节距处，并呈淡红色或发亮（图 5-15）。在旋转过程中，由于发生振动而造成的伪压痕则表现为间距较小的波纹状凹槽（图 5-16）。不应将此误认为是电流通过产生的波纹凹槽。与电流通过产生的波纹凹槽相比，由于振动造成的波纹状凹槽底部发亮或被浸蚀，而电流通过产生的波纹凹槽底部则颜色发暗。电流引起的损伤也可以通过滚动体上也有波纹状凹槽这一事实进行识别。

图 5-15　圆柱滚子轴承内圈滚道上的伪压痕

图 5-16　圆锥滚子轴承外圈滚道上的波纹状凹槽（伪压痕）

5.1.5 电蚀失效

定义：电蚀是由于电流的通过造成接触表面材料的移失。

(1) 电压过大(电蚀麻点)

设备绝缘不适当或绝缘不良，当电流通过滚动体和润滑油膜从一个套圈传递到另一个套圈时，在接触区域内就会发生放电。套圈和滚动体之间的接触区，电流流线被阻断，造成非常短的时间内局部受热，使接触区域发生熔化并焊合在一起。这种表面损伤的表现为一系列直径不超过 100μm 的小环形坑（图 5-17），这些环形坑沿滚动方向呈珠状重叠排列在滚动体和滚道接触表面（图 5-18）。

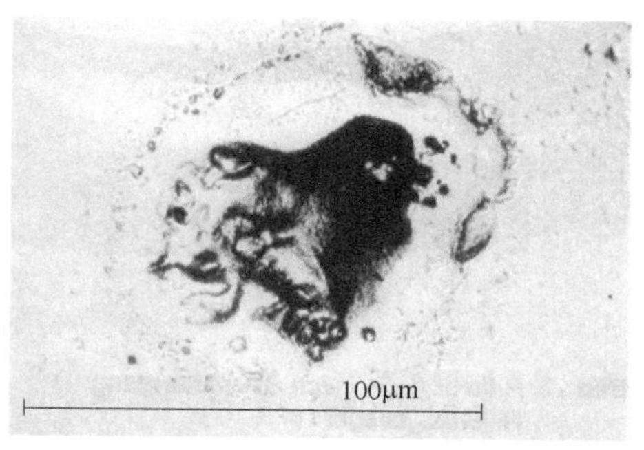

图 5-17　电流通过的环形坑

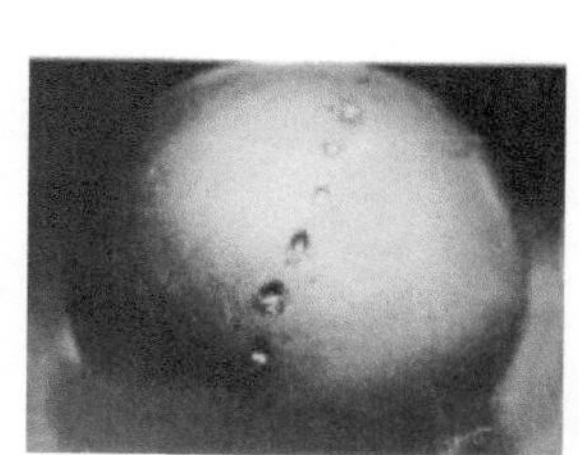

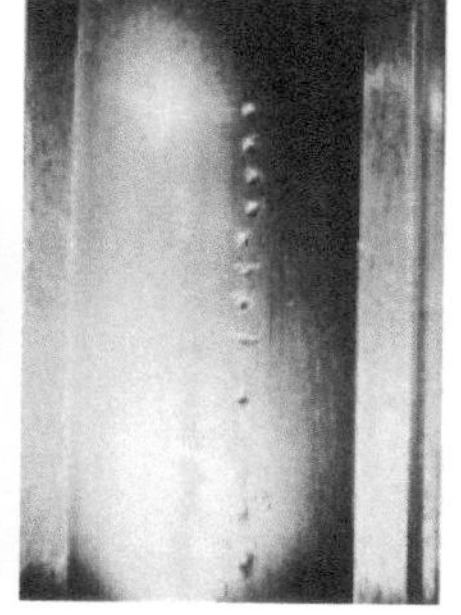

图 5-18　球和滚道上呈珠状排列的环形坑

（2）电流泄漏（电蚀波纹状凹槽）

电流泄漏表面损伤最初呈现浅环形坑，一个环形坑与另一个环形坑位置接近并且尺寸很小，即使电流强度相对较弱也会发生这种现象。随着时间的推移，环形坑将扩展为波纹状凹槽（图 5-19），只在滚子和套圈滚道接触表面发现这些波纹状凹槽，钢球上则没有。这波纹状凹槽是等距离的，滚道上的凹槽底部颜色发暗（图 5-20、图 5-21）。图 5-21 中波纹状凹槽附近的腐蚀斑纹（用笔尖指示）是由于保持架挡边和内圈接触造成的。电子显微镜放大图示置于右下角。

图 5-19　电流泄漏造成的波纹状凹槽

图 5-20　内圈滚道上的波纹状凹槽和颜色发暗的钢球

图 5-21　滚针轴承内圈上的波纹状凹槽

5.1.6 塑性变形失效

图 5-22 过载造成圆锥滚子轴承滚道上的塑性变形

定义：当应力超过材料的屈服强度时即发生塑性变形。

（1）过载压痕（真实压痕）

静止轴承承受的静载荷或冲击载荷过载时，将导致滚动体与滚道接触处发生塑性变形，即在轴承滚道上对应滚动体节距的位置形成浅的凹陷或凹槽（图 5-22）。此外，预载荷过大或安装过程中操作不当也会发生过载压痕（图 5-23）。装拆不当也能造成过载和轴承其他零件（如防尘盖、垫圈和保持架）的变形（图 5-24）。

图 5-23 安装过程中的过载压痕

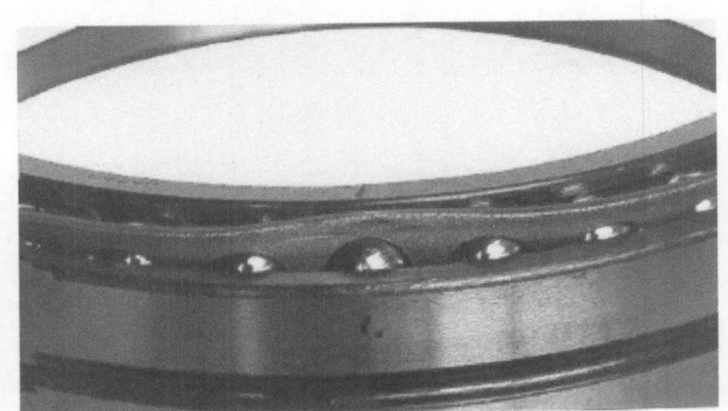

图 5-24 拆装不当造成的保持架变形

（2）碎屑压痕

当不同硬度的颗粒被滚动体滚碾时，在滚道和滚动体上将形成压痕，压痕形状和尺寸取决于颗粒性质，见表 5-1。

表 5-1 不同形状和尺寸的碎屑压痕

图示	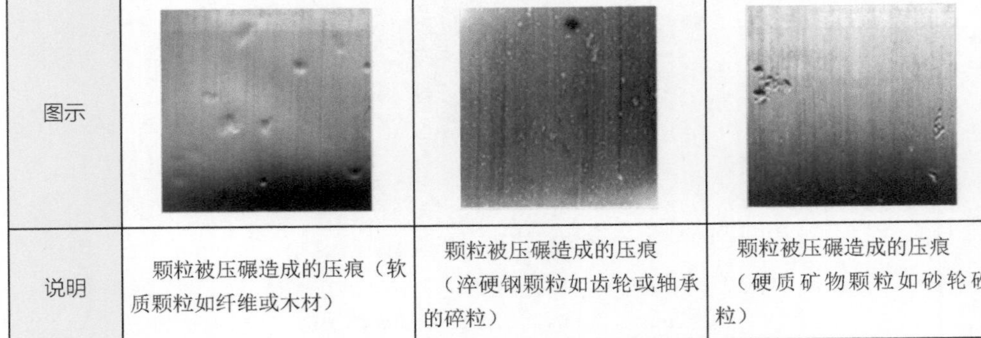		
说明	颗粒被压碾造成的压痕（软质颗粒如纤维或木材）	颗粒被压碾造成的压痕（淬硬钢颗粒如齿轮或轴承的碎粒）	颗粒被压碾造成的压痕（硬质矿物颗粒如砂轮砂粒）

（3）贮运压痕

尖硬物体也能导致滚道和滚动体表面出现 V 形小刻痕（图 5-25）。

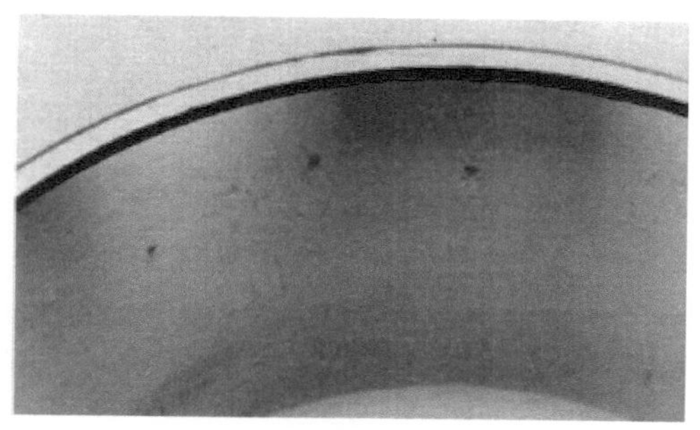

图 5-25　外圈滚道上的 V 形小刻痕

5.1.7　断裂与开裂

定义：当应力超过材料的抗拉强度极限时，裂纹将产生并扩展，断裂是裂纹扩展到一定程度，零件的一部分完全分离的结果。

断裂与开裂可分为 3 种：过载断裂、疲劳断裂和热裂。

（1）过载断裂

过载断裂是应力超过了材料的拉伸强度造成的，也可是局部应力过大，如锤击（图 5-26）或过盈配合太紧造成的（图 5-27）。

图 5-26　锤击造成的过载断裂

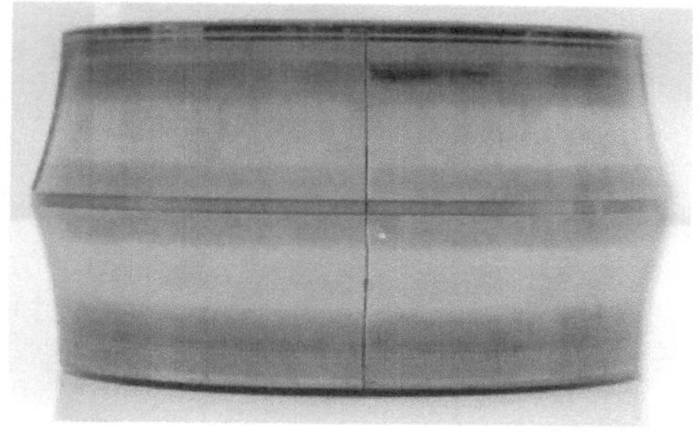

图 5-27　过盈配合太紧造成调心滚子轴承内圈过载断裂

图 5-28　过盈配合太紧造成调心滚子轴承内圈疲劳断裂

（2）疲劳断裂

轴承零件分别在弯曲、拉伸、扭转的条件下运转，零件上的应力不断超过相应的疲劳强度极限就会产生疲劳裂纹。裂纹先在应力较高处形成并逐步扩展到零件截面的某一部分，最终造成疲劳断裂。疲劳断裂主要发生在套圈和保持架上（图 5-28、图 5-29）。当轴承座或轴承套圈的支承面不够大时，也会引起疲劳断裂（图 5-30）。

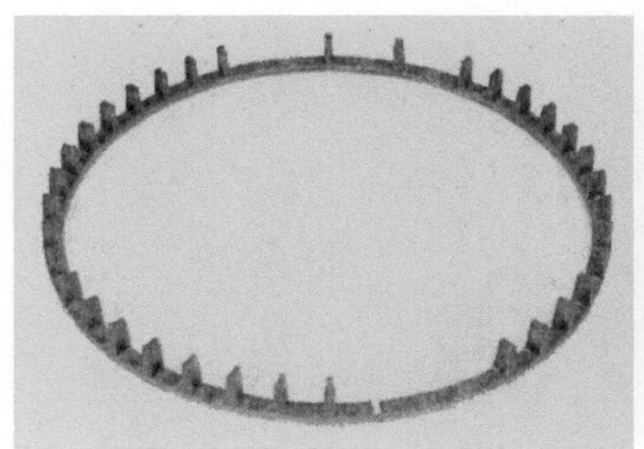

图 5-29 保持架疲劳断裂

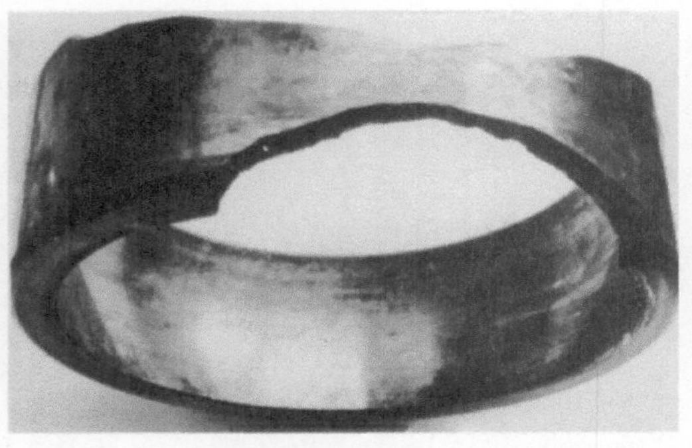

图 5-30 轴承座支承面不足引起疲劳断裂

图 5-31 内圈端面的热裂

（3）热裂

热裂是滑动产生的高摩擦热造成的，裂纹通常出现在垂直于滑动方向处（图 5-31）。表面二次淬火以及高残余拉应力这两个因素的共同作用使淬硬钢零件对热裂比较敏感。

齿轮箱轴承的钢球因高温全部发蓝，钢球表面无点蚀剥落损伤，但其中一个钢球的表面出现一条热裂裂纹，如图 5-32（a）所示（箭头所指）。裂纹用电镜放大见图 5-32（b）。图 5-33 为外圈上出现的微观热裂裂纹，裂纹的长度约 50μm。详见本章实例 1。

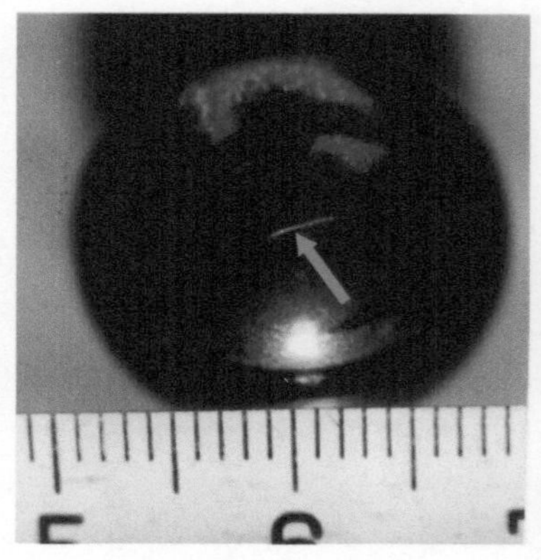

(a) 钢球上的裂纹

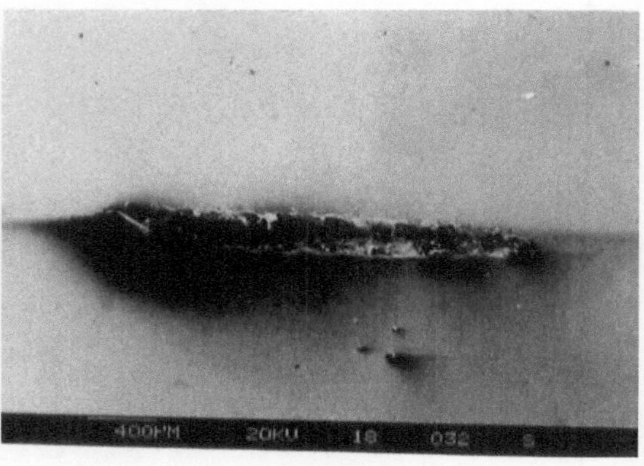

(b) 电镜放大的裂纹

图 5-32 轴承钢球上的热裂裂纹

以上是滚动轴承的主要失效形式。实际滚动轴承的失效往往不是单纯的某一种失效形式，而是某几种失效形式的复合或转化。如麻点和腐蚀都可引发剥落失效，磨损可引起游隙变化失效等。因此，在做失效分析时，要对失效的滚动轴承进行全面仔细的观察和分析，分清主次，提出相应的改进措施。

图 5-33　外圈上的微观热裂裂纹

5.2　套圈滚道面的磨损痕迹（滚迹）

滚动轴承在旋转运动中，轴承的滚动体与内、外滚道会有接触。这种接触在有载荷的情况下会在滚道工作表面留下运行和磨损的痕迹，简称滚迹。当轴承的安装或载荷发生变化时，轴承滚道面的运行和磨损的痕迹也会发生相应的变化，所以对损坏程度不太严重的轴承，可以通过对轴承套圈滚道面的运行和磨损痕迹进行分析，判断轴承的损坏与安装、载荷的联系。

5.2.1　向心轴承滚迹

向心轴承套圈滚道上的滚迹见表 5-2 ～表 5-9。

表 5-2　纯径向载荷——内圈旋转、外圈静止的套圈滚迹

项目	轴承工作状态	内圈滚迹	外圈滚迹
图示			
说明	受纯径向载荷，外圈固定，内圈旋转	滚迹宽度一致，位于滚道中部并延伸至整个圆周	滚迹位于滚道中部，在载荷方向最宽，向末端逐渐变细。具有正常配合和正常游隙时，旋转轨迹小于滚道圆周的二分之一

表 5-3　纯径向载荷——内圈静止、外圈旋转的套圈滚迹

项目	轴承工作状态	内圈滚迹	外圈滚迹
图示	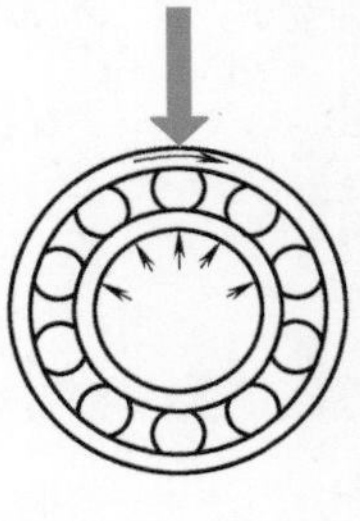	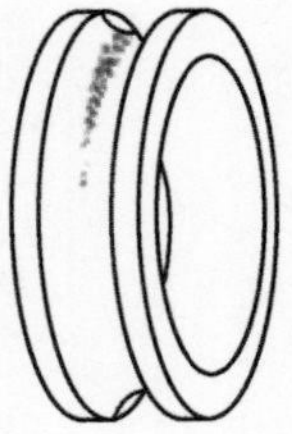	
说明	受纯径向载荷，内圈固定，外圈旋转	滚迹位于滚道中部，在载荷方向最宽，向末端逐渐变细。具有正常配合和正常游隙时，滚迹小于滚道圆周的二分之一	滚道中部圆周方向连续均匀磨损痕迹，滚迹宽度一致，并延伸至整个圆周

表 5-4　径向预载荷并承受纯径向载荷——内圈旋转、外圈静止的套圈滚迹

项目	轴承工作状态	内圈滚迹	外圈滚迹
图示	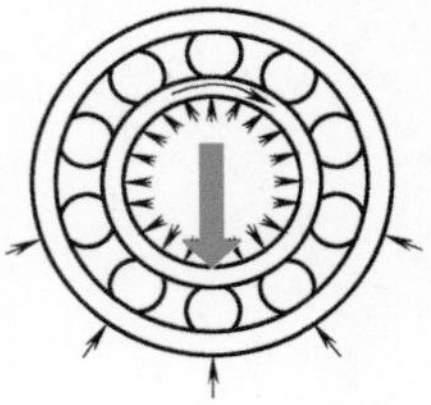	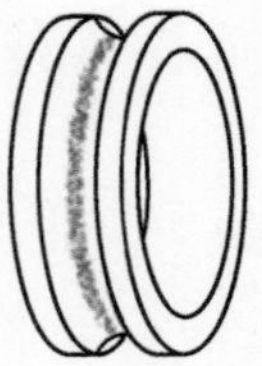	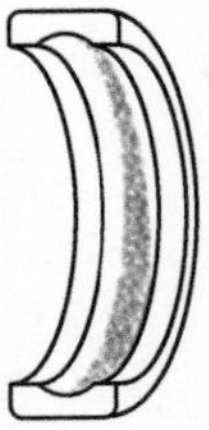
说明	外圈固定，内圈旋转。受径向预载荷和纯径向载荷作用	滚迹宽度一致，位于滚道中部并延伸至整个圆周	滚迹位于滚道中部，可能会也可能不会延伸至整个圆周，滚迹在径向载荷方向最宽

表 5-5　纯轴向载荷——内圈和（或）外圈旋转的套圈滚迹

项目	轴承工作状态	内圈滚迹	外圈滚迹
图示	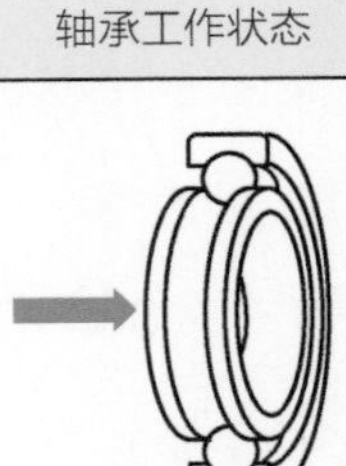		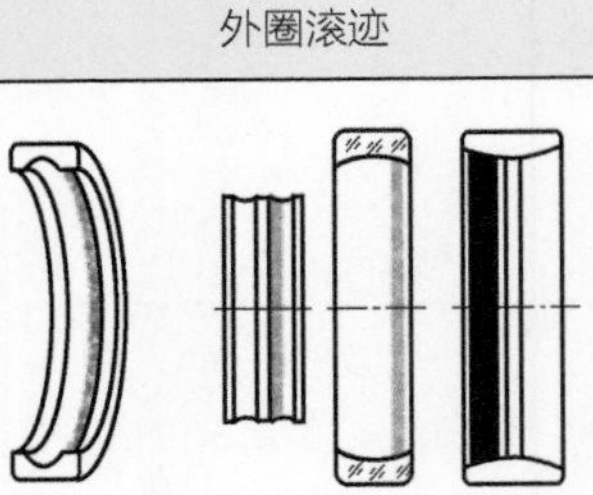
说明	单向轴向载荷，内圈和（或）外圈旋转	滚迹宽度一致，位于轴向不同位置并延伸至两套圈滚道的整个圆周	

表 5-6　径向和轴向联合载荷——内圈旋转、外圈静止的套圈滚迹

项目	轴承工作状态	内圈滚迹	外圈滚迹
图示	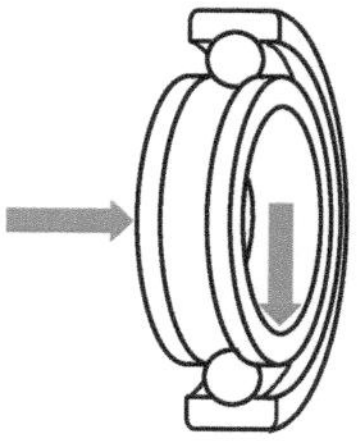	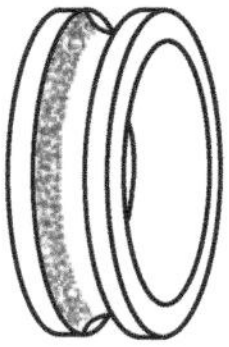	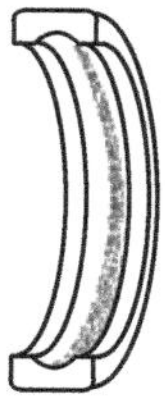
说明	内圈旋转，外圈固定。受径向载荷和轴向载荷作用	滚迹宽度一致，延伸至滚道的整个圆周并位于轴向不同位置	滚迹位于滚道中部，可能会也可能不会延伸至整个圆周，滚迹在径向载荷方向最宽

表 5-7　轴承座中外圈偏斜——内圈旋转、外圈静止的套圈滚迹

项目	轴承工作状态	内圈滚迹	外圈滚迹
图示	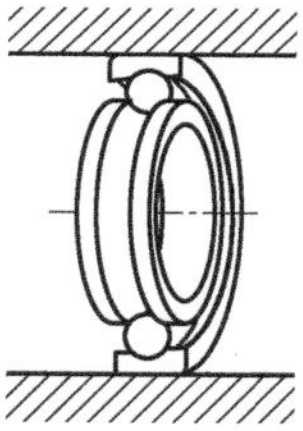	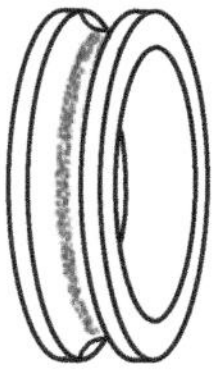	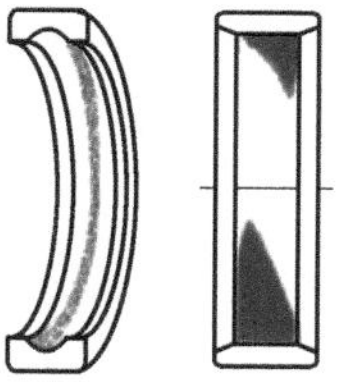
说明	轴承座中外圈偏斜。内圈旋转、外圈静止	滚迹宽度一致，比单一径向载荷时宽，位于滚道中部并延伸至整个圆周	滚迹宽度不一致，位于两个完全相反的截面并彼此斜对

表 5-8　轴上内圈偏斜——内圈旋转、外圈静止的套圈滚迹

项目	轴承工作状态	内圈滚迹	外圈滚迹
图示	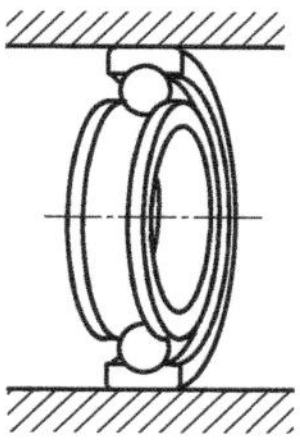	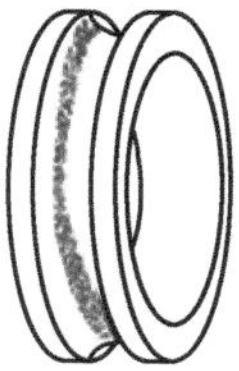	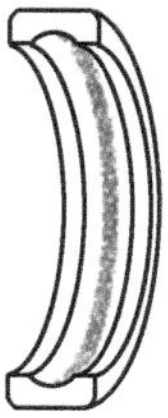
说明	轴上内圈偏斜。内圈旋转、外圈静止	滚迹宽度不一致，位于两个完全相反的截面并彼此斜对	滚迹宽度一致，比单一径向载荷时宽，位于滚道中部并延伸至整个圆周

表 5-9　外圈压成椭圆——内圈旋转、外圈静止的套圈滚迹

项目	轴承工作状态	内圈滚迹	外圈滚迹
图示	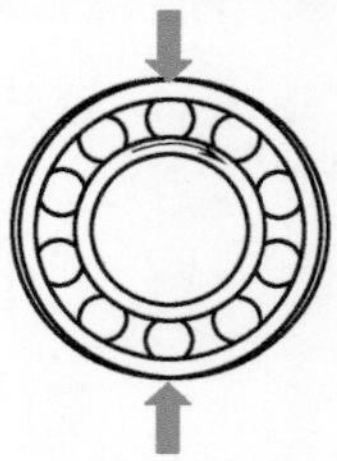	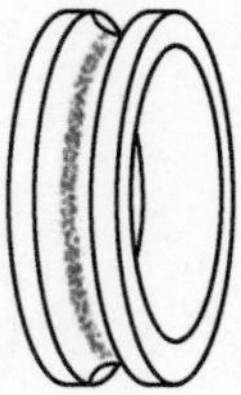	
说明	外圈压成椭圆。内圈旋转、外圈静止	滚迹宽度一致，位于滚道中部并延伸至整个圆周	滚迹在受压处最宽，位于两个完全相反的区域。滚迹长度取决于压缩量的大小和轴承的初始径向游隙

5.2.2 推力轴承滚迹

推力轴承轴圈和座圈滚道上的滚迹见表 5-10 ～表 5-12。

表 5-10　纯轴向载荷、轴圈旋转、座圈静止、状态正常的套圈滚迹

项目	轴承工作状态	轴圈滚迹	座圈滚迹
图示	轴圈 座圈		
说明	轴圈旋转，座圈固定。轴承状态正常。轴圈和座圈的旋转轨迹宽度一致，位于滚道中部并延伸至滚道的整个圆周		

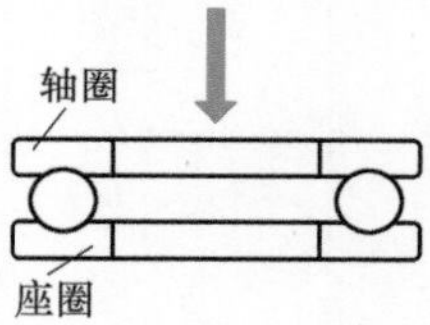

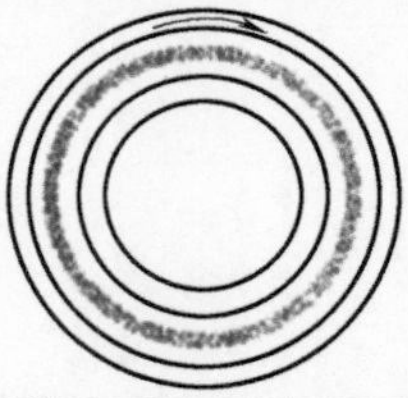

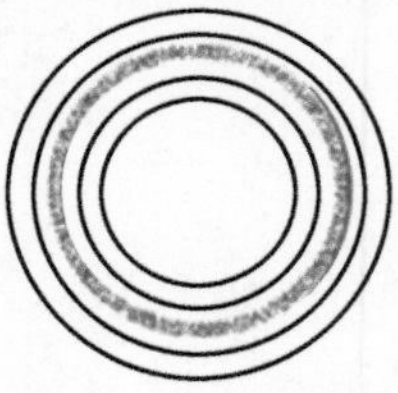

表 5-11　纯轴向载荷、轴圈旋转、座圈静止、轴圈偏心的套圈滚迹

项目	轴承工作状态	轴圈滚迹	座圈滚迹
图示	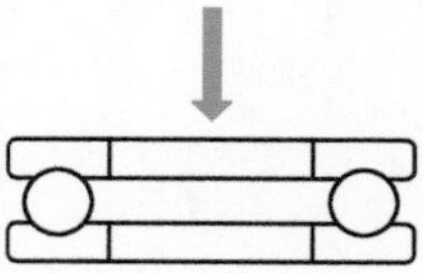	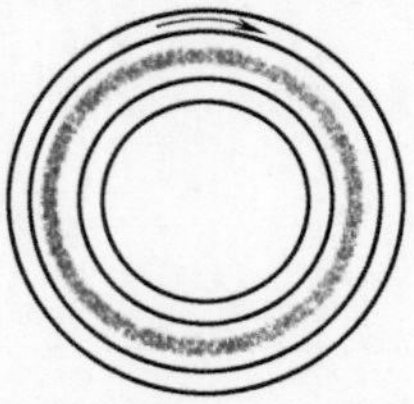	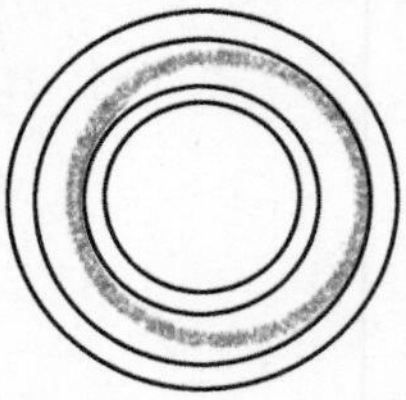
说明	受纯轴向载荷。座圈固定，轴圈旋转。轴圈处于偏心位置	滚迹宽度一致，滚迹宽度比单向轴向载荷大，位于滚道中部并延伸至滚道的整个圆周	滚迹宽度不一致，延伸至滚道的整个圆周，并且与滚道不同心

表 5-12　纯轴向载荷、轴圈旋转、座圈静止、轴圈偏斜的套圈滚迹

项目	轴承工作状态	轴圈滚迹	座圈滚迹
图示			
说明	受纯轴向载荷。座圈固定，轴圈旋转。轴圈偏斜	滚迹宽度一致，位于滚道中部并延伸至滚道的整个圆周	滚迹位于滚道中部但宽度不一致，可能会也可能不会延伸至滚道的整个圆周

5.3　影响轴承寿命的因素

影响轴承寿命的因素很多，但可以分为两大类：一类是轴承的几何参数和制造质量，例如轴承的几何尺寸和形状、材料和热处理质量、精加工和轴承本身的装配质量等，这些影响因素决定于轴承制造者的技术水平；另一类是决定于选用者和使用者的影响因素，例如轴承的载荷和转速、轴承选用的合理性、润滑条件（润滑剂、添加剂、润滑方法）、轴承安装质量、使用条件和维护等。第二类影响因素应引起轴承使用者的注意。

5.3.1　轴承的工作游隙对轴承使用寿命的影响

滚动轴承的游隙有 3 种：制造游隙、安装游隙和工作游隙。轴承的制造游隙决定于轴承的结构和制造精度。轴承工作游隙（径向或轴向）的大小反映了轴承内部载荷分布的情况，对轴承的使用寿命影响很大。如果轴承游隙偏大，轴承内部小于 180° 圆周范围的滚道和小于 50% 的滚动体承受载荷，而轴承内承受载荷最大的滚动体的载荷 Q_{max} 将会明显增大，所以轴承的使用寿命下降。如果轴承游隙偏小，虽然轴承内部在圆周范围内的承载面积扩大，有大于 180° 的滚道和大于 50% 的滚动体承受载荷，且轴承内承受最大载荷的滚动体的载荷 Q_{max} 将会明显减小，所以轴承的使用寿命延长。但是当轴承内部游隙过小时（特别是在负游隙、高速运行时），轴承运行温度将有可能升高，导致轴承使用寿命明显缩短。因此，根据一般的轴承使用情况，建议轴承的工作游隙为“0”或轴承内载荷区域为 80% 左右，此时轴承的使用寿命较为理想。

轴承安装间隙调整不当，不但影响轴承的寿命，而且会影响轴上传动件的寿命，第 4 章实例 10 就是典型的例子。

5.3.2 安装精度对轴承使用寿命的影响

轴承的安装精度不足，特别是对于线接触的滚子轴承，例如圆柱滚子轴承在安装过程中有过大倾斜度将会严重影响轴承内部载荷的正常分配，破坏圆柱滚子的正常线接触状态，引起有害的载荷集中，轴承的使用寿命会明显下降。

5.3.3 润滑油中水分对轴承寿命的影响

润滑油中水分对轴承寿命的影响比较复杂。首先是润滑剂黏度和油性变化带来的影响；其次是水使滚动表面钢材的晶界强度减弱。两者都易使滚动表面的非金属夹杂物处产生裂纹，从而影响轴承的寿命。SKF 的研究：如果将润滑油中的含水量为 0.01% 时的轴承寿命定为 100%，则含水量增加为 0.1% 时轴承寿命只有 30%，表明影响很大。此外，润滑剂中的水将使钢材表面氢脆，增加应力集中，从而减小轴承的疲劳寿命。

研究数据表明，含水润滑剂对轴承寿命的影响取决于润滑剂的成分和水分的含量。因此，轴承寿命减少数量需要结合润滑剂的类型，特别是成分以及含水量的不同予以综合考虑，情况比较复杂。

一般认为，轴承润滑油水分含量至少应低于其油温的露点浓度，即不允许出现肉眼可见的游离水、油液浑浊与乳化现象。

目前，人们对润滑剂中的含水量对轴承寿命有明显影响已经取得共识。但遗憾的是，水对轴承寿命的影响目前还没有公认的量化数据的支持。这就是轴承寿命计算公式中未能反映水分对轴承寿命影响的原因。

5.3.4 润滑添加剂对轴承疲劳寿命的影响

润滑剂的基础油很少直接用于滚动轴承润滑，大部分轴承如齿轮箱轴承都要求使用性能最优的润滑剂。这些润滑剂都需要添加特殊的添加剂，以便得到一些特殊的优良性能。有些添加剂可能会影响轴承的疲劳寿命。例如，无抗磨添加剂的轴承油，滚动轴承试验的平均寿命可达 1.1 L_{10}（L_{10} 是轴承的额定寿命），而有抗磨添加剂的轴承油，试验的平均寿命仅为 $0.8L_{10}$。

5.3.5 轴承预紧（预载荷）对轴承性能的影响

轴承受载荷 F 作用后，由于滚动体与滚道之间出现弹性接触变形，轴承内外圈之间必然产生位移 δ。载荷 F 与位移 δ 之间一般成非线性的关系，随着载荷均匀增加变形率逐渐减小。因此加预载荷，对减小轴承的位移是有利的（刚度好）。

由于圆锥滚子轴承的轴向位移与载荷几乎成线性关系，因此对圆锥滚子或调心滚子轴承进行轴向预紧并不会有太多的好处，实用上轻度预紧即可。滚动轴承的径向预紧与轴向预紧不同，其目的不是用来消除较大的初始位移，而是使更多的滚动体承受载荷，从而降低滚动体的最大载荷 Q_{max}。此外也可以用来防止打滑，因此安装时应注意。

5.4 滚动轴承失效分析的方法

滚动轴承是一种专业化生产可更换的通用机械零件。从设计的角度来看，滚动轴承设计使用寿命的可靠度只有 90%，因此滚动轴承在使用中出现偶然失效可认为是正常的，通常不必进行追根究底的失效分析，只要按规程更换轴承就可以了。但是如果机械设备上同一部位的滚动轴承发生多次过早失效，或者大型、可靠度要求很高的轴承失效，就有必要进行轴承失效分析了。

一个滚动轴承失效了，通常根据上述各种失效形式的特征，从外观上就可以判定具体的失效形式，但要确定诱发轴承失效的原因就不容易了。例如，轴承内圈断裂失效是可以直观判定的，但是引起内圈断裂的因素很多，如配合太紧、装配面形状误差太大、轴承座变形、微动磨损、过载、有外伤、有内在裂纹和缺陷、装配时遭锤击、材质有问题等，确定失效的原因非常困难。

滚动轴承常见失效形式的特点和原因见表 5-13 [55] 669-671。

表 5-13　滚动轴承常见失效形式的特点和原因

失效形式	特点和部位	原因
磨料磨损	滚道表面模糊无光泽	轴承中有粗糙磨料
	滚道表面有光亮区域	轴承中有细小磨料
	滚动体有不规则磨损痕迹	磨料引起的振动
	滚道、滚动体上与保持架接触部位磨损	润滑不良或有惯性力作用在保持架上
	滚动体、保持架磨损	内圈或外圈不正；轴承内部有磨料
	滚动体和滚道表面磨损引起的内部松动	润滑不良及过滤欠佳导致轴承内有残余磨料
表面或次表面疲劳	滚道上早期剥落	过载、转速过高、轴与轴承座孔不对中或润滑不良
	滚动体上早期剥落	过载、润滑不良或粗暴安装
	向心轴承滚道相对位置上的剥落	轴承座或配合面的椭圆度误差太大
	滚动体及滚道接触边缘剥落	轴向载荷过大或轴与轴承座孔不对中
	滚道上的倾斜剥落	轴与轴承孔不对中或轴弯曲；内外圈不正
	受力表面较大面积压光和微观剥落	过载、润滑不良
	推力轴承滚道上偏心分布的麻点	加载偏心或装配偏心
黏着磨损	保持架的金属粘在滚动体上	滚动体运动受阻；润滑不良；速度过高；惯性力

续表

失效形式	特点和部位	原因
黏着磨损	滚道与滚动体上的轴向黏着痕迹	粗暴安装
	内圈内孔或外圈外圆柱面有黏着条痕	与内、外圈相配合圆柱面松动，造成旋转爬行
	座圈表面有黏着条痕	与轴肩或端盖等接触处的旋转爬行
	滚道、兜孔或滚动体上的边缘条痕	速度过高、润滑不良
微动磨损	外圈接触表面上有红色或黑色氧化物斑点，边缘光滑	外圈与配合座孔间接触不良，有轻微振动
	内圈与轴肩接触面有红色氧化物	轴弯曲产生轻微运动
	滚道与滚动体相应位置上均布的粗糙凹痕	静止轴承的振动，尤其是存在研磨颗粒
断裂	内、外圈开裂	配合太紧，装配面形状误差过大
	保持架严重磨损和断裂	润滑不充分；速度过高；不对中保持架严重过载；胶合
	内、外圈表面上的轴向裂纹	配合太紧；装配面形状误差过大；旋转爬行或微动磨损
	内、外圈表面上的周向裂纹	过载；装配面形状误差过大
	内、外圈端面上的径向裂纹	旋转爬行引起金属黏着
	滚子轴承座圈上的挡边断裂	装配不当，使滚子端部受载增加
腐蚀	表面斑痕或麻点	润滑剂有水分；湿气；腐蚀性气氛
	局部表面熔融，呈搓板状凹凸不平	轴承表面有电流通过
压痕	滚道与滚动体上的光滑压痕	静载荷过大；有冲击
	滚道与滚动体上的粗糙压痕	磨料作用且静止时有振动
	滚动体上的不规则压痕	磨料作用

5.4.1 滚动轴承的调查

滚动轴承的失效分析工作是从调查研究开始的，GB/T 24611—2009《滚动轴承　损伤和失效术语、特征及原因》中指出，对轴承进行调查时应考虑的主要项目有：

从轴承监控装置上取得运转数据、分析记录和图表；

提取润滑剂样品，以确定润滑条件；

检查轴承的外部影响环境，包括有关设备；

标识安装位置；

拆卸轴承及零件；

标识轴承及零件；

检查轴承支承面；

检查单个轴承零件；

需要时，可将上述检查项目的结果向专家汇报和咨询。

5.4.2 了解轴承的工作条件

在进行滚动轴承失效分析时，首先要了解轴承的工作条件：

1）安装部位和安装情况　从轴承的安装部位，可以得知轴承在机器中所起的具体作用，以及与其他零部件之间的关系。轴承的失效往往是其他零件影响的结果，例如轴的弯曲变形、箱体刚度不足、齿轮的损伤等都可能引起轴承失效。此外，轴承的不正确安装，如强力安装、安装游隙太小、内外圈的配合不合理等，也都可能引发轴承失效。

轴承部件的制造精度和安装位置是否正常可以根据前述的轴承套圈滚道中滚迹的位置和形状来判断。例如，一个内圈承受单向径向载荷、内圈旋转外圈静止的深沟球轴承失效，切开外圈后看到如图 5-34 所示歪斜的内圈滚道上滚迹，对比表 5-8 套圈的滚迹就可以判定是内圈不正，歪斜了。因此，在做轴承失效分析时，可以根据轴承套圈滚迹的位置和形状来判断轴承部件的加工精度和安装情况。

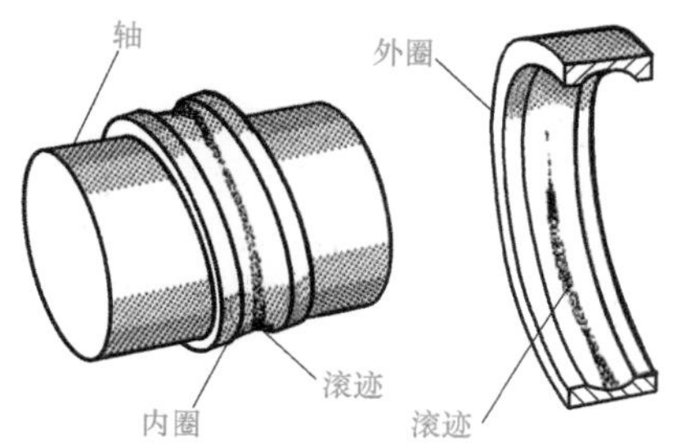

图 5-34　内圈和外圈滚道上的滚迹

2）载荷情况　主要是了解轴承上所受载荷的大小和方向是否与设计者规定的一致。滚动轴承的基本额定寿命 L_{10} 与当量动载荷有如下的关系：

$$L_{10}=\left(\frac{C}{P}\right)^{\varepsilon} \tag{5-1}$$

式中　C ——基本额定动载荷；

P ——当量动载荷；

ε ——指数。

对于球轴承，指数 ε=3，如果载荷 P 增加一倍（2P），则轴承的寿命 L 将减少 88%。由此可见载荷对轴承寿命的影响很大。另外，不同类型的轴承对承受载荷的方向和大小也有一定的要求。

3）转速情况　每一种滚动轴承都有规定的极限转速，如果轴承的转速超过此极限转速，将影响轴承的寿命，易造成早期失效。

4）润滑情况　滚动轴承的润滑包括润滑方法、润滑剂和密封。正常的润滑要求有合理的润滑方法、性能良好的润滑剂和可靠的密封。轴承的磨损失效、点蚀失效等与润滑失误有关。

润滑剂的有效性主要取决于滚动接触面之间的表面分离程度。要形成一层足以把两个表面分开的润滑膜，润滑剂达到正常工作温度时应具有一定的最低黏度，因此轴承工作时温度升高后润滑剂的最低黏度是很重要的。另外，润滑剂的清洁度也很关键，污染物颗粒大小对润滑油膜与轴承表面的损伤见表 5-14。重要的轴承对清洁度的要求就很高。

表 5-14 污染物颗粒大小对润滑油膜与轴承表面的损伤

图示	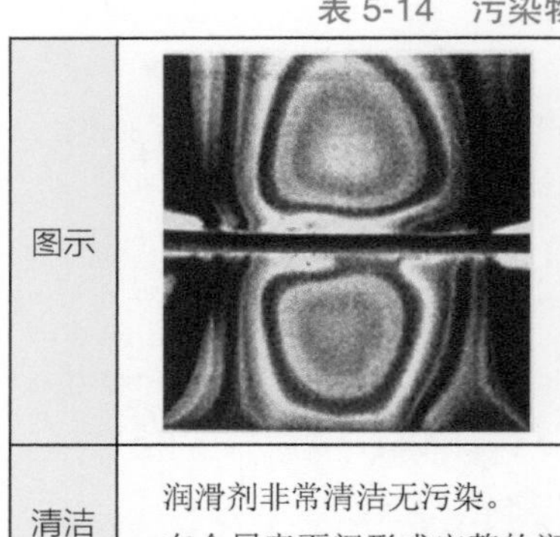	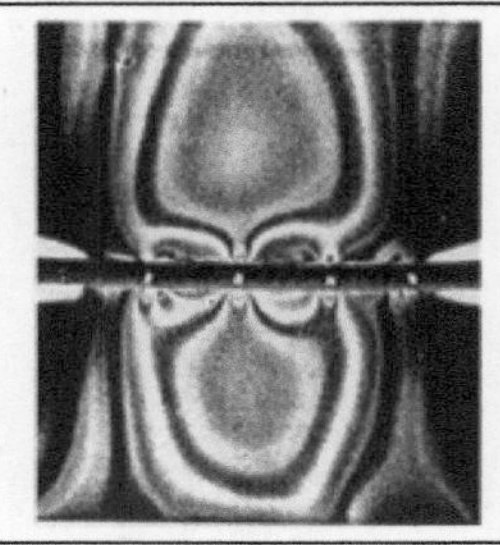	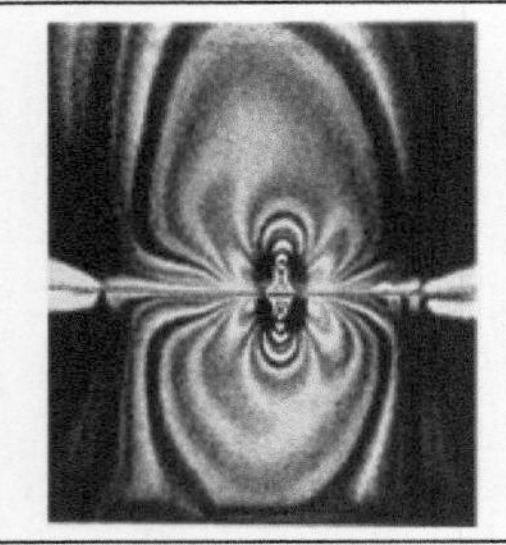
清洁情况	润滑剂非常清洁无污染。 在金属表面间形成完整的润滑油膜	润滑剂不清洁有污染。 由于污染小颗粒的存在，破坏金属表面润滑油膜的连续性	润滑剂很不清洁严重污染。 由于污染大颗粒的存在，在金属表面产生凹坑，导致应力集中

一个轴承在不同清洁和污染的条件下运转，其轴承寿命和寿命比值计算结果见表 5-15。因此，轴承润滑剂的清洁和污染情况要在现场调查时详细了解。

表 5-15 污染对轴承寿命影响的计算结果

序号	工作条件	污染系数 C_e	轴承寿命 /$\times 10^6$r	寿命比值 /%
1	清洁	1	1323	100
2	比较清洁	0.8	806	61
3	轻度污染	0.5	426	32
4	常见污染	0.3	279	21

随着轴承设计、制造装备和制造技术水平的提高，轴承制造品质方面的问题逐渐减少，而轴承使用方面的问题成为主项——润滑不良（特别是污染）引起的失效比率居然高达 59%（见图 5-35），也就是说润滑条件与污染程度对滚动轴承失效的影响越来越具有决定性意义。

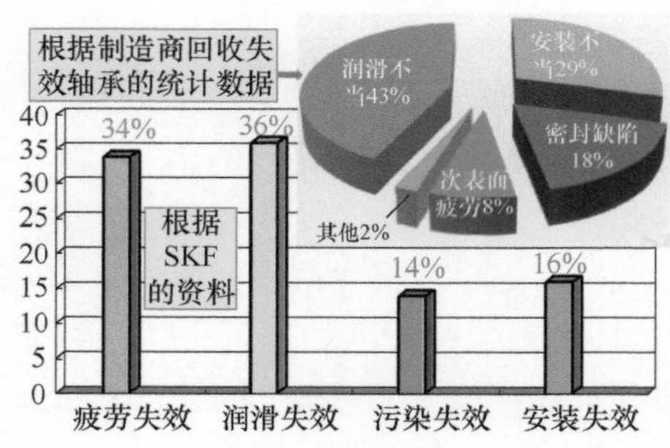

图 5-35 滚动轴承失效比率

5）温度情况　普通的滚动轴承要在温度低于 120℃条件下运转才能达到规定寿命。如果温度过高，不但会使轴承的显微组织发生变化，硬度降低，而且会使轴承的尺寸不稳定，润滑剂的性能降低，从而引起轴承失效。

6）周围介质情况　轴承对周围的介质如潮湿的空气、酸碱物质、粉尘和其他有害气体等非常敏感，周围介质容易引起轴承磨损、腐蚀失效。此外，如果水进入润滑油中，一方面会直接影响润滑油膜的强度和润滑剂的压黏性能，引起接触表面的磨损；另一方面会使材料的晶格受到腐蚀，产生腐蚀疲劳，导致材料早期剥落（见图 5-36）。

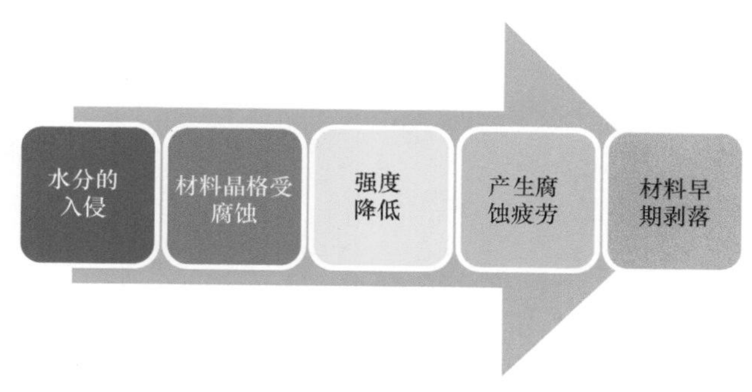

图 5-36　水分对材料的腐蚀损伤

7）其他情况　其他一些情况也应该详细了解，例如，轴承失效的使用寿命，轴承失效前是否有异常情况，失效发生的过程，与轴承失效有关设备的损坏情况，轴承所在设备的有关资料等。

5.4.3　宏观观察与测量

滚动轴承失效后，对轴承作宏观观察和几何尺寸测量。

1）宏观观察　用肉眼或放大镜仔细观察轴承失效的部位、形貌、颜色，并对照以上介绍的失效模式特征初步判定轴承的失效形式，分析引起轴承失效的可能影响因素。宏观观察最好的记录方法是用具有近摄功能的相机拍照。

2）几何尺寸测量　失效的滚动轴承，其几何尺寸往往会发生变化，例如，轴承磨损会引起轴承游隙增大；内圈蠕动会使内圈孔的尺寸增大。从轴承尺寸的变化可以推断轴承的安装配合情况、实际的工作温度和金属组织的稳定性等。

5.4.4　材料内在质量检查

制造滚动轴承的材料一般都采用专门的优质钢材，如电炉精炼的优质轴承合金钢或电渣重熔钢等。轴承零件的热处理工艺控制也相当严格，一些名牌轴承的零件材料的内在质量检查是有保证的，但也不排除其某一环节出问题。为了探明轴承失效的原因，对材料进行内在质量检查是必要的。检查项目有材料的化学成分、金相组织、非金属夹杂物和硬度等。此外，如有必要，还要检查零件表面是否有软点和脱碳层、测量表面层的残余应力等。

5.4.5 失效表面和断口的微观观察

利用显微镜和扫描电镜等仪器设备对轴承失效表面和断口的微观形貌进行观察，不但可以进一步确认轴承的失效形式，而且还可能查清引起失效的直接原因。例如，轴承的外圈断裂就可以通过扫描电子显微镜对断口进行微观观察，确认是一次性断裂还是疲劳断裂，如果是疲劳断裂，就可以进一步找到疲劳源，分析产生疲劳裂纹的原因（夹杂物、材料缺陷、应力过大等）。因此，微观观察是轴承失效分析工作中非常重要的一环。

5.4.6 轴承的寿命复核

在重要的滚动轴承失效分析工作中，可能还要进行轴承寿命计算的复核，以便查清失效轴承的选择是否有误或不恰当。

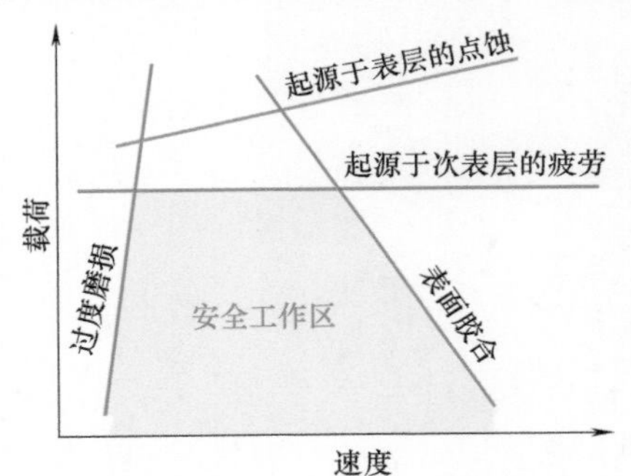

图 5-37 轴承受不同失效形式限制的安全工作区

轴承的寿命与轴承的失效形式有关，图 5-37 给出了轴承受不同失效形式限制的安全工作区域。由图可见：低速运转，轴承以过度磨损失效为主；高速运转，轴承以表面胶合失效为主；中速运转，轴承以次表层起源型疲劳（剥落）失效为主。轴承在实际使用中，大多数是在中速运转的范围内，因此仅计算次表层起源型疲劳的寿命。

滚动轴承早期的寿命计算公式采用式（5-1）。此计算式简单明了，但是存在考虑影响寿命的因素太少，计算寿命同实际寿命差别太大等缺点。随着研究的深入，发现有许多因素影响轴承的寿命，因此，从 1960 年开始采用几种不同的修正额定寿命的计算公式。ISO 于 2007 年公布了最新的轴承寿命计算方法 ISO 281-2007 Rolling bearings.Dynamic load ratings and rating life。随后被我国等同采用，即 GB/T 6391—2010《滚动轴承 额定动载荷和额定寿命》。在此标准中提出了新的修正额定寿命 L_{nm} 计算方法。

该修正额定寿命 L_{nm} 计算方法是在以下修正条件下得到的额定寿命：不同的

可靠度水平；轴承不同的疲劳极限；不同轴承特定的性能；润滑剂不同的污染程度；其他非常规运转条件。由于计算方法中考虑的影响因素比较全面，处理比较得当，因此这是目前公认较好的轴承寿命计算方法，轴承寿命的复核计算应该采用 GB/T 6391—2010 的方法。

修正额定寿命 L_{nm} 的计算公式如下：

$$L_{nm}=a_1 a_{ISO} L_{10} \tag{5-2}$$

式中　L_{10} ——基本额定寿命；

a_1 ——可靠度寿命修正系数；

a_{ISO} ——寿命修正系数。

具体的计算方法，详见 GB/T 6391—2010 或有关的设计手册。

5.4.7　综合分析与结论

通过以上各方面的工作，全面掌握轴承失效的资料，再经过综合分析和推断，通常就可以最后确定轴承的失效形式，找到轴承失效的主要原因和影响因素，从而使失效分析有正确的结论。根据分析结果还可以提出防止轴承失效的具体措施，避免同类失效再次发生。但是，由于轴承失效的复杂性，在实际的失效分析中，一时找不到轴承失效的原因也是常有的事。

5.5　轴承失效分析实例

5.5.1　实例 1　高速线材精轧机滚动轴承失效分析[1]

5.5.1.1　轴承失效概述

某线材厂精轧机生产运转中滚动轴承常损坏，影响正常生产，厂方要求进行轴承失效分析，查明失效的原因，并提出了防止滚动轴承失效的具体措施。

精轧机传动箱锥齿轮传动部分结构如图 5-38 所示。这是一个由大锥齿轮（图中未画出）和小锥齿轮组成的增速箱。增速箱中经常失效的是小锥齿轮轴上 Z 局部（图 5-38）中的角接触球轴承（MRC 7310 D4B）。此轴承成对使用，用来承受小锥齿轮的轴向力，并作小锥齿轮轴的轴向定位。轴承组合 Z 局部的放大结构如图 5-39 所示。

[1] 本实例取材于某钢铁公司《高速线材精轧机滚动轴承失效分析报告》，2000 年 2 月。

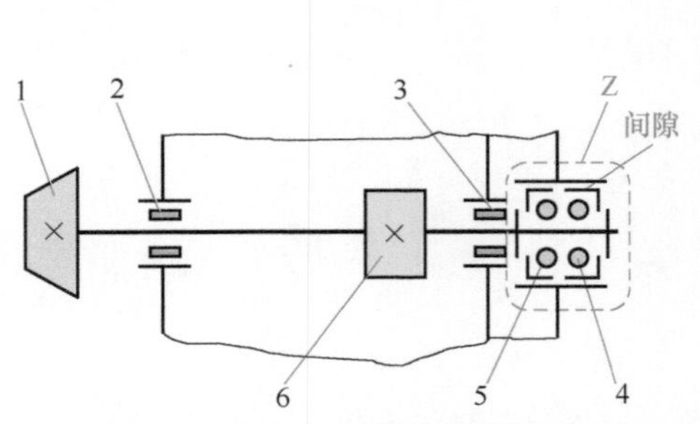

图 5-38　锥齿轮传动局部结构示意图

1—锥齿轮（输入）；2，3—圆柱滚子轴承；
4，5—角接触球轴承；6—圆柱齿轮（输出）

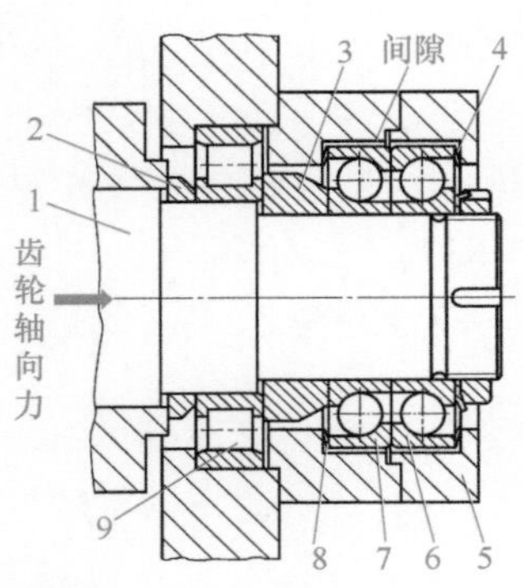

图 5-39　轴承组合 Z 局部的放大结构图

1—锥齿轮轴；2，3—挡圈；4，8—垫圈；5—轴承座；
6，7—角接触球轴承；9—圆柱滚子轴承

轴承的转速 n=8000 ～ 9000r/min 或 n=5000 ～ 6000r/min。因损坏的多个轴承并不在同一根轴上，因此有不同的转速。此轴承是美国 MRC 公司的产品，属于高精度、高转速、航空用类的滚动轴承。

经现场调查、轴承测量、试样对比、材料化学成分分析、金相检验和电子显微镜观察，现已基本查明精轧机传动箱角接触球轴承损坏的主要原因：轴承组合部件的加工和安装可能存在问题；润滑油的品质和污染存在问题。

5.5.1.2　现场调查

在失效分析工作的现场调查中，由厂方提供了三个失效的滚动轴承，分别编号为 No.1、No.2 和 No.3。

No.1 轴承最明显的特征是烧伤，轴承表面发蓝。No.2 轴承从宏观上看无明显损伤的痕迹。No.3 轴承的内圈、外圈和滚动体都出现了大面积的点蚀和剥落。

向厂方有关人员了解滚动轴承的使用情况，有以下几点值得注意：

① 判定这些轴承失效（报废）的根据是运转时的噪声、振动过大，因而更换轴承。

② 这些轴承的设计寿命为 2 年，但实际最短使用寿命只有 3 个月。

③ 滚动轴承原来使用 525 号 Mobil Vacuoline 润滑油润滑（40℃时的运动黏度为 84.2 ～ 93.6cSt），后来从经济上考虑改用国产润滑油。国产油经承载试验，符合技术要求，但没有进行腐蚀性检验。

④ 润滑油的清洁度较差，油中还混入较多的水分。

5.5.1.3　滚动轴承失效的宏观形貌

分别观察 No.1、No.2 和 No.3 轴承失效的宏观形貌，情况如下。

（1）No.1 轴承失效的宏观形貌

图 5-40、图 5-41 是 No.1 轴承解体前的照片（从轴承两端面观察、从侧面观

察）。轴承内外座圈和滚动体大部分都已变成深蓝色，局部黑褐色，说明轴承曾出现高温［图 5-41（a）］。外圈局部出现锈蚀［图 5-41（b）］。根据表 5-16 中氧化色与温度的关系来判断，轴承外圈的温度已超过 400℃。

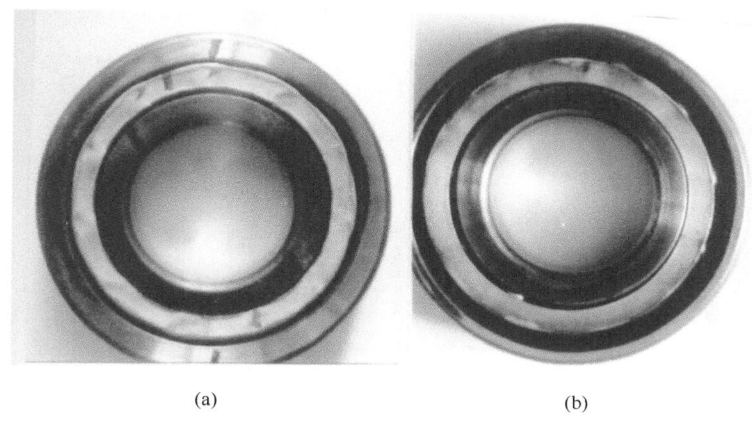

(a)　　(b)

图 5-40　No.1 轴承解体前外貌（端面）

(a) 轴承外圈高温发蓝

(b) 轴承外圈局部锈蚀

图 5-41　No.1 轴承解体前外貌（侧面）

表 5-16　氧化色与温度的关系[56]84

氧化色	温度 /℃	
	碳钢和低合金钢	不锈钢
浅黄	225	290
黄	235	340
浅红	265	390
暗红	280	450
浅蓝	290	530
深蓝	315	600
黑褐	高于 400	高于 600

轴承的轴向游隙和径向游隙很大。过度摩擦发热，使轴承产生高温，这是轴承失效的主要原因。保持架受高温而变形［图 5-40（a）］。

将 No.1 轴承外圈对半切开，可观察到外圈滚道上的磨损痕迹（磨损带、滚迹），如图 5-42 所示，图 5-43 是按比例描绘的磨损带。另一半外圈的磨损带如图 5-44 所示。从图 5-43 和图 5-44（b）中可以看到，外圈上的磨损带是歪斜的，说明轴承部件的安装精度存在问题，特别是图 5-39 轴承座 5 的安装精度和垫圈 4 的完整性。如果加工和安装都符合要求，正常的外圈滚道磨损带应如图 5-45 所示。

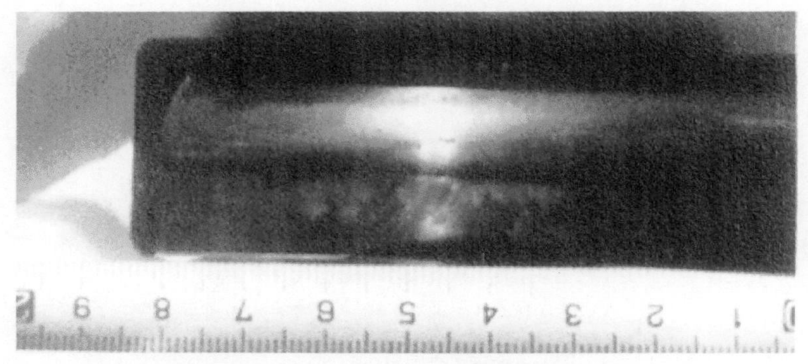

图 5-42　外圈滚道上的磨损带照片

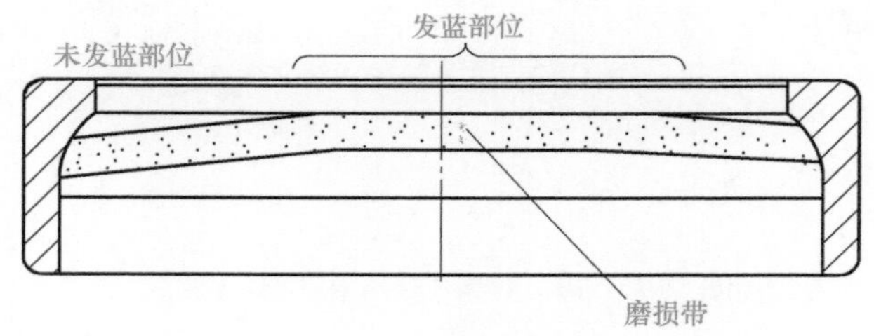

图 5-43　外圈滚道上按比例描绘的磨损带

No.1 轴承外圈滚道上无点蚀剥落损伤，其发蓝部位如图 5-44 所示。发蓝最严重的部位正是磨损带偏滚道一侧，这进一步说明了轴承的高温是由磨损带偏斜引起的。

轴承的内圈由于高温已经整体发蓝，如图 5-46 所示，其磨损带处于受载一侧。滚道上无点蚀、剥落的迹象。

No.1 轴承的滚动体中有 11 个钢球因高温全部发蓝。钢球表面无点蚀剥落损伤，但其中一个钢球的表面出现一条裂纹，这是在高温条件下产生的热裂裂纹，如图 5-47 所示（箭头所指）。

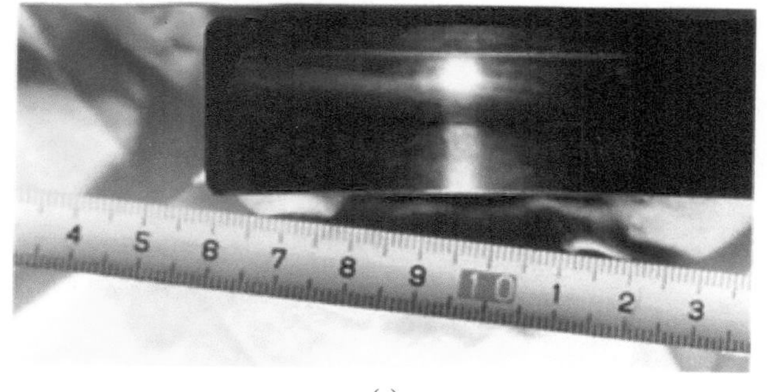

(a)

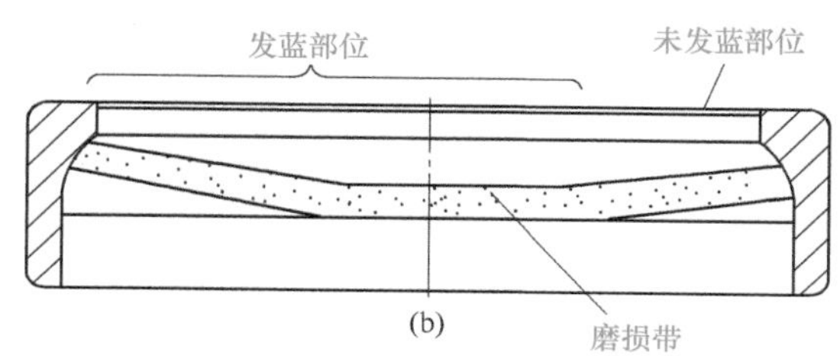

(b)

图 5-44　外圈滚道上的磨损带

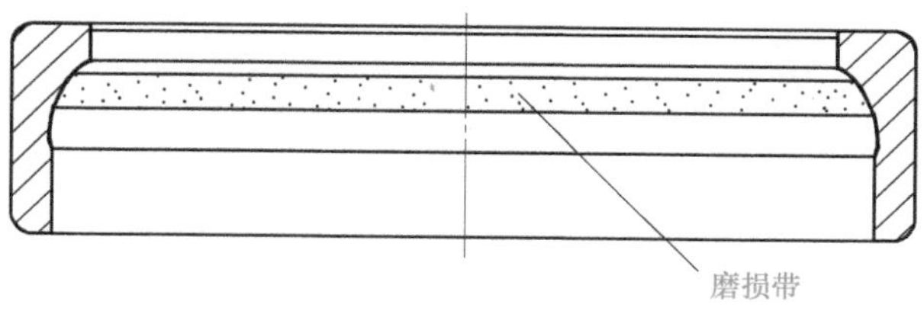

图 5-45　外圈滚道正常的磨损带

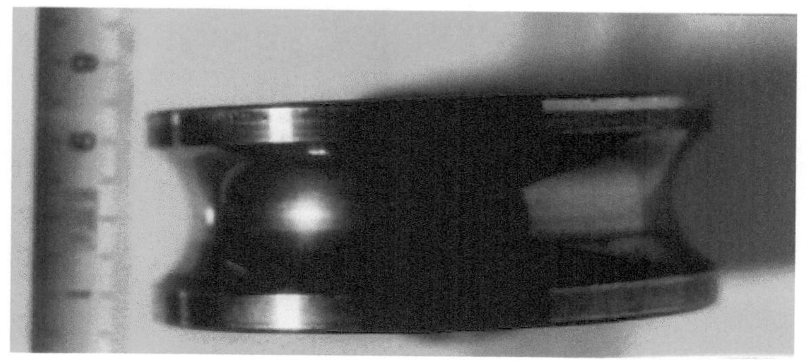

图 5-46　No.1 轴承的内圈外观

因受高温和磨损，No.1 轴承的保持架（铜质）发生严重的变形，如图 5-48 所示。

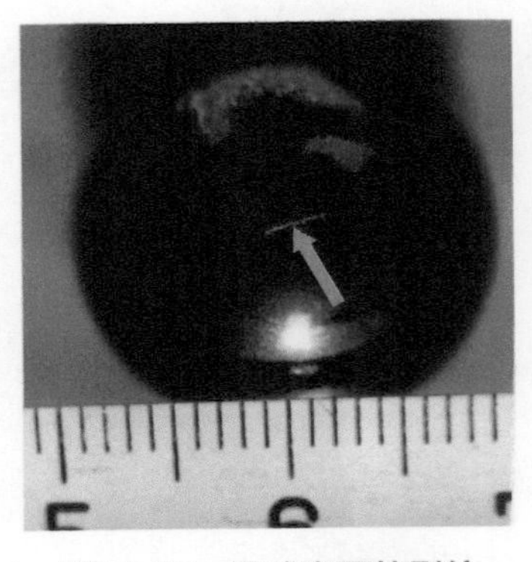

图 5-47 钢球表面的裂纹

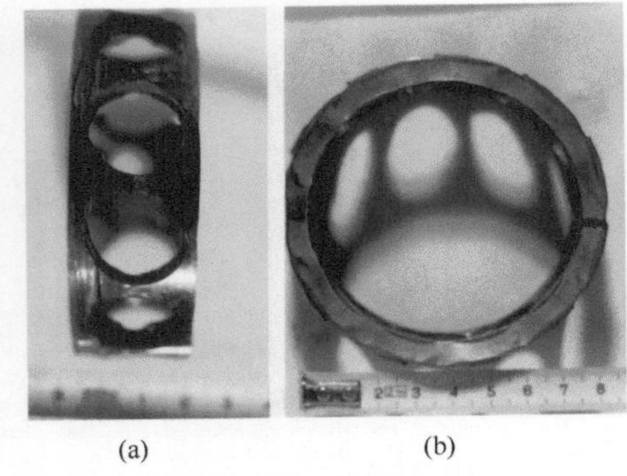

(a) (b)

图 5-48 失效后的保持架

（2）No.2 轴承失效的宏观形貌

图 5-49 No.2 轴承解体前的形貌

No.2 轴承解体前的形貌，见图 5-49。从宏观上看无明显损伤的痕迹。

No.2 轴承解体后，观察轴承的外圈和内圈滚道，未发现有点蚀、剥落和烧伤的痕迹，但滚道上的接触磨损带明显，如图 5-50、图 5-51 所示。

No.2 轴承的保持架完好无损，如图 5-52 所示。轴承的钢球表面无宏观的损伤。

（3）No.3 轴承失效的宏观形貌

No.3 轴承解体前的形貌如图 5-53 所示。此轴承已经严重点蚀、剥落，但没有烧伤的痕迹。

图 5-50 No.2 轴承的外圈

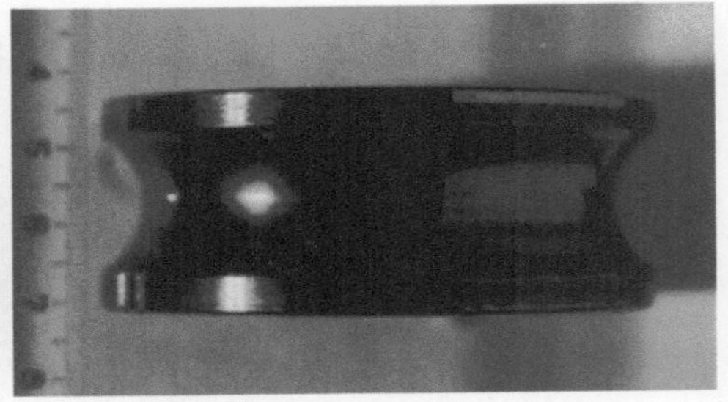

图 5-51 No.2 轴承的内圈

No.3 轴承解体后，可以观察到轴承外圈滚道上已出现一个大剥落坑，无其他损伤，如图 5-54 所示。

轴承内圈滚道的 1/2 圆周上也发生大面积剥落，如图 5-55 所示。

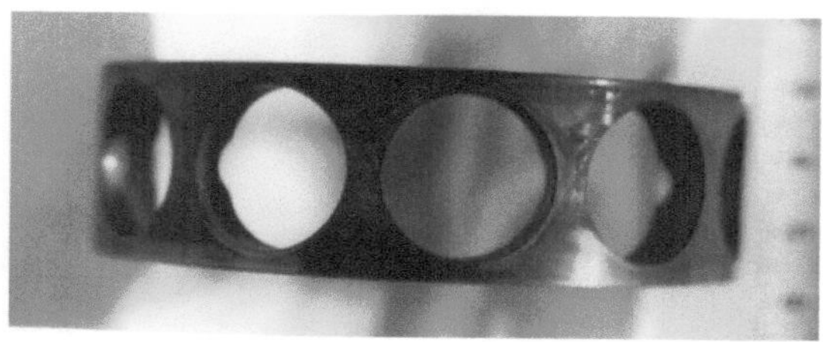

图 5-52　No.2 轴承的保持架

图 5-53　No.3 轴承解体前的形貌

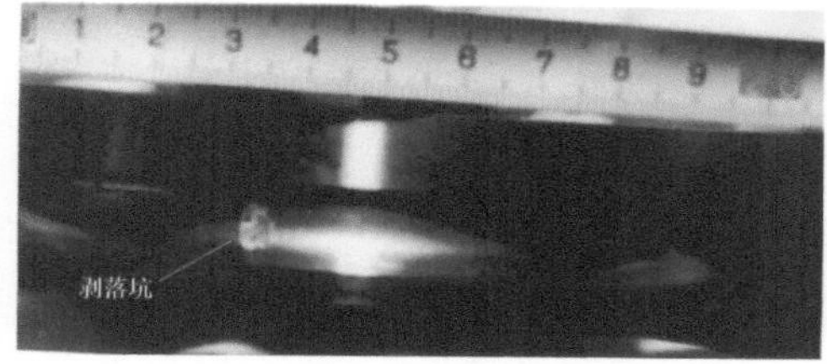

图 5-54　No.3 轴承外圈滚道上的剥落坑

图 5-55　No.3 轴承内圈滚道上的剥落带

轴承滚动体中已有 4 个钢球发生剥落，其宏观形貌大致相同，如图 5-56 所示。很显然 No.3 轴承是轴承零件（外圈、内圈和钢球）发生严重剥落失效的。

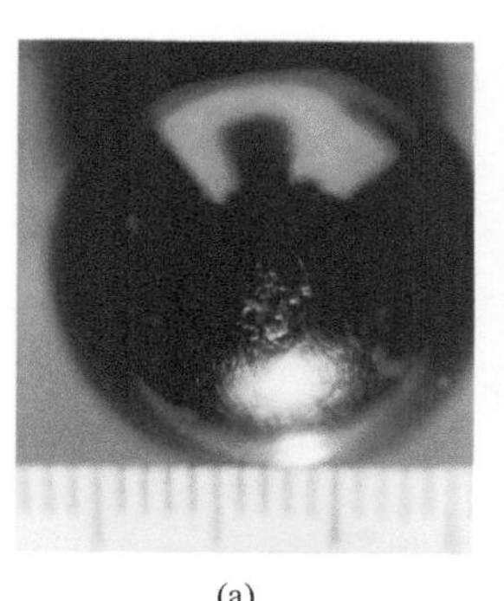

(a)

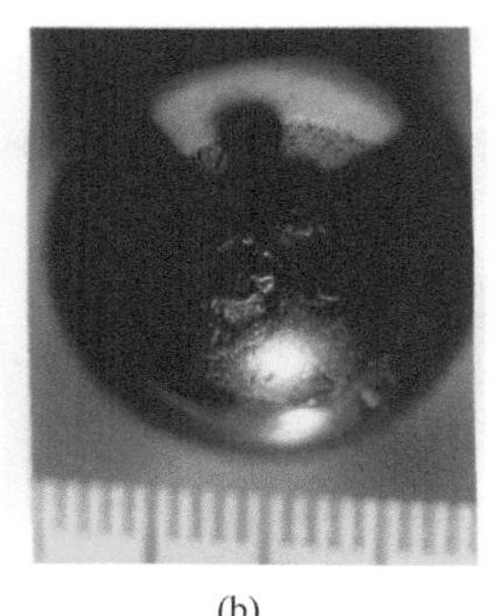

(b)

图 5-56　钢球表面损伤形貌

No.3 轴承的保持架基本上完好，如图 5-57 所示。

5.5.1.4　滚动轴承材料化学成分分析

滚动轴承零件对材料的要求极为严格。中小型轴承常用轴承钢为含碳量 1%、含铬 1.10% ～ 1.95% 的高碳合金钢。轴承的内外圈和滚动体用相同的材料制造。今取轴承外圈材料进行化学成分分析，其结果见表 5-17。表 5-17 中还列出了我国和其他

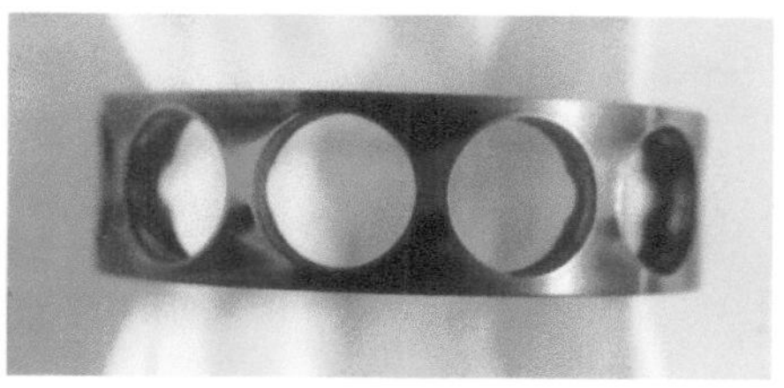

图 5-57　No.3 轴承的保持架

表 5-17　铬钢（包括含钼铬钢）的化学成分（质量分数）　%

国家或组织	标准	钢号	C	Si	Mn	Cr	P	S	Ni	Cu	Mo
							不大于				
中国	YB(T)1—80	GCr9	1.00 ~ 1.10	0.15 ~ 0.35	0.25 ~ 0.45	0.90 ~ 1.20	0.025	0.025	—	—	≤ 0.08
		GCr15	0.95 ~ 1.05	0.15 ~ 0.35	0.25 ~ 0.45	1.40 ~ 1.65	0.025	0.025	—	—	≤ 0.08
苏联	ГОСТ801—78	IIIX15	0.95 ~ 1.05	0.17 ~ 0.37	0.20 ~ 0.40	1.30 ~ 0.37	0.027	0.020	0.30	0.25	
		IIIX4	0.95 ~ 1.05	0.15 ~ 0.30	0.15 ~ 0.30	0.35 ~ 0.50	0.027	0.020	0.30	0.25	
ISO	ISO683/XVII-1976	1	0.95 ~ 1.10	0.15 ~ 0.35	0.25 ~ 0.45	1.35 ~ 1.65	0.030	0.025			
		4	0.95 ~ 1.10	0.20 ~ 0.40	0.25 ~ 0.45	1.65 ~ 1.95	0.030	0.025			0.20
美国	ASTMA295-77	52100	0.98 ~ 1.10	0.15 ~ 0.30	0.25 ~ 0.45	1.30 ~ 1.60	0.025	0.025	0.025	0.035	≤ 0.10
法国	NFA35-565-1970	100C6	0.95 ~ 1.10	0.15 ~ 0.35	0.20 ~ 0.40	1.35 ~ 1.60	0.030	0.025			≤ 0.10
联邦德国	DINI3505	100Cr6	0.90 ~ 1.05	≤ 0.35	≤ 0.40	1.40 ~ 1.65	0.030	0.025			
瑞典	SKF 公司企业标准	SKF-3	~ 1.00	~ 0.30	~ 0.30	~ 1.50	0.025	0.020			
		SKF-24	~ 1.00	~ 0.30	~ 0.30	~ 1.80	0.025	0.020			≤ 0.20
		SkF-25	~ 1.00	~ 0.30	~ 0.30	~ 1.80	0.025	0.020			≤ 0.35
日本	JIS G4805-1970	SUJ2	0.95 ~ 1.10	0.15 ~ 0.35	≤ 0.50	1.30 ~ 1.60	0.025	0.025	0.025	0.025	
		SUJ4	0.95 ~ 1.10	0.15 ~ 0.35	≤ 0.50	1.30 ~ 1.60	0.025	0.025	0.025	0.025	0.10 ~ 0.25
美国	MRC 轴承		~ 1.00	0.25	0.30	1.45	0.022	0.0038		0.20	0.036

注：表中的资料是 20 世纪 80 年代的数据。

国家、组织铬钢（包括钼铬钢）的化学成分。经比较后可知，MRC 7310 D4B 轴承材料相当于我国 YB（T）—1980 高碳铬轴承钢的 GCr15 轴承钢，但含有质量分数为 0.2% 的铜。

5.5.1.5　滚动轴承材料金相检验

滚动轴承除了要求高质量的原材料外，还要求有高质量的热处理品质——良好的金相组织。

将失效的外圈、内圈和滚动体作金相检验，其金相组织如图 5-58（内圈）、图 5-59（外圈）和图 5-60（钢球）所示。三个零件的金相组织相同，均为细小碳化物 + 隐晶马氏体，在显微镜下看不到夹杂物，热处理品质极佳。

图 5-58　轴承内圈的金相组织　500×

图 5-59　轴承外圈的金相组织　500×

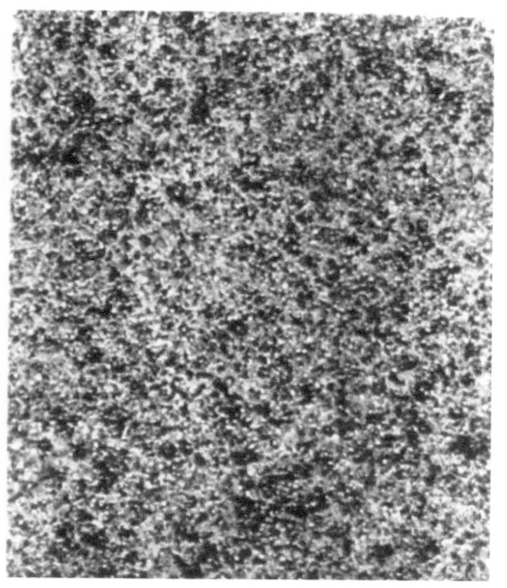

图 5-60　轴承钢球的金相组织　500×

5.5.1.6　滚动轴承零件的硬度测定

滚动轴承零件的硬度影响轴承的使用寿命，因而有严格的要求。MRC 7310 D4B 失效轴承的零件（外圈、内圈和钢球）的硬度测定结果见表 5-18。从表 5-18

中的数据可以看出：

① No.1 轴承由于受高温烧伤而回火，因而各零件的硬度（HRC）都有所下降，外圈受热最大点仅为 56.2HRC，钢球仅为 52.5HRC。

② No.2 和 No.3 轴承内外圈的平均硬度约为 60HRC，同一零件的硬度差不大于 1HRC，完全符合要求。

③ No.2 和 No.3 钢球的硬度约为 63HRC，此硬度符合规范 61 ～ 65HRC。

由于轴承零件的热处理品质极佳，因此硬度正常。

表 5-18　滚动轴承零件的实测硬度　HRC

轴承编号	内圈有字面	内圈无字面	外圈	钢球
No.1 轴承（有烧伤）	点 1　58.0 点 2　58.0 点 3　58.0	点 1　58.5 点 2　59.2 点 3　58.5	点 1　56.2 （受热最大点） 点 2　59.3 （受热最小点）	点 1　52.5 点 2　52.7
	平均 58.0	平均 58.73	平均 57.75	平均 52.6
No.2 轴承（无宏观损伤）	点 1　60.1 点 2　60.0 点 3　59.5	点 1　59.7 点 2　60.0 点 3　60.0	点 1　59.5 点 2　59.9	点 1　62.8 点 2　63.0
	平均 59.87	平均 59.9	平均 59.7	平均 62.9
No.3 轴承（有大面积剥落）	点 1　59.7 点 2　60.0 点 3　60.0	点 1　59.8 点 2　60.0 点 3　60.0	点 1　60.1 点 2　59.5	点 1　62.9 点 2　63.2
	平均 59.9	平均 59.93	平均 59.55	平均 63.05

5.5.1.7　滚动轴承游隙测定

滚动轴承的游隙是指一个套圈相对于另一个套圈沿着径向或轴向由一个极限位置移向另一个极限位置的移动量，因此游隙可分为径向游隙和轴向游隙两种。

游隙是轴承的一个重要技术参数，它直接影响轴承的载荷分布、振动、噪声、摩擦、使用寿命和机械运动精度等技术性能。

各类滚动轴承的游隙都有自己的规范值，因此测量新旧轴承的游隙并进行对比，可以查明旧轴承滚道的磨损量。把失效零件与相同的好零件做比较，确定失效是否是工作条件造成的，或者是制造失误的结果，这种新旧比较的方法在失效分析工作中是常用的。

在实验室中，采用图 5-61 所示的装置测定轴承的径向游隙（基本符合 JB/T 3573—2004《滚动轴承　径向游隙的测量方法》中的简易测量法）；采用图 5-62 所示的装置测定轴承的轴向游隙。滚动轴承轴向游隙，没有规定的标准测量方法。

游隙测定结果见表 5-19。

图 5-61　轴承径向游隙的测量

图 5-62　轴承轴向游隙的测量

表 5-19　轴承径向、轴向游隙测定结果　　mm

轴承编号	No.1 有烧伤				No.2 无宏观损伤				No.3 有大面积剥落				No.4 新轴承			
测点位置	0°	90°	180°	270°	0°	90°	180°	270°	0°	90°	180°	270°	0°	90°	180°	270°
径向测量值	0.14	0.06	0.12	0.06	0.10	0.08	0.10	0.08	0.14	0.18	0.18	0.16	0.04	0.04	0.03	0.03
轴向测量值	0.60	0.80	0.56	0.08	0.05	0.56	0.60	0.64	0.66	0.64	0.58	0.62	0.38	0.42	0.42	0.44
径向平均值	0.095				0.090				0.165				0.035			
轴向平均值	0.69				0.575				0.6				0.415			
旧新轴承径向游隙比值	2.71				2.57				4.71				1			
旧新轴承轴向游隙比值	1.66				1.39				1.45				1			

从表 5-19 中的数据可以看到：

① 报废的旧轴承的径向游隙与新轴承的径向游隙比值为 2.57 ～ 4.71，可见轴承滚道的磨损很严重。No.3 轴承由于大面积剥落，使径向游隙增大很多。No.2

轴承磨损较轻。

② 报废旧轴承的轴向游隙与新轴承的比值为1.39～1.66，其中No.1轴承最大（1.66倍），No.2轴承较小（1.39倍）。

由以上数据可见，No.1、No.2和No.3轴承的磨损相当严重。No.2轴承完全是由于过度磨损使游隙变大，振动、噪声增加过大而失效。

5.5.1.8 滚动轴承零件的电子显微镜观察

利用电子显微镜（SEM）观察轴承失效零件的断口，可以看到断口的微观形貌，从而获得零件失效过程、失效机制和失效原因方面的重要信息。

（1）No.1轴承零件的SEM观察

图5-63是钢球表面微观形貌：表面的纵横条纹是磨痕；表面已有微点蚀；发暗的A区是烧伤区。图5-64是A区放大图，可看到金属熔化的迹象。

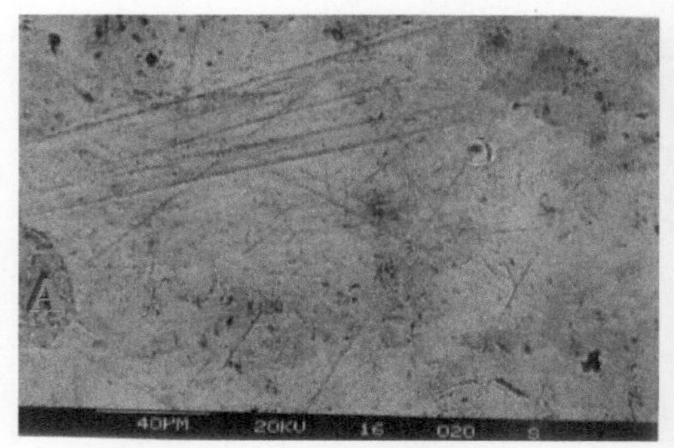

图5-63 钢球表面的微观形貌

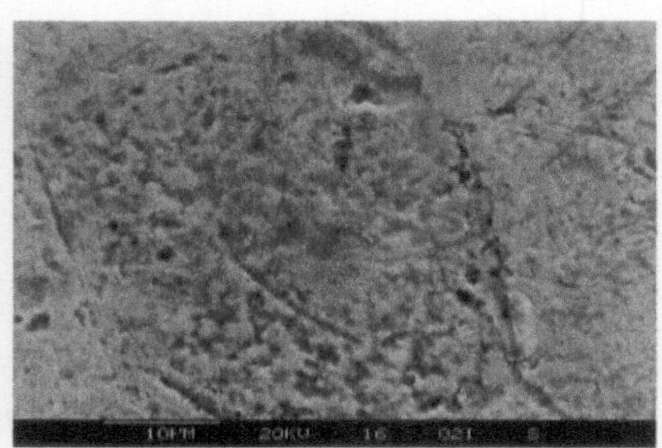

图5-64 烧伤区A放大图

图5-65是钢球表面裂纹形貌。裂纹左、右侧端部金属熔化是钢球受高温引起的。

图5-66是外圈非工作面的加工刀纹形貌，图中可看到约50μm长的横向裂纹（箭头所指），此裂纹可能是轴承加工过程中产生的，也可能是轴承受高温时发生的热裂裂纹。后者可能性较大。这种裂纹如果产生在滚道的磨损区，就可能引发

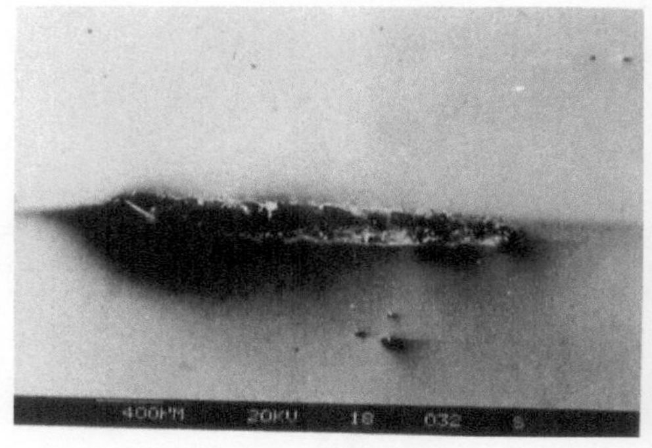

(a) 钢球表面裂纹全貌

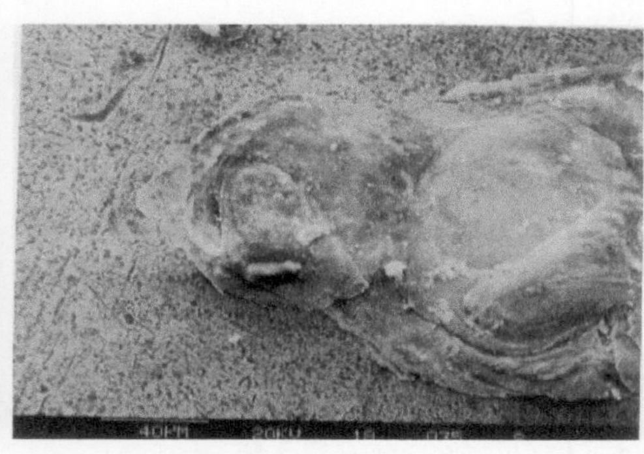

(b) 裂纹左侧端部金属熔化形貌

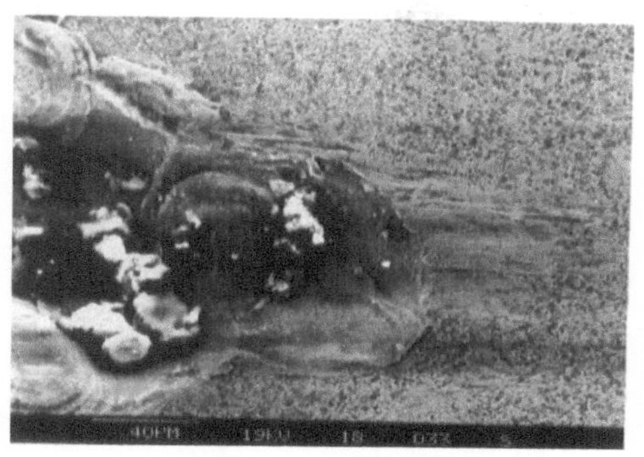

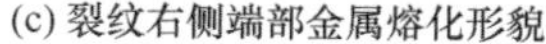

(c) 裂纹右侧端部金属熔化形貌

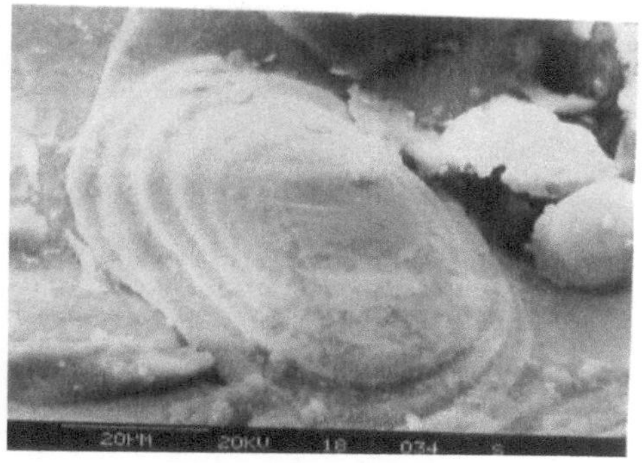

(d) 裂纹右侧端部放大

图 5-65　钢球表面裂纹形貌

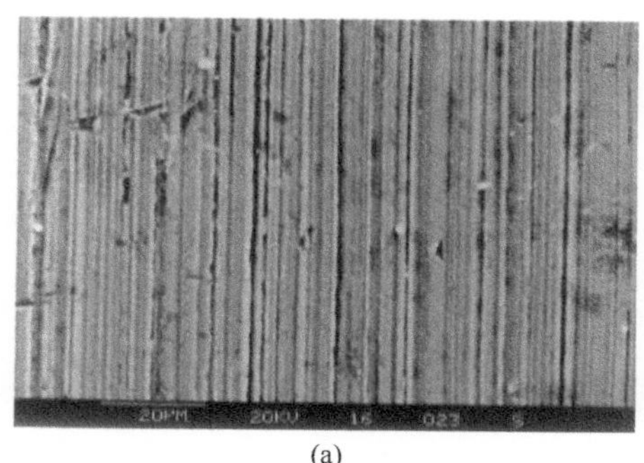

(a)

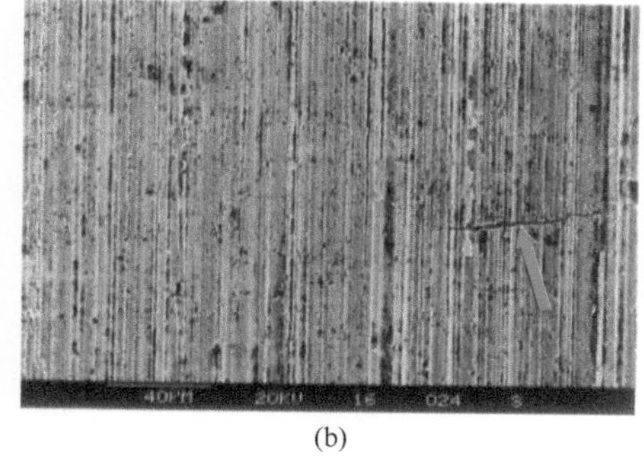

(b)

图 5-66　外圈非工作面的加工刀纹和裂纹

滚道的剥落，甚至引发外圈的断裂，对轴承的寿命极为不利。

（2）No.2 轴承零件的 SEM 观察

图 5-67（a）是钢球表面微观形貌，其磨削刀痕和污染物的刻痕较深。图 5-67（b）是其局部区域的放大图。

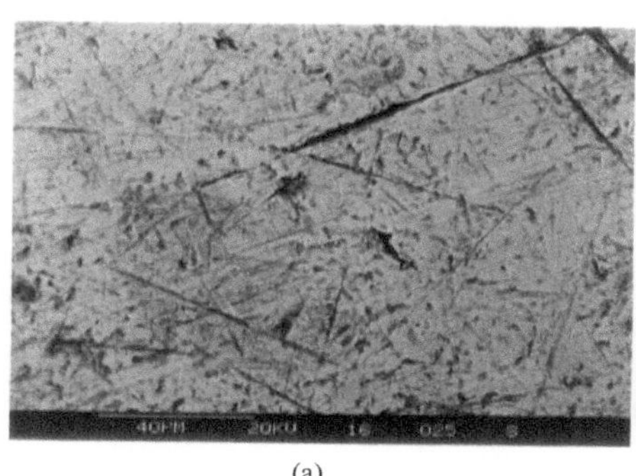

(a)

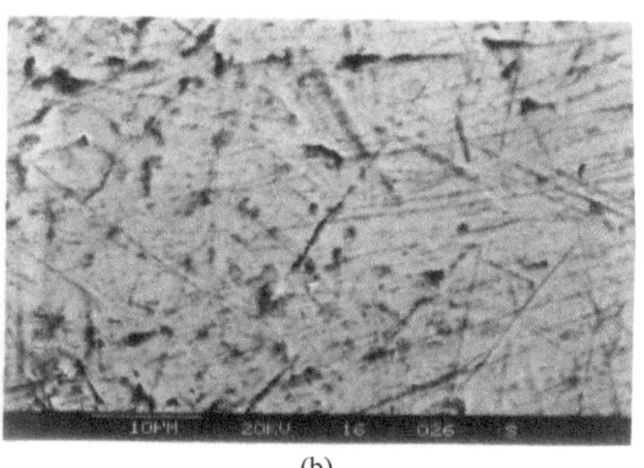

(b)

图 5-67　钢球表面微观形貌

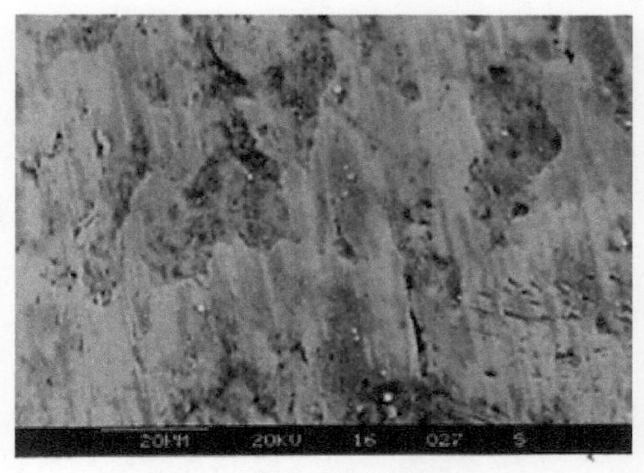

图 5-68　内圈滚道的磨损面

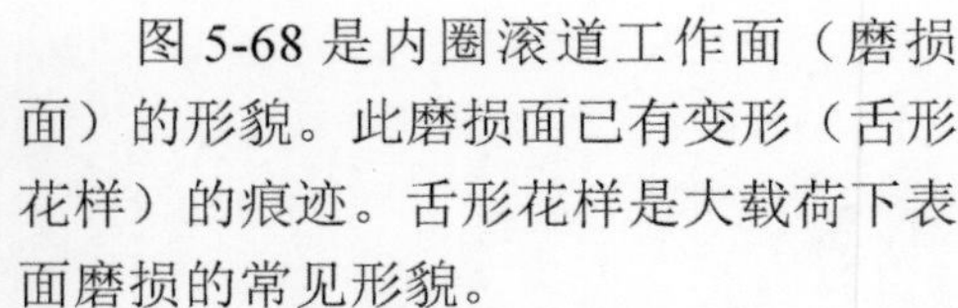

图 5-68 是内圈滚道工作面（磨损面）的形貌。此磨损面已有变形（舌形花样）的痕迹。舌形花样是大载荷下表面磨损的常见形貌。

图 5-69 是内圈表面的加工刀纹和损伤形貌。图中可看到有划伤的痕迹。

图 5-70（a）是外圈滚道非磨损面上受到腐蚀的形貌。图 5-70（b）是局部放大图。

图 5-71 是滚道表面受腐蚀的形貌。滚道受腐蚀极易引发点蚀和剥落，对轴承的寿命极为不利。

(a)

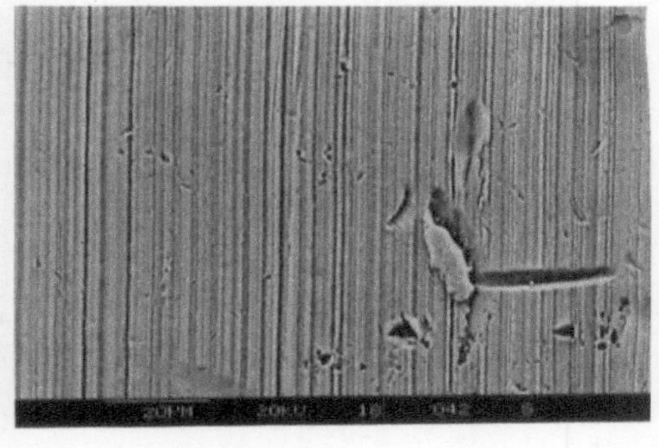

(b)

图 5-69　内圈表面的加工刀纹和损伤

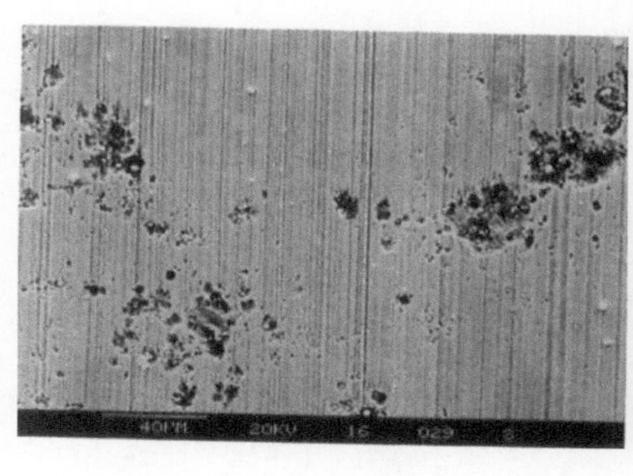

(a)

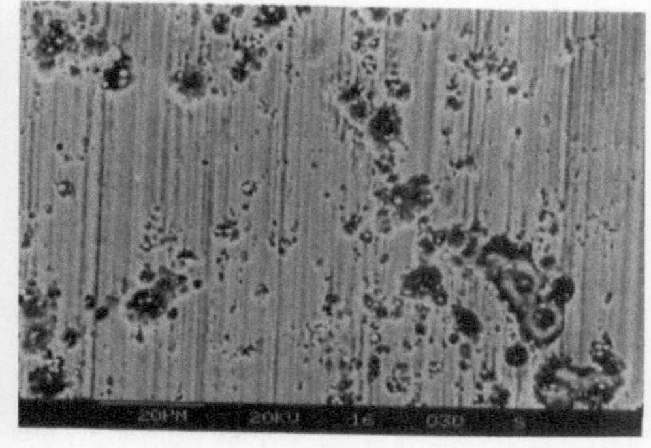

(b)

图 5-70　外圈受腐蚀形貌

（3）No.3 轴承零件 SEM 观察

1）钢球表面的 SEM 观察　先后观察了 4 个钢球（编号为 1#、2#、3#、4#）。图 5-72 是 1# 钢球的表面形貌，钢球表面已出现微小点蚀坑。表面严重划伤，是润滑油中杂质太多，清洁度极差所致。

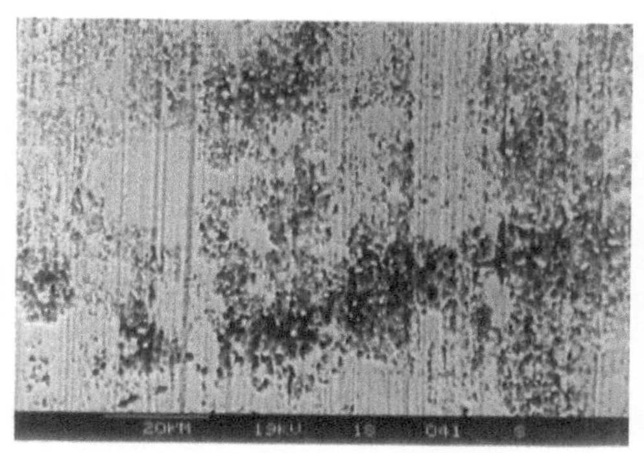

图 5-71　滚道表面受腐蚀的形貌

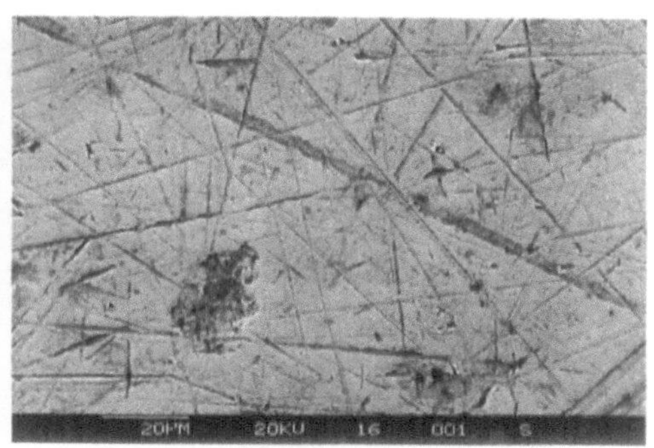

图 5-72　1# 钢球的表面形貌

图 5-73（a）是 1# 钢球表面的大剥落坑，图 5-73（b）是剥落坑旁的裂纹。此剥落坑属于碎裂型，是过载引发的。

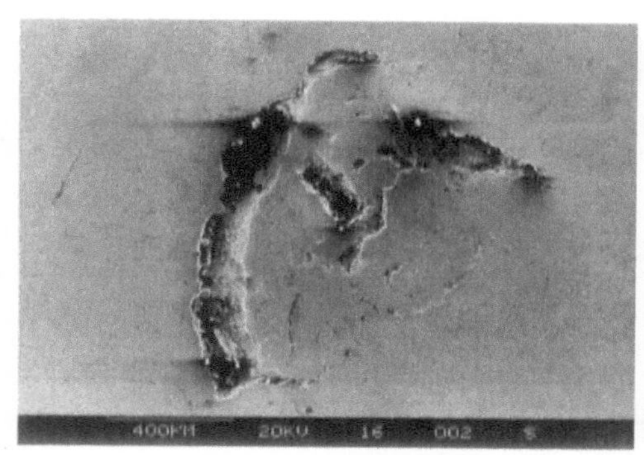

(a) 钢球表面的大剥落坑

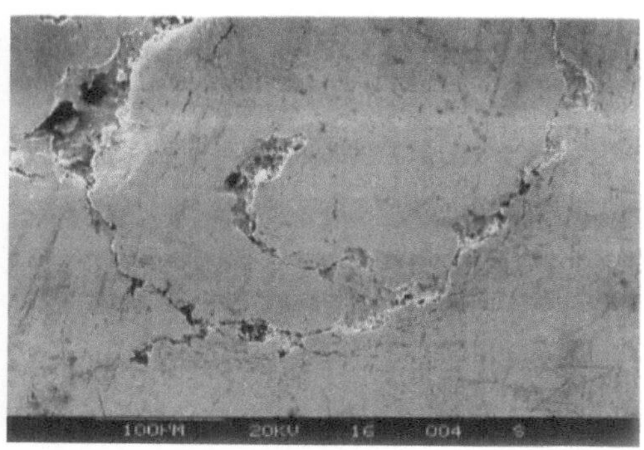

(b) 剥落坑旁的裂纹

图 5-73　1# 钢球表面的剥落坑和裂纹

2# 钢球表面的剥落坑如图 5-74 所示。此剥落坑也属于碎裂型损伤。

3# 钢球表面的圆形平底坑全貌如图 5-75（a）所示。圆形平底坑的边缘局部放大图如图 5-75（b）所示。图中可看到金属高温塑变的特征，圆形平底坑是局部高温引起的，而在圆形平底坑的附近也出现了微剥落，如图 5-75（b）所示。

4# 钢球表面大剥落坑全貌如图 5-76 所示，它同样具有表面高温塑性变形的特征。

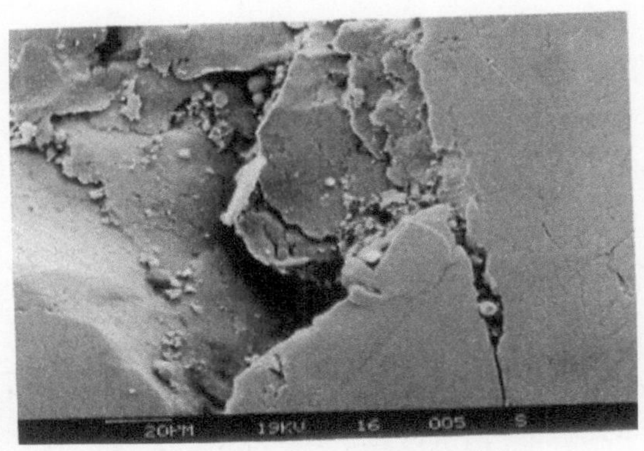

图 5-74　2# 钢球表面的剥落坑

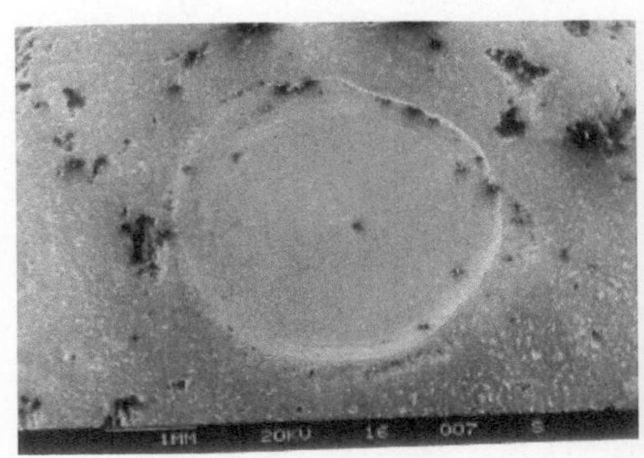

(a) 圆形平底坑全貌

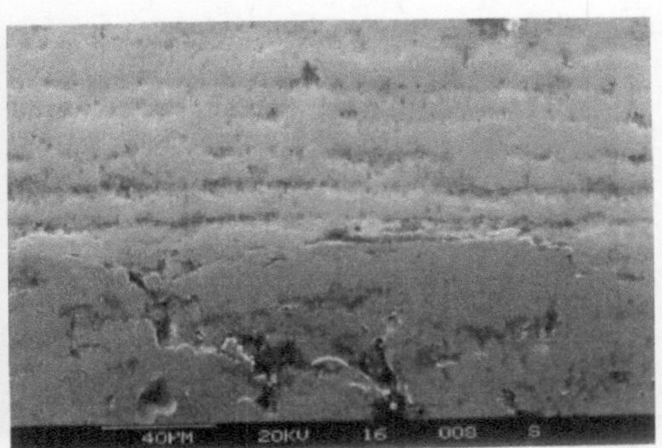

(b) 平底坑附近的微剥落

图 5-75　3# 钢球表面的圆形平底坑

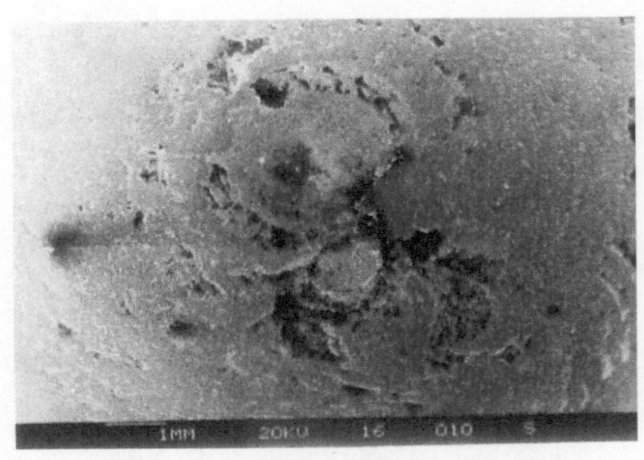

图 5-76　4# 钢球表面大剥落坑全貌

2）外圈的 SEM 观察　No.3 轴承外圈滚道上有一大剥落坑，见图 5-77（a）；图 5-77（b）是大剥落坑边缘剥落的扩展，属于碎裂型损伤。

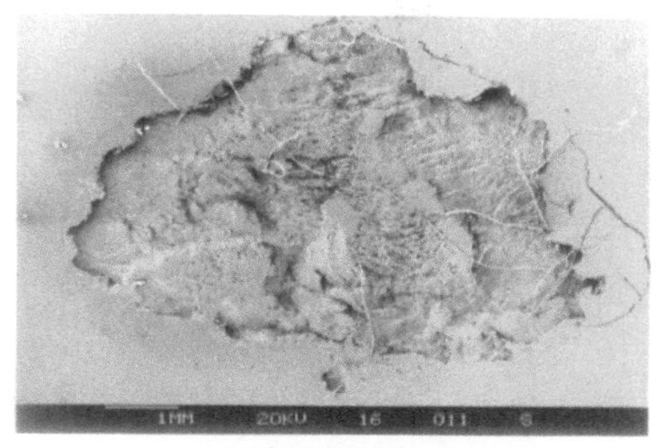

(a) 大剥落坑全貌

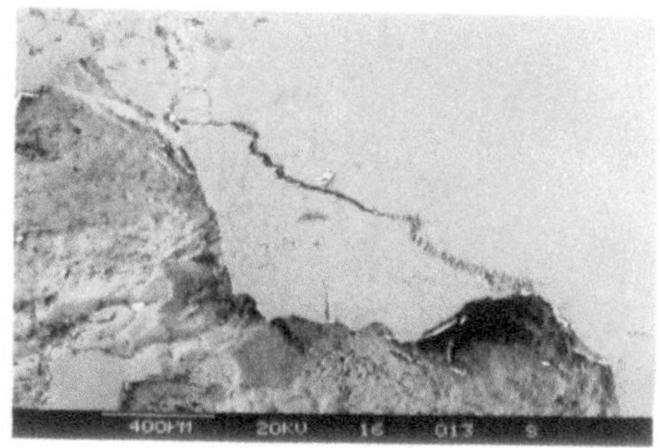

(b) 大剥落坑边缘剥落的扩展

图 5-77　No.3 轴承外圈滚道上的剥落坑

外圈滚道的磨损面如图 5-78 所示。磨损面上有许多硬伤［图 5-78（a)］，这是润滑油不清洁造成的。磨损面还有摩擦擦伤的痕迹［图 5-78（b)］。

(a)

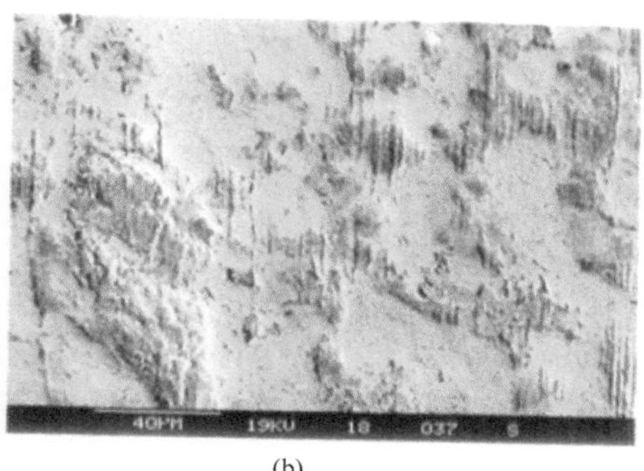

(b)

图 5-78　No.3 轴承外圈滚道的磨损面

No.3 轴承外圈也遭受了严重的腐蚀，如图 5-79 所示。

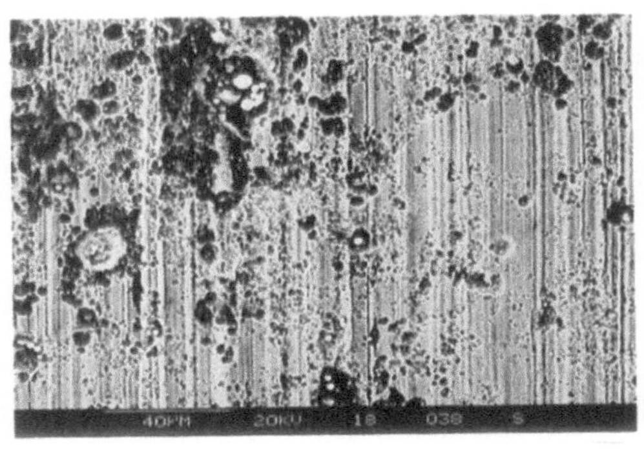

(a)

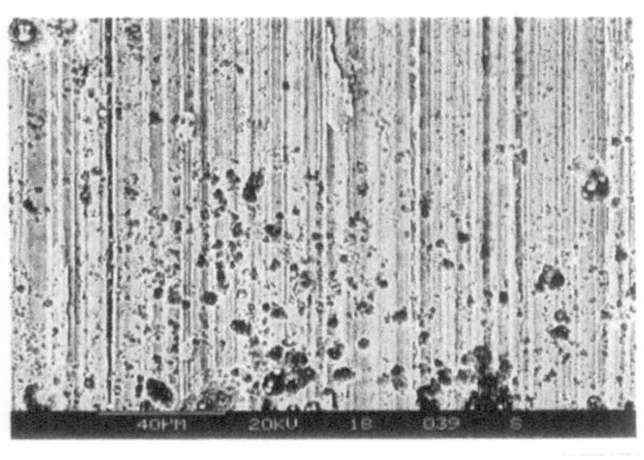

(b)

图 5-79　No.3 轴承外圈严重的腐蚀

3）内圈的SEM观察　No.3轴承内圈滚道上有大面积的剥落带［图5-80（a)]。图5-80（b）是剥落带的局部放大图。其搓板状的形貌是高压下钢球滚动和滑动同时作用的结果。

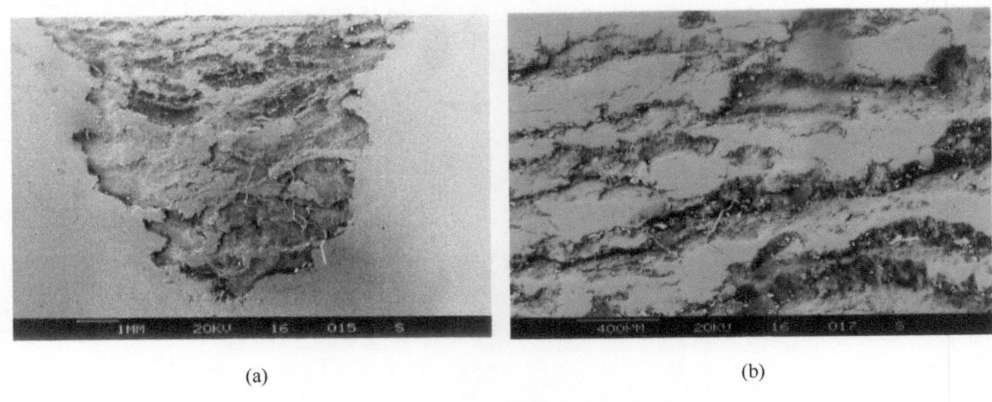

(a)　　(b)

图5-80　No.3轴承内圈滚道上的剥落带

图5-81是内圈非磨损面受腐蚀的形貌，其表面也有裂纹和硬伤。

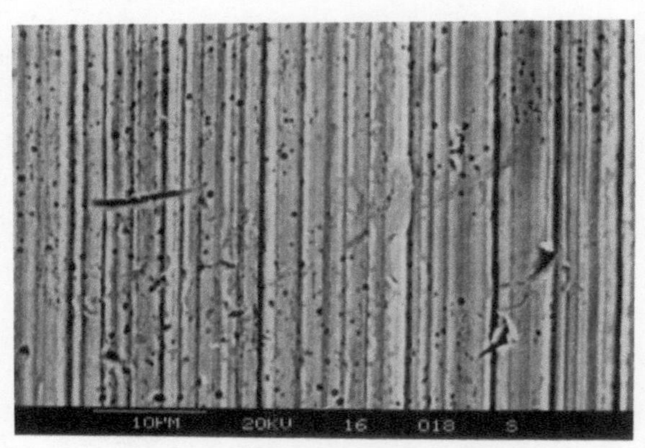

图5-81　内圈非磨损面受腐蚀的形貌

5.5.1.9　分析

在上述试验和观察的基础上，对No.1、No.2和No.3轴承的失效分析可作如下概括：

① 轴承材料的化学成分基本上与我国高碳铬轴承钢规定的GCr15相同（只多0.2%的铜），符合常用轴承钢的规范要求。

② 由轴承材料金相检验结果知，材料的热处理品质极佳，因此轴承零件的金相组织不存在问题。

③ 轴承外圈、内圈的硬度经测定符合通用规范的要求。No.1轴承由于高温

烧伤回火，其零件硬度均有所下降。

④ 三个失效轴承的径向游隙和轴向游隙与新轴承的比值分别为2.57～4.71和1.39～1.66，说明轴承磨损相当严重。轴承游隙的增大直接影响轴承的载荷分布、振动、噪声、使用寿命和机械运动精度。

⑤ 轴承严重磨损是套圈滚道同钢球直接金属接触的结果。从设计理论上讲，这种高速高精度的轴承，钢球同套圈滚道之间都有较厚的油膜，金属并不直接接触，因而磨损量极小，轴承寿命可以很长。现在轴承的寿命很短，可能是润滑油（国产油）的质量、清洁度（包括油中混进水）有问题或轴承可能存在过载。

⑥ 只承受轴向力的角接触球轴承，有3种可能使11个钢球出现过载现象：

a. 每个钢球上承受的轴向力相等（载荷均布），但轧制力超过规定值（如轧制冷钢或其他生产过程中的故障）而使钢球超载。

b. 轧制力未超规定值，但由于轴承组件的加工和安装精度不足，使11个钢球承受载荷不均匀而超载。

c. 既有轧制力超载，又存在轴承组件加工安装精度不足。

轴承部位的组合结构如图5-40所示。当轴承7承受轴向力时，轴1挡肩的端面跳动、挡圈2和3端面的制造精度、垫片4的均匀程度和轴承座5的安装精度、支承凸肩的制造精度等都会影响各钢球之间的载荷分布。因此，这些零件的制造和安装精度要严格控制，不能按一般机械设备精度来要求，因为MRC 7310 D4B是高精度高速轴承。

⑦ No.1轴承就是因为上述轴承组合件加工和安装精度不足，使轴承偏斜（偏载），磨损加大，造成保持架同轴承外圈接触，引发摩擦高温烧伤而失效。

⑧ No.2轴承不存在偏载问题，但轴承受到较严重腐蚀（图5-70、图5-71）和表面硬伤（图5-69），使轴承的磨损加剧，游隙加大，引发振动、噪声超标而失效。

⑨ No.3轴承受到较严重腐蚀（图5-79），表面有硬伤（硬物硌伤，见图5-81），极易引发点蚀和剥落。大面积的剥落使轴承失去几何精度，高速运转时振动加剧，动载荷增加，使轴承零件超载，表面呈压碎状剥落（图5-73、图5-74、图5-77、图5-80）。表面的腐蚀是国产润滑油质量不过关引起的，当然润滑油中混进较多的水分也是发生腐蚀的一个因素。轴承表面的硬物硌伤是润滑油清洁度太差引起的。

5.5.1.10 结论

根据以上分析可得到以下结论：

① MRC 7310 D4B轴承的质量是良好的，但某一工艺环节可能存在问题，使轴承表面出现加工微裂纹，可能引发工作面的点蚀和剥落，降低轴承的寿命。

② 滚动轴承的组合件（包括轴肩、挡环、垫圈和支承件等）的加工精度和安装精度直接影响轴承载荷的分布。No.1轴承就是因为组合件的加工精度和安装精

度太差，使保持架同外圈接触，产生摩擦高温烧伤而失效。

③ 滚动轴承磨损严重，游隙增大，使轴承因振动、噪声太大而失效（如No.2 轴承）。润滑油的品质、清洁度和轴承的偏载程度是影响轴承磨损的主要因素。

④ 滚动轴承受到腐蚀（如No.2轴承和No.3轴承）会引发轴承的点蚀和剥落，降低轴承的寿命。国产润滑油的质量不过关（当时）和油中混入较多的水分，可能是轴承发生腐蚀的主要原因。

5.5.1.11 改进措施

预防滚动轴承过早失效，建议采取以下措施：

① 对国产润滑油进行全面的质量评定，不但要求油膜承载能力足够，而且要检验腐蚀性能（大部分的添加剂都有腐蚀性）。

② 提高润滑油的清洁度，避免硬质微粒进入轴承中。

③ 全面检查各部密封装置，避免过多的水分混入润滑油中。

④ 按高精度要求制造和安装滚动轴承组件，避免轴承偏载。

⑤ 按工艺规范控制轧制载荷，避免滚动轴承超载。

5.5.2 实例 2 高速线材精轧机增速箱齿轮损伤和轴承失效分析[1]

5.5.2.1 增速箱失效概述

某高速线材厂的精轧机主传动增速箱是从国外某公司引进的重要设备。增速箱的机构简图如图 5-82 所示。

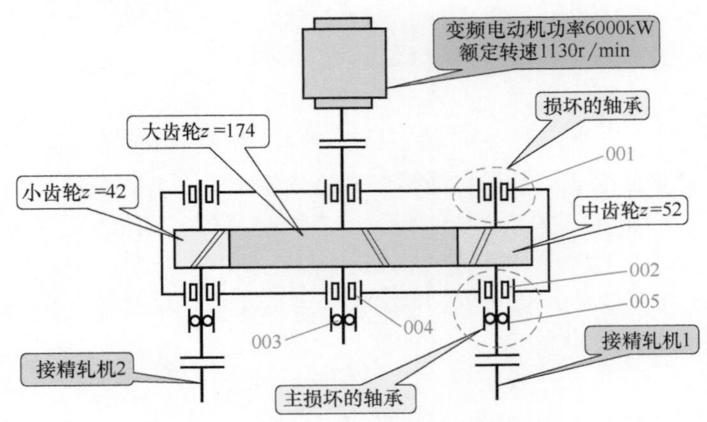

图 5-82 增速箱的机构简图

[1] 本实例取材于某钢铁公司《高速线材厂精轧机增速箱齿轮损伤和轴承失效分析报告》，1995 年10 月。

增速箱内有相互啮合的三个齿轮（图 5-82），大齿轮（齿数 z=174）为主动轮，小齿轮（齿数 z=42）和中齿轮（齿数 z=52）为从动轮。由小齿轮和中齿轮分别驱动精轧机 1 和 2。

大、中、小 3 个齿轮轴系都由滚动轴承支承，其中圆柱滚子轴承承受径向负荷，而球轴承仅承受轴向负荷。此外，还要注意中、小齿轮轴上的深沟球轴承，其外径小于轴承孔直径，也就是说外圈外表面与箱体轴承孔不接触，无径向约束。

主电机采用交流变频调速电动机，功率 6000kW，转速 850 ～ 1570r/min，额定转速 1130r/min。中、小齿轮输出额定转速分别为 3781r/min 和 4681r/min，分度圆线速度达 84.2m/s，是典型的高速齿轮传动。

此精轧机在空载试运转期间，运转不到 8h，发现增速箱内大、中、小三个齿轮均出现不同程度的麻坑，同时有温升过高、振动噪声不正常的现象。经过现场调查、取样分析、校核计算等工作，查明齿轮齿面受到了电蚀损伤，详见第 4 章实例 2。

设备供应商来人对电蚀问题和其他问题处理后，增速箱正式投入生产。次年，全厂停产大修，揭开增速箱窥视孔盖观察齿面，发现齿面麻坑（点蚀、剥落和电蚀）的数量增多，面积扩大，特别是有偏载现象。当时除了提出要注意齿面损伤外未作其他处理。大修后不到 1 个月，增速箱的滚动轴承严重损坏（外圈断裂）造成全厂停产，拆开增速箱作全面检查，发现：

① 齿轮（z=52）轴的三个轴承已严重损坏。深沟球轴承（编号 005）外圈断裂成数块，保持架断裂，钢球严重损坏；轴的输出侧圆柱滚子轴承（编号 002）外圈磨损，保持架断裂，滚子严重损坏；轴的自由侧（非输出侧）轴承（编号 002）外圈局部剥落。轴承的严重损坏是生产线停工的直接原因。

② 大、中、小 3 个齿轮的齿面均出现较多较大的麻坑，其中中齿轮（z=52）最为严重。不仅有大的剥落坑，而且齿端还出现相当严重的齿面塑性变形。齿轮的精度大为降低。

经过现场调查，取样，轴承材料成分和金相组织分析，光学显微镜和电子显微镜观察，轴承外圈有限元应力分析和其他的校核计算，现已可以肯定：

① 3 个齿轮齿面的损伤（点蚀、剥落）不断扩展，在偏载严重部位，出现扩展性点蚀、剥落现象，齿轮的高精度得不到保证，齿轮的动载荷不断增加，从而降低了轴承的寿命。

② 增速箱滚动轴承的失效是多方面原因造成的，既有齿轮动载荷加大的影响，又有轴承设计寿命不足、轴承组合设计不甚合理等问题。因此，这是一种多因素、多种机理、复杂模式的“复合型失效”。

5.5.2.2　现场调查和取样

现场调查和取样先后进行了两次，以下是主要的工作。

① 对大、中、小 3 个齿轮的齿面进行了详细的宏观观察，并对全齿面进行了

拓印，从中可以看到麻坑的数量、形状和分布。

图 5-83（a）是大齿轮（z=174）工作齿面的拓印图。图中输入侧已出现直径约为 5mm 的剥落坑；全齿面均有点蚀，在齿根部位较多；在节线附近有长条状的蚀沟。图 5-83（b）是大齿轮非工作齿面的拓印图。很明显，非工作齿面的自由侧也出现了不同程度的点蚀（也可能是电蚀麻点）。

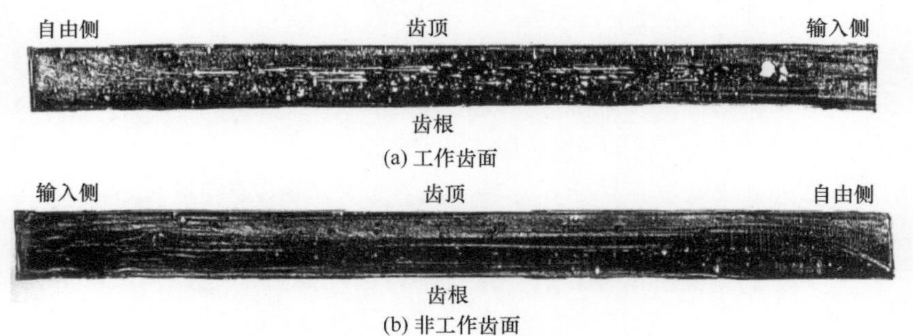

(a) 工作齿面

(b) 非工作齿面

图 5-83　大齿轮齿面拓印图

图 5-84 是小齿轮（z=42）工作齿面的拓印图，齿面接触精度较好，但全齿面上均有点蚀坑。

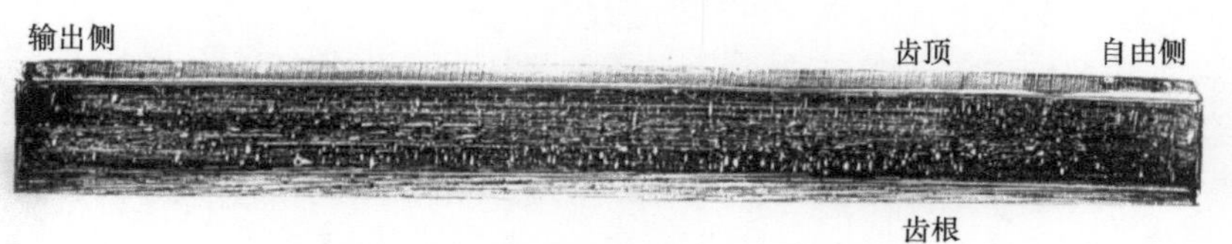

图 5-84　小齿轮工作齿面拓印图

图 5-85（a）是中齿轮（z=52）工作齿面的拓印图。从图中看出，自由侧齿面已出现较严重的点蚀和剥落，有明显的偏一端接触现象。图 5-85（b）是中齿轮非工作齿面的拓印图，齿面也出现了若干点蚀坑，点蚀坑主要分布在输出侧。

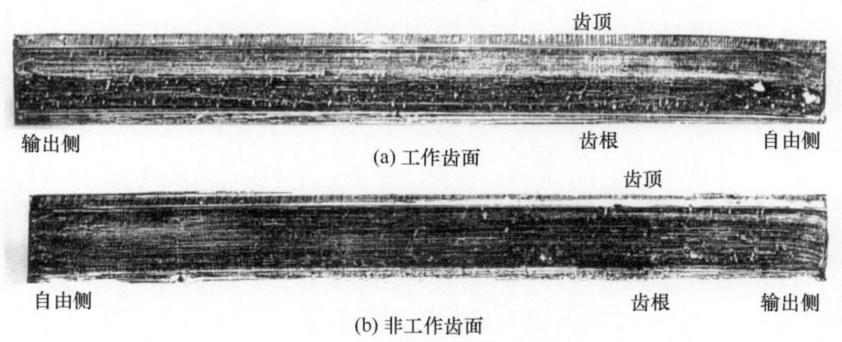

(a) 工作齿面

(b) 非工作齿面

图 5-85　中齿轮齿面拓印图

② 用相机拍摄了大、中、小三个齿轮数个齿面的损伤形貌。图 5-86 是大齿轮的工作齿面形貌。右侧出现大剥落坑。

图 5-86　大齿轮的工作齿面形貌

图 5-87 是小齿轮输出侧工作齿面。点蚀、剥落坑成片状分布；齿轮有偏载现象。齿根啮合部位出现一条剥落带，这是啮入冲击造成的，是齿廓修形不到位的结果。

图 5-87　小齿轮输出侧工作齿面

图 5-88 是小齿轮自由侧工作齿面。齿根部位剥落较重。

图 5-88　小齿轮自由侧工作齿面

中齿轮自由侧工作齿面出现的塑性变形（飞翅）见图 5-89。可见齿面承受过很大的载荷，齿面受到了严重的损伤。

图 5-90 是中齿轮自由侧工作齿面形貌。齿面的根部出现大量的剥落、点蚀坑，齿轮偏载现象明显。

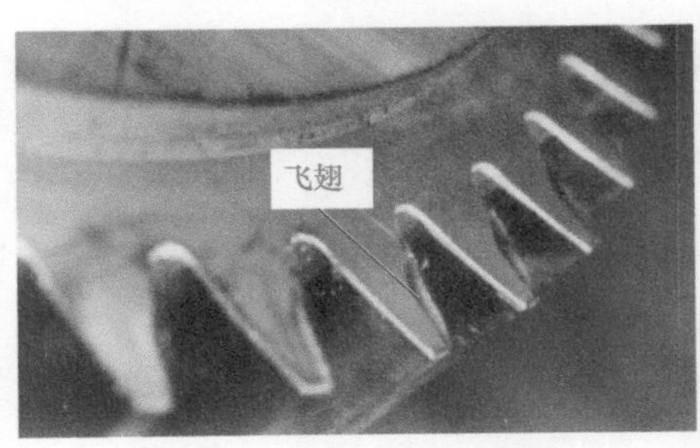

图 5-89　中齿轮自由侧工作齿面的塑性变形

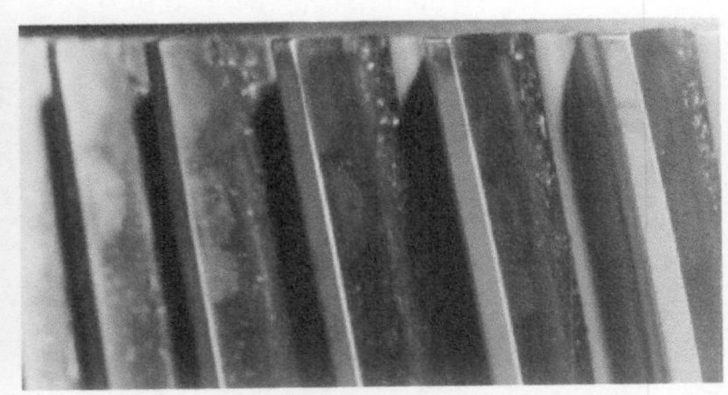

图 5-90　中齿轮自由侧工作齿面形貌

③ 用醋酸纤维素纸（AC 纸）对损伤的齿面作了复型（着重小点蚀坑和齿面微观损伤），以备显微镜观察用。

④ 对失效的滚动轴承进行了详细的宏观观察，表 5-20 是增速箱滚动轴承参数和损坏情况。

表 5-20　增速箱滚动轴承参数和损坏情况

编号	厂家	类型	型号	尺寸 /mm	损坏情况
001	ROLLWAY	圆柱滚子	MCS 140 106 或 MCS 140 106 CD	200×320×48	外圈局部剥落
002	ROLLWAY	圆柱滚子	MCS 128 107	140×220×36	中齿轮轴自由侧轴承外圈局部剥落；输出侧外圈严重磨损
003	ROLLWAY MRC	圆柱滚子	U 1228 EMR 302 或 MR 228 C1	140×250×42	未损坏
004	SKF MRC	深沟球	BBIB 447022 或 228S	140×250×42	未损坏
005	MRC	深沟球	9128 KS2 或 9128 KS1	140×210×33	中齿轮轴轴承外圈断裂，其他元件全部损坏

⑤ 拍摄滚动轴承各元件的损坏形貌。图 5-91 是中齿轮轴深沟球轴承（图 5-82 中的 005）外圈断裂情况。整个外圈断裂成 5 块，将上面的一块断裂外圈 4 拿掉，剩余的 4 块断裂外圈（1、2、3、5）如图 5-92 所示。

图 5-93 是中齿轮轴自由侧圆柱滚子轴承（图 5-82 中的 001）外圈局部剥落图，这可能是输出侧圆柱滚子轴承（图 5-82 中的 002）外圈断裂后，轴线偏斜造成的。

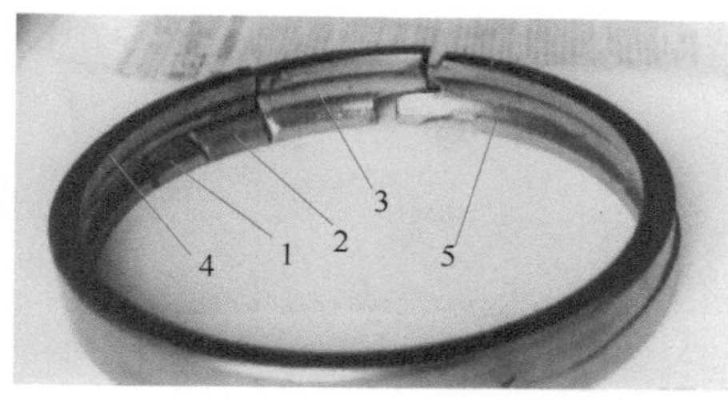

图 5-91　中齿轮轴的深沟球轴承外圈断裂情况

图 5-92　剩余的 4 块断裂外圈

图 5-93　中齿轮轴自由侧轴承外圈局部剥落

深沟球轴承钢球和圆柱滚子轴承滚子的损坏外貌见图 5-94。钢球和滚子都产生了塑性变形，完全失去了原来的形貌。轴承的保持架也全部断裂或碎裂。

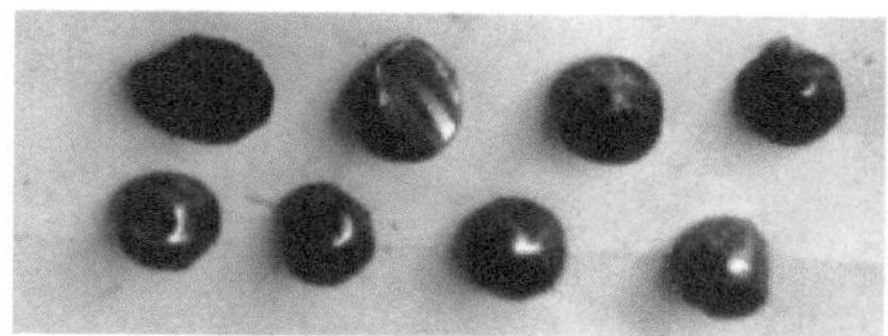

(a) 钢球损坏

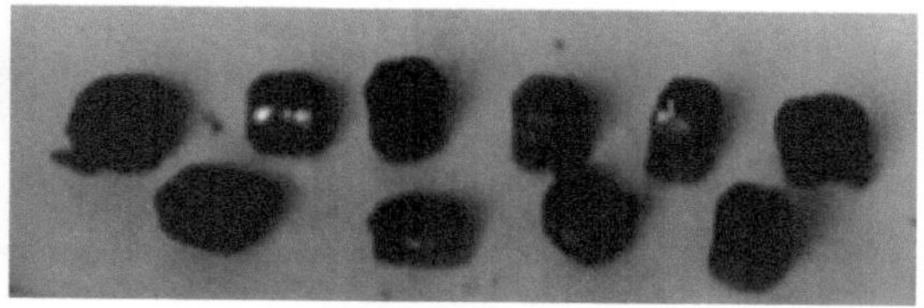

(b) 滚子损坏

图 5-94　钢球和滚子的损坏外貌

图 5-95 是深沟球轴承外圈断裂块拼图（参看图 5-91、图 5-92），图中标注出断裂块 2 的 3 个断口 a、b、c 和滚道 d，供断口分析用。

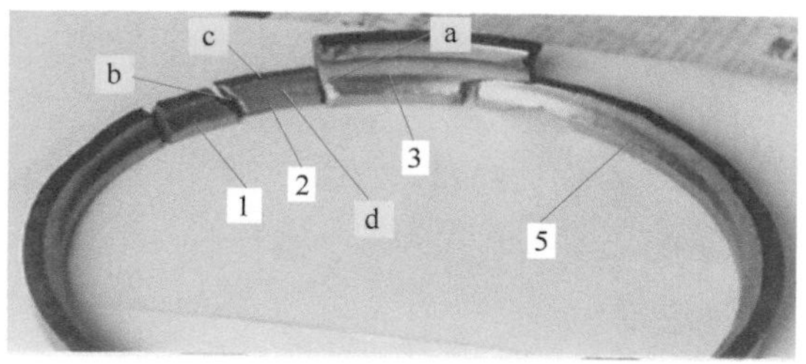

图 5-95　深沟球轴承外圈断裂块拼图

图 5-96 是图 5-95 中的断口 c。图 5-97 是图 5-95 中的断口 b。两个断口均没有疲劳断裂特征，是瞬断断口。

图 5-96 图 5-95 中的断口 c

图 5-97 图 5-95 中的断口 b

图 5-98 是图 5-95 中的断口 a。图中标注出疲劳源区、贝纹线和裂纹的扩展方向。这是一个典型的疲劳断口。

图 5-99 是图 5-95 中的滚道表面 d。滚道面受到了损伤，见图 5-102。

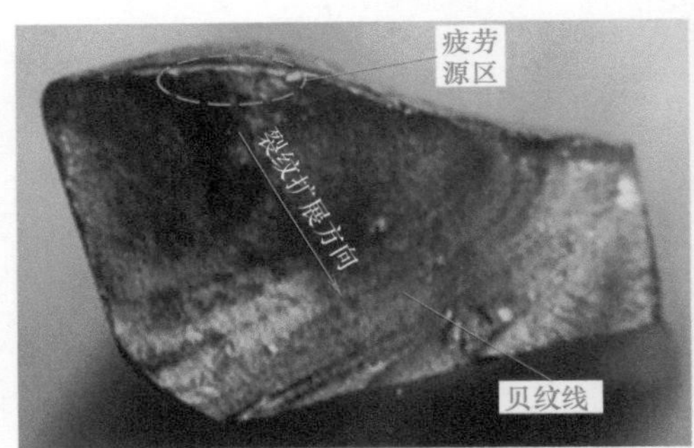

图 5-98 图 5-95 中的断口 a

图 5-99 图 5-95 中的滚道表面 d

⑥ 向厂方有关人员了解增速箱轴承严重损坏前后的情况。

a. 设备供应方未能提供齿轮的几何尺寸参数，如模数、分度圆螺旋角、变位系数、修形尺寸和齿轮误差等，这给计算分析造成了一定的困难。目前所用的参数是分析后得到的近似值。

b. 中、小齿轮材料的牌号为 AISl 4340，相当于我国的 40CrNiMo 钢，热处理后要求硬度为 300 ～ 350HBW。小齿轮实测硬度为 287 ～ 322HBW，中齿轮实测硬度为 271 ～ 322HBW，两者均偏低。大齿轮实测硬度为 213 ～ 283HBW，不但偏低，而且离散性很大。这些都表明齿轮的热处理质量不佳。

c. 齿轮和轴承的润滑油均为 525（Mobil Vacuoline），40℃时的运动黏度为 84.2 ～ 93.6cSt（$1cSt=10^{-6}m^2/s$），润滑油的性能很好。在增速箱发生事故后，对润滑油的性能进行了检查，结果表明润滑油性能正常。

5.5.2.3　光学显微镜观察

在专用的喷镀设备上，将金或铬溅射到具有齿面损伤信息的复型 AC 纸上，使复型样品具有一定的衬度，以便于在光学显微镜上观察齿面的损伤情况。

（1）滚动轴承（图 5-82 中编号 002）外圈断口和滚道损伤表面微观形貌观察

图 5-100 是球轴承外圈断口的微观形貌照片。这是一种一次性断裂的细瓷状断口。

图 5-101 是球轴承滚道（图 5-99）损伤的照片。从图中可以清楚看到点蚀坑，搓挤裂纹、摩擦损伤的微观形貌。

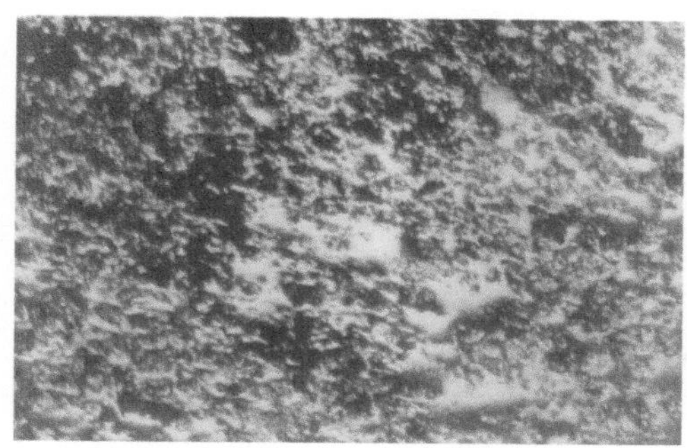

图 5-100　球轴承外圈断口的微观形貌　150x

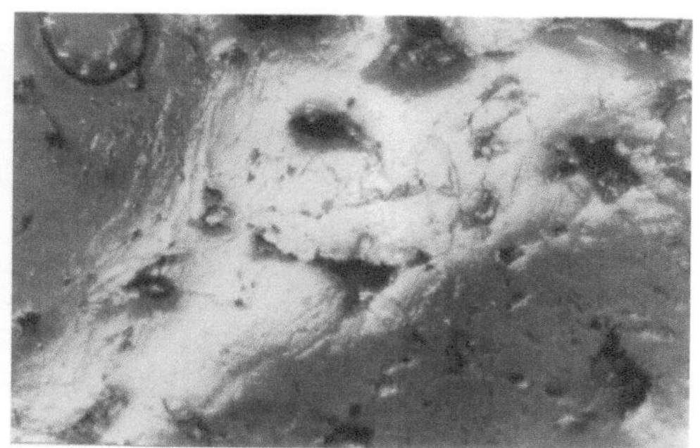

图 5-101　球轴承滚道损伤的照片　150x

（2）大、中、小齿轮齿面损伤的微观形貌观察

图 5-102 是大齿轮自由侧工作齿面损伤照片。图中有电蚀或硬颗粒擦伤的痕迹。

图 5-103 是大齿轮输入侧非工作齿面的损伤照片。图中的叶片状损伤为硬伤。

图 5-102　大齿轮自由侧工作齿面损伤照片　150x

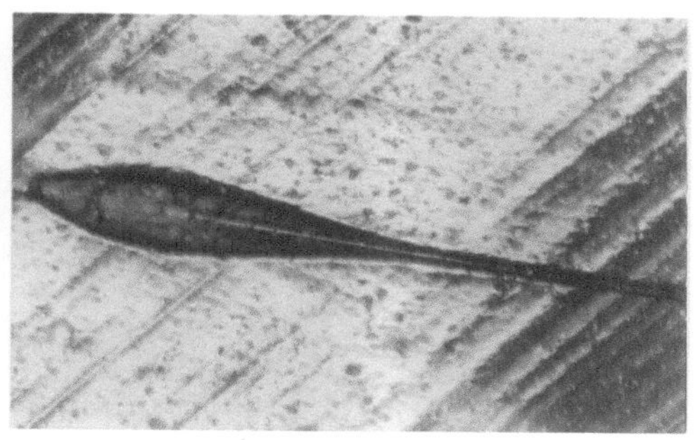

图 5-103　大齿轮输入侧非工作齿面的损伤照片　150x

图 5-104 是小齿轮输出侧工作齿面的损伤照片。齿面已经受到了损伤。

图 5-105 是小齿轮工作齿面中部的损伤照片，齿面出现碎裂型损伤。

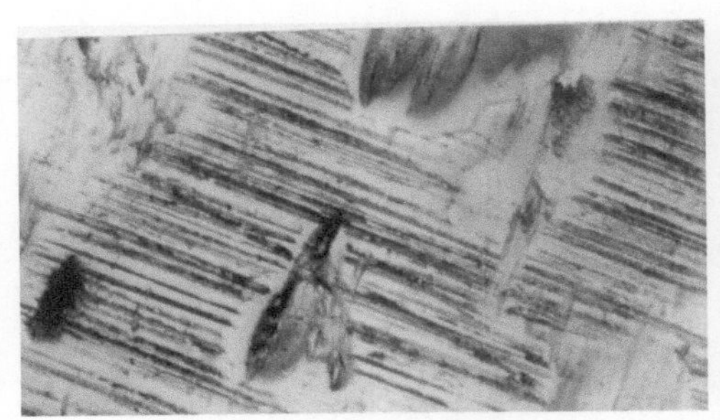

图 5-104 小齿轮输出侧工作齿面的损伤照片 150×

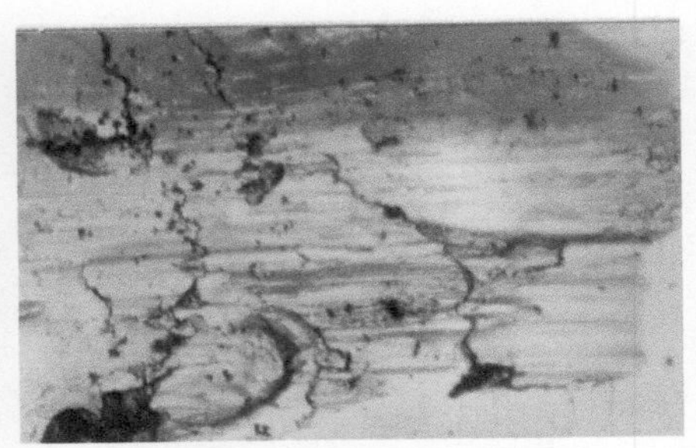

图 5-105 小齿轮工作齿面中部的损伤照片 300×

图 5-106 是中齿轮输出侧工作齿面损伤照片，齿面多处划伤。

图 5-107 是中齿轮自由侧工作齿面损伤照片。图中数个圆形坑的边缘无裂纹，疑似电蚀坑。

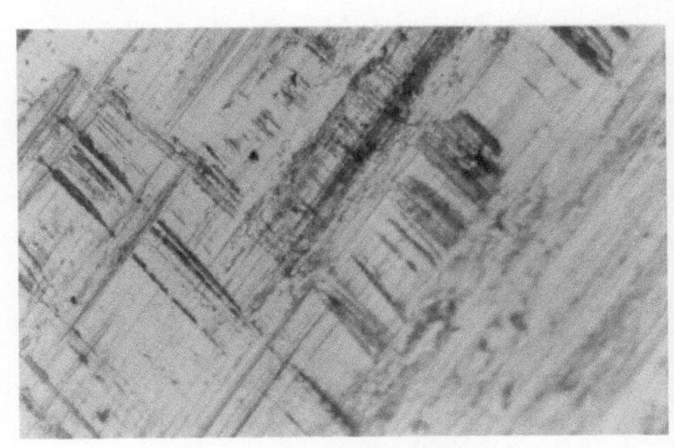

图 5-106 中齿轮输出侧工作齿面损伤照片 300x

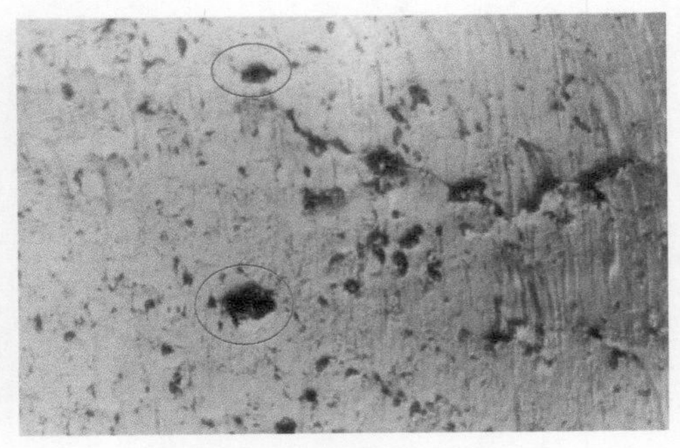

图 5-107 中齿轮自由侧工作齿面损伤照片 300x

5.5.2.4 电子显微镜观察

（1）滚动轴承断口试样观察

滚动轴承（图 5-82 中编号 002）外圈已碎裂成多块，取其中有代表性的一块，如图 5-108 所示。此试样有三个断口 a、b、c；滚道面是 d。

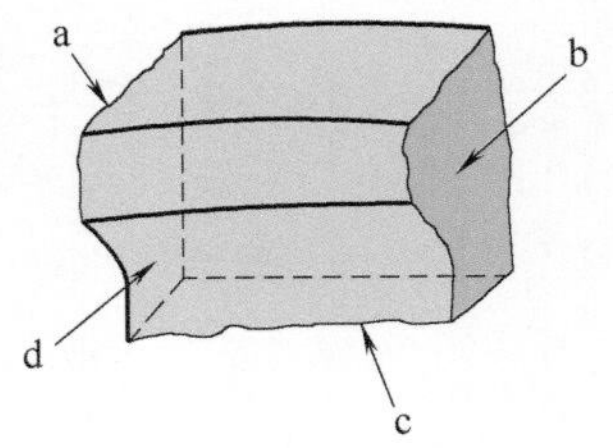

图 5-108 滚动轴承外圈有代表性的碎块

a 为疲劳断口，从断口照片中可以看到该断口的疲劳源区、贝纹线和裂纹扩展方向（图 5-98），这是造成外圈断裂的主断口。

b 为瞬断断口，断口无宏观塑性变形（图 5-97），具有一次性断裂的特征。

c 为磨平的断口，断口已磨平，无其他特征。此断口是在主断口断裂以后发生的，这一点根据判定裂纹发生先后的 T 形规则就可以认定。

d 为滚道面，受到了损伤（图 5-99、图 5-101）。

图 5-109 是图 5-108 滚道 d 表面的点蚀、剥落照片。

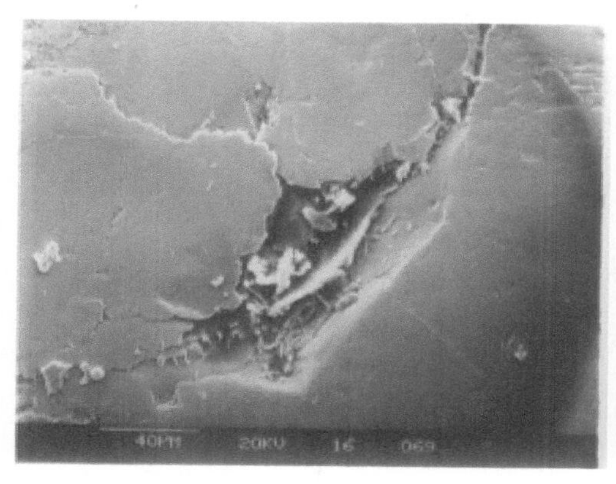

(a)

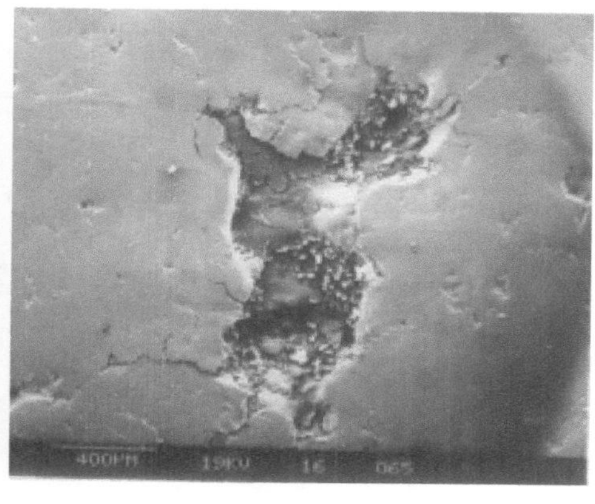

(b)

图 5-109　滚道 d 表面的点蚀、剥落照片

图 5-110 是滚道上的贯穿裂纹和表面损伤。

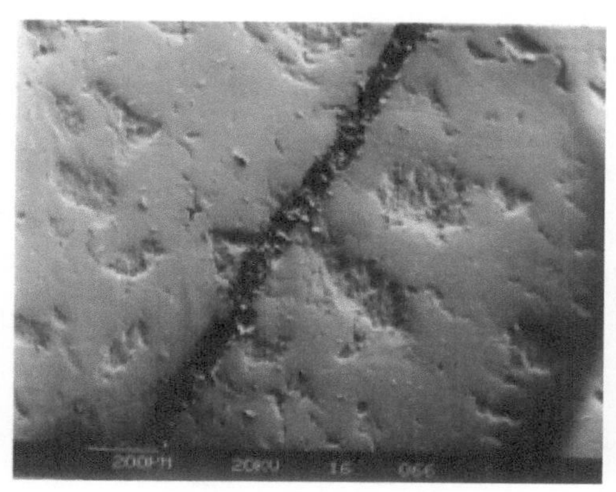

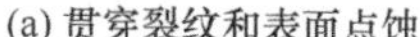

(a) 贯穿裂纹和表面点蚀

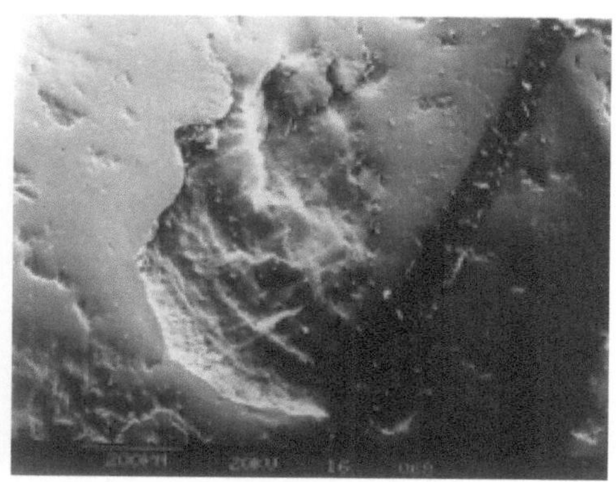

(b) 贯穿裂纹和表面剥落

图 5-110　滚道上的贯穿裂纹和表面损伤

图 5-111 是滚道边缘碎裂的照片，从图中可以看到距滚道表面约 50μm 的次表面上已产生裂纹。

（2）滚动轴承外圈金相试样观察

将轴承外圈做成金相试样，在电镜下观察金相组织和夹杂物。图 5-112 是试样中的夹杂物照片，经能谱分析发现此夹杂物是硫化锰（MnS）。

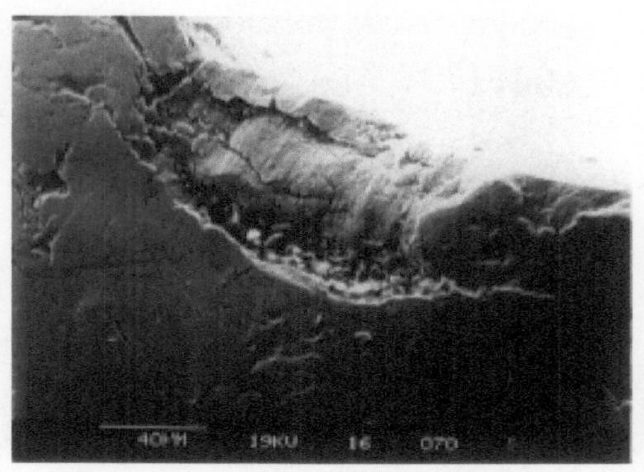

图 5-111 滚道边缘碎裂的照片

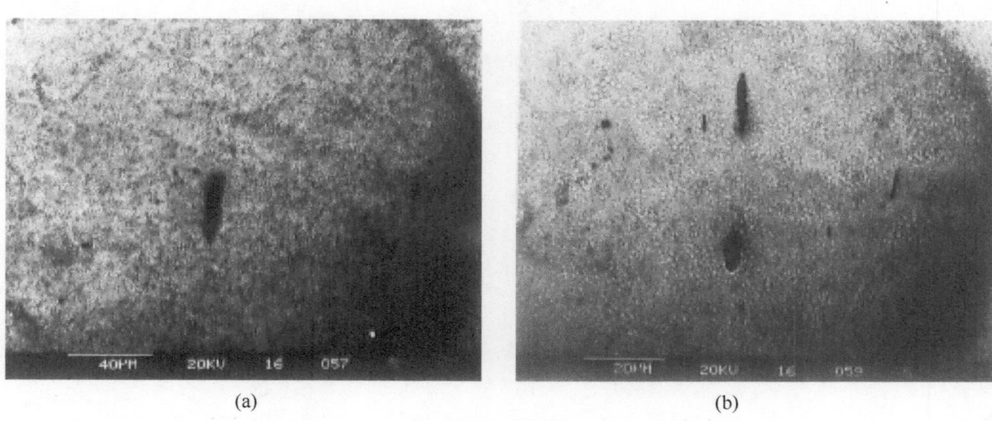

(a) (b)

图 5-112 试样中的夹杂物照片

图 5-113 是外圈试样的金相组织——隐晶马氏体和球状碳化物。

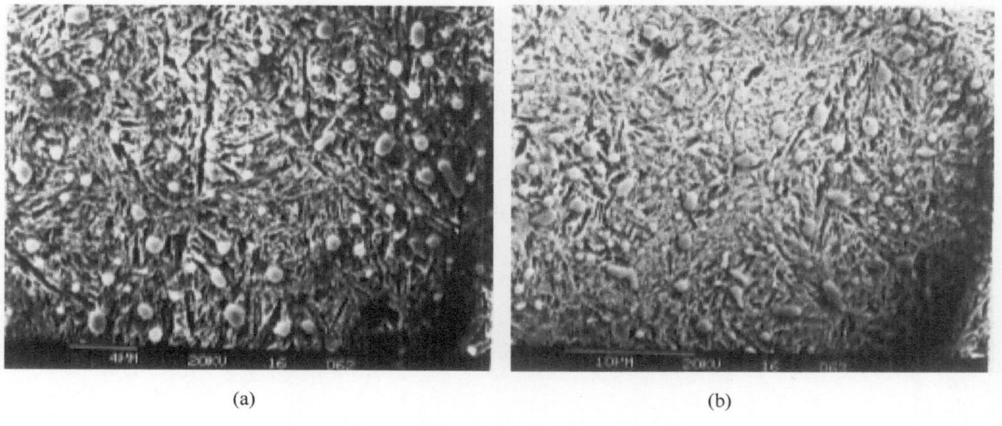

(a) (b)

图 5-113 外圈试样的金相组织

5.5.2.5　球轴承外圈材料化学成分化验

球轴承外圈材料化学成分化验结果见表 5-21，表中还列出了我国高碳铬轴承钢 GCr15 的标准成分，两者比较可确定轴承外圈用的是 GCr15 材料。这种材料相当于美国的 SAE52100 钢（A1SIE52100 钢）或瑞典的 SKF3。材料的成分属正常情况。

表 5-21　球轴承外圈材料化学成分化验结果

化学元素	C	Mn	Si	Cr	S	P	Ni	Cu
GCr15	0.95 ～ 1.05	0.25 ～ 0.45	0.15 ～ 0.35	1.40 ～ 1.65	≤ 0.025	≤ 0.025	≤ 0.30	≤ 0.25
试样实测	1.04	0.31	0.23	1.43	0.011	0.018	0.12	0.22

5.5.2.6　球轴承外圈硬度和金相组织检验

随机选取球轴承外圈一块碎块，测量其硬度，并进行金相组织检验，结果如下。

① 用硬度计测量外圈两端面的硬度，共测 8 次，最低硬度为 59.3HRC，最高硬度为 61.5HRC，比通常要求的硬度 61 ～ 65HRC 稍低。

② 外圈材料中存在硫化物（MnS）夹杂（1.5 级，图 5-114）和氧化物夹杂（1 级，图 5-115），前者为塑性夹杂物，后者为脆性夹杂物。评定的非金属夹杂物级别均符合 YB9—1968 规定的小于 3 级的要求。

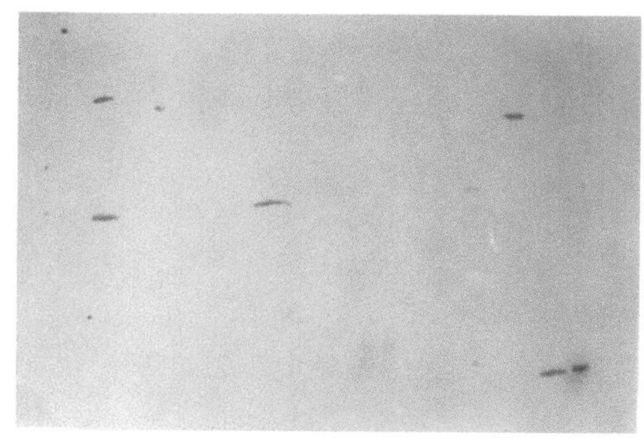

图 5-114　硫化物（1.5 级）夹杂　160×

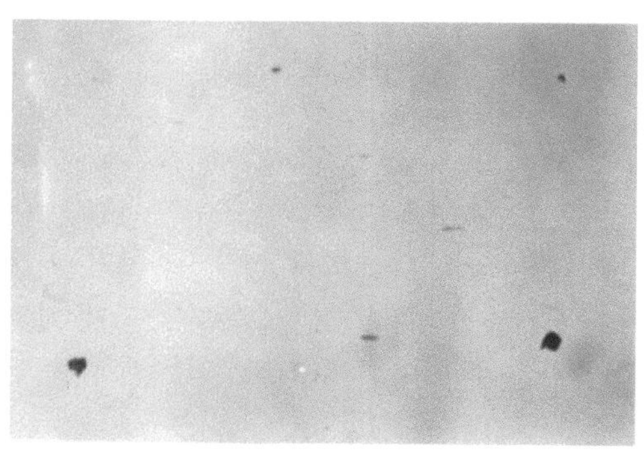

图 5-115　硫化物（1.5 级）+ 氧化物夹杂（1 级）160×

③ 外圈材料的金相组织为隐晶马氏体 + 碳化物颗粒，按 JB1255—1981 技术标准第 2 级别图可评为 2.5 级，符合小于 5 级的要求。

④ 材料中的碳化物大部分区域分布均匀，但也存在带状分布的碳化物，易使轴承外圈材料硬度不均匀。

5.5.2.7　大、中齿轮传动动载荷计算

由实际观察可知，中齿轮（z=52）的齿面损伤最严重，其轴承的外圈、滚动体等均完全破坏，在这种情况下，计算大、中齿轮传动的动载荷就有重要的实际

意义。

设齿轮的原始精度为美国的Q12（AGMA2000-A88），相当于ISO 1328-1975的5级。

由于大、中齿轮齿面受到较严重的损伤（点蚀、剥落和塑性变形等），因此齿轮的精度将降低。根据观察和经验，估计降低为AGMA　Q 10（相当于ISO 7级）。以此为依据，采用ISO/DIS 6336-1994　Calculation of the load capacity of spur and helical gears的动载荷计算的一般方法，计算得：

ISO　5级（AGMA　Q12级）精度时的动载系数K_v=1.07。

ISO　7级（AGMA　Q10级）精度时的动载系数K_v=1.55。

可见由于齿轮精度的降低，齿轮的动载荷增加了45%，齿轮的精度已经不能用于高速齿轮传动。

5.5.2.8　深沟球轴承寿命计算

承受载荷的滚动轴承都有一定的寿命，不能无限期地工作，因此给出增速箱滚动轴承的使用寿命是必要的。

现对遭到严重破坏的中齿轮轴深沟球轴承进行寿命计算，以确定轴承的寿命是否足够。

由于缺少轴承制造厂（MRC）的产品样本，因此轴承的基本额定动负荷C和额定静负荷C_0均按轴承外形尺寸$d \times D \times B$查GB292—1983（同ISO 15-1981等效）来确定。

此轴承仅受中齿轮（z=52）轴向力F_a作用，F_a数值根据有关资料计算确定。

轴承的寿命采用通用的方去计算。计算得到可靠度0.9时的寿命为L_h=2151h；可靠度0.95（对生产线上的增速器是必要的）时的寿命为1334h。

按照高线厂提供的实际生产作业率数据，增速箱轴承的受载工作时间约为2923h。此值超过了2151h和1334h，可见轴承的寿命不能满足连续生产要求。

如果轴承制造厂采用特殊的材料、冶炼方法和工艺措施，轴承的寿命是可适当延长的，但设备供应方没有提供这方面的资料。

5.5.2.9　轴承外圈受力分析和应力的有限元法计算

中齿轮（z=52）轴深沟球轴承只承受轴向力F_a的作用（图5-116），已算得F_a=6629N。此轴向力由14个钢球承受，再计及接触角α=15°和负荷系数f_F=1.1，则每个钢球上的力Q=2000N。由于轴承外圈径向无约束，因此14个钢球的Q力有使圆形的外圈撑成14边形的趋势（图5-117），外圈上将有较大的拉应力，这一现象是一般轴承（轴承外圈紧靠箱体孔）所没有的。这一特殊的现象使轴承外圈的应力变得复杂起来。采用有限元分析可以将轴承外圈的应力显示出来。

利用三维制图软件Solidworks，参照所选用的轴承参数，取14个钢球建立三维模型如图5-118所示。将模型导入Ansys Workbench中，进行静力学分析。选用自由网格划分的形式对模型进行网格划分，最后共得到115195个节点、37826

个单元，如图 5-119 所示。

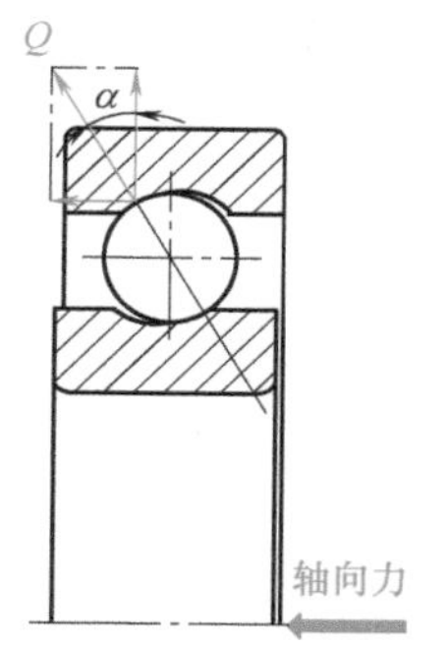

图 5-116　轴承和钢球受力

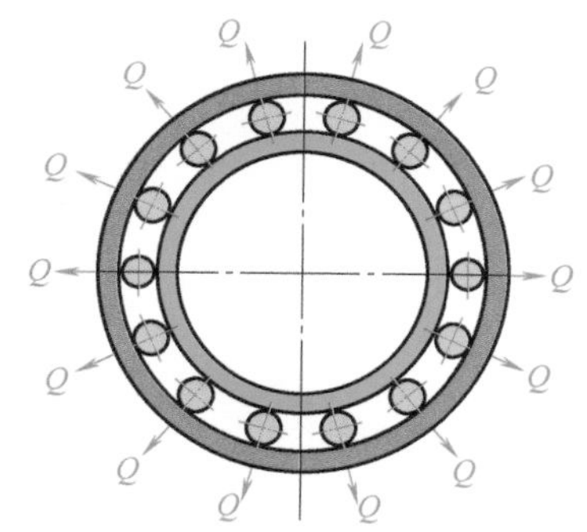

图 5-117　轴承钢球受力

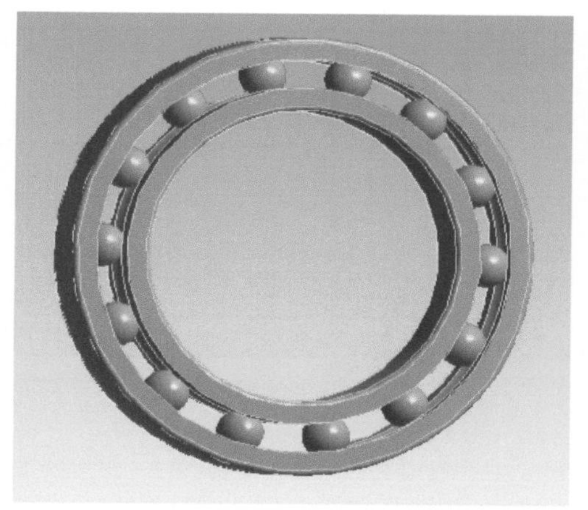

图 5-118　轴承三维模型

图 5-119　轴承模型网格划分

根据该轴承的受力分析可知，轴承只受轴向约束，无径向约束。故对轴承外圈施加轴向约束，使其不能沿轴向移动（图 5-120），并施加轴向力 6629N，如图 5-121 所示。

经过上述设置之后，对有限元模型进行静力学计算，可得到轴承整体应力云图（图 5-122），也可以得到外圈的应力云图，如图 5-123 所示。

结论：从应力云图可以看出，该轴承最大应力位于轴承外圈与球接触处的滚道边缘（图 5-124），与外圈断裂断口形貌完全一致。

假设对轴承外圈施加径向约束（图 5-125），其最大应力处由轴承外圈转移到轴承内圈。外圈最大应力可以降低约 33.34%（图 5-126），而轴承内圈的最大应力只增加了约 2.1%。

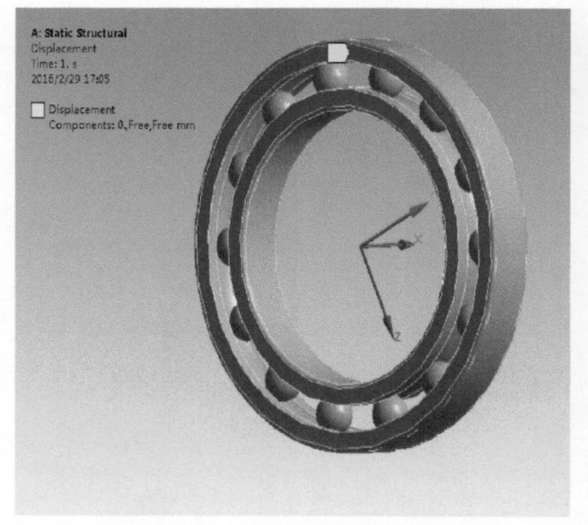

图 5-120　轴承外圈施加轴向约束

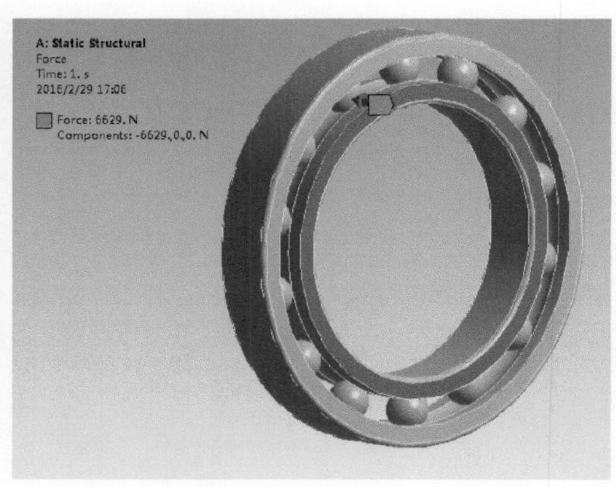

图 5-121　轴承内圈受轴向力 6629N

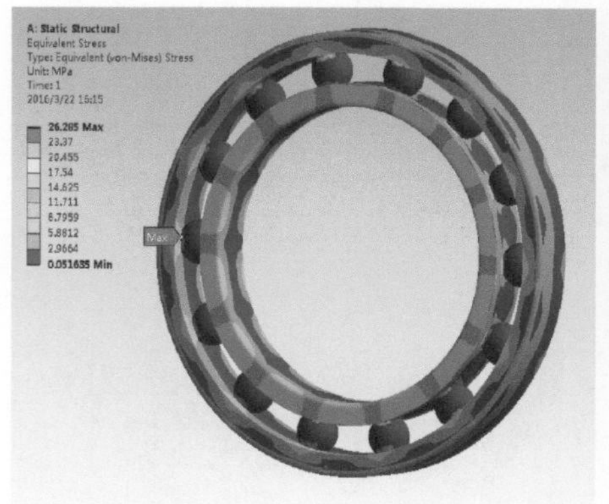

图 5-122　轴承整体应力云图

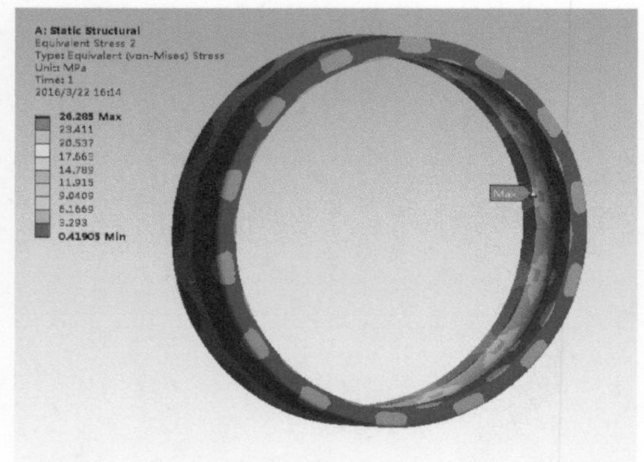

图 5-123　轴承外圈的应力云图

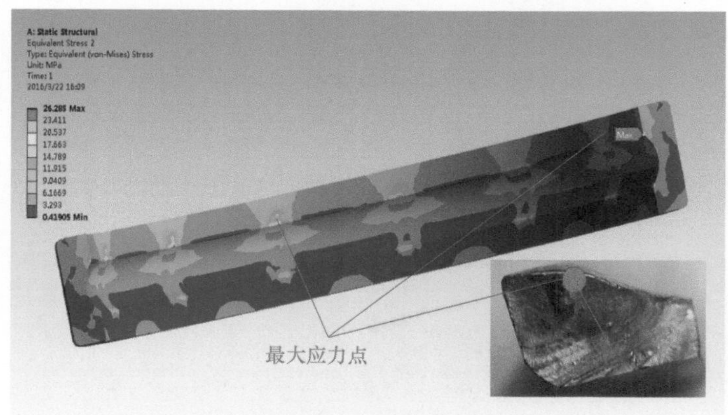

图 5-124　轴承外圈最大应力位于滚道边缘处

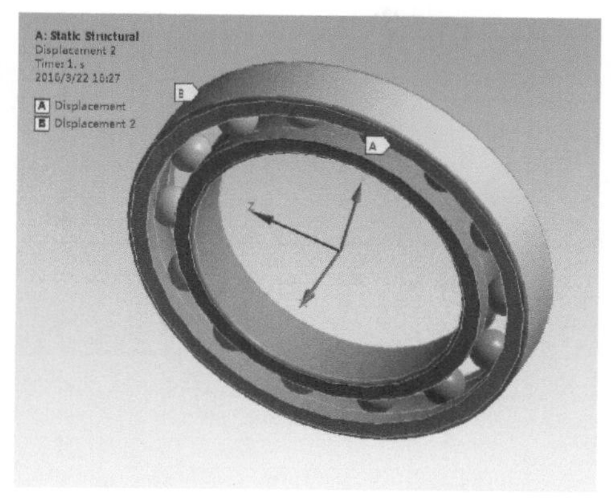

图 5-125 轴承外圈加径向约束

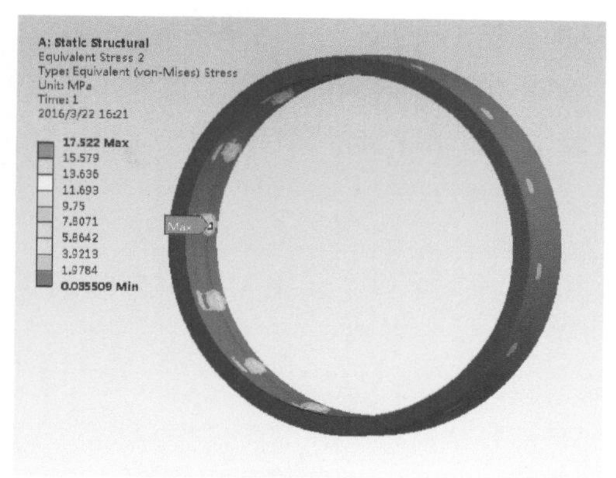

图 5-126 轴承外圈的应力云图

5.5.2.10 齿轮损伤的分析

① 从图 5-83、图 5-84 可以看到大、小齿轮的接触精度较好，小齿轮齿面的损伤较轻；大、中齿轮的接触精度就较差（图 5-85），中齿轮齿面的损伤较重，既有点蚀又有塑性变形，使齿轮的精度降低，运转的平稳性受到影响。更异乎寻常的是大、中齿轮的非工作齿面也出现了点蚀，大齿轮点蚀位于自由侧，中齿轮点蚀位于输出侧（图 5-83、图 5-85）。大、中齿轮的这种“吊角”接触使齿轮传动的侧隙不能得到保证，从而加大齿面的载荷和应力，这是中齿轮齿面受到严重损伤的重要原因之一。

造成“吊角”接触的原因有两个：一是轮齿倾斜角 β 的误差大；二是箱体轴承孔的平行度误差大。由于缺少测量数据不好确定两者哪个为主，但是增速箱的制造精度不高这一点是可以肯定的。

② 轮齿齿面的点蚀和剥落，特别是中齿轮的齿面塑性变形，破坏了正常的渐开线齿廓的啮合，其结果是使齿轮的内部动载荷增加，加大了轮齿的应力。

采用 ISO/DIS 6336 中的一般方法，计算齿轮的动载荷（动载系数 K_v），计算结果如下：

a. 增速箱大、中齿轮传动中，齿轮的临界转速 n_{e1}=1083.6r/min。根据一般规定，中齿轮转速应避免在（0.85 ～ 1.15）n_{e1}=920 ～ 1246r/min 范围内运转，因此时增速箱将出现共振，极易损坏机件。

b. 大、中齿轮的临界转速比 N=3.49>1.5，可见，这对齿轮在超临界区运转。

c. 大、中齿轮的精度等级不能低于 AGMA200-A88 的 Q12 级（相当于 ISO 1328-1975 的 5 级），因为此时的动载系数 K_v=1.07，符合 AGMA 6011 的要求（K_v < 1.11）。

d. 如果齿轮精度由 AGMA 的 Q12 级（1SO 的 5 级）降至 Q10 级（ISO 的 7 级），大、中齿轮传动的动载系数将增加 45%（K_v=1.55），这对增速箱极为不利。

③ 增速箱中、小齿轮的要求硬度为 300 ～ 350HBW，实测小齿轮平均硬度为 304HBW，大齿轮为 301HBW，属于中硬齿面齿轮。重载高速齿轮从低硬度 220 ～ 280HBW 提高到中硬度 302 ～ 360HBW，虽然提高了轮齿的单位面积强度和齿轮的许用应力，即提高齿轮的承载能力，但从另一角度分析，提高了齿轮的硬度和强度必然降低其塑性，齿面屈服强度越高，齿面塑变的可能性越小。当齿轮调质到 302 ～ 360HBW 时，其屈强比由原来的 0.7 提高到 0.9，屈服强度由原来的 600MPa 提高到 900MPa，使齿面在短时间超载时无法塑变，从而造成早期疲劳点蚀。在以后的使用中，很难利用均载效应来减少早期点蚀。这就使提高硬度来提高承载能力反而变成因局部应力超载而降低承载能力。因此，对于中硬齿面齿轮，如果不能保证制造精度（主要是接触精度和齿面精度），是很容易产生早期点蚀的。这一点已被试验和使用经验所证实[57]。

这一论断完全适用于增速箱齿轮。正是由于增速箱齿轮的接触精度低（偏载）、齿面精度差，造成了大、中齿轮齿面的严重损伤。因此，提高中硬齿面齿轮的制造精度或改用硬齿面齿轮，是解决增速箱承载能力不足的重要途径。

5.5.2.11 滚动轴承失效的分析

① 滚动轴承外圈的断裂是轴承失效的决定性原因。轴承外圈滚道的点蚀（图 5-99、图 5-109）是轴承寿命不足造成的。滚道的点蚀发生在外圈断裂之前。点蚀产生的裂纹使外圈滚道产生很大的应力集中，在交变应力作用下，外圈就很容易形成宏观裂纹而断裂。外圈的断裂面大都属于纤维状断口和细瓷状断口（图 5-100），这是 GCr15 轴承钢断口的正常形貌。由于疲劳裂纹在外圈运转过程中多次张合，因此断口呈磨平状态，其原始形貌往往不易观察到。

② 滚动轴承外圈材料化学成分经化验后可以确定是高碳铬轴承钢 GCr15，其化学成分属正常范围。目前全世界 90% 的滚动轴承是用这种材料制成的，因此可以肯定球轴承外圈的材料是一般常用的，但是很可能在材料的纯净度上有差别。

③ 滚动轴承外圈的硬度测定和金相组织检验结果表明轴承外圈的制造和热处理工艺均属正常状态。不足之处是：材料中的碳化物是带状分布的，引起淬火回火后硬度的不均匀；材料中存在的氧化物夹杂由于热膨胀系数比金属基体小，经热处理后，易在其周围产生拉应力。

④ 滚动轴承的润滑状况，特别是润滑油的黏度，对轴承的使用寿命有很大的影响。在为滚动轴承选用润滑油时，必须考虑轴承尺寸、转速、载荷、工作温度和环境条件。通常按 $d_m n$ 值（d_m 是轴承平均直径，n 是轴承转速）来确定润滑油的黏度。根据增速箱三根轴上轴承的平均转速和平均直径，查阅有关参考资料，滚动轴承应选用 50℃下运动黏度为 5mm^2/s 的 N5 或 N6 高速机械油，或者选用 20 ～ 23mm^2/s 的 22 号汽轮机油。在实用中，各轴承制造厂对滚动轴承用润滑油的黏度规定大体相同，如瑞典的 SKF 公司、日本精工（NSK）等，都规定在运转温度条件下，一般球轴承和滚柱轴承等用黏度为 13mm^2/s 的润滑油，圆锥形、球

形滚柱轴承用 20mm²/s 的润滑油，而增速箱目前实际使用的 525 Mobil Vacuoline 润滑油，其 50℃时的运动黏度为 50 ～ 57mm²/s（40℃时为 84.2 ～ 93.6mm²/s），很显然，对增速箱的轴承来说黏度过大，这不但增加了轴承的摩擦阻力，而且易使轴承温度升高，对轴承的寿命是不利的。这是增速箱系统设计上的问题，目前也难于改进。

⑤ 在增速箱的高速齿轮传动中，采用滚动轴承的合理性是有待考察的。从深沟球轴承寿命计算中可以看到，可靠度为 90% 时的寿命为 2151h，可靠度为 95% 时的寿命仅为 1334h。即使按目前不正常的厂方作业率，滚动轴承也只能使用不到一年的时间，显然这是不合理的。根据文献［58］所述，对于连续工作 24h 的机器，轴承预期寿命的荐用值为：对一般可靠度，L_h=50000 ～ 60000h；对高可靠度，L_h>100000h。目前增速箱的寿命离此推荐值甚远，这也是高速齿轮传动中通常不采用滚动轴承而采用滑动轴承的原因。

⑥ 增速箱齿轮齿面的损伤使齿轮的动载荷增大。此附加的动载荷不可避免地要传递给滚动轴承，同时也是增速箱振动的重要激励因素，无疑它将影响轴承的寿命。目前，从理论上还很难确定齿轮动载荷同轴承载荷之间的数量关系，但它对轴承寿命的影响可从以下的算例中看出。

假设由于齿轮动载荷的增加，使轴承载荷 P 增加了 20%（即 1.2P），代入滚动轴承的基本额定寿命计算式中，其他条件不变（对球轴承 ε=3），其增载后的寿命 L_h'= 0.58L_h，也就是说轴承的寿命降低了 42%。由此可见轴承的寿命对齿轮的动载荷是很敏感的。因此，对高速齿轮传动，保持齿轮传动的高精度、降低齿轮的动载荷（使 $K_v \leq 1.1$）就显得格外的重要。

⑦ 增速箱中的中、小齿轮轴上的深沟球轴承的外圈不作径向约束，其目的是避免轴的三支点静不定问题（注意：大齿轮轴的轴承并没有这样做，球轴承的外圈是有径向约束的），但其不利的一面是使轴承外圈的应力复杂化，特别是增加外圈的交变应力，使外圈更易于疲劳断裂（图 5-124）。如果像大齿轮轴一样，将球轴承的外圈作径向固定设计，肯定能提高轴承的使用寿命（图 5-126）。

⑧ 仔细观察角接触球轴承的外圈滚道（图 5-99），其表面呈梨皮花样（全面密布深褐色小斑点和小麻坑），这是滚道点蚀（可能还有电蚀）、磨损、润滑油不干净（油中有固体杂质）造成的表面损伤形貌。研究表明，如果润滑油中有尘埃、磨屑和外来异物，就能使轴承的疲劳寿命降低到非污染的 1/10。再联系轮齿表面的硌伤，更说明保持润滑油清洁度的重要性。

⑨ 从图 5-83 ～图 5-85 中可以观察到齿面的纵向蚀沟，这是一种弱电流（由电动机轴电流）引起齿面电蚀的形貌（见第 4 章实例 2、实例 3）。图 5-107 是中齿轮自由侧工作齿面损伤照片，图中有多个边缘无裂纹的圆形坑，这是齿面遭到电蚀的典型形貌。如果齿轮遭受电蚀，就不能排除轴承也受电蚀，这方面需做进一步的研究工作。

5.5.2.12 结论与建议

① 增速箱齿轮轮齿表面已出现了严重的损伤——点蚀、剥落和塑性变形，正常的渐开线齿廓已得不到保证，加大了齿轮的动载荷，从而降低了滚动轴承的使用寿命。因此，更换增速箱的齿轮，恢复齿轮传动的精度，是目前的当务之急。

②为了彻底解决增速箱制造精度偏低的问题，建议整套（包括箱体）更换增速箱，因为箱体制造误差大，即使齿轮制造精度高其传动性能也将大打折扣。齿轮的制造精度绝不能低于 AGMA Q12 级（相当于 ISO 5 级），并要求制造厂提供具体的齿轮精度检测数据。

③ 增速箱中齿轮（z=52）的临界转速 n_E=1083.6r/min，生产中应避免中齿轮工作在 920 ～ 1246r/min 转速范围内。

④ 实践证明，中硬齿面齿轮极易产生齿面的早期点蚀，因此它的成功使用要有合理的制造工艺和足够的制造精度作保证。增速箱的使用经验证明了这一点。在目前条件下，可以考虑将中、小齿轮改用硬齿面齿轮，以防止早期点蚀的发生，在全套更换时，可改用全部硬齿面齿轮。当然，齿轮的弯曲强度应仔细校核。

⑤ 经化学成分化验，深沟球轴承外圈的材料为一般常用的高碳铬轴承钢 GCr15（相当于美国 SAE 52100 钢），材料的成分属正常情况。经金相组织检验，轴承外圈热处理工艺良好，金相组织正常，硬度也基本符合要求。但材料中存在的硫化物夹杂和氧化物夹杂对外圈的疲劳强度稍有影响。总的来说，可以排除轴承外圈失效是由材料质量和热处理不好引起的可能性。

⑥ 根据计算，增速箱的中齿轮轴深沟球轴承的寿命不能满足连续生产的要求，如果不采取措施，类似的轴承损坏事故还可能发生。建议：

a. 定期更换轴承（例如不超过一年），即使轴承未损坏也按期更换。

b. 加强增速箱的在线监测和故障诊断。

⑦ 通过轴承外圈的受力分析和有限元法计算发现，轴承外圈如不作径向约束，外圈受复杂的交变应力作用，再加上滚道上因点蚀而产生应力集中，使外圈极易疲劳损坏，建议研究轴承外圈加径向约束的可能性。

⑧ 对增速箱的高速轴承来说，目前所用润滑油的黏度偏高，在这种情况下，要特别保持润滑油的清洁纯净，要加强密封和过滤，避免异物进入轴承内。

⑨ 根据齿面出现纵向蚀沟和轴承滚道有圆形蚀坑这种特别的现象，齿面和滚动轴承不能排除遭受电蚀的可能性。建议严密注意齿面和轴承的损伤情况，并对电蚀作进一步的分析研究（包括防止电蚀的措施）。

⑩ 总起来说，增速箱滚动轴承的断裂失效，是一种多因素、多种机理、复杂模式的复合型失效。为避免这种失效的发生，要从多方面采取改进措施。

5.5.2.13 说明

① 本案例发生在 1995 年，失效分析报告也是当年撰写的，因此报告中采用的

都是当时的标准和参考资料，例如 AGMA2000-A88、YB（T）1—1980、JB1255—1981、ISO/DIS 6336 等。目前，这些标准基本上都已经被新的标准替代，老标准作废。在撰写本书稿时是否可以改用新的标准？这可能不太好，因为这不符合事实，数据转换上也有困难，因此以保留原状为好。

② 本实例限于当时的技术水平，未做有限元计算和分析，本例中的有限元计算和分析是后补的（由张记涛提供），对理解轴承外圈断裂的原因很有帮助。

③ 本实例缺少外圈断裂疲劳断口电镜观察的照片，其原因是缺失这部分的原照片，只有复印照片，质量较差，因此没有采用。

5.5.3　实例 3　减速机滚动轴承高温抱轴失效分析[1]

5.5.3.1　减速机轴承失效概述

应用于煤矿皮带运输机的某型号减速机，在生产运转过程中出现滚动轴承高温抱轴故障。该减速机的基本信息如下：

功率　1400kW；高速轴转速　1500r/min；　3 级减速总传动比　31.901。

减速机的机构简图如图 5-127 所示。出现高温抱轴的是高速轴（以下简称 1 轴）轴承和中间轴（以下简称 2 轴）轴承，具体的部位如图 5-127、图 5-128 所示。

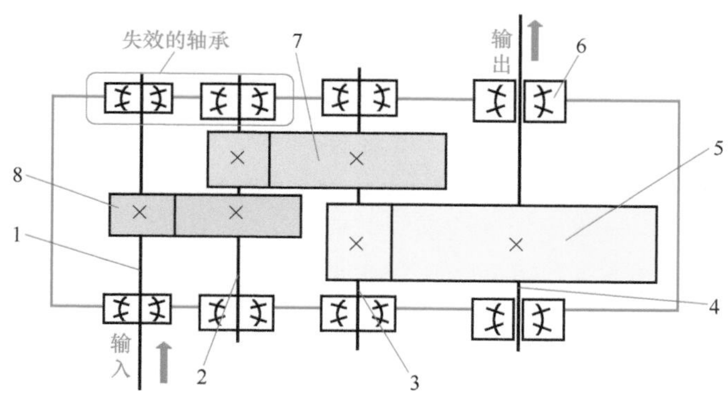

图 5-127　减速机的机构简图

1—高速轴，简称 1 轴；2—中间轴一，简称 2 轴；3—中间轴二，简称 3 轴；4—输出轴，简称 4 轴；5—第 3 级齿轮；6—调心滚子轴承；7—第 2 级齿轮；8—第 1 级齿轮

现已查明：

① 1 轴轴承高温抱轴的原因是外圈油槽中残留的一块箱体密封胶堵塞箱体油孔造成润滑失效而烧毁轴承。

---

[1] 本实例取材于某公司《减速机滚动轴承高温抱轴失效分析报告》，2016 年 3 月。

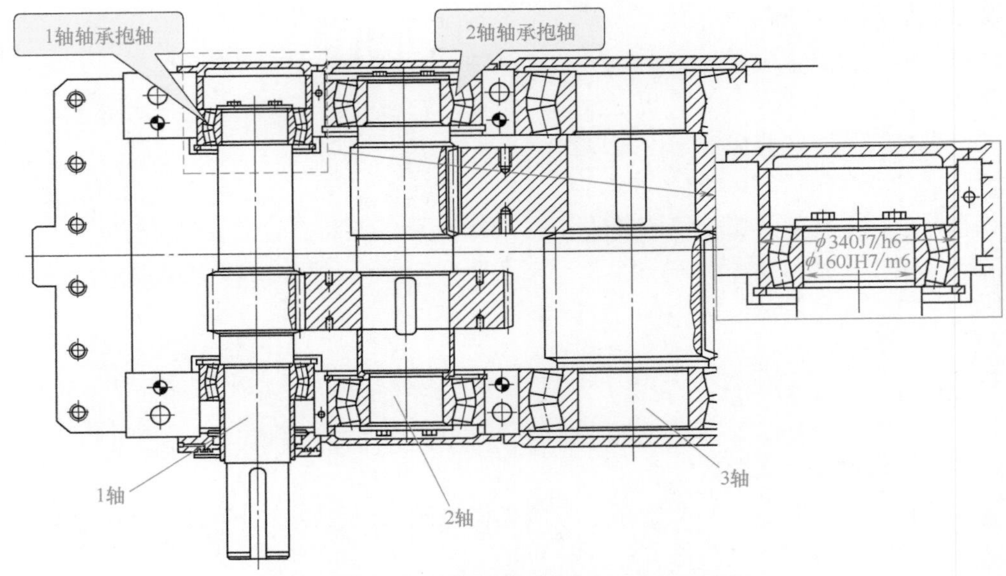

图 5-128　减速机的结构和失效轴承的部位

② 2 轴轴承高温抱轴的原因是 1 轴轴承抱轴后的高温通过箱体传给 2 轴箱体，使箱体油孔中润滑油的温度超过闪点（甚至气化），润滑油完全失去润滑作用，从而引发 2 轴轴承高温抱轴失效。

本实例的基本内容就是论述 330 减速机轴承高温抱轴失效分析的过程和轴承抱轴失效的原因，并提出防止失效的改进措施。

5.5.3.2　箱体和端盖宏观形貌

在减速机拆解后，观察箱体及其失效件，情况如下。

由于高温使箱体发生了变形，上下箱体的分箱面出现缝隙（图 5-129）。箱体轴承孔已经因高温发黑（图 5-130）。

图 5-129　上下箱体的分箱面出现缝隙

图 5-130　箱体轴承孔因高温发黑

1 轴和 2 轴的端盖由于高温均损坏，如图 5-131 和图 5-132 所示。端盖外表的涂装漆已成白色（图 5-133）。从箱体失效件的形貌特征可以看出，减速机的轴承因高温而烧损。

图 5-131　1 轴端盖高温损坏

图 6-132　2 轴端盖高温损坏

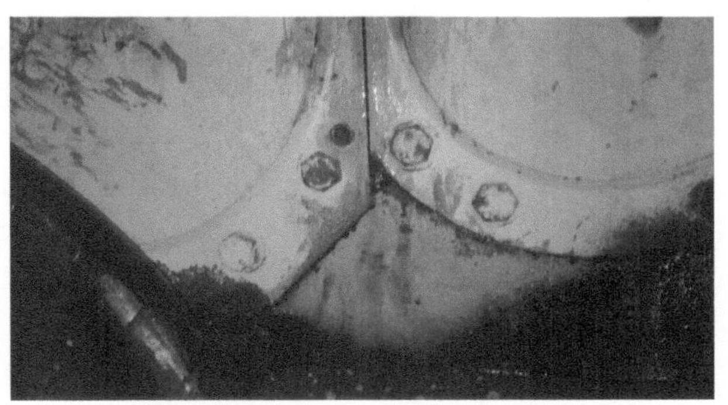

图 5-133　端盖外表的涂装漆变色

5.5.3.3　1 轴轴承高温抱轴失效分析

（1）1 轴轴承高温烧损宏观形貌

1 轴轴承烧损严重，轴承零件起氧化铁皮（图 5-134 ～图 5-136）。低碳钢在空气中加热至575~1370℃时，表面就会产生不同程度的高温氧化皮。铜保持架熔化（图5-137），不同材料其熔化温度不同，详见表5-22。轴端压板上的3个螺钉虽然已经烧损，但没有断裂（图5-134）。

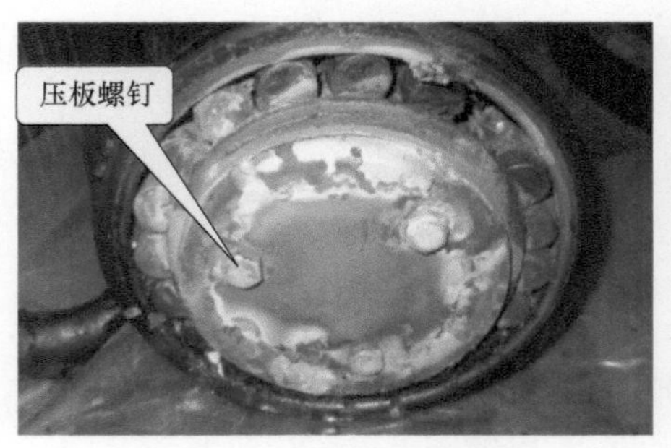

图5-134　1轴轴承烧损严重

图5-135　轴承烧损严重（表面氧化铁皮）（一）

图5-136　轴承烧损严重（表面氧化铁皮）（二）

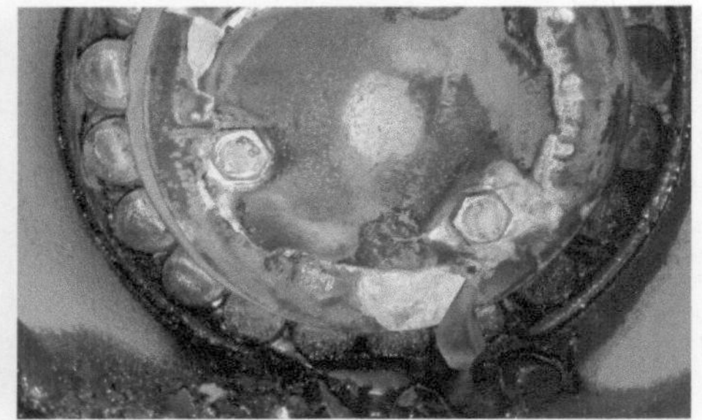

图5-137　轴承烧损严重（铜保持架熔化）

1轴的一端高温烧成黑色，定距环、氮化套和甩油环完全烧毁，如图5-138、图5-139所示。轴承烧损抱轴后，但轴仍在强力转动，使轴承内圈孔同配合的轴形成一副干摩擦的滑动轴承。结果造成轴颈和轴承内圈孔都严重磨损，如图5-140、图5-141所示。

轴承在高温（温度估计在900℃以上）作用下，轴承内圈、外圈和滚动体都产生严重的塑性变形，如图5-142～图5-144所示。保持架在高温下大部分熔化

图5-138　1轴高温烧毁

图5-139　1轴高温烧毁形貌

图 5-140　轴颈严重磨损

图 5-141　轴承内圈孔严重磨损

（图 5-144）。轴承的整体保持架通常由表 5-22 中的几种材料制成，表中列出了材料的凝固温度（≈熔点）。估计采用铅黄铜和铝铁锰青铜的可能性最大，因此保持架熔化的温度为 886℃～ 1045℃。

表 5-22　保持架常用的几种材料和凝固温度（≈熔点）

材料名称	代号	凝固温度 /℃
黄铜	H62	925
铅黄铜	HPb59-1	901 ～ 886
铝铁锰青铜	QAl10-3-1.5	1045
锌铝合金	Z27、Z28	487 ～ 382

图 5-142　内圈严重的塑性变形

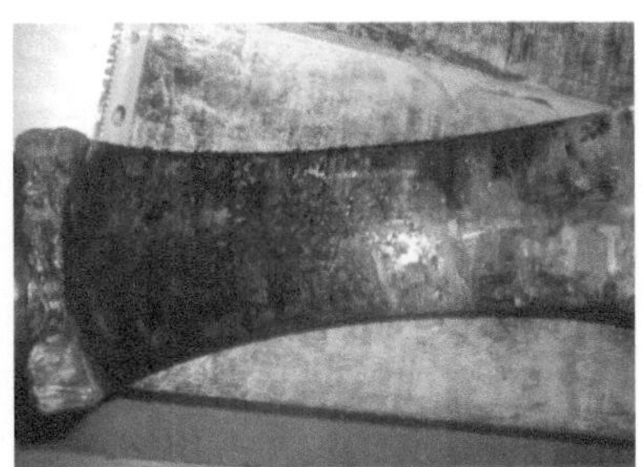

图 5-143　外圈严重的塑性变形

（2）1 轴轴承高温抱轴失效分析

减速机两根轴上两个滚动轴承同时高温抱轴的事故在工业实践中很少见到，很显然，其产生的原因肯定比较复杂，现采用失效分析工作中最常用的失效树分析方法（FTA）进行分析[3] 58-71。

在减速机滚动轴承高温抱轴各个零件观察和初步分析的基础上，就可以建立滚动轴承高温抱轴失效树。1 轴轴

图 5-144　滚动体严重塑性变形保持架熔化

承和2轴轴承的失效树（FT）要分别建立，然后再分析它们之间的关系。

1）1轴轴承失效模式的失效树（FT） 1轴轴承失效树如图5-145所示。它由一个顶事件（滚动轴承高温抱轴）、5个中间事件（人为失误、工况变差、游隙变差、润滑失效、零件失效）和15个底事件组成。图5-145中的15个底事件及其分析见表5-23。

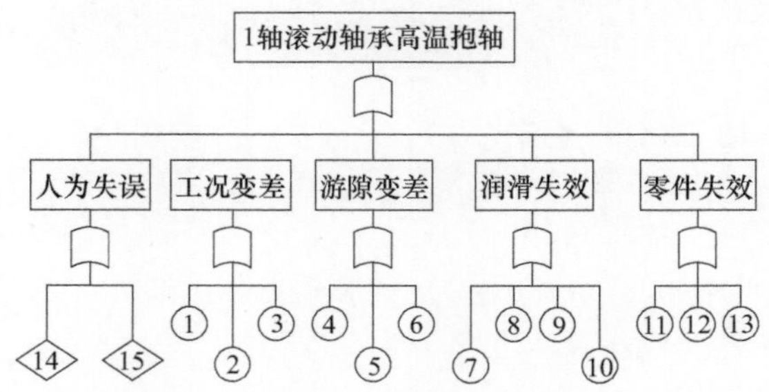

图5-145 1轴轴承失效模式的失效树（FT）

表5-23 15个底事件及其分析

中间事件	编号	底事件	事件分析	对抱轴的影响
工况变差	1	超载荷运转	据查，现场将皮带机3驱动改为2驱动可能出现超载运转，但现场人员认为输送煤量不满载，故无超载荷运转	×
	2	频繁启动、制动	据查，皮带机启动后连续运转，无频繁启动、制动	×
	3	超速运转	据查，皮带机为单一转速，无超速运转	×
游隙变差	4	轴承磨损	轴承运转两年多，轴承的游隙会增大，不可能造成抱轴	×
	5	温升过高	据查，润滑油温升正常	×
	6	环境温度太低	据查，环境温度正常	×
润滑失效	7	润滑油污染、过滤差	据查，润滑油清洁度正常。即使润滑油过滤差、有污染，一般只会影响轴承使用寿命，很难堵塞油孔	×
	8	油管破裂	据查，润滑油油管完好，打开箱盖后，仍可看到油管喷油，见图5-168	×
	9	轴承油孔、油路堵塞	轴承油孔完全堵塞（见图5-146～图5-148），油路堵塞的可能性也很大	○
	10	润滑油变质	据查，润滑油质量无问题	×
零件失效	11	轴变形、断裂	据查，轴未变形、断裂	×
	12	齿轮断齿	据查，齿轮轮齿完好	×
	13	轴承套圈断裂	据查，轴承内外套圈均没有断裂	×
人为失误	14	设计失误	据查，轴承选用和寿命计算无误	×
	15	操作、维护失误	据查，未发现操作、维护失误	×

注：表中“×”表示该底事件对轴承抱轴没有影响；“○”表示该底事件对轴承抱轴有影响。

2）1 轴轴承失效原因分析　拆解后可以看到 1 轴轴承 3 个油孔都完全堵塞（图 5-146 ～图 5-148），可以认为 1 轴轴承高温抱轴是轴承油孔堵塞造成的，但问题是油孔为什么会堵塞？表 5-23 中已经提到即使润滑油过滤差、有污染，一般只会影响轴承使用寿命，很难堵塞油孔。油孔堵塞肯定另有原因。

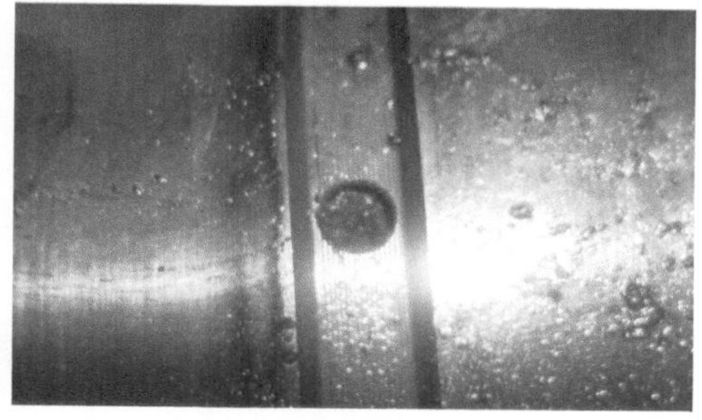

图 5-146　轴承油孔堵塞（一）

图 5-147　轴承油孔堵塞（二）

图 4-148　轴承油孔堵塞（三）

在 1 轴的另一侧，轴承未受到损伤，可以发现有脱落的密封胶块堵塞轴承油路（油槽）的现象，如图 5-149 所示。也有小块密封胶黏附在轴承油路（油槽）的现象（图 5-150）。此小块密封胶黏附的位置正好在箱体的分箱面附近，轴承外圈上也有黏附大片密封胶的痕迹。这说明在上下箱体合箱时，分箱面上的密封胶有挤进轴承油槽的现象存在。

图 5-149　密封胶块堵塞轴承油路（油槽）

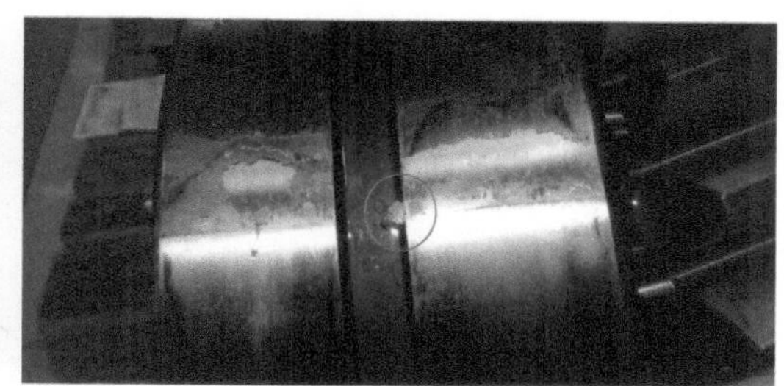

图 5-150　小块密封胶黏附在轴承油槽上

在烧毁的轴承外圈上也可以发现有类似密封胶的痕迹（图 5-151）。

下面具体分析这些密封胶碎块是否可能堵塞油路和油孔。

图 5-152 表示轴承安装在箱体轴承孔中的情况。图中画出了箱体润滑油的入口、轴承油道（油槽）、3 个轴承油孔和轴承内外套圈。从图中可见：

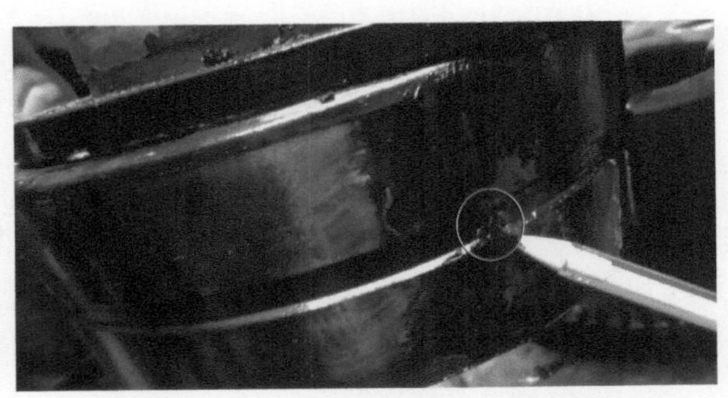

图 5-151 在烧毁的轴承外圈上有类似密封胶的痕迹

① 如果单独在油槽 B 处，或 C 处，或 D 处有密封胶块堵塞油路，均不可能堵死润滑油的通路，轴承不可能烧毁。

② 如果有两块密封胶"合作"，在适当的位置上堵塞油路，就有可能堵死油路而使轴承烧毁，但这种可能性太小了。

③ 如果轴承油槽有一块密封胶存在，如图 5-153 所示，轴承外圈在运转时通常存在"蠕动"，也就是轴承外圈相对于箱体孔有微转动。当外圈上的密封胶块（图 5-153）正对箱体油孔（图 5-152 的 A 处）时，就有可能完全堵死润滑油的通道而烧毁轴承。

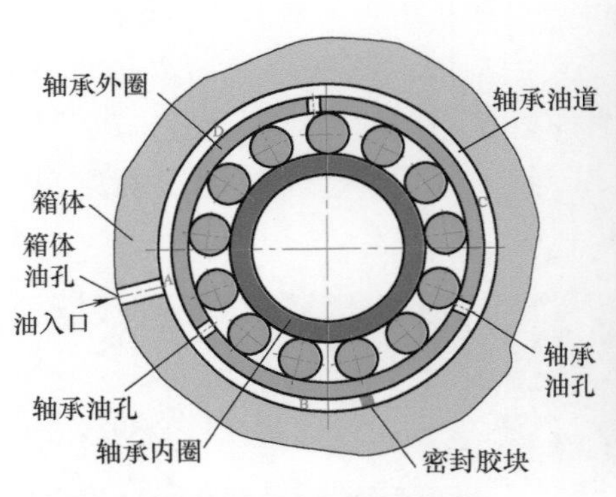

图 5-152 轴承安装在箱体轴承孔中示意图

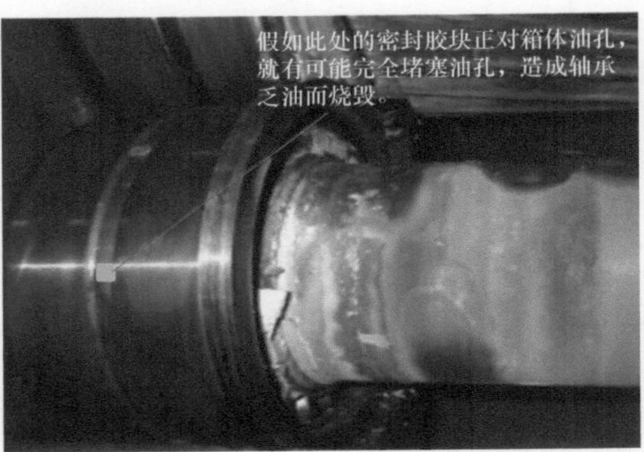

图 5-153 外圈上的密封胶块

④ 上述这种情况可能并不存在，因为从图 5-150 和图 5-151 来看，由于配合较紧（ϕ340 J7/h6，见图 5-128），轴承外圈的微动并不存在，因为轴承外圈没有滑动的痕迹。

⑤ 堵塞箱体油孔唯一的可能就是挤入轴承油槽中的密封胶碎块受到油压的推动，在油槽中移动（图 5-149）。当外圈上的密封胶块（图 5-153）正对箱体油孔（图 5-152 的 A 处）时，就有可能完全堵死或部分堵塞润滑油的通道而烧毁轴承。

另一个需要说明的问题是密封胶如何进入轴承油槽的，图 5-154 能够清楚地说明这个问题。从图中可以看到，在上下箱体合箱装配时，如果箱体分箱面上的密封胶较多，就会将密封胶挤进轴承油槽。挤入轴承油槽中的密封胶碎块受到油压的推动，在油槽中移动。当外圈上的密封胶块（图 5-153）正对箱体油孔时，就有可能堵塞润滑油的通道而烧毁轴承。

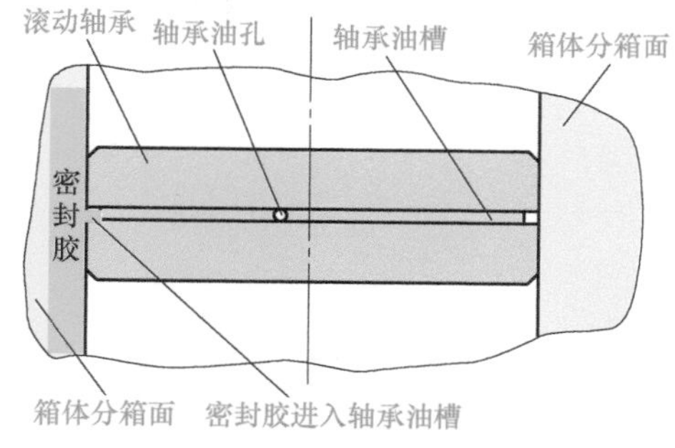

图 5-154　密封胶进入轴承油槽示意图

（3）1 轴轴承失效原因分析的结论

根据以上的分析，可以得到以下的结论：

① 1 轴轴承失效树中的 4 个中间事件（人为失误、工况变差、游隙变差和零件失效）均不是造成轴承抱轴的原因。

② 1 轴轴承失效树中的中间事件润滑失效才是轴承抱轴的原因。

③ 轴承润滑失效是油孔堵塞造成的。

④ 根据失效件分析和推理得到造成油孔堵塞的原因：轴承外圈油槽中残留一块箱体密封胶，密封胶碎块受油压的推动在油槽中移动，在某一时刻，外圈上的密封胶块正对箱体油孔，完全堵塞润滑油的通道，从而烧毁轴承。

⑤ 1 轴轴承高温抱轴失效模式如 5-155 所示。

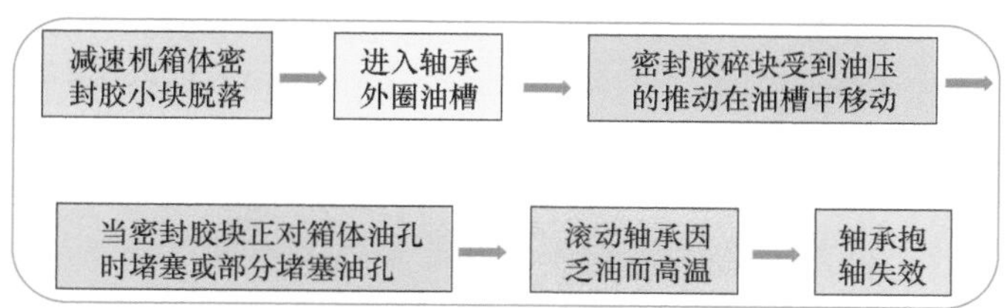

图 5-155　1 轴轴承高温抱轴失效模式

⑥ 轴承外圈油槽中残留的箱体密封胶块是堵塞油孔的“元凶”，因此应该采取有效措施，防止密封胶块进入轴承油槽。

5.5.3.4　2 轴滚动轴承高温抱轴失效分析

（1）2 轴轴承高温烧损宏观形貌

2 轴的一端高温烧成黑色，其高温影响区见图 5-156。轴承烧损严重，但轴承零件出现的氧化铁皮较 1 轴轻（图 5-136），保持架也未熔化，如图 5-157 ～图 5-160 图所示。

图 5-156　2 轴高温影响区

图 5-157 2 轴轴承和轴烧损

图 5-158 2 轴轴承烧损形貌（一）

图 5-159 2 轴轴承烧损形貌（二）

图 5-160 2 轴轴承烧损形貌（三）

固定轴承压盖的 3 个螺钉 2 个松脱、1 个断在孔中（图 5-161），轴承压盖脱落（图 5-162）。

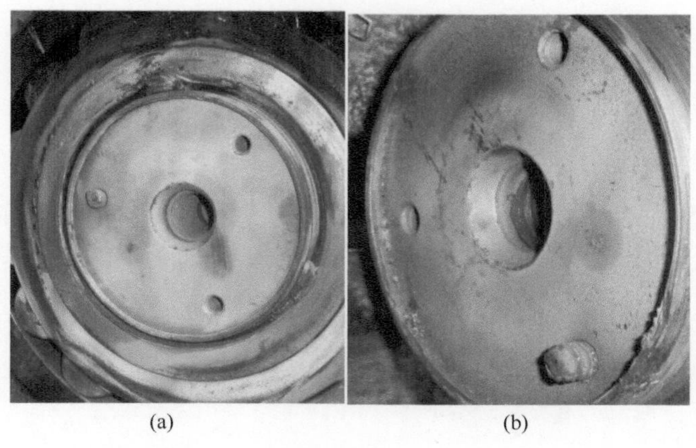

(a) (b)

图 5-161 压盖螺钉孔

图 5-162　轴承压盖脱落

压盖与轴承接触面有可见深度的磨损痕迹（图 5-163）。其非接触面如图 5-164 所示，可知：压盖的温度很高，局部有较厚的氧化铁皮；3 个螺钉孔的边缘有受螺钉头磨损的深沟，其放大图如图 5-165 所示。螺钉孔内有螺纹压痕（图 5-166）。

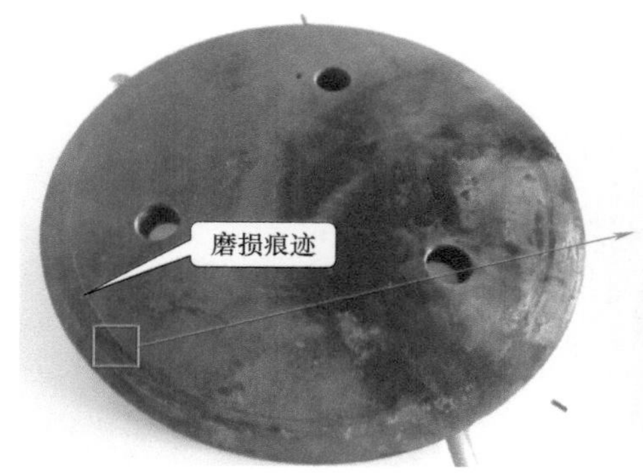

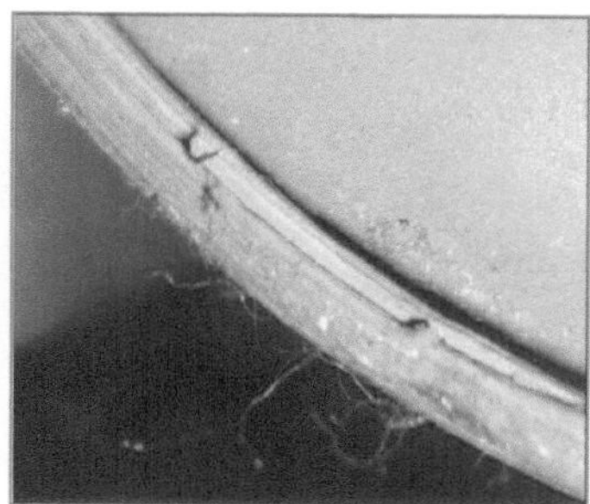

图 5-163　与轴承接触面的压盖磨损痕迹

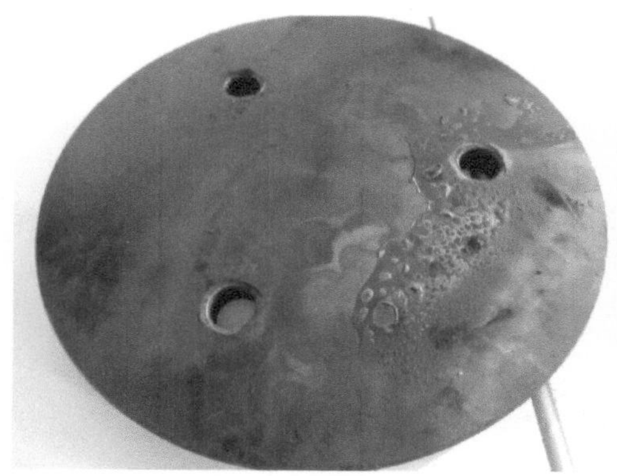

图 5-164　与轴承非接触面的压盖形貌

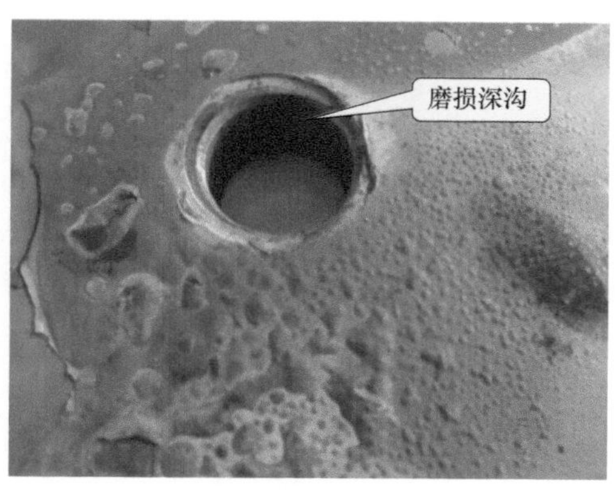

图 5-165　螺钉孔边缘磨损的深沟

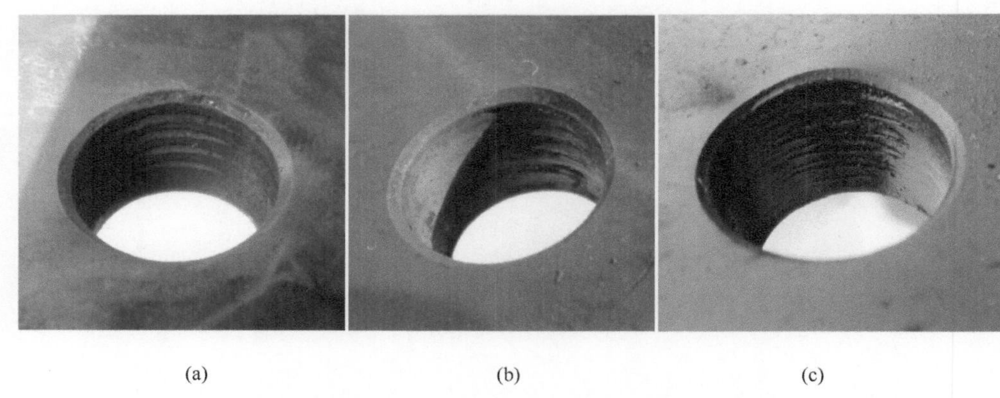

(a) (b) (c)

图 5-166 螺钉孔内的螺纹压痕

两个螺钉断裂的断口有高温烧伤的形貌，如图 5-167 所示。

图 5-167 两个螺钉断裂的断口形貌

图 5-168 2 轴小齿轮高温烧伤、油路畅通

2 轴小齿轮受到轴承高温的影响——烧伤，但大齿轮未受到影响，见图 5-168。从图中可见，齿轮静止时的润滑正常，油路畅通。

将 2 轴轴承切开，2 轴轴颈的磨损形貌见图 5-169，磨损表面放大图见图 5-170。可见滚动轴承内圈孔同 2 轴轴颈变成了一个高温干摩擦副，其摩擦热足以烧损轴承有关零件。

仔细观察 2 轴轴颈的根部，可以看到根部出现了台阶，如图 5-171 所示。图中 b（=1.3mm）是压盖松脱后轴承横移的距离；h（=7.8mm）是轴表面磨损后的台阶高度。

轴承内圈孔磨损的形貌见图 5-172，从金属颜色可知干摩擦旋转的温度相当高。

图 5-169　2 轴轴颈的磨损形貌

图 5-170　轴颈磨损表面放大

图 5-171　2 轴轴颈根部的台阶

(a)　　(b)

图 5-172　轴承内圈孔磨损的形貌

轴承内圈滚道失效后的形貌见图 5-173，可见有滚动体高温黏结痕迹。

轴承外圈滚道失效后的形貌见图 5-174，可见外圈不同区域的温度是不同的，靠近高温 1 轴的区域温度较高，靠近 3 轴的区域温度较低。这是因为箱体温度影响区不同。

图 5-173　轴承内圈滚道失效后的形貌

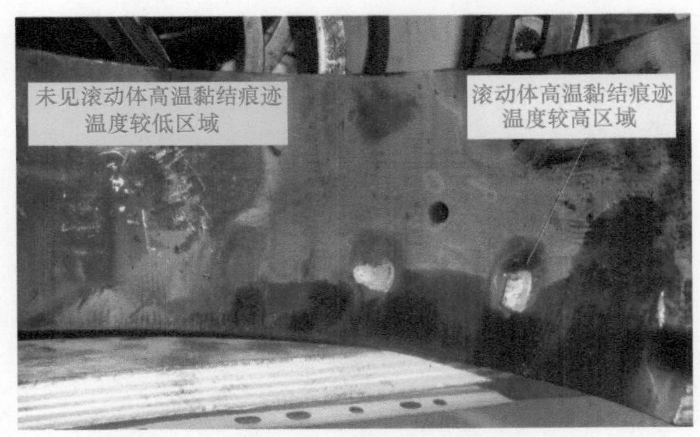

图 5-174　轴承外圈滚道失效后的形貌

轴承滚动体失效后的形貌见图 5-175，可见磨损和黏结的痕迹。

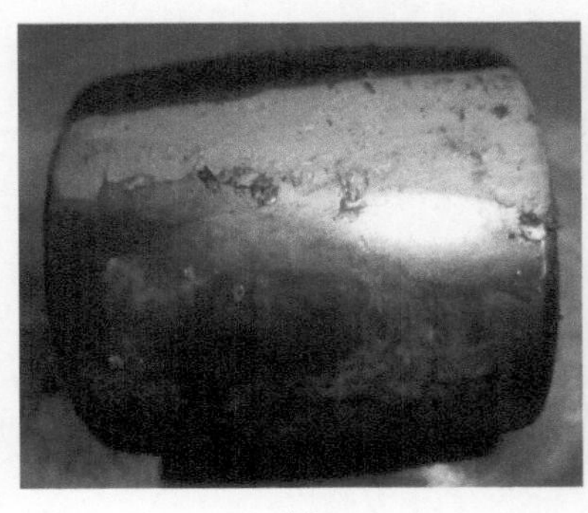

(a)

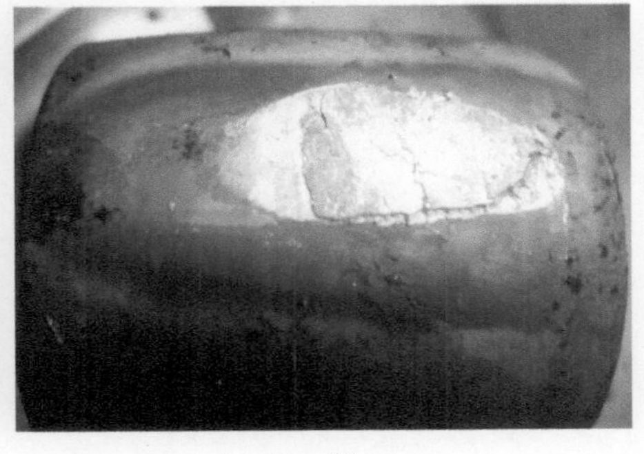

(b)

图 5-175　轴承滚动体失效后的形貌

轴承保持架为钢制，虽然在高温下没有熔化，但也受到烧损并出现塑性变形，失效后的形貌见图 5-176。

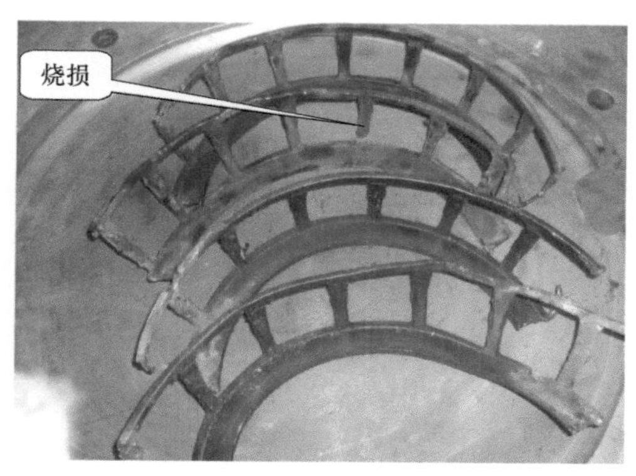

图 5-176　轴承保持架失效后的形貌

(2) 2 轴滚动轴承高温抱轴失效分析

1）2 轴轴承失效模式的失效树（FT）　2 轴轴承的失效树如图 5-177 所示。它由 1 个顶事件（滚动轴承高温抱轴）、5 个中间事件（人为失误、1 轴高温抱轴影响、工况变差、游隙变差、润滑失效）和 19 个底事件组成。19 个底事件见表 5-24。

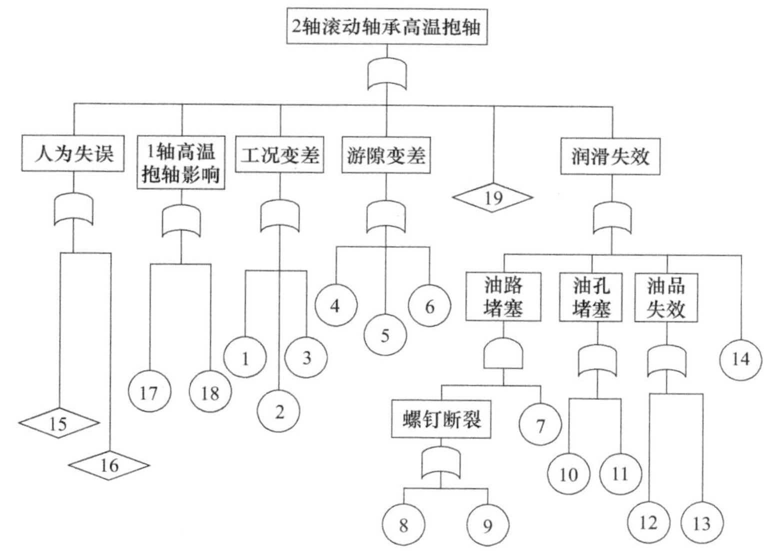

图 5-177　2 轴轴承失效模式的失效树（FT）

表 5-24　图 5-177 中的 19 个底事件分析

中间事件	编号	底事件	事件分析	对轴承抱轴的影响
工况变差	1	超载荷运转	据查，现场将皮带机 3 驱动改为 2 驱动可能出现超载运转，但现场人员认为输送煤量不满载，故无超载荷运转	×
	2	频繁启动、制动	据查，皮带机启动后连续运转，无频繁启动、制动	×
	3	超速运转	据查，皮带机为单一转速，无超速运转	×

续表

中间事件	编号	底事件	事件分析	对轴承抱轴的影响
游隙变差	4	轴承磨损	轴承运转两年多，轴承的游隙会增大，不可能造成抱轴	×
	5	温升过高	据查，润滑油温升正常	×
	6	环境温度太低	据查，环境温度正常	×
润滑失效	7	轴承外圈滑移	据观察，轴承外圈的确有轴向滑移，但此滑移产生在2轴抱轴之后，因此对抱轴无影响	×
	8	压盖螺钉松动	据观察，压盖螺钉松动发生在2轴抱轴之后，因此对抱轴无影响	×
	9	螺钉强度不足	未发现螺钉强度不足	×
	10	密封胶碎块堵塞油孔	据查，未发现有密封胶碎块堵塞油孔	×
	11	其他杂物堵塞油孔	据查，未发现有其他杂物堵塞油孔	×
	12	润滑油污染	据查，润滑油正常。即使有污染，也不至于使轴承抱轴	×
	13	润滑油变质	润滑油经过箱体油孔高温区，油的温度超过闪点，甚至气化，失去了润滑轴承的作用，造成轴承抱轴	○
	14	油管破裂	润滑油油管可以正常喷油	×
人为失误	15	设计失误	据查，轴承选用和寿命计算无误	×
	16	操作、维护失误	据查，未发现操作、维护失误	×
1轴抱轴高温	17	轴承游隙改变	受1轴轴承高温的影响，箱体温度的增加会使轴承游隙增大，不会造成抱轴事故	×
	18	润滑油变质	1轴轴承抱轴后的高温，通过箱体传给2轴箱体，使箱体油孔中润滑油的温度超过闪点，甚至气化，完全失去润滑油的润滑作用，从而引发2轴轴承高温抱轴失效	○
	19	零件失效	未发现2轴断裂、塑性变形和轮齿断裂	×

注：表中“×”表示该底事件对轴承抱轴失效没有影响；“○”表示该底事件对轴承抱轴有影响。

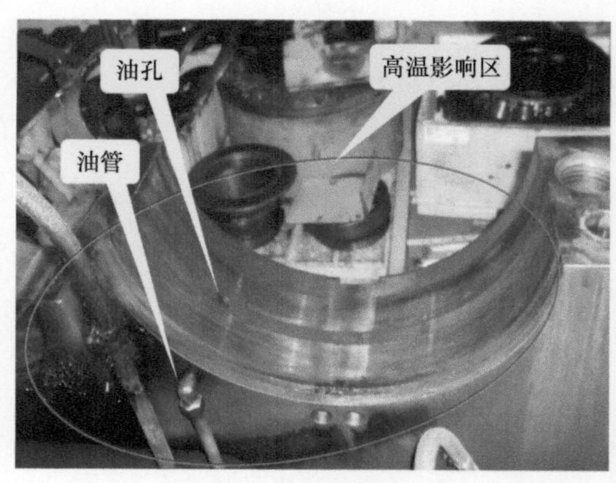

图 5-178　2 轴轴承箱体的高温影响区

2）2 轴轴承失效原因分析　2 轴轴承失效原因看起来比较复杂，但根据上述宏观形貌的观察和分析，可以发现轴承失效最有可能是1轴轴承高温影响造成的。2 轴轴承箱体的高温影响区见图 5-178，可见靠近箱体油孔、油管的材料已经呈现黑色，这反映该处的温度很高。参考表 5-25 钢的氧化色同温度的关系[56]，可以判定其温度在 400℃以上。当润滑油通过油管，经过 400℃以上温度的箱体孔，进入轴承油孔时会发生什么变化呢？答案是润滑油可能气化，因为温度超过了 320 润滑油的闭口闪点 243℃。320 润滑油的闪点见表 5-26。可以想象润滑油完全失去润滑轴承的作用，轴承抱轴就必然了。这就是 2 轴轴承抱轴的真正原因，因此 2 轴轴承的失效是 1 轴轴承抱轴高温影响的结果。

表 5-25 钢的氧化色同温度的关系[56]

氧化色	温度 /℃	
	碳钢和低合金钢	不锈钢
浅黄	225	290
黄	235	340
浅红	265	390
暗红	280	450
浅蓝	290	530
深蓝	315	600
黑褐	高于 400	高于 600

表 5-26 320 润滑油的闪点

产品 320（ISO VG）	试验条件	闪点 /℃
德士古石油公司	开口	221
英国石油公司	开口	199
	闭口	243
德国极压型工业齿轮油 DIN 51517 Ⅱ -1989	开口	200
日本工业齿轮油 JIS K2219-1983	开口	200

2 轴轴承压盖螺钉断裂原因：2 轴轴承抱轴以后，轴还在旋转，轴颈同轴承内圈孔如同一副干摩擦的滑动轴承，摩擦面剧烈发热，轴出现强烈振动。压盖螺钉按规范拧紧后虽然有很好的自锁作用，但是在强烈的振动和高温（可能在 400℃以上）条件下，自锁并不可靠（还要注意在润滑油中工作的螺钉，自锁也不可靠）。螺钉松脱断裂复原的形貌如图 5-179、图 5-180 所示。

图 5-179 螺钉松脱断裂复原的形貌（一）

图 5-180 螺钉松脱断裂复原的形貌（二）

3）2 轴轴承失效原因分析的结论　根据以上的分析，可以得到以下的结论。

① 2 轴轴承失效树中的中间事件——人为失误、工况变差、游隙变差、油路堵塞、油孔堵塞和螺钉断裂，均不是造成轴承高温抱轴的原因。

② 2 轴轴承失效树的中间事件——1 轴轴承抱轴高温和润滑油失效才是轴承抱轴的原因。

③ 根据分析和推理，轴承润滑失效原因是 1 轴轴承抱轴后的高温通过箱体传给 2 轴箱体，使箱体油孔中润滑油的温度超过闪点，甚至气化，完全失去润滑油的润滑作用，从而引发 2 轴轴承高温抱轴失效。

④ 2 轴轴承高温抱轴的失效模式可用图 5-181 表示。这种失效模式在失效学上称为从属失效（见 GB/T 2900.13—2008《电工术语 可信性与服务质量》)。

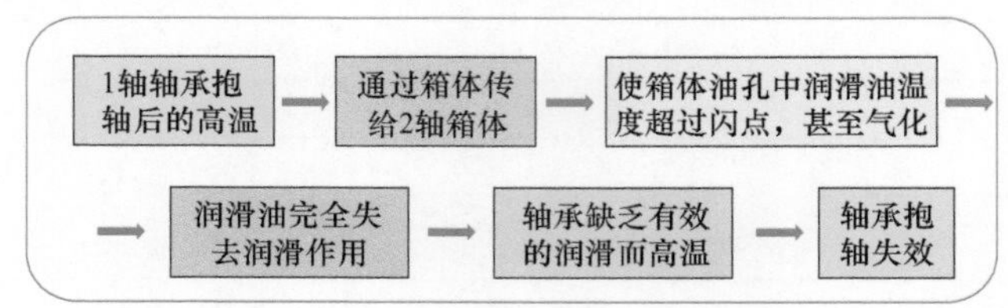

图 5-181　2 轴轴承高温抱轴的失效模式

⑤ 从两个轴承失效的过程可以看出：1 轴轴承高温抱轴后电动机并没有停止运转，从而引发箱体高温，使 2 轴轴承高温抱轴。如果轴承部位有温度传感器，能够高温报警，及时停车，就能完全防止类似故障的发生。

⑥ 轴承压盖上的 3 个固定螺钉因未采用防松结构而松脱，是轴承螺钉断裂的主要原因。

5.5.3.5　分析的结论和改进措施

（1）结论

根据以上的观察和分析，可以得到330减速机两个轴承高温抱轴原因的结论。

① 2 个轴承失效树中的中间事件（人为失误、工况变差、游隙变差、零件失效和螺钉断裂等）均不是造成轴承高温抱轴的原因。

② 由于箱体油孔被密封胶块堵死或部分堵塞造成润滑失效，才是两个轴承高温抱轴的“元凶”。

③ 2 轴轴承失效是由于 1 轴轴承抱轴后的高温通过箱体传给 2 轴箱体，使箱体油孔中润滑油的温度超过闪点，甚至气化，完全失去润滑油的润滑作用，从而引发 2 轴轴承高温抱轴失效。这是一种从属失效。

④ 轴承部位没有设置温度传感器，未能高温报警及时停车，因而造成两个轴承高温抱轴失效。

⑤ 轴端的轴承压盖螺钉缺乏可靠的防松装置，这在不可视的闭式环境中是一个隐患——螺钉松脱。

（2）改进措施

① 在使用箱体密封胶时，应注意用量要适当，不可过多。

② 采取措施防止密封胶碎块进入滚动轴承油槽中。

③ 在轴承部位设置温度传感器，在温度超标时能够自动报警、停车。

④ 轴端的轴承压盖螺钉设置可靠的防松装置，避免螺钉松脱。

5.5.4　实例 4　变速行星齿轮传动机滑动轴承失效分析❶

5.5.4.1　滑动轴承失效概况

某大型甲醇生产厂，其生产线的核心机组——压缩机组由电动机、变速行星齿轮传动机和压缩机组成，三者均从国外引进，其机组外观见图 5-182（a）。变速行星齿轮传动机在同一个箱体中集成了流体动力调整的液力变矩器、一个定轴行星齿轮传动和一个动轴行星齿轮传动［图 5-182（b）］。通过调整液力变矩器导叶片的位置，可以精确并动态地调整输出转速（工作机转速），因此具有无级调速的能力。

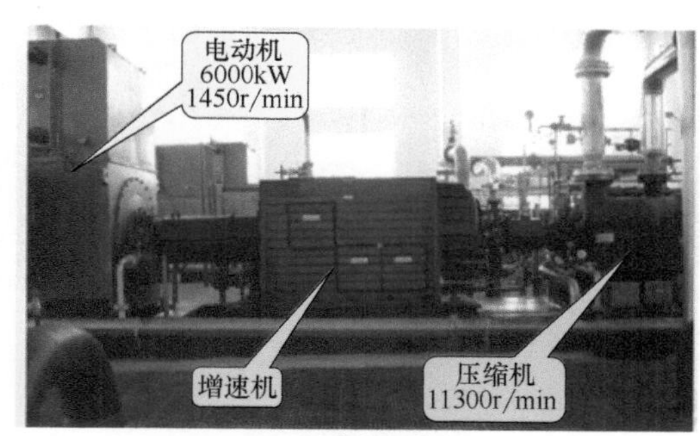

(a) 压缩机组外观

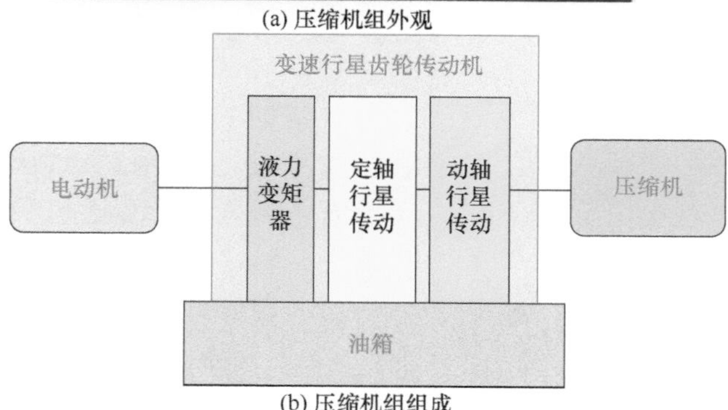

(b) 压缩机组组成

图 5-182　压缩机组

❶ 本实例取材于某甲醇生产厂《行星齿轮增速箱滑动轴承失效分析报告》，2010 年 2 月。

变速行星齿轮传动机动力传输基于功率分流的原理：功率大部分通过行星齿轮直接传递，其余用于调节工作机转速部分的功率由机械液力变矩器来传递。变速行星齿轮传动机的这种原理使其在很大转速范围内效率都可达到95%以上。功率范围为1000～50000kW，转速为500～20000r/min。

在本实例中，电动机功率P=6000kW，转速n=1495r/min。利用变速行星齿轮传动机将转速提高到压缩机的转速n=11687r/min，并且利用变速行星齿轮传动机中的液力变矩器来实现无级调速。变速行星齿轮传动机内部结构极为复杂，技术很先进，引进费用相当可观。

机组投入生产后一切正常，但当一次机组检修后启动运转时，在极短的时间内增速机停止了运转。经过检查发现是增速机内的动轴行星齿轮传动的滑动轴承抱轴了。

根据引进合同规定，国外公司派技术人员来检修。将动轴行星齿轮传动部分拆解后观察（图5-183），发现是行星轮的销轴滑动轴承失效造成整机停止运转。

将销轴拆卸后如图5-184所示。经检查除了销轴滑动轴承失效外，其他部位和零件均很正常。

图5-183　动轴行星齿轮传动部分

图5-184　销轴拆卸后形貌

图5-185　销轴滑动轴承轴颈的失效形貌（一）

拆卸下的行星轮销轴如图5-185～图5-187所示。销轴滑动轴承轴颈已经严重胶合、黏结，销轴上的滑动轴承合金已经脱皮。轴颈的损伤都出现在无油孔的部位（图5-187），这是供油不足引起的。

5.5.4.2　滑动轴承失效的原因

经过调查发现这是一次操作失误引发的严重事故。具体情况如下：

结构十分复杂的变速行星齿轮传动机增速机全部转动副采用滑动轴承。为了保证增速机能够运转10年无须检修，设计

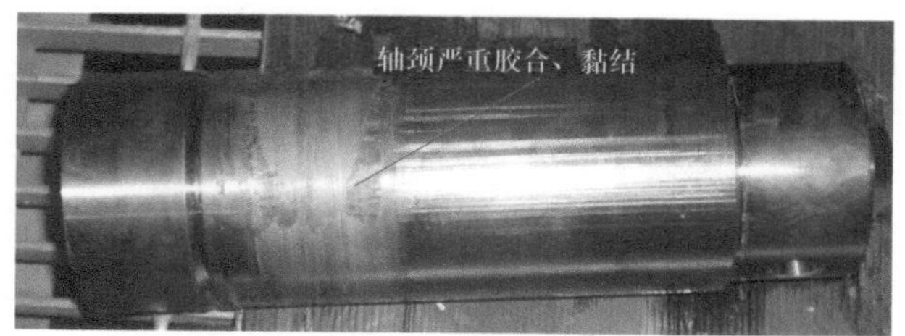

图 5-186　销轴滑动轴承轴颈的失效形貌（二）

图 5-187　销轴滑动轴承轴颈的失效形貌（三）

者对滑动轴承的润滑做了精心设计，因为润滑是该机的命脉之一。设计者为滑动轴承供油系统设置了 3 道保险：供油系统的主油泵—副油泵—高位油箱。也就是说主油泵如果出事故，可以自动启动副油泵供油，如果副油泵也出事故不能启动，可以由高位油箱供油。本次事故就是主油泵因故停止运转，而副油泵未能及时自动启动。未能及时启动副油泵是操作人员未按规程设置“自动”造成的，因此这是一次操作失误引发的严重事故。

高位油箱为什么不能利用重力自动润滑行星轮销轴的滑动轴承？在出现事故时，高位油箱的确起到了作用，重力作用下润滑油流向固定点的滑动轴承，因而保护了这些轴承免受损坏。但是高位油箱产生的油压极为有限，对固定的滑动轴承尚能尽职——保证不缺油；对于行星轮销轴这种滑动轴承却无能为力，因为在高速旋转的情况下，行星轮有很大的离心力 Q，见图 5-188。销轴轴承的压力很大，结构本身就造成供油比较困难。更“要命”的是在离心力作用下，进入滑动轴承的润滑油会很快被高速甩掉，这就需要较高的油压供油，但高位油箱不能提供这样的油压，于是行星轮销轴滑动轴承抱轴的事故就发生了。

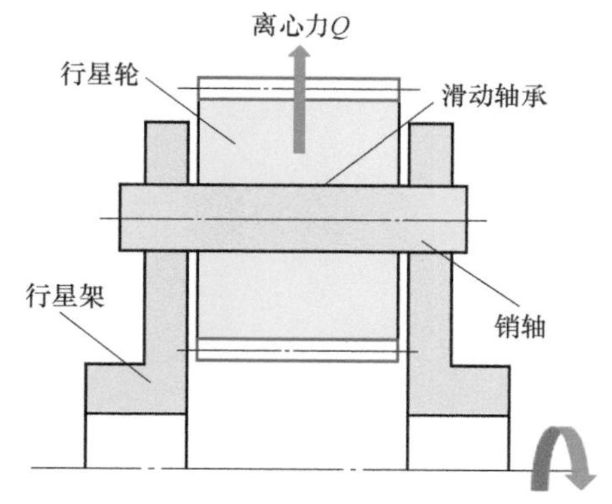

图 5-188　行星轮产生的离心力 Q 示意图

从失效分析的角度来看，本实例没有复杂之处，是典型的人为失误造成的重大事故，这也是一种失效分析的典型案例。它造成甲醇生产线停产多时，经济损失十分可观，应引以为戒。

5.5.4.3 讨论

上述实例说明，在一些机械设备事故中，人为因素有时是失效主要的原因，特别对于交通车辆、航空飞机和大型生产线关键设备等灾害性事故，必须注意人为因素，如表 5-25 所列。上述实例是一起重大的人为因素事故，可以对照表 5-27 判断起因。

表 5-27　灾害性事故的人为因素[3] 160-161

序号	主要表现	起因
1	判断错误	缺乏经验，系统知识不足
2	技术低劣	训练不足，要求不严
3	违抗命令	主观武断，厌烦情绪
4	粗心大意	生理缺陷，精神不集中
5	玩忽职守	缺乏责任心，制度不严

第 6 章 螺纹紧固件和花键的失效分析

Chapter 6 Failure Analysis of Thread Fasteners and Splines

6.1 螺纹紧固件的失效分析

6.1.1 螺纹紧固件概述

在机械设备中，螺纹紧固件（又称连接件）是应用最广泛的一种通用标准件。螺纹紧固件用于机件的连接，具有结构简单、拆装方便、容易制造、有自锁特性和大批生产成本低等优点。

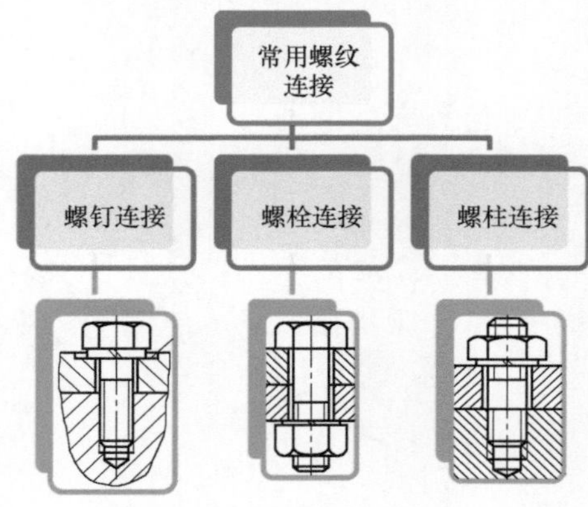

图 6-1 螺钉、螺栓和螺柱连接的结构

在不同的场合可以采用多种多样的螺纹紧固件，但使用最多且最有代表性的螺纹连接有三种：螺钉连接、螺栓连接和螺柱连接，其连接的结构见图 6-1。其中包含螺母和防松的垫圈等。

螺纹紧固件组成的组合件（包括被连接件）的基本功能，是利用拧紧螺纹件产生的力来紧固被连接件，用以承受外载荷。此外载荷可以是静载荷、交变载荷、冲击载荷、振动载荷或微振载荷等；而紧固件根据不同连接结构的设计要求，可能承受拉伸载荷、剪切载荷、扭转载荷，在不正常或特定的情况下甚至可能承受弯曲载荷。

6.1.1.1 螺纹连接的理论基础——变形协调

螺栓连接受力与变形的关系是建立在变形协调基础上的。图 6-2 所示为一受轴向力的螺栓连接。图 6-2（a）是未加力拧紧的状态，螺栓和被连接件均未受力，也无变形。图 6-2（b）是加力拧紧（加预紧力 F_p）后的状态，螺栓拉伸变形量为

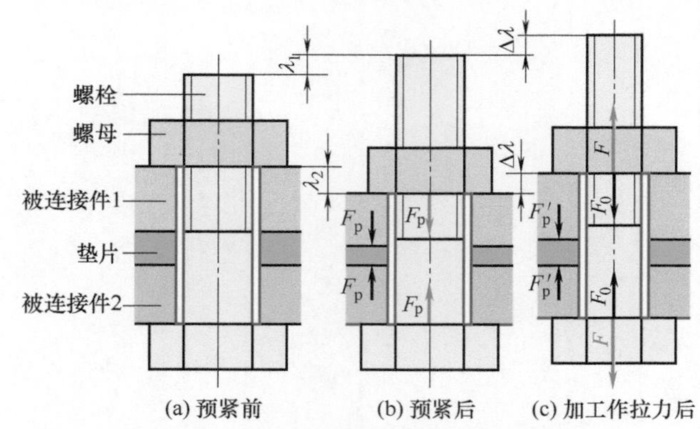

图 6-2 螺栓连接的受力与变形

λ_1；被连接件受压，变形量为 λ_2。图 6-2（c）是施加工作拉力 F 后的状态，螺栓拉伸变形量为 $\Delta\lambda$，等于被连接件放松变形量（变形协调的结果）。被连接件的预紧力有所减少，剩余预紧力为 F'_p，螺栓最大拉力为 F_0，$F_0=F'_p+F$。

螺栓和被连接件的变形量与螺栓和被连接件的刚度有关，刚度大则变形小，刚度小则变形大。

螺栓的刚度 $C_1=\tan\theta_1=F_p/\lambda_1$；

被连接件的刚度 $C_2=\tan\theta_2=F_p/\lambda_2$。

根据上述原理，可以画出螺栓连接的变形协调图，如图 6-3 所示。由图可见，施加工作拉力以后，螺栓增加了拉力 ΔF_1，变形量增加了 $\Delta\lambda$，螺栓受力点从 A 移至 B；被连接件减少了预紧力 ΔF_2，变形量减少了 $\Delta\lambda$，在 B'点取得平衡。螺栓最大拉力为 $F_0=F'_p+F$；工作拉力为 $F=\Delta F_1+\Delta F_2$。

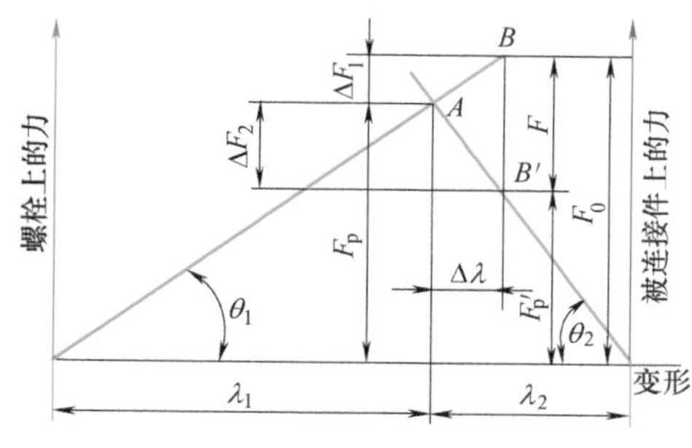

图 6-3　螺栓连接的变形协调图

在螺栓连接的使用中，剩余预紧力 F'_p 不能太小，否则不能保证可靠的连接。剩余预紧力 F'_p 一般根据工作载荷的性质来选取，见表 6-1。

表 6-1　剩余预紧力推荐值

载荷性质	有紧密性要求	载荷有冲击	载荷不稳定	载荷稳定	地脚螺栓
F'_p	（1.5 ～ 1.8）F	（1.0 ～ 1.5）F	（0.6 ～ 1.0）F	（0.2 ～ 0.6）F	$\geqslant F$

注：表中 F 为工作拉力。

6.1.1.2　变载荷工况下的螺栓连接

当螺栓工作拉力 F 脉动循环（0 ～ F）变化时，从图 6-4 可见螺栓最大拉力 F_0 的变化幅度为 ΔF_1，这是螺栓疲劳强度计算的基本数据。

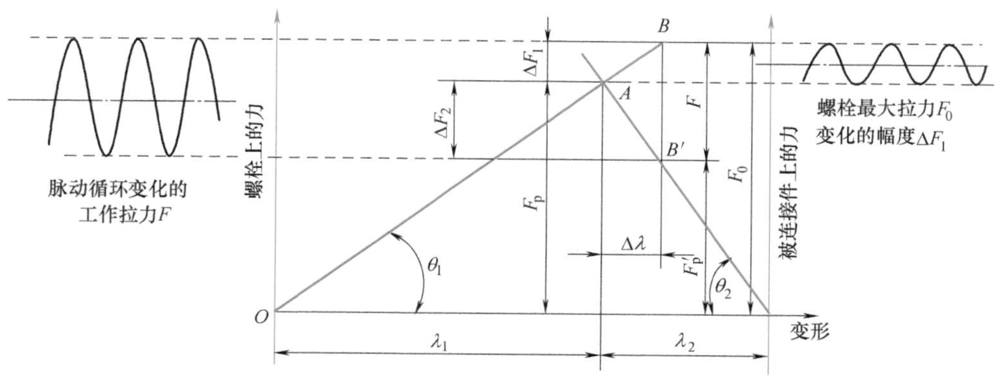

图 6-4　螺栓工作拉力脉动循环变化时螺栓最大拉力的变化

螺栓连接的疲劳强度与螺栓最大拉力 F_0 变化幅度 ΔF_1 有关，变化幅度小疲劳强度就高。

为了减小变化幅度 ΔF_1，在螺栓工作拉力 F 不变的条件下，常采用减小螺栓刚度（图 6-3 中的 θ_1 减小为 θ_1'）的办法来减小螺栓拉力变化幅度 ΔF_1，从而提高螺栓的疲劳强度，也就是经常使用的柔性螺栓的依据，如图 6-5 所示。但是采用这个办法时，需要注意剩余预紧力 F_p' 会有所减少。

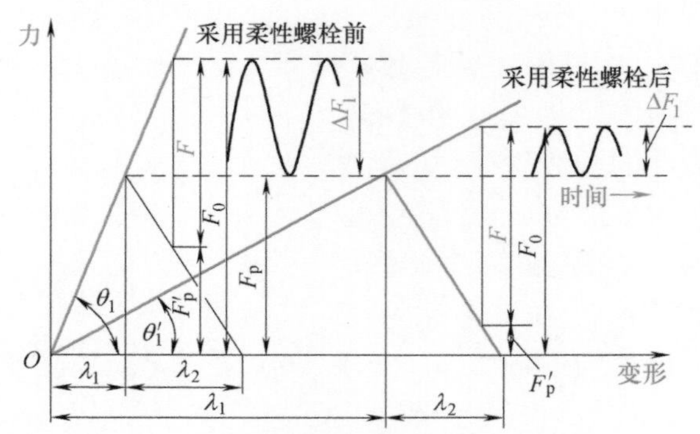

图 6-5　减小螺栓刚度使最大拉力变化幅值减小

如果螺栓连接要承受交变载荷或冲击载荷，采用普通螺栓连接或采用柔性螺栓连接，其承载能力差别是很大的。表 6-2 就是不同刚度螺栓连接在交变载荷和冲击载荷下的强度比较。表中第一种连接方式为标准螺栓连接，螺栓名义直径 d=15mm；第二种连接方式的螺杆直径减小为螺纹内径 d_1；第三种连接方式的螺杆直径减小为 $0.8d_1$；第四种连接方式保留螺杆直径 $0.8d_1$ 不变，利用套筒加长螺

表 6-2　不同刚度螺栓连接在交变载荷和冲击载荷下的强度比较

连接方式	第一种连接方式	第二种连接方式	第三种连接方式	第四种连接方式
连接方式及图示	d=15mm, 50, 40	d_1, d_1	$0.8d_1$	40, $0.8d_1$
交变载荷 /%	100	123	143	271
冲击载荷 /%	100	155	209	778

杆长度 40mm（柔性螺栓连接）。通过试验台的疲劳试验，得到的结果见表 6-2，可见柔性螺栓连接的抗疲劳性能极佳。

典型的柔性螺栓连接如图 6-6 所示。在交变载荷的工作条件下，柔性螺栓减小了工作载荷的应力幅 ΔF_1（图 6-5），从而提高了螺栓的疲劳强度。

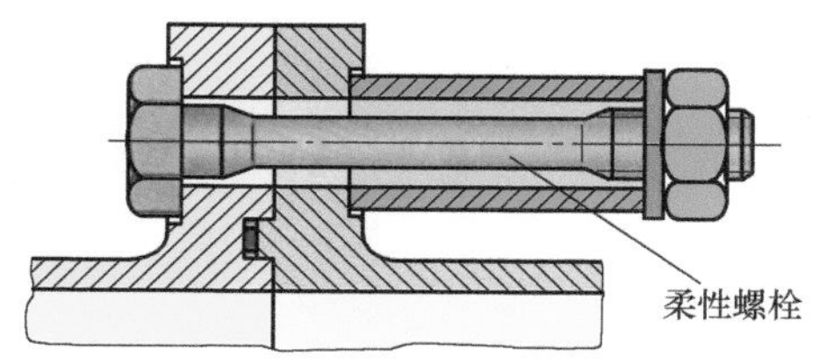

图 6-6　典型的柔性螺栓连接

有一个失效分析实例：20 世纪 70 年代，矿山建设时有许多颚式破碎机，由于破碎矿石时有很大的振动和冲击，因此其地脚螺栓经常断裂，虽然数次加大螺栓直径，但仍然无效。后有人提出减小螺栓直径并加长螺杆长度的改进措施，当时很多人认为不可行，但采取这个措施的确解决了地脚螺栓经常断裂的问题。这就是柔性螺栓的应用。

6.1.1.3　螺纹紧固件的防松与预紧

螺纹紧固件连接虽然装拆方便，具有自锁功能，但是在振动、冲击载荷和其他不利的工作条件下，自锁是不可靠的。由于螺纹紧固件的松脱，造成重大事故的案例并不少见。据报道：2007 年 8 月，中国台湾的一架波音 737 客机在日本那霸机场着陆时起火爆炸，造成重大的航空事故。事后调查和失效分析发现，事故的原因是机翼前缘襟翼的内部螺钉松脱，刺穿了机翼内的油箱，造成起火爆炸。由此事故可见，螺纹连接的防松是一个大问题，对于可靠性要求很高的航空、航天和高速列车更是如此。据此要求，目前发明了许多螺纹连接的防松方法，并申请了专利。

普通的各种防松方法见图 6-7，图中还给出了采用 DIN 65151-2002 螺纹连接

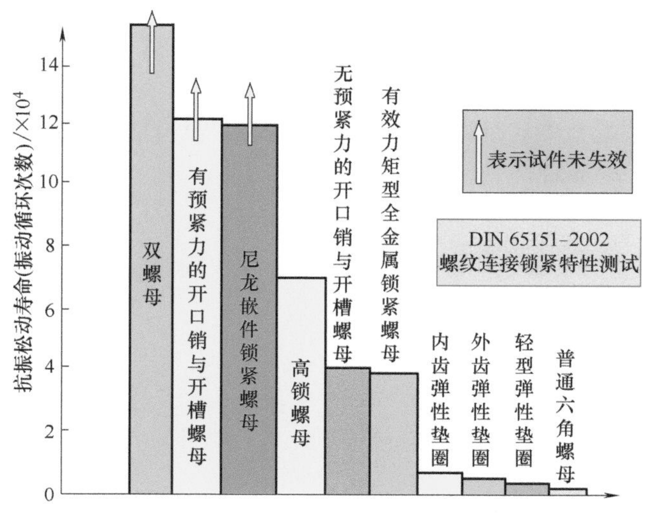

图 6-7　普通的防松方法及其抗振松动寿命

锁紧特性抗振松动测试的寿命试验结果。由图可见采用普通的防松方法并不是十分可靠的。

螺纹连接除了上述防松方法外，另一个措施就是要保证有足够的预紧力和剩余预紧力。

确定螺栓预紧力的准则：在拧紧螺栓的过程中，螺栓除了受拉力外，还受扭转剪切应力的作用，因此螺栓在复合应力状态下工作。此复合应力应小于材料的极限应力值。

根据第 4 强度理论，不同等级的螺纹连接件的强度条件为

8.8 级 $$\sigma_r = \sqrt{\sigma^2 + 3\tau^2} \leqslant R_p = 0.8R_m A_{eff}$$

10.9 级 $$\sigma_r = \sqrt{\sigma^2 + 3\tau^2} \leqslant R_p = 0.9R_m A_{eff}$$

式中 R_p ——屈服强度；

R_m ——抗拉强度；

A_{eff} ——螺栓有效截面积。

国内外试验研究结果表明，螺栓拧紧后会出现应变应力松弛现象，这个过程会持续 30 ～ 45h，然后稳定下来。大部分松弛发生在 1 ～ 2h 内。大量实测结果经统计分析发现：在具有 95% 可靠度的情况下，螺栓应变松弛为 8.4%。这种松弛现象可用一个预紧力松弛系数来表示，可以取预紧力松弛系数 0.9，也就是螺栓的装配预紧力要比设计预紧力大 10%。

其次，试验研究表明，由于剪切应力的影响，螺栓的屈服强度和抗拉强度较单纯受拉时有所降低，一般降低 9% ～ 18%。考虑到剪切应力较小，通常用折算系数来考虑。我国规定此折算系数取 1.2。

此外，考虑螺栓的生产加工、扭矩系数、紧固工具等都存在一定的误差，因此综合考虑后取偏差影响系数 0.9。

根据螺栓预紧力确定准则，考虑折算系数、预紧力松弛系数和偏差影响系数后，螺栓的设计预紧力 P 为：

8.8 级 $$P=0.8\times0.9\times0.9R_m A_{eff}/1.2=0.54R_m A_{eff}$$

10.9 级 $$P=0.9\times0.9\times0.9R_m A_{eff}/1.2=0.61R_m A_{eff}$$

式中 R_m —— 抗拉强度；

A_{eff} ——螺栓有效截面积。

由此就可以算出不同规格螺栓的预紧力设计值。

目前国外预紧力控制在抗拉强度的 65%。考虑各种情况后，我国高强度螺栓设计预紧力控制在抗拉强度的 60% 左右。考虑螺栓尺寸系数后，预紧力设计值如表 6-3 所列。

表 6-3　高强度螺栓预紧力设计值　kN

性能等级	螺栓规格						
	M12	M16	M20	M22	M24	M27	M30
8.8	45	80	125	150	175	230	280
10.9	55	100	155	190	225	290	355

6.1.1.4　螺纹紧固件的制造工艺和可能的缺陷

螺纹紧固件（例如螺栓和螺母）的制造工艺流程通常都要根据材料、尺寸和性能等级来确定。一般的工艺流程如图 6-8 所示。螺栓和螺母是否需要经过淬火、回火热处理，主要由不同的性能等级来确定。例如，根据 GB/T 3098.1—2010 的规定，性能等级低于 8.8 级的螺栓、螺钉和螺柱可以不做淬火、回火热处理。根据 GB/T 3098.2—2015 的规定，性能等级低于 10 级的螺母可以不做淬火、回火热处理。此外，以上两个标准中还规定了螺栓、螺钉、螺柱和螺母材料的力学性能和物理性能。这两个标准在进行螺纹紧固件失效分析时经常被查阅。

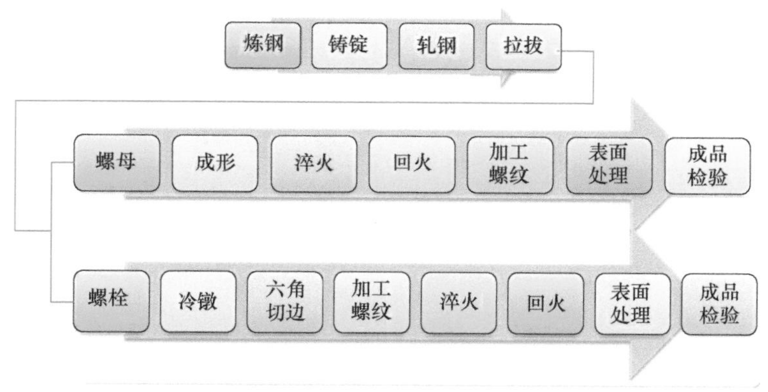

图 6-8　螺栓、螺母一般的工艺流程图

螺栓紧固件经过多道工序加工成为产品，每道工序虽然有严格的技术要求，但还是有可能出现不同的工艺缺陷。有些缺陷在制造厂产品质量检验时就能发现而成为废品，但有些缺陷要到零件失效时才显露出来，成为失效分析排查失效原因的重要对象。常见工艺缺陷有冷拔开裂、冷镦开裂、搓丝折叠、淬火裂纹和表面脱碳等。存在这些缺陷的螺纹紧固件投入使用的话，最可能的失效形式是紧固件断裂。螺栓紧固件存在裂纹缺陷，对疲劳强度是重大威胁。螺纹表面脱碳容易引起螺纹脱扣，而脱扣是渐进的，在使用中很难被发现，因而增加了螺纹脱扣造成事故的危险性。所以，对螺纹连接、紧固进行设计时，应保证螺纹不发生脱扣，因为螺杆断裂容易发现，而螺纹脱扣不容易发现。

6.1.1.5　螺栓、螺钉、螺柱和螺母的力学性能

螺纹紧固件的力学性能反映了该紧固件的承载能力和应用特性。GB/T

3098.1—2010《紧固件机械性能　螺栓、螺钉和螺柱》对螺栓、螺钉、螺柱成品的力学性能和相应的检验方法作了详细规定（详见表 6-4）。为了保证螺栓、螺钉和螺柱的力学性能，标准对产品的材料和热处理也作了规定（详见表 6-5）。这些规定是产品检验、控制和仲裁的标准依据。GB/T 3098.2—2015《紧固件机械性能　螺母》对螺母成品的力学性能也作了详细的规定。

表 6-4　螺栓、螺钉和螺柱的力学和物理性能

序号	力学或物理性能		性能等级				
			8.8		9.8	10.9	12.9/12.9
			$d \leqslant 16mm$	$d > 16mm$	$d \leqslant 16mm$		
1	抗拉强度 R_m/MPa	公称	800		900	1000	1200
		min	800	830	900	1040	1220
2	下屈服强度 R_{eL}/MPa	公称	—	—	—	—	—
		min	—	—	—	—	—
3	规定非比例延伸 0.2% 的应力 $R_{p0.2}$/MPa	公称	640	640	720	900	1080
		min	640	660	720	940	1100
4	紧固件实物的规定非比例延伸 0.0048d 的应力 R_{pf}/MPa	公称	—	—	—	—	—
		min	—	—	—	—	—
5	保证应力 S_P/MPa	公称	580	600	650	830	970
	保证应力比	$S_{P,公称}/R_{eL,min}$ 或 $S_{P,公称}/R_{p0.2,min}$ 或 $S_{P,公称}/R_{pf,min}$	0.91	0.91	0.90	0.88	0.88
6	机械加工试件的断后伸长率 A/%	min	12	12	10	9	8
7	机械加工试件的断面收缩率 Z/%	min	52		48	48	44
8	紧固件实物的断后伸长率 A_f	min	—	—	—	—	—
9	头部坚固性		不得断裂或出现裂缝				
10	维氏硬度 HV，$F \geqslant 98N$	min	250	255	290	320	385
		max	320	335	360	380	435
11	布氏硬度 HBW，$F=30D^2$	min	245	250	286	316	380
		max	316	331	355	375	429
12	洛氏硬度 HRB	min	—				
		max	—				
	洛氏硬度 HRC	min	22	23	28	32	39
		max	32	34	37	39	44
13	表面硬度 HV0.3	max	[h]			[h,i]	[h,j]

续表

序号	力学或物理性能		性能等级				
			8.8		9.8	10.9	12.9/12.9
			$d \leqslant 16$mm	$d > 16$mm	$d \leqslant 16$mm		
14	螺纹未脱碳层的高度 E/mm	min	1/2H_1			2/3H_1	3/4H_1
	螺纹全脱碳层的深度 G/mm	max	0.015				
15	再回火后硬度的降低值 HV	max	20				
16	破坏扭矩 M_B/N_m	min	按 GB/T 3098.13 的规定				
17	吸收能量 K_V/J	min	27	27	27	27	
18	表面缺陷		GB/T 5779.1				GB/T 5779.3

注：1. 此表中的 h、i、j 为呼应注。其他呼应注（表中未标出），详见 GB/T 3098.1—2010。

2. H_1 是最大实体条件下外螺纹的牙形高度，mm。

表 6-5　螺栓、螺钉和螺柱的材料和热处理（摘自 GB/T 3098.1—2010）

性能等级	材料和热处理	化学成分极限（熔炼分析 /%）					回火温度 /℃ min
		C		P	S	B	
		min	max	max	max	max	
8.8	添加元素的碳钢（如硼或锰或铬）淬火并回火	0.15	0.40	0.025	0.025	0.003	425
	碳钢淬火并回火	0.25	0.55	0.025	0.025		
	合金钢淬火并回火	0.20	0.55	0.025	0.025		
9.8	添加元素的碳钢（如硼或锰或铬）淬火并回火	0.15	0.40	0.025	0.025	0.003	425
	碳钢淬火并回火	0.25	0.55	0.025	0.025		
	合金钢淬火并回火	0.20	0.55	0.025	0.025		
10.9	添加元素的碳钢（如硼或锰或铬）淬火并回火	0.20	0.55	0.025	0.025	0.003	425
	碳钢淬火并回火	0.25	0.55	0.025	0.025		
	合金钢淬火并回火	0.20	0.55	0.025	0.025		
12.9	合金钢淬火并回火	0.30	0.50	0.025	0.025	0.003	425
12.9	添加元素的碳钢（如硼或锰或铬或钼）淬火并回火	0.28	0.50	0.025	0.025	0.003	380

6.1.1.6　螺纹连接和紧固的薄弱环节

以螺钉连接为例，螺钉和螺母在拉伸力 F 的作用下，螺杆会弹性拉长，不同螺纹处的拉伸变形量并不相等，从而造成每个螺纹上分担的力并不相等，如图 6-9 所示。图 6-9（b）表示普通螺母连接时 6 个螺纹的载荷分担量；图 6-9（a）表示采用改进型柔性螺母连接时 9 个螺纹的载荷分担量。两者的螺纹载荷分担量曲线有很大的差别：普通螺母的螺纹载荷分担量曲线的梯度大，而柔性螺母要小得多。虽然其中有螺纹数不同的影响，但是第 1 个螺纹载荷分担量的大小才是决定螺栓承载能力（防止断裂失效）的关键。螺杆上螺纹本身就有很大的应力集中，因此减小螺纹牙的载荷分担量对提高螺纹连接的强度十分有利。

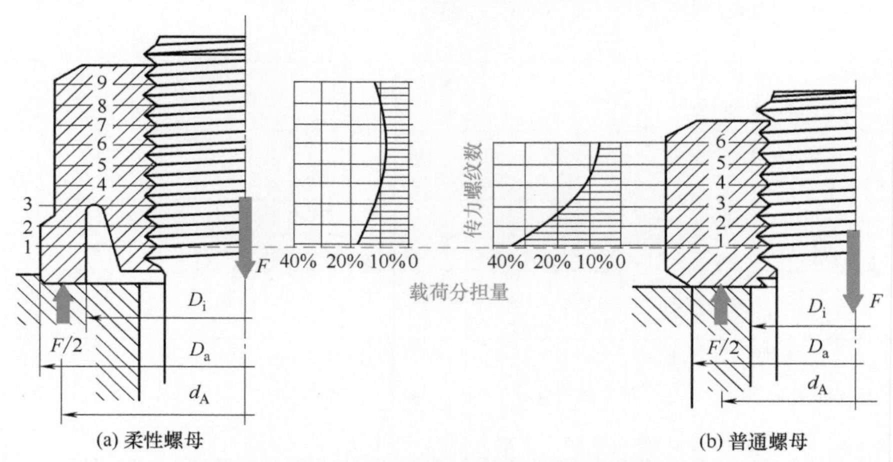

图 6-9　螺栓和螺母在拉伸力 F 的作用下螺纹上分担的力[59]

受变载螺栓的断裂部位和断裂概率见图 6-10（引自德国 Darmstad 国立材料实验室的资料）。图中示出 3 个螺栓断裂的部位 1、2 和 3，其中部位 3 的断裂概率达到 65%，也就是说大部分受变载的螺栓都是在该部位断裂的，其原因如图 6-9 所示。

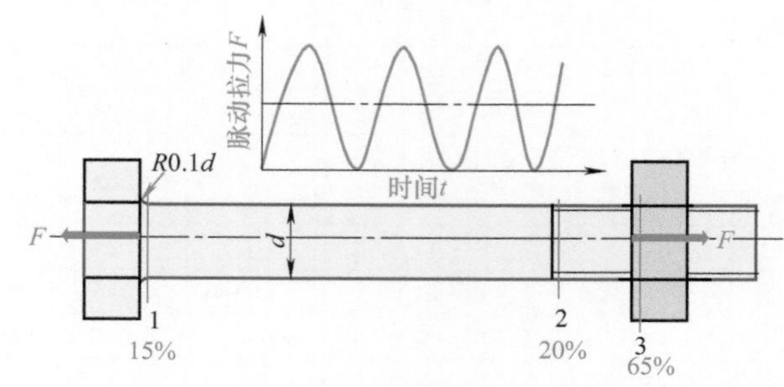

图 6-10　受变载螺栓的断裂部位和断裂概率

螺纹紧固件在不同载荷（静载、变载、冲击、微动）和不同环境下服役，这就要求设计或选用紧固件时不仅要满足强度（静强度和疲劳强度）和腐蚀抗力的要求，而且要考虑高温或低温工作的可靠性、良好的维修性、较低的材料和制造成本。

6.1.2 螺纹紧固件的失效与分析

6.1.2.1 螺纹紧固件的疲劳

在装配中，螺栓或螺钉（在以下论述中为了简便只用螺栓名称）由拧紧力矩而承受预加拉伸力，螺母螺纹承受切应力。如果使用中外加拉伸载荷过大，超过材料的极限应力，螺栓就会断裂失效，这就是静强度失效，例如螺栓在装配时被拧断。如果外加载荷为循环载荷，则在一定条件下可能会造成螺栓的疲劳断裂。

螺栓疲劳失效的最常见位置有 3 处（图 6-10）：

① 螺栓头与杆过渡部位（图 6-10 中的部位 1）；

② 进入螺母中最后一牙螺纹的牙底（图 6-10 中的部位 2）；

③ 螺栓螺纹分担载荷最大的螺纹牙底（图 6-10 中的部位 3）。

这 3 个位置均为应力集中部位。应力流线图直观地表示了零件截面变化部位的应力集中现象，用一组平行线代表应力流线，线间距反比于应力值，流线密集处即为应力集中部位。螺栓承受拉伸载荷，与座扳相接的螺栓头根部（头 - 杆过渡处）为高应力区［图 6-11（a)］；螺纹牙底［图 6-11（b）中箭头所示］也为应力流线密集处，其左边的最后一牙螺纹牙底的流线尤其密集，疲劳裂纹易在该部位形成。

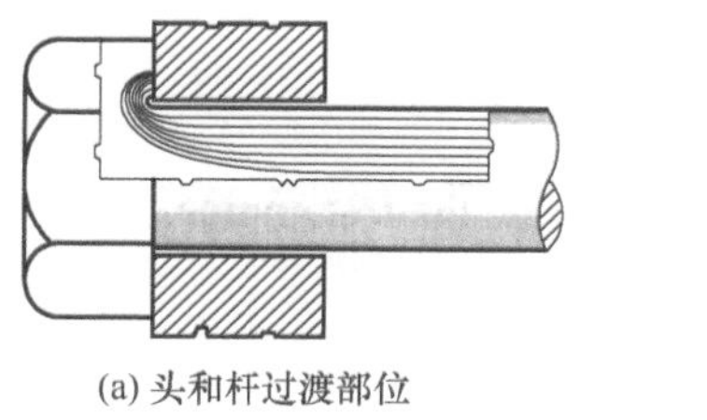

(a) 头和杆过渡部位

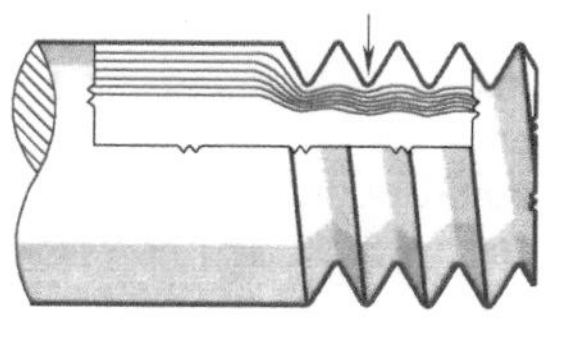

(b) 螺纹部位

图 6-11　螺栓的应力流线图 [4] 113

如果螺栓和螺母两者的螺纹完全匹配，并且承载后不产生弹性变形，那么拧紧力矩所加拉伸载荷将会均匀地分布在工作段的每一牙螺纹上。大批量生产的螺栓和螺母尺寸都有一定公差范围，其螺纹不可能完全匹配，螺栓受拉伸力后会发生弹性伸长。因此，螺纹工作段内承载不均匀，进入螺母内最后一牙螺纹常承受较大载荷，其牙底易形成疲劳裂纹。为使各螺纹牙上的载荷分布比较均匀并减少失效，可以考虑螺栓采用高强度材料，而螺母采用高塑性材料，后者的屈服变形导致载荷较均匀地分布在全部工作段螺纹上。

拧紧度不适当可能造成螺栓失效。高夹紧力可得到较刚性的连接，由此提高其疲劳寿命。例如，一辆运煤拖车车轮螺栓断裂 [5] 1000，从宏观断口观察，断口在工作段最后一牙的螺纹部位，裂纹起源于截面上相对的两边牙底，断口上疲劳扩展区均有海滩花样，最终断裂区位于中间。结论为双向弯曲疲劳失效。金相观察表明，靠近断裂螺纹的另一牙螺纹牙底也存在疲劳微裂纹。经光谱分析确定螺栓为含 Mo 的合金钢，热处理硬度为 32HRC。每个车轮有 10 个螺栓，全部有疲劳裂纹或完全断裂，因此认为主要原因是拧紧力矩不适当（不足）和不均匀。当拧紧力矩不足时，车轮每次转动都会与螺栓间产生少量运动，造成螺栓双向弯曲疲劳。一旦每个螺栓形成疲劳裂纹，该螺栓即松动，其他螺栓上的应力增大，相继发生疲劳，直到 10 个螺栓全部失效。为了防止类似事故再次发生，制订以下补救措施：采用气动扳手拧紧螺母，拧紧力矩为 610 ～ 678N · m；定期维修时检查拧紧力矩是否正常和均匀。

螺纹施加冷滚压变形，使牙底表面有残余压应力，能有效地提高螺纹部位疲劳寿命。

螺栓承受拉伸载荷时，螺栓的头与螺杆过渡部位是另一处发生疲劳断裂的部位。例如，一个传动轴系统的两个螺钉在螺钉头与杆过渡处疲劳断裂，其断口形貌如图 6-12 所示。从宏观断口观察，两个螺钉断口上均有贝纹线（海滩花样），属于疲劳断裂。

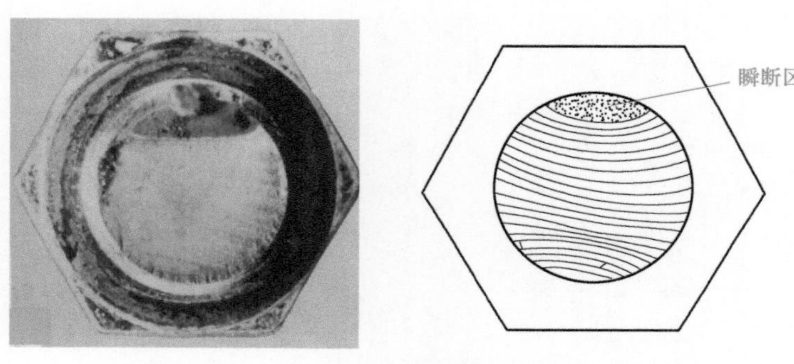

(a) 小应力疲劳断裂

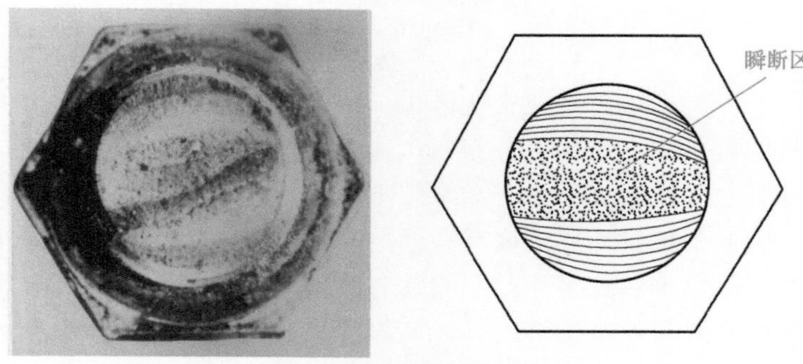

(b) 高应力疲劳断裂

图 6-12　中碳钢螺钉在头与杆过渡处疲劳断裂的宏观形貌[5] 1001　4×

这两个螺钉的宏观断口形貌有差异。第一个螺钉为单疲劳源，疲劳弧线比较对称于疲劳源点，瞬断区面积小，因此认为其名义应力低，为首先破坏件［图

6-12（a)]。第二个螺钉的宏观断口上［图 6-12（b)］有两个相对的疲劳源，两个尺寸和形状相近的疲劳扩展区，区内均有贝纹线（海滩状条纹），中部瞬断区宽度略小于螺栓直径的一半，属于双向弯曲的高应力疲劳，是紧随第一个螺钉之后发生的疲劳破坏。

常采用各种技术来防止这个部位的疲劳失效。一般用冷镦或热镦的方法（取决于螺栓尺寸和材料）来制作头部，这种方法优于切削法获得的头部，不仅能够降低制造成本，而且头与杆过渡部位的晶粒流线连续而不被切断，有利于减少应力集中。但是在热镦头的过程中，应该严格控制温度，避免产生过热（晶粒长大）缺陷。

头与杆过渡的过渡圆角应尽可能加大，以减小应力集中，但是又要保证螺栓头具有足够的支承面积。设计中要考虑上述两因素，达到最优化。必要时，头与杆过渡圆角处也可以施加喷丸或冷变形加工，形成表层残余压应力。选用较高抗拉强度和疲劳强度的钢材也是防止螺栓疲劳失效的重要措施。

6.1.2.2 螺纹紧固件的腐蚀[5] 1002

紧固件的主要腐蚀形式为电化学腐蚀、大气腐蚀、液体浸渍腐蚀、缝隙腐蚀和电偶腐蚀。

电化学腐蚀的常见电解质是水和潮湿大气，水中总会含有少量矿物质和氧气。温度也是腐蚀反应的重要因素，因为在低于 5℃的温度下，反应相当缓慢。

碳钢和低合金钢的大气腐蚀速率，随各地大气成分和温度而在很大范围内变化；工业大气和海洋大气，含有硫化物和氧化物等，都会造成较高的腐蚀速率。

浸渍腐蚀的液体主要是新鲜水和盐水。后者具有更强的腐蚀性，氯离子破坏金属的保护膜并产生腐蚀产物。零件上腐蚀最严重的部位是浸渍线附近和液体溅落区，该部位表面交替经历干环境和湿环境，并且溶液中富含氧可加快腐蚀。相反地，全浸渍在溶液中的区域却腐蚀较轻。

螺纹连接构件最容易遭受缝隙腐蚀。依据连接松紧度，存在两种缝隙腐蚀形式：零件存在沟和开口，集积尘土和保存湿气，腐蚀增强；对于正常的紧连接，由于氧浓差电池而造成腐蚀，构件的富氧区为阴极，缺氧区（缝隙内）为阳极而遭受腐蚀。结构钢对后一种形式的缝隙腐蚀不甚敏感；不锈钢和其他在富氧溶液中形成保护性钝化膜的金属材料对于后一种缝隙腐蚀比较敏感。

两种不同电极电位的金属相接触，并且存在电解液，就形成电偶，电位为负的金属发生腐蚀。用结构钢紧固件连接铜合金，铜的电位为负，易遭受电偶腐蚀。在设计螺纹连接构件时，必须考虑防止电偶腐蚀，紧固件和被连接零件选用同类金属材料。如果必须选用的不是同类材料，则应采用下列防护方法：涂漆；紧固件镀一层高电极电位金属或用非导体隔离；防止湿气进入电偶等。

碳钢表面的氧化膜结构疏松，易脆裂，不能防止湿气和氧透过而继续腐蚀；有些低合金钢的表面氧化膜具有一定的保护性。因此，碳钢和低合金结构钢紧固件常带有保护性金属涂覆层，目的是提高耐腐蚀抗力。最普通的金属覆层是锌、镉和铝，使用较少的有锡、铅、铜、镍和铬等。

锌是预防紧固件腐蚀应用最广泛的覆层材料。最常用的方法是热浸锌，其次是电镀锌。热浸锌时，紧固件浸渍在熔融锌槽中，锌覆层厚约0.056mm。在电化学意义上，锌覆层是牺牲阳极，锌覆层的腐蚀寿命正比于锌层的厚度。紧固件电镀锌层厚度小于0.025mm，仅可用于不严重的腐蚀环境，因为最厚的电镀锌层的腐蚀寿命仅为热浸锌层寿命的一半。

紧固件也常采用电镀镉。镉覆层的腐蚀寿命也正比于镉层厚度，在海洋大气环境中，镉覆层的腐蚀寿命高于锌覆层。镀镉的紧固件可用于连接铝合金零件，镉与铝的电极电位比较接近。

热浸铝覆层能使紧固件有最高的耐大气腐蚀能力，在海水浸渍和较高温度条件下，也具有较高的耐蚀性。铝覆层易发生点腐蚀，而不像镉和锌覆层那样发生均匀腐蚀。

6.1.2.3 螺纹紧固件的应力腐蚀

螺纹紧固件有时会发生应力腐蚀断裂（开裂）。应力腐蚀断裂是金属材料在静拉伸应力和特定的腐蚀介质共同作用下，出现的低于材料强度极限的脆性断裂现象。

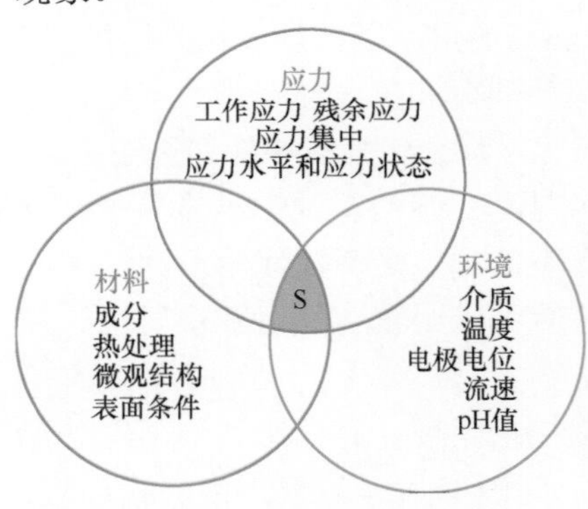

图6-13 发生应力腐蚀3个条件——材料、应力和环境[60]

发生应力腐蚀要有三个条件：应力、材料和环境，图6-13中的S区即为应力腐蚀区。

应力腐蚀断裂的静拉应力包括外加力产生的应力、冷热加工的残余应力等。其断裂的极限值（门槛应力）要比材料常规的极限应力值小得多。紧固件承受的拉应力必须高于发生应力腐蚀的临界应力，并在特定的腐蚀环境中保持较长时间。

某些材料的应力腐蚀只发生在特定的腐蚀介质中。例如，常用碳钢和低合金钢的紧固件和其他零件，在下列介质中易发生应力腐蚀开裂：工业大气、海水、海洋大气、氢氧化钠水溶液、液氨（水少于0.2%）、硝酸盐水溶液、硝酸盐和重碳酸盐水溶液、含硫化氢水溶液等。

应力腐蚀会在材料表面产生裂纹，随着时间延长裂纹逐步扩展，但是材料的表面并没有任何形变的特征，很难被发现，因而容易造成严重的断裂事故。

预防应力腐蚀断裂可从以下三方面着手：

① 选用对应力腐蚀不太敏感的材料。可选用真空冶炼、真空重熔和真空浇注的材料，以保证原材料具有较好的纯净度，减少非金属夹杂物。此外，可以通过

各种强韧化处理的新工艺，改变金相的组成、相形态和分布等，来提高金属材料抵抗应力腐蚀的性能。

② 降低承受的应力水平。螺栓承受的拉应力如果高于应力腐蚀的临界应力，可以采用诱发压应力来降低紧固件表面的应力水平。螺纹部位进行冷滚压，杆部进行喷丸处理，诱发表面残余压应力，有利于预防螺栓应力腐蚀。但是，如果随后进行热处理，或者紧固件加载高于屈服应力，或者腐蚀去除掉表层金属，那么原有的表面残余压应力会减小或消失。此外，还可以改进零件的结构设计，避免过高的应力集中；采取措施消除冷热加工中产生的残余应力。

③ 改善环境条件和采取保护措施。改变零件生产和使用过程中的介质温度、浓度、pH（氢离子浓度指数）值和其他杂质等，把有害的因素降至最低。当无法改善环境条件时，就需要采取其他的保护措施，例如在零件表面覆以涂层或金属镀层，以隔离引起应力腐蚀的有害介质。

6.1.2.4　螺纹紧固件的氢脆

许多螺纹紧固件通过镀镉或镀锌来预防腐蚀。在电镀过程及其前面的酸洗过程中，都会生成新生态的氢，氢原子吸附于紧固件表面，并扩散进入承受高度三轴应力状态的区域（各种缺口和拐角部位）。一些低合金高强度钢的抗拉强度高达 1240 ～ 1380MPa，强度越高的紧固件，对氢脆越敏感。

图 6-14（a）是美国 8740 钢螺母的氢脆裂纹外观。该螺母在酸洗和电镀过程中被充氢，之后未经除氢处理，承受拉伸应力后，经过一段孕育期，即形成裂纹，并随时间延长裂纹向截面内部扩展。图 6-14（b）为其宏观断口形貌，螺纹第四牙处氢脆断口比较平坦，上边缘的倾斜断口是人工打开裂纹时瞬时撕裂的断口。氢脆断口的微观形貌以沿晶断裂为主，断口面上无腐蚀产物。图 6-14（c）的微观形貌取自图 6-14（b）方框中的某一点。

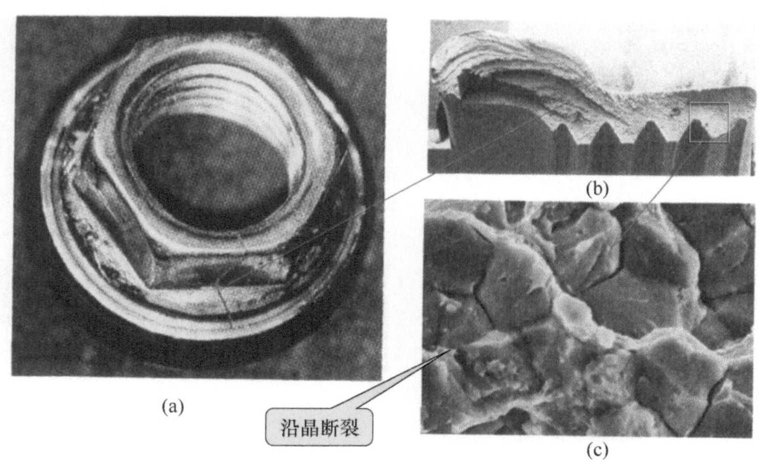

图 6-14　螺母氢脆裂纹外观和断口形貌[4] 539

预防这类螺纹紧固件氢脆断裂的主要方法是酸洗和镀镉后立即进行去氢处理（焙烤）。例如在205℃保持30min～24h，保持时间应该足够长，这与紧固件尺寸有关。

氢脆断裂是一种与时间相关的滞后破坏。充氢的高强度钢螺栓在普通的拉伸试验中显示不出氢的影响。常用的显示氢脆的试验方法是加载到足够的拉应力（例如90%屈服应力）并保持较长时间或采用慢应变速率（例如10^{-5}/s或更低的应变速率）拉伸方法。类似于应力腐蚀，氢脆断裂也存在一个临界应力，低于该应力值即不会发生氢致滞后破坏。

例如，8735钢螺栓，酸洗和镀镉后未经去氢处理，拧紧加载一周后，发生氢脆断裂，裂纹起源于螺纹牙底[5]1003。其余未裂螺栓送实验室进行试验，部分螺栓附加去氢处理205℃，24h，部分保留未去氢状态。进行拉伸试验，去氢和未去氢两种状态螺栓缺口抗拉伸强度分别为1448MPa和1510MPa，水平相当，显示不出氢的影响[4]540。然后进行长时间静加载，两者存在明显差异。去氢处理后的螺栓在拉应力为517MPa下长时间保持，未发生断裂，即无氢脆倾向。未经去氢处理的螺栓，在拉应力为517MPa下保持1.1～5.6h，发生氢脆断裂；但是在拉应力为345MPa下保持67h，未发生断裂。由此可认为，未经去氢处理的螺栓具有极高的氢脆敏感性；氢脆断裂的临界应力值在345MPa和517MPa之间。

6.2 螺纹紧固件失效分析实例

6.2.1 实例1 减速机双头螺柱安装拧紧时断裂失效分析[1]

6.2.1.1 螺柱断裂概述

某型号减速机箱体上的连接双头螺柱，在安装拧紧时断裂。该产品的技术信息如下。

螺柱的标注尺寸：DIN939　M42×260。螺柱断裂后的外形和断裂部位如图6-15所示。

螺柱要求的性能等级：12.9。

GB/T 3098.1—2010《紧固件机械性能　螺栓、螺钉和螺柱》标准规定的12.9级螺柱的技术指标见表6-6。

[1] 本实例取材于某公司《减速机箱体连接双头螺柱断裂失效分析报告》，2015年6月。

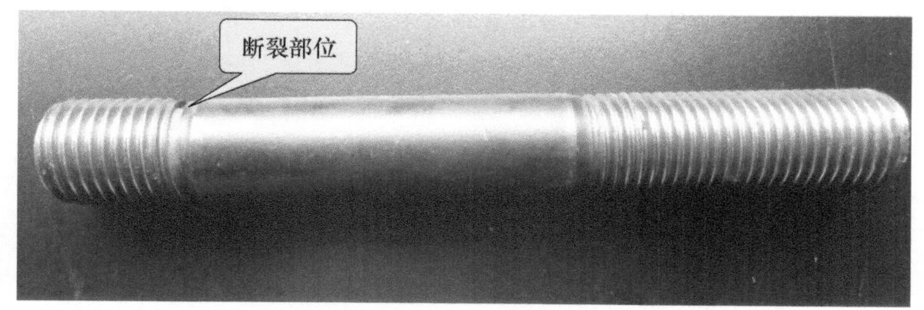

图 6-15　断裂的螺柱

表 6-6　标准规定的 12.9 级螺柱的技术指标和要求

序号	名称和代号	单位	数值
1	最小抗拉强度 R_{mmin}	MPa	1220
2	布氏硬度	HBW	380 ～ 429
3	洛氏硬度	HRC	39 ～ 44
4	最小规定非比例极限 $R_{p0.2}$	MPa	1100
5	破坏扭力矩 M_B	N・m	按 GB/T 3098.13 规定
6	最小断后伸长率 A	%	8
7	最小断面收缩率 Z	%	44
8	冲击吸收能量 K_V	J	—
19	全脱碳层最大深度 G	mm	0.015
10	材料化学成分要求 /%	C：0.30 ～ 0.5；P：≤ 0.025；S：≤ 0.025　B：≤ 0.003	
11	回火温度 /℃	合金钢 425；碳钢 380	
12	材料热处理要求	①合金钢淬火并回火； ②添加元素（如硼或锰或钼）的碳钢淬火并回火	

6.2.1.2　螺柱断口宏观观察与分析

箱体箱盖双头螺柱连接如图 6-16 所示。图中标注出螺柱的断裂部位和装配拧紧时的扭矩 M_K 和轴向力 F。

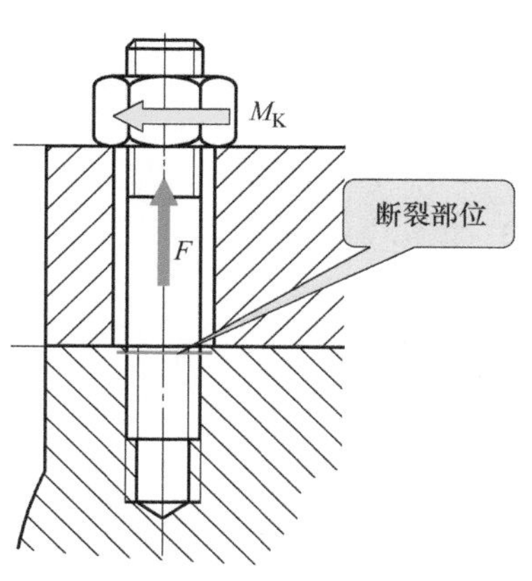

图 6-16　箱体箱盖双头螺柱连接

图 6-17 是螺柱断裂部位照片。很明显，断裂部位正好是螺柱螺纹起扣部位和小径的截面。

螺柱断裂部位的断口如图 6-18 所示。图 6-19 是图 6-18 左侧断口的放大图。

图 6-18 左侧断口有如下特点：

① 不是常见的平断口，而是呈现馒头状的凸形断口，断口呈 45°夹角，如图 6-20 所示；这种断口形貌说明螺柱内 45°斜面上的正应力对

断裂起决定性作用。

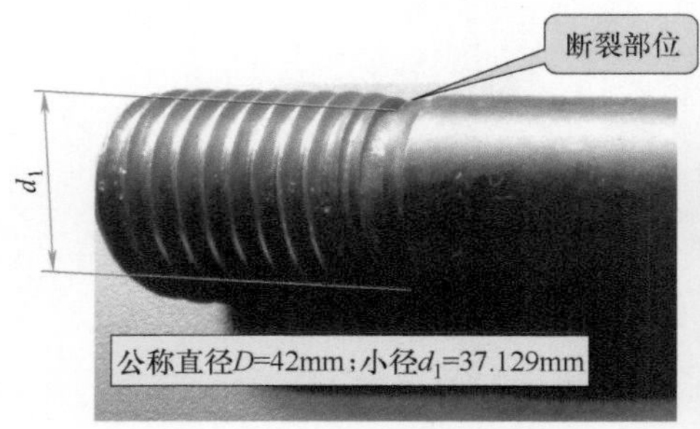

图 6-17 螺柱断裂部位照片

图 6-18 螺柱断裂部位的断口

图 6-19 图 6-18 左侧断口的放大图

图 6-20 凸形断口侧视图

图 6-21 图 6-18 右侧断口的放大图

② 断口周边出现剪切唇。剪切唇的出现同样说明螺柱表层45°斜面上的正应力对断裂起决定性作用。

③ 断口很粗糙，无明显的塑性变形，未看到有断裂起点和裂纹扩展痕迹，呈现一次性断裂的特征。

图 6-21 是图 6-18 右侧断口放大图。该断口有以下特点：

① 不是常见的平断口，而是呈现碗状的凹形断口，断口呈45°夹角，同图 6-19 所示断口耦合。

② 断口周边出现负面剪切唇。

③ 同样呈现一次性断裂的特征。

6.2.1.3　螺柱硬度测定

从螺柱表面向螺柱中心打点，测定螺柱的硬度（见表 6-7），检验淬硬层深度。

表 6-7　测定螺柱的硬度

距表面深度/mm	硬度 HV	硬度 HRC	距表面深度/mm	硬度 HV	硬度 HRC	距表面深度/mm	硬度 HV	硬度 HRC
0.20	497.33	49.02	7.20	470.38	47.17	14.20	426.64	43.89
1.20	488.73	48.48	8.20	479.34	47.81	15.20	386.60	42.47
2.20	503.24	49.45	9.20	462.68	46.62	16.20	395.52	41.25
3.20	490.64	48.60	10.20	430.55	44.18	17.20	405.40	42.12
4.20	487.38	48.38	11.20	439.54	44.88	18.20	409.81	42.48
5.20	484.16	48.15	12.20	419.99	43.33	19.20	363.37	38.38
6.20	461.22	46.52	13.20	416.16	43.01	20.20	353.79	37.38

注：表中红色数字为超过 44HRC 的硬度。

硬度测量结果判定：螺柱的硬度偏高（见表 6-7 的红色数据），其结果是增加了螺柱的脆性。

6.2.1.4　螺柱材料化学成分测定

螺柱材料化学成分测定结果见表 6-8。

表 6-8　螺柱材料化学成分测定结果（质量分数）　%

项目	C	P	S	Cr	Mn	B
GB/T 3098.1—2010 规定的化学成分	0.30 ～ 0.50	≤ 0.025	≤ 0.025	未规定	未规定	≤ 0.003
实测化学成分	0.40	0.0136	0.0078	0.902	0.13	0.003

根据 GB/T 3098.1—2010 的规定，合金钢的螺柱至少应含铬、镍、钼、钒中的一种，含量为：铬 0.30%；镍 0.30%；钼 0.20%；钒 0.10%。表中的实测化学成分符合标准的要求。

6.2.1.5　螺柱的金相组织

螺柱的金相组织为屈氏体，见图 6-22，金相组织符合技术要求。

图 6-22　螺柱的金相组织

6.2.1.6　脱碳层深度测定

标准对螺柱的脱碳层有严格的规定：

全脱碳层最大深度为0.015mm（表6-6）。在显微镜下观察螺柱表面，可以看到螺柱表面有脱碳层。实测脱碳层平均深度为0.016mm；个别区域脱碳层最大深度为0.024mm。可以判定螺柱表面的脱碳层深度超标。

6.2.1.7 影响螺柱断裂因素分析

根据以上的断口宏观观察和硬度、金相、脱碳层的测定和检验，可以得到螺柱断裂的主要影响因素。

① 化学成分分析结果可以判定螺柱材质为含Cr、Mn的碳钢或合金钢，材料符合技术要求。

② 硬度测量结果判定螺柱的硬度偏高，其结果是使螺柱增加了脆性。

③ 标准规定的全脱碳层最大深度为0.015mm，但实测脱碳层最大深度高达0.024mm，使螺柱的强度大为降低。

④ 螺柱在小径 d_1 处断裂（图6-17、图6-23），该处的断面面积最小，名义应力最大。

⑤ 静力试验结果表明，螺纹连接螺纹牙上的载荷分配不均匀，如图6-23所示，因此最大应力截面就是容易发生断裂的截面。

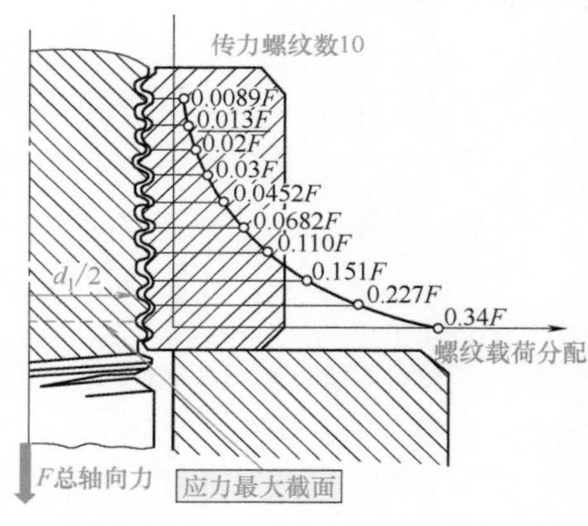

图6-23 螺纹牙的载荷分配[61]

⑥ 对于承受交变载荷的螺柱连接，还要考虑螺纹应力集中的影响。

图6-23中“应力最大截面”处的有效应力集中系数 K_σ 可达5～8，对螺纹连接的疲劳强度影响很大。统计资料显示，螺杆断裂在“应力最大截面”处的概率为65%。

⑦ 螺柱断裂的断口不是常见的平断口，而是凹凸形断口，断口呈45°夹角，同时在断口周边出现剪切唇。这种断口形貌说明螺柱内45°斜面上的正应力对断裂起决定性作用。螺柱是在扭矩 M_K 和拉力 F 的作用下（图6-16）断裂的；扭矩 M_K 的破坏作用大于拉力 F，不排除装配拧紧时扭矩过大的可能性。

6.2.1.8 失效分析的结论

① 螺柱的硬度偏高，增加了螺柱脆性；螺柱表面的脱碳层深度严重超标，降低了螺柱的强度。

② 从螺柱断口的特征知，扭矩 M_K 的破坏作用大于拉力 F，因此不排除安装拧紧时扭矩过大的可能性。

6.2.1.9 改进措施

① 有多种改进措施可以提高螺柱的强度，例如选用更好的材料，适当调整

淬火和回火的工艺制度、细化晶粒等，这是螺柱制造厂可以做的。对于螺柱使用者，建议在购进螺柱时，检测螺柱的硬度（一定要做）和脱碳层深度，不符合要求的不能使用。

② 按规范控制装配拧紧时的扭矩，避免过载操作。

③ 关于 12.9 级的螺纹紧固件的生产技术，目前还不是很成熟，在 GB/T 3098.1—2010《紧固件机械性能　螺栓、螺钉和螺柱》中指出："当考虑使用 12.9 级时，应谨慎从事。紧固件制造者的能力、服役条件和扳拧方法都应该仔细考虑。除表面处理外，使用环境也可能造成紧固件的应力腐蚀开裂。"因此建议如果没有十分必要，最好不要选用 12.9 级的紧固件。

6.2.2　实例 2　钢厂楔形导轨用螺钉断裂的失效分析[1]

6.2.2.1　螺钉失效概况

楔形导轨用的螺钉如图 6-24（a）所示，螺钉规格为 M24×50，螺钉头上标定的性能等级为 10.9［图 6-24（b）］。

(a)

(b)

图 6-24　螺钉外貌

此螺钉在使用中多次发生断裂，如图 6-25 所示。由于断裂的断口完全被破坏，已经不可能提取有用的信息，只能从检验螺钉的内在品质入手，从中得到有用的信息。

图 6-25　断裂的螺钉

螺钉的内在品质检验的内容是确定螺钉的化学成分、金相组织和力学性能是否符合国家标准的规定。

[1] 本实例内容取材于某钢厂《楔形导轨用螺钉断裂的失效分析报告》，2005 年 10 月。

6.2.2.2 螺钉的内在品质检验

(1) 截取试样

从厂方提供的 4 个使用过但未损坏的螺钉中随机抽取一个，在螺钉中部截取试样［图 6-26（a)］。截取的试样分 4 块，取其中一块作为金相试样，一块用于测定螺钉的布氏硬度。化学分析用的试样从螺钉中间部位钻取［图 6-26（b)］。

(a) (b)

图 6-26 截取试样

(2) 材料化学成分分析

螺钉材料化学成分分析结果见表 6-9。从表中数据可见，螺钉材料的化学成分接近 45 钢。

表 6-9 螺钉材料化学成分分析结果（质量分数） %

化学元素	C	Si	Mn	Cr
送检试样	0.43	0.10	0.71	0.024
45 钢	0.42 ～ 0.50	0.17 ～ 0.37	0.50 ～ 0.80	—

(3) 金相组织检验

1）螺钉金相组织检验的试样如图 6-27 所示。

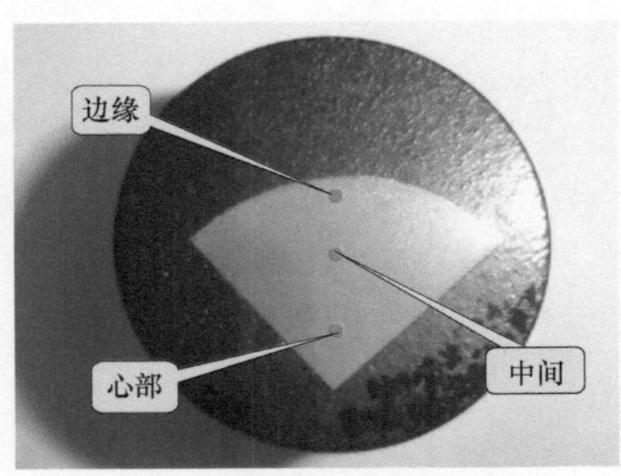

图 6-27 螺钉金相组织检验的试样

2）螺钉边缘金相组织见图6-28，可见存在60～80μm的脱碳层。其金相组织为回火索氏体，见图6-29。

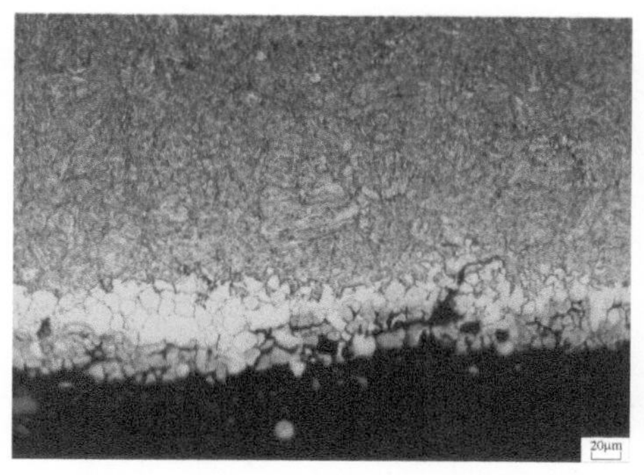

图6-28　螺钉边缘金相组织（脱碳层）

图6-29　金相组织为回火索氏体

3）试样中间的金相组织见图6-30。这是一种珠光体，并有块状铁素体颗粒的组织。

4）试样心部金相组织：细片状珠光体基体上有白色网状分布的铁素体，局部区域有少量魏氏组织存在，见图6-31。

（4）显微硬度测量

采用Leica VMHT维氏硬度计进行维氏硬度检测，使用载荷为0.3kgf（1kgf≈9.8N），保载时间为15s。检测结果见表6-10。

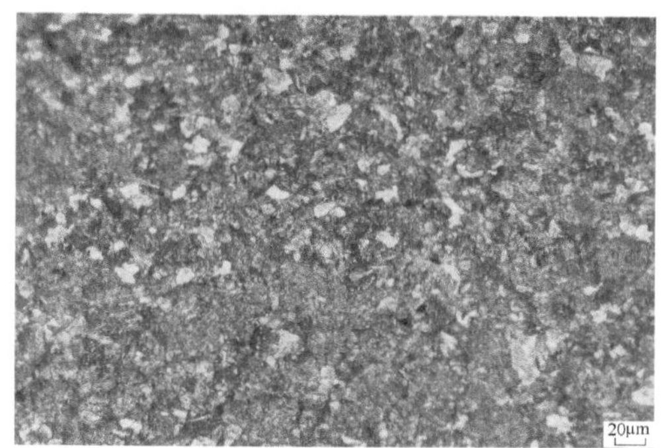

图6-30　试样中间的金相组织

(a)

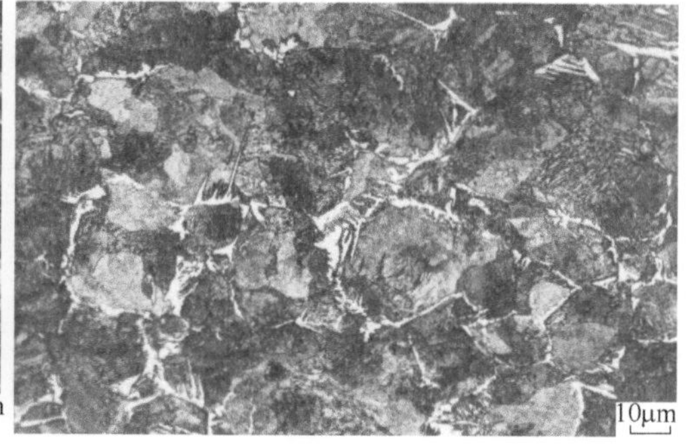

(b)

图6-31　试样心部金相组织

表 6-10　显微硬度测量结果数据

测量部位	边缘	中间	心部
硬度数据 HV0.3	276.3	256.6	253.4
平均硬度	262HV0.3		

6.2.2.3　数据的比较和分析

将以上检测到的数据和技术信息同国家标准 GB/T 3098.1—2010《紧固件机械性能　螺栓、螺钉和螺柱》的规定比较（见表 6-11），就能了解断裂螺栓的问题所在。

表 6-11　GB/T 3098.1—2010 规定同失效螺钉检测结果比较

序号	项目	GB/T 3098.1—2010《紧固件机械性能　螺栓、螺钉和螺柱》规定	失效螺栓检测结果	两种数据的比较
1	材料	低碳合金钢（如硼、锰、铬）淬火并回火	45 钢	材料差不符合规定
2	硬度	316 ～ 375HBW	256HBW	偏低 60 ～ 119HBW
3	抗拉强度	1040MPa	897MPa	偏低 143MPa
4	脱碳层深度	＜ 0.015mm	0.060 ～ 0.080mm	脱碳层深度过大，离标准规定甚远
5	心部组织	失效螺栓心部有白色网状分布铁素体和局部区域魏氏体		可见心部未淬透

注：表中的抗拉强度 897MPa 是根据硬度转换而得的。

6.2.2.4　结论

根据以上数据和有关性能的比较，可以得到以下结论：

① 螺钉试件的力学和物理性能达不到 GB/T 3098.1—2010《紧固件机械性能　螺栓、螺钉和螺柱》规定的 10.9 级要求，只相当于标准规定的 8.8 级，全脱碳层的深度明显超标。

② 螺钉的断裂很可能是螺钉的内在品质太差造成的。

6.3　花键的失效分析

6.3.1　花键概述

花键连接具有接触齿数较多、接触面积大、齿根应力集中较小、承载能力大、轴与轮毂的对中性好等优点，因而得到广泛应用。按照截面形状的不同，花键可分为矩形花键和渐开线花键两种，如图 6-32 所示。图中 d 是矩形花键的名义直径；d_f、α 是渐开线花键的分度圆直径和压力角。花键的压力角有 30°和 45°两种。

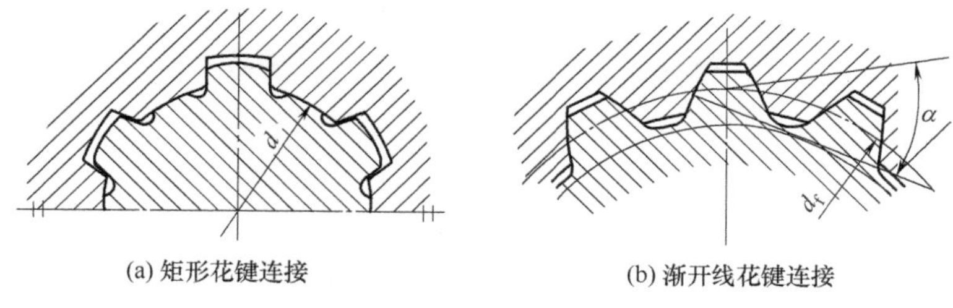

(a) 矩形花键连接　　(b) 渐开线花键连接

图 6-32　矩形花键和渐开线花键连接[62]

矩形花键键高较低，承载能力较小，一般用于轻载连接或静连接中。渐开线花键的齿廓为渐开线，因此可以用渐开线齿轮的加工方法和设备进行加工，工艺性能良好。此外，渐开线花键的齿根厚度比矩形花键大，齿根圆角大，应力集中较小，因而具有较大的承载能力。

渐开线花键的键齿侧面既起传力作用，又有自动定心作用，因此内外花键齿侧的配合（松紧程度）就很重要。失效分析时必须注意这一点。DIN 5480.9-1991《渐开线花键轴连接　啮合角 30° 用于模数 4 的基本尺寸和测试尺寸》规定在基孔制的条件下，有 6 种齿侧配合：k、js、h、f、e 和 d。其中 k、js 具有最大作用过盈，f、e 和 d 具有最小作用间隙。对于啮合角（压力角）45°的渐开线花键连接，规定在基孔制的条件下，有 3 种齿侧配合：k、h 和 f。

齿轮的压力角最常用的是 20°，花键的压力角比齿轮的大，为 30°和 45°。根据花键齿受力分析可知，压力角大径向力就大，轴上径向压应力就大，因此花键齿受压侧的裂纹很可能要比受拉侧的长且碎裂严重（详见本章 6.4.1 实例 1）。这一点与齿轮压力角 20°的失效形式有很大不同。

6.3.2 花键的失效模式

在 GB/T 17855—2017《花键承载能力计算方法》中，列出了花键连接 5 种失效模式的承载能力计算方法。花键连接 5 种失效模式如图 6-33 所示。

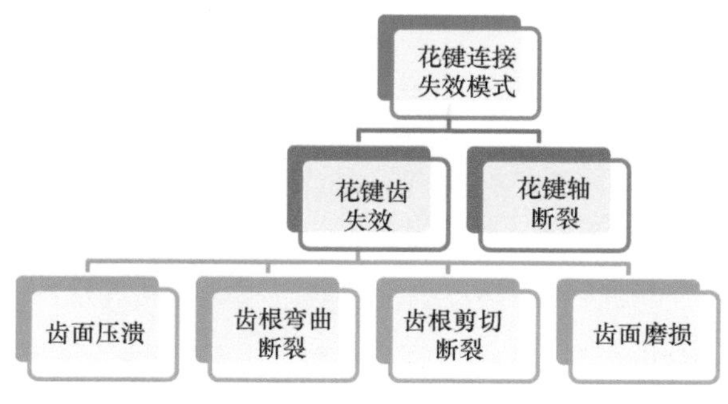

图 6-33　花键连接 5 种失效模式

① 齿面压溃。就是齿面的压应力超过齿面材料的屈服极限 R_p，齿面产生塑性变形，键齿失去了工作能力。

② 齿根弯曲断裂。键齿在法向压力作用下，当齿根的弯曲应力超过材料的强度极限 R_m，同齿轮一样键齿齿根也会出现弯曲断裂。如果在变应力作用下，也会出现疲劳断裂。

③ 齿根剪切断裂。键齿在法向压力作用下，当齿根的剪切应力超过材料的剪切极限应力时，就会出现键齿的齿根剪切断裂。

④ 齿面磨损。花键连接时，可能有两种载荷作用在花键上，其一是压轴力 F，其二是转矩 T。当花键副没有任何制造误差和安装误差时，压轴力应为零，花键副只受转矩 T 的作用，每个键齿上的受力是相同的。如果花键副有制造误差、安装误差，又有侧隙和弹性变形，于是每个键齿上的力就会有很大的差别，见图 6-34，因而在花键副上会产生压轴力 F。

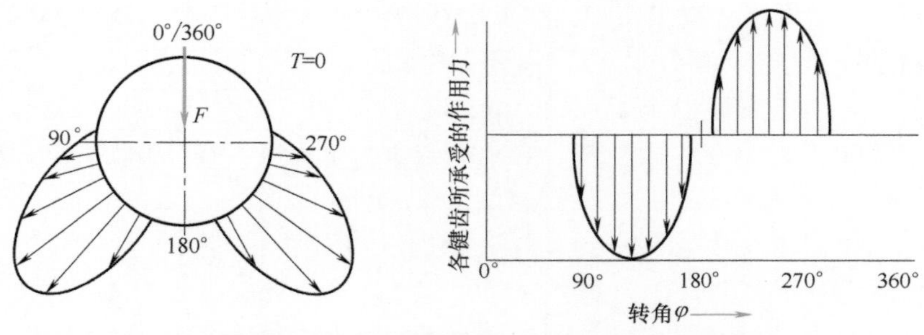

图 6-34　只承受压轴力 F 而无转矩 T 时键齿上的载荷分配

由于花键副有间隙，在压轴力作用下，内外花键的轴线出现不同轴（偏心）的现象。当花键副转动时，内外花键键齿的齿面就有相对的滑动，有滑动就有摩擦，从而造成齿面不同程度的磨损。只有无任何误差的花键副或过盈配合的花键副才有可能避免齿面的磨损。

⑤ 花键轴断裂。外花键在现实工况下运转时，花键会受到扭转、弯曲和压轴力的作用，花键轴内将产生弯曲应力 σ_{Fn} 和剪切应力 τ_{tn}，通常靠近花键收尾处应力最大，因此常在该处断裂，如图 6-35 所示。在强度计算时，上述两种应力可以用第 4 强度理论合成当量应力 σ_v，只要此当量应力小于材料强度的极限应力值就能满足强度要求，详见 GB/T 17855—2017《花键承载能力计算方法》。

花键轴断裂失效模式和断裂的原因：花键轴在当量应力 σ_v 作用下，首先在应力最大的键齿根部出现疲劳裂纹，裂纹的扩展削弱了轴的承载断面，最后引发轴的断裂，如图 6-36 所示。

提高花键和花键轴承载能力的措施：选用优质的材料和合理的热处理工艺，使花键的齿面有较高的硬度，而轴的内部又有较好的韧性；花键连接内外花键的

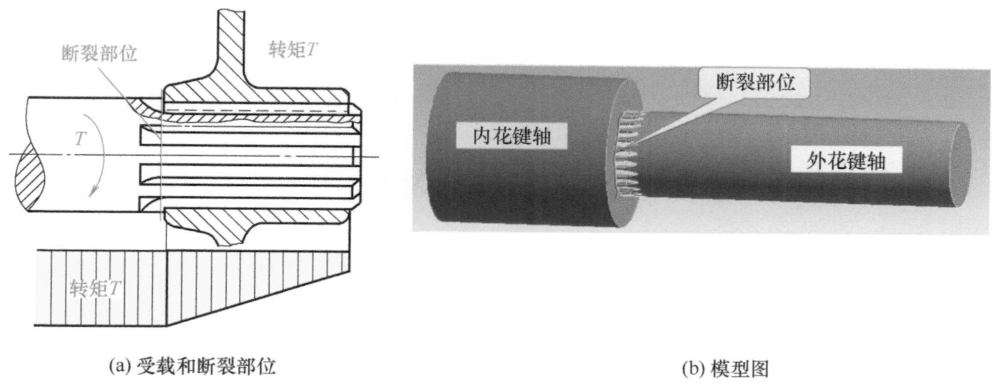

(a) 受载和断裂部位　　　(b) 模型图

图 6-35　外花键靠近花键收尾处断裂

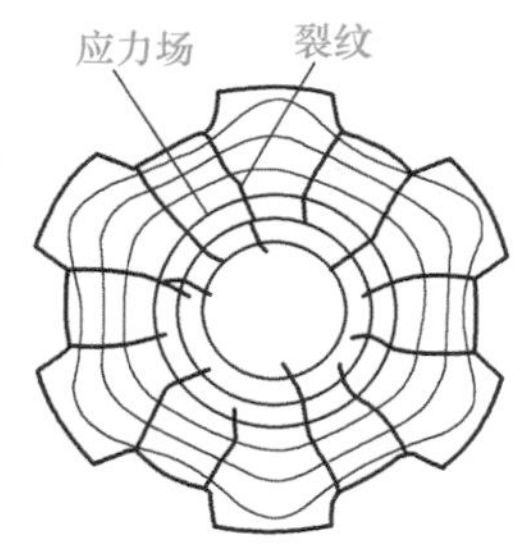

图 6-36　花键轴断口的裂纹和应力场示意图

尺寸、公差都是标准的，设计时如果没有特殊的需要一般不会修改花键的标准尺寸和公差，最常用的是选用大一号的花键来提高花键连接的承载能力。此外，还可以采用喷丸等强化工艺提高花键的承载能力。

6.4 花键的失效分析实例

6.4.1 实例 3 花键齿过度磨损原因分析和改进措施[1]

6.4.1.1 花键磨损失效概况

花键连接在减速机中是一种常用的连接形式，如果设计、使用不当，花键齿过度磨损而失效的可能性很大。例如，一台减速机在现场使用两年多后，输入轴外花键（图 6-37）键齿被磨秃而失效；另一台输出轴内花键（图 6-38）键齿

[1] 本实例取材于某公司《花键齿磨损原因分析和改进措施报告》，2014 年 6 月。

也被磨秃而失效；还有一台花键齿严重磨损。磨损失效的外花键的几何参数见表6-12；磨损失效的内花键的几何参数见表6-13。根据磨损断口形貌观察，可以判定花键齿的磨损是由内外花键轴线不同轴引起的，可以说是一种不同程度微动磨损引起的磨损失效。

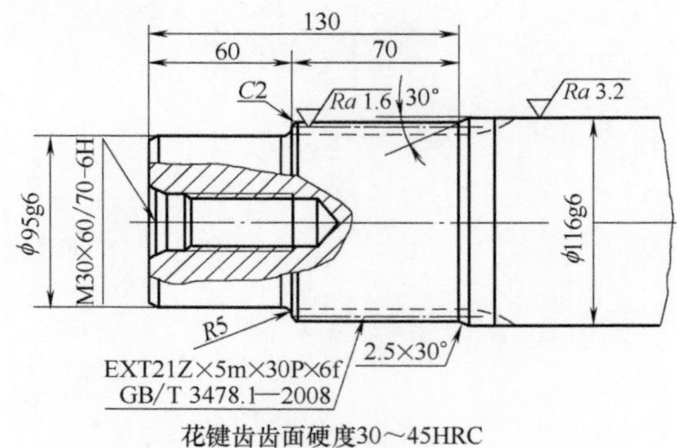

图 6-37 磨损失效的外花键

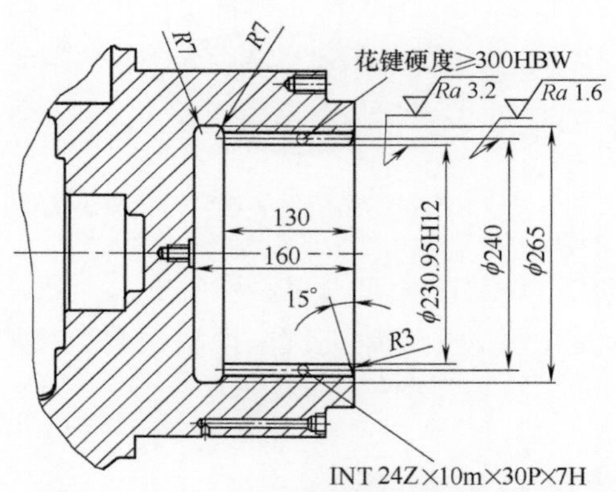

图 6-38 磨损失效的内花键

表 6-12 磨损失效的外花键的几何参数 mm

EXT 21Z × 5m × 30R × 6f		
齿数	Z	21
模数	m	5
压力角	α_D	30°
大径	D_{ee}	$110_{-0.35}^{0}$
渐开线起始圆直径最大值	D_{Femax}	99.544
小径	D_{ie}	$97.5_{-0.35}^{0}$
作用齿厚最大值	S_{Vmax}	7.854
实际齿厚最小值	S_{min}	7.708

续表

EXT 21Z×5m×30R×6f		
作用齿厚最小值	S_{Vmin}	7.797
实际齿厚最大值	S_{max}	7.765
齿根圆弧最小曲率半径	R_{emin}	1.0
齿距累积公差	F_p	+0.076
齿形公差	f_f	+0.050
齿向公差	F_β	+0.021

表 6-13　磨损失效的内花键的几何参数　　mm

INT 24Z×10m×30R×7H		
齿数	Z	24
模数	m	10
压力角	α_D	30°
大径	D_{ei}	$230.95^{+0.46}_{0}$
渐开线终止圆直径最小值	D_{Fimin}	252.0
小径	D_{ii}	$255^{+0.46}_{0}$
作用齿槽宽最大值	E_{Vmax}	15.892
实际齿槽宽最小值	E_{min}	15.828
作用齿槽宽最小值	E_{Vmin}	15.708
实际齿槽宽最大值	E_{max}	16.012
齿根圆弧最小曲率半径	R_{lmin}	2.0
齿距累积公差	F_p	+0.156
齿形公差	f_f	+0.122
齿向公差	F_β	+0.034

6.4.1.2　花键齿磨损断口形貌观察

（1）输入轴外花键齿磨损的形貌

输入轴外花键齿被磨秃的形貌如图 6-39 所示。这是一种严重的过度磨损，当键齿齿厚磨损到一定程度时，残留部分将被内花键齿剪断。

图 6-39　外花键齿磨损形貌

(2) 内花键齿磨损形貌

内花键齿磨损形貌见图6-40，齿廓的磨损程度见图6-41，齿廓已经磨去2～3mm。齿面出现大量红色粉末（图6-42），这是在微动情况下磨损形成的Fe_2O_3粉末，在磨损中它是一种磨粒，加速了齿面的磨损。磨屑中也含一些黑色的Fe_3O_4粉末，也是一种磨粒，结成块黏附在齿上，如图6-41、图6-42所示。照片是在现场拍摄的，未经清洗处理。

图6-40 内花键齿磨损形貌

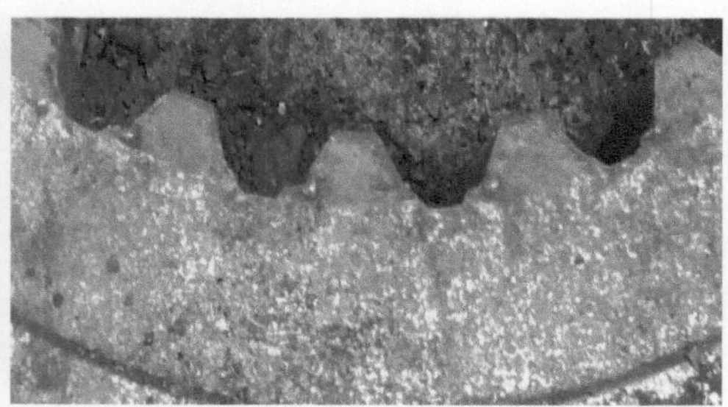

图6-41 内花键齿廓磨损形貌（一）

内花键齿全部磨去（缺失）的断口形貌如图6-43所示。从图中可以看到，键齿断口可分磨损和剪断两部分。

图6-42 内花键齿廓磨损形貌（二）

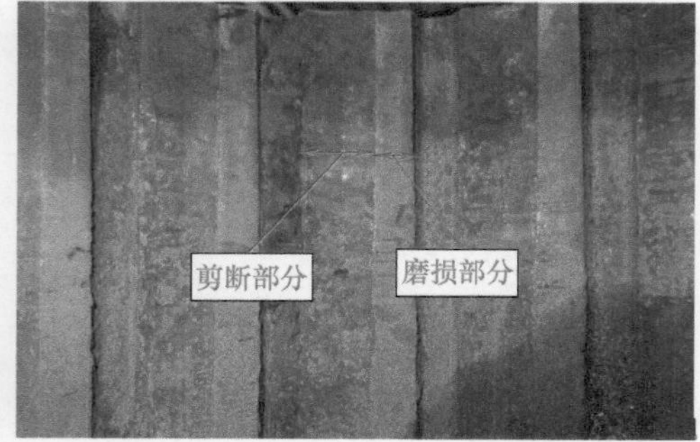

图6-43 内花键齿全部缺失的断口形貌

6.4.1.3 产生微动磨损的根本原因

根据现场调查、断口的观察和分析，多台减速机花键齿出现过度磨损的主要原因之一是内外花键键齿之间的微动。而产生微动的根本原因是内外花键轴线不重合，花键齿面产生了相对滑动，从而出现广义上的微动磨损。国内外有许多论文和资料讨论花键磨损的问题，如文献［63］等。

图6-44表示无载荷、有间隙的渐开线花键连接。无任何误差的花键连接是一种同轴线耦合副，在无载荷时，键齿两侧的间隙相等，均为侧隙C_v的一半（$C_v/2$）。

对于无任何误差、内外花键轴线重合的花键连接，在承受转矩T时，每一个花键齿的侧面作用力是相同的，内外花键齿之间也不会产生滑动，因而也不会产生磨损，如图 6-45、图 6-46 所示。

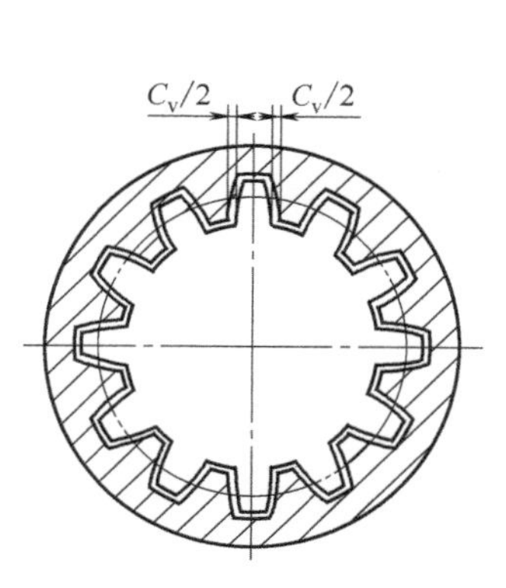

图 6-44　无载荷、有间隙 C_v 的渐开线花键连接

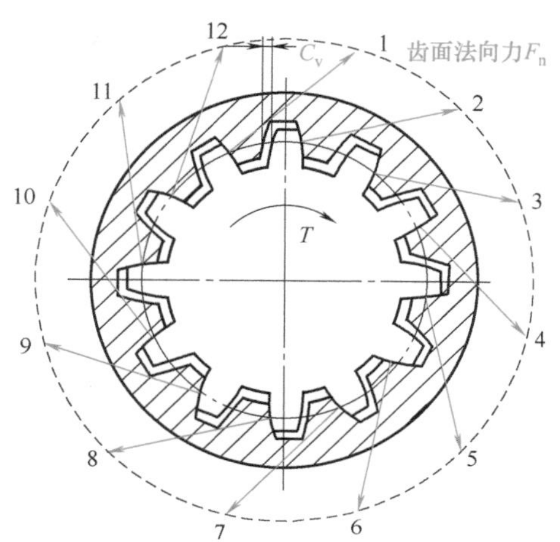

图 6-45　无任何误差的花键连接在承受转矩 T 时的受力状态

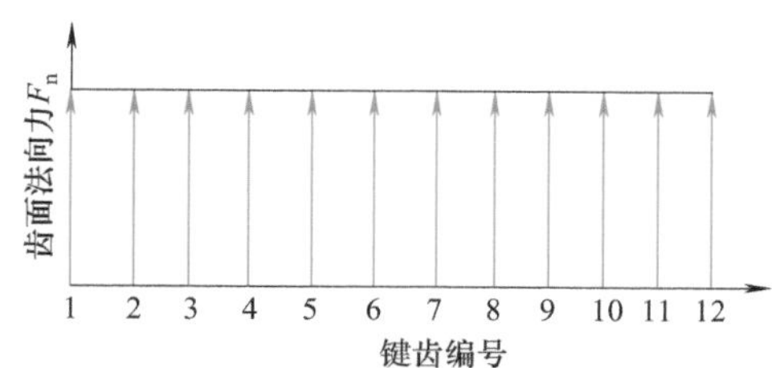

图 6-46　承受转矩时花键齿上的载荷分配

对于内外花键轴线不重合的花键连接，两轴线有一个偏心量 e，如图 6-47 所示。偏心量 e 可以是安装轴线不重合，或加上轴的弹性变形引起的，这时就会产生齿面相对滑动。

图 6-47 是两轴线有一个偏心量 e 时的花键连接状态。从图中可以看到，花键在转速 n、转矩 T 的运转条件下，接触齿面上任何一点 K 到内花键圆心 O_1、外花键圆心 O_2 的距离分别为 O_1K、O_2K。

内外花键旋转时的转速 n 是相同的（外花键主动，内花键从动），由于 $O_1K > O_2K$，其圆周速度 $v_{k1} > v_{k2}$，并且两个速度不在同一个方向上，因此 K 点的齿面就会产生滑动，其滑动速度为 $\boldsymbol{v}_h$。

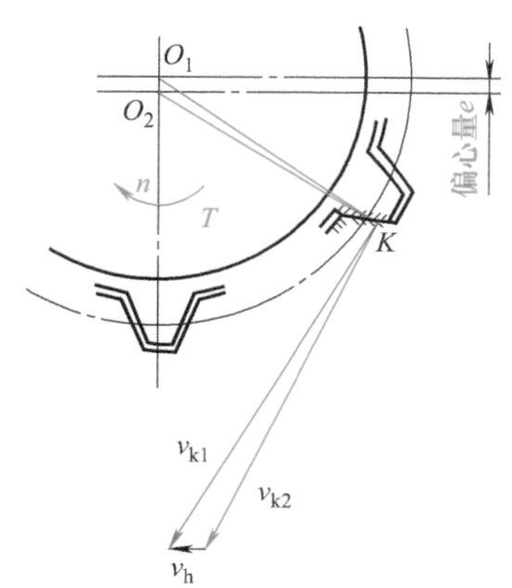

图 6-47　两轴线有一个偏心量 e 时的花键连接状态

设花键的角速度为 ω，则

$$v_{k1}=\omega O_1K$$

$$v_{k2}=\omega O_2K$$

齿面 K 点的滑动速度

$$\boldsymbol{v}_h=\boldsymbol{v}_{k2}-\boldsymbol{v}_{k1}$$

经推导（公式推导从略），K 点的滑动速度（单位：m/s）可写成

$$v_h=\frac{2\pi ne}{60\times1000}=0.0001047ne \tag{6-1}$$

式中 n ——花键转速，r/min；

e ——偏心量，mm。

举例：已知花键转速 n=1500r/min，偏心量 e=0.1mm，代入式（6-1）可得齿面 K 点的滑动速度

$$v_h=0.0001047ne=0.0001047\times1500\times0.1=0.0157\text{m/s}$$

由此可见，只要有偏心量，齿面的滑动就不可避免，虽然滑动速度很小，但是如果齿面处于干摩擦状态，过度磨损就不可避免了。因此，内外花键因轴线存在偏心，使齿面产生相对滑动（微动），是产生齿面过度磨损的根本原因。

6.4.1.4 影响微动磨损寿命的因素

（1）齿面相对滑动摩擦功

术语“微动磨损”在 ISO 10825-1995 中为 fretting corrosion，在 GB/T 3481—1997《齿轮轮齿磨损和损伤术语》中翻译成“微动腐蚀”。微动磨损的零件是有寿命的，磨损严重就寿命短，反之就寿命长，因此要进一步分析哪些因素影响零件的磨损寿命。

齿面的磨损状态和齿面的摩擦功有直接关系，摩擦功大，磨损就快，反之就慢。下面讨论齿面的摩擦功 A。

设两个键齿齿面啮合的法向力为 F_n，摩擦系数为 f_h，相对滑动速度为 v_h，则在 dt 时间内的摩擦功

$$\mathrm{d}A=F_nf_hv_h\mathrm{d}t=F_nf_h\omega e\mathrm{d}t$$

式中 ω ——花键角速度；

e ——内外花键轴线偏心量。

在 dt 时间内，接触点 K 在啮合线上移动的距离为

$$\mathrm{d}l=r_b\omega\mathrm{d}t$$

式中 r_b——花键基圆半径。

因此

$$\mathrm{d}A=F_nf_he\frac{1}{r_b}\mathrm{d}l$$

在啮合线起始点至终止点的距离范围内进行积分，可得一对齿在啮合过程中

的摩擦功（公式推导从略）

$$A = F_n f_h e \frac{2\pi}{Z} \tag{6-2}$$

式中　Z——花键齿数。

利用式（6-2），就可以分析几个主要因素对微动磨损的影响。

（2）齿面法向力对磨损的影响

从式（6-2）可见，摩擦功 A 正比于法向力 F_n，因此越接近均匀分布的法向力摩擦功越小，但遗憾的是花键连接如果有偏心量 e，花键就不可能像图 6-45 那样全部齿都均匀承受载荷，而是一部分齿承受载荷大，另一部分齿承受载荷小（图 6-48），甚至不承受载荷（图 6-49）。这样就加大了部分键齿上的载荷，加速了齿面的磨损，花键的寿命就大为缩短。

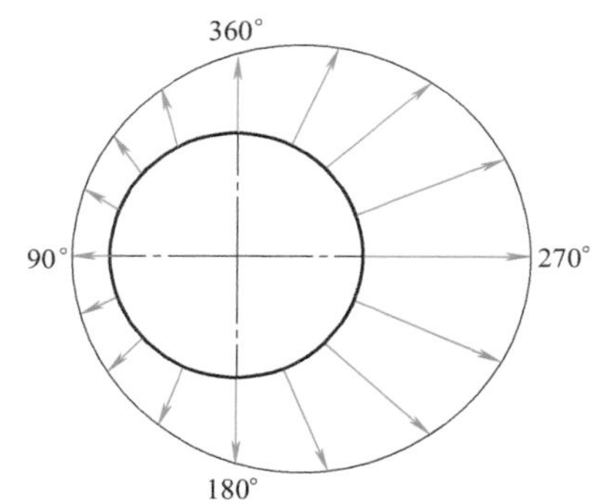

图 6-48　偏心时花键齿上载荷分配不均匀

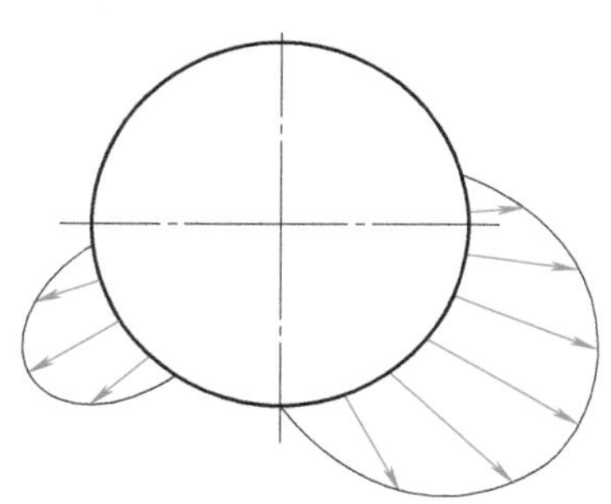

图 6-49　偏心时花键齿上载荷分配很不均匀

（3）齿面摩擦因数对磨损的影响

从式（6-2）可见，摩擦功 A 正比于摩擦因数 f_h，摩擦因数小摩擦功就小，磨损也就小。齿面间干摩擦，摩擦因数可达 0.5 以上，摩擦功很大，磨损就很快。本例减速机花键就是干摩擦（图 6-40 ～图 6-43），因此磨损很严重。

（4）偏心量对磨损的影响

从式（6-2）可见，摩擦功 A 正比于偏心量 e，偏心量越小，摩擦功越小，磨损也就越小；偏心量 e=0 时，摩擦功 A=0，花键就不会磨损。例如，相同减速机的花键连接，虽然输入轴的内花键已经磨秃，但是输出轴的花键齿连接仍然很好，如图 6-50 所示。也有输出轴的内花键已经磨秃，但是输入轴的花键齿连接仍然很好，如图 6-51 所示。究其原因就是内外花键的轴线同轴度（偏心量）不同。

（5）花键齿数对磨损的影响

从式（6-2）可见，当花键分度圆直径一定时，摩擦功 A 反比于花键齿数 Z，也就是齿数尽可能取大一些较好。

图 6-50　花键齿仍然完好的内花键

图 6-51　花键齿仍然完好的外花键

（6）其他参数对磨损的影响

除了以上影响因素外，还有其他的一些影响因素。

① 花键材料的耐磨性。很明显，材料的耐磨性影响花键的磨损寿命。例如，根据笔者试验研究的结果，钒钛球墨铸铁的耐磨性要比相同硬度钢的耐磨性好数倍[64]。

试验设计如下：

45 钢（表面淬火），为一组试验摩擦副；钒钛球铁（等温淬火）为另一组试验摩擦副。

采用 M-2000 磨损试验机进行磨损试验，试验结果为：

当平均硬度为 35 ～ 38HRC 时，钒钛球铁的磨损量为 45 钢的 1/2；

当平均硬度为 25 ～ 26HRC 时，钒钛球铁的磨损量为 45 钢的 1/30 ～ 1/18。

由此可见，不同材料、不同硬度的摩擦副，其耐磨性的差别是很大的。

② 花键齿的硬度。对于齿面硬化的花键，齿面的硬度对耐磨性影响很大。台架试验结果表明，花键齿的磨损与其硬度之间存在线性关系，硬度高，耐磨性好。但是，对于渗碳淬火、渗氮、高频淬火等的花键，只要硬化层被磨去，其心部的硬度不高，就很容易加速磨损了。更不利的是，表面硬化层被磨去的硬质颗粒变成磨料磨损的最佳介质，加速了花键的磨损。

③ 花键的润滑。有润滑的花键连接，由于减小了摩擦因数，通常都能提高磨损寿命。但是有两个前提条件：一是要采用润滑油润滑；二是润滑油能将磨损的磨粒带走。例如，行星减速机浮动机构中的花键连接，因有很好的润滑条件，磨损就较小。花键连接中通常不宜采用润滑脂润滑，因为它不能将磨粒带走，减磨的效果非常有限。

④ 花键的制造精度。花键齿的齿形、齿距误差虽然重要，但磨损后会有自适应效果，对齿面磨损的影响就较小。而花键齿的齿面平行性的偏差（齿向误差）对耐磨性有很大影响。这类偏差使花键接触点在径向和轴向产生偏移和歪斜，例如行星减速机浮动机构中的花键连接就是如此。因此，提高花键连接件耐磨性的重要措施是保持花键轴键齿相对于其轴线的平行度。

6.4.1.5　结论和改进措施

① 内、外花键轴的轴线不同轴是花键齿磨损的主要原因之一。

② 内、外花键轴的轴线不同轴（轴线偏心）使键齿齿面产生滑动，为齿面磨损提供了条件。花键的磨损是一种广义的微动磨损。

③ 轴线偏心使各键齿齿面的载荷分配不均匀，加速了齿面的磨损。

④ 防止花键齿磨损最有效的措施就是提高与轴线偏心量有关零件的加工精度和安装精度，尽量减少内外花键的偏心量。

⑤ 提高花键硬度（例如采用渗碳淬火花键，硬度达 56 ～ 63HRC）可以增加花键的磨损寿命，但硬化层一定不能太薄。

⑥ 采用有二硫化钼等添加剂的润滑脂润滑花键，可以改善滑动磨损的磨损状态，从而延长花键的工作寿命。

⑦ 从减速机制造和安装的角度来看，要做到内外花键完全同轴几乎是不可能的，因此有间隙的花键连接完全避免微动磨损几乎不可能，设计者和制造者的任务是尽可能减轻微动磨损，延长花键连接的使用寿命。

6.4.2　实例 4　掘进机用减速装置花键轴断裂失效分析❶

6.4.2.1　传动轴断裂失效概况

国内某公司委托国外某知名公司设计、生产掘进机用的 5 台齿轮减速装置，其中 1 台使用 110h 后，花键传动轴（以下简称花键轴）断裂；换用另一台新的减速机，花键轴在使用 151h 后发生断裂。因此，需要查明花键轴断裂的原因。

掘进机组成部分示意图见图 6-52。图中单独框示的部件为送检分析的部分。

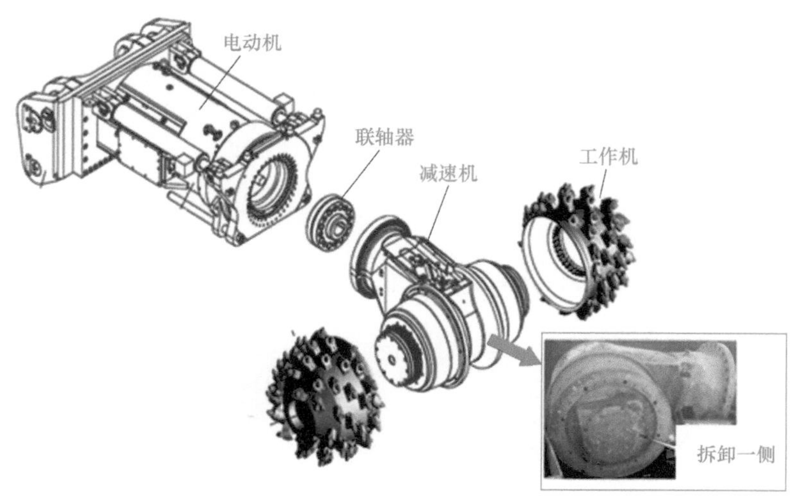

图 6-52　掘进机组成部分示意图

❶ 本实例取材于《掘进机用减速装置花键轴断裂失效分析》，2014 年 2 月。

图 6-53 是减速装置传动机构简图，由图中所示的动力输入端输入动力，经传动机构传递转矩，至两侧输出端输出动力。动力传递线路进一步说明如下：

① 电动机动力→小锥齿轮→大锥齿轮→ 2K-H 行星齿轮→花键 1 →花键 2 →太阳轮 2 →输出至行星齿轮（图中未画出）。

② 此外还有另一个分支：花键 1 →太阳轮 1 →输出至另一个行星齿轮（图中未画出）。

这两个分支传送的功率相同。

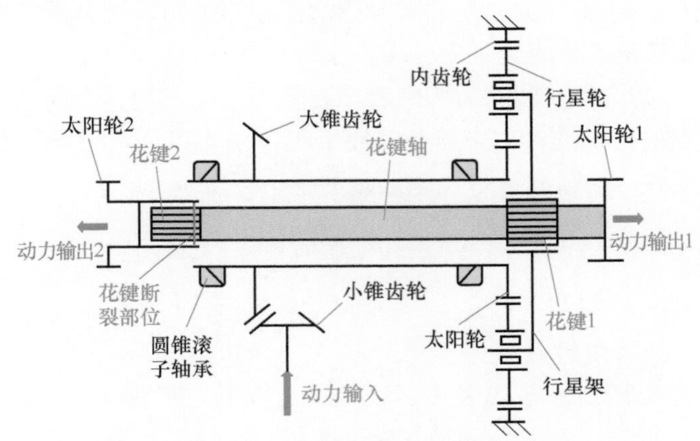

图 6-53 减速装置传动机构简图

按照失效分析的流程，对送检的花键轴以及轴套外观进行观察，对花键轴及花键断口进行宏观和微观观察，对花键轴进行材质分析（包括化学成分分析、金相组织观察和硬度测试），并从花键轴上取样进行拉伸试验和扭转疲劳试验。最后确定花键轴的失效模式，并分析其失效原因。此外，从断口形貌判断，该失效为花键尾部扭断，故采用两种方法计算了花键轴扭转强度。计算结果表明，该花键轴强度严重不足。

6.4.2.2 断口的宏观观察和微观观察

轴断裂部位和断口如图 6-54 所示，花键断在齿轮轴的花键孔内，断口清晰可

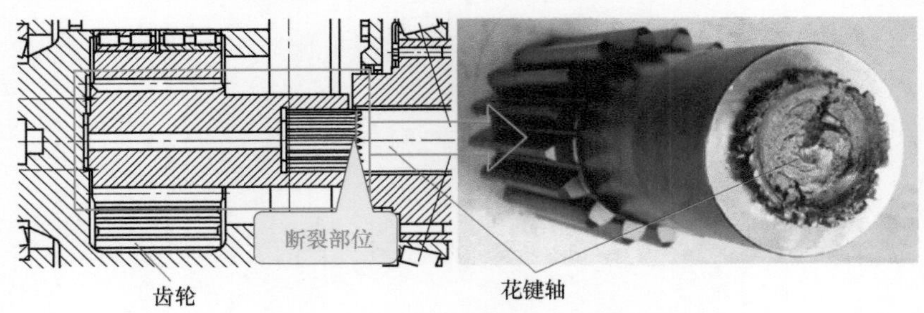

图 6-54 轴断裂部位和断口

见。图中的齿轮是行星齿轮传动中的太阳轮。

花键轴的断口磨损严重，表面断裂特征几乎不可见，仅见沿周向的摩擦碾平痕迹（图 6-55）。此外，该摩擦痕迹存在轻微的偏心，偏心方向指向 16、17 号轮齿，如图 6-55 所示。这可能是由于太阳轮浮动造成的。

由于偏心，23 → 26 → 1 → 11 号半圈的花键断口保留较完好，仍然可见断裂特征。选取典型的 24、3、6、9 号花键齿的断口（图 6-55 中小箭头所指），使用体视显微镜观察其断裂特征，其相对完好的断口形貌见图 6-56。选取的 4 个键齿，其断口靠近工作面一侧，均可见明显的疲劳弧线（贝纹线）特征。经检查，保留较完整的花键断口表面均可见疲劳弧线。

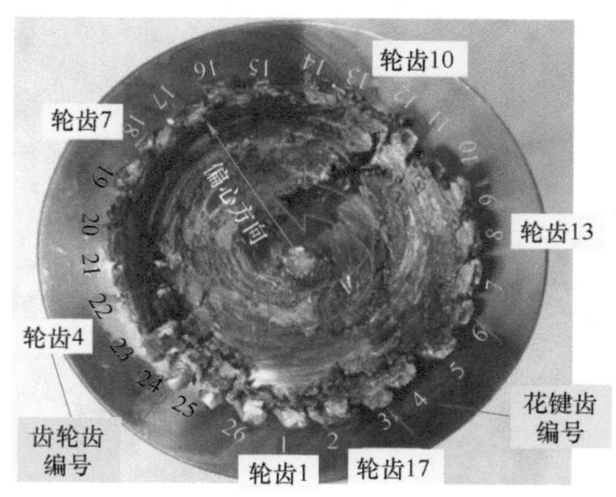

图 6-55 花键轴的断口形貌

图 6-56 花键轴花键横截面相对完好的断口外观

检查发现花键轴内外花键配合很宽松，外花键与内花键套并未卡死，可以较轻松地取出断裂部分，这是为了太阳轮浮动而采取的松配合之故。分解后内花键套（完好无损）和花键轴断口侧视见图 6-57（a）、（b）。与内花键端面配合部位的外花键出现明显的挤压变形，变形位于花键工作面一侧。从花键轮廓判断，花键断裂断口位于花键轴的花键收尾部位，变形处花键底部靠近两侧转角部位可见明显的轴向开裂（红箭头所指），见图 6-57（c）。

将花键轴沿图 6-58（a）指示的位置截断，断口上可见每个花键根部均存在径向裂纹，且每条裂纹的长度基本一致，见图 6-58（b）。

将轴截面打磨抛光后进一步观察裂纹分布和形貌，可以看到每个花键工作齿廓根部圆角和非工作齿廓根部圆角位置均存在径向裂纹，见图 6-59。其中，非工作面径向裂纹较长，长度均在 15mm 左右，且均在径向扩展 2 ～ 3mm 后出现分叉，并碎裂严重，见图 6-59 框内所示；工作面径向裂纹长度则相对较短，长度均在 5mm 左右，在裂纹尾部也可见较细的裂纹分叉。这一现象与渐开线齿轮工作齿面和非工作齿面齿根的裂纹状态完全相反。这可能是两者齿形不同造成的。

(a) 内花键孔

(b) 花键轴花键断口

(c) 花键变形、挤压变形与轴向开裂

图 6-57　分解后内花键套和花键轴断口侧视

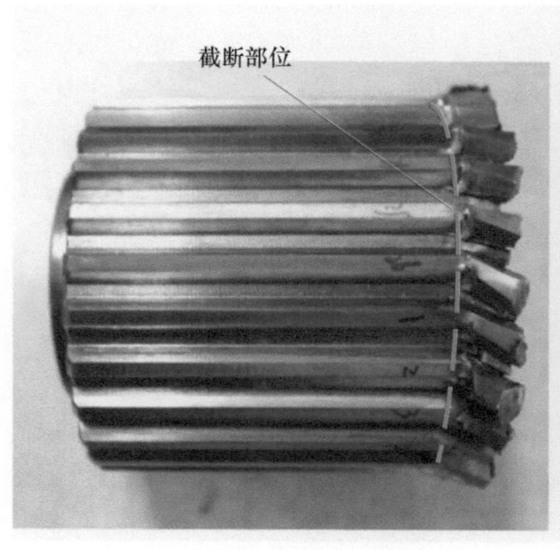

(a) 截断位置

(b) 花键根部径向裂纹

图 6-58　花键轴花键根部径向裂纹形貌

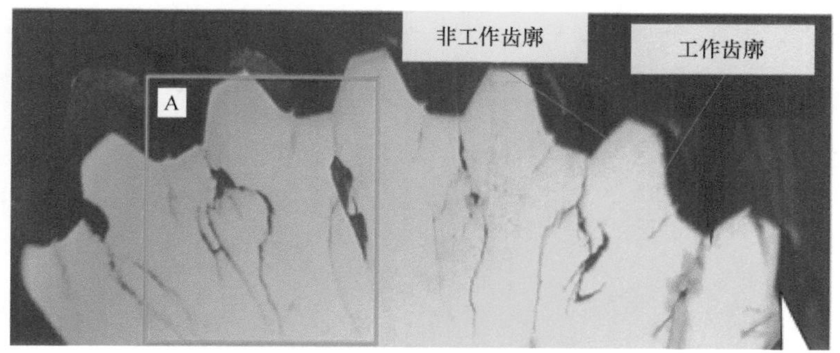

图 6-59　轴截面打磨抛光后观察裂纹

最主要的不同：一是渐开线花键的全齿高要比渐开线齿轮的小，在相同的圆周力下，花键的弯曲应力要比齿轮的小；二是渐开线花键的压力角（30°）要比渐开线齿轮（20°）的大，在相同的圆周力下，花键的径向力要比齿轮的大。因此，花键非工作侧齿根的压应力是齿根损坏的主要因素。从图 6-59 的 A 区可见，非工作侧齿根出现的是一种压碎型的裂纹（裂缝）损伤形貌，就是很好的物证。

花键横向断口微观疲劳特征见图 6-60，图中可见疲劳条纹［图 6-60（b)］和具有韧窝的断口形貌［图 6-60（c)]。

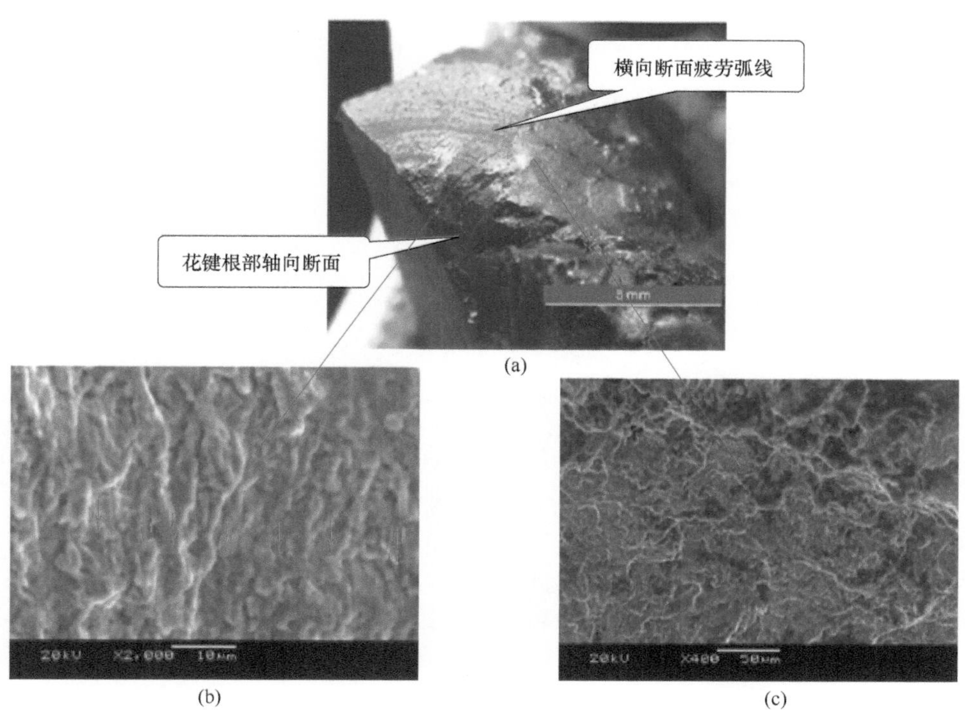

(a)　(b)　(c)

图 6-60　花键横向断口微观疲劳特征

图 6-61 非工作面根部径向裂纹断口宏观形貌

非工作面径向裂纹长且复杂（图 6-59），重点观察该裂纹断口的形貌。由于同侧裂纹走向、长度等均相似，随机选取一处花键非工作面根部径向裂纹，打开后观察其宏微观断裂特征。断口宏观形貌见图 6-61。

根据断口的形状特征，可将其划分为 5 个区域：

① 1 区沿花键的齿根深度方向延伸，沿径向扩展 2 ～ 3mm，该长度与裂纹截面显示的分叉前段长度对应。1 区断面表面磨损严重，这是裂纹两表面张合作用长时间相互摩擦的结果。

② 2 区为裂纹开始分叉的区域，仍然可见轻微的磨损，断面高低不平，表现为多条放射棱线。

③ 3 区为放射棱线逐渐展开的区域。

④ 进入 4 区后则为一个单独且完整的扇形平面，断面无磨损。2 ～ 4 区断口逐渐倾斜，转向轴向 45°。

⑤ 5 区为裂纹的进一步扩展延续，但折向另一个平面，与扇形扩展面存在一定角度。

使用扫描电子显微镜观察 5 个区断口的微观形貌特征：

① 1 区断口微观特征主要为磨损特征，低倍断面相对平滑，见图 6-62（a），高倍则可见摩擦痕迹，表现为局部光滑且可见擦痕及碎屑，见图 6-62（b）。

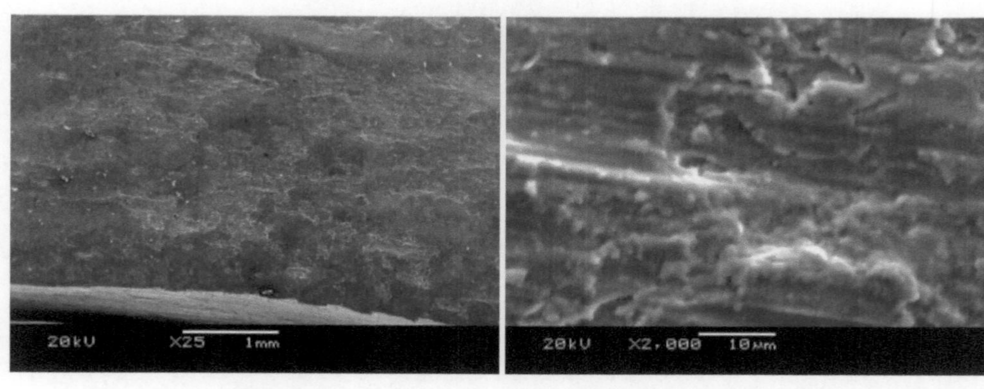

(a) 低倍磨损特征　　(b) 高倍磨损特征

图 6-62 1 区断口微观特征

② 2 区断口微观低倍可见高低不平，裂纹沿不同的扇形面扩展［图 6-63（a)］，放大后观察，裂纹沿扇形面扩展留下大量的棱线［图 6-63（b)］，且伴随有二次裂纹的产生［图 6-63（c)］；高倍未见明显的疲劳条带，以快速扩展棱线特征为主［图 6-63（d)］。

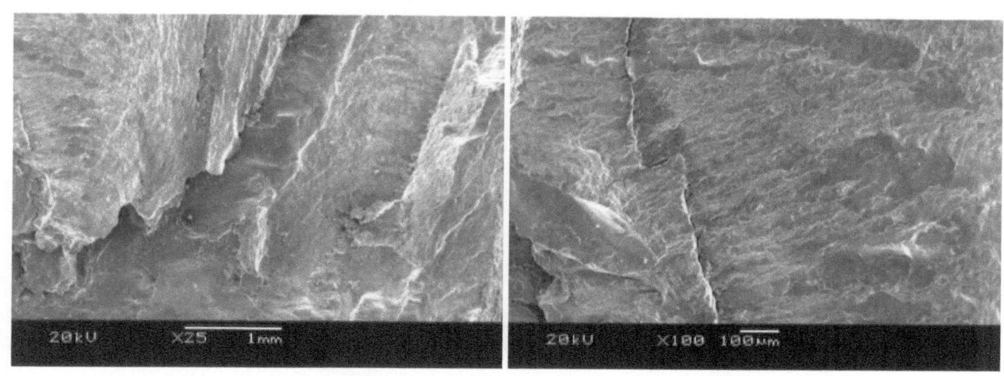

(a) 低倍裂纹扩展特征　　(b) 扩展棱线

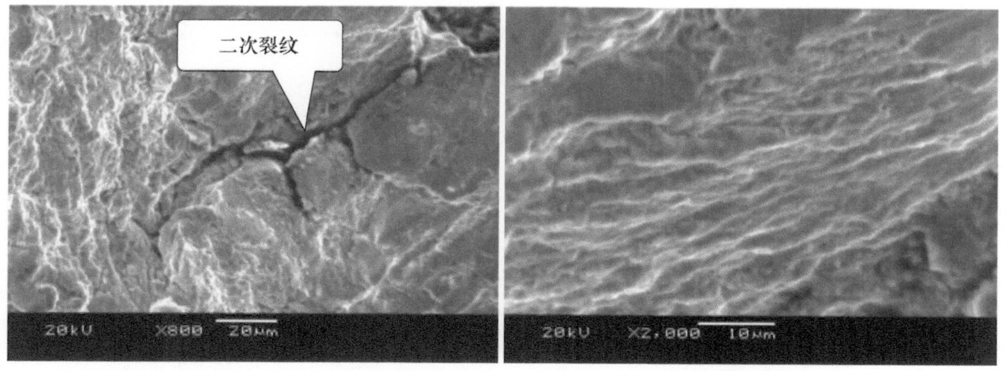

(c) 二次裂纹　　(d) 高倍裂纹扩展特征

图 6-63　2 区断口微观特征

③ 3 区断口低倍变得相对平整，可见多个扇形面放射扩展，见图 6-64（a)；高倍可见独立的放射棱线，棱线之间断面较破碎，见图 6-64（b)。

④ 4 区断口低倍更加平坦，且仅见一个扇形扩展面，见图 6-65（a)；高倍开始出现疲劳条带特征，条带呈弧形沿着裂纹方向扩展，见图 6-65（b)。

⑤ 5 区断口扩展发生转折，棱线方向也随之改变，见图 6-66（a)；高倍可见大量的摩擦磨损痕迹，见图 6-66（b)。

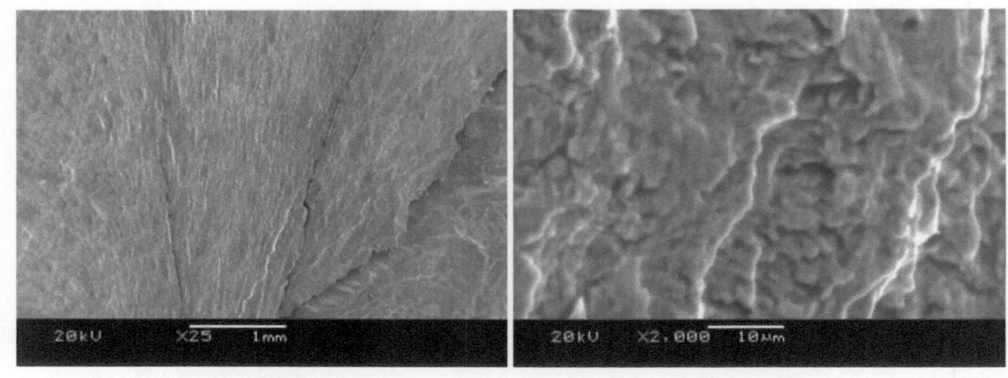

(a) 低倍扇形面放射扩展　　(b) 高倍棱线特征

图 6-64　3 区断口微观特征

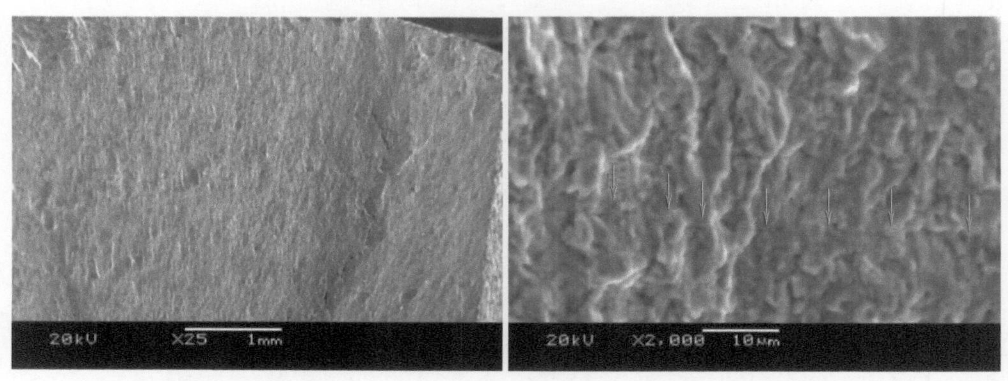

(a) 低倍扇形面扩展　　(b) 高倍疲劳条带特征

图 6-65　4 区断口微观特征

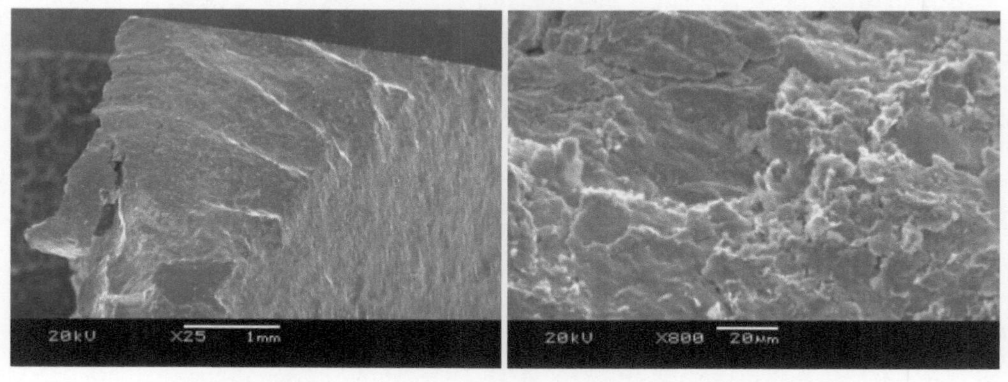

(a) 断口发生转折　　(b) 摩擦磨损痕迹

图 6-66　5 区断口微观特征

6.4.2.3　金相组织观察

在花键轴残段花键尾部取横截面和纵截面试样，制成金相样品，观察其金相组织。由图 6-67 所示的组织低倍照片可知，传动轴横截面组织为灰色组织和亮色组织均匀交替分布；纵截面组织显示为灰色组织和亮色组织均呈带状交替分布，其中灰色组织比例较大。

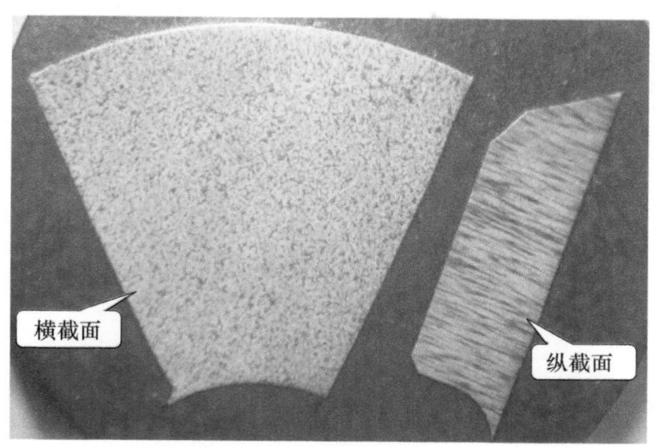

图 6-67　低倍组织形貌

使用金相显微镜观察截面组织的高倍形貌特征。纵截面金相组织见图 6-68（a），可见亮区（亮色组织）和暗区（灰色组织）交替呈带状分布，且在亮区的带状组织中还伴随有细长的深色夹杂［图 6-68（b），红色箭头所指］。

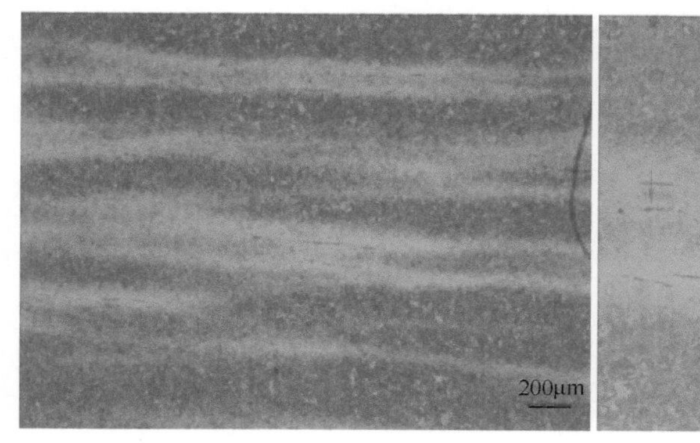

(a) 50×

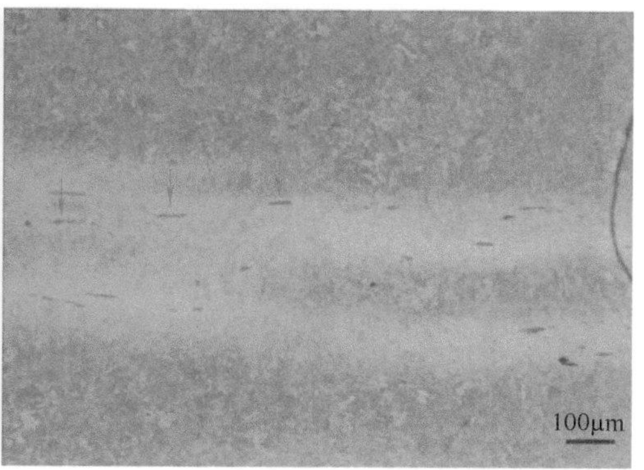

(b) 100×

图 6-68　纵截面金相组织

横截面金相组织见图 6-69，低倍［图 6-69（a）］其亮区和暗区均匀交替分布，其中亮区呈网状分布；高倍［图 6-69（b）］形状为不规则亮块，为马氏体，局部可见球形的夹杂物颗粒。暗区高倍则主要为贝氏体组织。

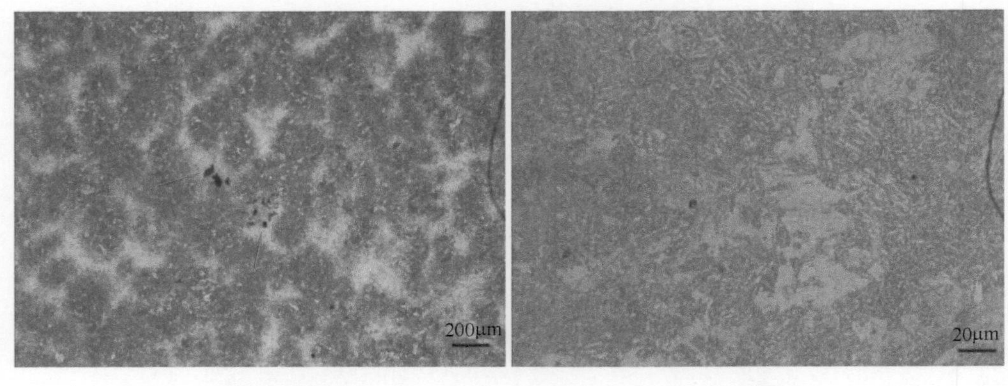

(a) 50×　　(b) 500×

图 6-69　横截面金相组织

6.4.2.4　夹杂物观察

使用能谱测试仪测试组织中各区域夹杂物的化学成分，结果见图 6-70。对比图 6-70（a）和图 6-70（b）的能谱分析结果发现，亮区的 Cr、Ni 含量略高于暗区。

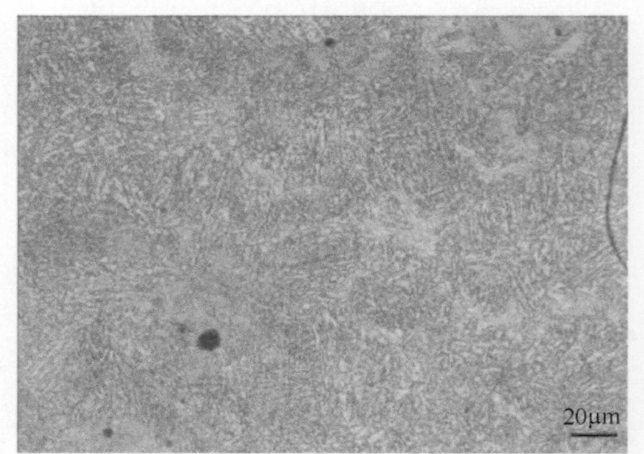

元素	质量分数/%	原子百分比/%
Cr	1.71	1.83
Fe	96.73	96.68
Ni	1.57	1.49

(a) 暗区

元素	质量分数/%	原子百分比/%
Cr	2.13	2.28
Fe	96.13	96.06
Ni	1.7	1.65

(b) 亮区

图 6-70　组织中夹杂物能谱检测

球形的夹杂物颗粒有高含量的 Al、Ca、O，为夹砂类缺陷，见图 6-71（a）。长条状的夹杂物颗粒 S 含量较高，还有一定含量的 Al、O 等，结合元素和形状特征推测其为硫化物夹杂，见图 6-71（b）。

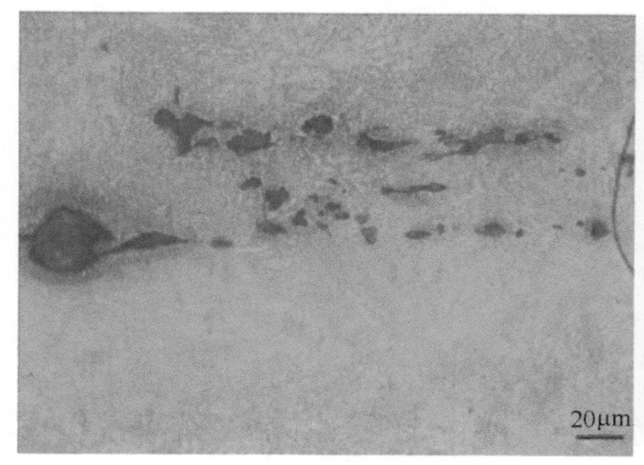

(a) 球形夹杂物

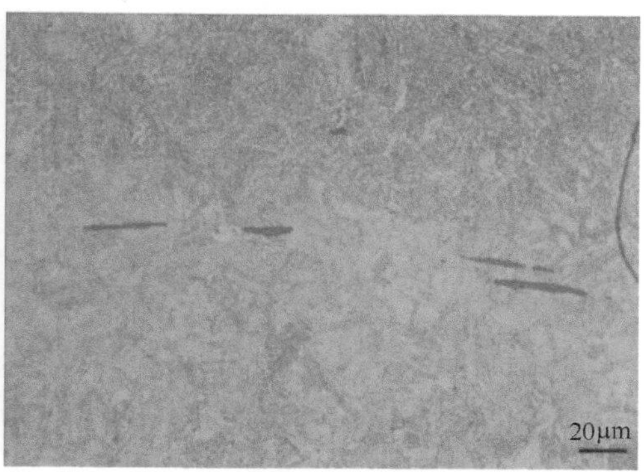

(b) 长条形夹杂物

图 6-71　组织中夹杂物能谱检测

按照 ISO 4967-2013 Steel.Determination of content of non-metallic inclusions. Micrographic method using standard diagrams 标准进行夹杂物评级：硫化物夹杂（A 类夹杂）宽度在（4 ～ 12）μm 之间，属于粗系；视场内所有 A 类夹杂的总长度超过 436μm，评定为 2 级❶［图 6-72（a）］。

氧化铝类的带状分布金属氧化物夹杂（B 类夹杂）宽度在 9 ～ 15μm 之间，属于粗系；视场内所有 B 类夹杂的总长度超过 555μm，评定为 2.5 级［图 6-72（b）］。

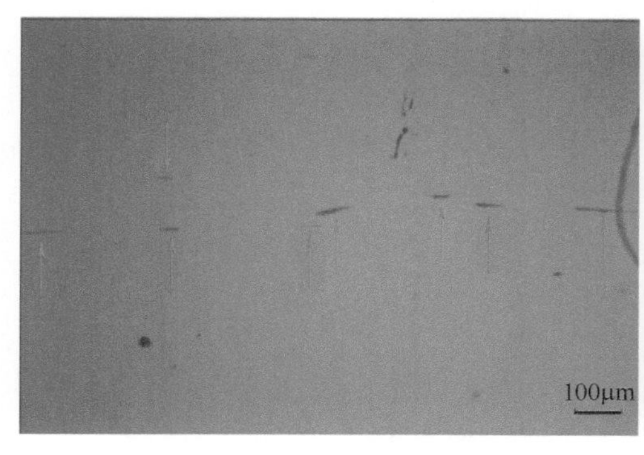

(a) 硫化物夹杂

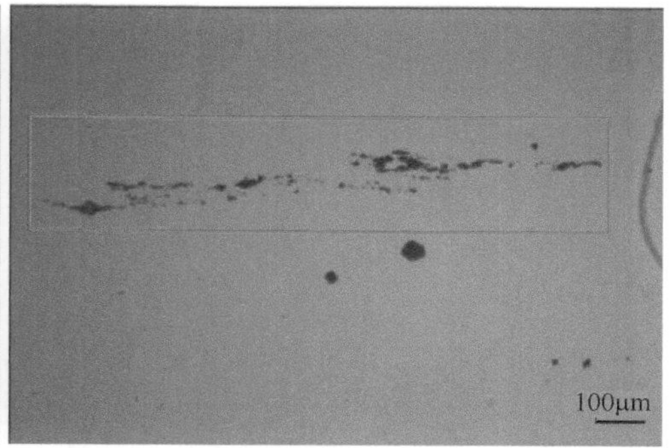

(b) 氧化铝类夹杂

图 6-72　硫化物和氧化铝夹杂物观察

取花键齿部的横截面，经腐蚀后观察齿附近的组织分布和形貌，见图 6-73。经检查，花键齿靠近表面处的组织与心部组织低倍分布均匀，高倍亦未见明显差

❶ 夹杂物等级从 0.5 级至 3 级，等级越高，夹杂物越多。

异，仍为马氏体和上贝氏体的混合组织。键齿部位未见渗碳、表面淬火组织，开裂处组织未见明显差异。

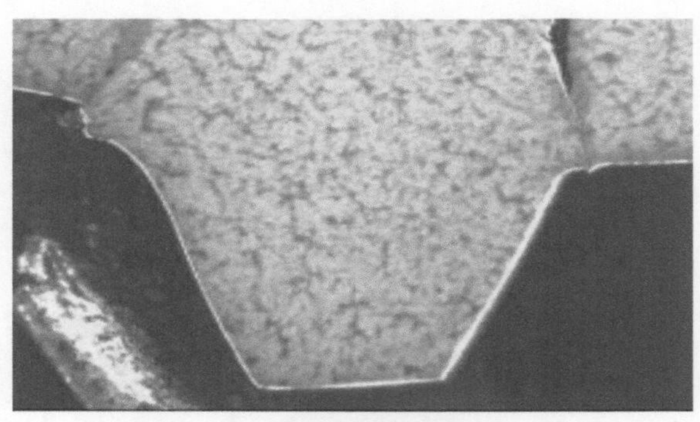

(a) 宏观组织情况

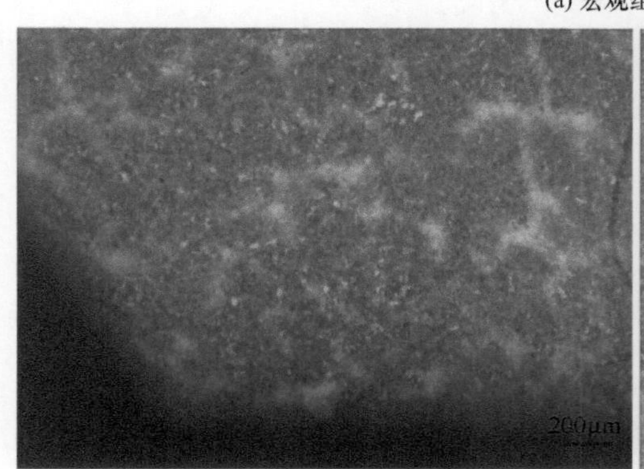

(b) 低倍 50×

(c) 高倍 200×

图 6-73 花键齿部横截面金相组织

6.4.2.5 材料化学成分和力学性能检测

（1）化学成分检测

使用光电直读分析仪对花键轴材料进行化学成分分析，结果见表 6-14。通过比对，确认该材料与德国标准 DIN 17210 Case hardening steels-Technical delivery conditions 中的 17CrNiMo6 材料化学成分相符。

表 6-14 化学成分分析结果（质量分数） %

化学元素	C	Si	Mn	P	S	Cr	Mo	Ni
测试值	0.15	0.36	0.57	＜0.025	＜0.025	1.69	0.24	1.5
标准值	0.15～0.20	≤0.40	0.40～0.60	≤0.035	≤0.035	1.50～1.80	0.25～0.35	1.40～1.70

（2）硬度检测

分别在横截面和纵截面金相试样上的亮区和暗区进行显微维氏硬度测量，载荷为 500g。将获得的平均值按照 GB/T 1172—1999《黑色金属硬度及强度换算值》

换算成洛氏硬度，结果见表 6-15。可见暗区的硬度均低于亮区。

表 6-15　轴各部位硬度测试结果　　HV0.5

测试截面	区域	位置	测试值			平均值	换算 HRC
横截面	亮区	1	419.36	400.69	393.28	404.44	42.0
		2	414.58	399.21	376.33	396.71	41.5
	暗区	1	305.99	300.04	312.08	306.04	32.5
		2	315.19	340.76	321.59	325.85	34.5
纵截面	亮区	1	403.73	406.80	446.34	418.96	43.0
		2	427.54	413.00	409.87	416.80	43.0
	暗区	1	301.01	290.52	301.99	297.84	31.0
		2	325.96	304.98	305.97	312.30	33.0

（3）力学性能试验

在花键轴心部轴向取样，取样位置约在半径 1/2 位置。按照 GB/T 228.1—2010《金属材料　拉伸试验　第 1 部分：室温试验方法》加工两根标准试样，在室温环境下进行拉伸试验，结果数据见表 6-16。此数据用于下面的花键轴强度计算。

表 6-16　拉伸试验结果

试样	抗拉强度 R_m/MPa	$R_{p0.2}$/MPa	断裂伸长率 A/%	断面收缩率 Z/%
试样 1	1009	679	19.2	63.9
试样 2	1011	685	17.7	62.2

注：表中的 $R_{p0.2}$ 为规定非比例延伸强度。

取试样拉伸断口观察，宏观观察可见明显的颈缩等塑性变形，微观观察则为典型的韧窝形貌特征，见图 6-74，与人工打断断口的断裂特征类同。

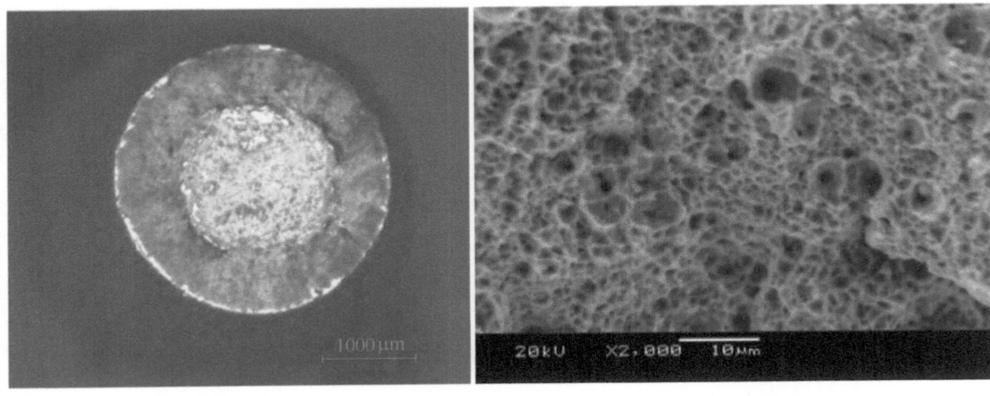

(a) 断宏观形貌　　(b) 高倍微观形貌

图 6-74　试样拉伸断口

（4）扭转疲劳模拟试验

根据供需双方签订的技术协议，在冲击系数为2.5的工况条件下，对花键轴的结构进行计算得到花键根部位置的应力水平在430～490MPa之间。参照表6-17的设定，考虑花键轴材料存在偏析和夹杂，材质均匀性较差，且处于掘岩工况，从设计方获得的相关参数很少，载荷计算的精确性也较差，因此需取安全系数为1.8～2.5。选取接近下限的440MPa为基准应力，由于440MPa×1.8=792MPa超过了材料的屈服强度，故设定440MPa×1.5=660MPa为最大应力σ_{max}（模拟截割头与岩石之间的瞬间冲击力），取循环应力比R=0.1，即最小应力σ_{min}为66MPa（模拟非截割状态下花键根部的受力），按照图6-75所示的正弦波形式施加循环载荷。

表6-17　用于疲劳强度计算的许用安全系数[23] 378

材质	载荷计算	许用安全系数S_p
均匀	精确	1.3～1.5
不够均匀	不够精确	1.5～1.8
均匀性较差	精确性较差	1.8～2.5

扭转疲劳试验先后进行了三次：断裂周次分别为2.95349×10^5、2.64916×10^5和1.53574×10^5，断裂周次数量级均为10^5。扭转疲劳试样断裂形貌见图6-76，图6-76（a）中可见断裂时的裂纹（箭头所指）。图6-76（b）所示是一个具有纯扭转疲劳特征的断口。

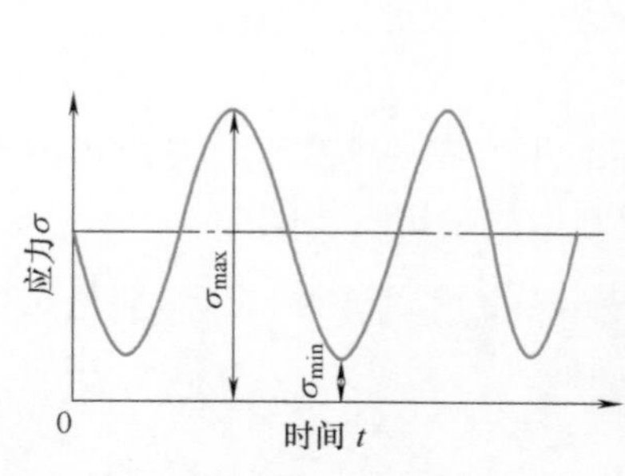

图6-75　以正弦波形式施加循环载荷

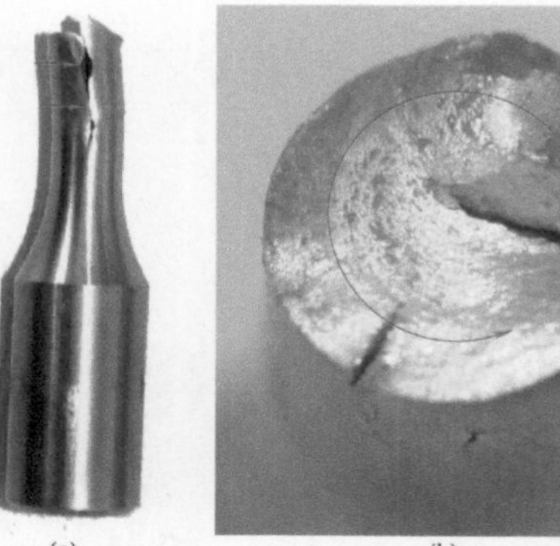

图6-76　扭转疲劳试样断裂形貌

结论：① 扭转疲劳试验件的断裂模式与传动轴基本一致；

② 在理论计算的应力水平下，花键轴本体取样的扭转疲劳寿命在10^5量级。

6.4.2.6　热处理试验

德国标准DIN 17210-1986 Case hardening steels-Technical delivery conditions中规定17CrNiMo6材料的热处理为：渗碳＋淬火＋回火处理。

热处理模拟试验参数选取：850℃下保温35min后，在油液中淬火，之后在180℃下保温2h。

在花键心部任取 4 块试样，按照以上条件进行热处理，热处理后 4 个试样的金相组织基本相同，代表性的金相组织见图 6-77：低倍仍可见带状的亮色组织偏析和夹杂物，高倍亮区和暗区均为回火马氏体。

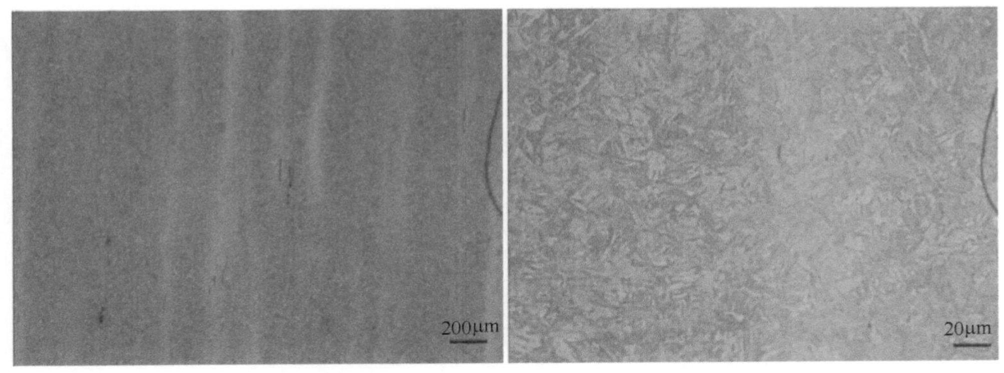

(a) 试样纵截面

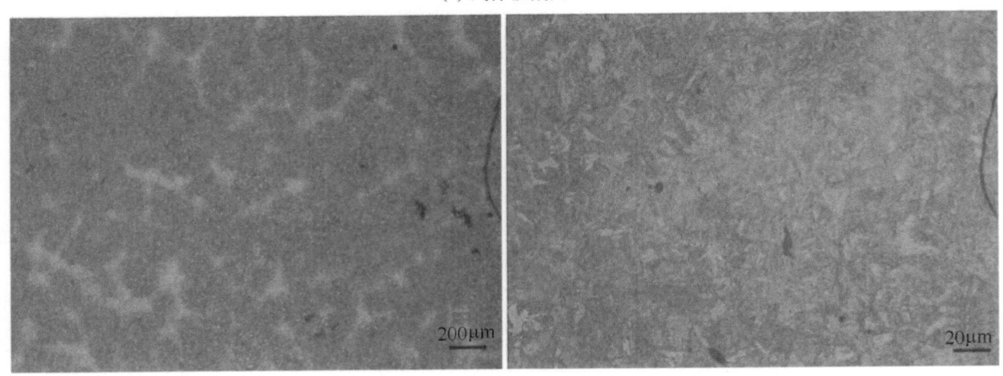

(b) 试样横截面

图 6-77　热处理后试样的金相组织

对金相试样上的亮区和暗区进行显微维氏硬度测量，载荷为 500g。将获得的平均值按照 GB/T 1172—1999《黑色金属硬度及强度换算值》换算成洛氏硬度，结果见表 6-18。由表 6-18 可知，经重新热处理后，试样暗区硬度与亮区硬度接近，为 43 ～ 46HRC，远高于花键轴硬度。

表 6-18　硬度测试结果

区域	位置	测试值 HV0.5			平均值 HV0.5	换算 HRC
亮区	1	452.76	461.47	449.91	454.71	46.0
	2	467.38	449.89	417.81	445.03	45.5
暗区	1	444.31	430.77	461.41	445.50	45.5
	2	417.83	422.91	405.46	415.40	43.0

6.4.2.7 花键轴强度计算

从花键轴断口和扭转疲劳试样断口形貌对比中，可以看到图 6-78（a）和图 6-78（b）两个断口十分相似，因此可以判断花键轴是扭转疲劳失效，进一步的工作是计算传动轴的强度。

(a) 传动轴断口

(b) 扭转疲劳试样断口

图 6-78 花键轴断口和扭转疲劳试样断口形貌对比

从图 6-57 可以看到，花键轴失效为花键尾部扭断，所以决定采用 2 种方法计算花键轴扭转强度。

方法 1：按照 GB/T 17855—1999《花键承载能力计算方法》计算齿根扭转剪切强度；

方法 2：采用有限元分析软件 ANSYS 计算花键的齿根剪切强度。

（1）材料力学性能和疲劳极限的确定

根据前面的检测结果知：花键轴材料的化学成分基本符合要求；热处理键齿部位未见渗碳组织，其金相为马氏体和贝氏体的混合组织；金相组织亮暗分明，亮区域硬度 41 ～ 43HRC（约 410HV），暗区域硬度 31 ～ 34HRC（约 305HV）。此外还测试了材料的强度极限 R_m=1010MPa，规定非比例延伸强度 $R_{p0.2}$=680MPa。

由于花键轴的断裂像扭转剪切失效，因此要求实验得到疲劳极限 τ_{-1} 或 τ_0，但从原材料组织和试验费用等方面考虑，困难都很大，所以这里只能从以上分析估计其力学性能：

$$\tau_{-1}\approx 0.27R_m\approx 273\text{MPa};\qquad \tau_0\approx 1.41\tau_{-1}\approx 382\text{MPa}$$

查资料知：有不同的估计力学性能经验式，上述两式是偏保守的。

（2）花键轴动力参数

委托方提供：电动机功率 P=410kW，减速机输出轴转速 n_o=18.4r/min，由花键轴到输出内齿轮的传动比 4.47，可计算出花键轴转速 n=82.26r/min。

从电机到花键（即太阳轮）的效率：0.904。

算得花键断裂处的名义功率 P=185kW 和名义转矩 T=21513N·m。

关于使用系数 K_A 的选取，根据供需双方签订的《技术协议》，取 K_A=2.5。

（3）花键尺寸参数

对失效花键进行实际测量，对照我国国家标准、ISO 和德国标准，确定失效花键外形尺寸符合德国标准 DIN 5480.9-1991《渐开线花键轴连接 啮合角 30° 用于模数 4 的基本尺寸和测试尺寸》，为 30°平齿根渐开线花键，其参数见表 6-19。

表 6-19　渐开线花键参数

参数名称	代号	取值
齿数	z	26
模数 /mm	m	4
压力角	α_D	30°
分度圆直径 /mm	d	104
外花键变位系数	x_1	0.2
渐开线起始圆直径 /mm	D_{Fe}	101.91
齿厚 /mm	S	7.207
花键齿根圆直径 /mm	d_{f1}	101.2
花键齿顶圆直径 /mm	d_{a1}	109.2
齿根圆弧最小曲率半径 /mm	R_{emin}	0.64

（4）计算方法 1：按 GB/T 17855—1999 计算花键轴齿根圆柱扭转剪切强度

GB/T 17855—1999《花键承载能力计算方法》标准是参照德国标准 DIN 5466-1988《渐开线花键联结和矩形花键联结的承载能力计算基础》，并结合国内常用的计算方法制定的。

用 GB/T 17855—1999 计算花键轴齿根圆柱扭转剪切强度时，把花键看作当量直径为 d_h 的光轴，根据 GB/T 17855—1999，取 K=0.15，算得当量直径 d_h=102.4mm。算得花键靠近收尾处的剪应力 τ=102MPa。算得花键齿根应力集中系数 α_t=2.705。算得齿根最大剪切应力 τ_{max}=276MPa。算得齿根剪切安全系数 S_τ=0.40。

结论：安全系数仅为 0.40，比 1 小很多，花键轴扭转强度完全不能满足要求。

（5）计算方法 2：采用有限元分析软件计算花键轴的齿根圆柱扭转剪切强度

为尽可能模拟花键工作情况，取内外花键作为研究对象，内外花键齿相啮合。花键齿形及参数采用德国标准 DIN 5480.9-1991《渐开线花键轴连接 啮合角 30° 用于模数 4 的基本尺寸和测试尺寸》中规定的 30°平齿根渐开线花键，其参数见表 6-19。

根据表 6-19 给出的参数，采用 Solidworks 建立模型，参见图 6-79，模型尺寸见图 6-80。

把 Solidworks 建立的三维模型导入 Ansys Workbench 中，设定弹性模量 E=2.06×10^5MPa，泊松比 ν=0.3。选定 ICEM CFD Tetra 法进行网格划分。外花键 47387

图 6-79 采用 Solidworks 建立的模型

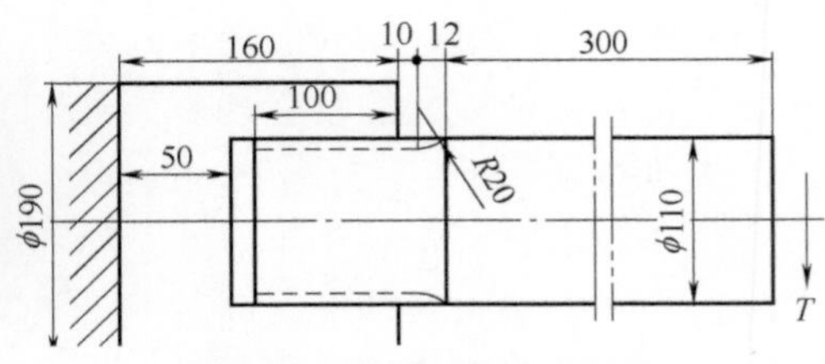

图 6-80 模型尺寸示意图

个节点，27636 个单元。内花键 29000 个节点，17148 个单元。划分网格后如图 6-81 所示。边界条件：内花键套左端端面固定，外花键左端加扭矩 $T_{ca}=K_A T$ N·m（T=21513N·m，取使用系数 K_A=2.5）。方向为顺时针方向（图 6-79 从左往右看）。

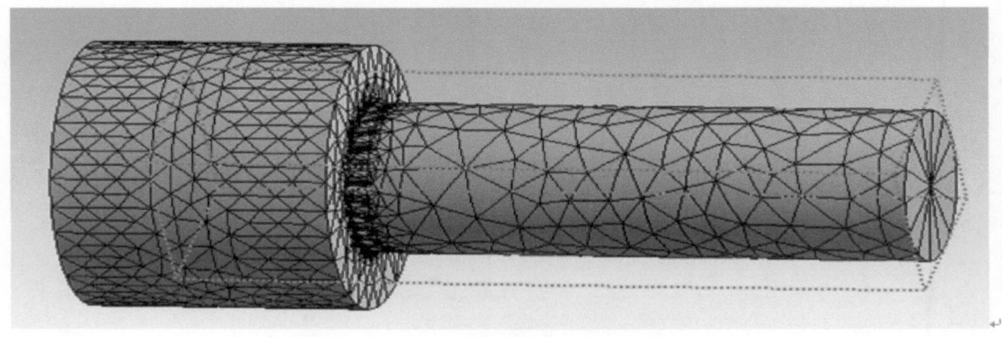

图 6-81 网格划分

图 6-82 是外花键剪应力云图。应力最大点离端面约 110mm 处齿根部，即花键尾部过渡圆弧齿根处，最大剪应力 520.3MPa。花键尾部过渡圆弧为危险截面。

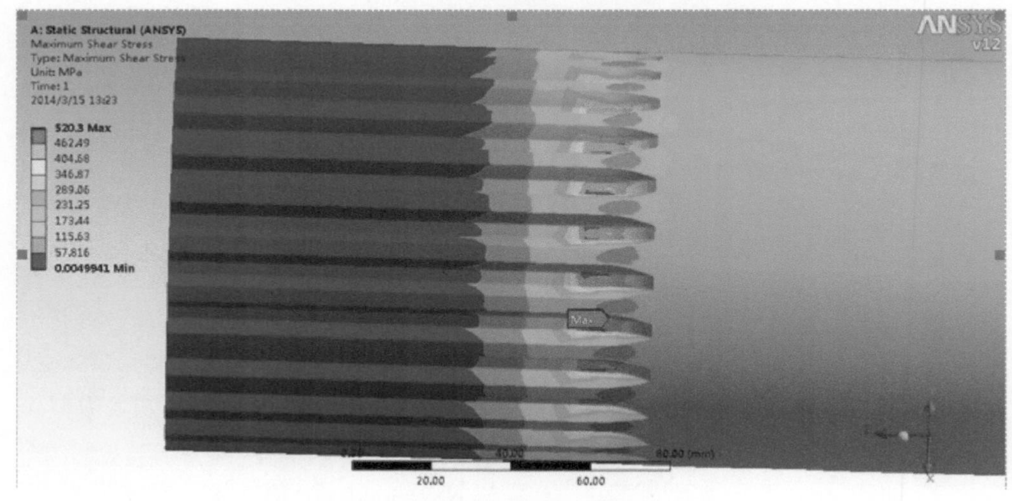

图 6-82 外花键剪应力云图

危险截面齿根的剪应力也不均匀，图 6-83 显示了几个齿根的剪应力值，非工作齿面齿根的剪应力比工作齿面齿根剪应力大。这与图 6-59 所示花键齿根裂纹的宏观形貌（非工作侧径向裂纹粗而深，工作侧径向裂纹细而浅）是吻合的。

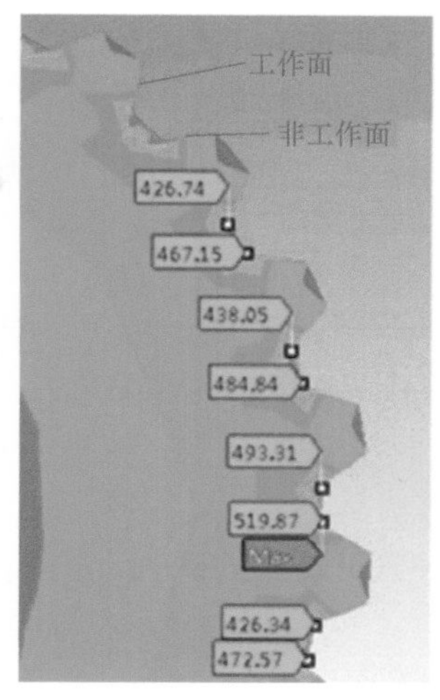

图 6-83　齿根剪应力云图

把最大剪应力 τ 看成脉动循环变应力，根据上述已取剪切疲劳极限 τ_0=382MPa 用有限元计算花键齿根剪切安全系数为

$$S_\tau = \frac{\tau_0}{\tau} = \frac{382}{520.3} = 0.73$$

以上采用 2 种方法计算了花键轴扭转剪切强度，计算结果见表 6-20。

表 6-20 的 2 种方法计算结果表明：花键轴扭转强度安全系数不足；花键齿根圆柱扭转剪切强度不够；花键轴断裂是扭转、剪切强度不足造成的。

表 6-20　花键轴扭转剪切强度安全系数计算结果

计算方法	计算安全系数	许用安全系数	是否安全
GB/T 17855	0.4	1.0	否
有限元 Ansys 软件	0.73	1.0	否

6.4.2.8　分析与讨论

（1）花键轴失效性质分析

由花键轴的断口宏微观观察结果可知：断口附近位置未见明显塑性变形，每个花键齿均可见径向裂纹，其断口源区磨损严重，之后呈扇形面斜向扩展，高倍可见疲劳条带。此外，轴的横截面断口虽然磨损严重，但是在花键的截面断口上，仍然能在各个位置观察到疲劳弧线，高倍亦可见疲劳条带特征。扭转疲劳试验件断裂特征与故障轴断裂形式相近。由以上结果可知，花键轴的断裂模式为扭转疲劳断裂。在扭转交变载荷下，花键底部靠近齿根圆角位置首先出现轴向开裂，裂纹径向扩展，随着受力变化转向倾斜扩展，后期随着应力进一步增大，从径向裂纹处萌生横向花键疲劳裂纹，随着横向裂纹不断扩展，最终发生瞬时断裂。

（2）花键轴失效原因分析

① 轴的断裂模式为：以径向开裂为主要失效模式，之后伴生花键的横向疲劳裂纹，最后瞬间剪切断裂。从径向裂纹的扩展情况来看，每个花键齿根均有裂纹，且裂纹长度基本一致，说明花键轴材质、加工状态一致，轴各部位受到的扭转应力水平一致，在疲劳扩展时，各部位的扩展速率也基本一致。根据强度的计算，发现花键非工作齿面根部圆角处的应力均高于工作齿面圆角处的应力，这也

是非工作齿面根部圆角附近裂纹较长的原因。由此可排除局部损伤或局部应力偏大导致轴疲劳断裂失效的可能性。

② 材质检测表明，轴所用材料为 17CrNiMo6 钢，由于其组织以贝氏体组织为主，故推测热处理为等温淬火，花键位置未进行渗碳或表面淬火处理。此外，该花键轴还存在 Cr、Ni 的富偏析，出现亮色的带状组织（马氏体），硬度偏高。而且，按照 ISO 4967-1998 Steel.Determination of content of nonmetallic inclusions. Micrographic method using standard diagrams 标准评定，存在 2.5 级氧化物夹杂和 2 级硫化物夹杂。偏析和夹杂均对轴的疲劳性能存在不利影响，特别是轴向偏析与缺陷对花键底部轴向裂纹的出现影响更大。按照 DIN 17210（1986-09）Case hardening steels.Technical delivery conditions 标准中针对该材料的热处理制度，需要采用渗碳 + 淬火 + 低温回火的热处理制度，经检查，花键轴未采用该工艺。失效分析过程中进行了淬火 + 低温回火模拟试验，试验后试样硬度均匀且高于原始材料，组织转变为回火马氏体。若表面经渗碳处理后，表面硬度还会得到较大的提升。硬度水平和均匀性提升以及表面渗碳处理等，对轴疲劳抗力的提高都是有利的。

③ 在安全系数为 1.5 的情况下进行模拟疲劳试验，试验件的断裂周次远远低于技术要求中 50000h 对应的极限循环周次，且与花键轴实际的断裂周次处于同一数量级。此外，通过强度计算分析可知，轴的抗扭转疲劳强度不足。

综上所述，减速机故障花键轴疲劳强度不足是导致其过早疲劳断裂的直接原因。

6.4.2.9 结论

经过上述的断口宏观观察和微观观察，以及材料的品质检验和花键轴的强度计算，可得到以下的结论：

① 花键轴的断裂模式为扭转疲劳断裂。

② 花键轴材料的成分与 DIN17210 标准中的 17CrNiMo6 材料相符。

③ 轴表面和花键齿面未见渗碳处理，且存在偏析，夹杂（硫化物夹杂 2 级，氧化铝类夹杂 2.5 级）和硬度不均等现象。

④ 花键轴扭转疲劳强度严重不足，是导致其过早疲劳断裂的直接原因。

6.4.2.10 改进措施

① 重新审查设计数据的合理性，进一步确定花键轴强度不足的原因。

② 采用渗碳淬火工艺，适当提高花键轴的表面硬度，对花键轴疲劳抗力的提高是有利的。

③ 改进花键轴的结构设计，如有可能，加大花键轴的直径。

④ 根据 GB/T 3480.5—2008《齿轮材料的强度和质量》中调质钢的 MQ 级要求控制材料和热处理的质量。其中重要的是控制钢材中的夹杂物数量和级别。

附　　录

Appendix

附录 A 复型法

A.1 前言

一般情况下，失效分析工作都要到事故现场观察机件损伤或失效的情况，进行调查、采样，以备回实验室进行试验分析。但是，对于一些重型机械的机件或生产线上暂时还不能拆去的机件而言，不能将有损伤的机件带回实验室，在这种情况下，观察、研究机件的损伤（例如齿轮的点蚀、胶合、磨损和轴的表面裂纹等）最有效的方法是复型法。复型法虽然简单，但非常有效[65]，对于开展失效分析工作很有帮助。

复型法最大的优点是能满足两个条件：一是不损伤机件的机体，检查后机件仍可继续正常运转；二是检查时不拆卸机件，保持机件原始的安装精度。

A.2 复型法的原理和主要操作步骤

下面以运转过程中记录齿面或齿根损伤的发展过程为例，介绍复型法的原理和主要操作步骤。

用丙酮溶液将自制的醋酸纤维素薄膜（AC 纸）贴附在损伤的齿面或齿轮端面的齿根上，这时丙酮溶液将塑料薄膜溶解成为液体。此液体可渗入到齿面或齿根上肉眼看不见或看得见的每一个微小裂纹或小坑中。待丙酮挥发后，被溶解的液体又成为塑料薄膜，此时已将齿面或齿根上的全部形貌如实地复制在塑料薄膜上，成为复型膜。可用透射显微镜对复型膜观察，既可进行损伤的宏观分析，又可进行微观分析，并可长期保存。为清楚记录某些特征形貌，还可以对复型膜进行显微摄影。

A.2.1 醋酸纤维素薄膜（AC 纸）的制作

从化工商店购置丙酮和醋酸纤维素。将质量比为 7 ∶ 100 的醋酸纤维素与丙酮溶液混合，把瓶口密封后放在阴暗处 7 ～ 8 天，当二者充分溶解后，即形成无色透明的具有黏性的醋酸纤维素溶液。将此溶液分批倾倒在用酒精和丙酮清洗干净的玻璃板上，使溶液均布后，放在干燥箱（或干燥皿）中，待丙酮挥发后即形成无色透明的醋酸纤维素薄膜（AC 纸）。然后（一般可用小刀）将薄膜剥离。薄膜厚度在 40μm 左右较合适。将薄膜放在清洁干燥的纸夹中，待用。图 A-1 为醋酸纤维素薄膜（AC 纸）制作过程示意图。

在制作醋酸纤维素薄膜时，要注意以下两点：

① 尽量缩短醋酸纤维素与外界接触的时间。由于醋酸纤维素溶液的吸湿能力

较强，在制作过程中若与外界接触的时间过长，会因受潮而形成乳白色、脆性的塑料薄膜，这种薄膜无法使用。因此要尽量缩短溶液倒在玻璃板上并使溶液均布的时间。

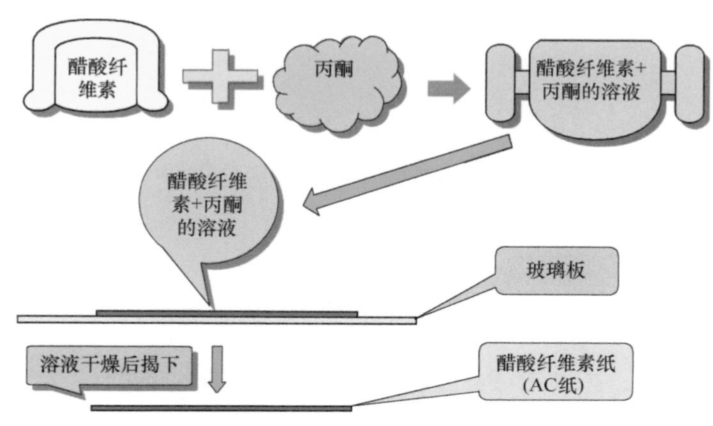

图 A-1 醋酸纤维素薄膜（AC 纸）的制作过程

② 要在适当的环境温度和湿度下制作。塑料薄膜是否能制成，与制作时的温度和湿度有关。制作塑料薄膜的环境温度一般在 0 ～ 25℃，相对湿度在 30% ～ 60% 较合适。如果湿度过高，会因受潮而成为乳白色的薄膜，因此一般雨季不宜制作。制作后放在干燥皿中的时间长短与环境温度有关。一般温度较高时，因丙酮挥发较快，只需 2 ～ 3h 即可制成一张塑料薄膜，而当温度较低时，需 24h 以上才能制成一张塑料薄膜。

A.2.2 复型的方法

复型膜的制作可按下述步骤进行：

（1）复型前的准备

① 复型前要做好以下准备工作：醋酸纤维素薄膜剪成稍大于复型面面积的薄膜片若干张，放入用酒精和丙酮清洗干净的玻璃小皿内，盖好盖，防止灰尘落入；准备若干小纸袋，用来放复型膜；取两个带滴管的小玻璃瓶，分别放入适量的酒精和丙酮；准备好镊子 1 ～ 2 把、载物片若干、透明胶带及玻璃彩笔、若干小块绸缎。

② 复型表面的清洗：在齿轮传动装置停车后，打开箱盖，观察每个轮齿的工作齿面，找出准备复型的齿面，将此齿面分别用酒精和丙酮清洗干净，清洗时可用镊子夹着小块绸缎清洗，用过的绸缎不可重复使用。不能用棉球清洗，以防棉丝挂在齿面损伤处，使复型时产生假象。

（2）复型

用滴管将适量的丙酮滴在清洗干净的齿面上，用镊子夹取玻璃小皿中的塑料薄膜，将它贴附在这个齿面上。此时丙酮很快将贴近齿面一边的塑料薄膜溶解成溶液。由于溶液的颗粒很小，约为50Å（1Å=10^{-10}m），它可以渗透到齿面上每一个微小裂纹和小坑中。待丙酮挥发（需2～9min）后，便形成复型膜。复型膜上已将齿面的全部形貌如实地复制（可以称之为一级薄膜复型）。然后用镊子将复型膜从边上轻轻剥离，暂存在小纸袋内。在纸袋外边标注好轮齿号及运转的应力循环次数等。

等一批复型膜做完后，即可将小纸袋中的复型膜取出，分别将复型膜用透明胶带固定在载物片上。固定时要将有复型的一面朝上放置，然后用玻璃彩笔在载物片上记下在齿面复型的位置、齿轮和轮齿的编号以及运转次数等，准备在偏光显微镜上作进一步观察和分析。

复型时要注意以下几点：

① 切勿用手拿复型膜。为保证复型的真实度，在制作或固定复型膜时要用镊子夹复型膜的边缘，不要用手直接触及复型膜。此外，为消除外界夹杂物给复型膜带来的假象，一般不采用前三次复型膜，应采用三次后的复型膜。

② 丙酮点滴量要适当。复型膜制作的好坏与丙酮点滴量的多少有关。丙酮量过多，会将塑料薄膜全部溶解，复型失败；丙酮量太少，复型膜会出现气泡，使复型失真。一般点滴量以醋酸纤维素薄膜贴附在齿面后，丙酮正好布满醋酸纤维素薄膜与齿面接触处为宜。

③ 复型表面温度不宜过高。制作复型膜时，要复型的表面温度应低于40℃。因温度过高，会使丙酮迅速挥发，形成许多小泡，造成复型失真。当复型的齿面温度过高时，可用循环油或风扇使齿面温度下降后再复型。

(3) 复型膜的观察

复型膜一般可用透射式偏光显微镜进行观察。

在用偏光显微镜对复型膜进行观察前，先将贴在载物片上的复型膜放在偏光显微镜的工作转台上，并用压脚固定好。在显微镜前放一台20W日光灯照明，利用自然光调节偏光镜下面的平面镜将光线均匀射至薄片上，调节聚光镜加强照明，将滤光镜转入光轴，以便将光源中的黄色滤掉。不同型号的偏光显微镜具体操作可能不同，详见偏光显微镜的使用说明书。

为了增加复型膜的观察清晰度，用投影法来增强复型膜的反差。投影法是将复型膜放在真空蒸镀装置中，使装置内部成为高度真空，然后将加热所得的重金属（铬、铂、镍等）的蒸气斜向喷溅到复型膜上，因为蒸发了的金属粒子是直线前进的，除了在复型膜中成为阴影的部分之外，都形成了由金属离子组成的膜。用双筒立体显微镜来观察这样处理的复型膜，没有金属的阴影部分看起来就亮，而有金属的地方因为透射的光少，看起来就暗，从而增加了复型膜的清晰度。

在观察复型膜时，为了更有效地找到所研究的对象，可以先用低倍放大寻找研究对象，然后将研究的对象移至视野中心，再改用较高倍观察。

目前，一些新型的偏光显微镜与计算机相连，观察结果的图像已经采用数字化保存，给图像的处理、编辑带来很大的方便。

A.3 复型法的应用

A.3.1 应用之一

某主传动增速箱内三个相互啮合的大小齿轮经过 8h 空载试运转后，大、中、小三个齿轮的齿面上都出现了很多麻点，并且有温升过高和振动噪声不正常现象。主电机采用变频调速电动机，功率 P=6000kW，转速 n=850 ～ 1570r/min，额定转速 n_e=1130r/min。详见第 4 章实例 2。

失效分析工作的主要任务是通过观察齿面麻点的形貌，确定麻点的性质和产生麻点的原因。观察齿面麻点形貌的复型工作示意图如图 A-2 所示。

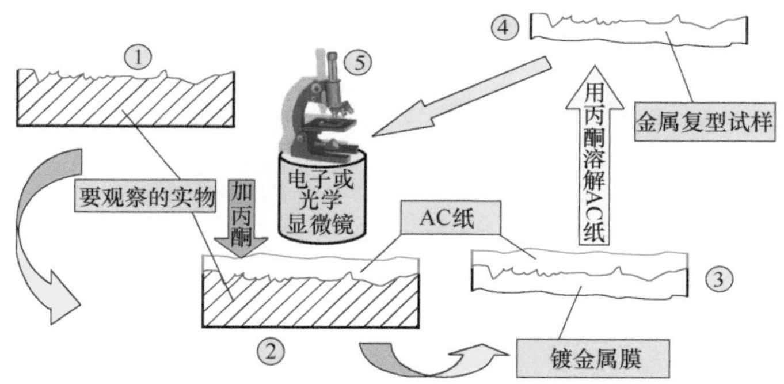

图 A-2 观察齿面麻点形貌的复型工作示意图

① 要观察的实物为齿面的麻点。现场拍摄的齿面麻点照片如图 A-3 所示。从照片中可以看到齿面上有不少麻点，但是看不到麻点的细节，因此无法对麻点的成因做出判断。

图 A-3 现场拍摄的齿面麻点照片

② 决定采用复型法来观察麻点的细节：在齿面上加丙酮，覆盖 AC 纸（醋酸纤维素薄膜），制作 AC 纸复型（一级复型）。

③ 回到实验室，在专用的真空喷镀设备中，将铬或金溅射到具有齿面损伤信息的复型——AC 纸上，形成 AC 纸和金属膜双层结构的薄膜。

④ 用丙酮溶解双层结构薄膜中的 AC 纸层（醋酸纤维素），留下一层形貌与实物形貌几乎完全相同的金属复型试样（二级复型）。

⑤ 此二级复型试样具有发射二次电子能力，因此可在扫描电镜上观察。同时，由于复膜喷镀后具有反光的能力，因此也可在光学显微镜上观察。

图 A-4 是齿面麻点复型在偏光显微镜上观察到的图像；图 A-5 是齿面麻点复型在电子显微镜上观察到的图像。这些图像的细节就成为做出齿面遭受电蚀损伤的依据。详见第 4 章实例 2。

图 A-4　齿面麻点复型在偏光显微镜上观察到的图像

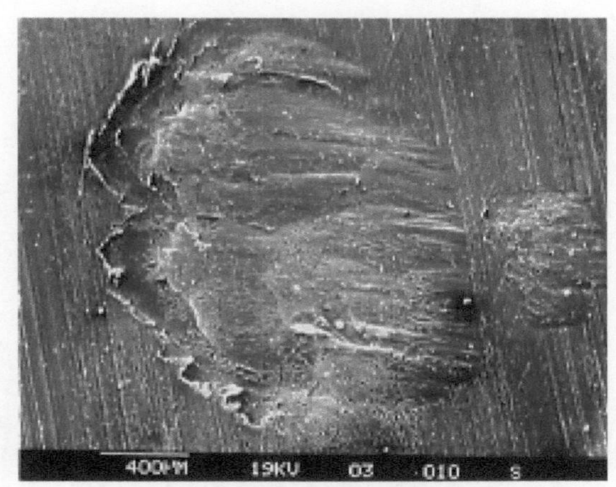

图 A-5　齿面麻点复型在电子显微镜上观察到的图像

以上介绍的复型法仅仅是实际应用的一个例子，实际上同样的方法可以用来观察、研究齿面的点蚀、胶合、磨损以及齿根的裂纹、轴上的裂纹等。

从以上介绍可知，复型法具有如下优点：复型时无须拆卸齿轮，不会损坏齿轮本体，复型后仍可继续运转；复型真实度高，复型时间短，操作方法简单，易推广使用。但使用中也有一定的局限性，如只能做表面的复型，在温度较高时不能用复型法，还须将表面冷却等。

更详细的有关断口形貌学的复型技术可参看有关文献[66]205-209。

A.3.2 应用之二

在失效分析工作中，从现场获得的失效件断口已经被污染是常有的事，因此，在断口宏观和微观观察前要清洗断口。清洗断口的方法有多种，例如用汽油、石油醚、苯、丙酮等来清洗；用超声波清除断口表面沉淀物；使用化学或电化学方法清洗等。而醋酸纤维素膜复型剥离也是一种清除断口上灰尘、污染物和疏松的氧化腐蚀产物的有效方法，尤其是断口表面已经受到腐蚀的情况。

将一条厚约 1mm、尺寸合适的醋酸纤维素薄片放在丙酮中泡软，然后拿起来放在断口表面上，再在其上覆盖一块未软化的醋酸纤维素薄片，然后用虎钳或适当的夹子将复型牢牢地压在断口表面上。干燥的时间取决于复型材料的软化程度，也受断口表面结构的影响。干燥的时间建议不少于 1h，而且如果时间允许的话，干燥一个晚上也是合乎需要的。使用小刀或小镊子把干复型从断口上揭下，就可见断口干净了很多。如果断口污染比较严重，可将复型操作重复进行多次，直到获得一个洁净无污染的断口为止。这种方法的另一个优点就是能将从断口上除去的碎屑保存下来，供以后鉴定碎屑使用。

附录 B 风力发电机组主轴断裂宏观断口分析

B.1 前言

某风力发电机（下称风力机）制造厂的风力机主轴发生断裂事故。笔者应邀去现场观察了失效的风力机主轴，拍摄了断口的照片，并做了一些调查。此后，仔细观察了风力机主轴的断口照片，并查阅了一些资料，特撰写成本部分内容，供有关单位参考。

B.2 风力机主轴断裂概况

① 该主轴部件吊装、运行 2 个月后发生断裂。

② 在运行期间，机组运行过程中报振动故障，刹车盘损伤变形，进行了更换。

③ 该主轴缺陷部位采用激光熔覆工艺修复，修复后经几何精度检验、表面探伤检验后符合技术要求。所使用轴承均为 SKF 新轴承。组装后进行旋转试验，精度符合技术要求，无异常卡滞、异响、窜动现象。

④ 机组运行数据显示，断裂前曾发生超速，安全链启动，紧急停机。

⑤ 该主轴维修前已经过十余年的负载运行。

⑥ 主轴轴系的结构和断裂部位见图 B-1，其断裂处外貌见图 B-2、图 B-3。在图 B-3 中标注出了主轴激光熔覆的部位。

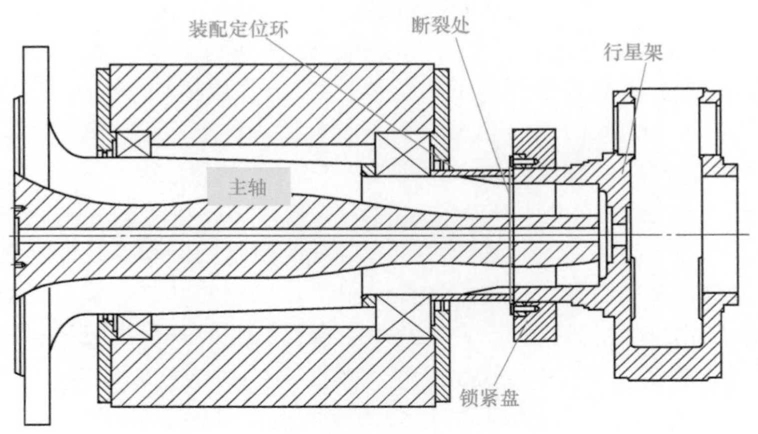

图 B-1　主轴轴系结构和断裂部位

图 B-2　断裂处外貌

图 B-3　主轴前段断裂处外貌

B.3 断口宏观观察

主轴前段断口见图 B-4 和图 B-5。

在图 B-5 中，可以看到以下疲劳断裂特征：

图 B-4　主轴前段断口

① 疲劳源区在轴的圆周上。在这个区域微观表面比较平坦、光滑（图 B-6 ～图 B-8），但存在许多高低不平的小台阶（棘轮标记[50] 301），这是因为轴的圆周表面上多源疲劳（最初疲劳裂纹出现的时间不同、位置不同，裂纹的扩展速度不同）形成的，裂纹的示意图见图 B-9。图 B-10 是轴表面多源疲劳裂纹扩展模型示意图，其疲劳台阶、裂纹扩展方向等同图 B-5 的断口极为相似。这种疲劳断口的形貌主要出现在大型轴（如风力机主轴）上，在尺寸不大的轴上很少见到。

② 疲劳扩展区可以分成两部分：一是疲劳裂纹慢速扩展区，该区贝纹线非常明显，表面比较平坦；二是疲劳裂纹快速扩展区，该区表面粗糙，已经看不到贝纹线（图 B-8）。

③ 轴最后断裂的瞬断区。该区偏离中间孔，断口呈现复杂的山地形貌（图 B-11），是典型的瞬断断口形貌。

④ 从主轴断口的形貌对比来判断，主轴属于旋转弯曲应力疲劳断裂。对比图见表 B-1，从表中断口图（红色框圈定）可见，这是一种低名义应力、严重应力集中的断裂模式。

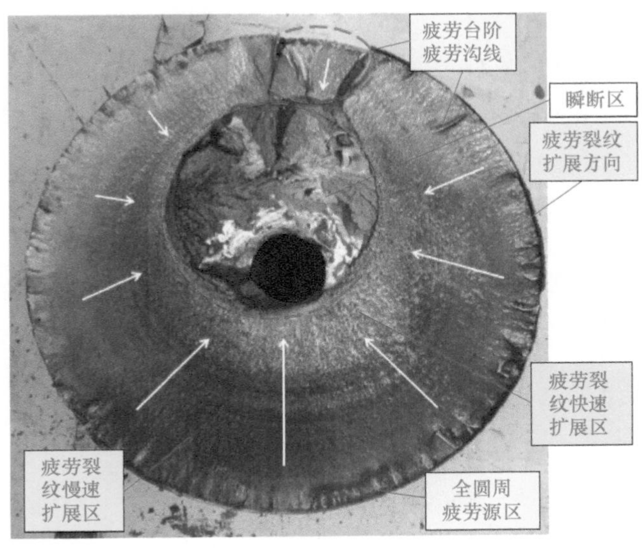

图 B-5　断口形貌

表 B-1　不同名义应力、应力集中、载荷类型的断口特征[4]111

名义应力		高			低		
应力集中		无	中等	严重	无	中等	严重
载荷类型	双向弯曲						
	旋转弯曲						

⑤ 断口上有一个不在同一断口平面上的疲劳缺口（图 B-5），其形貌放大见图 B-12。这是轴表面的疲劳裂纹位置不在主断口平面上造成的，示意图见图 B-13。

⑥ 图 B-6、图 B-7 和图 B-12 中还可以明显看到激光熔覆层。

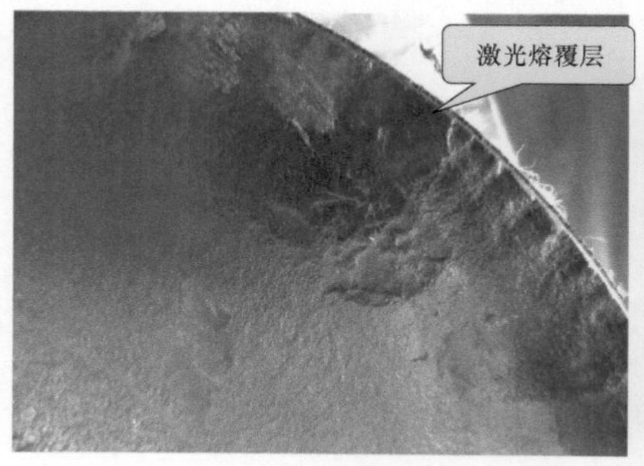

图 B-6　疲劳源区形貌

图 B-7　疲劳源区和疲劳裂纹慢速扩展区形貌

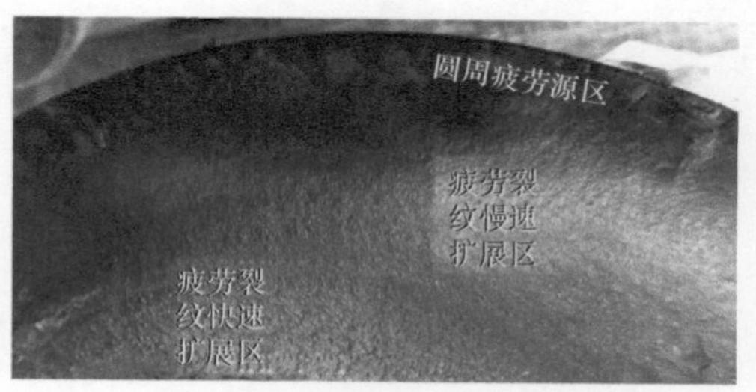

图 B-8　疲劳源区和疲劳裂纹慢速、快扩展区形貌

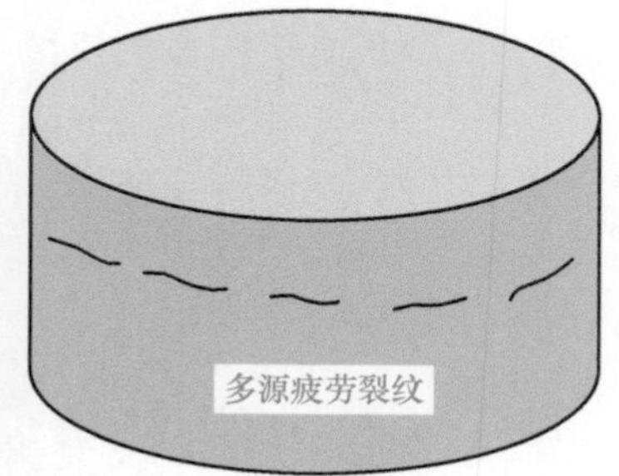

图 B-9　轴表面裂纹示意图

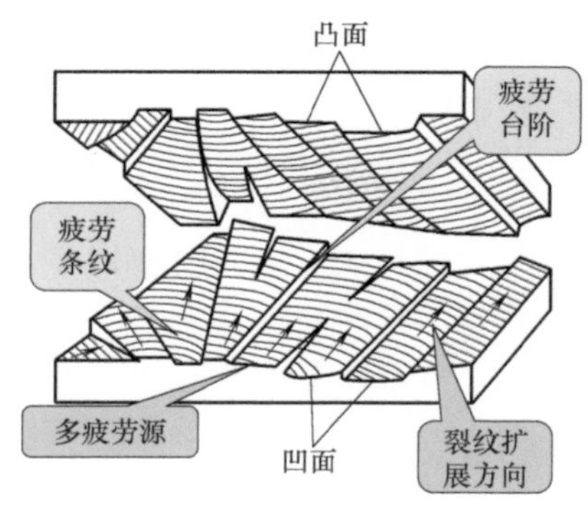

图 B-10 轴表面多源疲劳裂纹扩展模型示意图[67]

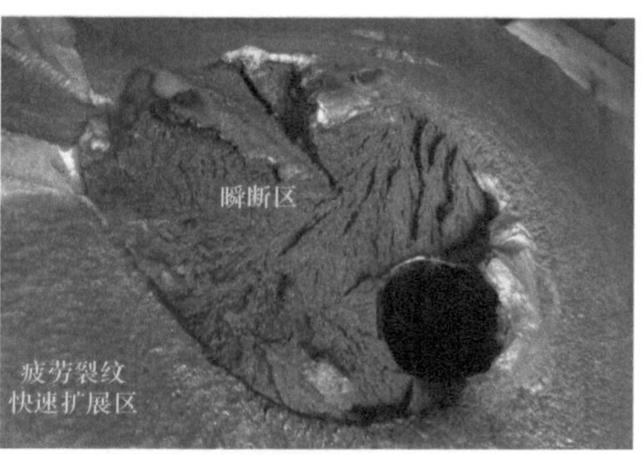

图 B-11 瞬断区的山地形貌

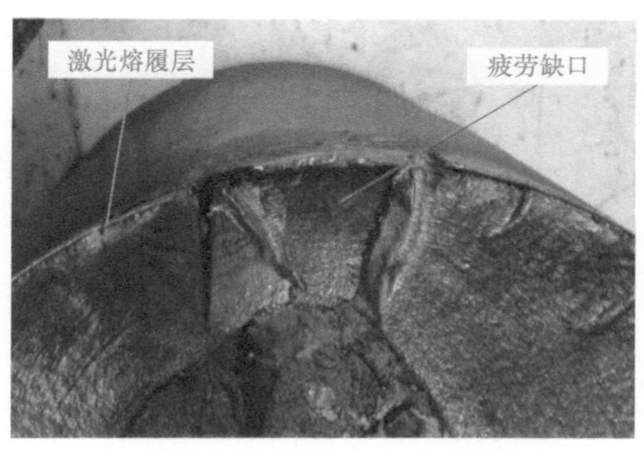

图 B-12 不在同一断口平面上的疲劳台阶

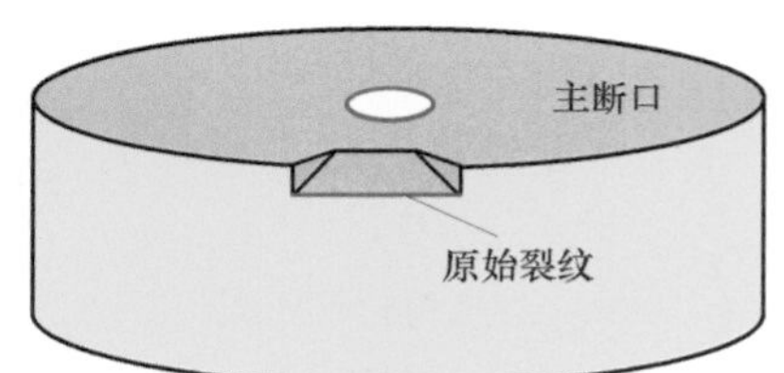

图 B-13 不在同一断口平面上的疲劳台阶示意图

B.4 分析

① 根据“该主轴维修前已经过十余年的负载运行”的事实，基本上可以排除材料、热处理缺陷造成主轴断裂的可能性。

② 根据“机组运行数据显示，断裂前曾发生超速，安全链启动，紧急停机”的事实，不能排除过载造成主轴断裂的可能性。

③ 运行期间，刹车盘损伤变形，进行了更换。但故障如何伤及主轴，而需要采用激光熔覆进行修理，目前没有第一手的资料可供研究分析。如果激光熔覆前主轴受到了较大的损伤，就不能排除此损伤可能是主轴断裂的原因之一。这很重要，需要厂方做进一步的了解。

④ 主轴断裂的部位如图 B-1 所示，其断裂部位正好在胀套连接的端部。胀套连接是一种过盈连接，其端部有很大的应力集中，如图 B-14 所示。图 B-14（a）为应力集中示意图；当过盈连接的结构尺寸确定［图 B-14（b）］，过盈量 δ=50μm

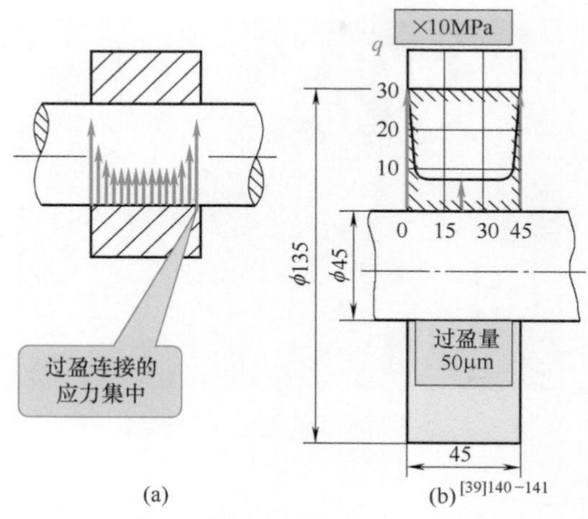

图 B-14　过盈连接其端部有很大的应力集中

时，其应力集中应力值如图B-14(b)所示，可见连接端部的应力集中是很大的。主轴在胀套连接端部断裂并不罕见，类似的失效案例已处理过多起。从主轴断口的形貌对比来判断（表 B-1），主轴属于低名义应力、严重应力集中的旋转弯曲应力疲劳断裂。此处的严重应力集中就是胀套连接造成的。

⑤ 采用大功率激光熔覆修复技术，可在轴类零件表面失效的部分熔覆一层铁基合金材料，使熔覆合金层的零件表面有良好的力学性能，将报废的零件再次使用。但是激光熔覆修复技术目前并不是很成熟的工艺，有些问题至今未能解决，例如（部分内容摘自网络）：

a. 激光熔覆层的冶金质量问题。由于熔覆层合金与基材材料的熔点差异过大，因此很难形成良好的结合。

b. 气孔问题。在激光熔覆层中气孔也是一种非常有害的缺陷，极易成为熔覆层中的裂纹源。它产生的主要原因是涂层粉末在激光熔覆以前受氧化、受潮或有的元素在高温下发生氧化反应，在熔覆过程中就会产生气体，气体不能及时排除，就会出现气孔。

c. 激光熔覆中成分及组织不均匀问题。在激光熔覆时，其加热速度和冷却速度极快，元素来不及均匀化热扩散，从而导致成分不均匀，即所谓成分偏析的出现。同时也就引起了组织的不均匀以及对熔覆层性能的损害。目前这种成分偏析在激光熔覆中尚无法解决。

d. 开裂及裂纹问题。激光熔覆中存在的最棘手的问题是熔覆层的裂纹与开裂。激光熔覆裂纹产生的主要原因是激光熔覆材料和基材材料在物理性能上存在差异，加上高能密度激光束的快速加热和急冷作用，使熔覆层中产生极大的热应力（拉应力），从而引发裂纹。

e. 在激光熔覆过程中，可能存在工艺不规范、工艺稳定性差等问题。

理论分析和试验结果表明，熔覆层的双向残余应力均为拉应力，热影响区的残余应力为压应力。因此，在胀套的过盈连接条件下，裂纹可能出现在轴熔覆层的次表面，胀套连接中的轴表面有很大的压应力。

根据以上断口宏观观察和分析，可以认为激光熔覆引发主轴断裂的可能性很大，但要做很多细致的检验工作，才能得到最后的结论。

B.5 后续工作的建议

基于以上分析，提出以下几点后续工作的建议：

① 采用无损探伤的方法检查轴的非断裂表面是否有宏观裂纹、气孔等缺陷。

② 切取试样，在 X 光衍射仪上测试熔覆层表面的残余应力。

③ 切取试样，在电子显微镜下检查熔覆层是否有微观气孔、裂纹等缺陷。

④ 切取试样，采用金相检测的方法检查激光熔覆层的冶金质量及组织不均程度。

⑤ 进一步调查激光熔覆前主轴受到了什么损伤、损伤的程度和采用激光熔覆的原因。

附录 C 讨论——关于裂纹动力学和瓦纳线

C.1 曲轴断口的非正常现象

在第 3 章实例 9 曲轴（材质为 42CrMo 钢，经锻造、调质和渗氮处理）断裂失效分析中，曲轴断裂的断口如图 C-1 所示。从图中可以看到疲劳源区、疲劳裂纹扩展区、贝纹线（疲劳弧线）和瞬断区。上述断口分析中认为“断口属于多源疲劳断口，贝纹线 1 是疲劳源 1 的疲劳裂纹扩展抑制线；贝纹线 2 是疲劳源 2 的疲劳裂纹扩展抑制线。”但是，对疲劳源 2 及其贝纹线 2 的认定可能是不确切的。

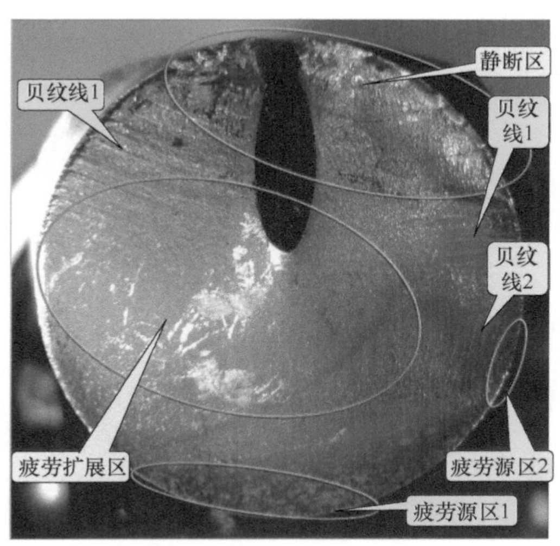

图 C-1 曲轴断裂断口形貌

如果将疲劳源 2 及其贝纹线 2 的区域放大（图 C-2）就可以看到以下特点：

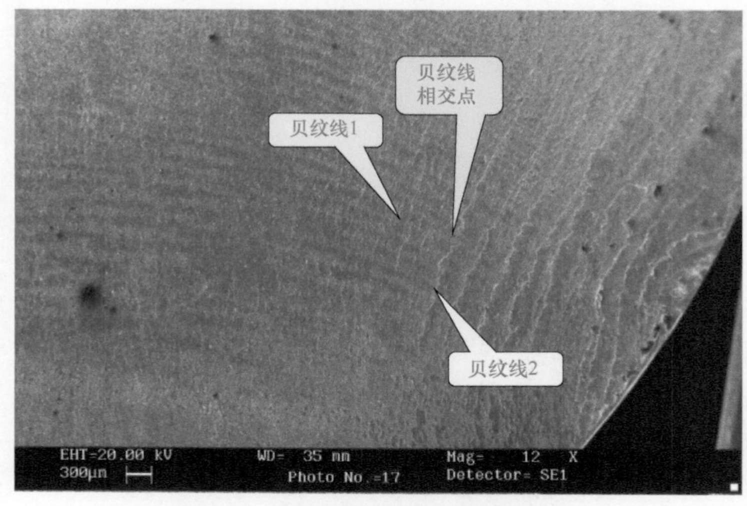

图 C-2 曲轴断口贝纹线交叉现象

① 疲劳源 2 的贝纹线 2 同疲劳源 1 的贝纹线 1 比较有很大不同，后者形貌正常，前者有类似“后浪推前浪”扩展的贝纹线，并且贝纹线的间距要比后者大得多，为后者的 2 ～ 3 倍。

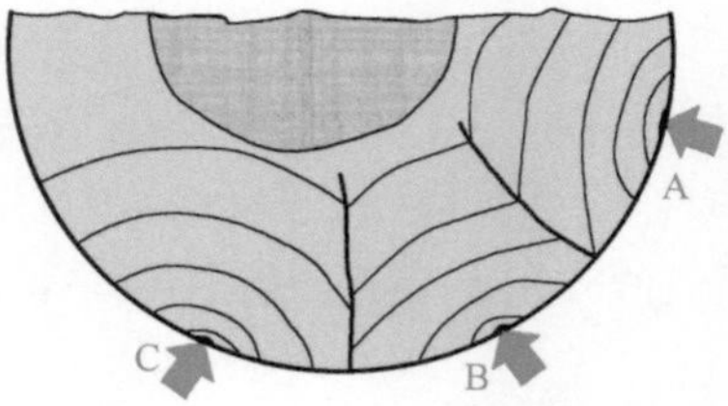

图 C-3 3 个疲劳源分别产生的贝纹线

② 图 C-2 中可以看到贝纹线 1 与贝纹线 2 有相交的现象，这在一般的断口中是不可能出现的，因为根据裂纹扩展 T 字形原则，裂纹是不可能相交的。例如图 C-3 所示的断口上有 3 个疲劳源 A、B、C，3 个疲劳源分别产生的贝纹线是不相交的。

因此，出现这种不正常的断口形貌一定有其他的原因。今引用裂纹动力学和瓦纳线方面的理论来诠释贝纹线相交的异常现象。

C.2 裂纹动力学简介

大量研究结果表明，所有的断裂表面都是运动的裂纹造成的。大部分裂纹运动都是高速扩展，即便宏观尺度上扩展缓慢的裂纹，其局部的微裂纹扩展过程也会涉及高速扩展，尤其在脆性材料中更是如此。对于“损伤力学”条件下形成的裂纹，主裂纹由大量小裂纹彼此连通而形成。裂纹扩展速度取决于测试条件和材料性质。前者包括试样的几何外形、加载条件、温度和测试环境等；材料性质包括强度和模量以及决定形变和断裂机理的微观结构特征等[66] 262。

在力学的研究中，一般可以将固体看成一种连续体。一个运动中的裂纹会在固体中产生应力波，在裂纹所在的表面上传播，从而消减能量。这导致驱动裂纹扩展的局部和整体的应力场发生变化。两种主要的应力波是：

① 纵向（扩张或外延）波，在这种波中，粒子的运动平行于波的传播方向，波前缘的速度为 C_d（纵向）；

② 横向（剪切或扭曲）波，在这种波中，粒子的运动垂直于波的前缘，波前缘的速度为 C_s（横向）。

C_d 和 C_s 取决于材料的弹性模量以及固体的密度，可进行计算[66] 264。

弹性波会一直传播到固体的边缘并被反射回来。当弹性波遇到固体材料中的异质物时，例如第二相粒子或者微裂纹、缺陷等，波也会发生反射。因此，当裂纹在外加载荷的影响下扩展时，裂纹会穿过由反射波产生的复杂区域，这可能会引起断裂路径和裂纹速度的明显变化，并由此影响断口表面的形貌。

用声发射技术可以探测由裂纹的扩展产生的应力波。可以将一个敏感的压电传感器安装在测试试样上，以探测在裂纹形核的早期阶段及之后的扩展过程中产生的声音信号。声发射技术可以对断裂过程进行敏感、无损的监视[66] 264。

由裂纹移动和外力所产生的应力波会导致运动裂纹尖端处的应力场发生变化，从而引起断裂路径的波动。这样就会在断口表面上形成波浪形条纹以及出现瓦纳线这样的特征花样。瓦纳线的形状取决于弹性波相对裂纹扩展的速度，利用瓦纳线可以确定裂纹扩展的速度[66] 266-273。

C.3 瓦纳线

瓦纳线（Wallner Line）是根据第一位描述玻璃材料的这种断裂的作者名字命名的。图 C-4 可以说明瓦纳线的形成和特点。图中的一组线条代表了裂纹前缘在相等时间间隔 t_1、t_2、…的连续位置。假设裂纹在 N 点形核，并在裂纹平面内以恒定速度向各个方向扩展，形成一组以裂纹的形核点为圆心的圆弧。在某一点 S，裂纹遇到了不连续面，产生了一个横向的应力波。这个不连续面可能是试样的边缘、第二相粒子或其他界面，或者是与裂纹尖端高应力状态相关的二次裂纹或微形变发生的地点。产生于点 S 的横向波向外扩张。第二组线代表了裂纹前缘在相同时间间隔 t_1、t_2、…的连续位置。对于一个弹性的各向同性的固体，其中传播的波的速度在所有方向上都是相等的，因此在材料上就会形成第二组以 S 为圆心的同心圆弧。图中用从 S-P-T 的一条弧线来代表裂纹前缘和横向波在 t_1、t_2、…时刻的交汇点，这条线就是瓦纳线。一系列横向波会产生一组瓦纳线[66] 266。瓦纳线的形状取决于裂纹相对于横向应力波的速度。

图 C-5 是文献作者在研究渗碳体断口形貌中给出的一帧瓦纳线图[68]。其形成的说明与上述论述相似。N 是断裂源；S 是冲击波波源。

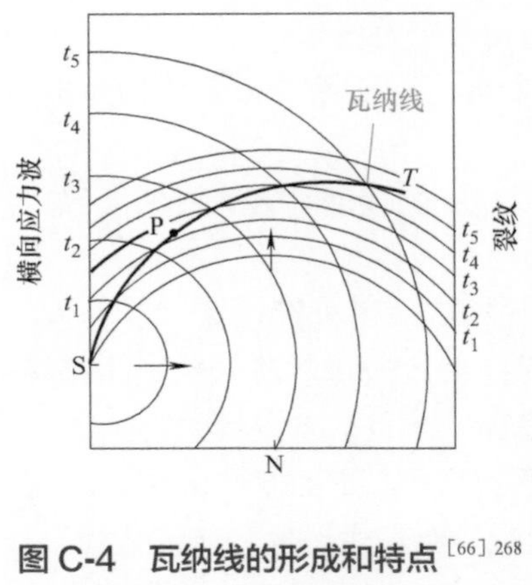

图 C-4 瓦纳线的形成和特点[66] 268

图 C-5 瓦纳线的形状[68]

C.4 曲轴断口的瓦纳线

如果将上述理论应用于曲轴断口，就可以释解为什么会出现两条贝纹线相交的现象。图 C-6 是曲轴断口图 C-1 的放大，图中用红、黄两条短线显示两条相交的贝纹线。黄线代表断裂源 N 产生的贝纹线；红线代表应力冲击波波源 S 产生的贝纹线。图 C-6 同图 C-5 十分相像。

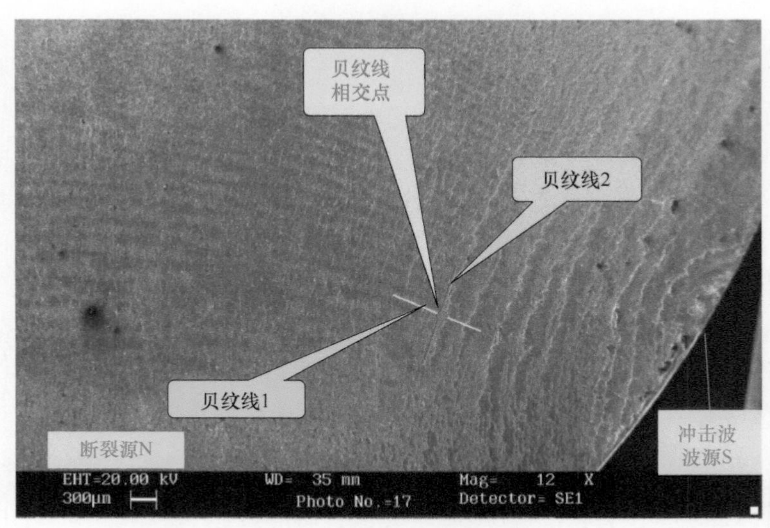

图 C-6 曲轴断口局部形貌

利用上述有关裂纹动力学和瓦纳线的理论，就很容易画出曲轴断口的瓦纳线，如图 C-7 所示。图中 1、2、3、…，表示裂纹源 N 产生的一组贝纹线；图中应力冲击波波源产生的贝纹线也用 1、2、3、…表示。将两组贝纹线的相交点 a、b、c、d、e、f 连接就构成了一条瓦纳线（图 C-7）。

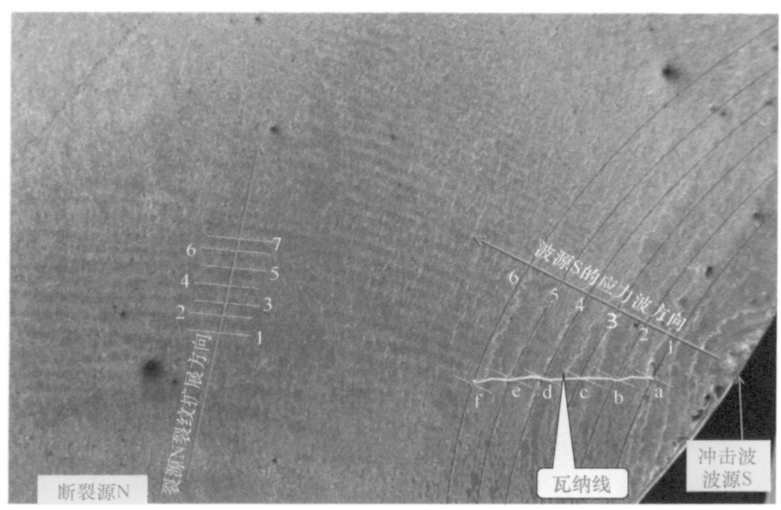

图 C-7　曲轴断口的瓦纳线

在不同的位置可以画出多条不同的瓦纳线，如图 C-8 所示。

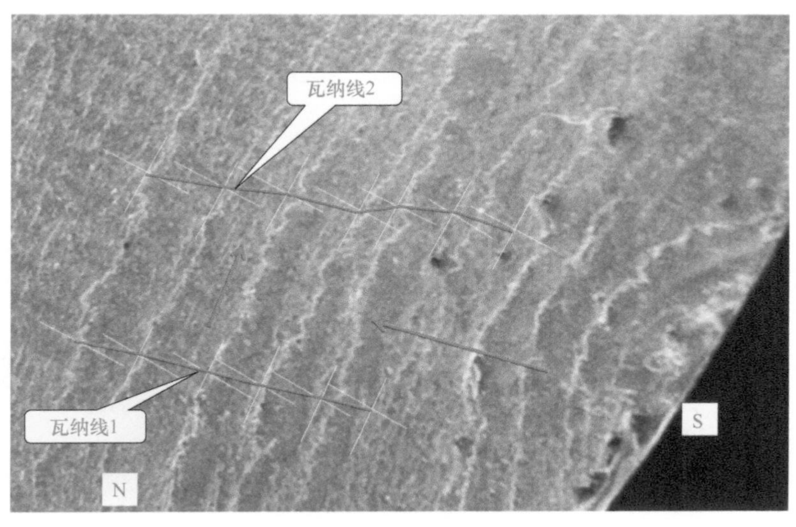

图 C-8　多条不同的瓦纳线

值得注意的是：目前检索到有关瓦纳线的论文和资料显示，瓦纳线都只在脆性材料的断口上观察到，例如，文献［66］说明“瓦纳线是在脆性材料的断裂表面上观察到的微妙的轨迹。”还指出“无机玻璃、环氧树脂、晶体钨和冻结橡胶的断口表面[66] 266 上也可以出现瓦纳线。”文献［68］论述的都是脆性材料断口中出现的瓦纳线。文献［50］196 指出“极脆的金属解理断裂时，会出现一种所谓瓦纳线的解理特征。”

除了上述文献外，还有其他涉及瓦纳线的文献［69 ～ 79］也指出只有在金属或非金属脆性材料的断口中才能观察到瓦纳线。但是，本实例有点特殊：在材质为 42CrMo 钢，经锻造、调质和渗氮处理后的曲轴断口上也能出现瓦纳线。在非脆性的调质钢的断口上出现裂纹交叉和瓦纳线，这还是首次观察到[80]。

C.5 小结

① 在第 3 章实例 9 曲轴断裂失效分析中，将贝纹线 2 认为是疲劳源 2 的疲劳裂纹扩展抑制线是不确切的，贝纹线 2 应该是应力冲击波留下的痕迹。

②从曲轴断口中可以看到贝纹线 1 与贝纹线 2 有相交的现象，这在一般的断口中是不可能出现的。由疲劳源处产生的裂纹，在扩展时会在材料中产生应力波，在裂纹所在的表面上传播。当裂纹遇到了不连续面，就会产生了一个横向的应力波，从而形成第二组以波源为圆心的同心圆弧。这才有可能出现贝纹线相交的现象。

③贝纹线 1 与贝纹线 2 两个弧线相交就可以用瓦纳线的理论来加以诠释。瓦纳线的形状取决于裂纹相对于横向应力波的速度。利用瓦纳线可以确定裂纹扩展的速度。

④ 瓦纳线理论的学术价值重于实用价值，在曲轴断裂的失效分析中，不考虑两个弧线相交的瓦纳线问题得出的结论，实用上是可以接受的。

⑤ 首次发现瓦纳线不仅能在金属与非金属脆性材料的断口上出现，而在非脆性的调质钢断口上也可能出现。

关于瓦纳线的研究目前并不是十分充分，专门论述瓦纳线的文献不多。文献［80］指出“关于瓦纳线的形成原因，人们认为是裂纹快速扩展时，裂纹尖端与弹性波相互干涉的结果，但其起源尚未明确证实。”因此，在瓦纳线的认知领域，尚有未知的空间可供研究。本实例的论述仅是对在调质钢的断口上出现裂纹交叉和瓦纳线的初步探索，供有关学者和有兴趣者讨论、研究和指正。

附录 D　轴上键槽开裂有限元分析[1]

在本书第 3 章 3.2.5.6 节“高速轴产生微动失效的原因”中，讨论了结构设计不合理是轴失效的重要原因：① 键的结构设计不合理——采用无圆角的方头键结构，键槽相应的接触面处就会产生很大的应力集中；②轴的结构设计不合理——轴上的挡圈槽会引起很大的应力集中。下面采用 Ansys 有限元仿真分析软件，计算几种不同结构情况下，应力分布和应力大小的。

该轴为三级平行轴减速机的高速轴，其轴系如图 D-1 所示。其输入端通过联轴器与电动机连接，电动机功率 P=2986kW，转速 n=1413r/min。经计算，高速轴上齿轮与轴键连接的转矩 T=19 kN • m。

轴和键的尺寸参数见图 3-135 、图 3-136。

图 D-1　减速机高速轴系形貌

有限元仿真使用 Ansys 中的 Structural Static, 齿轮轴采用 Solid186 单元类型，网格采用预设尺寸参数，键槽所在的面使用一级精细度。齿轮轴一共有 109119 个单元和 158598 个节点。齿轮轴左端与轴承外表面采用固定约束，30kN 作用力施加在齿轮的外表面，方向为齿轮的节圆切线方向 , 如图 D-2 所示。

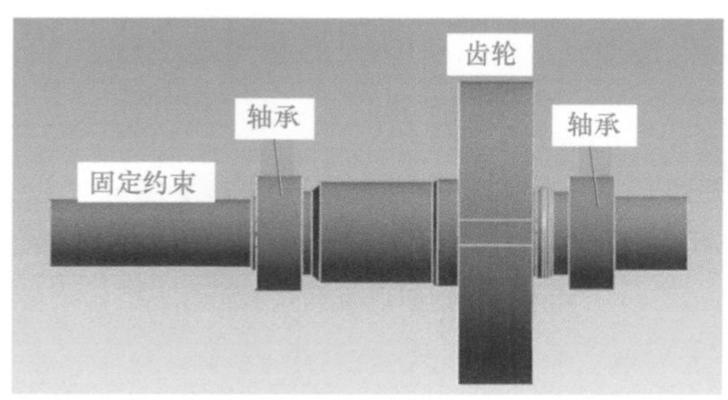

图 D-2　有限元模型

[1] 有限元分析由夏福坤提供。

有限元网格划分如图 D-3 所示。通过有限元计算和分析，其结果如下。

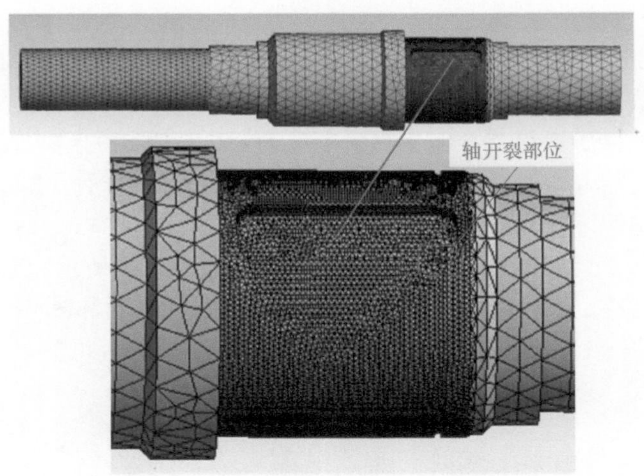

图 D-3 有限元模型和网格划分

图 D-4（a）显示轴的横截面上的应力分布；图 D-4（b）为轴横截面上裂纹实际形貌。比较图 D-4（a）和图 D-4（b）可见，键槽底部的应力分布与实际裂纹扩展基本一致。

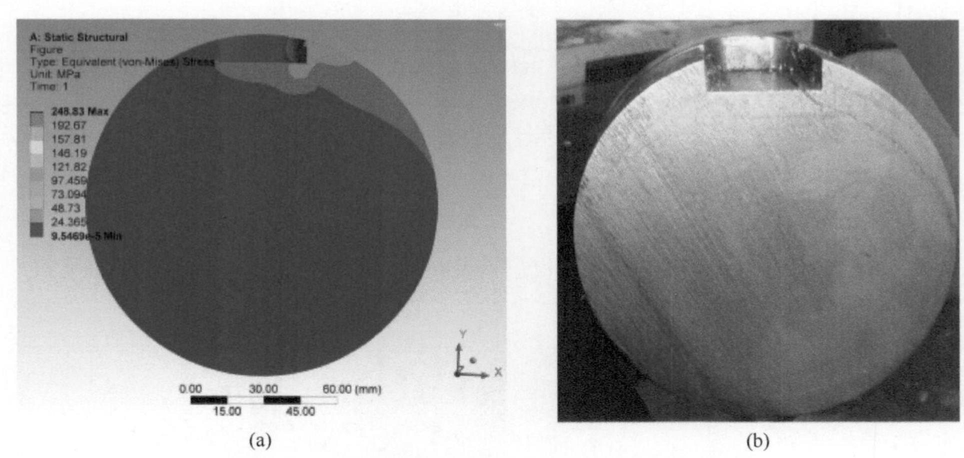

(a)　　(b)

图 D-4 轴横截面上的应力分布和实际裂纹形貌

图 D-5（a）显示轴的键槽底部的应力分布；图 D-5（b）为轴键槽上裂纹实际形貌。比较图 D-5（a）和图 D-5（b）可见，键槽底部的应力分布与实际裂纹扩展基本一致。

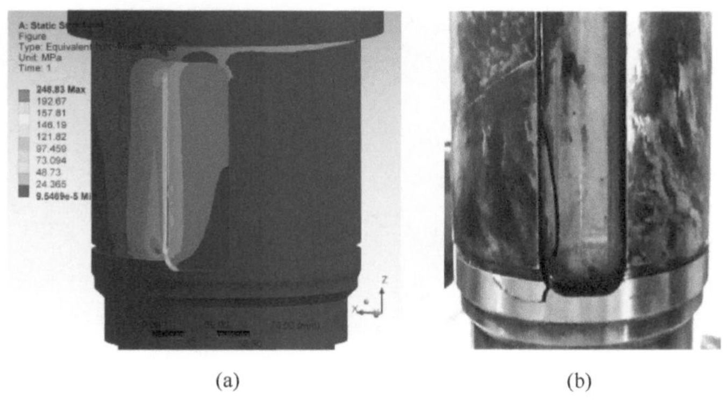

(a) (b)

图 D-5 键槽底部的应力分布和实际裂纹形貌

有限元分析结果还表明，应力集中在键槽底部，且挡圈槽内应力最大，裂纹就是从这里萌生和扩展开的。

原不合理设计（图 D-6）有两种改进方案：其一是取消挡圈槽（图 D-7）；其二是将键的方头端部改为大圆角端部（图 D-8）。以下是 3 种不同结构的轴，高应力部位有限元计算的结果：

① 轴的原设计结构。在没有任何设计变化的情况下，有限元计算结果如图 D-6 所示。键槽底部的最大应力为 248MPa，最大应力靠近键的右端。

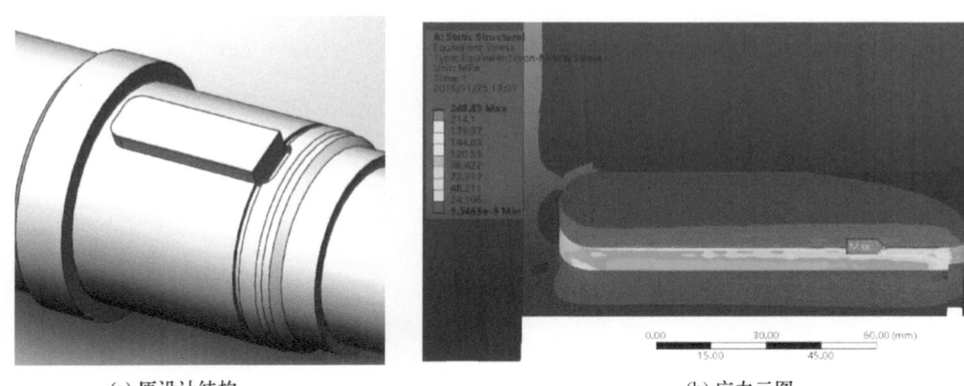

(a) 原设计结构　　(b) 应力云图

图 D-6 原轴的结构设计键槽底部应力云图

② 取消轴上挡圈槽的改进结构。有限元计算结果如图 D-7 所示。键槽底部上的最大应力从上述 248MPa 降低到 233MPa，降幅很大。

③ 将键的方头端部改为大圆角端部。有限元计算结果如图 D-8 所示。键槽底部的最大应力从上述 248MPa 降低到 223MPa，降幅也很大。最大应力位置移动到键槽的另一端边缘。

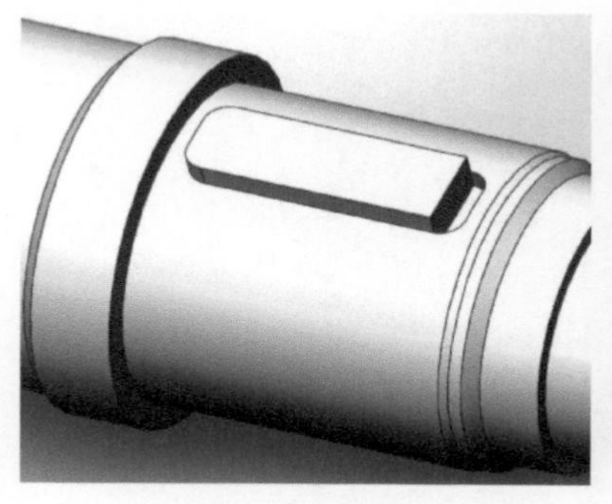

(a) 取消挡圈槽的结构

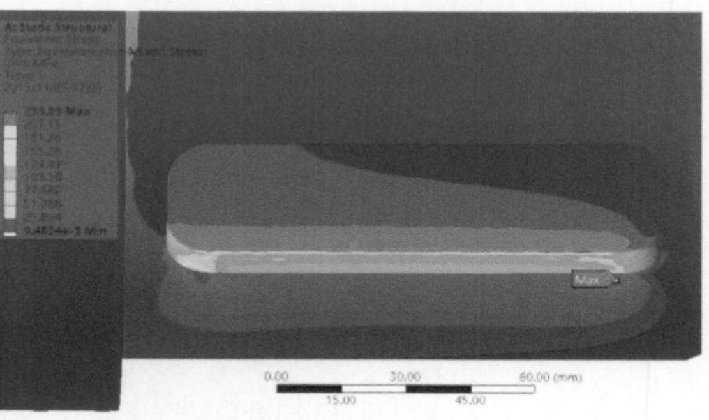

(b) 应力云图

图 D-7　取消轴上挡圈槽后键槽底部的应力云图

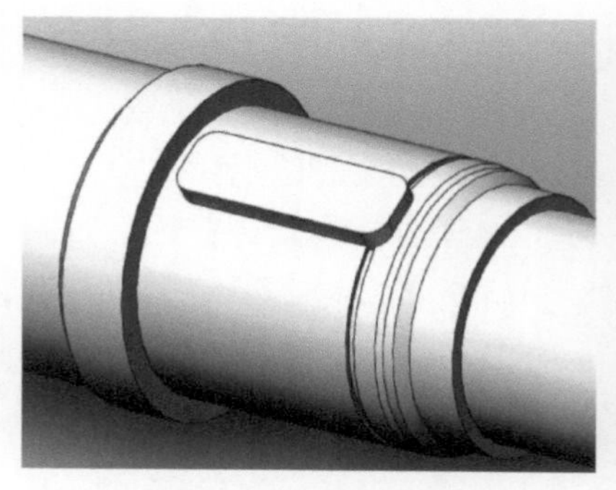

(a) 键改为大圆角端部的结构

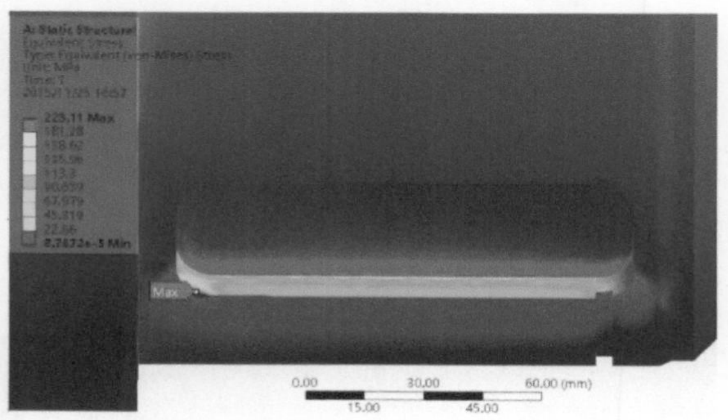

(b) 应力云图

图 D-8　改变键的头部结构后键槽底部的应力云图

结论：从上述 3 种轴、键的不同结构有限元应力分析可知，取消轴上挡圈环槽和改变键的形状可以降低轴的应力集中。因此，这两种结构设计的改进都有助于防止裂纹的产生和扩展，是提高轴强度的有效措施。

参 考 文 献
Reference

［1］ 美国金属学会．金属手册：卷 10 第 8 版：失效分析与预防［M］．王仁智，等译．北京：机械工业出版社，1986：3，34-35，37．

［2］ 柯林斯 J A．机械设计中的材料失效——分析、预测、预防［M］．谈嘉祯，关焯，廉以智，译．北京：机械工业出版社，1987．6-8．

［3］ 刘明治，钟明勋．失效分析的思路与诊断［M］．北京：机械工业出版社，1993：58-71，89-90，160-161．

［4］ AMERICAN SOCIETY FOR METALS．Metals Handbook:9 edition: Failure Analysis and Prevention［M］．Ninth_Edition.Metals Park，OHI0，1986．

［5］ 钱友荣，朱孝录．机械零部件失效分析［C］// 王启义，主编．中国机械设计大典：2．南昌：江西科学技术出版社，2002：947-1004，1000．

［6］ 郭素枝．电子显微镜技术与应用［M］．厦门：厦门大学出版社，2008．

［7］ 亨利 G，豪斯特曼 D．宏观断口学及显微断口学［M］．曾祥华，等译．北京：机械工业出版社，1990：5-43

［8］ 钟群鹏，田永江．失效分析基础［M］．北京：机械工业出版社，1989：55．

［9］ 朱孝录，廉以智，易秉鉞．球铁齿轮弯曲静强度试验研究［J］．北京科技大学学报，1984，增刊 1：45-53．

［10］ 吴连生．失效分析技术［M］．成都：四川科学技术出版社，1985：92-99．

［11］ 陈南平，顾守仁，沈万慈．脆断失效分析［M］．北京：机械工业出版社，1993．

［12］ 王德俊．疲劳强度设计［C］// 王启义，主编．中国机械设计大典：2. 南昌：江西科学技术出版社，2002：1134-1156．

［13］ 何明鉴．机械构件的微动疲劳［M］．北京：国防工业出版社，1994．

［14］ 刘英杰，成克强．磨损失效分析［M］．北京：机械工业出版社，1991：85-97

［15］ 朱孝录，鄂中凯．齿轮承载能力分析［M］．北京：高等教育出版社，1992．

［16］ 吴宗泽．机械设计师手册（下册）［M］．北京：机械工业出版社，2009：1520-1523．

［17］ 张玉庭．热处理技师手册［M］．北京：机械工业出版社，2005：429-430．

［18］ BABAKR A，BRADLY R，Al-AHMARI A．Failure analysis of mill shaft roll［J］．Journal of Failure and Prevention，2009，9：107-113．

［19］ 杜新宇，杜太生．形面无键连接及制造［M］．武昌：华中科技大学出版社，2015：9．

［20］ 王洪昌．型面联接在矿山机械传动中的应用［J］．矿山机械，1997，25（6）：44-45．

［21］ 卜炎．中国机械设计大典卷 3：机械零部件设计［M］．南昌：江西科学技术出版社，2002：10．

［22］ 航空工业部科学技术委员会．应力集中系数手册［M］．北京：高等教育出版社，1987：88．

［23］ 濮良贵，等．机械设计［M］．6 版．北京：高等教育出版社，1996：38-39，378．

［24］ GB/T 3480—1997 渐开线圆柱齿轮承载能力计算方法［S］．1997：102-103．

［25］ 周仲荣，Vincent L．微动磨损［M］．北京：科学出版社，2002．33-34．

[26] 李文成．机械装备失效分析［M］．北京：冶金工业出版社，2008，616，9-14．

[27] TEUVO J．Torsional fretting fatigue strength of shrink-fitted shaft［J］，Wear，1999，231：310-318．

[28] TEUVO J．Torsional fretting fatigue strength of a shrink-fitted shaft with a grooved hub［J］．Tribology International，2000，33：537–543．

[29] MADGE J，LEEN S，SHIPWAY P．The critical role of fretting wear in the analysis of fretting fatigue［J］．Wear，2007，263：542–551．

[30] LISKIEWICZ T，FOUVRY S，WENDLER B．Impact of variable loading conditions on fretting wear［J］．Surface and Coatings Technology，2003，163 /164：465–471．

[31] GESSESSE Y，ATTIA M H，OSMAN M O M．On the mechanics of crack initiation and propagation in elasto-plastic materials in impact fretting wear［J］． Trans．ASME J．Tribology，2004：395–403．

[32] 李钊刚．YB/050—1993 冶金设备用 YNK 齿轮减速器标准宣贯读本［M］．北京：中国标准出版社，1994：66–68．

[33] ZHANG Z Q，YIN Z J，HAN T，et al．Fracture analysis of wind turbine main shaft［J］．Engineering Failure Analysis，2013，34：129–139．

[34] Биргер ИА，等．机械零件强度计算手册［M］．姚兆生，译．北京：机械工业出版社，1987：379．

[35] 王靖，张全祎．曲轴断裂失效原因分析［J］．煤矿机械，2002（2）：41-42．

[36] 欧阳雁群．DH-80 型空压机轴振动异常诊断分析及处理［J］．冶金设备，2017，（239）增刊 2：351-353．

[37] 尼曼 G，温特尔 H．机械零件（第 2 卷）［M］．余梦生，等译．北京：机械工业出版社，1989：98-99．

[38] 张栋．机械失效的痕迹分析［M］．北京：国防工业出版社，1996．

[39] ТРУБИН Г К.Котакная усталость mатериалов для зубчатых колес.МОСКВА：МАШГИЗ，1962：190-196，140-141．

[40] 洛阳矿山机器厂等．重载齿轮损伤与失效图谱［M］．北京：中国科学技术出版社，1990：54．

[41] 朱孝录．齿轮发生随机断裂的原因和改进措施［J］．金属加工（热加工），2020，（2）：2-4．

[42] 朱孝录，史铁军．齿轮轮齿的随机断裂现象［J］．机械传动，1999，23（1）：29-31．

[43] BIAN X X，LI X L，ZHU X L．Study on random fracture and crack growth of gear tooth waist［J］．Journal of Failure and Prevention，2018，18：121–129．

[44] 朱孝录．齿轮传动设计手册（第 2 版）［M］．北京：化学工业出版社，2010：143-153．

[45] 潘紫微，罗铭，朱孝录．齿轮齿面电蚀失效分析［J］．机械传动，2011，21（3）：26-28．

[46] 胡高举，韦云隆，张光辉，等．齿轮电蚀现象的研究进展［J］．重庆大学学报（自然科学版），2000，23（6）：19-22．

[47] КУДРЯВЦЕВ В Н．Зубчатые Передачи［M］．МОСКВА：МАШГИЗ，1957：126．

[48] 陶春虎、钟培道、王仁智，等，航空发动机转动部件的失效分析与预防［M］，北京：国防工业出版社，2000：276-288．

[49] 王广生，等．金属热处理缺陷分析及案例［M］．北京：机械工业出版社，1997：9-39．

[50] 钟群鹏，赵子华. 断口学［M］. 北京：高等教育出版社，2006：199.

[51] 吴晓铃. 润滑设计手册［M］. 北京：化学工业出版社，2006：423.

[52] 贺泽龙，韦云隆，朱孝录，等. 齿轮齿面电蚀机理［J］. 重庆大学学报（自然科学版），2000，23（6）：26-30.

[53] 赵志立. 叶轮式流体设备（泵、风机与压缩机设计与运行）［M］. 重庆：重庆大学出版社，1997：77-80.

[54] 吴鸿业，张亚雄，齐麟. 蜗杆传动设计［M］. 北京：机械工业出版社，1986：237-244.

[55] 刘泽九. 滚动轴承应用手册［M］. 北京：机械工业出版社，1996：669-671.

[56] 涂铭旌，鄢文彬. 机械零件失效分析与预防［M］. 北京：高等教育出版杜，1993：84.

[57] 仲复欣. 论中硬度重载齿轮的承载能力［J］. 机械传动，1985（3）：51-53.

[58] 邱宣怀，等. 机械设计［M］. 北京：高等教育出版社，1989：307.

[59] 尼曼 G. 机械零件（第 1 卷）［M］. 余梦生，等译. 北京：机械工业出版社，1985：192.

[60] 廖景娱. 金属构件失效分析［M］. 北京：化学工业出版社，2003：100.

[61] 王大伦. 轴及紧固件的失效分析［M］. 北京：机械工业出版社，1988：231，310.

[62] 吴宗泽，高志. 机械设计［M］. 2 版. 北京：高等教育出版社，2009：361.

[63] 顾玲，管荣根. 自行式矿山机械传动轴花键联接的磨损分析及对策［J］. 有色金属科学与工程，1994（1）：43-46.

[64] 易秉鉞，朱孝录. 钒钛球铁齿轮的基础性能［J］. 北京科技大学学报，1992，14（5）：524-529.

[65] 朱孝录，易秉鉞，廉以智，等. 齿轮的试验与设备［M］. 北京：机械工业出版社，1988：153-163.

[66] HULI D. 断口形貌学——观察、测量和分析断口表面形貌的科学［M］. 李晓刚，等译. 北京：科学出版社，2009.

[67] 吴连生. 失效分析技术［M］. 成都：四川科学技术出版社，1985：171.

[68] 亨利 G，豪斯特曼 D. 宏观断口学及显微断口学［M］. 曾祥华，等译. 北京：机械工业出版社，1990：66.

[69] 于涛，谢红献，杜俊平，等. 裂纹动力学的研究进展［J］. 金属功能材料，2008，15 (3):39-42.

[70] ROBERTO D，RICARDO J，et al. Analytical model of dynamic crack evolution in tempered and strengthened glass plates［J］. International Journal of Fracture，2014，190：75–86.

[71] RABINOVITCH A，FRID V，BAHAT D. Wallner lines revisited［J］. Journal of Applied Physics，2006，99，076102.

[72] JIANG F C，VECCHIO K S. Wallner lines in a nanocrystalline Ni–23% Fe alloy［J］. Script Materialia，2012，67（11）：907-910.

[73] ANDREWS E H. Stress waves and fracture surfaces［J］. Journal of Applied Physics，1959，30：740.

[74] 崔约贤，王长利. 金属断口分析［M］. 哈尔滨：哈尔滨工业大学出版社，1998：64-65.

[75] 王璐，王志亮，石高扬，等. 热处理花岗岩循环冲击下断口形貌研究［J］. 水利工程学报，2018（5）：69-75.

[76] WANG M，ZHAO L，et al. Crack plane deflection and shear wave effects in the dynamic fracture of sili-

con single crystal [J]. Journal of the Mechanics and Physics of Solids，2019 (122): 472–488.

[77] ZORC B，NAGODE A. Determination of the crack-initiation and propagation conditions in a styrene-acrylonitrile water-filter housing with external ribs based on destructive pressure tests [J]. Engineering Failure Analysis，2017 (79)：491–503.

[78] ZAKAR F，BUDINSKI M. Fracture of a saddle fusion (weld) joint in high density polyethylene (HDPE) pipe [J] .Engineering Failure Analysis，2017 (82)：481–492.

[79] NARAYAN R L，TANDAIYA P，et al. Wallner lines，crack velocity and mechanisms of crack nucleation and growth in a brittle bulk metallic glass [J]. Acta Materialia，2014 (80)：407–420.

[80] 朱孝录. 断口分析中的裂纹动力学和瓦纳线实例 [J]. 机械传动，2020，44(5)：176-180.